大气–海洋耦合动力学：
从厄尔尼诺到气候变化

〔美〕谢尚平　（Shang-Ping Xie）　　　著

郑小童　龙上敏　周震强　彭启华　王传阳　译

王传阳　校

科 学 出 版 社

北　京

图字：01-2024-5196 号

内 容 简 介

　　本书聚焦于海洋与大气相互作用中的核心动力机制，从基本方程组出发，全面而系统地介绍了气候系统中的多种大气–海洋耦合现象。内容涉及季风、厄尔尼诺–南方涛动（ENSO）、跨热带三大洋（太平洋、大西洋和印度洋）的主要异常模态、热带与热带外的相互作用以及全球变暖背景下的区域气候变化。通过大量插图和通俗浅显的叙述，辅以经典文献中的关键方程，本书旨在满足不同层次读者对大气–海洋耦合动力学研究前沿的了解需求。书籍的编排参考了作者 25 余年的教学实践经验，既能够作为教材单独使用，也可以作为大气科学、海洋动力学等专业相关课程的参考资料。

审图号：GS 京（2025）0289 号

图书在版编目（CIP）数据

大气–海洋耦合动力学：从厄尔尼诺到气候变化／（美）谢尚平著；郑小童等译． -- 北京：科学出版社，2025.3． -- ISBN 978-7-03-080228-6

Ⅰ．P433；P731.2

中国国家版本馆 CIP 数据核字第 2024TQ4577 号

责任编辑：崔　妍　刘玉哲／责任校对：何艳萍
责任印制：肖　兴／封面设计：陈　敬

科 学 出 版 社 出版
北京东黄城根北街 16 号
邮政编码：100717
http://www.sciencep.com

北京中科印刷有限公司印刷
科学出版社发行　各地新华书店经销
*
2025 年 3 月第　一　版　　开本：787×1092　1/16
2025 年 3 月第一次印刷　　印张：22 1/2
字数：530 000
定价：298.00 元
（如有印装质量问题，我社负责调换）

注意

本书涉及领域的知识和实践标准在不断变化。新的研究和经验拓展我们的理解，因此须对研究方法、专业实践或医疗方法作出调整。从业者和研究人员必须始终依靠自身经验和知识来评估和使用本书中提到的所有信息、方法、化合物或本书中描述的实验。在使用这些信息或方法时，他们应注意自身和他人的安全，包括注意他们负有专业责任的当事人的安全。在法律允许的最大范围内，爱思唯尔、译文的原文作者、原文编辑及原文内容提供者均不对因产品责任、疏忽或其他人身或财产伤害及/或损失承担责任，亦不对由于使用或操作文中提到的方法、产品、说明或思想而导致的人身或财产伤害及/或损失承担责任。

中 文 版 序

从东北插队回来的大哥在大连第一次见到大海，说它大到看不见边际，而在浙西丘陵地区长大的我，自然也难以想象这样宏伟尺度的壮阔景象。1980 年，我作为改革开放后恢复高考的第 4 届大学生，来到山东海洋学院（现中国海洋大学），在全国唯一的物理海洋本科班学习。仍记得，刚到青岛做的第一件事就是到海边捞了一把海水亲口确认它是咸的。收到录取通知书后就非常好奇物理海洋专业是干什么的、有什么应用价值，但一个学期下来只知道要学海浪和海流，放寒假回家仍然不能向家人同学说出个所以然。

进入 21 世纪，气候变化已成为人类及地球环境面临最严峻的挑战，海洋对气候的影响也已广为公众所知晓了。有时在飞机上修改演讲幻灯片，邻座的旅客会问我是否是气候科学家，流露出对拯救地球英雄的敬仰。世人这样的期待也成为激励自己科研工作的动力。

把大气海洋作为耦合系统来研究气候变化问题，是 20 世纪 80 年代发展起来的新兴学科，系统地总结该学科取得的重要进展，是我科研及教学的一个重要目标。这多年的努力结晶于本书的英文版，该书于 2023 年出版后已被美国、日本和中国等国家的多个大学作为教材采用。现在有幸译成中文由科学出版社出版发行，与国内读者见面，在此特别感谢五位译者的辛勤劳作。

这五位译者都曾加入我的研究团队，在美国长期留学访问，回国后仍保持长期合作，也曾为本书英文版的编写做出贡献。他们在海洋大气相互作用及气候变化方面取得了重要的成就，是活跃在国内外一线的优秀气候学者，多人以第一作者身份发表的论文跻身于全球 1% 高被引用论文之列。郑小童教授是联合国政府间气候变化专门委员会（IPCC）第五次评估报告的贡献作者；周震强博士揭示了 2020 年长江流域超强梅雨事件中印度洋增温的重要作用；全球平均温度在 2023 和 2024 两年连续创新高，同期发生的厄尔尼诺现象起到推波助澜的作用，彭启华博士揭示了该厄尔尼诺事件展现出的奇特物理特征和机理。

自古英雄出少年，长江后浪推前浪。这五名译者是中国科学研究大步迈进的见证者和先锋队。希望他们的译作会激励新一代立志气候动力学研究的学生和学者将该领域推向新的高度，并为从事气候应用方面学者了解气候变化原理的窗口，实现人类自然可持续发展的共同目标。

谢尚平（Shang-Ping Xie）

2025 年 3 月 21 日于美国圣迭戈

前　言

气候对自然环境和人类社会有巨大的影响。热浪、干旱和洪水等极端事件受气候变率驱动，并在气候变化的背景下变得更加频繁。我们所处的社会正变得日益复杂，其对气候变化率的敏感性也与日俱增，如何使用更广泛的数据来评估和理解气候变率的影响成为了当今社会重要的课题。

本书介绍了大气–海洋耦合动力学中的核心理论。它们揭示了反复出现的海洋大气异常的空间分布型和时间尺度背后的动力学机制，并为气候变化提供了可预测性。本书基于作者25余年的教学实践，相关课程主要面向研究生开设（但也曾两次为本科高年级开设），并在寒暑期学校和研讨会班上，向来自世界各地的同学部分或全部地讲授。

1. 海洋与大气的耦合

厄尔尼诺（El Niño）现象指的是赤道太平洋的异常增暖。从海洋学角度出发，太平洋增暖的原因在于南方涛动（Southern Oscillation）使赤道上盛行的东风减弱；而从气象学的角度出发，东风减弱的原因恰恰是赤道太平洋的增暖（厄尔尼诺现象）。上述循环论证表明，厄尔尼诺不是一个单纯的海洋现象，南方涛动也并非单纯的大气现象。相反，两者是同一种海洋与大气耦合现象的两个侧面。这一颠覆性的思想促使人们创造了厄尔尼诺–南方涛动（El Niño and Southern Oscillation，ENSO）一词，用以强调其中海洋与大气相互耦合的本质。大气–海洋耦合动力学这一新兴的研究领域也就此正式诞生。

对ENSO的研究促进了气象学这门主要研究天气现象的科学与物理海洋学的整合。气象学和物理海洋学使用同一套地球流体力学的理论框架，其中，由地球自转造成的科里奥利力（科氏力）发挥着重要的作用。在该动力学框架的指导下，人们发展出了数值天气预报，并且成功地解释了为何强盛的海流大多位于大洋的西侧。许多经典的专著，如Pedlosky（1982）、Gill（1982）和Vallis（2017）等都使用了这一套理论框架，用统一的视角研究了大气–海洋耦合动力学中的各种现象。

Cane等（1986）的工作成功地预测了厄尔尼诺现象，并将大气–海洋耦合动力学的发展推向高峰。我正是在这一年开始进入研究生院学习，并花了一整年的时间研读Gill（1982）的经典著作。这本书被评论为将"基本物理观点、动力学理论有机地与观测现象结合起来"（Batchelor and Hide，1988）。在它出版时，ENSO一词还尚未被创造出来。而此时的学界正位于科学革命的门槛之前，距离认识到ENSO是一个自发的、耦合的海气振荡现象只差最后一步。

2. 目标

本书为Gill（1982）的续作，正如标题所强调的，我们将站在海气耦合的视角，讨论近年来在气候变率及气候变化方面取得的令人兴奋的进展。海气相互作用从 ENSO 起步，目前也已经有许多优秀的专著对 ENSO 现象进行了详尽的讨论，包括 Philander（1990）、Clarke（2008）、Sarachik and Cane（2010）以及 McPhaden 等（2020）。但随着科学的发展，该领域的研究对象已大幅扩展，涵盖了其他海盆的气候变率以及气候变化动力学。本书旨在使用统一的耦合动力学研究气候系统的自然变率和人类活动影响下的气候变化，其范围覆盖热带内外，对象包括但不限于 ENSO，以期为更广泛的气候影响研究奠定理论基础。

为了满足海洋、大气以及气候科学领域的学生和研究人员的需求，本书保留了经典教材（Gill，1982；Holton，2004）中的关键方程，并列出了这些数学推导的原始参考文献。相关方程也会使用简单、描述性的语言加以解释和介绍，以便对流体力学了解有限的读者也能理解其中的关键物理过程与机制。丰富的插图和叙述能进一步帮助读者理解相关概念。

3. 内容组织

本书除第 1 章引言之外，由三个相互联系的部分组成。

第一部分包括第 2 章至第 6 章，主要从大气的角度考察热带和副热带气候。第 2 章从行星能量平衡出发，解释大气–海洋能量传输的特征和机理，并强调经向翻转环流的作用。第 3 章研究全球大气环流的驱动热源——大气深对流。我们将在这一章介绍赤道波动，并讨论它们在大气对流加热调整中的作用。第 4 章会关注 30 ~ 60 天周期的马登–朱利安振荡（madden-julian oscillation；MJO），这是一种行星尺度的气候模态，自发产生于热带大气的深对流与环流相互作用。第 5 章将介绍季风。它是大气–海洋–陆地相互作用的产物，影响着世界一半以上人口的日常生活。我们将讨论各个季风系统的独特动力学特征，并使用统一的理论框架将整个非洲至亚洲季风系统联系起来。第 6 章将着眼于副热带下沉区，此处大气边界层之上存在着稳定的逆温层，在正反馈机制的帮助下，低云与海洋相互作用，产生一系列重要的气候现象。

第二部分包括第 7 章至第 11 章，是本书的核心，讨论了海洋与大气相互作用在塑造热带气候背景态和年际变率中的作用。第 7 章将引入一个上层海洋的约化重力模型，并在此基础上讨论海洋对变化风场的响应。第 8 章将深入讨论第 3 章中简要提及的热带降水分布，在此我们从海洋与大气相互作用的角度出发，讨论以下几个关键问题：为什么被称为热带辐合带（intertropical convergence zone；ITCZ）的热带雨带会位于赤道以北？是什么导致了赤道东太平洋和大西洋地区的温度和降水呈现明显的年周期特征？在第 9 章中，我们将首先描述 ENSO 这一重要的海气耦合现象的基本特征，并介绍源自海气耦合的比耶克内斯（Bjerknes）正反馈机制。随后我们将进一步讨论慢速的海洋调整过程，这些海洋过程与风场异常处于非平衡状态，引起了热带太平洋在厄尔尼诺与拉尼娜（La Niña）状态之间的往复振荡，也为提前数个季节预报 ENSO 和它的全球效应提供了理论基础。第 10 章和第 11 章将会分别讨论热带大西洋和印度洋的区域气候特征和它们的年际变率。跨热带三大洋的气候平均态具有显著的差异，但是都存在赤道上的比耶克内斯反馈模态。印度洋–西太平洋独特的区域耦合模态解释了 ENSO 次年夏季印度和中国夏季风的神秘异常。

第三部分包括第 12 章至第 14 章。将会展示热带和热带外地区气候变率的动力学差异。在热带外，大气内部变率很强，并且由于平均西风急流的纬向变化，它们通常以特定的空间形态出现。大气内部变率驱动海洋变化，而海洋对大气的反馈通常较弱且具有非局地性。人们已经就热带对热带外的遥相关作用达成共识，在这一章中，我们将分享几个近期的研究观点，它们反过来强调了热带外对热带气候的重要作用。人类活动排放的温室气体和气溶胶扰乱了行星能量平衡，导致地球气候以前所未有的速度变化。传统意义上，人们更加关注全球平均气温的上升情况，而在本书中我们将进一步聚焦由全球变暖带来的区域气候变化。在简要介绍全球平均表面温度的气候反馈后，我们将在第13章讨论那些本质上不依赖于海洋、大气环流变化而产生的气候变化现象（即通常所说的热力学效应）。第14章将聚焦于区域气候变化，对比分布均匀的温室气体和具有明显空间各向异性的气溶胶的强迫差异。海洋热吸收的空间分布型和海洋增暖的空间型是引起热带降水未来变化区域差异的关键因素。

4. 教学特色

本书旨在全面而系统地探讨大尺度海洋–大气相互作用，内容涉及多种现象的比较。其中包括：不同热带海盆的气候模态（第9章至第11章）；海盆的空间尺度以及大陆、季风对海洋的影响；峰值出现在赤道的纬向模态和异常信号在赤道消失的经向模态；热带和热带外海洋对大气反馈的差异（第9章与第12章对比）；气候系统的自发内部振荡和由外强迫引起的气候变化（第13章）；温室气体与气溶胶强迫的异同（第14章）。这些比较视角（一些将在结语中讨论），为我们理解气候变率的机制和可预测性提供新的见解。

部分章节中设置了专栏，以扩展介绍相关话题，以及补充介绍为那些改变我们对气候系统认识的重大突破的历史故事。本人见过其中的一些先驱者，并询问过他们是受什么启发才去探索那些看似不重要的课题；去为曾经不相干的现象建立联系；去突破天气尺度预测更远的未来。这些历史记录为我们提供了鲜活的实例，它们表明，知识不是静态的，而是人们在好奇心驱使下，通过大胆想象、锐意创新而不断扩充发展的。

本书可以单独作为教材使用，也可以作为课程的参考资料。我在加利福尼亚大学圣迭戈分校（UCSD）的研究生课程中通常会教授前12章的内容，并做一定程度的删减。部分章节（例如第3、5、9和12章）可能需要两节课来完整讲授。另一种课程的组织形式是用第13、14章来替换第4、5章。我的课程通常持续10周，包括16节80分钟的授课和一次160分钟的研讨会。学生会被要求阅读一篇（或数篇）与课程内容相关的文献，并在研讨会上做报告。相关的推荐文献可以在本书的线上资源中找到（http://sxie.ucsd.edu/book2023.html[2024.8.1]）。不同地区有着不同的气候，而当地的气候异常最能激发学生对海洋–大气耦合动力学的兴趣。因此，教师可以根据当地气候补充相关材料。例如，在UCSD，我们会完整地讲述副热带气候（第6章）而跳过东亚和非洲季风（第5章），热带大西洋和印度洋的相关章节也会较少涉及。而当我在亚洲上课时，我们会完整地讲述亚洲季风和印度洋的内容，而完全或部分地省略副热带气候以及大西洋的章节。

在章节之后设有习题，用以巩固和拓展本章关键知识点。线上资源还包括本书的图片、我在UCSD课程的幻灯片、课后作业以及勘误。

目　　录

第 1 章　引　　言

马克·吐温曾说："气候是你所期待的大气状态，天气是你所体验到的大气状态"。这句话强调了气候和天气的区别。正式来说，气候是指一个地区在 30 年内温度、降水、风和其他海洋或大气变量的平均值。我们在计划长途旅行时，会提前查询目的地的气候来打包行李，然后再查看当地的天气预报来决定早上该穿什么衣服。Köppen（1884）开发了一个基于温度和降水的气候类型分类系统。例如，北美洲西海岸的美国加利福尼亚州圣迭戈所处的气候条件被归类为地中海气候，雨季为冬季；亚洲东海岸的中国上海则属于副热带湿润气候，雨季为夏季。

气候应该是稳定不变的，正如马克·吐温所说的气候"可以一直持续下去"，然而在现实中，我们常常将一段时期内平均的气候定义为气候态。以 30 年为例，在定义气候态的这 30 年中，每年的气候也会存在明显差异。例如，在赤道东太平洋，海表温度（sea surface temperature，SST）在有些年份与气候态的偏差可以高达 4℃，导致全球范围内出现广泛的天气和气候异常状况。1998 年，在一次重大的赤道太平洋变暖事件（称为厄尔尼诺现象）之后，秘鲁沿岸的沙漠中出现了一个大湖，与此同时，中国长江地区遭受了近代以来最严重的洪水灾害。

世界气象组织呼吁每 10 年对 30 年平均气候态更新一次。目前全球平均表面温度（global mean surface temperature，GMST）的气候态比 100 年前要高约 1℃（图 1.1）。化石燃料燃烧导致的大气中温室气体（greenhouse gas，GHG）浓度增加，并引起全球变暖。这种人为增暖造成全球海平面上升，高山冰川和北极海冰融化，也会导致陆地和海洋热浪的频率和强度均增加。

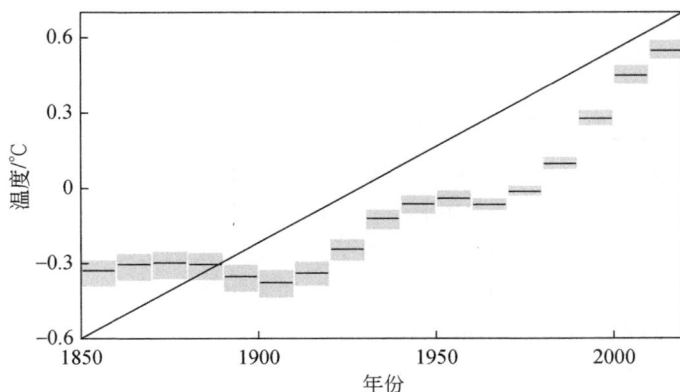

图 1.1　全球平均表面温度（GMST）异常的 30 年平均值。该平均值根据 HadCRUT4 数据集每 10 年计算一次，用黑线表示，灰色阴影表示从 100 个成员的集合中计算的偏差不确定性的 95% 置信区间。

（周震强供图）

　　我们渴望生活在阳光明媚的沿海大都市，但这加大了我们面临气候变化的风险。由于海平面上升和台风的影响，沿海地区很容易受到洪涝灾害。城市化进程减少了地表蒸发，增加了热浪的风险。干旱地区的特大城市（例如北京和洛杉矶）面临着干旱和山火的风险，人们通常采用长距离调配水资源等大型水利工程作为解决缺水问题的方案，但这会进一步破坏环境。

　　人们已经认识到了气候正在发生改变，气候扰动对人类社会的影响也会加剧，且程度将达到前所未有的高度。这使得科学界、公众、利益相关者和政策制定者对气候科学产生了兴趣。这本书将为对以下基本问题感兴趣的读者提供基础科学知识：

　　（1）为什么每年的气候都不一样？

　　（2）是什么导致了气候变率的周期性空间分布型？

　　（3）受大气中不断增加的温室气体的影响，气候将如何变化？

　　（4）气候的可预测性如何？如何实现可信的气候预测？

　　基于控制海洋和大气基本变量（如温度和速度）的守恒定律，本书将给出上述问题的物理学解释。

1.1　海洋在气候中的作用

　　表面波是海洋–大气相互作用中最明显的现象之一。与空气相比，海水的运动速度较慢（流速<1m/s），水与空气的速度差（风剪切）使海气界面变得不稳定，从而产生风浪。当它们从风暴中心向外传播足够远时，就会变成波长和周期更长的平滑涌浪。尽管它们对于海洋和大气之间的动量和热量的湍流交换很重要，但这些较小尺度（水平约100m，时间约10s）的风浪和涌浪并不是本书的重点内容。

　　作者的家乡离海岸有200km，每年夏天都会经历一到两次台风天气。其间，暴雨伴随着的大风，有时甚至足以将树木连根拔起。但是我当时不知道的是，这些台风在温暖的海洋上发展和加强，是海洋–大气相互作用的产物（图1.2）。台风会在海洋上移动数千千米，依靠从海洋获得的热量发展，并在登陆时造成恶劣的天气和风暴潮。海洋通过蒸发为台风提供水蒸气，这些水蒸气在形成台风眼壁高耸的积雨云和螺旋雨带中凝结释放潜热为台风提供能量。

　　我们都生活在陆地上，通过大气变化来感知气候。气温、风和降水都是影响我们生存环境的重要因素。在沿海城市，比如圣迭戈，海洋的影响会非常明显。圣迭戈每天会分别针对四个不同的地理区域：沿海、内陆、山区和沙漠（加利福尼亚州和亚利桑那州边界的山脉以东）进行天气预报。下面的事实说明了海洋对气候的重要性：

　　（1）整个大气的质量（1036hPa）与10m深的海水相当。

　　（2）整个大气柱的热容量与4m水柱相当。

　　（3）海洋平均深度为4000m。

　　（4）参与季节变化的海洋深度为100m。

　　这里的热容量（C）是指将物体的温度（T）提高1℃所需的热量，$C = \rho c_p H$，其中 ρ 为密度，c_p 为等压比热容，H 为流体柱的深度。

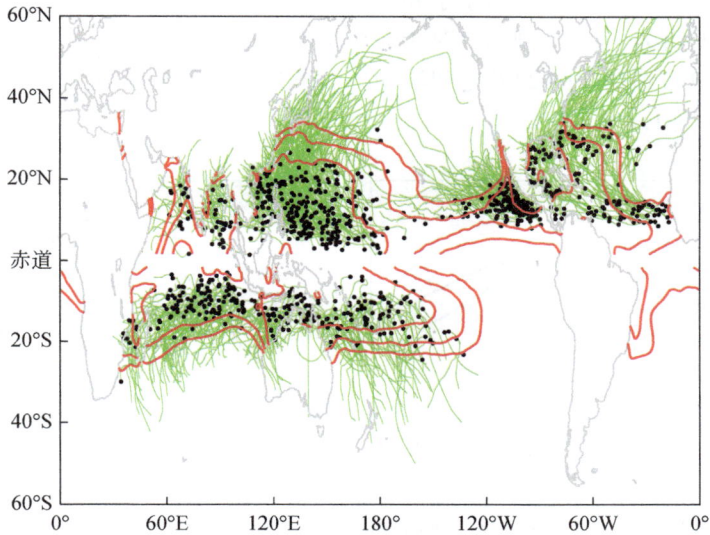

图 1.2　1996~2005 年热带气旋的生成位置和发展路径。红色等值线为当地夏季的海表温度（SST），
分别表示 27℃、28℃和 29℃；黑点为台风生成位置，绿线为台风发展路径。（梅伟供图）

　　海水温度表现出稳定的层结，暖水覆盖于冷水之上（图 1.3），在暖水和冷水之间的薄薄的一层被称为温跃层。在冬季，太阳辐射的减少使表层海水冷却，进而引起垂直对流、破坏温度层结，并在温跃层之上形成一个典型深度为 50~100m 的海表混合层。相比之下，陆地温度仅在表层数米深的土壤（热容量相当于 1~2m 深的水柱）中存在明显的季节变化，这一变化的幅度随着土壤深度的增加而迅速减小；即使在炎热的夏天，沙漠深

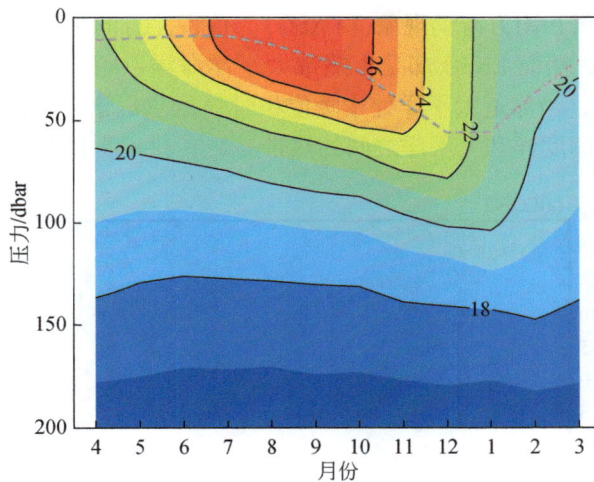

图 1.3　海水温度（25°N~30°N，165°E~185°E）季节变化的时间–深度剖面图。填色为海
水温度，单位℃；灰色虚线表示混合层的底部。$1bar = 10^5 Pa = 1dN/mm^2$，对应水深约 1m。
（摘自 Hosoda et al.，2015）

处的洞穴也依旧可以保持凉爽。由于水和土壤的热容量存在巨大的差异，海洋表面气温的季节循环通常比陆地小得多。例如，对于同一纬度上（32°N），南京（中国内陆）的日平均气温在冬季的3℃到夏季的28℃之间波动，而圣迭戈（太平洋沿岸）的日平均气温一般位于14~22℃（图1.4）。

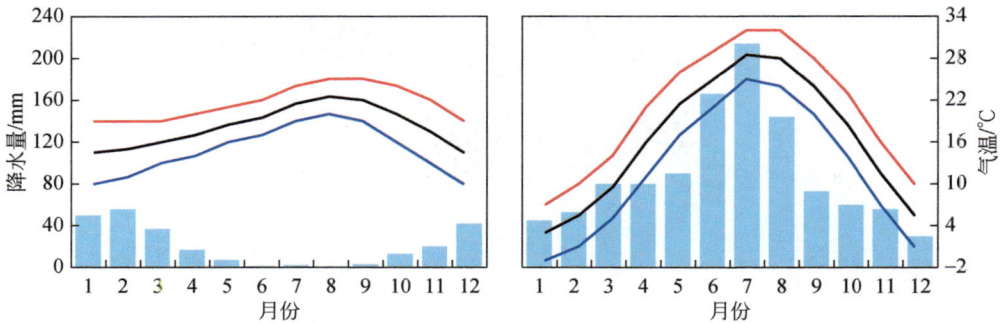

图1.4　美国加利福尼亚州圣迭戈郡和中国南京市的表面气温的长期气候平均态。左图为圣迭戈郡，右图为南京市。红线为日最高气温，黑线为平均气温，蓝线为日最低气温，单位为℃；柱状为降水量，单位 mm。（周震强供图）

经验正交函数（empirical orthogonal function，EOF）分析方法可以识别反复出现的空间模态。每个模态都有一个时间序列，称为主成分（principal component，PC），用来描述空间模态的相位变化。图1.5显示了在全球范围内对帕尔默干旱严重程度指数（palmer drought severity index，PDSI）进行 EOF 分析的结果，该指数由温度和降水量计算得出，被用来衡量土壤的干燥程度。EOF 第二模态（EOF2）与澳大利亚北部达尔文市的海平面气压（sea level pressure，SLP）的变化高度相关（>100 年的相关系数 $r=0.63$），该 SLP 指数常被用来追踪厄尔尼诺和南方涛动现象（ENSO）。值得注意的是，全球土壤干旱程度的变化与 ENSO 密切相关，然而 ENSO 却是由热带太平洋海洋–大气相互作用引起的自发振荡（第9章）。具体而言，当赤道太平洋处于暖位相时（厄尔尼诺），达尔文市 SLP 指数异常偏高，海洋大陆（指印度洋和太平洋之间的热带岛屿）比正常情况下更干旱，而北美西南

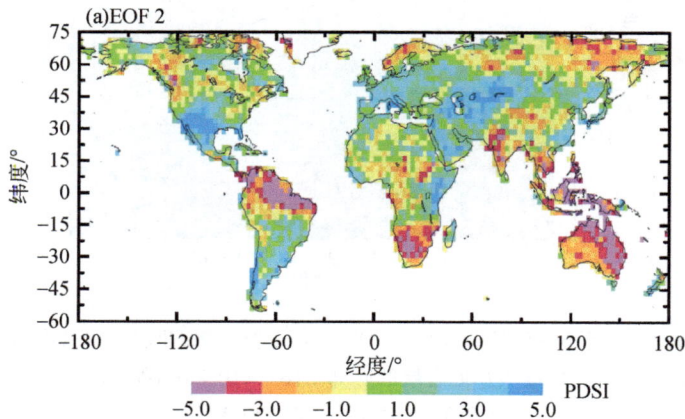

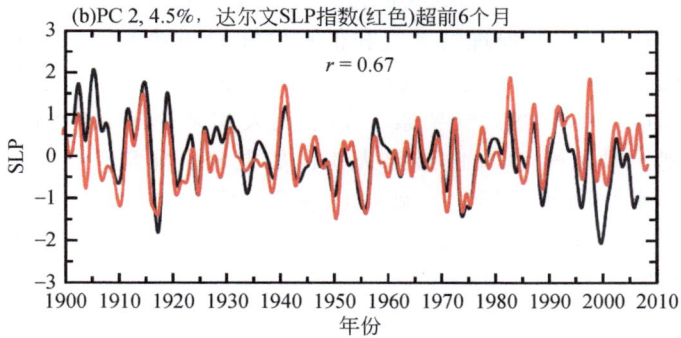

图 1.5 1900～2008 年帕尔默干旱程度指数（PDSI）的 EOF 第二模态（EOF2）与澳大利亚北部达尔文市的海平面气压（SLP）指数。图（a）为 EOF 第二模态（EOF2）的空间分布型，红色（蓝色）区域表示对应主成分 ［PC 2 图（b），黑色曲线］为正值年份时比正常年份更干旱（湿润），图（b）中红色曲线为达尔文 SLP 指数，时间超前于 PC2 6 个月。（摘自 Dai，2011）

部则比正常情况下更湿润 ［图 1.5（b）］。由于全球大气环流是由深对流产生的潜热释放所驱动的，那么热带海洋的变化引起大气环流异常也就不足为奇了。

海洋通过 SST 和海冰影响大气。环流模式（general circulation model，GCM）最开始应用于天气预报，但也可以用来评估 SST 对气候的影响。我们比较了两组全球大气环流模式试验，一组是由实测的逐月 SST 和海冰所强迫，另一组是用重复连续的 SST 和海冰逐月气候态来强迫（SST′=0，撇号′表示与气候态的偏差，即 SST 无年际变化）。图 1.6 比较了两组试验中 6～8 月平均的降水和 850hPa 纬向风场的年际变化的标准差。热带 SST 变率会增大降水变率，然而热带外 SST 的影响并不明显 ［图 1.6（a）、（b）］。SST 可以很显著地影响纬向风变化，特别是在赤道太平洋和赤道以北的印度洋-西太平洋海区 ［图 1.6（c）（d）］。

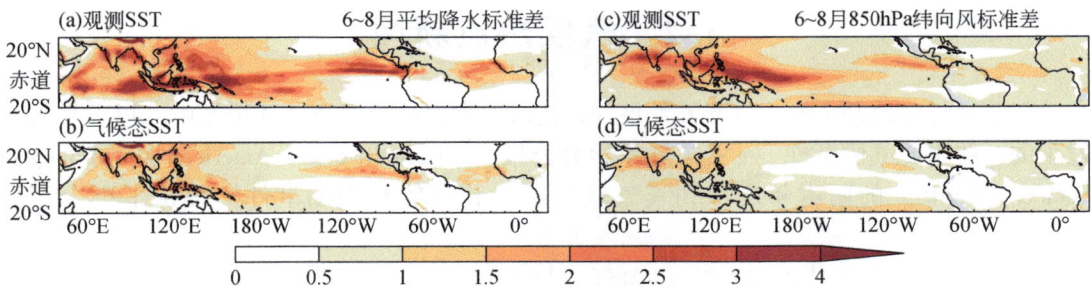

图 1.6 大气 GCM 试验中 6～8 月（JJA）季节平均的降水和 850hPa 纬向风的标准差（STD）。图（a）（b）、图（c）（d）分别对应有/无 SST 年际变化，图（a）（b）为降水标准差，单位为 mm/d，图（c）（d）为 850hPa 纬向风标准差，单位为 m/s。（周震强供图）

研制大气 GCM 最初是为了使用观测到的当前大气状况来预报未来的天气。这种初始化数值天气预报的预报能力是显而易见的，并且在稳步提高（图 1.7）。天气预报是一项科学的胜利，这得益于多方面的共同进步，包括：对大气动力学的理解（如准地转理论）、实时观测（为了更好地理解大气和得到更好的初始条件）和数值模拟（包括数学公式、数据同化、计算方法和计算机）。大气是一个混沌系统，这使得天气预报的确定性被限制在两周以内。虽然天气要素（如某一天和某一小时的温度和降水）在两周后无法被准确预测，但大气 GCM 的结果表明，如果 SST 异常是已知的，有关大气变量的统计数据（如月平均降水量异常）就可以预测。海洋和大气是耦合的，它们的相互作用决定了气候变率。本书的研究重点正是造成气候变化同时使气候具有可预测性的大气–海洋耦合动力学。

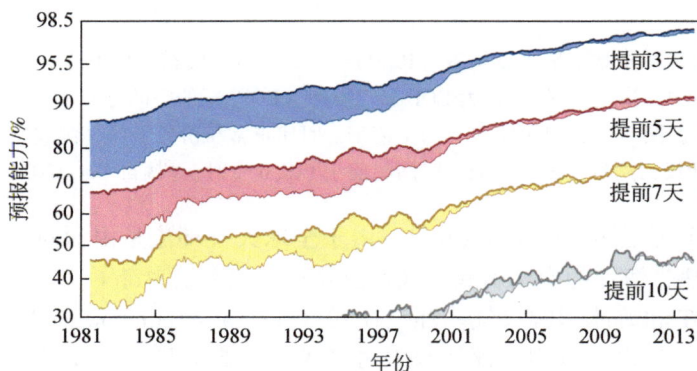

图 1.7　欧洲中期天气预报中心在北半球（粗曲线）和南半球（细曲线）提前 3、5、7 和 10 天的预报能力。预报能力是指 500hPa 位势高度场的预报值和用于验证的分析场相对各自气候平均高度的异常之间的相关性。1999 年以后南北半球曲线的收敛是由于利用卫星资料带来的突破。当今提前 5 天的预报能力和 30 年前提前 3 天的预报能力相当。

（摘自 Bauer et al.，2015）

1.2　气候热点新闻

　　每年世界各地都会发生气候异常事件，造成巨大的社会经济和环境影响。以下是最近发生的一些重要气候事件。《美国气象学会公报》（Bulletin of the American Meteorological Society，BAMS）的两本年度增刊《气候状况》和《解释极端事件》提供了更全面的信息。

　　（1）2020 年的全球表面温度（GMST）与 2016 年持平，2016 年是有器测记录以来最暖的一年，主要是由当年的强厄尔尼诺事件引起的。截至 2020 年，最近 7 年的平均 GMST 位列历史记录的前 7 位。政府间气候变化专门委员会（Intergovernmental Panel on Climate Change，IPCC）第六次评估报告（2021 年）指出，过去一个世纪以来，GMST 上升的主要原因是人为排放大量的二氧化碳和其他温室气体。

　　（2）2019 年 9 月，飓风"多里安"（Dorian）袭击了美国巴哈马群岛。它是登陆时最强的北大西洋风暴，风速达到 185mile[①]/h。近期其他创纪录的热带气旋包括"海燕"（登陆时最强的风暴，风速为 190mile/h，2013 年 11 月）、"帕特里夏"（Patricia）（有史以来最强的风暴，风速为 215mile/h，2015 年 10 月）和"凡塔拉"（Fantala）（印度洋最强的热带气旋，2016 年 4 月）。热带气旋的最大强度会随着温度的升高而增大（见第 10.5 节）。

（3）2019 年 7 月 25 日，巴黎创下了 42.6℃ 的历史最高气温纪录。高温天气使得铁路发生弯曲、高速公路变软，政府机构不得不实施了限速措施以应对这些问题。2021 年 6 月 28 日，在北美洲西北地区，出现了新的高温纪录：波特兰 47℃，西雅图-塔科马国际机场 42℃（往年 6 月的最高纪录是 2017 年的 36℃）。第二天，不列颠哥伦比亚省的利顿以 49.6℃ 创造了加拿大新的历史纪录。持续数天的热浪与高空高压系统导致的下沉气流有关，这种高压被称为阻塞高压。全球变暖增加了热浪的频率和严重程度，而热浪带来的炎热干燥的环境能助长山火的发生。2020 年，美国西部的火灾烧毁了的 1020 万英亩[②]土地，相当于罗得岛州的面积，这打破了有史以来的纪录。2020 年 9 月 9 日，山火产生的烟雾把加利福尼亚州北部旧金山湾区的天空变成了世界末日般的铁锈色，仿佛置身于火星之上。

（4）随着极地涡旋向南移动，一股严重的寒潮于 2021 年 2 月席卷了美国。2 月 16 日，休斯敦气温降至 −11℃，比多年平均的气候态低了 20℃，创下 1989 年以来的最低气温纪录。数百万家庭和企业断电数天，造成了 2000 亿美元的损失。

（5）2013 ~ 2014 年冬季中纬度北太平洋出现超过 3℃（相当于 3 倍标准差）的 SST 正异常，被称为北太平洋大暖斑事件（the big blob；Amaya et al.，2016）。虽然这些热带外 SST 异常在量级上与赤道上的厄尔尼诺异常相当，但它们对下游北美地区的影响有限。厄尔尼诺可以提前几个月进行预测，而与厄尔尼诺不同的是，热带外 SST 异常的可预测性很低（见第 12 章）。

（6）2017 年 1 ~ 3 月，暴雨侵袭了秘鲁北部通常干燥少雨的太平洋海岸，引发了极端洪水和大范围滑坡。在皮乌拉，2017 年 1 ~ 3 月的累计降水量达 631mm，而气候态年总降水量仅为 75mm。秘鲁海域观测到异常偏高的 SST（超过 28.5℃），这引起了大气的深对流。1983 年和 1998 年也发生了类似的极端降雨和沿海变暖事件，但它们都与海盆尺度的强厄尔尼诺事件有关。2017 年发生的这次强沿海厄尔尼诺事件非比寻常，因为它伴随着一个海盆尺度的弱拉尼娜事件（Peng et al.，2019）。

（7）2019 年 6 月 ~ 2020 年 1 月，一场大面积的丛林火灾肆虐了澳大利亚，迫使考拉和袋鼠离开它们的栖息地，大火产生的烟雾使新西兰的天空变暗。这是由一种被称为印度洋偶极子（Indian Ocean dipole，IOD）的异常 SST 空间分布型（第 11.2 节）导致的澳大利亚当地的夏季和春季出现了干热条件。在印度洋的另外一侧，同样的 SST 分布型导致东非降雨增加，引起了整个东非沙漠的蝗虫暴发。

（8）2020 年 6 ~ 7 月，从重庆到上海超过 1600km 距离的长江流域的降雨量比正常水平高出 70%，严重的洪水导致数百万居民流离失所。反常的西南风从热带地区输送的水汽助长了创纪录的夏季降雨，这种反复出现的空间分布型将在第 11.5 节中讨论。

---

① 1mile = 1.609344km。

② 1 英亩 = 4840yd² = 0.404856hm²。

（9）2021 年 7 月，严重的洪水袭击了欧洲。德国科隆 24h 内降雨量达到 154mm。大约在 7 月 20 日同一时间，在亚欧大陆的另一边，中国郑州，出现了创纪录的 202mm/h 的降雨量，约相当于全年降水量的 30%，此次降雨造成数百人死亡。这场暴雨的原因是大气河冲击了郑州西部的太行山脉。由于当时位于台湾岛东部的台风"烟花"（In- fa）引起的大气环流异常，正在将水汽源源不断地输送至郑州，这次极端降雨事件得以被提前数天预报出来。

本书为识别极端气候事件的物理原因和可预测性评估提供动力学基础。例如，初始化的动力气候模型能够提前几个月预测出 2020 年夏季长江流域的多雨情况，而对 2021 年 7 月欧洲洪水的预测则无能为力。一些极端事件是由自然内部变率造成的，而另一些则是由温室气体引起的全球变暖造成的。研究发现，有越来越多的与温度升高相关的极端事件（如陆地和海洋热浪、干旱和野火）中检测到人为全球变暖效应。随着全球变暖，大气中可以容纳更多的水汽，因此未来降水量将会增加，从而增加洪涝灾害的风险。

1.3　基本原理

本节简要回顾了海洋和大气动力学的一些基础知识，并将在第 2 章、第 3 章和第 7 章中进一步展开介绍。接下来是对 GCM 和一些基本统计方法的简要介绍。熟悉这部分内容的读者可以跳过。

1.3.1　地球物理流体动力学

大气和海洋的大尺度运动受到地球自转的影响很大。我们通常使用固定在地球上绕北极旋转的非惯性参考系来研究海洋大气的运动问题。在该参考系中存在着一种名为科里奥利力 C_o（简称科氏力）的惯性力。它与相对于地球做水平运动的速度成正比，并在北（南）半球指向速度的右（左）侧：

$$C_o = f(v, -u)$$

式中，u，v 分别为具有向东和向北分量的速度分量；$f = 2\Omega\sin\varphi$ 为科氏力参数（北半球为正，南半球为负）；Ω 为地球自转的角速度；φ 为纬度。

我们采用笛卡儿坐标系（x，y，z），其中 x，y 分别为纬向（向东为正）和经向（向北为正）的坐标，z 为距离海平面的垂直高度。在海洋学中，一般用海流的去向表达速度的方向，而在气象学中，则用风的来向表达速度的方向。例如，u 大于 0 的流动在海洋里称为向东流，而在大气里称为西风。

在上混合层（深度为 50～100m）以下的海洋内部，以及大气边界层（高度约为 1km）以上的自由大气中，湍流混合很弱。大尺度运动在科氏力和压强（p）梯度力的作用下处于地转平衡：

$$-fv = -\frac{1}{\rho}\frac{\partial p}{\partial x} \tag{1.1}$$

$$fu = -\frac{1}{\rho}\frac{\partial p}{\partial y} \tag{1.2}$$

在北半球，背风而立，高压在右。假设有一个中心为低压的圆形风暴，压强梯度会将流体微团推向风暴中心；然而在现实中，风暴会伴随着一个逆时针的环流，它将产生科氏力来平衡压强梯度力（图 1.8）。

图 1.8　北半球低压中心（L）周围压强（p）梯度力和科氏力（C_o）之间的地转平衡。u 是风速。（摘自美国国家航空航天局）

地转平衡是水平动量方程的一个良好近似，但这种诊断关系并不能预测平衡流的演变。对此，我们需要考虑偏离平衡的偏差，并发展适用于缓慢变化的罗斯贝（Rossby）波的准地转理论（Holton，2004；Vallis，2017）。

1.3.2　海洋

上层海洋环流主要由风应力 $\tau=(\tau_x,\tau_y)$ 驱动。在表面埃克曼（Ekman）层中垂直积分的动量方程可以近似为风应力和科氏力之间的平衡：

$$0=fv_E+\frac{\tau_x}{\rho_o H_E} \tag{1.3}$$

$$0=-fu_E+\frac{\tau_y}{\rho_o H_E} \tag{1.4}$$

式中，ρ_o 为海水密度；H_E 为埃克曼层的厚度（名义上约为 50m）。

由于埃克曼层中有很强的垂向剪切，因此我们假定垂直混合仅发生在埃克曼层中。由于大气风场的水平尺度（1000km）比海流的水平尺度（100km）大得多，故压强梯度可以忽略。埃克曼理论是在 20 世纪初发展起来的，用来解释一种奇特的观测现象，即北极冰山不是向风的下游移动，而是向风的右侧移动。在北半球，表面的埃克曼流指向风应力矢量的右侧，因此产生的科氏力平衡了风应力。埃克曼流的流向在中纬度西风带中向南偏，在热带东风信风带中向北偏，因此会在两者之间的副热带地区辐合，导致漂浮的塑料在那里聚集，形成了巨大的太平洋垃圾带。

由不可压缩流体质量守恒的连续性方程可得

$$\frac{\partial u}{\partial x}+\frac{\partial v}{\partial y}+\frac{\partial w}{\partial z}=0 \tag{1.5}$$

式中，$w\equiv\dfrac{\mathrm{d}p}{\mathrm{d}t}$为气压速度（向下为正），$\dfrac{\mathrm{d}}{\mathrm{d}t}$是移动的空气微团的全导数。

表面埃克曼流的辐散驱动了埃克曼层底部的垂直运动，称为埃克曼抽吸（Ekman pumping）：

$$w_{\mathrm{E}}=\frac{1}{\rho_o}\mathrm{curl}\left(\frac{\tau}{f}\right) \tag{1.6}$$

气旋式的风应力场（如一个中心为低压的风暴）驱动正的（向上的）埃克曼抽吸。大部分上层海洋（最表层的 100m）并不是直接受到风应力的影响，而是间接受到埃克曼抽吸的影响（第 7 章）。

夏季的美国加利福尼亚州海岸盛行北风，埃克曼流将表层海水带离海岸（图 1.9）。根据流体的连续性则需要下方的冷水上涌进行补偿。如此一来，即使在夏天，这一沿海水域的海水仍然十分凉爽，加利福尼亚州圣巴巴拉（34°N）的 SST 只有 18℃，比东京以南的西太平洋低大约 10℃。上升流使得沿岸的温跃层变浅，垂直海岸的 e 折时间尺度为罗斯贝变形半径，

$$R_f=\frac{c_o}{f} \tag{1.7}$$

式中，$c_o=\sqrt{\dfrac{\Delta\rho}{\rho_o}gH}$是内部长重力波的相速度（第 7 章）。$\Delta\rho$ 是穿过平均深度为 H 的温跃层的海水密度差。在南美洲和非洲的西海岸、索马里海岸和许多其他地方也观察到过类似的沿岸上升流。

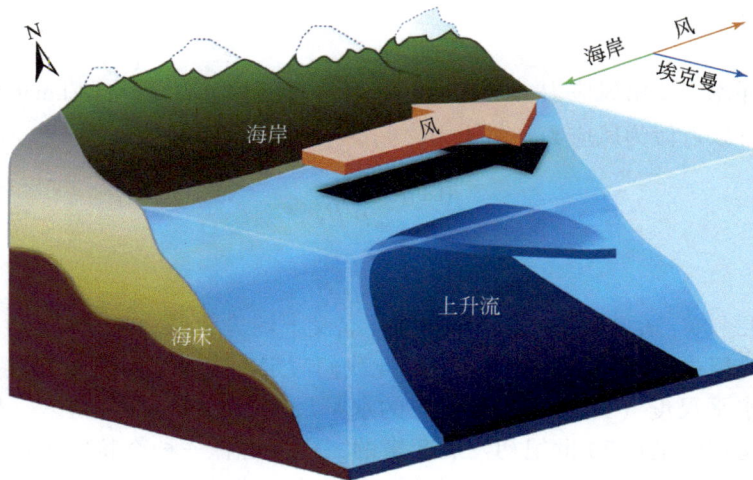

图 1.9　加利福尼亚州附近沿岸上升流示意图

赤道是式（1.6）中定义的埃克曼抽吸的奇点。由式（1.3）可知，对于均匀的东风信风，赤道两侧的埃克曼流向南北两极流动，在赤道处造成海水辐散和上升流。下面的冷水上涌，使赤道太平洋和赤道大西洋表面海水温度较低。第 7 章和第 8 章将详细讨论赤道上升流及其气候效应。

1.3.3　大气

海水几乎是不可压缩的，温度和密度在移动的流体微团中几乎是不变的。然而，大气是可压缩的，其密度随温度和压力的变化遵循理想气体定律：

$$\rho = \frac{p}{RT} \tag{1.8}$$

式中，R 是气体常数；ρ 和 p 是大气的密度和压强。

在垂直方向上，大气在压强梯度力和重力的作用下处于流体静力平衡：

$$\frac{\partial p}{\partial z} = -\rho g = -\frac{p}{RT} g \tag{1.9}$$

对于等温大气：

$$p = p_s \exp\left(-\frac{z}{H_s}\right) \tag{1.10}$$

式中，$H_s = RT/g$（约 7.5 km）为标高；p_s 为地表大气压强；大气压强 p 随高度增加呈指数下降。

1. 等压坐标系

在气象学中，垂直坐标往往采用压强而不是垂直高度（第 3 章；Holton，2004）。在等压坐标系中，地转平衡表达式为

$$-fv = -\frac{\partial \Phi}{\partial x} \tag{1.11}$$

$$fu = -\frac{\partial \Phi}{\partial y} \tag{1.12}$$

式中，$\Phi \equiv gz$ 为位势；z 为位势高度。

在这里，位势的水平梯度是在等压面（p 为常数）上得到的。式（1.1）和式（1.2）中的系数 $1/\rho$ 随高度呈指数增长，因此等压坐标系中的表达式与高度坐标系相比有很明显的优势。这正是气象学家使用等压面上的天气图的原因。

等压坐标系中的连续性方程也很简单：

$$\frac{\partial u}{\partial x} + \frac{\partial v}{\partial y} + \frac{\partial \omega}{\partial p} = 0 \tag{1.13}$$

式中，$\omega \equiv \dfrac{\mathrm{d}p}{\mathrm{d}t}$ 为气压速度（向下为正），这里，$\mathrm{d}/\mathrm{d}t$ 是移动的空气微团的全导数。因此，等效于式（1.9）的流体静力方程为

$$\frac{\partial \Phi}{\partial p} = -\frac{RT}{p} \tag{1.14}$$

它指出两个等压面之间的厚度与该层的温度成正比。

2. 热力学变量

一个不与周围环境进行热交换（绝热）的空气微团上升时，体积会随着压强的下降而增大。根据热力学第一定律，它通过对外做功降低内能，从而降低了自身温度。虽然绝热空气块的温度随环境压强而变化，但是干静力能 s 为

$$s \equiv c_p T + gz \tag{1.15}$$

是守恒的，其中，c_p 是定压比热容。这等价于位温（位势温度）守恒：

$$\theta \equiv T \left(\frac{p_0}{p} \right)^{\kappa} \tag{1.16}$$

即空气微团绝热地移动到参考压力（通常为 $p_0 = 1000\text{hPa}$）时的温度。此处，$\kappa = R/c_p = 2/7$。干静力能与位温的关系式为 $ds = C_p T d(\ln\theta)$。

温度随高度下降的速率称为温度递减率，$\Gamma \equiv -dT/dz$。对于绝热上升的空气微团，式（1.15）中的 $ds = 0$，干绝热递减率为 $\Gamma_d = \dfrac{g}{C_p} = 9.8\text{K/km}$。这个干绝热递减率是下午在行星边界层（距离地表 1km）观测到的，此时，被加热的地表可以激发大气的对流。

对流层气温递减率平均为 6.5K/km（图 1.10），远小于干绝热递减率，这是因为水汽凝结释放潜热，形成了云。气温在对流层顶达到垂向的最小值，这也是深对流所能达到的高度。砧状云的平整的顶部正是这一高度的体现。在对流层顶上方的平流层，由于臭氧对太阳辐射的吸收作用，平流层中的气温开始随高度增加而升高。平流层不是本书的关注对象，本书关注的是地表和对流层顶之间的对流层，即天气变化出现的地方。

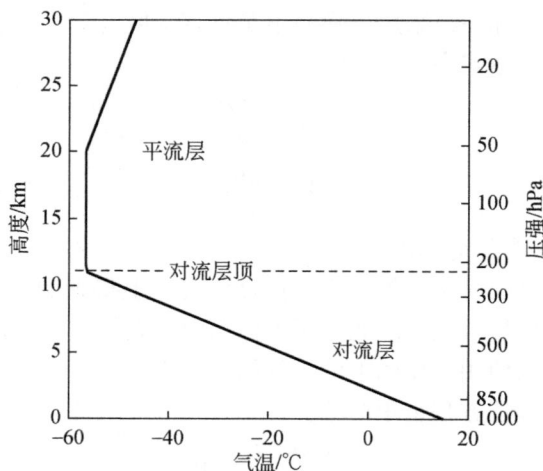

图 1.10 美国标准大气的垂直温度廓线（周震强供图）

由于稳定层结大气的位温随高度的增加而升高（$d\theta/dz > 0$），在夏季水平平流较弱的情况下，高层高压系统的下沉运动往往会导致地表出现高温。大气表面热浪与海洋上升流区的表面冷却类似，都是由于背景温度分层的垂直平流造成的。在陆地上，由于云量的减

少，增加了向下的太阳辐射，导致土壤变干进而抑制了蒸散作用，会加剧大气下沉运动引起的地表热浪。

1.3.4 海气交换

大气和海洋通过交换动量和热量联系在一起。海洋表面的风应力通常表示为

$$\tau = \rho_a C_d W u \tag{1.17}$$

式中，ρ_a 为空气密度；C_d 为无量纲的空气动力阻力系数；W 为标量风速的时间平均，一般大于时间平均的矢量风 u 的模。

海洋与大气会不断地进行感热与水汽的湍流交换。感热通量的公式为

$$Q_H = \rho_a C_H W (T - T_a) \tag{1.18}$$

通过地表蒸发的潜热通量为

$$Q_E = \rho_a C_E W L (q_s - q_a) \tag{1.19}$$

式中，C_H 和 C_E 为交换系数，下标 a 表示通常在地表以上 10m 高度处测得的大气变量；q_s 为海面饱和混合比；交换系数（C_d，C_H，和 C_E）是风速（与风浪的相互作用）和海气温差（静力稳定度的一种度量）的函数，约为 1.3×10^{-3}。

1.4 环流模式（GCM）

通常，GCM 指的是一套关于动量、能量、水，以及大气、海洋及其耦合系统中的其他保守量在某些近似下的控制方程。基于经验和理论关系，把尚未解析的物理过程的影响通过参数化方案表示。在耦合 GCM 中，大气模式将风应力、热量和淡水通量传递给海洋模式，而海洋模式将海温和海冰场的信息传递给大气模式（图 1.11）。陆面模式通常被视为大气模式的一部分，两者相互交换热量和水。GCM 非常复杂，以至于在有限间距的全球网格系统上只可能有数值解。GCM 代表了我们在过程层面、宏观行为和特征方面对气候系统的理解的最先进水平。事实上，GCM 在模拟和预测天气（图 1.7）、气候变率（第 9 章）以及辐射引起的气候变化（第 13 章）等方面表现出了一定的实用性。

对于气候，我们研究的是月平均或季节平均尺度。一般来说，大气变率 $P(x, y, p; t)$ 由其内部变率（蝴蝶效应）和对外强迫的响应（$P = P_I + P_F$）组成。对于大气来说，SST 和海冰的分布是其底边界的一个非常重要的强迫源。SST 和海冰变化可能是受到海气相互作用的影响（如厄尔尼诺），并隐含了其他外部强迫（如日照、温室气体浓度和气溶胶）的影响。

扰动初始条件集合（perturbed initial condition ensemble，PICE）是指一组大气 GCM 试验，它们具有相同的观测得到的 SST 和海冰的演变，但初始条件各不相同。不同集合成员之间的差异代表内部变率 P_I，集合平均值代表强迫变率 P_F：

$$P_F = \frac{1}{M} \sum_{m=1}^{M} P_m \tag{1.20}$$

$$P_I^m = P^m - P_F, \quad m = 1, 2, \cdots, M \tag{1.21}$$

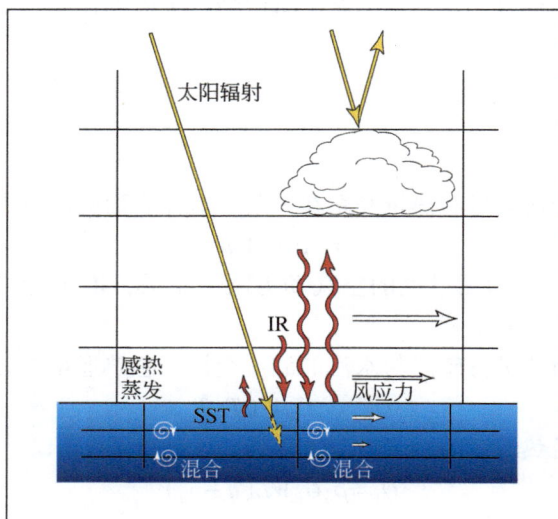

图 1.11　基于能量通量和风应力的大气–海洋耦合模型示意图。IR-红外辐射；
SST-海面温度。（摘自 Neelin，2011）

式中，m 表示第 m 个成员；M 是集合成员的数量。

　　另外，我们也可以用气候态的 SST 和海冰强迫大气 GCM 来评估内部变率（图 1.6）。这与实测 SST 演变强迫的大气 GCM 试验结果比较，可以发现大气变率（季节平均）在很大程度上是由 SST 变率强迫的，尤其是热带海洋上空的大气。

　　我们也可以对海洋 GCM 采用上述方法分离出大气强迫的 SST 变率，T_F。在 1°水平分辨率下，海洋内部变率 T_I 很小，大气强迫的 SST 变率占主导地位（图 9.8）。而在涡旋尺度分辨率的海洋 GCM（水平分辨率小于 1°）中，海洋内部变率会变得更重要。

　　对于大气–海洋耦合系统，SST 是一种内部变率，而日照、温室气体和气溶胶是外部强迫。耦合 GCM 的 PICE 试验可以用来评估辐射强迫响应 T_F 和内部变率 T_I。

1.5　统计学方法

　　一个由 N 个元素组成的时间序列可以分解成一个平均值（即气候态）和偏差（用撇号'表示）：

$$T_i = \overline{T} + T_i', \quad i = 1, 2, \cdots, N \tag{1.22}$$

式中，$\overline{T} \equiv \dfrac{1}{N} \sum_{i=1}^{N} T$；$T'$ 为异常。

　　方差是

$$\sigma_T^2 \equiv \frac{1}{N} \sum_{i=1}^{N} T_i'^2 \tag{1.23}$$

式中，σ 为标准差，用来衡量一个变量随时间变化的幅度。

1.5.1　相关

两个时间序列 x_i 和 y_i 的协方差定义为

$$R_{xy} \equiv \frac{1}{N} \sum_{i=1}^{N} x_i y_i \tag{1.24}$$

互相关系数为

$$r_{xy} = \frac{R_{xy}}{\sigma_x \sigma_y} = \frac{1}{N} \sum_{i=1}^{N} \frac{x_i}{\sigma_x} \frac{y_i}{\sigma_y} \tag{1.25}$$

表示 x 和 y 之间关系的紧密程度。显然，$|r_{xy}| \leqslant 1$。相关性通常需要做统计显著性检验。当时间序列不相关的零假设的次数中有 95% 被拒绝时，我们就说相关性在 95% 的置信水平上是显著的。对于给定的置信水平，如果已知自由度，则可以根据 t 检验确定临界相关系数。

自由度的计算为 N_E-2。这里的有效自由度一般不与样本量相同。考虑一个正弦振荡，无论在一段时间内采样多少次，在一个周期内只有两个有效自由度。有效样本数量需要考虑滞后一个时刻的自相关系数 r_x 的大小：

$$N_E = N \frac{1-r_x}{1+r_x} \tag{1.26}$$

Bretherton 等（1999）给出了评估互相关系数的有效样本量的方法：

$$N_E = N \frac{1-r_x r_y}{1+r_x r_y} \tag{1.27}$$

1.5.2　经验正交函数（EOF）

EOF 分析将随时间变化的场 $T(x, y, t)$ 分解为相互正交的空间基函数 $R_n(x, y)$ 和时间序列 $P_n(t)$：

$$T(x,y,t) = \sum_{n=1}^{N} P_n(t) R_n(x,y) \tag{1.28}$$

式中，$R_n(x, y)$ 为第 n 个 EOF 模态；$P_n(t)$ 为第 n 个主成分（principal component，PC）。在气候资料中，前几个 EOF 模态通常可以解释分析区域的总方差的绝大部分。在实际中，空间场 $T(x, y)$ 由规则网格（$i=1, 2, \cdots, I$；$j=1, 2, \cdots, J$）上长度为 $I \times J$ 的空间向量 T 表示。

通过构造 $M \times I \times J$ 的联合向量（M 是变量的数量），可以对两个或多个变量场进行 EOF 分析。EOF 分析的目的是寻找一组联合模态（如 SST 和降水之间），每个变量的模态共享相同的 PC。特别地，也可以选择同一变量（如 SST）的不同月份的月平均序列组成联合变量做 EOF 分析，用来识别其年际模态的季节演化。这被称为依赖于月份的或周期平稳的 EOF 分析（Kim et al.，2015）。

　　与 EOF 分析不同的是，奇异值分解（singular value decomposition，SVD）方法中各个变量不是共享同一个 PC，该方法通过最大化 PC 的时间协方差来识别两个相关变量场（如 SST 和降水）的一对空间模态（Wallace et al.，1992）。该方法也被称为最大协方差分析（maximum covariance analysis，MCA）方法。

第2章　能量平衡与能量传输

2.1　行星能量平衡和温室效应

地球从太阳辐射中接收能量。黑体辐射的光谱分布遵循普朗克黑体辐射定律，其峰值波长满足 $\lambda_m = b/T$，其中 T 为绝对温度，b 为常数。太阳的表面温度约为5800K，其辐射能量大致在可见光范围内达到峰值（对应波长为 $0.4 \sim 0.7\mu m$）。与之相对的是，地球表面温度约为-18℃，释放的辐射波长主要位于红外线区间，约为 $5 \sim 50\mu m$。因此，太阳辐射又常被称为短波辐射，地球辐射被称为长波辐射（图2.1）。短波辐射能够穿透晴朗大气，因此我们的视线才能够不被空气遮挡，而大气对于地球长波辐射的吸收作用却很强。我们可以利用一个简化模型来描述温室效应（图2.2）。这里大气被类比为温室的玻璃板，它能够允许太阳辐射穿透，但对地球长波辐射的作用类似于黑体。地表吸收的太阳辐射 Q_s，满足：

$$Q_s = (1-a)I_0/4 \tag{2.1}$$

式中，太阳常数$I_0 = 1361\text{W/m}^2$；行星反照率 $a = 0.3$，衡量地表对太阳辐射的反射强度。

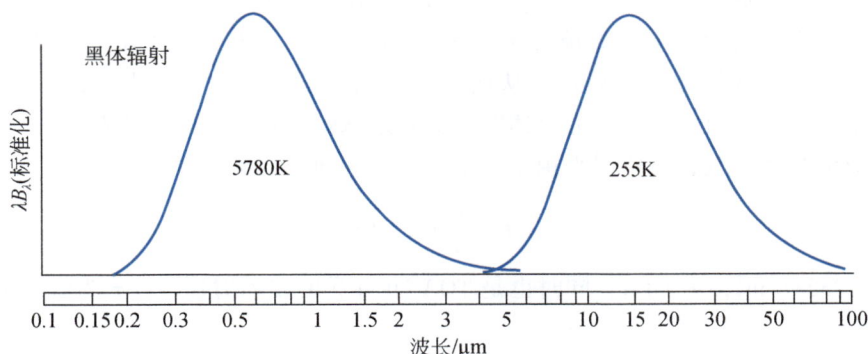

图2.1　太阳（左）与地球（右）的黑体辐射频谱分布图。横轴表示波长，为对数坐标，纵坐标表示波长（λ）与辐射强度（$B\lambda$）的乘积，这使得曲线以下的面积与辐射强度成正比。除此之外，两条曲线均被标准化，因此两条曲线以下的面积相同。（Wallace and Hobbs，2006）

在大气层顶（top of the atmosphere，TOA），净入射的太阳短波辐射与向外长波辐射（outgoing longwave radiation，OLR）平衡。此时，大气的绝对温度满足：

$$\sigma T_1^4 = Q_s \tag{2.2}$$

式中，σ 为斯特藩-玻尔兹曼（Stefan-Boltzmann）常数。假如地球没有大气层，则地表温度将等于T_1。但考虑到大气的温室效应，地表的能量平衡为

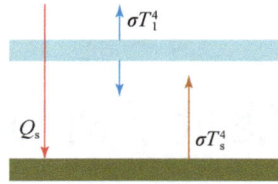

图 2.2　温室效应的简化模型。大气被视作温室的玻璃板，可以让太阳辐射（Q_s）穿透，但是能阻挡红外辐射（蓝色和棕色箭头）。

$$\sigma T_s^4 = \sigma T_1^4 + Q_s = 2 Q_s \tag{2.3}$$

我们可以看到，在大气的温室效应作用下，除了太阳辐射，地表还会额外接收到来自大气的长波辐射，这使得地表温度从寒冷的 T_1（$-22℃$）上升到适宜生存的 $\sqrt[4]{2}\, T_1$（$15℃$）。同理，如果在上述模型中添加更多的玻璃板可以使地表温度进一步上升，对于 n 层玻璃板的情况，地表温度满足 $\sqrt[4]{n+1}\, T_1 = \sqrt[4]{(n+1)\, Q_s / \sigma}$。图 2.3 展示了全球辐射能量收支情况。假设 TOA 接收到的太阳辐射总量有 100 单位，其中有 31% 被反射回太空中，49% 被地表吸收，另有 20% 被大气吸收。另外，地表还会额外吸收 95 单位大气释放的红外辐射，这进一步表明大气的温室效应能够使地表温度上升。考虑一个静止、没有对流活动并处于辐射平衡的空气柱。由于大气对太阳辐射近似于透明，太阳辐射会穿透空气柱被地表吸收，进而加热空气柱底部。水汽具有很强的温室效应且大气中饱和水汽压会随温度上升而上升。由于气柱内大气温度随高度增加而降低，因此水汽含量也会随高度增加而降低。我们可以近似地认为在近地面存在着一层长波辐射吸收层。正因如此，仅考虑辐射平衡的大气温度垂向廓线在地表附近十分陡峭（图 2.4，红色曲线），随着高度降低，温度的快速上升使得空气柱下部变得重力不稳定，从而引起垂向对流。我们接下来考虑以下的简化模型，该模型中，大气对太阳辐射完全透明，而对地球辐射具有一定的吸收作用。这一模型常被称为双流灰体大气，在辐射平衡条件下，温度垂向廓线满足：

$$\sigma T^4 = \frac{F_0}{2}\left(\frac{5}{3}\tau + 1\right) \tag{2.4}$$

式中，$F_0 = 235\,\mathrm{W/m^2}$，为 OLR，同时也是 TOA 净向下短波辐射通量；τ 为红外光学厚度，满足：

$$\tau = \tau_s \mathrm{e}^{-z/h} \tag{2.5}$$

该数值随高度下降呈指数递增，其垂向分布主要是由具有较强红外辐射吸收能力的水汽的垂向分布所决定的。我们取 $h = 2.5\,\mathrm{km}$ 为水汽标高，通常 $\tau_s = 3$，计算得到的大气辐射平衡温度随高度下降而快速升高。这种情况下，地球表面温度将达到 334K（$61℃$），远高于实际观测值。

上面得到的辐射平衡条件下的大气是重力不稳定的，其温度递减率 Γ 大于干空气温度递减率 Γ_d，由此引发的对流将会使对流层温度的垂向温度满足湿绝热递减率。在其上面的平流层，空气温度则将处于辐射平衡，呈现稳定的层化结构。由于臭氧对太阳辐射的吸收作用，在平流层下部，大气温度会随高度上升而增加。这使得对流层顶的温度达到垂向极

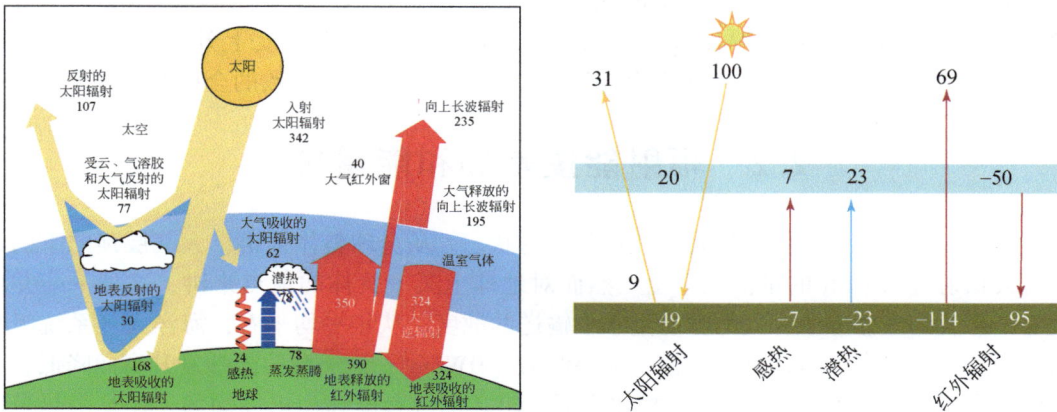

图 2.3　全球辐射能量收支示意图。左图：全球气候系统能量收支（单位为 W/m^2）；右图：大气层顶（TOA）、大气（浅蓝色）和地表（棕色）能量收支的相对于大气层顶向下太阳辐射（规定为 100 单位）的大小。入射的大部分太阳短波辐射能量被地表吸收，而后以辐射和湍流热通量的形式加热大气。（左图，Hartmann，2016）

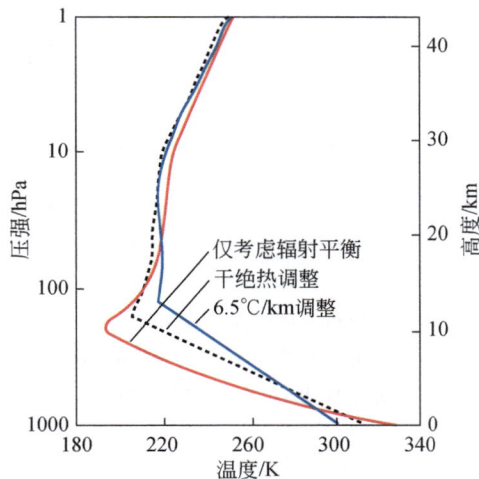

图 2.4　辐射平衡（红色实线）和辐射−对流平衡下大气温度廓线分布。后者的干绝热递减率（虚线）和湿绝热递减率（蓝色实线）体现了对流的作用。（Wallace and Hobbs，2006）

小值，从而将对流活动活跃的对流层和层结化的平流层间隔开来。除温度外，对流活动还能促进水汽和位温的垂向混合。在地表吸收的 49 单位太阳辐射中，分别有 19 和 30 单位的能量以红外辐射和湍流混合的形式被返还给大气（图 2.3）。由于海洋和大气界面存在温度和比湿的差异，在湍流混合的作用下，海气界面存在热量和水汽的交换，即产生了热量和水汽通量（第 1 章）。水汽在大气中凝结的过程能够释放潜热，对应地，海面的蒸发过程会产生潜热通量。感热通量和潜热通量两者合称为湍流通量。

二氧化碳（CO_2）是一种温室气体，自工业革命以来，大量燃烧化石燃料使得大气中

的 CO_2 浓度从 280ppm（parts per million，1ppm 指气体体积占大气总体积的 10^{-6}）上升至 420ppm。这使得大气光学厚度（τ_s）增加，进而引起了表面温度上升［式（2.4），式（2.5）］。在第 13 章和第 14 章我们会探讨由于温室气体增加而导致的全球变暖现象。

2.2　辐射能量差额和能量传输

假设工业化前的气候系统处于能量平衡的状态。从全球整体来讲，大气层顶向下的太阳短波辐射应与 OLR 的量值相平衡。然而对地球上某一具体的地点来讲，这种平衡并不成立，两者的差值等于大气海洋能量水平输送的散度。从年平均来看，海洋大气系统吸收的太阳短波辐射在赤道达到最大值，大小约为 $300W/m^2$，这一数值随纬度升高而降低，在两极达到最小值，不足 $50W/m^2$。相比之下，OLR 的分布随纬度更加均匀，在整个热带地区均为 $250W/m^2$ 左右，在极地地区也有约 $100W/m^2$（图 2.5）。因此，在 TOA 上来看，气候系统在热带获得能量、在极地失去能量。这一能量差使得海洋和大气必须借由海流和风从热带向极地输送能量。

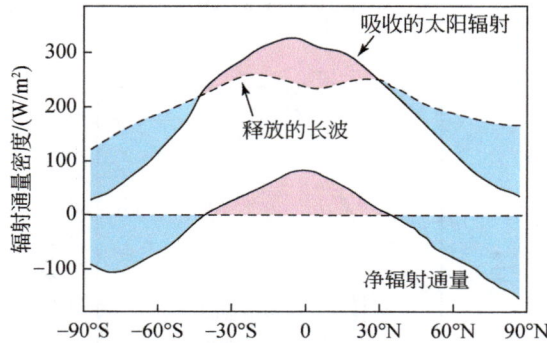

图 2.5　年平均辐射能量收支随纬度的分布。从纬向平均来看，热带向下太阳辐射大于向上长波辐射，高纬度则呈现相反的关系，侧面体现了海洋和大气的运动对于能量传输的作用。
（摘自 Wallace and Hobbs，2006）

下面我们考虑一个简单的"双盒"模型，两个"盒子"分别位于热带和极地（图 2.6）。此时，两者的能量平衡可以表达为

$$C\frac{\partial T_1}{\partial t}=\lambda(T_1-T_{1E})-d(T_1-T_2) \tag{2.6}$$

$$C\frac{\partial T_2}{\partial t}=\lambda(T_2-T_{2E})-d(T_2-T_1) \tag{2.7}$$

式中，T_1 和 T_2 分别为热带和极地盒子中的海表温度（SST）；下标 E 为局地的辐射–对流平衡；C 为海洋热容（远大于大气等气候系统其他组分的热容）；λ 为 TOA 的辐射反馈系数（$\lambda \sim -1.2Wm/K$，第 13 章），海洋大气的能量传输作用被简化为牛顿冷却过程，系数为 d。此时热带与极地温差的定常解满足：

$$\hat{T}\equiv T_1-T_2=\frac{\lambda}{\lambda-d}\hat{T}_E \tag{2.8}$$

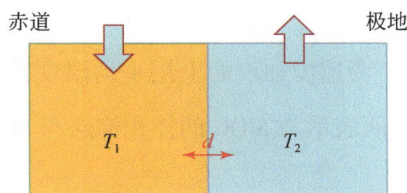

图 2.6　"双盒"模型示意图。热带和极地盒子能量交换的传输系数为常数。

因此，经向能量传输（$d>0$）将减少热带和极地的温度梯度（$\hat{T}<\hat{T}_E$），TOA 的辐射差可表示为 λ（$T-T_E$）$=\pm d\,\hat{T}$（热带向下而极地向上）。一般而言，处于平衡态下的海洋大气能量传输 F（y）散度与 TOA 的辐射能量差相平衡：

$$\frac{\partial F}{\partial y}=R \tag{2.9}$$

气候系统的能量传输又可以进一步分解为海洋和大气部分，$F=F_a+F_o$。下面我们将讨论两者的分布特征和控制机理。

2.3　海洋热输送

海水可以视作不可压缩流体，其能量守恒表达式为

$$\frac{\partial T}{\partial t}+\frac{\partial}{\partial x}(uT)+\frac{\partial}{\partial y}(vT)+\frac{\partial}{\partial z}(wT)=\frac{\partial}{\partial z}\left(\kappa\frac{\partial T}{\partial z}\right) \tag{2.10}$$

式中，等号左边的全导数写作通量形式；κ 为垂向湍流扩散系数。在平衡状态下，对整个水柱沿纬圈积分，有

$$\rho c_p \frac{\partial}{\partial y}\left[vT\right]_o=\int_0^{2\pi}Q_{net}\cos\varphi\,\mathrm{d}\lambda \tag{2.11}$$

式中，$\left[\,\cdot\,\right]_o\equiv\int_0^{2\pi}\cos\varphi\,\mathrm{d}\lambda\int_{-H}^0\left[\,\cdot\,\right]\mathrm{d}z$，为纬向和垂直积分；$\rho c_p\kappa\left.\frac{\partial T}{\partial z}\right|_{z=0}=Q_{net}$ 为表面净热通量（向下为正）。海洋热输送又可以根据各个海盆进一步细分，用 x_W 和 x_E 分别表示海洋的西边界和东边界，热输送可以进一步写成：

$$\left[vT\right]_{x_W}^{x_E}=(x_E-x_W)\int_{-H}^0\bar{v}\,\bar{T}\mathrm{d}z+\left[v^*\,T^*\right]_{x_W}^{x_E} \tag{2.12}$$

式中，上横线为整个海盆纬向平均的、与经向翻转环流（meridional overturning circulation，MOC）相关的热输送；星号为相对于纬向平均的偏差，代表了水平环流。一般而言，气候态上纬向平均的 MOC 热输运远大于水平环流输运。

下面我们考虑一个两层 MOC 模型（图 2.7）。上层和下层的厚度分别为 h_1 和 h_2。上层纬向积分的体积输运 V 必须与下层相等：

$$V\equiv(x_E-x_W)\int_{-h_1}^0\bar{v}\mathrm{d}z=-(x_E-x_W)\int_{-(h_1+h_2)}^{-h_1}\bar{v}\mathrm{d}z$$

整个海盆积分的热输送可以近似写成：

$$[vT]_{x_W}^{x_E} = V(\overline{T_1} - \overline{T_2}) \qquad (2.13)$$

式中，$\overline{T_1} \equiv \int_{-h_1}^{0} \bar{v}\,\overline{T}\mathrm{d}z \int_{-h_1}^{0} \bar{v}\mathrm{d}z$，为速度加权的上层平均温度；$\overline{T_2}$ 为速度加权的下层平均温度。我们可以发现海洋热输送能表示为 MOC 的体积输送与 MOC 层中的温度层结（表示为上下层温度之差）的乘积。

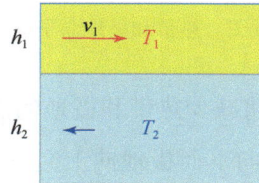

图 2.7　海洋翻转环流热输送示意图。

2.3.1　海洋经向翻转环流

海洋中存在着深、浅两种 MOC。浅层 MOC 由风驱动。在海洋埃克曼层中（深度 H_E 约为 50m），科氏力使得表层埃克曼流偏转，在北（南）半球偏向风应力矢量的右（左）侧［式（1.3），式（1.4）］。在热带，信风在表层驱动出向极的埃克曼流［图 2.8（a）］。在副热带环流区，在背景西风最大值区的赤道一侧，由于海表面冷却和对流混合的作用，会在冬季形成较深的混合层。在向赤道流动的地转流平流作用下，冬季混合层的冷水被输送至温跃层。大部分潜沉至温跃层中的水会回流至副热带环流圈，但也有一小部分会在埃克曼辐散的作用下在赤道地区上升（第 1 章和第 7 章）。在副热带，蒸发大于降水，海表面盐度较高（专栏 2.1）。沿着温跃层（如 20℃等温线）向赤道扩展的高盐水常被用来表

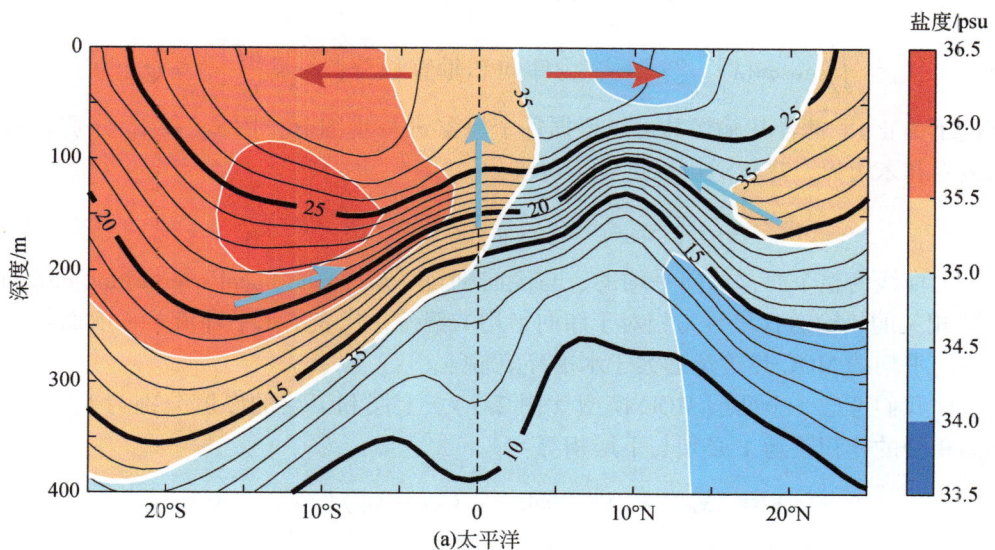

(a)太平洋

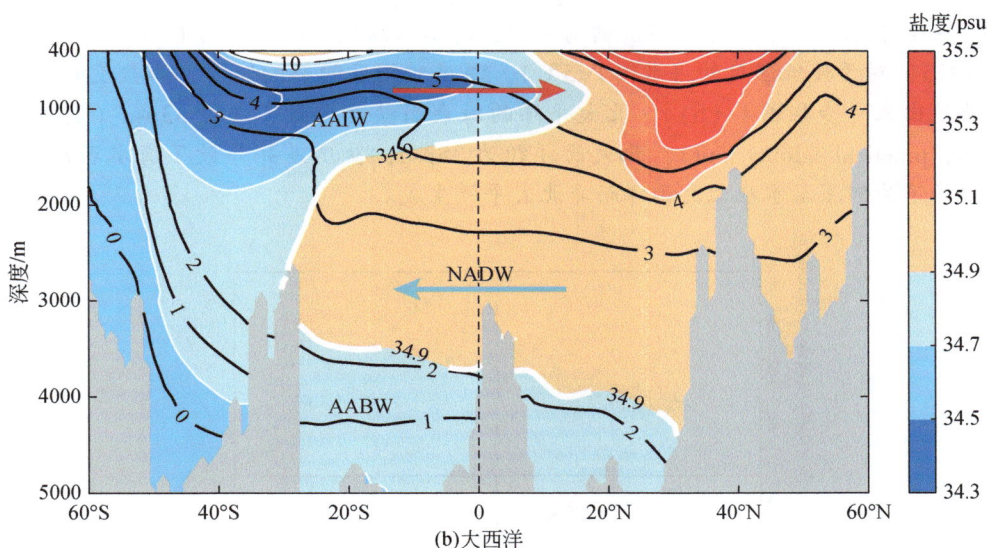

图 2.8　太平洋和大西洋温盐结构断面图。(a) 热带太平洋温度（黑色等值线）和盐度（填色和白色等值线）沿 160°W 的断面。(b) 大西洋沿 30°W 的断面。在太平洋的经向翻转环流深度较浅，流动将表层暖水向极输送、将温跃层较冷的海水向赤道输送，总体效果为将热量向两极输送。在大西洋，深层水在北半球副极地地区生成，向南扩展并进入到其他大洋，表层向北的海流（湾流是其中一支）与深层向南流动的海水相互补偿，这一结构造成了热量跨越赤道向北输送。深层和浅层经向翻转环流均在盐度分布上留下了痕迹——北大西洋深层水（NADW）盐度高于南极中层水（AAIW）和南极底层水（AABW），
psu 为实用盐标（practical salinity unit）。（部分数据来自世界海洋图集 2018；宋子涵供图）

征浅层 MOC 的下支［图 2.8（a）］。温暖的向极埃克曼流（~25℃）和沿着温跃层中向赤道输送的海水（~15℃）之间存在着温度差，造成了浅层 MOC 的向极热量输送。

专栏 2.1　海表面盐度

　　热带海面蒸发旺盛，随着纬度升高而海表温度降低，蒸发也随之减弱［专栏图 1（a）］。蒸发（E）在赤道存在一个极小值，这与赤道上较低的风速和由赤道上升流引起的海温极小值有关。相较于蒸发较为平缓的变化，降水（P）随纬度变化更加剧烈，表现为位于赤道北侧的陡峭峰值，以及在南北半球风暴轴附近平缓的极大值。多年平均的全球平均 E-P（E 减去 P）等于 0，海洋表面盐度的经向变化基本与 E-P 的分布一致［专栏图 2.1（b）］。E-P 在副热带达到极大值，强烈的蒸发使得海表盐度升高；在 ITCZ（位置位于北半球），降水大于蒸发，因此这里海表盐度较低；在副极地海洋，风暴活动引起的降水较强，而由于海温较低、蒸发较弱，因此该地亦存在盐度的极小值。

　　在全球范围内深度超过 1km 的海洋中，海水的温度分布在空间上相当均匀（T 约为 2℃），对于较低温度的海水（$T<5$℃），温度对密度的影响较弱，而盐度的影响开始凸显出来［专栏图 1（b）］。北太平洋的海表面盐度大致不超过 33psu（实用盐度单位，practical salinity unit），北大西洋约为 35psu，盐度差异导致了海水密度差异，这解释了为何深层水在北大西洋而非北太平洋生成。

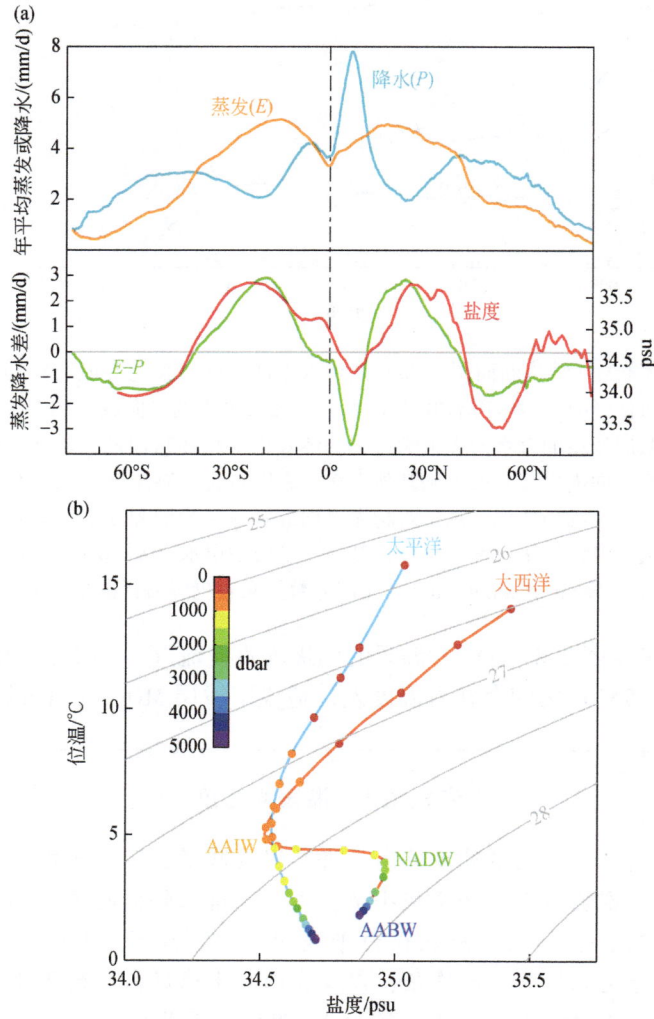

专栏图 2.1　（a）年平均降水、蒸发、蒸发降水差（单位为 mm/a，来自 ERA5 的 1979～2020 年数据）和海表面盐度（单位为 psu，来自 Argo 的 2004～2020 年数据）随纬度分布。（b）赤道大西洋（经度 0°，红线）和太平洋（经度 180°，蓝线）温盐垂向分布结构。图中灰色等值线表示位势密度（σ_0，单位：kg/m³），颜色对应深度（从 200m 起）。南极中层水（AAIW）的盐度为垂直方向的极小值，北大西洋深层水（NADW）则是 500m 以下海水的盐度极大值。（数据来自世界海洋图集 2018；宋子涵供图）

专栏 2.2　湿大气的热力学参量

水汽是重要的温室气体，其三维空间分布并不均匀且随时间变化显著。冬季，经过晴朗的一夜后，地表常常在辐射冷却的作用下结霜。大气环流正是由水汽、液态水和冰之间相变产生的潜热所驱动的。大气中的水汽含量通常使用混合比或者比湿来衡量，其单位为 kg/kg，$q \equiv \rho_v/\rho = \varepsilon e/p$，其中 ρ 为密度，下标 v 表示水汽，e 为水汽分压，$\varepsilon = R/R_v$，其中 $R = 287$，$R_v = 461$ JK/g/K，分别为干空气和水汽的气体常数。相对湿度 $R_H \equiv e/e_s$，其中饱和水汽压 e_s 满足克拉珀龙 – 克劳修斯（Clapeyron- Clauslus，CC）方程，为温度的指数函数。水汽与温度的关系决定了其主要分布在大气低层和热带地区。

气块上升引起的绝热冷却使得水汽凝结，此时饱和的气块中水汽开始凝结，释放潜热，造成气块位温升高，MSE 就包含了水汽的潜热释放项：

$$m \equiv c_p T + gz + Lq = s + Lq$$

式中，L 为水的汽化潜热，相当位温 θ_e 表示所有水汽全部凝结释放出潜热后气块所具有的位温：

$$\theta_e = \theta \exp\left(\frac{Lq}{c_p T_{\mathrm{LCL}}}\right)$$

式中，LCL 指抬升凝结高度（lifting condensation level；云底高度），上升的气块在这一高度达到饱和。在上升的湿空气气块中，θ_e 守恒，MSE 和相当位温满足 $\mathrm{d}m = c_p T \mathrm{d}(\ln\theta_e)$。

饱和相当位温 θ_e^* 与 θ_e 类似，表达式中的比湿被替换成了饱和比湿：

$$\theta_e^* = \theta \exp\left(\frac{Lq_s}{c_p T_{\mathrm{LCL}}}\right)$$

静力稳定度可以反映在温度的垂向廓线上。

（1）$\mathrm{d}\theta_e^*/\mathrm{d}z > 0$，绝对稳定（接近对流层顶）；

（2）$\mathrm{d}\theta_e^*/\mathrm{d}z < 0$，条件不稳定，即对饱和湿空气不稳定（如位于对流层低层）；

（3）$\mathrm{d}\theta/\mathrm{d}z < 0$，绝对不稳定（如午后的地表附近）。

湿绝热递减率 Γ_s 表示为

$$\Gamma_s = \Gamma_d / (1 + L/c_p \cdot \mathrm{d}q_s/\mathrm{d}T)$$

由于凝结潜热释放，饱和湿空气被加热，减弱了上升带来的冷却效应，因此 Γ_s 始终小于干绝热递减率 $\Gamma_d = g/c_p = 9.8$ K/km（在对流层低层 Γ_s 约为 4 K/km，在中层约为 6~7 K/km，在对流层高层接近干绝热递减率的 9.8 K/km）。在对流层高层，干、湿绝热递减率之间的差异很小，这是由于这一高度的气团温度低、水汽含量极少；在对流层下层、边界层之上，受对流活动影响，观测到的温度递减率接近湿绝热递减率。

赤道上底层海水的温度接近冰点。这些冷水并非在赤道地区产生，而是在冬季副极地北大西洋区域形成的（专栏 2.1），它们被深层环流经由南大洋输送至太平洋和印度洋。大量北大西洋深层水（North Atlantic deep water，NADW）在南大洋上升，被西风引起的埃克曼流输送向赤道并潜沉至温跃层，图 2.8（b）中的低盐舌表征了这一过程。在 1000～3000m 深度，较高的盐度是 NADW 的一个显著特征。深层大西洋 MOC（Atlantic MOC，AMOC）是一个跨半球的环流系统，其将热量从南半球跨越赤道输送至北半球。在垂向上，跨半球的 AMOC 流经区域的海水温度在 3～10℃之间。关于水团和海洋环流的详细讨论请参见 Talley 等（2011）。

2.3.2　海表热通量

由海洋环流导致的海洋纬向积分的热输送的经向散度与进入海洋的净热通量相平衡［式（2.11）］。在赤道上，上升流将温跃层中较冷的海水输送到海面，与大气接触并吸收热量［图 2.9，图 2.8（a）］。在副热带，反气旋式的环流导致了海盆东西海表热通量的巨大差异，这一现象在北半球和冬季尤为明显：在向极流动西边界暖流（如黑潮和湾流）及其延伸体区域中，海洋向大气释放出巨大的能量；对于存在向赤道流动的海流的区域、较冷的东边界流区域和沿岸上升流区域，海洋从大气中吸收热量［图 2.9（a）］。与北太平洋不同，由于 AMOC 的热量输送，北大西洋在副极地区域失热。在 Argo 时代（从 2002 年开始）之前，人们缺少对海洋三维热力结构的精确测量，特别是对众多中尺度涡旋（100km 左右）的直接观测。相比而言，对影响海表热通量的表层变量（如云量、SST、表面空气温度、湿度、风速等）观测则较为充足。在实际应用中，海洋热输送是根据式（2.11），将海表热通量从北到南积分而间接计算的。由于缺少深层 MOC，太平洋的海洋热输送几乎是沿赤道对称的，由风驱动的浅层 MOC 在其中占主导作用。而在大西洋，跨赤道的深层 MOC 将大量热量从南半球输送至北半球。

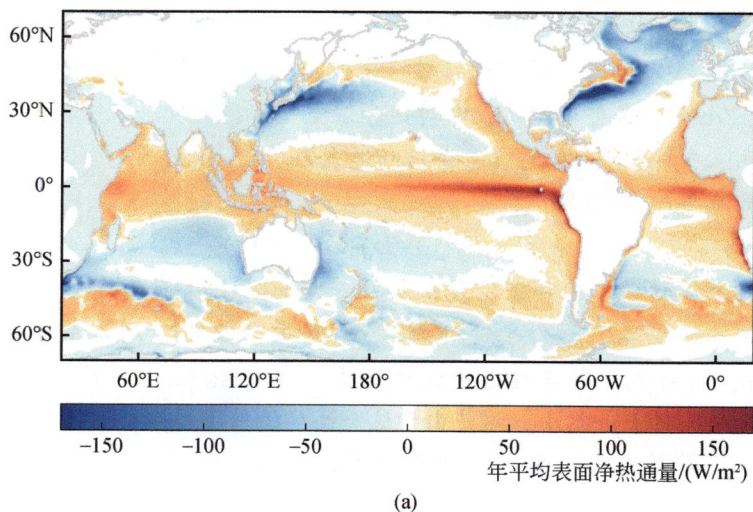

(a)

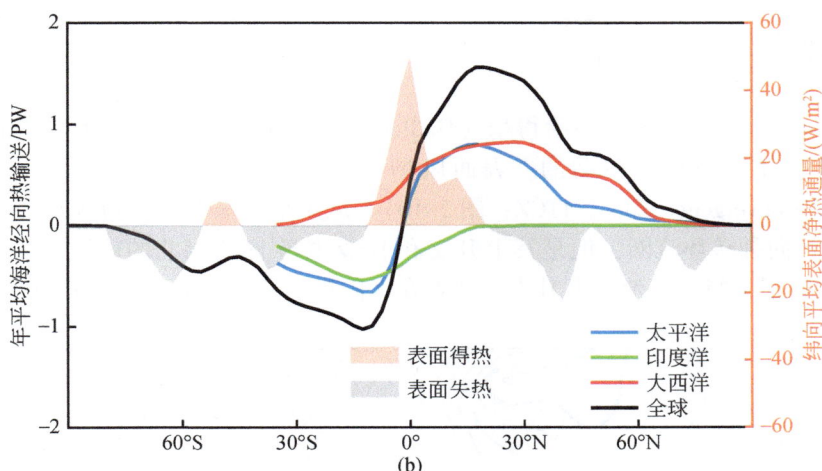

图 2.9　（a）年平均表面净热通量。单位为 W/m^2，基于 ERA5 资料（第 5 代 ECMWF 再分析资料）1979 ~ 2020 年的气候平均态。（b）年平均的海洋经向热输送（彩色曲线，$1PW = 10^{15}\,W$）和纬向平均的表面净热通量（W/m^2），数据来自 CESM1 耦合模式的工业化前控制试验，海洋经向热输送是通过对整海盆的表面净热通量积分得来的。（宋子涵供图）

将式（2.11）从北极积分到南极可得一个全球性约束关系：

$$\int_{-\pi/2}^{\pi/2} \mathrm{d}\varphi \int_{0}^{2\pi} Q_{\mathrm{net}} \cos\varphi \mathrm{d}\lambda = 0 \tag{2.14}$$

在稳定状态下，全球积分的海表热通量必然为 0。这一约束条件被用来订正表面热通量的计算，以减少经验公式和输入数据的不确定性。人类活动使得 TOA 辐射强迫增加，上述稳定状态也会被打破，此时观测到的全球积分的海洋热容量：$\int_{-\pi/2}^{\pi/2} \mathrm{d}\varphi \int_{0}^{2\pi} \cos\varphi \mathrm{d}\lambda \int_{-H}^{0} T \mathrm{d}z$ 也相应有所增加。

2.4　大气能量传输

空气是可压缩流体，且大气中的水汽凝结会释放潜热。气块的湿静力能（moist static energy，MSE）可以表示为 $m \equiv c_p T + gz + Lq$，包含了水汽的潜热能（Lq），其中 q 为比湿，单位为 kg/kg（专栏 2.1）。类似于全球海洋热收支，大气纬向和垂向积分的 MSE 满足如下守恒关系：

$$\frac{\partial}{\partial y} [vm]_a = \int_{0}^{2\pi} (R_{\mathrm{TOA}} - Q_{\mathrm{net}}) \cos\varphi \mathrm{d}\lambda \tag{2.15}$$

式中，$[\cdot]_a \equiv \int_{0}^{2\pi} \cos\varphi \mathrm{d}\lambda \int_{0}^{p_s} [\cdot] \mathrm{d}p/g$，为纬向和垂向体积积分。该公式表明大气能量输送的散度与从 TOA 和地表进入气柱的能量相平衡。

2.4.1　热带

热带纬向平均的能量输送由哈得来（Hadley）环流所主导。哈得来环流是由其上升支所处地区降水释放潜热所驱动的。表面风场将水汽输送至赤道，形成了热带辐合带（Intertropical Convergence Zone，ITCZ；图 2.10）。从年平均来看，哈得来环流在南北半球各存在一个经向翻转环流圈，但是其上升支和 ITCZ 位于赤道以北的位置。从纬向平均来看，ITCZ 对应了哈得来环流的上升支，两者在太阳辐射的驱动下，随季节南北摆动。

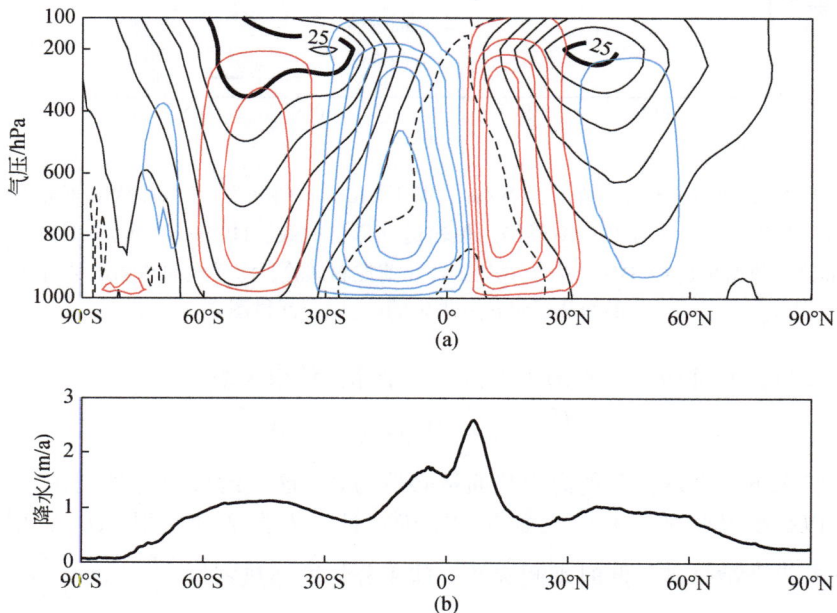

图 2.10　纬向积分的年平均大气质量输送函数、纬向风速（a）和纬向平均降水（b）。红色和蓝色等值线分别表示大气质量输送函数的正、负值，最小等值线代表 $10^{-10}\,\text{kg/s}$，等值线间隔 $2\times10^{-10}\,\text{kg/s}$。灰色等值线表示纬向风速，间隔 5m/s，风速大于 25m/s 的加粗，小于 -2.5m/s 的为虚线。降水单位 m/a。（数据来自 ERA5 $1979\sim2020$ 年资料；宋子涵供图）

　　热带大气的 MSE 在对流层中部（$\sim600\text{hPa}$）存在一个极小值［图 2.11（b）］，在这一高度之下，MSE 受水汽分布的影响，随高度降低而增加。而在深对流的作用下，对流层顶的 MSE 会趋向于与大气边界层一致（第 3 章）。

　　哈得来环流在高低层大气的两支气流均含有较高的湿静力能，而两支气流方向相反，因此哈得来环流造成的净能量输运较小［图 2.11（a）］，可表达为

$$[vm]_a = V(m_u - m_l) \tag{2.16}$$

式中，$V=[v]_0^{pm}$ 为对流层上层的质量输运；$m_u=[vm]_0^{pm}/V$；$m_l=-[vm]_{pm}^{ps}/V$。其中，pm 约为 600hPa，指对流层中部垂直速度最大或哈得来环流圈中水平速度为 0 的高度。由于垂向速度最大层（同时也是哈得来环流上下水平支的分界面）通常高于湿静力能极小值所在的

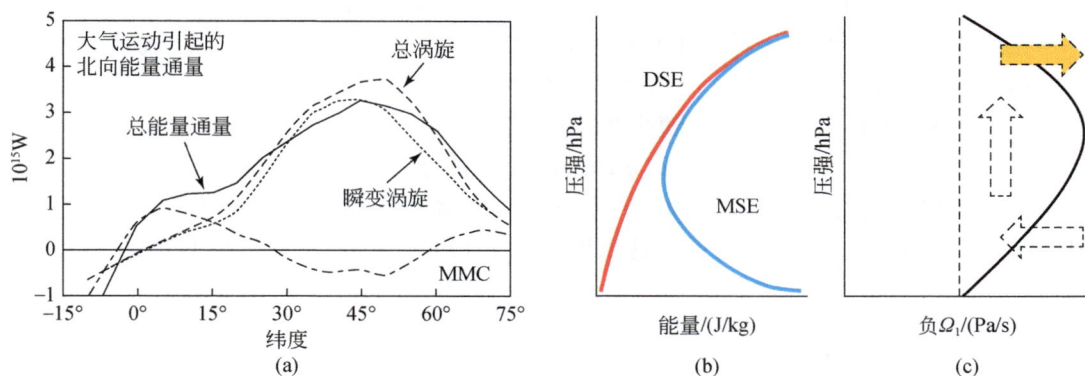

图 2.11　大气能量传输分解示意图。（a）大气能量传输各组分［平均经向环流（MMC）、总涡旋和瞬变涡旋］随纬度变化示。（b）热带干静力能（DSE）和湿静力能（MSE）的垂向分布结构。（c）热带大气垂向速度。［图（a）摘自 Hartmann，1994；图（b）（c）摘自 Inoue and Back，2015；经美国气象学会许可使用］

高度，即 $m_u - m_l > 0$。换言之，哈得来环流对 MSE 的传输方向与上支气流方向相同，指向极地，但是数值较低［图 2.11（c）］。

哈得来环流将干静力能传输到极地，将水汽携带的潜热能输送到赤道，其传输的 MSE 远小于干静力能：

$$[vm]_a = \hat{M}[vs]_a$$

其中

$$\hat{M} \equiv \frac{[vm]_a}{[vs]_a} = \frac{m_u - m_l}{s_u - s_l} \ll 1 \qquad (2.17)$$

称为总体湿稳定度（gross moist stability，GMS），表示垂直积分的湿静力能与干静力能传输的比值，还表示大气上下层湿静力能之差与干静力能的比值。由哈得来环流引起的 GMS 为正，但量值较小，而海洋表层与温跃层温差较大，因此海洋浅层 MOC 所传输的能量高于哈得来环流，在热带占主导地位。

值得注意的是，大气和海洋的 MOC 在能量传输方面具有相似性。在对流能够发展的区域，上下层静力能差异较小，此时 MOC 能够传输的能量也较小。因此，海洋在高纬度地区的能量输运较弱。而在南北纬 15° 范围内，受深对流调整和动力调整的影响（第 3 章），赤道两侧的大气 GMS 均较小，因此能量传输也较弱。

向极流动的哈得来环流上支能够诱导西风的产生。在对流层上层，忽略摩擦力的作用，我们可以写出纬向动量方程：

$$v\left(\frac{\partial u}{\partial y} - f\right) = 0 \qquad (2.18)$$

纬向速度分量 u 随纬度的变化满足：

$$u = \beta y^2 / 2 \qquad (2.19)$$

在哈得来上支向极运动的气流会在科氏力的作用下产生向西的速度分量。在式（2.19）中

我们使用了 β 平面近似，并将 $\beta = \mathrm{d}f/\mathrm{d}y$ 视作常数，取赤道处的大小。

　　在地球上，由于纬圈半径随纬度升高而减小，为满足角动量守恒，上述流动中西风分量的速度会随纬度增大而增大。这类似于花样滑冰运动员将展开的手臂收拢，转速增大。运动的角动量 $(\Omega a\cos\varphi + u)a\cos\varphi$ 随纬度的分布满足：

$$u(\varphi) = \Omega a \sin^2\varphi / \cos\varphi \tag{2.20}$$

式中，a 为地球半径；φ 为纬度，在 30°，为满足角动量守恒，气块向西运动的速度将达到 133m/s，这远超过实际观测值。这表明式（2.19）中的 β 平面近似只适用于低纬度地区。

2.4.2　热带外地区

　　从年平均来看，太阳辐射通量随纬度升高而减少，这很容易让人认为由热力差异驱动的哈得来环流可以一直延伸到极地。然而在观测中，哈得来环流只能覆盖南北半球 30° 左右，原因在于随纬度增大的对流层上层的西风分量［式（2.19）］不断加强，相应地，斜压不稳定也会快速增长。绵延弯曲的西风急流能够引起天气的变化。斜压不稳定问题导致的纬向波动线性增长率可表达为

$$\alpha_{max} \propto \frac{f}{N}\frac{\partial\bar{u}}{\partial z} \tag{2.21}$$

式中，N 为浮力频率，$N^2 = \dfrac{g}{\theta_0}\dfrac{\mathrm{d}\theta}{\mathrm{d}z} = \dfrac{g}{T_0}(\Gamma_d - \Gamma_0)$，下标 0 表示背景温度层结；上横线表示纬向平均。

　　垂向风切变与经向温度梯度满足热成风关系：

$$f_0\frac{\partial\bar{u}}{\partial\ln p} = R\frac{\partial\bar{T}}{\partial y} \tag{2.22}$$

　　在下边界，由于摩擦作用风速较弱。

　　西风急流大致满足地转关系，沿着位势高度等值线流动，流动的赤道一侧（极地一侧）位势高度高（低）。在气象学上，位势高度等值线向极突出的区域称为"脊"，向赤道弯曲的称为"槽"，两者分别对应了位势高度的高、低异常［图 2.12（a）］。

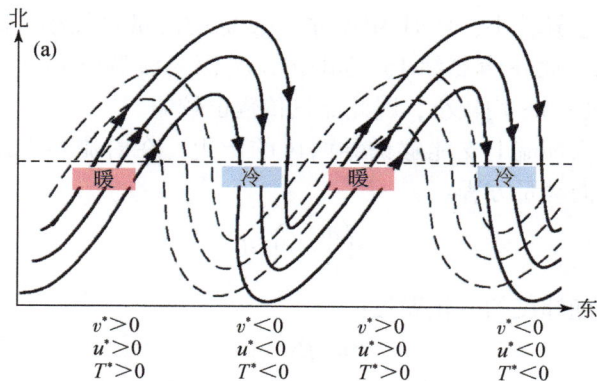

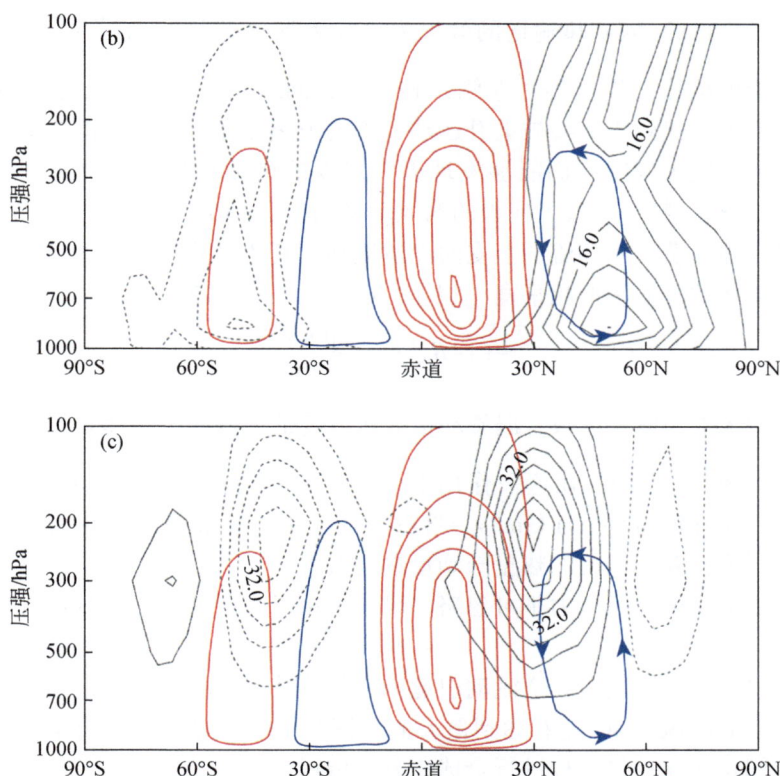

图 2.12　大气涡旋能量传输示意图。(a) 北半球中纬度地区风场流线/位势高度（实线）和等温线（虚线）的空间分布示意图。涡旋向极地传输动量与热量。(b)(c) 中黑色等值线分别表示纬向平均的 12 ~ 2 月涡旋传输的热量（km/s）和西风动量（m²/s）的高度–纬度断面图。红色和蓝色等值线表示质量输送函数。[图（a）摘自 Hartmann, 1994；图（b）（c）摘自 Holton, 2004]

　　斜压不稳定涡旋对应的位势高度异常的位相会随高度上升而向西倾斜，对流层中部的槽通常位于低层低压异常的西侧，对应的上升运动则与表面低压位相相同，并对表面低压有加强作用。等温线与流线的弯曲使得向极的流动为暖平流，而向赤道的流动为冷平流 [图 2.12 (a)]，也就是说在风暴轴所在的 30° ~ 60°，$\overline{v'T'} > 0$。这里撇号表示天气尺度（约 1 周）的异常，上横线表示纬向平均。在天气尺度涡旋中，水汽和温度的异常呈正相关，涡旋传输的感热和潜热能量相互增强，构成了热带外能量传输中最重要的部分 [图 2.11 (a)]。涡旋能量传输过程减小了经向温度梯度，从而减弱了大气斜压不稳定。

　　中纬度存在着一个次级翻转环流——费雷尔（Ferrell）环流，其效果与涡旋经向能量输送相反。关于费雷尔环流的详细讨论请参见 Holton (2004)。在对流层中部将大气热力学方程纬向积分，得到：

$$-S_p\,\overline{\omega} = -\frac{\partial\,\overline{v'T'}}{\partial y} \tag{2.23}$$

式中，$S_p = (\Gamma_d - \Gamma_0)/\rho_0 g$ 为大气稳定度。为简化问题，我们忽略其中的大气湿过程。风暴轴赤道一侧（如30°N）涡旋热输送的效果为冷却大气（等号右侧$-\dfrac{\partial \overline{v'T'}}{\partial y}<0$），因此需要与下沉运动造成的绝热加热（等号左侧）相平衡，同理在风暴轴的极地一侧（如55°N），涡旋热输送引起的加热效果需要被上升运动带来的绝热冷却所平衡［图2.12（b）］。

观察上层大气的天气图我们能够发现天气尺度的槽和脊呈现向西南方向倾斜的特征［图2.12（a）］，这一特征导致了向极的西风动量输送$\overline{u'v'}>0$。上层大气的涡旋动量输运在风暴轴的南侧较强。费雷尔环流的上支向赤道流动，其西风分量会在地转作用下减速，与上述涡旋动量输运的经向辐散相平衡［以45°N为例，图2.12（c）］

$$-(1-R_0)f\bar{v}=-\frac{\partial \overline{u'v'}}{\partial y} \tag{2.24}$$

式中，$R_0=\dfrac{1}{f}\dfrac{\partial \bar{u}}{\partial y}\leqslant 1$为罗斯贝数。涡旋动量输送散度带来的西风减速效果会作用于哈得来环流的上支。以30°N为例，在这一作用下，观测到的副热带急流核心风速约为40m/s，远小于只考虑动量守恒得到的133m/s。哈得来环流由热带和极地的热力差异所驱动，而费雷尔环流的形成主要与涡旋的热量与动量输送有关。

在接近地表的高度，摩擦力不可忽略，风速也小于高层大气。此时：

$$-f\bar{v}=\varepsilon\bar{u} \tag{2.25}$$

因此，哈得来环流下支向赤道流动引起的东风在南北纬15°左右达到最大值，而费雷尔环流下支引起的西风在40°左右达到最大值（图2.13，图2.10）。由于地球以恒定的角速度旋转，我们将纬向动量方程进行全球积分，可得

$$\int_{-\pi/2}^{\pi/2}\mathrm{d}\varphi\int_0^{2\pi}\tau_x\cos\varphi\,\mathrm{d}\lambda=0 \tag{2.26}$$

这里我们忽略了山脉东西两侧压力差异导致的形阻，上述关系是全球风应力分布的约束条件，具体而言，热带地区东风风应力与中纬度地区西风风应力相平衡。

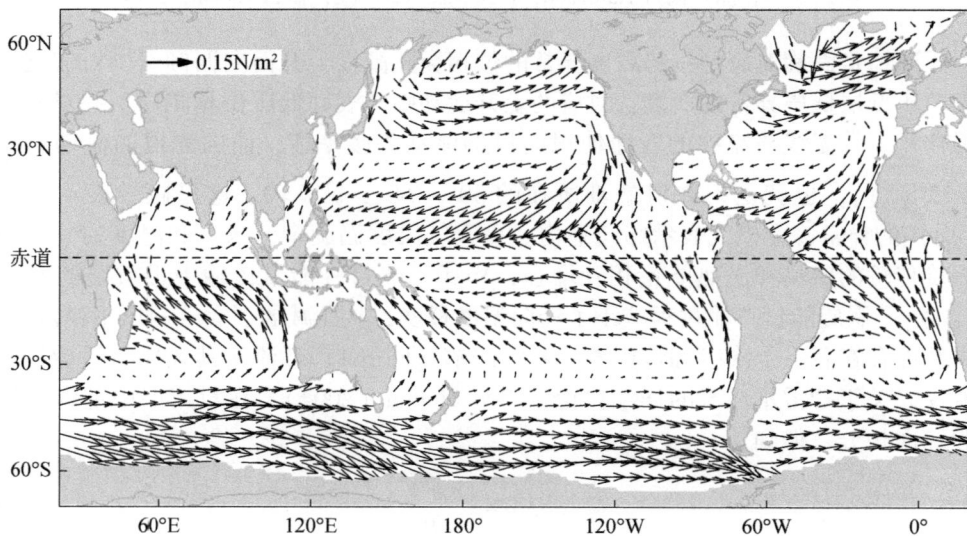

图2.13　全球海洋年平均风应力分布。数据来自QuikSCAT（摘自Huang，2015）

上述讨论表明，天气尺度的风暴不仅能带来丰富多变的天气现象，还能通过能量和动量输送维持地球气候系统的经向分布结构。涡旋对经向翻转环流（哈得来环流和费雷尔环流）、对流层高层急流和低层西风都具有重要作用。

对流层顶是对流层与平流层的边界，温度在对流层中随高度升高而降低、在平流层中随高度升高而升高。在热带，对流层顶高度 H_T 由深对流决定（$m|_{z=H_T} \approx m|_{z=0}$）；中纬度垂向对流相对浅薄，即使在冬季亚洲和美洲东侧洋面上，寒潮流经温暖的海面所引起的对流高度往往最高只达 700hPa 左右。实际上，中纬度对流层顶高度是由斜压涡旋所决定的。对流层顶高度在副热带急流附近并不连续，热带 H_T 约为 16km，而在副热带 H_T 迅速下降到约 11km。卫星观测的云顶高度能体现这一不连续性（图 2.14）。

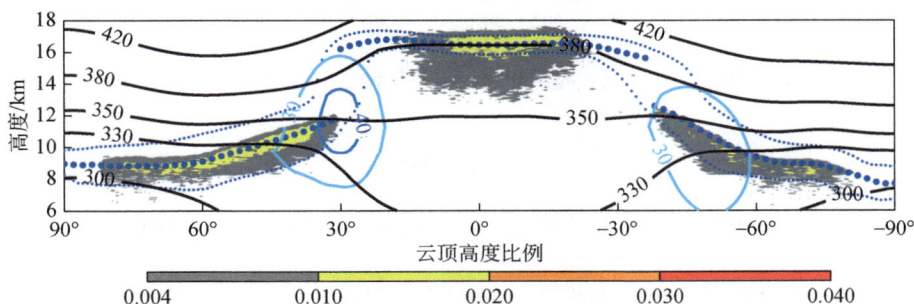

图 2.14 云顶高度随纬度分布图。填色表示 2007 年 3 月云顶出现在对应高度的比例，数据基于 CALIPSO 卫星数据，蓝色大圆点表示纬向平均对流层高度，小圆点表示对流层高度的 10 百分位和 90 百分位，浅（深）蓝色对应纬向风速 30（40）m/s，黑色等值线表示位温（K）。（摘自 Pan and Munchak，2011）。

对流层顶并不是一层物质面，在这里，对流层（低臭氧含量）和平流层（高臭氧含量、强层结、高位势涡度）沿等熵面（等 θ 面）进行气体交换。如 $\theta = 350$K 等熵面高度几乎不随纬度变化，在热带其位于对流层中，而在副热带急流向极一侧则位于平流层。330K 等熵面在高纬度地区位于平流层，但在中纬度地区随纬度降低，其高度快速下降。由于等熵面的气体交换，中纬度地区在经历了低压气旋引起的冷锋过境后，常常能观测到臭氧浓度的上升，这些臭氧实际上就是来自平流层的。

借助卫星对大气层顶辐射通量的精确观测，我们能够较为准确地计算出大气和海洋传输的能量之和。其中，由于大气观测密度较高，基本能够满足直接计算 MSE 的需求；而海洋能量传输则需要根据海表面辐射通量间接推导出来。在热带，海洋与大气能量传输量级相当（图 2.15）。如前文"双盒"模型中讨论的，海洋热输送与垂向温度梯度成正比，因此随着纬度增高，海洋温度层结减弱，海洋热输送也会随之减弱。热带外的能量传输由大气主导，主要是通过驻波和瞬变涡旋来实现的。上述结论可以解释气候态的能量传输，但是在驱动全球尺度的气候变化中，深层大洋的环流和热输送变化具有重要作用（第 12 章和 14 章）。

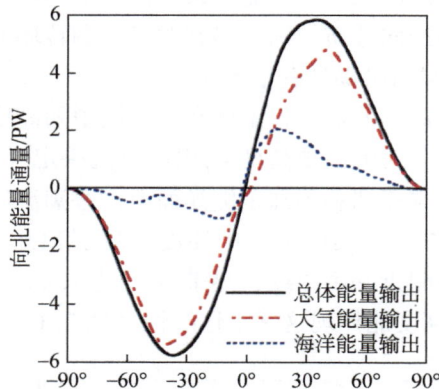

图 2.15 年平均的大气、海洋和总经向能量输送。（摘自 Hartmann，2016）

习　题

1. 将本章中讨论的玻璃板模型扩展至两层，计算此时地表温度和两层玻璃板的温度，比较其与单层模型的异同。

2. 修改本章中讨论的大气辐射平衡模型，考虑大气辐射发射率 $\varepsilon < 1$，此时大气释放的长波辐射为 $\varepsilon \sigma T_1^4$ 而不是 σT_1^4，同时大气吸收地表热辐射的效率也为 ε，写出地表温度与太阳辐射 I 和发射率 ε 的函数关系，讨论当 ε 增加时（可由 CO_2 和水汽增加导致），地表温度如何变化。

3. 从全球能量平衡理论（吸收太阳辐射、表面热通量）出发，试论证海洋在气候系统中的重要性。

4. 夏至时（6 月 21 日）大气层顶（TOA）的向下太阳辐射在 30°N ~ 60°N 的分布相当均匀（见下图；Hartmann，1994），讨论为何此时西伯利亚的气温低于上海。

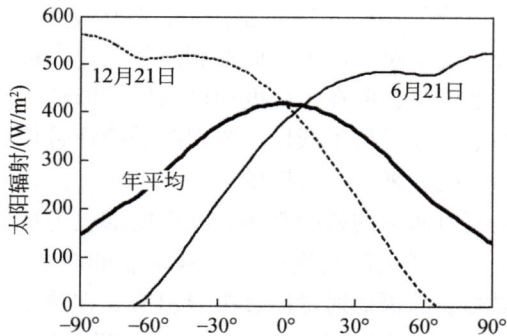

5. 计算"双盒"模型（热带和赤道）中 TOA 的辐射通量。[式（2.6），式（2.7）]

6. 讨论为何海洋的经向热输送在热带外较弱。提示：海洋热输送与上下层的温度梯度成正比。

7. 解释为何大气的经向翻转环流（MOC，如哈得来环流）对湿静力能的传输效率较低，并与海洋 MOC 的热输送作比较。为了简化，仅考虑年平均情况。

8. 哈得来环流的能量传输方向是什么？

9. 热带外的大气涡旋是如何传输能量的？涡旋传输的干能量（感热）和水汽（潜热能）是否为同向？

10. 讨论为何海洋能量传输最大值在热带，而大气能量传输最大值在中纬度。

11. 简要讨论为何哈得来环流没有一直延伸到极地。

12. 为什么斜压不稳定波动在热带较弱？提示：考虑斜压不稳定的最大增长率。

13. 为何涡旋在大气能量传输中具有重要作用而在海洋能量传输中相对不重要？提示：考虑涡旋的生成机理和它们如何反馈到背景场。

14. 思考在下面两个海表热通量的分布特征中，风驱动的海洋浅层 MOC 和热盐驱动的深层 MOC 哪一个更加重要：

a. 热带地区热量由大气输送给海洋而在南北半球中纬度区域热量由海洋输送给大气；

b. 在大西洋海盆内，在南大西洋热量由大气输送给海洋而在北大西洋热量由海洋输送给大气。

第 3 章　热带对流和行星尺度环流

　　在哈得来环流的上升支中，气团膨胀并冷却，导致水汽凝结成水滴，最终以降水的形式落下。观测到的降水峰值在赤道附近，但不完全位于赤道上（将在第 8 章解释降水在赤道的极小值和位于赤道以北的最大值）。在南北半球中纬度地区的降水最大值与温带风暴轴有关。热带降水最大值，尤其是赤道以北的降水最大值，被称为热带辐合带（ITCZ），其原因将在后续进行解释。在纬向平均上，ITCZ 在赤道上来回移动，随太阳季节性摆动（图 3.1）。值得注意的是，热带辐合带降水量在夏季达到峰值，而中纬度风暴轴降水峰值出现在冬季，说明两者的形成上存在差异。热带雨带释放大量的凝结潜热。加热反过来又驱动大气环流（如哈得来环流）。这意味着热带对流和环流之间存在正反馈，从而产生了自发振荡（第 4 章）。

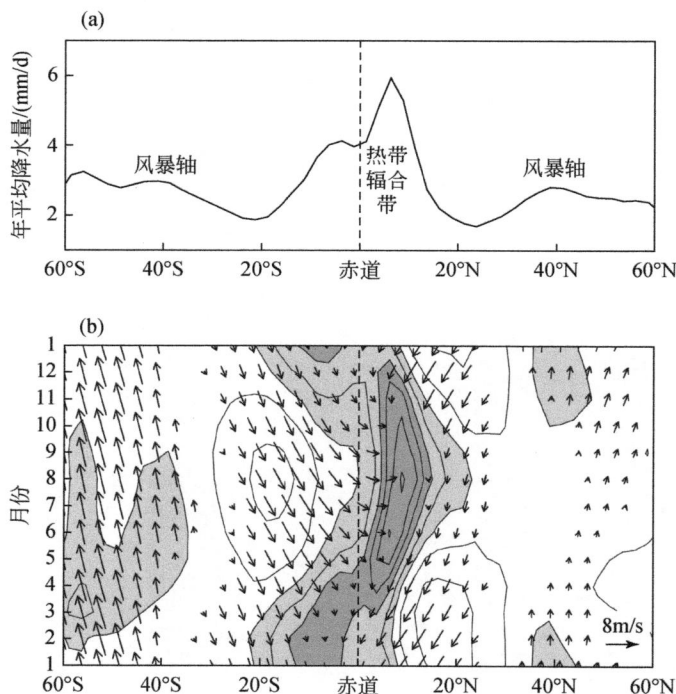

图 3.1　纬向平均气候态降水量（单位为 mm/d）。（a）年平均降水量随纬度的分布。（b）月平均降水量随纬度和月份的分布（浅灰色>3mm/d，深灰色>5mm/d，黑色等值线间隔为 1mm/d），箭头表示表面风速，单位为 m/s。（周震强供图）

　　在热带地区，降水大多与深对流系统有关，包括从边界层延伸到对流层顶的积雨云。这类系统通常包括冲出对流层顶的窄对流核心和被对流层顶覆盖的扁平云顶的膨胀砧状云（图 3.2）。深对流在卫星红外辐射计观测的图像中表现为云顶向外长波辐射（OLR）很低的冷云 [图 3.3（b）]。在月平均或更长时间平均中，人们通常以 OLR = 250W/m^2 来划定热带雨带的范围。

图 3.2　2022 年 6 月 3 日，国际空间站观测到孟加拉国和哈蒂亚岛上空的季风云。砧状云平整的顶部表示对流层顶，云顶发射的向外长波辐射远低于背景。[图源：美国航空航天局（National Aeronautics and Space Administration，NASA）]

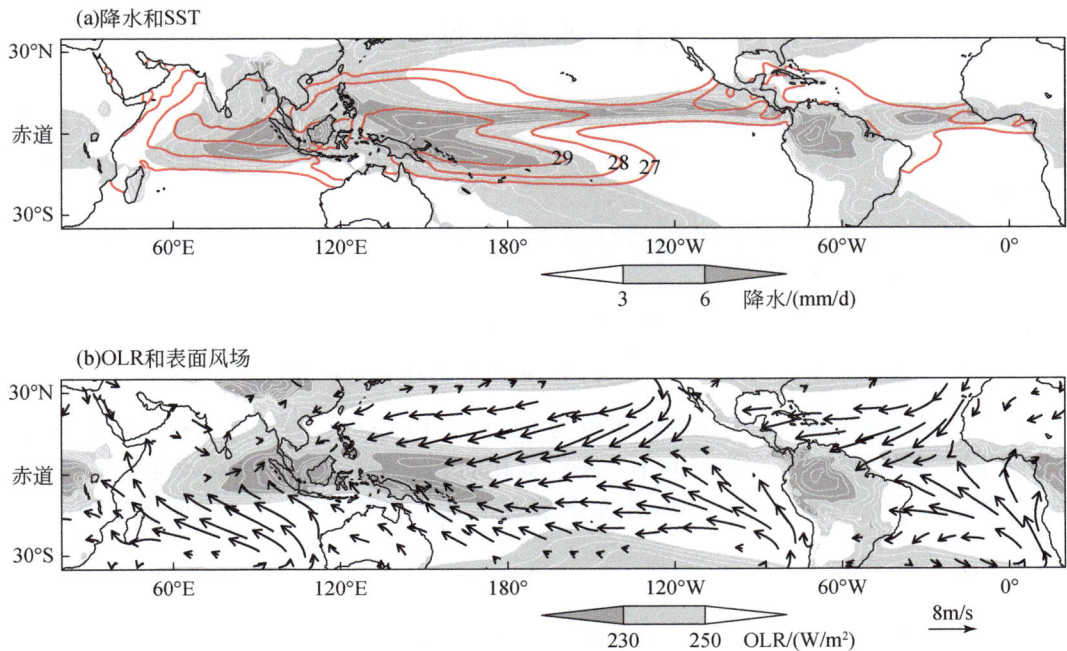

(c)可降水量和SST

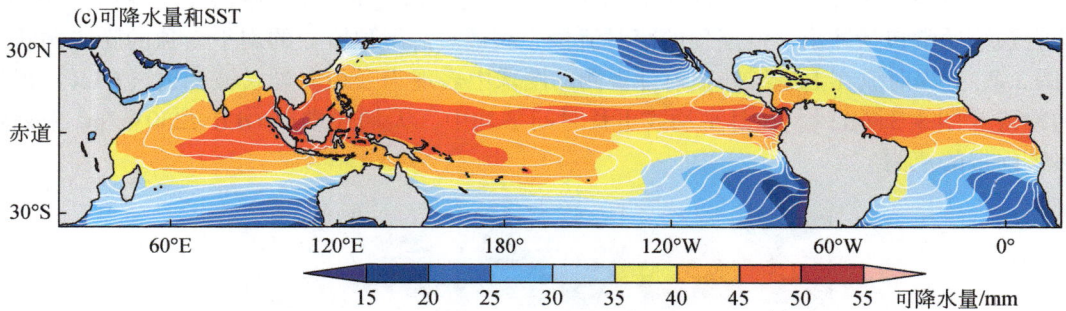

图3.3　年平均气候态。（a）降水量（灰色填色，白色等值线间隔为1mm/d）和SST（红色等值线，表示27℃、28℃、29℃）；（b）向外长波辐射（OLR，灰色阴影，白色等值线间隔为5W/m²）和表面风速（箭头）；（c）气柱积分的可降水量（填色）和SST（白色等值线，范围从18℃到29℃，间隔为1℃）。

（周震强供图）

对1个月或者更长时间的降水量做微平均，我们就会得到一个呈纬向带状分布的雨带[图3.3（a）]。热带印度洋、太平洋和大西洋各有一个ITCZ。在南半球，南太平洋辐合带（South Pacific Convergence Zone，SPCZ）从新几内亚向副热带东南太平洋延伸。南大西洋辐合带（South Atlantic Convergence Zone，SACZ）从亚马孙向中纬度南大西洋延伸。向东南倾斜的雨带是由两部分混合而成：其一为热带对流降水，其二是由副热带西风急流减速引起的罗斯贝波造成的降水（van der Wiel et al.，2015）。

3.1　水　汽　收　支

热带雨带（如ITCZ）与强表面风/低层风辐合有关，这在船测和卫星观测的海面风场（图3.3）中表现明显。为此，气象学家通常将"热带雨带"和"热带辐合带"这两个术语混用。

为了解释热带降水和地面风辐合之间的这种密切联系，我们将水汽守恒方程写成通量形式，并进行大气柱垂直积分

$$\partial \langle q \rangle / \partial t + \nabla \cdot \langle \boldsymbol{u} q \rangle = E - P \tag{3.1}$$

式中，尖括号表示垂直积分 $\langle \cdot \rangle \equiv \int_0^{ps} (\cdot) \mathrm{d}p/g$ 和1个月或更长时间的平均值（$\partial \langle q \rangle / \partial t \approx 0$）；$\boldsymbol{u}$ 为水平风速矢量；q 为比湿，单位为 kg 水汽/kg 空气；与局限于狭长雨带的降水（P）不同，表面蒸发（E）在空间上是平滑变化的。因此，海表面的净水通量 $E-P$ 很大程度上遵循降水的空间分布型。$P-E$ 在雨带为正值，根据式（3.1）表明水汽辐合的重要性。

令：

$$\tilde{u} \equiv \int_0^{ps} uq\mathrm{d}p / \int_0^{ps} q\mathrm{d}p \tag{3.2}$$

再令 $\langle q \rangle \equiv \int_0^{ps} q/\rho_\circ \mathrm{d}p/g$ 为柱积分水汽路径或总可降水量，通常以等效水高 $w = \langle q \rangle / \rho_\circ$ 表

示，单位为 mm，其中 ρ_o 是水的密度。

大气柱的水汽守恒表示为

$$\nabla \cdot [\bar{\boldsymbol{u}}\langle q\rangle] = E-P \tag{3.3}$$

式中，$\bar{\boldsymbol{u}}$ 为垂直方向上的 q 加权平均值。由于 q 大多集中在地表附近（图 3.4），$\bar{\boldsymbol{u}}$ 表示低层风并且近似为从地表到 800hPa 的垂直风平均。这解释了为什么是低层风，而不是 500hPa 的风，对水汽输送辐合和降水很重要。水汽辐合进一步分解为风辐合和水平平流：

$$\nabla \cdot [\bar{\boldsymbol{u}}\langle q\rangle] = \langle q\rangle\nabla \cdot \bar{\boldsymbol{u}} + \bar{\boldsymbol{u}} \cdot \nabla\langle q\rangle \tag{3.4}$$

设 U 为速度尺度；L 为水平尺度；W 为典型可降水量；δW 为水平变化。方程（3.4）右侧的第二项与第一项之比为

$$\delta WU/L : WU/L \sim \delta W : W$$

卫星观测的降水量显示，热带地区的 $\delta W/W$ 为 $0.2 \sim 0.3$ [图 3.3 (c)]。因此，低层风辐合主导了水汽辐合，式（3.3）近似为

$$\langle q\rangle\nabla \cdot \bar{\boldsymbol{u}} \approx E-P \tag{3.5}$$

这解释了为何热带表面风辐合和降水往往同时出现。

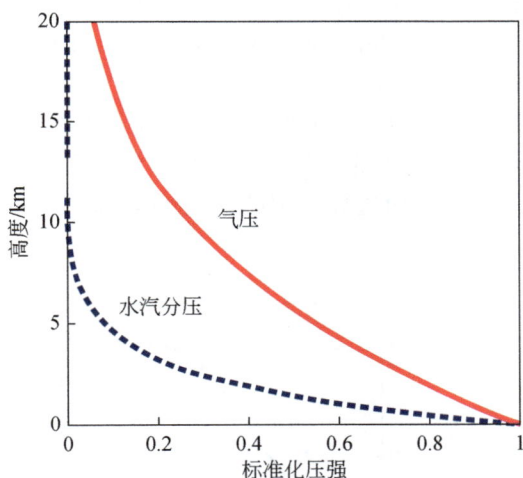

图 3.4　全球年平均下气压和水汽分压随高度的变化。两者分别使用表面压强 1013.25hPa 和 17.5hPa 进行标准化。（摘自 Hartmann，2016）

雨带与低层风辐合的搭配似乎与我们在阳光明媚的夏日下午遇到雷暴的经历相矛盾。在雷暴天气中，强降水通常伴随着辐散的阵风，这是由于下落的冰雹融化、雨滴蒸发吸收了大量热量，在降雨区内形成了"冷池"。在小尺度雷暴中，水汽和水汽凝结物的平流作用十分重要，上述近似 [式（3.5）] 无效。此平流作用在温带大尺度降水中也很重要 [图 3.3 (c)]，这是由于在此情况下水汽的水平梯度增加。式（3.5）的近似适用于超过 1 周或更长的时间平均值。

全球平均可降水量约为 20mm，平均降水率为 1m/a，水汽平均在大气中停留的时间为 $W/P \sim 7$ 天，表示水从地表蒸发成为水蒸气，随后以降水的形式重新回到地表的平均时间。

3.2　海表温度对大气对流的影响

如果将降水量和海表温度（SST）绘制在一起，我们可以很明显地看出主要的热带降水仅限于 SST 大于 27℃ 的温暖水域 [图 3.3（a）]。这与经验观察一致，即热带气旋（有组织的深对流）需要大于 26.5℃ 的 SST 才能形成（第 1 章）。这种深对流与 SST 的密切关系表明了热带地区的海洋和大气紧密地耦合，海气耦合过程导致了厄尔尼诺和南方涛动（ENSO；第 9 章）的形成。

图 3.5 展示了在深对流频繁的温暖海洋上空的典型大气廓线。对流层对于干对流是稳定的（位温随高度升高，$d\theta/dz > 0$），但在低层，湿对流是条件不稳定的（饱和等效位温随高度降低，$d\theta_e^*/dz < 0$）。考虑一个不与周围干燥空气混合的绝热上升气块，从地表上升的气块温度以干绝热递减率 $\Gamma_d = 9.8 \text{K/km}$ 降低，最终在抬升凝结高度（lifting condensation level，LCL）引起凝结和云的形成。此时，气块温度依旧比周围空气低。进一步向上抬升，气块被凝结热加热。在自由对流高度（level of free convection，LFC），其温度等于环境温度。继续向上，由于凝结热的存在，气块比周围的空气更暖，正浮力允许其自由对流。上升的气块在中性浮力高度（level of neutral buoyancy，LNB）失去浮力，其中对流羽流在此脱离并形成平顶的砧状云。只有初始的对流足够强，能将羽流抬升到 LFC 之上，这种对流才能发生。初始的抬升可能是由于小尺度的湍流、有组织的云团、天气扰动和/或大尺度表面风辐合（如 ITCZ）造成的。除了提供初始的抬升外，表面风辐合还通过增加相对湿度（和比湿）以及提高表面边界层中的 θ_e 来促进湿对流的形成。这些是低层辐合驱动深对流的额外原因。

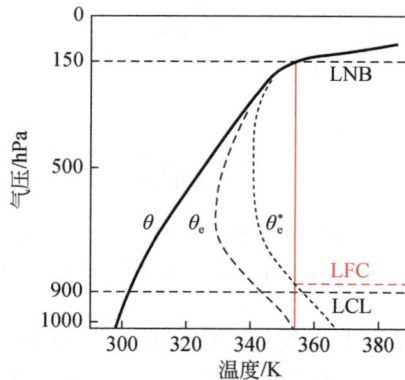

图 3.5　热带海洋暖区位温、相当位温、饱和相当位温典型廓线。对于从表面上升的气块（红色竖线），对应的抬升凝结高度（LCL）、自由对流高度（LFC）和中性浮力高度（LNB）如水平虚线所示。（改编自 Ooyama，1969，©美国气象学会，授权使用。）

在热带地区，自由对流层温度廓线在水平方向上均匀分布（第 3.6 节），但地表和海洋边界层的 θ_e 主要是由 SST 决定的。这是由于在 1 个月或者更长时间而言，海表面的相对湿度（relative humidity，R_H）均为 80% 左右。对于表面温度 δT 的微小变化，我们将表面

等效位温的表达式 $\theta_e = \theta \exp\left(\dfrac{Lq}{c_p T_0}\right)$ 线性化，得

$$\frac{\delta\theta_e}{\theta_e} = \frac{\delta m}{c_p T} = (1 + b_e)\frac{\delta T}{T} \tag{3.6}$$

其中

$$b_e = \alpha\frac{Lq}{c_p} \sim 2.5 \tag{3.7}$$

上式为鲍恩（Bowen）反比（潜热与感热比值）关系，$q = R_H q_s$，q_s 为饱和混合比，遵循克拉珀龙-克劳修斯（CC）方程 $\delta q_s/q_s = \alpha\delta T$，其中 $\alpha = 0.06\ \mathrm{K}^{-1}$，$T_0$ 为典型的表面气温。在这里，当 $T_0 = 26℃$ 时，R_H 约为 0.8，q_s 约为 20.8g/kg。换言之，海表面气温升高 1℃ 会引起等效位温升高 3.5K。造成这一放大效应的原因是大气中的水汽含量（以及其中蕴含的潜热）会随温度上升迅速增加。

湿对流抵消了条件不稳定。在对流层中层，温度层结接近于湿绝热递减率（$\mathrm{d}\theta_e^*/\mathrm{d}z \sim 0$），但由于夹卷了周围环境中干燥和低湿静力能（MSE）的空气（Zhou et al., 2019），此处的 θ_e^* 远小于地表或抬升凝结高度的 θ_e。对流将水汽从湿润的边界层中输送出来，使得对流羽流中空气的湿度远远高于周围环境。蓬松的爆米花状积云边缘表明，快速上升的、具有正浮力羽流中正在通过湍流与周围的空气发生着剧烈的混合。

在 SST 较低的区域，表面 q_e 较小的未稀释气团只能到达较低的 LNB。表面 θ_e 小于对流层中层 θ_e^* 最小值的上升气团永远无法变成正浮力，因此无法自由对流。这就解释了为什么会存在深对流的 SST 阈值［图 3.6（a）］。我们假设自由对流层的环境温度廓线不依赖于局地 SST，事实也正是如此（由于热带大气弱温度梯度的性质）（第 3.6 节）。考虑到存在对干燥环境空气的夹卷效应，因此需要更高的表面 θ_e 和 SST 才能使对流羽流转为正浮力到达对流层顶。同样，大气柱积分水汽含量和降水之间也存在类似非线性关系，阈值为 $w_c = 40\mathrm{mm}$［图 3.6（b）］。通过减少侧向夹卷的浮力损失，湿大气柱有利于深对流的发展。

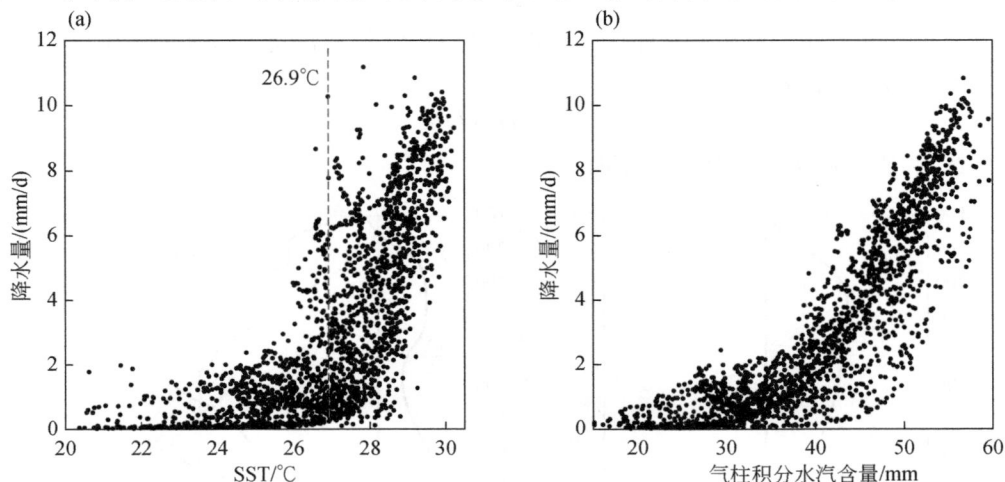

图 3.6　热带海洋降水量与 SST、大气柱积分水汽含量的非线性关系。展示的是 23.5°S ~ 23.5°N 区域范围内 1997 ~ 2018 年 12 ~ 2 月气候平均态各个格点（2.5°×2.5°）上的分布情况。（a）和（b）的横轴分别表示 SST 与大气柱积分水汽含量。红色虚线表示热带平均海温（26.9℃）。（梁宇供图）

从 OLR 分布 ［图 3.3 （b）］ 可以清楚地看出 SST 对对流高度的影响，西北太平洋 OLR = 230W/m²，东太平洋和大西洋的 ITCZ 处 OLR = 250W/m²，后者 SST 较低，侧向混合偏强，对流区两侧水汽急剧减少。

3.3　对流潜热释放

深对流中的潜热可以通过观测资料进行分析。根据干静力能和水汽的控制方程，我们定义：

$$Q_1 \equiv \frac{\mathrm{d}s}{\mathrm{d}t} = \frac{\partial s}{\partial t} + \nabla \cdot (s\boldsymbol{u}) + \frac{\partial}{\partial p}(s\omega) = Q_\mathrm{R} + L(c-e) - \frac{\partial}{\partial p}\overline{s'\omega'} \tag{3.8}$$

$$Q_2 \equiv -L\frac{\mathrm{d}q}{\mathrm{d}t} = -L\left[\frac{\partial q}{\partial t} + \nabla \cdot (q\boldsymbol{u}) + \frac{\partial}{\partial p}(q\omega)\right] = L(c-e) + L\frac{\partial}{\partial p}\overline{q'\omega'} \tag{3.9}$$

式中，Q_1 为视热源；Q_2 为视水汽汇；Q_R 为辐射加热；c 为水汽凝结；e 为蒸发；撇号表示探空资料中无法分辨的高频湍流；上划线表示时间平均值。Q_1 和 Q_2 通常通过大气探空阵列或（和）格点的再分析资料来判断大气柱的加热情况。计算出的 Q_1 可以作为非绝热加热来驱动干大气模式并研究环流响应（第 3.5 节）。

图 3.7 展示了基于马绍尔群岛（165°E，10°N）附近探空阵列资料的热带西北太平洋对流区的结果。辐射以 1~2K/d 的速率冷却对流层气柱。相比之下 Q_1 为正且数值更大，加热廓线的峰值位于 400~500hPa，与对流凝结潜热释放有关。Q_2 同样为正且数值较大，并且分布始终比 Q_1 更靠近地面。从式（3.8）和式（3.9），我们得到：

$$Q_1 - Q_2 - Q_\mathrm{R} = -\frac{\partial}{\partial p}\overline{m'\omega'} = g\frac{\partial F}{\partial p} \tag{3.10}$$

式中，$m = s + Lq$ 为湿静力能；F 为总能量的向上湍流输送

$$F(p) \equiv -\overline{m'\omega'}/g = \int_{p_T}^{p}(Q_1 - Q_2 - Q_\mathrm{R})\mathrm{d}p/g \tag{3.11}$$

在云顶（$p = p_T$），湍流输送消失。于是 Q_1 比 Q_2 位置偏高表明湍流对流在中层产生向上的总能量通量。在表面：

$$F_0 = Q_\mathrm{H} + LE \tag{3.12}$$

式中，Q_H 为感热通量；E 为表面蒸发。

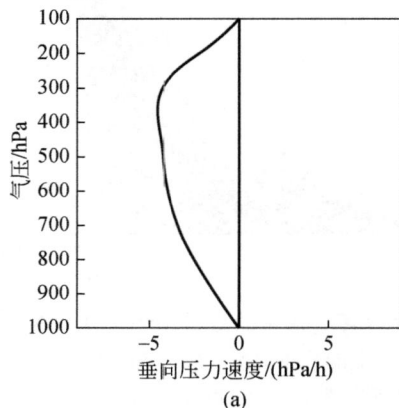

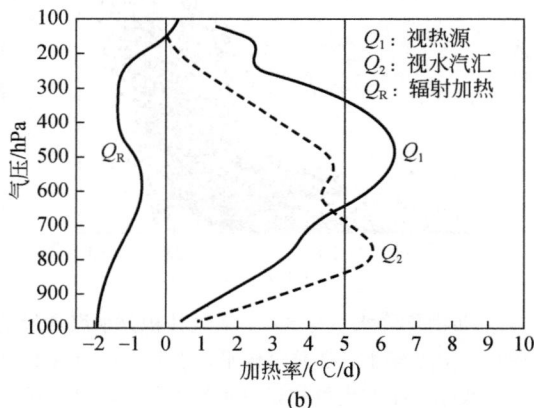

（a）

（b）

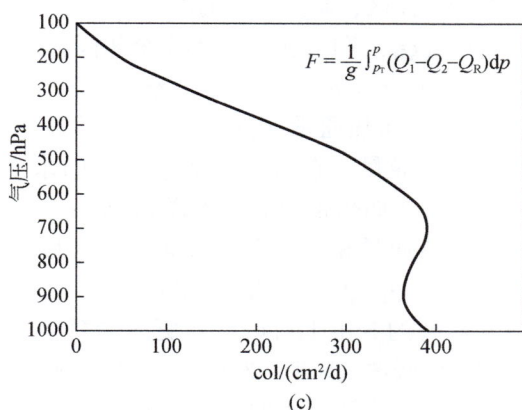

$$F = \frac{1}{g} \int_{P_t}^{P} (Q_1 - Q_2 - Q_R) \, dp$$

(c)

图 3.7 1956 年 4 月 15 日 ~ 7 月 22 日马绍尔群岛（165°E，10°N）垂直廓线。为每日 4 次探空的平均值。（a）垂向压力速度；（b）Q_1、Q_2 和辐射冷却；（c）MSE 的向上湍流通量（引自 Yanai et al., 1973，© 美国气象学会，授权使用）

在东南太平洋的沉降区，辐射冷却从边界层顶部到对流层顶几乎是均匀的 [图 3.8（a）]。底部的 Q_1 为正，表示海洋的感热加热，而 Q_2 为负，表示表面蒸发。蒸发使得边界层以上的对流层底部变得湿润，这一点从 Q_2 明显的垂直梯度就可以看出。在干燥的撒哈拉沙漠上空，整个大气层的 Q_2 几乎为 0。低层大气被感热加热（仅在地表附近有正 Q_1），而辐射冷却在边界层之上占主导地位 [图 3.8（a）]。

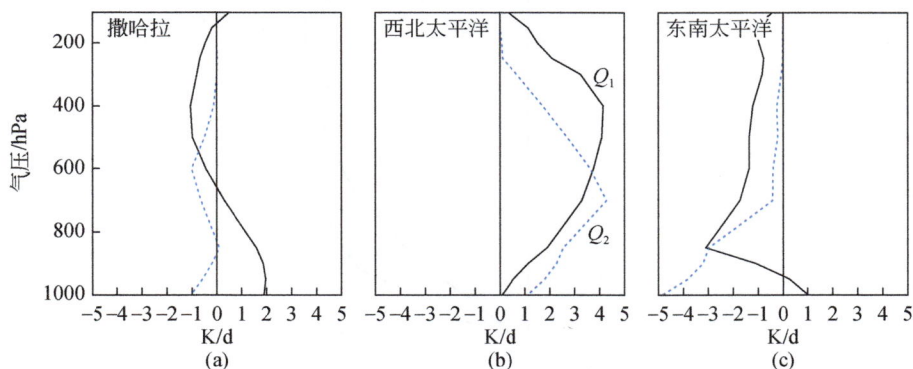

图 3.8 不同区域 6 ~ 8 月气候态 Q_1/c_p（黑色实线，K/d）和 Q_2/c_p（蓝色虚线，K/d）的垂直廓线。从左至右分别为：（a）撒哈拉沙漠（18°E，21°N）、（b）西北太平洋暖池（145°E，5°N）和（c）东南太平洋（90°W，5°S）。（周震强供图）

对式（3.8）和式（3.9）进行垂直积分

$$\langle Q_1 \rangle = \langle Q_R \rangle + LP + Q_H \tag{3.13}$$

得到气柱积分的绝热加热，且

$$\langle Q_2 \rangle = L(P - E) \tag{3.14}$$

为气柱积分的水汽汇。在热带对流区，降水产生的潜热占主导地位，因此 $\langle Q_1 \rangle$ 和 $\langle Q_2 \rangle$ 均与降水分布类似（图 3.3）。$\langle Q_1 \rangle$ 和 $\langle Q_2 \rangle$ 并不完全相同，两者之差：

$$\langle Q_1 - Q_2 \rangle = \langle \mathrm{d}m/\mathrm{d}t \rangle = R_{\mathrm{TOA}} \downarrow - R_{\mathrm{sfc}} \downarrow + Q_H + LE = R_{\mathrm{TOA}} \downarrow - Q_{\mathrm{net}} \qquad (3.15)$$

式中，R 为辐射通量；Q_{net} 为表面净热通量（向下为正）；垂直积分 $Q_1 - Q_2$ 为进入大气柱（在对流层顶和表面）的净能量通量，它与大气能量输送的水平辐散 $\langle \mathrm{d}m/\mathrm{d}t \rangle$ 相平衡 [式（2.15）]；在温暖的对流区（如热带西北太平洋），$R_{\mathrm{TOA}} \downarrow$ 约为 $100\mathrm{W/m^2}$（因为深对流云的 OLR 较小），而表面净热通量相对较弱，方向向下（以平衡与温跃层水的垂直混合）；Q_{net} 约为 $20\mathrm{W/m^2}$；最终，$\langle Q_1 - Q_2 \rangle$ 约为 $80\mathrm{W/m^2}$。

人们发现，由于对流在较暖的 SST 上可以到达更高的高度，其加热（Q_1）廓线的垂直结构与 SST 有关。在西太平洋暖池（SST ~ 29℃），对流加热率的最大值位于在对流层中上层（400 ~ 500hPa），而在东北太平洋和大西洋暖池的海洋 ITCZ 区，由于 SST 较低约为 27℃，对流加热速率的最大值出现在对流层低层（600 ~ 700hPa）（图 3.9）。由于潜热加热率大致与垂直运动平衡（考虑到连续性，可以使用水平辐散表示），因此温暖的西北太平洋的风辐合比东太平洋相对较冷的洋面上空要深厚得多。在热带东北太平洋，南北两侧向 ITCZ 辐合的风都被限制在大约 1km 厚的边界层中，边界层之上是逆温层。在锚定 ITCZ 的狭长暖水带以外的区域，SST 均较低。

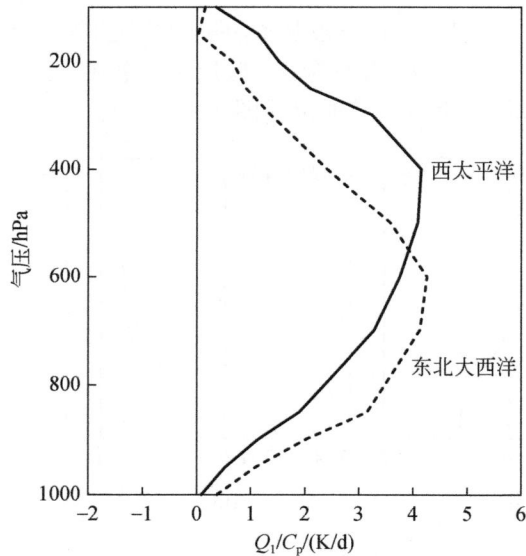

图 3.9　热带西太平洋（145°E，5°N，实线）和东北大西洋（40°W，6°N，虚线）加热 Q_1 垂直廓线。（周震强供图）

3.4　赤道波动

大气的温度、气压和风对对流加热的响应受到大尺度波动的控制，地球自转对这些波动有重要的影响。波动可以传播到很远的地方。夏季，冲浪爱好者在夏威夷州和加利福尼亚州南部海滩上享受的巨浪，来自遥远的南极洲附近的大洋之上，由风暴带来的呼啸狂风产生。这个例子说明，在一个地方的变化可能会对远方地区产生重大影响。

向深水池塘中投掷一块石头会产生向外传播的圆形波面。圆形波面反映出深水是重力波的各向同性介质（波的性质，如相速度等，不随方向变化）。在浅水池中，水深会影响波速从而改变波面形状。

如果向赤道上的太平洋扔一块大石头会如何？图 3.10 展示了以赤道为中心 1000km 宽的温跃层深度凹陷信号的传播情况（第 8 章海洋调整）（稍后我们也会看到这种情况与对流层温度异常的传播情况是相同的）。产生的波动具有明显的各向异性。扰动仅在东西方向上传播，且在南北方向上，波动被限制在了赤道附近。进一步观察，我们发现，向东与向西传播的波动在结构和相速度也不相同。由于科氏参数 $f = 2\Omega\sin\varphi$ 在赤道消失，赤道成为了大尺度大气–海洋波动的波导。

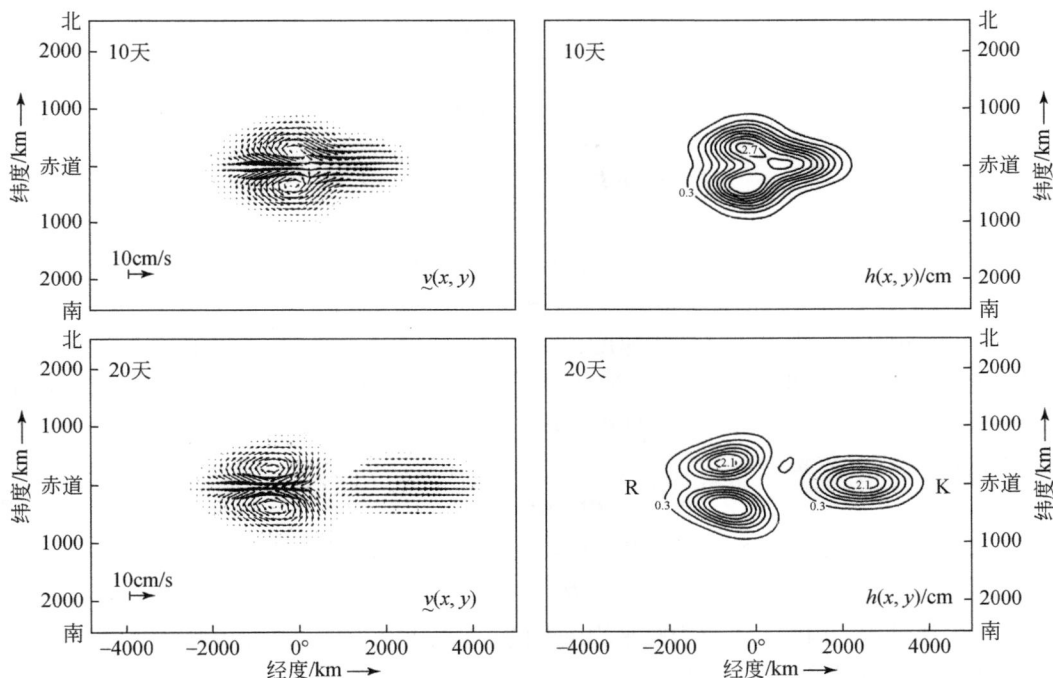

图 3.10 赤道波动示意图。以赤道上、$x = 0$ 为中心放置温跃层异常信号，异常信号 e 折尺度为 500km，且初始流动。在一段时间后（左）流速和（右）温跃层深度异常的分布。流动在经向上满足地转关系，这阻止了赤道扰动向极地传播。在右下图中，K 表示开尔文波，R 表示罗斯贝波。（摘自 Philander et al.，1984。美国气象学会，授权使用）

3.4.1 两层模型

热带大气环流在垂直方向上常常具有斜压结构（图 3.11），水平速度在对流层低层和高层方向相反，而垂直速度扰动在对流层中层达到峰值（如哈得来环流）。对于这种斜压扰动，低层的风辐合对应高层的风辐散，上升运动在中层达到最大值，同时垂直速度在表面和对流层顶消失（刚性盖近似）。

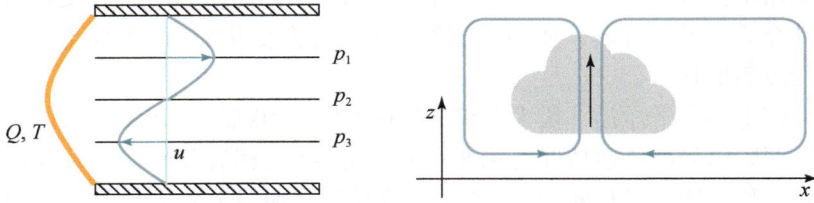

图 3.11　（左）两层大气模式和（右）斜压翻转环流示意图

两层模型通常用于表示斜压运动（Holton，2004；Gill，1982）。低层（$p=p_3$）水平速度（u，v）和位势 $\boldsymbol{\Phi}$ 的控制方程为

$$\frac{\partial u}{\partial t}-fv=-\frac{\partial \boldsymbol{\Phi}}{\partial x} \tag{3.16}$$

$$\frac{\partial v}{\partial t}+fu=-\frac{\partial \boldsymbol{\Phi}}{\partial \gamma} \tag{3.17}$$

$$\frac{\partial \boldsymbol{\Phi}}{\partial t}+c^2 \nabla \cdot \boldsymbol{u}=-Q \tag{3.18}$$

$$c^2=\left(\frac{p_2}{p_s}\right)^\kappa R\,\frac{\bar{\theta}_1-\bar{\theta}_3}{2}=R\,\bar{T}_2\,\frac{\bar{\theta}_1-\bar{\theta}_3}{2\,\bar{\theta}_2} \tag{3.19}$$

式中，c（约 50m/s）为重力长波相速度；$Q=\kappa J$，为中层（p_2）非绝热加热速率；科氏参数可以近似为 $f=\beta y$（即赤道 β–平面近似），其中在赤道上 $\beta=\mathrm{d}f/\mathrm{d}y$，$y$ 是赤道向北的距离。这里我们假设一个斜压结构（如 $\boldsymbol{\Phi}=\boldsymbol{\Phi}_3=-\boldsymbol{\Phi}_1$）。从静力近似来看，厚度与对流层温度成正比：

$$\boldsymbol{\Phi}_1-\boldsymbol{\Phi}_3=RT_2 \tag{3.20}$$

式（3.16）到式（3.18）被称为浅水方程，对应等效深度为

$$H_e=c^2/g \tag{3.21}$$

对于斜压结构的内波，恢复力是平均位温的垂直差异 $\bar{\theta}_1-\bar{\theta}_3$。式 3.19 中，$R=287\mathrm{J}/(\mathrm{K\cdot kg})$ 是干空气的气体常数，$\kappa=R/c_p=2/7$。

为了方便起见，我们引入无量纲变量：$(x^*，y^*)=(x，y)/(c/\beta)^{1/2}$，$t^*=t(\beta c)^{1/2}$，$u^*，v^*，\boldsymbol{\Phi}^*=(u/c，v/c，\boldsymbol{\Phi}/c^2)$，其中：

$$R_E=(c/\beta)^{1/2}\sim 1500\mathrm{km} \tag{3.22}$$

式中，R_E 为赤道上的变形半径，是衡量赤道波导经向宽度的尺度。对于行星尺度（水平尺度 $\gg R_E$）、低频（时间尺度 $\gg [\beta c]^{-1/2}\sim 0.3\mathrm{d}$）扰动，经向动量方程中的时间导数项可以忽略，称为长波近似。方程简化为无量纲形式：

$$\frac{\partial u}{\partial t}-yv=-\frac{\partial \boldsymbol{\Phi}}{\partial x} \tag{3.23}$$

$$yu=-\frac{\partial \boldsymbol{\Phi}}{\partial y} \tag{3.24}$$

$$\frac{\partial \boldsymbol{\Phi}}{\partial t} + \nabla \cdot u = -Q \tag{3.25}$$

为了简单起见，这里我们省略了无量纲变量的上标*。在长波近似情况下，纬向流和经向压强梯度力始终处于地转平衡状态，且没有经向相位传播（图 3.10）。

3.4.2 开尔文波

首先考虑非强迫情况，即 $Q=0$，$v=0$ 时存在一个解：

$$(u, \boldsymbol{\Phi}) = (u_0, \boldsymbol{\Phi}_0) \exp[i(kx-\omega t)] \exp(-y^2/2) \tag{3.26}$$

式中，k 为纬向波数；ω 为角频率。这就是所谓的开尔文波解。如式（3.26）所示，扰动纬向速度和压强在赤道处达到最大，并以 $R_E/\sqrt{2}$ 的 e 折尺度向极地衰减，频散关系 $\omega(k)$ 为

$$\omega = k \tag{3.27}$$

相速度 $c \equiv \omega/k = 1$。在有量纲空间中，它相当于重力长波（$c \sim 50 \text{m/s}$），环绕地球传播时间为 9.3 天。开尔文波是非频散的（相速度 ω/k 不是 k 的函数）并向东传播，南北方向被限制在赤道附近。

在纬向上，开尔文波（$v=0$）是重力波（$\partial u/\partial t = -\partial \boldsymbol{\Phi}/\partial x$），不受地球自转的影响。纬向速度与压强同位相，低压中心伴随着东风气流 [图 3.12（b）]。在经向上，开尔文波处于地转平衡（$fu = -\partial \boldsymbol{\Phi}/\partial y$），极向消散的结构是地球自转造成的。因此，开尔文波有时被称为半地转波，其在经向是地转的，但是在纬向是非地转的。

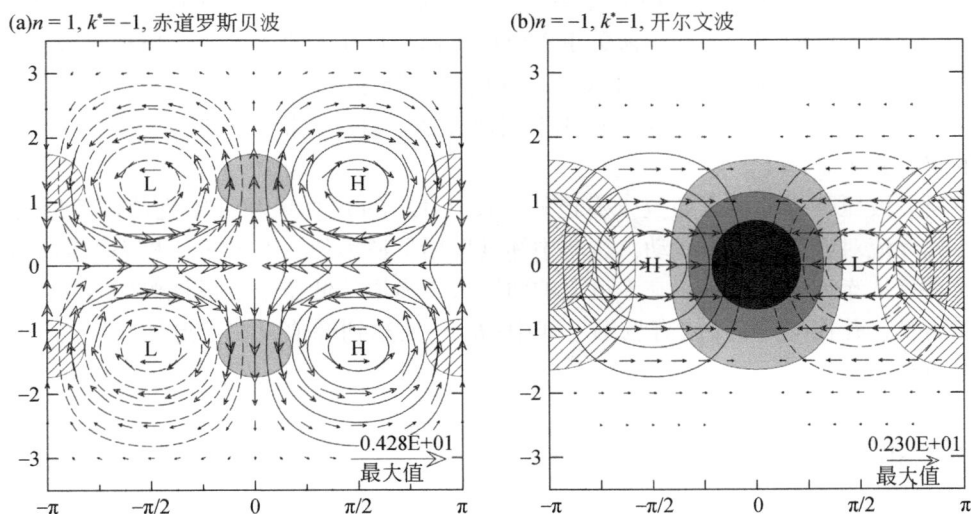

图 3.12 无量纲坐标系下赤道附近的波动。（a）$n=1$ 的罗斯贝波和（b）开尔文波。$y=0$ 表示赤道。斜线区域表示辐散，填色区域表示辐合。等值线表示位势高度，间隔为 0.5 单位。如图所示，最大风矢量为 2.3 单位。坐标系尺度与 Matsuno（1966）一致。（摘自 Wheeler and Nguyen，2015）

　　数学上还存在一个向西传播的波解，但是这个解没有物理意义，因为它需要一个向极地增长的结构。

　　海岸边界会阻挡流动穿过。因此，在海洋中，人们通常会观测到垂直岸边速度为零的沿岸开尔文波，在北（南）半球传播方向右（左）侧为海岸边界。在厄尔尼诺期间，人们经常观测到海平面升高的信号以沿岸开尔文波的形式，沿美国西海岸从赤道一直向阿拉斯加州传播。虽然赤道上没有实体边界，但也存在开尔文波，因为它是地转效应的奇点，$f=0$。在不考虑黏性的作用下，赤道开尔文波向东传播，在北（南）半球，传播方向右（左）侧为赤道。

3.4.3　罗斯贝波

　　一般来说，$v \neq 0$。式（3.23）~式（3.25）可以合并为一个关于 v 的方程：

$$\frac{\partial}{\partial t}\left(y^2 v - \frac{\partial^2 v}{\partial y^2}\right) - \frac{\partial v}{\partial x} = 0 \qquad (3.28)$$

它的解是

$$v_n = 2^{-n/2} H_n(y) \exp(-y^2/2) \exp\left[i(kx - \omega_n t)\right] \qquad (3.29)$$

$$\omega_n = -k/(2n+1), \ n = 1, 2, \cdots \qquad (3.30)$$

波动解仅限在赤道附近［式（3.29）中的高斯函数］并以相速度 $c_n = \omega_n/k = -1/(2n+1)$ 向西前进，比开尔文波慢得多。$H_n(y)$ 是埃尔米特多项式

$$H_0 = 1, H_1 = 2y, H_2 = 4y^2 - 2, H_3 = 8y^3 - 12y, \cdots \qquad (3.31)$$

当 n 为奇数，罗斯贝波的 $\boldsymbol{\Phi}$ 和 u 关于赤道对称；当 n 为偶数，则反对称。值得注意的是，关于赤道对称的波动的经向流关于赤道反对称，且在赤道上为零。罗斯贝波最重要的模态 $n=1$ 关于赤道对称，它以开尔文波相速度的三分之一（$c_1 = -1/3$）向西传播。第二罗斯贝波模态是反对称，以相速度 $c_2 = -1/5$ 向西传播，以此类推。开尔文波可以看作 $n = -1$ 模态的解，其中 $c_{-1} = 1$。

　　罗斯贝波压强扰动最大处位于赤道外［图 3.12（a）］。风和气压扰动接近地转平衡，与气旋式环流对应的是低压扰动，这与中纬度罗斯贝波类似。对于第一模态罗斯贝波，由于科氏参数从赤道向两极减小，赤道上的西风大于赤道外低压中心极地侧的东风。经向风在赤道消失，并在 $y = \pm 1$（或有量纲空间中 $\pm R_E$）处达到峰值，在赤道外气压扰动下处于地转平衡状态。

3.4.4　波的频散

　　现在回顾一下图 3.10 中初始高压扰动的频散。随着时间的推移，最初关于赤道对称的孤立高压扰动分离为向东传播且只有纬向流动的开尔文波和向西传播且在赤道两侧呈反气旋式环流的罗斯贝波。向西传播的罗斯贝波比向东传播的开尔文波慢得多。由于纬向流被调整为完美的地转平衡状态［式（3.24）］，波动在经向上无法传播。这个例子说明，由于旋转球体上科氏参数的经向变化，运动不仅在纬向和经向上是有区别的，而且行星尺

度扰动在东西方向上也是不同的，体现在位相传播和结构空间结构上。

前面的讨论是基于长波近似［式（3.24）］，它在数学上滤除短波和高频扰动。Matsuno（1966）得到浅水系统［式（3.16）~式（3.18）］的完整解。图 3.13 展示了在不做长波假设的情况下，无量纲纬向波数–频率空间中的频散关系。这里的 ω 始终为正，但是纬向波数 k 可以既为正（向东传播）也可为负（向西传播）。开尔文波解保持不变，而罗斯贝波随着纬向波数的增加向西传播的相速度会降低且变得频散，这是中纬度罗斯贝波广为人知的特性之一。在高频侧，即 $\omega/(\beta c)^{1/2}>1$，存在惯性重力波，也就是受地球自转影响的重力波，具有多个经向模态（$n=1,2,\cdots$）。频散曲线横穿正负波数空间的是柳井（Yanai）波。其波结构关于赤道反对称，伴随着明显的经向流动，但赤道上纬向流速为零。其频散曲线在波数趋向正无穷时类似于重力波（图 3.13 最右端），趋向于负无穷时（最左侧）类似于罗斯贝波。因此，柳井波也被称为混合罗斯贝重力波。它是赤道波导中独有的，在其他任何地方都不存在。

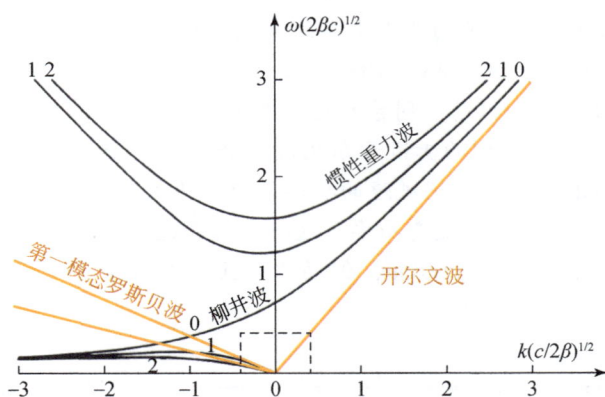

图 3.13　在不做长波假设情况下，无量纲纬向波数–频率空间中的频散关系。横轴为无量纲的纬向波数，纵轴为频率的函数。橙色折线为长波近似下的频散曲线。频散曲线上的数字表示经向模态数。（改编自 Gill，1982）

在大气（专栏 3.1）和海洋（第 7 章）中都能观测到赤道波动。如今，赤道波动理论是理解和解释热带大气–海洋变率的重要基础。严格来说，除开尔文波外，赤道波动是频散的（$c[k]\neq$ 常数）（图 3.13），但对于本书关注的大尺度、低频变率，可以使用长波近似［式（3.13）］。这种情况下，可以滤除惯性重力波和柳井波，并使罗斯贝波成为非频散波，从而简化了问题。

Gill（1982）中的第 11 章对赤道波动及其在热带大气和海洋环流中的作用作了精彩的讨论。Holton（2004）的第 11.4 章也简要讨论了松野（Matsuno）波动理论。

专栏 3.1 赤道波动的发现

1965 年 11 月，松野太郎（Taroh Matsuno）将关于赤道波动理论的论文提交给《日本气象学会会刊》发表。这一工作是他博士论文的一部分。他需要这个学位才能获得九州大学的副教授职位。此时柳井道雄（Michio Yanai）正担任期刊的主编，Matsuno（1996）的论文于 1966 年 2 月发表。1966 年 10 月，Yanai 和 Maruyama（1966）在同一期刊上发表一篇分析跨赤道风变率的文章，其中提出了现在公认的柳井波。当时，松野和柳井在东京大学（Lewis，1993）著名的气象实验室任职，分别担任副研究员和副教授。然而 Yanai 和 Maruyama（1966）以及 Matsuno（1966）并没有互相引用。不久之后，当年还是博士生的丸山（Maruyama）（1967）确认了柳井波是松野解之一。

远在太平洋另一边的华盛顿大学，刚毕业的助理教授 Mike Wallace（麦克·华莱士）和他的学生正在分析热带西北太平洋的大气探测数据，这套数据正是柳井和丸山曾经使用过的。Wallace 和 Kousky（1968）发现平流层低层纬向风［专栏图 3.1（a）］存在显著的 15～20 天周期振荡。同系的詹姆斯·霍尔顿 James Holton 教授指出此振荡可能是 Matsuno（1966）提到的赤道开尔文波，并提醒了华莱士教授关注经向风的异常。在夸贾林 Kwajalein 礁岛上空风速的功率谱中［专栏图 3.1（b）］，纬向风存在一个陡峭的峰值，而经向风几乎没有功率，这标志着赤道开尔文波的发现。令人惊奇的是，夸贾林礁岛距离赤道约 1000km，但动力学上仍处于罗斯贝形变半径范围之内，因此开尔文波才得以被探测到。

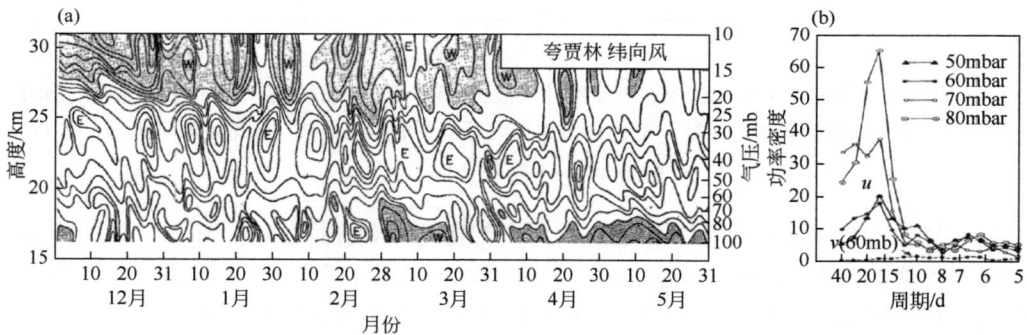

专栏图 3.1 （a）夸贾林礁岛（8°43′N，167°44′E）平流层低层纬向风速（间隔为 5m/s，阴影表示西风）的时间-高度剖面。（b）巴拿马巴尔博亚（9°N，80°W）纬向（实线）和经向（虚线）风异常的功率谱。1bar=10⁵Pa 摘自 Wallace and Kousky，1968。ⓒ美国气象学会。经允许使用。）

赤道波动理论开启了动力气象学、海洋学和气候学的新篇章，并最终推动了厄尔尼诺与南方涛动及其他热带海气耦合模态的革命性进展。有趣的是，赤道波动的发现最初与地表气候无关，而是为了寻找驱动平流层准两年振荡（quasi-biennial oscillation，QBO；Lindzen and Holton，1968）的向上传播的波动。当时，QBO 现象刚刚在几年被发现，其惊人的规律性吸引了当时气象学家的关注。

本人有幸于 20 世纪 90 年代中期在日本北海道大学与松野有过合作，他是当时刚刚起步的海洋与大气科学系的创始主席。系里的教职工会定期共进午餐，在一次餐后返回的路上，我问是什么促使他研究赤道波动。松野思考一下说道："我只是好奇当 f 趋近于零时发生什么。"当然，他十分清楚有关赤道上的波通量与 QBO 相互作用的猜想。而他的发现为人们展示了一整个波动的家族。2010 年 9 月，我在西雅图见证了一场奇妙的表演，而参演人员堪称梦之队，在庆祝麦克·华莱士 70 岁生日的座谈会上，柳井主持开幕式，松野做了第一个报告。

太空中对全球向外长波辐射变率的观测的结果与松野解的频散关系很好地吻合。美中不足的是，由于深对流的潜热加热，有一些波动的相速度会减慢。正是由于忽略了对流加热，松野理论遗漏了一个重要的热带变率，即马登-朱利安振荡（MJO）（第 4 章）。

3.5 行星尺度环流

3.5.1 大气对孤立热源的响应

对流加热的最大值位于对流层中层（图 3.7）并使整个对流层变暖，在高层产生高压扰动，低层产生低压扰动。当距离赤道足够远时，对流加热产生的暖中心处于热成风平衡状态，低层为气旋式环流，高层为反气旋式环流，如同观测到的飓风一样。

Gill（1980）考虑了孤立深厚热源如何驱动热带环流的问题。为了简单起见，我们假设热源带来的加热不随时间变化。在 β 平面上的长波近似下，对加热的定常态响应由赤道波动方程给出。由式（3.23）~式（3.25），我们得到：

$$\varepsilon u - yv = -\frac{\partial \boldsymbol{\Phi}}{\partial x} \tag{3.32}$$

$$yu = -\frac{\partial \boldsymbol{\Phi}}{\partial y} \tag{3.33}$$

$$\varepsilon \boldsymbol{\Phi} + \nabla \cdot \boldsymbol{u} = -Q \tag{3.34}$$

式中，ε 为大气中的衰减率（通常具有几天的时间尺度）；式（3.34）左边的衰减项可以认为是辐射衰减效用，其作用是将对流层温度恢复到辐射-对流平衡的温度。假设热源以赤道为中心，经向方向呈高斯分布：

$$Q = Q_0(x) \exp(-y^2/2) \tag{3.35}$$

设 $q = \boldsymbol{\Phi} + u$，$r = \boldsymbol{\Phi} - u$，求解：

$$(q, r) = \sum \left[q_n(x), r_n(x) \right] D_n(y) \tag{3.36}$$

式中，抛物柱面函数 $D_n(y) = 2^{-\frac{n}{2}} H_n(y) \exp\left(-\frac{y^2}{2} \right)$ 被限制在赤道附近并向极快速减弱。当加热 $Q_0(x)$ 东西方向上被限制在 $-L < x < L$ 时，开尔文波响应为

$$\varepsilon q_0 + \frac{\partial q_0}{\partial x} = -Q_0 \tag{3.37}$$

开尔文波在热源西侧（$x < -L$）消失，在加热区向东增长，在 $x = L$ 以东逐渐衰减，e 折尺度为 $L_K = 1/\varepsilon$。另外，罗斯贝波响应为

$$\varepsilon q_2 - \frac{1}{3} \frac{\partial q_2}{\partial x} = -\frac{1}{3} Q_0 \tag{3.38}$$

罗斯贝波在热源东侧（$x > L$）消失，在加热区向西增长，在 $x = -L$ 以西逐渐衰减，e 折尺度为 $L_R = 1/(3\varepsilon) = L_K/3$，为加热区东侧开尔文波的 $1/3$。由开尔文和罗斯贝响应 [式（3.37）~ 式（3.38）] 可以写出纬向速度和压强：

$$u = \left[q_0 + (2y^2 - 3) q_2 \right]/2 \cdot \exp(-y^2/2) \tag{3.39}$$

$$\boldsymbol{\Phi} = \left[q_0 + (2y^2 + 1) q_2 \right]/2 \cdot \exp(-y^2/2) \tag{3.40}$$

旋转球面上热带大气的响应同时具有地转和非旋转的特征：由于地转平衡式（3.33）经向上响应局限在赤道附近，但在东西方向上，响应信号能沿着赤道延伸很远（图3.14）。在赤道上，表面风从东西两个方向汇入热源，风的方向与气压强梯度下降的方向相同，类似于非旋转响应；而在西侧赤道外，表面风与气压处于地转平衡状态，体现了地球自转的影响。

β 效应（$f = \beta y$）使得东西两侧的响应高度非对称。在东侧激发出的开尔文波伴随着低层低压且局限在赤道附近的东风；西侧激发出的罗斯贝波关于赤道对称，存在着一对处于地转平衡的气旋式环流，对应的低压中心分别位于赤道两侧。在平衡状态下（其中由加热激发的波动会被耗散），向东的开尔文波可以传播到距离热源更远的地方，可达罗斯贝波传播方向的 3 倍以上，这一比值正是开尔文波和罗斯贝波相速度之比。

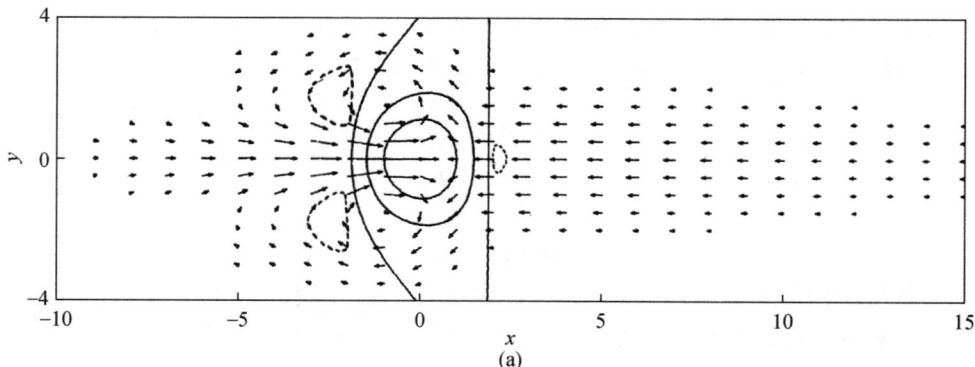

(a)

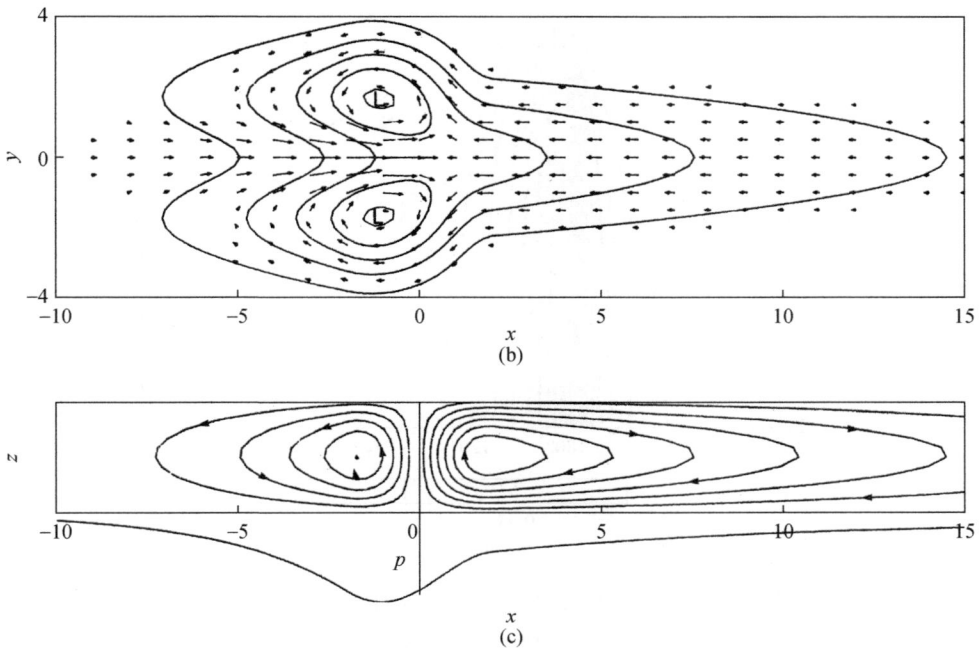

图 3.14 大气对以赤道为中心孤立热源非绝热加热的响应。箭头表示低层风速，等值线表示（a）垂直速度（虚线表示向下）、（b）低层位势高度。（c）赤道垂直断面上的翻转环流函数和低层位势。（摘自 Gill，1980）

初始值问题有助于我们理解赤道波动的作用，在初始静止的大气中突然加入一个对流加热源，对流层中层温度的响应可以从图 3.15 的经度–时间剖面图中看到。在加热区东侧，越向东对流层暖信号来得就越迟，延迟的时间与开尔文波面向东传播的时间一致。同样，在加热区西侧，向西逐渐增加的暖信号延迟与罗斯贝波面向西缓慢传播的时间是一致的。这样的距离–时间断面图被称为霍夫默勒（Hovmöller）图（以其发明者的名字命名），可用于跟踪传播的信号。此处的霍夫默勒图显示了开尔文波和罗斯贝波从加热区中分别向东西两侧传播，最终因为耗散而趋近稳定，这会导致温度、压强和风场的东西向不对称。东侧的开尔文波导致的对流层变暖信号的最大值位于赤道，而西侧的罗斯贝波导致的对流层变暖信号在赤道外达到峰值。

在赤道的垂直断面上，由于开尔文波和罗斯贝波的存在会形成两个环流圈 ［图 3.14（c）］。开尔文波的相速度比罗斯贝波的相速度大，因此东部环流圈的纬向范围比西部环流圈大得多。这种双圈的垂向环流结构被称为沃克环流。在对流区，潜热加热与上升运动的绝热冷却相平衡，而在加热区外，缓慢下降的非绝热加热以赤道波动的形式向外传播暖信号。

热带大气对单一热源的响应通常称为 Matsuno-Gill 型响应，或简称为 Gill 型响应（图 3.14）。其局限于赤道附近的经向分布和纬向不对称的空间结构说明了赤道波动在其中的重要性。它还能够解释观测到的热带大气环流的一些重要特征。

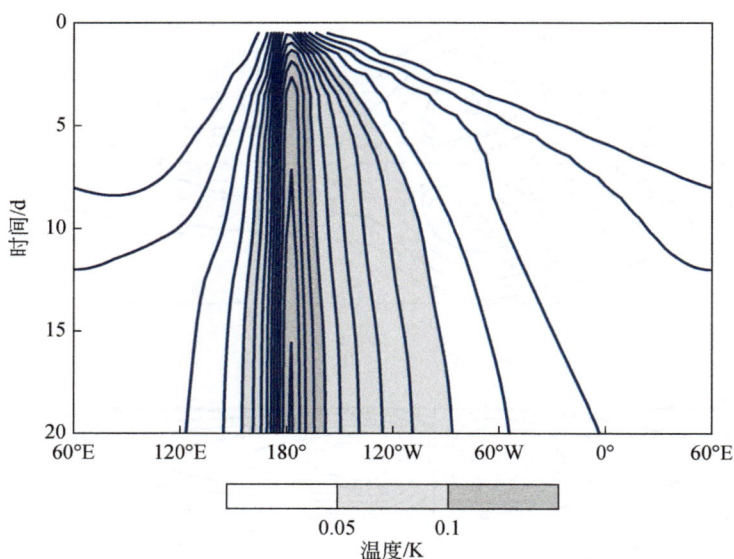

图 3.15　线性斜压模式中，赤道（5°S ~ 5°N）上 500hPa 温度对突然施加的非绝热加热源的响应。模式初始无背景流动，热源中心为 180°，等值线间隔为 0.01K。（Y. Kosaka 供图）

3.5.2　观测中的热带环流

　　罗斯贝变形半径（15°S ~ 15°N）范围内年平均降水存在明显的纬向分布差异，降水大多集中在海温高于 27℃的印度洋–西太平洋地区（图 3.3）。与印度洋–西太平洋暖池的强对流对应的是两个沃克环流圈，其上升支以海洋性大陆（从苏门答腊岛到新几内亚的群岛）为中心（图 3.16）。正如 Gill 模型预测的那样，太平洋环流圈在纬向上比印度洋环流圈范围更广。在低层，沃克环流表现为很强的纬向风，它驱动着海洋的上层环流并调节着 SST 的空间分布，我们将在后续章节中进行详细讨论。在印度洋–西太平洋暖池对流以东，热带太平洋上盛行较强的表面东风，而赤道印度洋上空则为较弱的表面西风（图 3.16）。热带南印度洋上空存在着低层气旋式罗斯贝环流，但由于受季风控制，印度洋赤道以北的风向在冬季和夏季相反（第 5 章），并不存在对应的气旋式环流。在对流层上层，暖池西侧的赤道附近存在着一对反气旋式环流，分别位于南、北热带印度洋。如果去除纬向平均东风，太平洋沃克环流上支的附近的西风就会变得更加清晰。赤道东太平洋上层平均西风带被称为西风通道，使得来自中纬度风暴轴的低频变化得以向赤道传播并跨过赤道（Webster，2020）。

　　在大西洋能观测到类似的沃克环流，只是东西范围较小。在低层，东风气流在热带大西洋上空盛行，并在亚马孙对流区辐合。在对流层高层，亚马孙的对流活动引起了高层的辐散，在其东侧驱动出西风，西侧驱动出东风。因此，在热带大西洋还存在另一条西风带。

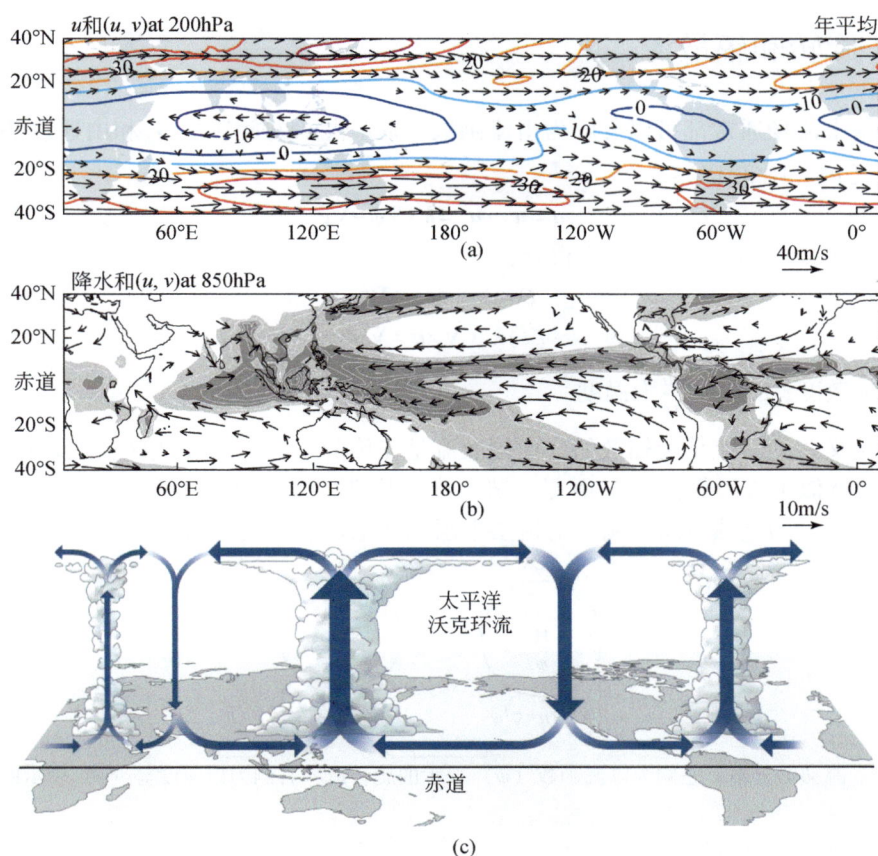

图 3.16　热带地区年平均气候态。（a）等值线代表 200hPa 纬向风速，箭头代表水平风速（m/s）；（b）白色等值线（间隔为 1mm/d）和灰色填色（浅灰色 >3mm/d，深灰色 >5mm/d）代表降水。（c）赤道上的翻转环流示意图。[（a）/（b），周震强供图；（c），图源：NOAA]

　　像 Gill 模型这种简单线性模型，居然能够解释热带环流的几个主要特征。该模型的成功说明了对流加热和开尔文波、罗斯贝波的调整对热带环流具有十分重要的作用。在很大程度上，印度洋–西太平洋和西大西洋的暖池（以及多雨的亚马孙地区）决定了热带地区的对流加热位置。赤道太平洋和大西洋上盛行的东风信风可被视作对对流加热和 SST 纬向分布的响应。

　　虽然热带自由对流层温度的水平梯度很小，但在行星边界层（通常为 1～2km 厚）内，由海陆分布和 SST 本身的空间分布造成的大气水平温度梯度可能很大。边界层内的温度梯度能引起压强梯度，是驱动低层风场的重要机制。特别是在赤道东太平洋和大西洋，边界层（顶部存在稳定的逆温层）内大气温度受强烈的海温梯度影响辐合，从而维持了 ITCZ 中的对流活动（Back and Bretherton，2009）。

3.5.3　旋转和辐散流

任何水平流场通常都可以分解为由流函数（ψ）表示的旋转流 $\boldsymbol{u}_\psi$ 和由速度势（χ）表示的辐散流 $\boldsymbol{u}_\chi$（图 3.17）：

$$\boldsymbol{u}=\boldsymbol{u}_\psi+\boldsymbol{u}_\chi=\boldsymbol{k}\times\nabla\psi-\nabla\chi \tag{3.41}$$

ψ 和 χ 可以通过求解泊松方程得到：

$$D\equiv\nabla\cdot\boldsymbol{u}=-\nabla^2\chi \tag{3.42}$$

$$\zeta\equiv\boldsymbol{k}\cdot\nabla\times\boldsymbol{u}=\nabla^2\psi \tag{3.43}$$

式中，D 为散度；$\zeta=\dfrac{\partial v}{\partial x}-\dfrac{\partial u}{\partial y}$ 为涡度。

根据定义，旋转流是无辐散的，而辐散流是无旋的。在中纬度地区，地转作用占主导地位，Φ/f 近似于流函数，其中 Φ 是位势高度。热带地区的热力环流是辐散的，绝热加热需要由垂直运动的绝热冷所平衡。对流层上层的辐散风和速度势常用于诊断热力环流。

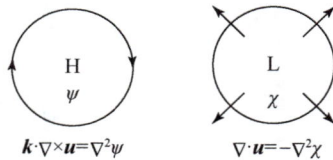

图 3.17　流动的分解。左侧为以流函数（ψ）表示的旋转流，右侧为以速度势（χ）表示的势流。

在辐散流的速度势中，东西向的沃克环流和南北向的哈得来翻转环流均清晰可见。在对流层上层，印度洋–西太平洋暖池、南美洲和非洲上空存在较强的速度势负值。势流在这些区域辐散并在东太平洋和大西洋上空辐合（图 3.18）。

印度洋–西太平洋暖池上空的深对流驱动对流层上层的辐散流。向北的气流在东亚地区辐合，形成强盛的局地哈得来环流。北向的辐散风没有与压强梯度力相平衡，呈现出非地转的特征，并通过科氏效应加速了日本上空的副热带西风气流（图 3.18），$du/dt-fv_\chi=0$。因此，海洋性大陆对流锚定的局地哈得来环流是日本上空副热带急流核形成的主要机制，青藏高原和落基山脉的地形强迫也起了一定的作用。

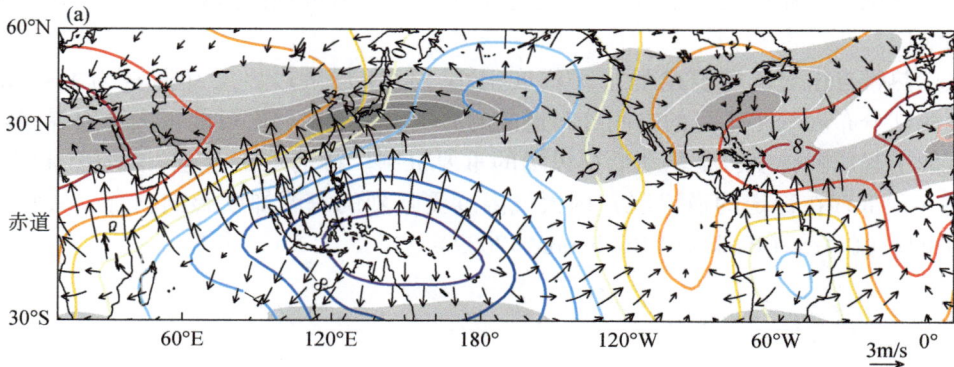

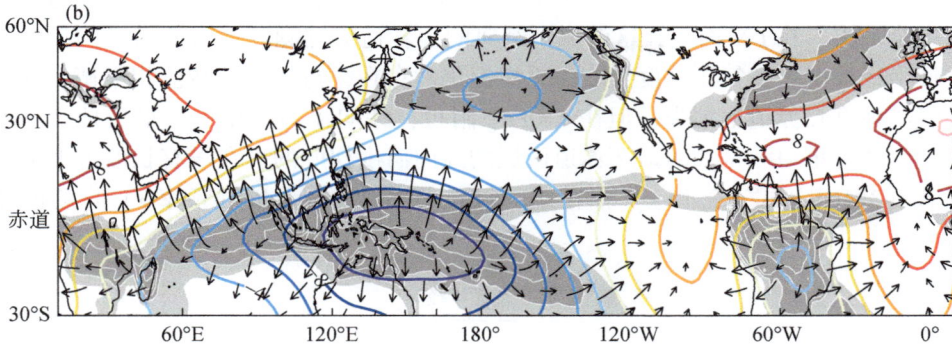

图 3.18 200hPa 条件下 12～2 月平均的辐散风和速度势气候态。箭头表示辐散风（单位为 m/s），等值线表示速度势，范围为 -10×10^6～10×10^6，间隔为 2×10^6。白色等值线和填色表示：（a）纬向风速，其中灰色填色为 20m/s、40m/s、60m/s，白色等值线间隔为 10m/s；（b）降水，浅灰色>3mm/d，深灰色>5mm/d，白色等值线间隔为 2mm/d。（周震强供图）

3.6 弱温度梯度和对流阈值

赤道上，科氏参数为零，地转作用在东西方向消失，这使得开尔文波和罗斯贝波可以在纬向快速传播。由于波动传播速度快，局地时间导数远大于水平平流，对于开尔文波和低阶罗斯贝波，两者的比值 $c/U>1$，其中 $U\sim10$m/s 为热带风的典型速度。因此，非线性水平平流作用较弱，而式（3.16）～式（3.18）中描述的线性波动力学在热带地区占主导地位。这解释了松野波动理论的成功。相比之下，在热带外地区，由于较强的风速和水平梯度，西风急流的平流成了最重要的效应。

快速传播的赤道波动使对流层温度的水平变化趋于平缓。与 Gill 解不同的是，对流加热并不完全是局地的，而存在多个中心，这种纬向分布特征进一步平滑温度变化（在边界层内，强烈的 SST 强迫维持较大的温度梯度）。500hPa 条件下的 3 月温度在 20°S～10°N 几乎均匀，不同区域相差不超过 1K（图 3.19）。在主要的对流区，如印度洋和太平洋 ITCZ、SPCZ、亚马孙等区域附近，存在较强的凝结放热，因此温度略高。由于科氏力很小，这些微小的温度变化足以驱动强大的热带环流。上述区域强盛的对流活动使对流层温度的垂向分布满足湿绝热廓线，在对流层中部最为明显，$\partial\theta_e^*/\partial p\approx0$（图 3.5）。

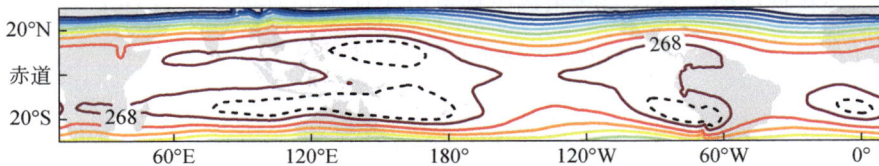

图 3.19 500hPa 条件下的 3 月气温气候态（间隔为 1K，268.5K 为虚线）。（周震强供图）

考虑一个温度或压强的初始扰动，其在经向上为一个阶梯函数（图 3.20，红色虚线）。为简单起见，我们认为不存在纬向变化。如果没有地球自转（$f=0$），重力波将使气压梯度完全消失。在 f 平面上，这就成了经典的地转适应问题，重力波沿经向传播，在罗斯贝变形半径尺度上，气压梯度会变得平滑但仍然存在，与纬向地转流相平衡。在旋转球体上，气压梯度在赤道上消失，但在 $y = \pm R_E$ 附近，纬向流与气压梯度形成地转平衡。上面的例子说明了重力波是如何破坏赤道区域的经向温度梯度的。在没有长波近似的浅水系统中［式（3.16）~ 式（3.18）］存在重力波（图 3.13 中无量纲频率>1 的黑色频散曲线）。

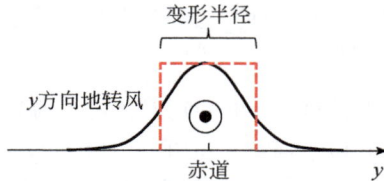

图 3.20　赤道经向温度调整示意图。红色虚线表示初始扰动，黑色实线表示调整后的剖面。科氏力效应和温度梯度在赤道变形半径内很小。

由于弱温度梯度，在热力学方程中可以忽略水平平流项：

$$\frac{\partial \theta}{\partial t} + \omega \frac{\partial \theta_0}{\partial p} = \left(\frac{p_s}{p}\right)^\kappa \frac{J}{c_p} \tag{3.44}$$

式中，$J = Q_1$ 为非绝热加热率。由于垂向温度梯度的扰动很小，这里我们使用热带平均温度廓线 $\theta_0(p)$ 来计算垂直平流。在准平衡态下：

$$\omega \frac{\partial \theta_0}{\partial p} \approx \left(\frac{p_s}{p}\right)^\kappa \frac{J}{c_p} \tag{3.45}$$

在热带地区，最主要的热力学平衡来自绝热冷却［式（3.45）左侧］和非绝热加热［式（3.45）右侧］之间。在对流区，辐射冷却相对较小，对流加热与上升运动的绝热冷却相平衡。在冷水区上空的非对流区，辐射冷却与由缓慢沉降［图 3.8（a）］引起的绝热增温来平衡。

在接近对流层顶的热带对流层上层，水汽含量以及温度、位势高度两者的水平梯度均较小，因此 $\nabla m_T \approx \nabla s_T \approx 0$。由于深对流的夹卷作用较弱，我们可以合理地假设对流层顶的 MSE 等于深热带平均（用上划线表示）的表面 MSE（图 3.5）。

$$m_T = \bar{m}_s \tag{3.46}$$

在给定的热带位置，局地对流不稳定性可以用地表和对流层顶的 MSE 之差来衡量：

$$I = m_s - m_T = m_s - \bar{m}_s = c_p(1 + b_e)T^* \tag{3.47}$$

其中

$$T^* \equiv T_s - \bar{T}_s \tag{3.48}$$

T^* 称为相对 SST（指相对于热带平均）。这里我们使用热带平均 SST（$\bar{T}_s$）线性化 q_s［式（3.6）］，其中鲍恩（Bowen）反比 $b_e = 2.5$。因此，局地对流不稳定与局地 SST 相对于热带平均 SST 的偏差成正比，当局地 SST 超过热带平均值时（$T^* > 0$），局地对流不稳定。也就是说，热带平均 SST 设定了对流发生的阈值（图 3.6）。在当前气候条件下，热带平均（20°S～20°N）SST 约为 27℃，与观测到的 SST 阈值 [图 3.6（a）] 吻合。

3.7 展　　望

热带对流和环流紧密耦合。如 Matsuno-Gill 模型所示，对流加热驱动斜压翻转环流；而环流通过改变大气柱中的水汽含量以及调整水平辐合建立对流（图 3.21）。这种对流–环流间的强反馈使大气内部产生自发变率，如 30～60 天的马登–朱利安振荡（MJO）（第 4 章）。在月平均和更长时间尺度上，SST 变化变得重要，并能够影响对流活动。这是由于 SST 的大小决定了能否突破对流阈值，且 SST 能调整大气边界层的压强梯度。太阳辐射的季节性循环对地表温度影响很大，能够驱动大陆尺度的季风（第 5 章）。夏季风表明，地表和大气柱积分的 MSE 对对流活动的预测作用高于表面温度，尤其是陆地上，因为陆地上大气相对湿度存在剧烈的时空变化。

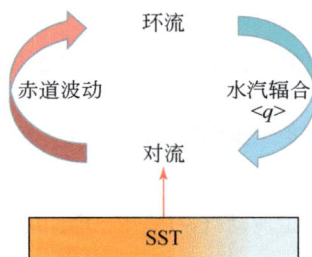

图 3.21　对流–环流相互作用与 SST 效应的示意图。

习　　题

1. 为什么主要的热带雨带被称为辐合带？

2. 商用飞机在 250hPa 条件下巡航，空气温度为 -50℃，当外界空气绝热压缩到 800hPa 的客舱压力时，会达到什么温度？

3. 解释为什么水汽分压随高度降低的幅度比气压（图 3.4）大。考虑相对湿度（R_H）恒定的大气，饱和水汽压为 $e_s = e_0 \exp(-z/H_w)$，其中 $H_w = (\alpha \Gamma)^{-1}$ 为水汽压标高，$\Gamma \sim 6.5\text{K/km}$ 为递减率，$\alpha = \dfrac{\mathrm{d}}{\mathrm{d}T}\ln e_s \approx 0.06\text{ K}^{-1}$ 为克拉珀龙–克劳修斯（Clapeyron-Clausius，CC）系数。

　　a. 计算 H_w，并与大气压标高 $H_s = RT/g$ [式（1.10）] 比较。

　　b. 在真实大气中，$H_w \approx 2.5\text{km}$。与 a. 的计算进行比较。这意味着相对湿度如何随高度变化？

4. 如图 3.5 所示的探空曲线中，深对流对应的最小表面 θ_e^* 是多少？

5. 简要论证 SST 对湿对流高度的影响。

6. 对比降水和 OLR 空间分布图，并讨论它们的异同。

7. 回答以下关于相当位温 $\theta_e = \theta \exp(Lq/c_p T_{LCL})$ 的问题：

　　a. 绘制表面 θ_e 关于表面气温（surface air temperature，SAT）的函数。假定 $T_{CLC} = \text{SAT} - 5\text{K}$（相当于云底高度为 500m）、相对湿度为 80%。利用 CC 方程 $q_s = q_0 e^{\alpha(T-T_0)}$，其中 q_0 为参考温度 T_0 下的饱和比湿。

b. 表面 θ_e 和 SAT 对深对流的临界值是多少？参照图 3.5，比较 SAT 的临界温度与众所周知的 27℃ 阈值，并讨论产生差异的原因。

8. 回答关于中纬度流动的以下问题：

a. 证明 f 平面（f 为常数）上的地转流是无辐散的。

b. 在热带外，为什么通常无法利用大气探空观测网取得的探空数据和连续方程计算垂直速度？提示：地转流与非地转流的比例为 10：1。

9. 利用图 3.5 中典型的热带探空数据，计算式（3.19）中斜压模态的波速。计算赤道上的变形半径。

10. 著名冰川学家在乞力马扎罗山（5895m）和热带安第斯山脉（>6000m）山顶获取了冰芯。他声称在这些冰芯中测量的温度变化代表了整个热带范围内的情况。讨论他的观点是否正确并阐明理由。

11. 基于式（3.48），讨论对流阈值对全球变暖的响应。

12. 随着大气 CO_2 浓度的增加，海洋温度将会升高。热带太平洋在东西方向的宽度是印度洋或大西洋的两倍。假设 2100 年热带太平洋海温增加 2.6℃，热带印度洋和大西洋海温增加 2℃。大气深对流的 SST 阈值会怎样变化，数量是多少？

13. 为什么在热带地区，同一气压层中对流层温度几乎是均匀不变的？这一事实的重要结果是什么？举两个例子。

14. 湿绝廓线是指满足 $d\theta_e^* / dp = 0$ 的垂直温度分布。为什么热带的自由对流层温度接近湿绝廓线，即使是在海温较低的区域？

15. 考虑到赤道波传播和弱温度梯度，思考造成暖对流区（即热带西大西洋）对流层中层 θ_e^* 小于表面 θ_e^* 的原因。

16. 通过尺度分析，证明在快速赤道波动（$c/U \gg 1$）中，局地时间导数远大于水平平流项，$\frac{\partial}{\partial t} \gg u \cdot \nabla$。这一结果表明赤道大气以线性动力学为主。

17. 热带大气对局地加热的响应在热源的东西有何不同，为什么？

18. 讨论一个可以被 Gill 解所解释的观测现象。

19. 考虑大气边界层内（深 1km）的摩擦。在赤道对流加热东侧的开尔文波响应中，讨论边界层摩擦的效应体现在何处。经向流在边界层内是否仍然为 0？

第 4 章　马登-朱利安振荡

热带对流在空间和时间上变化多样，呈现出有组织的层级结构（图 4.1）。单个积雨云在水平方向上跨越大约 10km，持续几个小时。深对流云聚集形成数百千米规模的簇集，这样的中尺度云团进一步聚集形成几千千米宽的广泛区域，也被称为超级云团。这些巨大的对流包络缓慢地向东传播穿越印度–太平洋暖池。本章重点讨论大气内热带对流的自发变异；第 5 章讨论受太阳变化影响的夏季风，第 9 至第 11 章讨论由大气–海洋耦合引起的年际变化。

图 4.1　2022 年 1 月 18 日葵花静止卫星拍摄的红外图像捕捉到的热带对流组织的层级结构。在西太平洋上空的对流包络中，嵌入了中尺度（数百千米）的云团（放大图），每个云团由深对流的积雨云（约 10km）组成。（图片摘自日本气象厅）

4.1　对流耦合波

向外长波辐射（OLR）是对流活动的方便代用指标，在对流云区上方数值较低，在对流抑制区上方数值较高。卫星辐射计数据通常使用斯特藩–玻尔兹曼定律将其转换为亮温（T_b）。低亮温值表明有降水深对流情况。一般情况下，变率可以用傅里叶形式表示：

$$T(x,t) = \int_0^\infty \mathrm{d}\omega \int_{-\infty}^\infty \widetilde{T}(k,\omega)\,\mathrm{e}^{i(kx-\omega t)}\,\mathrm{d}k \tag{4.1}$$

式中，$\widetilde{T}$ 为时间–空间谱；ω 为角频率；k 为纬向波数（东向传播为正，西向传播为负）。

　　图 4.2 展示了赤道对称亮温变率的时间–空间谱，以平滑背景红谱的比率表示（Wheeler and Kiladis，1999）。赤道波在组织对流活动中起着重要作用。作为参考，松野频散曲线显示了几个不同等效深度 H_e 的值，其定义为 $c^2 = gH_e$。对于向西传播的扰动（$k <$ 0），高频（周期<3 天）重力波区域（左上）和沿着长波罗斯贝波频散曲线（H_e 约为 25m 或等效的 $c = 16\mathrm{m/s}$）的低频区域（左下）能量较高。这里纬向波数（$k = 1$）表示赤道带上存在单个正弦波。对于向东传播的正波数，能量扰动在惠勒–吉拉迪斯（Wheeler-Kiladis）图上集中于两个不同区域。一个服从非频散开尔文波的频散关系 [H_e 约为 20m（$k < 5$），H_e 约为 25m（$k > 5$）]，另一个位于底部（周期为 30～90 天），稍微偏右（k 为 1～3）。该周期为 30～60 天的变化称为季节内变化，也被称为马登–朱利安振荡（MJO），将在下一节中讨论。

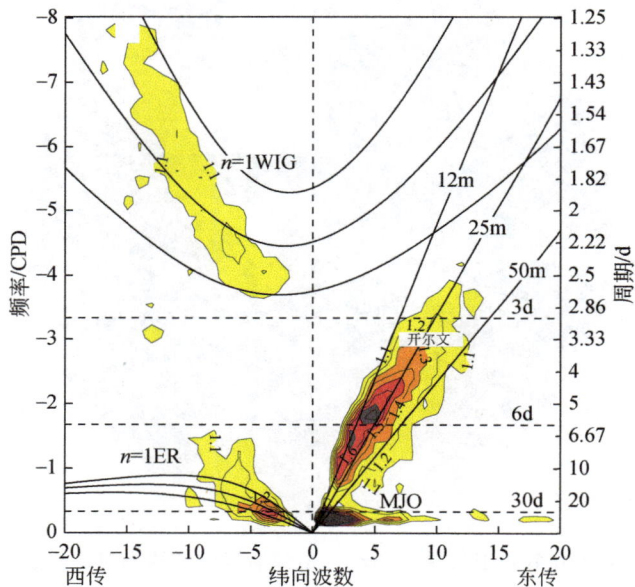

图 4.2　1983 年 7 月～2005 年 6 月卫星亮温（T_b）中对称部分的波数–频率功率谱。15°N～15°S 求和结果，且为原始 T_b 功率与平滑红噪声背景谱功率之间的比率（Wheeler and Kiladis，1999）。等值线间隔为 0.1，等值线和填色从 1.1 开始，对应超过 95% 的显著性水平。黑色曲线表示开尔文波、$n = 1$ 赤道罗斯贝波（ER）和 $n = 1$ 向西惯性重力波（westward inertio-gravity，WIG）在等效深度为 12m、25m 和 50m 时的频散曲线。（摘自 Wheeler and Nguyen，2015）

　　松野的理论并没有考虑湿对流的作用。需要注意的是，尽管其相速度比干燥情况下的相速度（$c_d = 50\mathrm{m/s}$）慢得多，但对流扰动仍然遵循开尔文波的频散关系。在接下来的讨论中，我们将使用 $c_m = 15\mathrm{m/s}$（$H_e = 23\mathrm{m}$）作为湿对流耦合（convectively coupled，CC）开尔文波的名义相速度。此处我们主要关注开尔文波的变率，并展示松野波动与对流的相互作用对相速度的减速作用。

4.1.1　相速度减慢

首先考虑海洋表面的波动。水面的升高会导致下方压力增加，这是因为水比上方的空气重得多。压力扰动强迫水流在波传播方向上形成下一个波峰。因此，水与空气之间的密度差在重力作用下成为水波的恢复力。接下来考虑上方为油、下方为水的界面上的波浪。油与水之间的内部波浪的传播方式与表面水波非常相似，但由于介质之间的密度差较小，其相速度要慢得多。一般而言，波的相速度与界面上的密度差的平方根成正比，即 $c \propto \sqrt{\Delta \rho}$（第 7.1.3 节、7.1.4 节）。

现在考虑采用两层模式来描述热带斜压环流（见第 3 章）。在干大气中，恢复力与干静力稳定度成正比，干静力稳定度由位温的垂直梯度 $\Delta \theta_0 = \theta_{400} - \theta_{800}$（~30K）来衡量。如果将一个气团从 800hPa 绝热地带到 400hPa，其温度将比周围环境低 30K，这会迫使气团返回原来的高度。当空气运动在空间上不均匀时，温度波动会由于这种恢复力以 $c_d \propto \sqrt{\Delta \theta_0}$ 的速度传播 [式（3.19）]。

气柱积分的水汽收支方程 [式（3.5）] 可以近似表示为

$$P \approx -\langle q \rangle \nabla \cdot \boldsymbol{u} + E \tag{4.2}$$

式中，$\boldsymbol{u}$ 为低层速度。忽略表面蒸发扰动（$E' = 0$），则中层的潜热扰动为

$$Q = \kappa \left(\frac{p_2}{p_s} \right)^\kappa LP = -q^* c_d^2 \nabla \cdot \boldsymbol{u} \tag{4.3}$$

式中，q^* 为无量纲的整层可降水量，控制着环流–对流耦合的强度：

$$q^* \equiv \frac{L \langle \bar{q} \rangle}{c_p \Delta \theta_0} \tag{4.4}$$

式中，$\langle \bar{q} \rangle$ 为平均的整层积分的水汽路径。热力学方程

$$\frac{\partial \Phi}{\partial t} + c_m^2 \nabla \cdot u = 0 \tag{4.5}$$

与原始浅水系统相同 [式（3.18）]，只是变为使用湿波速：

$$c_m^2 = c_d^2 (1 - q^*) \tag{4.6}$$

当一个绝热的湿空气团从对流层低层（p_3）上升到高层（p_1）时，水汽凝结释放的潜热会加热空气团，减小了与 p_1 处环境的温度差。这减小了将空气团拉回到 p_3 的恢复力，有效的恢复力与 $(1 - q^*) \Delta \theta_0$ 成正比。潜热加热导致的减小的恢复力如式（4.6）中所示减慢对流耦合波的传播。无量纲的可降水水汽参数 $q^* = 0.91$，对应 $c_d = 50\text{m/s}$ 和 $c_m = 15\text{m/s}$。

4.1.2　开尔文波

在 1987 年 4 月 1 日 ~6 月 2 日的 63 天霍夫默勒图 T_b 上（图 4.3），我们可以清晰地看

到对流耦合开尔文波以超级云团形式向东传播。这些对流活动常常能以恒定的相速度（约为 15m/s）环绕大半个赤道。有时候会有两个这样的对流耦合开尔文波同时存在，其典型的纬向间距为 120°，或 $k = 3$。这与 $c_m = 15\text{m/s}$，解释了在 Wheeler-Kiladis 图上对流耦合开尔文波的方差在大约 6 天的周期上达到峰值（图 4.2）。

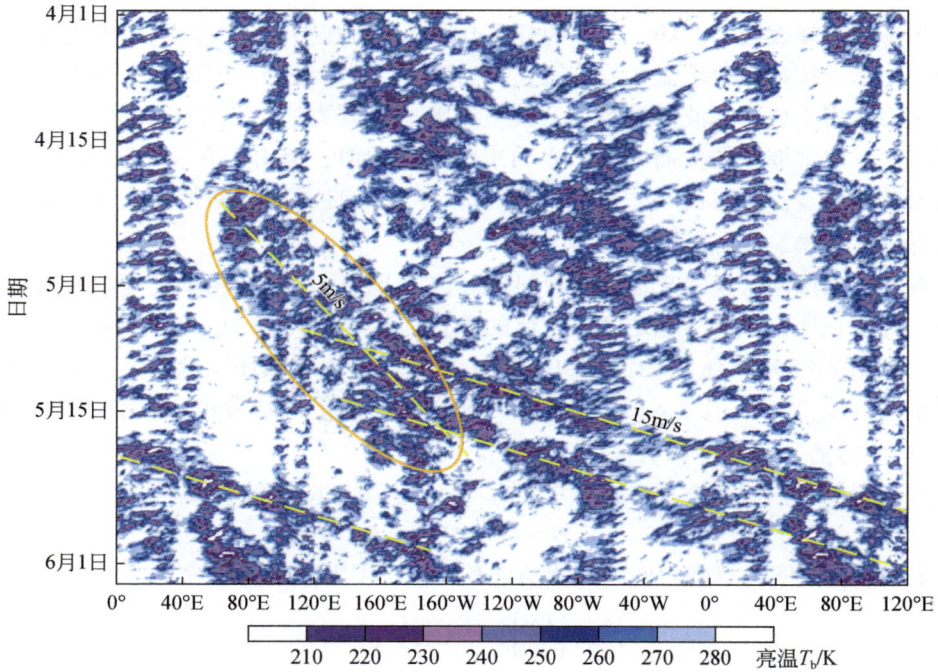

图 4.3　1987 年 4 月 1 日 ~ 6 月 2 日，2.5°S ~ 7.5°N 的亮温（T_b）的时间-经度断面。单位为 K。其中 5m/s 和 15m/s 的相速度被突出显示。（改编自 Kiladis et al., 2009）

深对流主要集中在纬向延伸的热带辐合带（ITCZ）中。在东太平洋和大西洋上，开尔文波引起的对流异常几乎全年都位于赤道以北（图 4.4）。出人意料的是，尽管对流加热异常位于赤道以北，其对应的气压和环流异常却关于赤道对称。纬向风异常与气压异常相位一致且经向风异常很弱，这与松野的开尔文波动解非常相似。

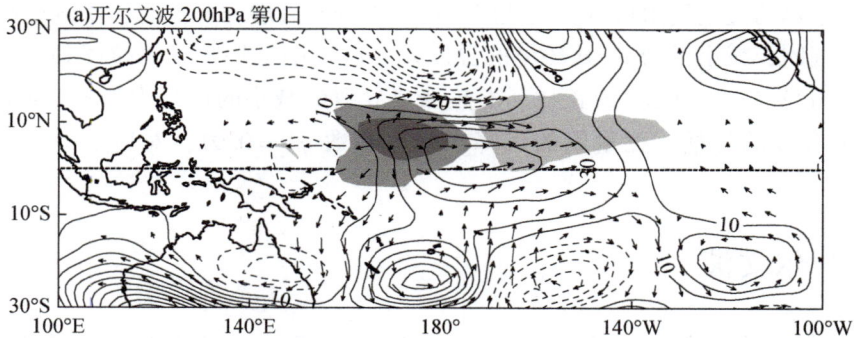

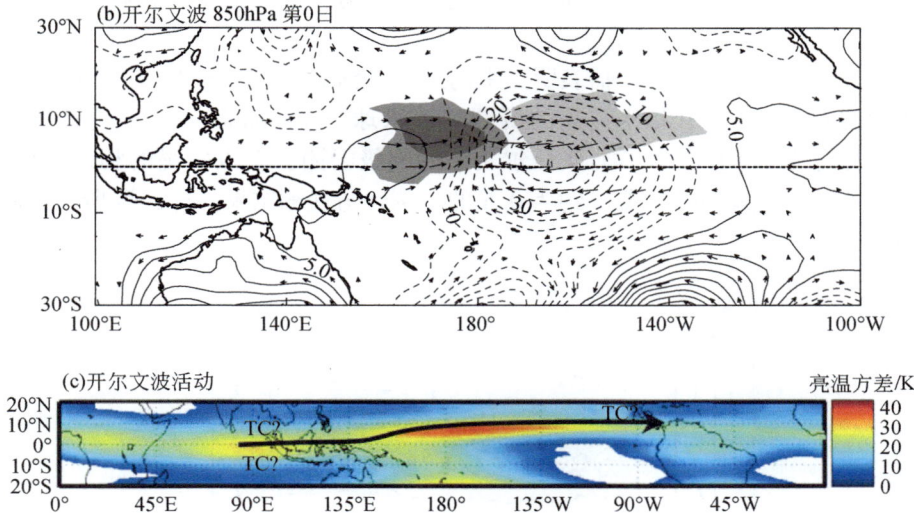

图 4.4　基准点 7.5°N，172.5°E，850hPa 处的 −20K 扰动引起的赤道开尔文波。（a）200hPa 和（b）850hPa 处位势高度（等值线）以及风场异常（箭头）。暗（亮）色阴影表示负（正）的 ±10K 和 3K 亮温扰动；等值线为位势高度，负值为虚线，在 850hPa 间隔为 5m，在 200hPa 等值线间隔为 10m；箭头表示风场。在（c）中显示了经过开尔文波滤波的亮温方差。（摘自 Kiladis et al.，2009）。

开尔文波解占据主导的原因可以通过干燥大气对移动热源的 Gill 响应来解释。该热源以 $c_m = 15\text{m/s}$ 速度向东移动，以此为坐标系 $x' = x - c_m t$，开尔文波相速度减小，以 $c'_K = c_d - c_m = 35\text{m/s}$ 向东传播，而第一罗斯贝模态相速度增加，以 $c'_R = c_d/3 + c_m = 32\text{m/s}$ 向西传播。定常态的开尔文波和罗斯贝波的响应可以由 Matsuno-Gill 模型描述［式（3.37）和式（3.38）］：

$$\varepsilon q_0 + r_K \frac{\partial q_0}{\partial x'} = -Q_0 \tag{4.7}$$

$$\varepsilon q_2 - \frac{r_R}{3} \frac{\partial q_2}{\partial x'} = -\frac{1}{3} Q_0 \tag{4.8}$$

式中，$r_K = c'_K/c_d = 1 - r_c$ 和 $r_R = 3c'_R/c_d = 1 + 3 r_c$ 为多普勒效应与原始波速的比值，其中 $r_c = c_m/c_d$ 为湿波速与干波速的比值。为了简便，假设在对流区域内（$-L < x' < L$）存在着一个狭窄热源（$3L/L_K \ll 1$），其温度在东西方向保持不变，低层辐合引起的绝热冷却大致与对流加热相平衡，辐射衰减（等号左侧第一项）忽略不计，则：

$$q_0 \approx -\frac{Q_0(x'+L)}{r_K} \tag{4.9}$$

$$q_2 \approx \frac{Q_0(x'-L)}{r_R} \tag{4.10}$$

在强迫区域 $-L < x' < L$ 中，对流加热随坐标系移动，造成了开尔文波相速度减慢（$r_K = 0.7$），在强迫区域停留时间更长，并且获得了相较于定常强迫下更大的振幅。出于同样的原因，罗斯贝波加速（$r_R = 1.9$），但振幅显著减小。请读者自行证明反对称的罗斯贝波（$n = 2$）

会衰减得更快。这解释了尽管对流加热明显偏北于赤道，但开尔文波的响应占主导地位的原因。

　　对流耦合开尔文波的绕球传播表明，平均态 [如海表温度（SST）和纬向风] 的纬向变化是次要的。事实上，在被水覆盖的所谓的"水球"（aquaplanet）上进行的纬向均匀SST强迫的大气模式试验产生了类似开尔文波的超级云团，会以较慢的相速度向东传播。图 4.5 展示了一个 $c_m = 23 m/s$ 或 r_c 约为 0.5 的示例。与观测结果一样，罗斯贝波响应也被强烈地抑制。

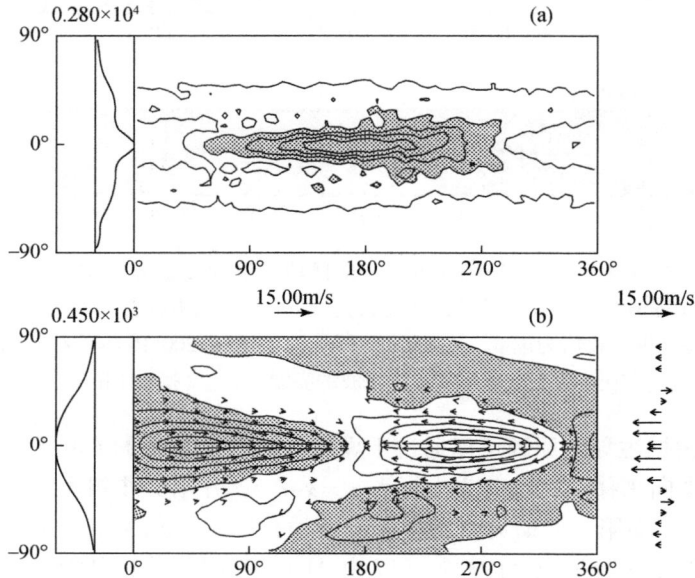

图 4.5　两层水球大气模型中对流耦合开尔文波的合成结果。其中 SST 纬向均匀，坐标系以 23m/s 东向移动。（a）对流加热，单位 10^{-5} K/s 和 （b）低层风场和位势高度场的纬向变化，箭头表示风场，单位为 m/s，等值线表示位势高度场，间隔为 10m。左侧显示纬向平均值：（a）加热率和 （b）位势高度。（摘自 Xie et al., 1993）

4.1.3　蒸发–风反馈

　　在这种水球试验中，式（4.2）中的表面蒸发变化是不可忽略的，对对流耦合开尔文波有十分重要的作用。表面蒸发可以表示为

$$E = \rho_a C_E |\boldsymbol{u}| (q_s - q_a) \tag{4.11}$$

式中，ρ_a 为空气密度；C_E 为蒸发的空气动力学系数；q_s 为海表面饱和比湿；q_a 为表面空气比湿。在赤道上存在东风（$\bar{u} < 0$）的情况下，表面蒸发扰动可以线性化表示为

$$E' = \frac{\bar{E} u'}{\bar{u}} \tag{4.12}$$

式中，上横线为平均值，$'$ 表示扰动。这里我们忽略湿度变化。扰动对流加热 [式（4.2）]

变为

$$P = -\langle \bar{q} \rangle \nabla \cdot \boldsymbol{u} + \frac{\bar{E}u}{\bar{u}} \tag{4.13}$$

广义形式的热力学方程［式（3.18）］可变为

$$\frac{\partial \Phi}{\partial t} + c_m^2 \nabla \cdot \boldsymbol{u} = -\left(\frac{L\bar{E}}{\bar{u}}\right)u \tag{4.14}$$

在两侧分别乘以 Φ 并在赤道上进行纬向积分，得到一个能量方程：

$$\frac{1}{2} \frac{\partial}{\partial t}(\overline{\Phi^2 + c_m^2 u^2}) = \left(\frac{L\bar{E}}{-\bar{u}}\right)\overline{u\Phi} \tag{4.15}$$

式中，$\overline{u\Phi} > 0$，因为开尔文波的纬向流扰动与位势高度同扰动相位相同，其中上横线表示纬向平均。因此，左侧括号内的能量必然随时间增长。地表风速（$-u_3$）和对流层温度（$\propto -\Phi_3$）之间的正协方差称为蒸发-风速反馈，使对流耦合开尔文波变得不稳定（Emanuel，1987；Neelin et al.，1987）。

4.2　马登-朱利安振荡（MJO）

在 20 世纪 70 年代初，计算能力的增强使得可以利用新开发的快速傅里叶变换方法计算长时间序列的功率谱。这使得我们可以研究超出天气尺度（<10 天）的低频大气变率。Madden 和 Julian（1972）分析了赤道带站点的地面气压观测数据。他们发现，在 30～60 天的时间尺度上存在一个明显的谱峰，并构想了一个与深对流耦合并缓慢向东传播的纬向波数为 1 的沃克环流（图 4.6）。MJO 被证明是季节内时间尺度上大气变率的主导模态。卫星观测（如 OLR）和全球大气分析在 20 世纪 80 年代中期掀起一股持续甚久的 MJO 研究热潮（Lau and Chan，1985），揭示了这一重要现象的丰富结构和全球影响。今天，MJO 仍然是大气/气候研究的热门话题。

在经度-时间的霍夫默勒图中（图 4.3），季节内 MJO 以一个广阔的对流包络的形式显现出来，以名义相速度 $c_1 = 5\text{m/s}$ 缓慢向东传播。通常一个活跃对流的 MJO 包络首先出现在赤道印度洋，逐渐增强，缓慢穿过海洋大陆进入西太平洋，并在国际日期变更线附近消散。MJO 的对流包络和缓慢的相位传播仅限于印度洋-西太平洋地区（60°E～180°E），该地区温暖的赤道海表温度超过对流阈值。MJO 和对流耦合开尔文波在几个重要方面存在明显差异。首先，对流异常的东向传播仅限于印度洋-西太平洋的暖池区域，而开尔文波则环绕赤道带。在 Wheeler-Kiladis 图（图 4.2）上，对流耦合开尔文波在很大的波数-频率范围内几乎保持恒定的相速度，而 MJO 的空间（$k = 1 \sim 2$）和时间（30～60 天）尺度较为固定，且不遵循松野波动动力学。其次，MJO 的相速度（$c_1/c_d = 1/10$）远小于对流耦合开尔文波（$c_m/c_d = 1/3$）。相速度的巨大差异导致它们具有不同的空间结构，将在后面展示。

4.2.1　环流结构

图 4.7（b）是当 MJO 对流包络位于海洋大陆上时 850hPa 大气结构的合成图。我们可

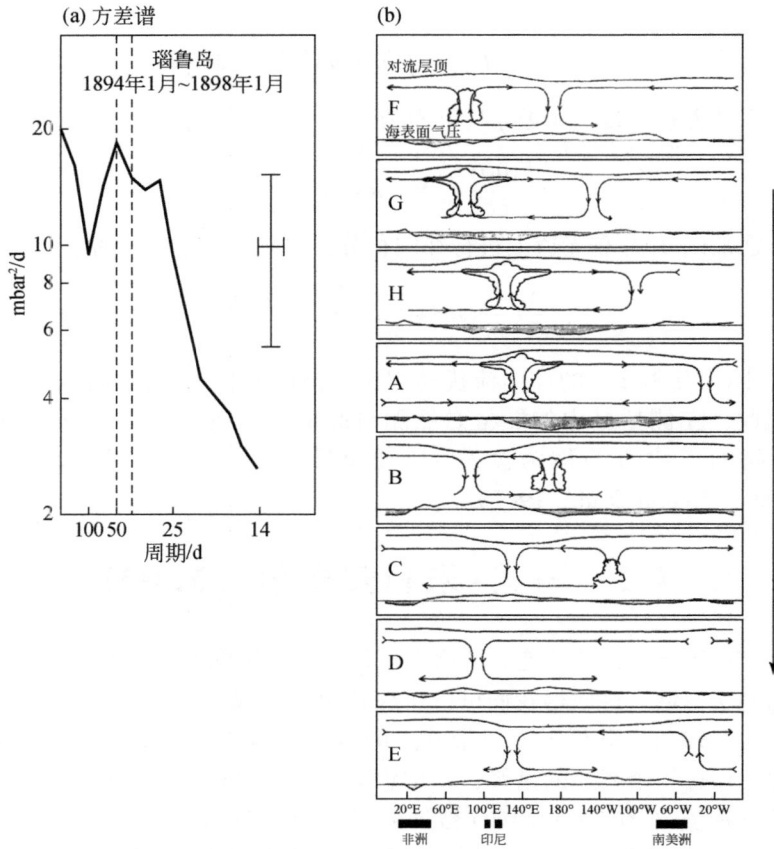

图 4.6　（a）西赤道太平洋瑙鲁岛 1894 年 1 月～1898 年 1 月表面气压方差谱。（b）30～60 天
　　　振荡的示意图。（摘自 Madden and Julian，1972，©美国气象学会，授权使用）

以看到，赤道上的对流包络横跨 60 个经度，低层流场展现出了与 Gill 型响应极为相似的
分布特征。在对流中心以西地区存在着一对气旋型的罗斯贝波型环流，而类似开尔文波响
应的纬向风异常沿着赤道向东延伸。这种具有开尔文-罗斯贝波对（Kelvin-Rossby couplet）
的 Gill 型响应与对流耦合开尔文波的流场形成鲜明对比（图 4.4）。在后者中，由于热源
快速向东移动，罗斯贝响应受到强烈抑制。由于 MJO 相速度仅为干开尔文波的 10%，其
多普勒效应较弱。

　　赤道带的高层环流［图 4.7（a）］与低层环流相似，但符号相反。这与热带地区的斜
压结构一致。然而，罗斯贝环流不再局限于热源以西的区域，而是呈现出了一个纬向一波
（纬向波数为 1）的结构。这可能是由于上层耗散作用较弱且对流热源也存在类似的纬向
一波分布特征——与海洋大陆/西太平洋地区的对流活动增强对应的是热带美洲地区的对
流活动减弱。Matsuno（1966）计算了大气对纬向一波热源的斜压响应。在衰减较弱的情
况下，罗斯贝响应呈波状，上层的反气旋环流位于正加热异常以西。值得注意的是，观测
到的高层 MJO 环流与波状的松野分布型相似，而低层环流与存在较强衰减的 Gill 分布型
相似。

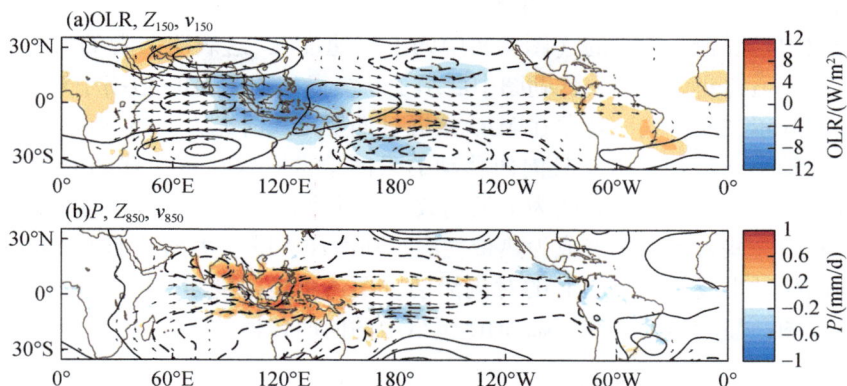

图 4.7　当对流活跃于海洋大陆地区（第 5 相位）时的 MJO 异常。（a）向外长波辐射（OLR），150hPa 位势高度和水平风场，填色表示 OLR，等值线表示位势高度，间隔为 2m，箭头表示平均风场。（b）降水，850hPa 位势高度和水平风场，填色表示降水，等值线表示位势高度，间隔为 1m。（摘自 Adames and Maloney，2021）

4.2.2　纬向调控

MJO 对流包络与具有垂直斜压结构的 Matsuno- Gill 环流分布型相耦合。在日期变更线附近，因为其下方存在冷 SST，MJO 对流逐渐减弱。失去对流锚定后，开尔文–罗斯贝波对频散为所谓的自由波。特别是对流耦合开尔文波从消散的 MJO 对流包络向东辐射。这一切都能从 OLR 和上层纬向风的霍夫默勒图中看到（图 4.8）。OLR 和纬向风异常在印度洋–西太平洋区域的相速度较低（5m/s），但纬向风扰动在西半球的传播速度要快得多，可达到 15m/s。

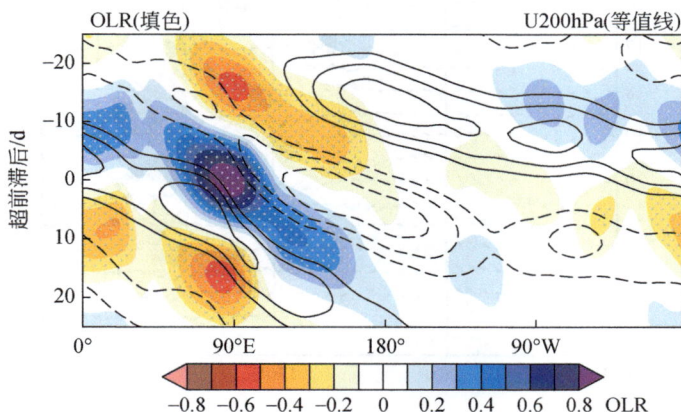

图 4.8　向外长波辐射（OLR）与 200hPa 纬向风异常的霍夫默勒（经度–时间滞后）图。表示 1997～2020 年，10°S～10°N 平均的 OLR（填色）和纬向风（等值线，最小±0.2，间隔为 0.1）与东印度洋（75°E～100°E；10 S～10°N）区域平均 OLR 变化的相关系数。异常首先进行了 20～100 天的带通滤波。

（梁宇供图）

　　尽管 MJO 和对流耦合开尔文波在水平结构和机制上有所区别，但它们的信号在 MJO 的霍夫默勒图中是混合在一起的（图 4.8 中的上层速度），这表明两者的发生和相位是相互关联的。在赤道 T_b 变化的霍夫默勒图中展示了从缓慢移动的 MJO 包络中辐射出的快速移动的对流耦合开尔文波，这一现象在 MJO 接近日期变更线时尤为明显（图 4.3）。

　　一些尺度较小（数百千米）且向西移动的云团常常嵌入在东向移动的 MJO 和对流耦合开尔文波中。这些云团持续时间为 1 天到数天，并可移动数千千米，每个云团包含多个对流核心。其中一些云团会发展成为热带气旋。在海洋大陆、美洲和非洲大陆上，还可以看到一些向西移动由昼夜循环引起的对流活动。图 4.9 是印度洋—西太平洋区域经度–时间断面的放大图，显示了嵌入在宽阔 MJO 包络中的向西传播的云团。

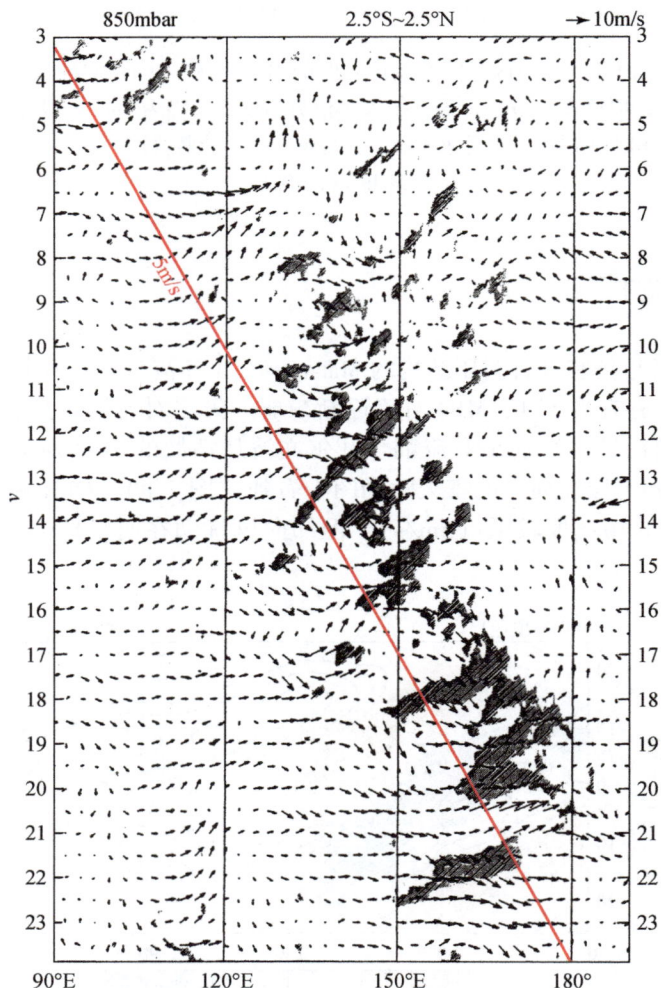

图 4.9　红外黑体温度（T<225K）和 850hPa 风速的经度–时间断面。阴影表示红外黑体温度，单位为 K，箭头表示风速，单位为 m/s。（摘自 Nakazawa，1988）

4.2.3　指数

经验正交函数（EOF）分析可以将时空变化分解为互不相关的时间序列 $\widetilde{T}_i$ 和相互正交的空间分布 P_i：

$$T(x,\gamma,t) = \sum \widetilde{T}_i(t)\, P_i(x,\gamma) \tag{4.16}$$

式中，时间序列 $\widetilde{T}_i$ 也被称为主成分（principal components，PCs）。

人们常用 15°S～15°N 范围内的 OLR、低层（850hPa）和高层（250hPa）纬向风的联合 EOF 分析来追踪 MJO 活动。在 EOF1 中，对流活动在海洋大陆上达到峰值，而 EOF2 在纬向上相位偏移 90°，表现为印度洋和西太平洋之间的 OLR 偶极子。两个模态各自解释了总方差的 12%～13%，对应的主成分在超前/滞后 10 天时具有良好的相关性［图 4.10（b）］。这意味着这一对 EOF 能够表示 MJO 的向东相位传播。通过将观测点投影到 EOF 上，可以实时计算出主导的 PC 对，这被称为实时多变量 MJO（Real-time Multivariant MJO，RMM）指数。数据通常展现在 RMM1–RMM2 相位图中［图 4.10（a）］，在这里，向东的 MJO 遵循逆时针旋转的定律，而离原点的距离表示振幅。在第 2 相位和第 3 相位时，RMM1 很小，一个纬向的对流偶极子异常在印度–西太平洋暖池上方出现；对流在印度洋区域增强，而在西太平洋上方被抑制［图 4.11（a）］。增强的对流在第 5 相位移动到了海洋大陆上，而在第 6 相位时已经接近日期变更线。然后在第 7、8 相位时，赤道上的 MJO 的对流包络减弱，南太平洋辐合带区域的对流加强。

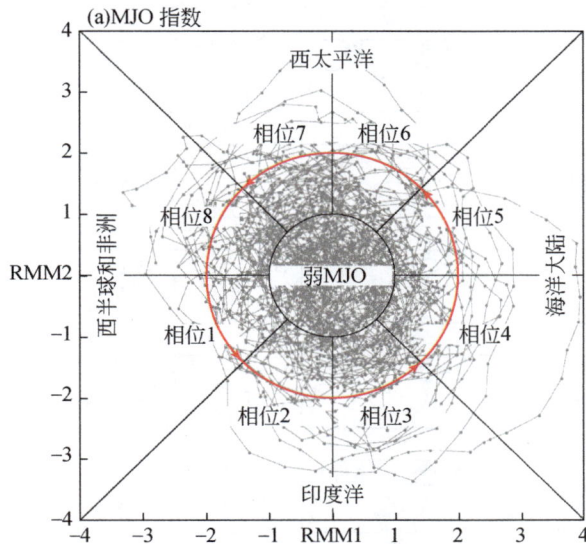

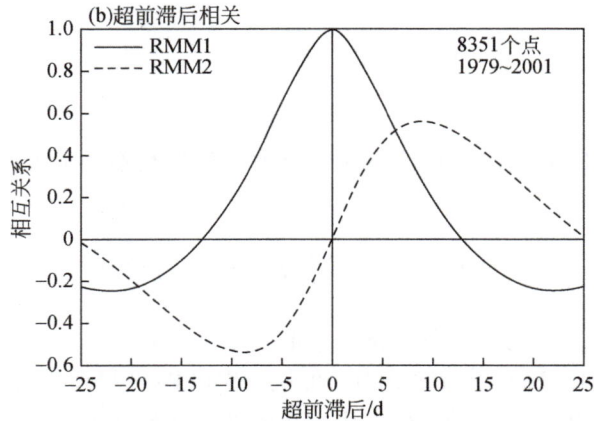

图 4.10 （a）实时多变量 MJO（RMM1-RMM2）相位空间中的演变，8 个相位对应不同的对流活跃区域。
（b）RMM1 的自相关以及 RMM1 和 RMM2 之间的超前/滞后相关，横坐标表示超前滞后的天数。（摘
自 Wheeler and Hendon，2004。美国气象学会，授权使用）

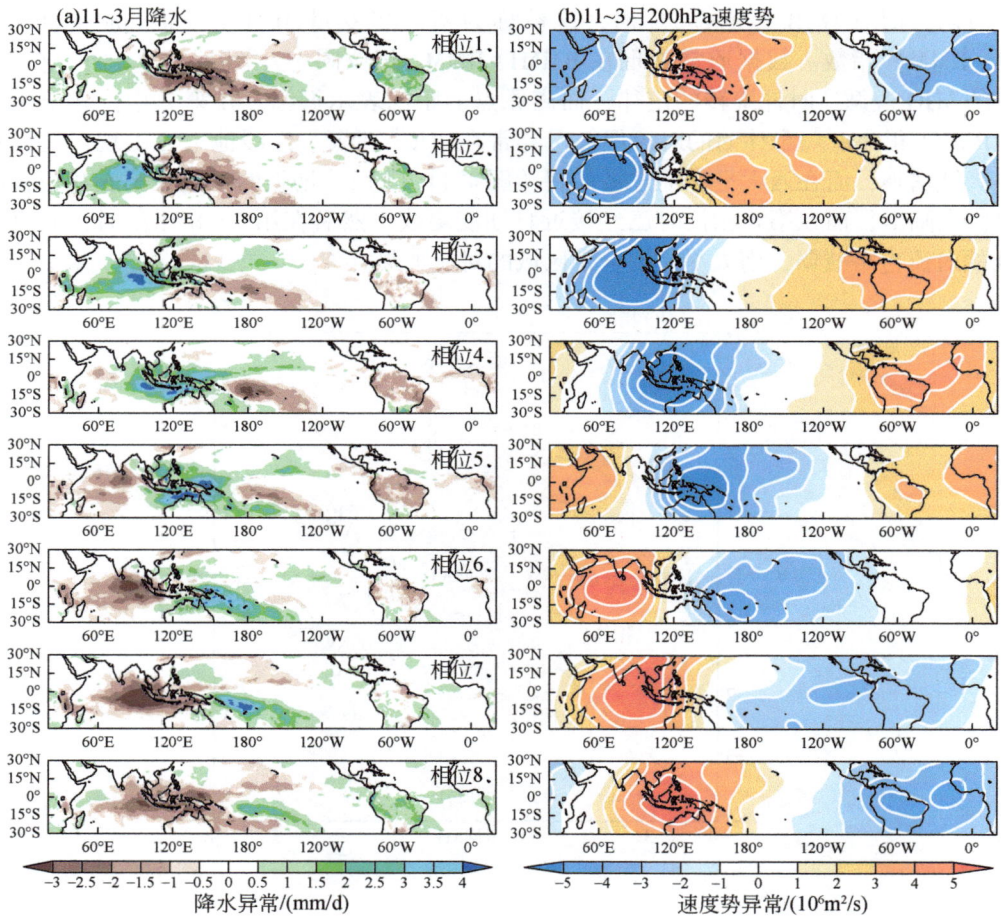

图 4.11 1997～2020 年的 11～3 月 MJO 8 个相位的合成图。（a）降水异常，单位为 mm/d，
（b）200hPa 速度势异常，单位为 $10^6 m^2/s$。（梁宇供图）

速度势是对水平散度、降雨或 OLR 施加拉普拉斯逆算子得到的。两次空间积分使得速度势成为一个平滑的、容易被追踪的场。MJO 对应的速度势呈现出纬向 1 波（指纬向波数为1）的形态 ［图 4.11（b）］。速度势扰动在印度-西太平洋暖池上增强并以 5m/s 的速度稳定地向东传播，但在西半球由于对流锚点的丧失，强度有所减弱。

4.2.4 季节性

MJO 的对流变化主要被限制在由 28℃ 等温线包围的印度洋-西太平洋暖池内。在经向上，印度洋-西太平洋暖池总是位于夏季半球，因此 MJO 降水方差较高的地区也位于此处。MJO 在北半球冬季月份（12～3 月）最为显著，降水方差大于北半球夏季月份（6～9月），尤其是在西太平洋地区（图 4.12）。到目前为止，我们对 MJO 的讨论也主要适用于北半球冬季。

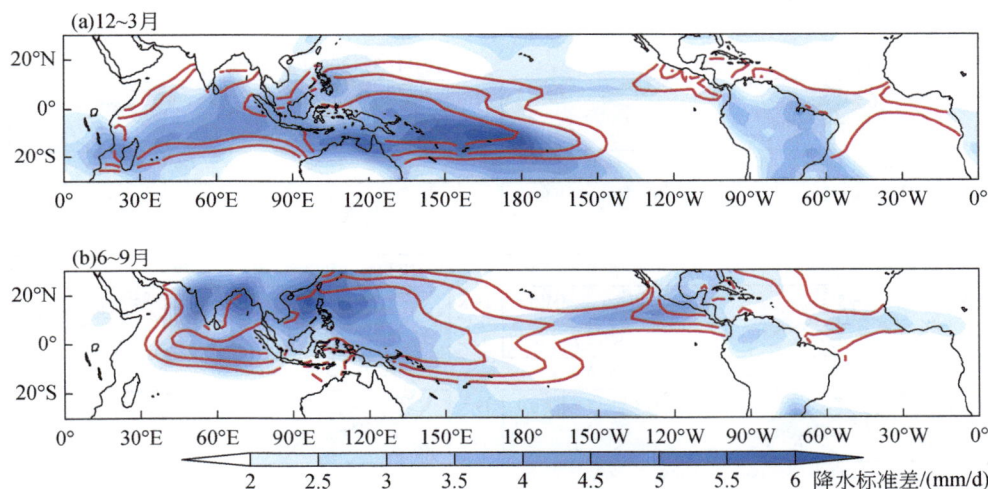

图 4.12 MJO 降水标准差和多年平均 SST。填色表示降水标准差，单位为 mm/d，等值线表示多年平均 SST，为 27℃、28℃ 和 29℃。（a）1997～2020 年的 12～3 月；（b）1997～2020 年的 6～9 月。（梁宇供图）

在北半球冬季，副热带对流层高层的平均西风背景流是正压罗斯贝波的良好的波导（第 9 章）。当 MJO 的对流中心位于海洋大陆上方（第 4 相位）时，会激发出一个波列，其活动中心位于阿留申群岛（高压）和加拿大西部（低压）（图 4.13）。这个波列是正压的（即在对流层内的相位相同），被称为太平洋-北美（Pacific-North American，PNA）遥相关分布型。这里的遥相关指的是遥远区域之间的联系。MJO 引发的 PNA 分布型可以持续 2～3 周，会影响北美的天气形势（如在 MJO 的第 5、6 相位期间，北太平洋阻塞事件的概率会升高）。MJO 引发的遥相关分布型（如 PNA）在局地冬季，即平均西风平流和正压波导效应最强的时候尤为显著。

在 1997～2000 年 5～9 月，MJO 的对流变率移动到了北半球。在 RMM 第 4 相位，一个向西北倾斜的降雨带发展起来，从印度延伸到海洋大陆和赤道西太平洋（图 4.14）。这

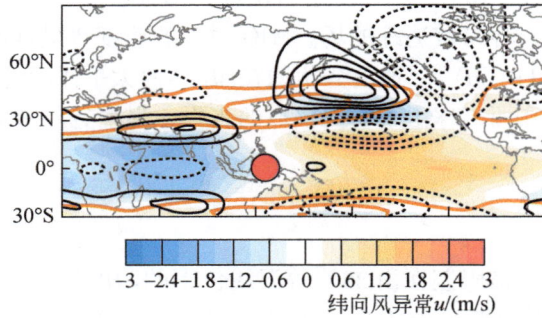

图 4.13　MJO 引起的高层大气异常。填色表示纬向风异常 u，黑色等值线表示位势高度 Z 异常，实线为正，虚线为负，间隔为 5m，零线省略。橙色等值线表示气候态平均纬向风速。所有数据均为 100 ~ 300hPa 的平均值。橙色等值线间隔为 10m/s，从 20m/s 开始。红色圆圈表示在上层对应于 MJO 第 4 相位的速度势最小值。（摘自 Adames and Wallace，2014。©美国气象学会，授权使用）

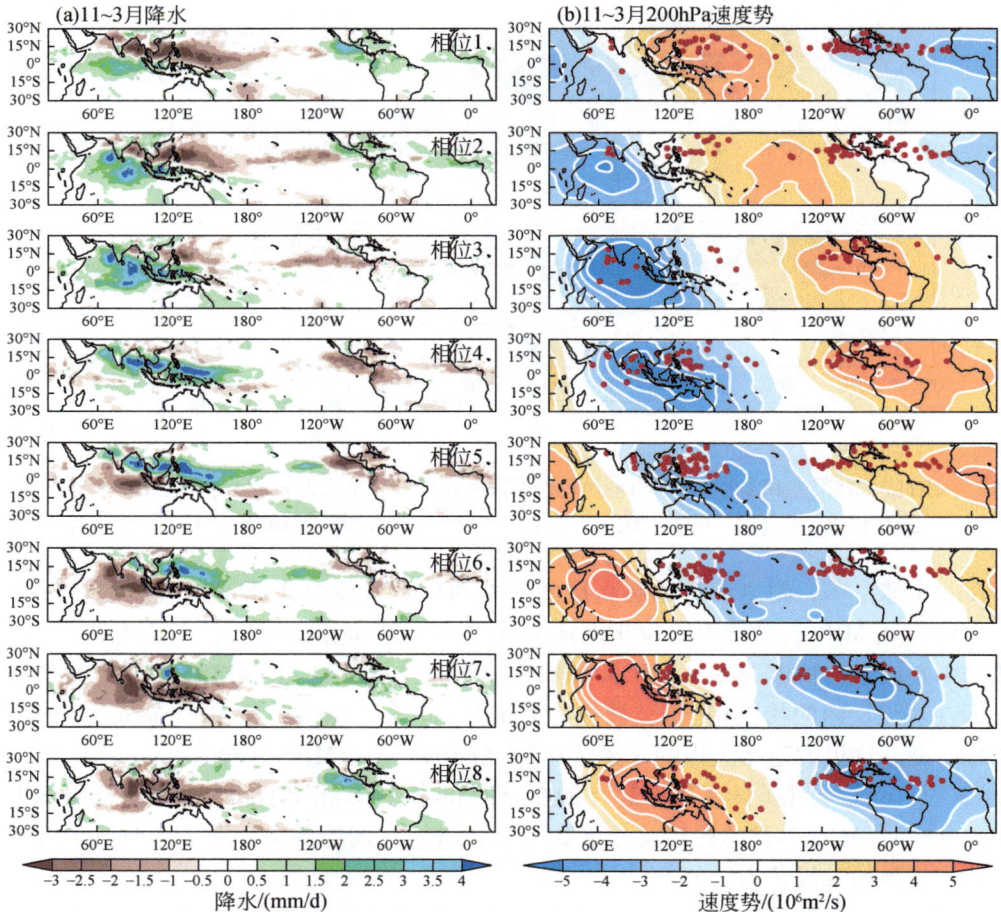

图 4.14　1997 ~ 2020 年的 5 ~ 9 月的 MJO 异常。（a）降水，单位为 mm/d 和（b）200hPa 速度势，单位为 10m²/s，以及红点表示的热带气旋生成。（梁宇供图）

个倾斜的活跃对流带向东传播，导致明显的向北相位传播（图4.15）。Yasunari（1979）、Sikka 和 Gadgil（1980）首次从卫星云图中发现了印度洋海区内连贯的向北传播的振荡。向北传播的 MJO 导致了印度的降雨在季节内时间尺度上存在着强弱振荡。因此，北半球夏季的季节内振荡也被称为季风季节内振荡。

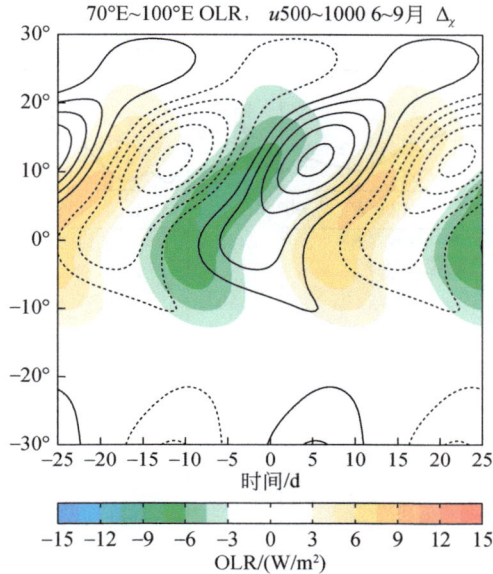

图 4.15　6~9月的70°E~100°E 纬向平均的纬度-时间断面。填色表示向外长波辐射（OLR），等值线表示 500~1000hPa 平均的 u，间隔为 0.2m/s。该图基于速度势的 PC1 和 PC2 的线性组合，周期为 40 天。（摘自 Adames et al.，2016。©美国气象学会，授权使用）

在北半球夏季，赤道以北的太平洋地区季节内对流活动在空间上是协同变化的。在第 4~6 位相位，对流活动在太平洋 ITCZ 区域增强，而在墨西哥南部和加勒比地区以南的东太平洋地区被抑制（图4.14）。这种夏季跨越热带太平洋的对流东-西跷跷板结构是由从印度-西太平洋上的 MJO 对流辐射出来的赤道开尔文波所引起的。

夏季是热带气旋发生的季节。热带气旋拥有高度组织化的云团并在对流层低层伴有强大旋转风场。MJO 能够调节热带气旋的统计特征。热带气旋往往生成在 MJO 对流活跃且对流层上层呈现辐散的区域和时期（图4.14）。增强的大气水汽路径、活跃的对流以及低层气旋流都是有利于热带气旋生成的大尺度环境条件（第10.5节）。

4.2.5　海洋响应

MJO 常常伴随着赤道上纬向风的变化。与 MJO 相伴的风异常在太平洋西半侧变率较高，表面风速异常的标准差可达 1.5m/s［图4.16（a）］。西太平洋的西风异常驱动下沉开尔文波（使温跃层加深；第8章），以 2.2m/s 的相速度向东传播［图4.16（b）］。在海表面，海洋开尔文波的典型振幅为 4cm（或对应 13m 的温跃层深度变化）。海洋波动的典型周期为 60 天，比西太平洋西风异常的典型周期更长。两者频率的不匹配是因为海洋开尔文波对低频风强迫更为敏感。下沉的海洋开尔文波能引起异常的东向流，通过平流作用推动西太平洋暖池向东扩展。加深的温跃层进一步减少了上升流的冷却作用，导致表面海温上升。这一现象在东太平洋地区尤为明显，这是由于该处的平均温跃层深度较浅、更接近海面。

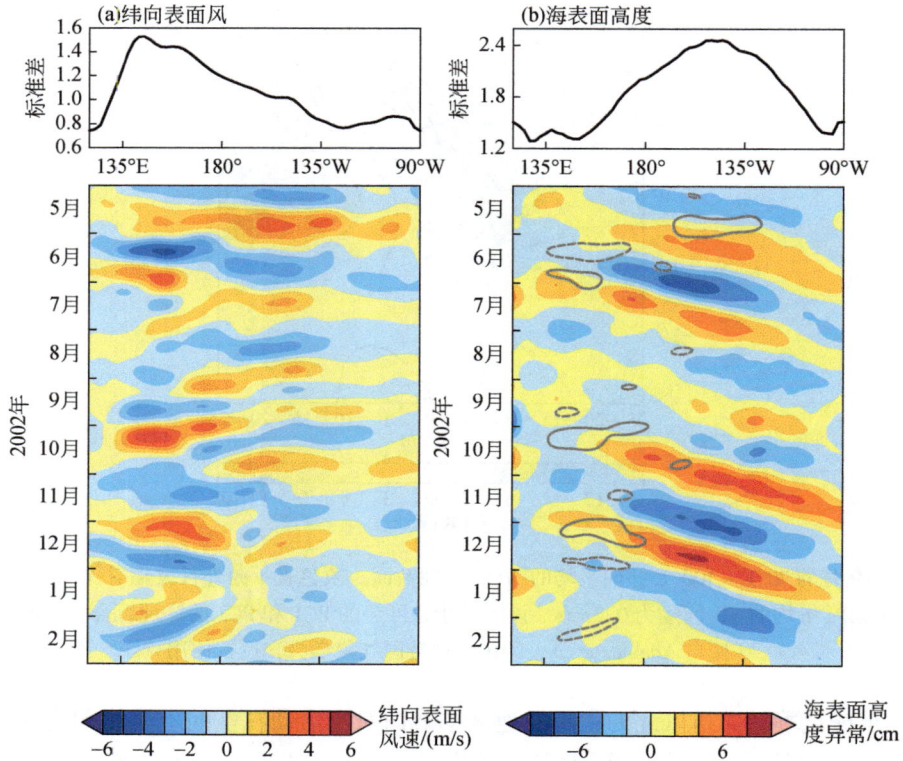

图 4.16　赤道太平洋上，20～120 天低通滤波后的经度–时间断面。（a）纬向表面风，单位为 m/s；（b）海表面高度异常，单位为 cm。图（a）显示了 1997～2020 年的标准差。在图（b）中，u' 为 2.5m/s 的等值线，以灰色绘制，负值为虚线（梁宇供图）

　　强降雨经常会在印度洋–西太平洋暖池区域制造出一个深度较浅的淡水层，在其之下是较厚的等温层。图 4.17 展示了一个夏季孟加拉湾的例子。在 1999 年 7 月底的一次降雨事件之后，低盐度层形成在 30m 深的等温层内，由此产生的密度层结改变使得表面混合层变浅，深度仅有 10～20m。盐度跃层之下的等温层称为障碍层，会阻挡表层海水与较冷温跃层的混合。在暴雨之后平静且晴朗的条件下，较浅的盐度跃层能导致表层海水大幅升温。当下一场暴雨到来之时，表面冷却和风混合会破坏盐度跃层。只有在这之后，湍流混合才能深入障碍层。

　　在夏季的孟加拉湾，MJO 引起的 SST 变化可以超过 1℃。纬向风和对流的季节内异常相位差约为 90°。加强的对流活动到来前会先出现异常东风（图 4.15），这会降低背景西风风速。降低的风速会导致 SST 上升，并滞后风异常 90°。因此，SST 和对流变化几乎处于同相位，表明两者之间存在正反馈。在数值模式中，海洋的耦合作用似乎能够放大孟加拉湾上的夏季 MJO。

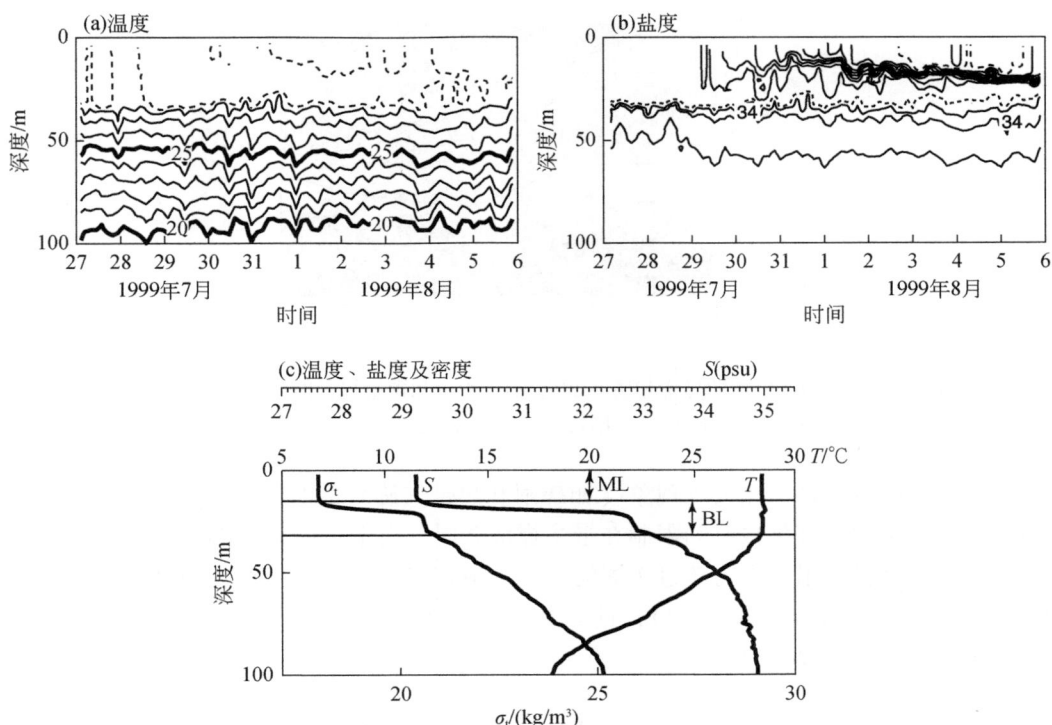

图 4.17 夏季孟加拉湾（17°30′N，89°E）在 1999 年 7 月底的一次降雨事件后［图（a）］温度和［图（b）］盐度的时间–深度断面。图（c）一个几乎等温的障碍层之上的低盐混合层示意图。（摘自 Vinayachandran et al.，2002）

从整个热带来看，SST 与对流的季节内变化不处于同相位，海洋耦合的作用也不那么明显。海洋相当于一个低通滤波器，对季节内大气强迫的响应强度有限，因此 MJO 引起的 SST 变化幅度通常都不太强。但当海洋上升流存在时，其响应幅度可能会有所增强。在夏季的南海中西部和冬季的热带南印度洋（约 10°S）都观察到较大的季节内 SST 变化，而这两个区域都是海洋上升流区。

4.2.6　次季节预测

RMM 指数的低频和振荡性质（图 4.10）表明 MJO 可能具有超过 2 周的可预报性，这一时间被认为是确定性天气预报的极限。目前，我们已经能够使用初始化的动力模型来预测 MJO。图 4.18 给出了一个示例。观测与预测的 RMM 指数之间的异常相关系数（anomaly correlation coefficient）可用以衡量预测能力，该预测能力随着时间的提前而降低，但在提前 25 ～ 30 天时仍保持在 0.5 以上（可以认为是有效预测）。在第 3 相位进行初始化的预报具有最高的预测能力（图 4.18），此时 MJO 的对流中心位于印度洋（图 4.11）。在第 1 相位时的初始化预报中的预测能力最低，此时印度洋上的对流异常尚未完全发展。

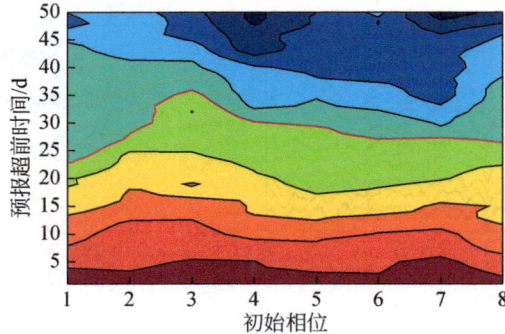

图 4.18　实时多变量 MJO 指数的异常相关系数随 MJO 相位和预报提前时间（天）的变化。红色实线等值线为 0.5，等值线间隔为 0.1。（摘自 Xiang et al.，2015。©美国气象学会，授权使用）

天气预报的目标是预测天气现象（如暴雨和热带气旋）的时间、位置和强度。大气的混沌性质将有效的天气预报时间限制在最多提前 2 周。由于 MJO 对热带气旋的生成和中纬度定常波具有重要作用，它为超过 2 周的天气预报带来了希望。例如，当处于第 7 相位的 MJO 激发了 PNA 分布型（图 4.13），针对 4 周之后的北美洲冬季地表气温的预报能力有所提高（Johnson et al.，2014）。

4.3　水汽模态理论

从对流变化的经度–时间断面图上来看（图 4.3），目前还不清楚为什么存在两种物理上截然不同却都向东移动的对流扰动：快速的环绕全球的开尔文波和缓慢地限制在印度洋–西太平洋扇区的 MJO 包络。通过对水平结构的分析发现，较快的相速度使得这些扰动能够保留大部分开尔文波的结构（图 4.4）绕球传播，而不受下方 SST 的可观变化的干扰。松野理论基于大气柱积分干静力能（$s=c_p T+gz$）的诊断［式（3.8）和式（3.13）］：

$$\frac{\partial \langle s \rangle}{\partial t}-\tilde{\omega}\hat{M}_s=-\langle R \rangle+LP \tag{4.17}$$

式中，$\langle \cdot \rangle$ 为大气柱积分；$\hat{M}_s=-\left\langle \Omega \frac{\partial \bar{s}}{\partial p}\right\rangle$ 为干静力稳定性，为赤道波动提供回复力；$\omega=\tilde{\omega}(x,\gamma,t)\cdot \Omega(p)$，其中 $\Omega(p)$ 为扰动压强速度的垂直结构，在对流层中层附近达到峰值。我们已经通过引入弱温度梯度近似忽略了水平平流项。

对流耦合开尔文波和 MJO 在动力学上是截然不同的。尽管式（4.17）中的温度的时间导数项对于松野波动至关重要，但对于缓慢的 MJO 来说却可以忽略不计：

$$-\tilde{\omega}\hat{M}_s=-\langle R \rangle+LP \tag{4.18}$$

事实上，对于 MJO 来说，流动与对流加热处于准稳态平衡状态，并显示出典型的

Matsuno-Gill 分布型的开尔文–罗斯贝波对形态（图 4.7）。大气柱积分的水汽路径 $\langle q \rangle$ 是一个与深对流强烈耦合的缓慢变量；湿大气柱通过减少干夹卷作用，有利于深对流发生。当大气柱水汽路径超过一个阈值时，降水确实会呈指数增长 [图 3.6（b）]。

大气柱积分的扰动湿静力能（MSE）$(m=s+Lq)$ [式（3.15）] 收支可表示为

$$\left\langle \frac{\mathrm{d}m}{\mathrm{d}t} \right\rangle = R_{\mathrm{TOA}} \downarrow - Q_{\mathrm{net}} \tag{4.19}$$

其中，

$$\left\langle \frac{\mathrm{d}m}{\mathrm{d}t} \right\rangle = \frac{\partial \langle m \rangle}{\partial t} - \tilde{\omega}\hat{M}_s \hat{M} + \langle \boldsymbol{u} \cdot \nabla m \rangle \tag{4.20}$$

$$\hat{M} \equiv \frac{\hat{M}_s + \hat{M}_q}{\hat{M}_s} \tag{4.21}$$

是由总体干稳定度标准化得到的总体湿稳定度，而 $\hat{M}_q = L\left\langle \Omega \dfrac{\partial \bar{q}}{\partial p} \right\rangle$ 用于衡量湿度层结。由于背景 $\bar{s}$ 和 $\bar{q}$ 对湿稳定度的影响相互抵消，则 $\hat{M} \ll 1$（2.4.1 节）。对于 MJO，扰动 MSE 主要由水汽的潜热能 $\langle m \rangle \approx L\langle q \rangle$ 主导。MSE 诊断可以近似表示为

$$L\frac{\partial \langle q \rangle}{\partial t} - \tilde{\omega}\hat{M}_s \hat{M} + L(\boldsymbol{u} \cdot \nabla q) = R_{\mathrm{TOA}} \downarrow - Q_{\mathrm{net}} \tag{4.22}$$

由于 $\hat{M} \ll 1$，水平平流与垂直平流同样重要，驱动 MJO 向东传播。由于水汽的时间导数项不可忽略，MJO 被认为是在松野干波解中缺失的一种水汽模态（Sobel and Maloney, 2013）。在印度洋–西太平洋暖池上空，由于对流–环流的相互作用（图 3.21 的上部环流），水汽模态会变得不稳定，从而导致大气内部出现自发变化。关于 MJO 和水汽模态理论的最新综述，请参阅 Jiang 等（2020）、Adames 和 Maloney（2021）的工作。

习　题

1. 松野理论预测的开尔文波相速度为约 50m/s。为什么我们在 OLR 测量中没有看到相速度如此快的东传波？是什么使 OLR 波减速？

2. 松野干开尔文波的回复力是什么？水汽凝结的潜热加热如何改变回复力？

3. 罗斯贝波的 $n=2$ 模态关于赤道是反对称的。在以 $c_m = 15\mathrm{m/s}$ 向东移动的参考系中，计算反对称罗斯贝波的多普勒移动相速度。证明干波速的比率 $c'_{R_2}/c_{R_2} = 1+5r_c$，其中 $r_c = \dfrac{c_m}{c_d}$。请解释为什么尽管对流异常在赤道以北沿 ITCZ 出现，但对流耦合开尔文波中的反对称流动扰动并没有很好地发展起来（图 4.4）。

4. 为什么 MJO 的对流异常在东印度洋和西太平洋最显著？

5. 为什么我们认为 MJO 与对流耦合开尔文波不同？请讨论环流和对流的水平结构。

6. 为什么松野理论"遗漏"了 MJO？

7. 为什么气象学家更关注中纬度地区的流函数而不是速度势？

8. 为什么热带气象学家对速度势感兴趣？

9. 将东传波 $\boldsymbol{\Phi} = A\sin[k(x-ct)]$ 展开成驻波模态 $\sin kx$ 和 $\cos kx$。与这些驻波模态有关的主成分是什么？对于 MJO，k 和 c 的典型值是什么？

10. 识别以下站点在 5～9 月季节内对流最活跃的 MJO 相位：印度新德里；新加坡；印度尼西亚雅加

达；尼加拉瓜马那瓜。

11. 从跨赤道太平洋海平面变化的霍夫默勒图中估计海洋开尔文波的相速度。

12. 证明式 4.19 和式 2.17 中的总湿稳定度定义是等价的。

13. 分析垂直结构函数 $\Omega(p)$，对总湿稳定度 $\hat{M}$ 的影响。分别考虑 $\Omega(p)$ 的最大值位于 $\bar{m}$ 最小值之上和之下的情况。

第5章 夏 季 风

因为地球自转轴与公转轴的夹角约为23.5°，所以北半球大气层顶（TOA）太阳辐射的最大值出现在夏至日（6月21日），最小值出现在冬至日（12月21日）。在春分日（3月21日）和秋分日（9月21日），地球上的每个角落都是昼夜等长（即白天为12h），太阳辐射几乎关于赤道对称，在赤道附近有一个宽幅的大值区。TOA入射太阳辐射的年循环随纬度的增加而增加，但是吸收的太阳辐射的年循环在副热带达到峰值，这是因为大气散射和地表反射都和太阳天顶角成正比。由于水的热容量更大，所以海表温度（SST）的季节循环通常比陆地上行星边界层（planetary boundary layer, PBL）内空气温度的季节循环小得多。这一现象在夏季和冬季表面气温（SAT）差异的分布图中十分明显。

陆地和海洋上空的大气柱加热差异导致了行星尺度的环流模态从冬季到夏季的变化。在阿拉伯语中，季风最初指的是季节性的风向反转。这种季节性的风向反转发生在亚洲大陆东南部、青藏高原以南和以东地区。在北印度洋（包括阿拉伯海和孟加拉湾）、印度、中南半岛和南海上空，夏季盛行西南风，冬季盛行东北风（图5.1）。从中国东部到日本，夏季风为南风和西南风，而冬季风则是从干冷的西伯利亚吹来的西北风。水手对季风的了解已有2000多年的历史，数个世纪以来，他们一直利用季风导航，在中国、马来群岛、印度、伊朗（波斯）和东非等地区进行贸易。公元11～13世纪，因为中国宋朝对陆上丝绸之路的掌控减弱，海上丝绸之路变得重要起来。"北风航海南风回"，曾任宋朝海上丝绸之路起点、南方重要港口城市泉州知州的王十朋在一首诗中如此写道。

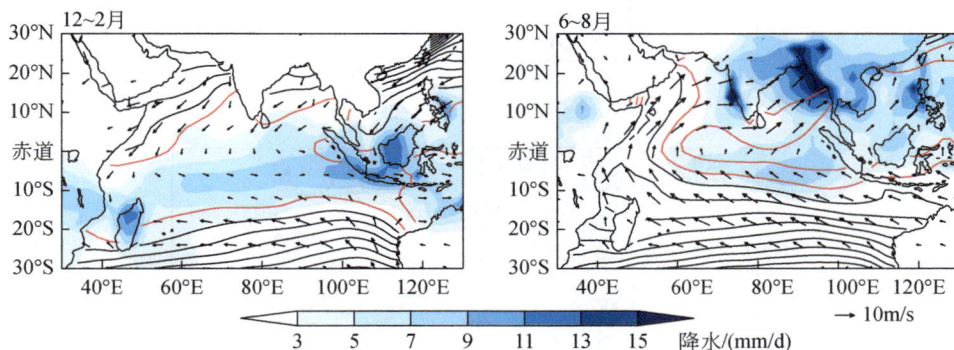

图5.1 海温、降水、表面风的气候背景态。等值线表示季节平均海温（超过28℃的数值用红色粗线表示）；填色表示降水，单位为mm/d；箭头表示表面风，单位为m/s。（周震强供图）

在冬季，东北风把降雨从南亚推向赤道附近的海洋热带辐合带（ITCZ）。来自西伯利亚的天气尺度寒潮向南入侵，最远到达南海。青藏高原阻挡了冷空气的南下，导致北印度洋周围的国家比中国同纬度地区温暖得多。例如，加尔各答1月份的平均气温是20.1℃，而香港特别行政区只有 15.8℃，两者都位于 22°N 左右。

西南季风把来自热带海洋的水汽输送到南亚和东亚，造成这些地区的降雨。季风降雨驱使了非洲大草原上草食哺乳动物及其捕食者的大规模迁徙（《自然》电视节目对此有生动的展示）。丰沛的夏季雨水是季风气候的典型特征（图 5.2），也为人口在非洲、南亚、中南半岛、东亚和美洲（第 5.6 节）地区的大量聚集带来了可能。世界上人口最多的 15 个国家中有 12 个位于季风区，这些国家的人口数都超过 1 亿，总共占了世界总人口的一半。季风降雨塑造了各地独特的植被、农作物、农业、文化和历史特征。例如，人们长期以来积累了关于季风气候态的经验性知识，以预测雨季的爆发。中国将一个太阳年分为 24 个节气。其中一个节气"谷雨"（4 月 19～21 日）是指季节性降水的增加，意味着种植谷物的阶段。历史上人类社会的冲突、动荡、王朝的覆灭往往是由大规模的干旱和饥荒触发的。

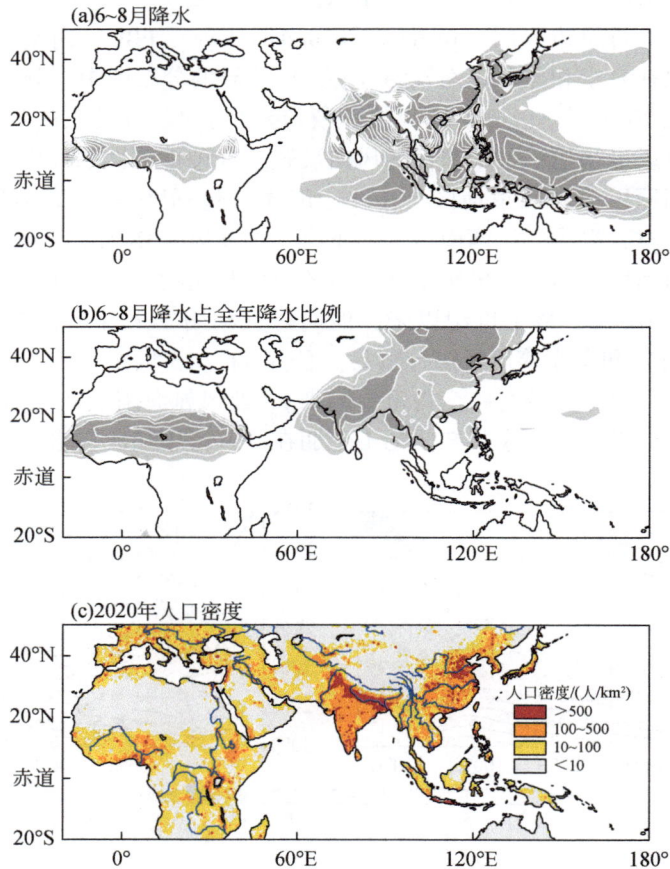

图 5.2　全球降水气候态计划（Global Precipitation Climatology Project，GPCP）资料观测的夏季降水分布示意图。（a）6～8 月平均的降水总量。浅灰色表示降水超过 400mm，深灰色表示超过 600mm，白色等值线为 100mm，范围为 400～1500mm。（b）夏季降水占全年降水的比例。浅灰色表示超过 0.4，深灰色表示超过 0.6，白色等值线间隔为 0.1，范围为 0.4～0.8。（c）为 2020 年人口密度（填色，分别为每平方千米 10 人，100 人，500 人）。（周震强供图）

本章我们主要讨论北半球的夏季风。关于亚洲冬季风/澳大利亚夏季风和南美季风的讨论，读者分别可以参考 Chang 等（2006）和 Vera 等（2006）的工作。

5.1 南亚季风

马登–朱利安振荡（MJO）是自然发生的热带对流模态，而夏季风则由太阳能量的季节性增加驱动出的大范围对流活动，其中涉及复杂的大气–海洋–陆地相互作用。在夏季（6~8 月），对流中心在印度西海岸、孟加拉湾和南海发展。此时，全球最深的对流位于孟加拉湾东北部，季节平均向外长波辐射（OLR）低于 $200\,W/m^2$。值得注意的是，在夏季风盛期，印度洋仍然存在一个海洋 ITCZ，表现为一条增强的雨带，位于赤道略微偏南的地区。然而这个赤道以南的 ITCZ 在 OLR 的空间分布中并不明显，表明其对流强度弱于孟加拉湾。总体而言，夏季南亚的大气对流主要集中在 $10°N \sim 25°N$。

5.1.1 环流场

Gill（1980）通过假想一个位于赤道以北的热源来模拟夏季亚洲季风对流（图 5.3）。相比于热源中心位于赤道的情况，位于赤道以北一个罗斯贝半径的热源所激发的风场和气压场响应在东西方向上局限在一个较小的范围，但在东部仍存在一个较弱的关于赤道对称的开尔文波响应。在加热源上方和西侧，对流层低层存在着一个较强气旋式环流（环绕低压中心），对流中心南部为较强的西风。跨赤道南风向赤道以北的加热源汇聚。热源西侧出现了对称和反对称罗斯贝波的混合响应。纬向平均的经度–高度断面上存在着一个单圈哈得来环流，其中上升运动在热源上空，气流在赤道另一侧下沉，观测中也能发现类似的跨赤道的单圈哈得来环流。

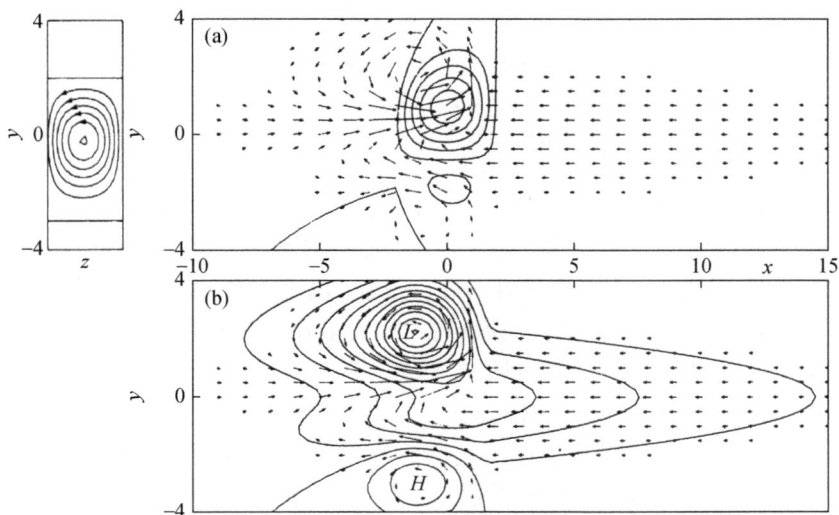

图 5.3 对赤道以北孤立热源的斜压大气响应。(a) 垂直运动（等值线）(b) 低层位势高度（等值线）和风速（箭头）。左上图为纬向平均的经向翻转环流。(摘自 Gill, 1980)

　　借助 Gill 模型，亚洲季风区的低层和高层的环流结构可以大致地被对流加热所解释（图 5.4）。在观测中，在对流层低层、亚洲南部沿岸地区存在着较强的西风，在印度洋西部存在强的跨赤道南风，这两个特征都与 Gill 模型一致。在亚洲季风和西太平洋对流区东侧的热带太平洋全年盛行东风。在对流层上层，一个强大的反气旋环流（通常被称为青藏高压或南亚高压）盘踞在北印度洋和南亚上空，向西一直延伸到北非。观测中的这一南亚/青藏高压系统与 Gill 模型中大气对南亚季风热源的响应一致。青藏高压南侧的广阔副热带地区的上层东风风速可达 20～30m/s。

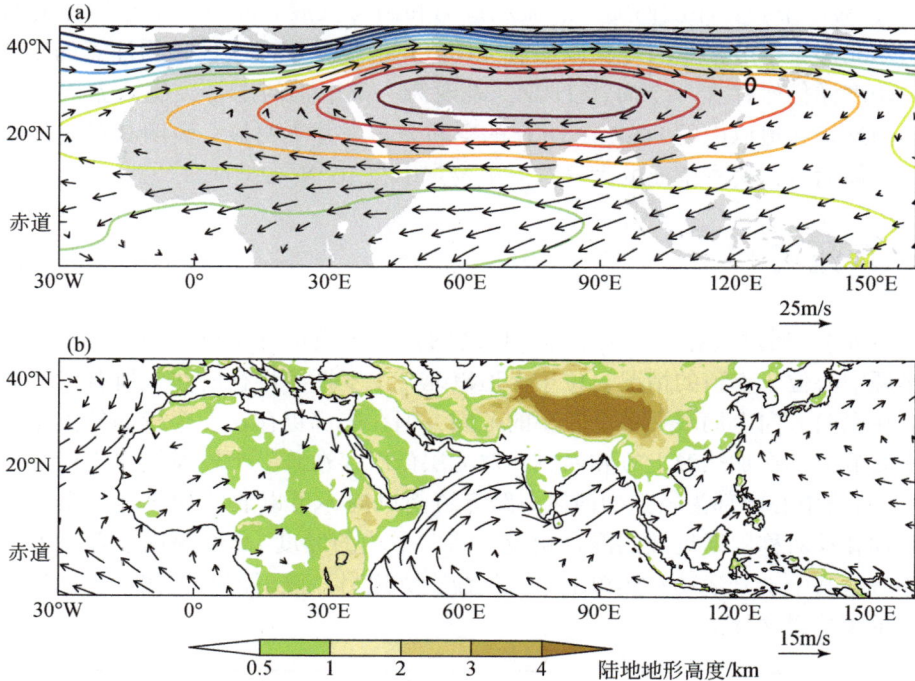

图 5.4　7 月气候态。（a）200hPa 位势高度和风场，等值线表示位势高度，单位为 m，红线表示高度
大于 12530m，等值线间隔为 30m，箭头表示风速；（b）叠加在陆地地形（填色）上的 925hPa
风场和地形高度。（周震强供图）

　　在夏季风盛行的季节，尽管北印度洋 SST 很高且存在着很强的对流活动，但这一地区上层东风和下层西南风之间的强垂直切变阻碍了北印度洋上的热带气旋（tropical cyclones，TC）的发展。这是因为 TC 为暖核垂直涡旋。过强的垂直切变会破坏涡旋垂直结构，不利于 TC 的发展。在阿拉伯海到孟加拉湾区域，TC 大多在季风转换月份（4～5 月和 10～11月）发展，此时 SST 依然很高但垂直切变减弱。

　　在 Gill 模型中，罗斯贝波响应引起的低层西风能畅通无阻地从西南侧穿过季风热源。在实际情况中，非洲的山地阻断了这一过程，当季风对流激发的斜压罗斯贝波进入东非时，山脉的东坡（1～2km 高）堆积了很强的压力梯度（有点像沿岸开尔文波）。因而，在索马里沿岸形成了一股强大的西南风急流（图 5.5），被称为芬勒特（Findlater）风急流，伴随着印度季风的发展而形成。

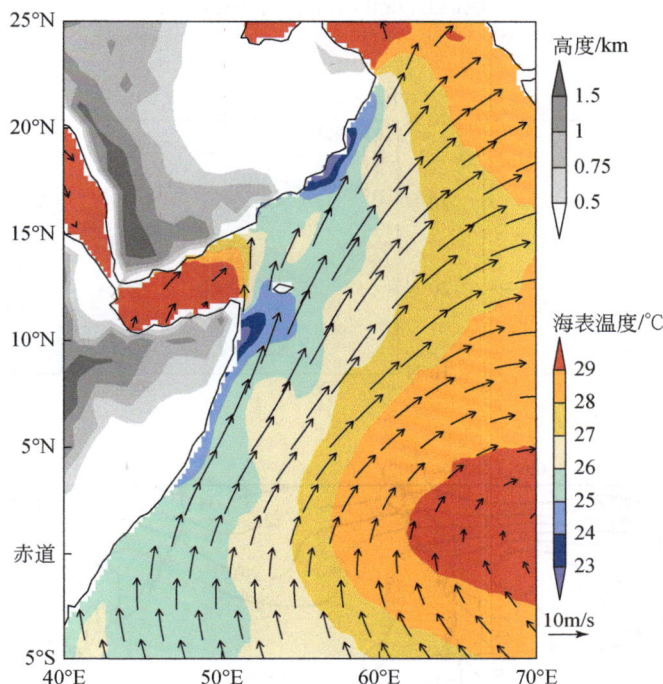

图 5.5　陆地地形以及 7 月气候态 QuikSCAT 表面风速和海表温度。灰度填色表示地形，单位为 km，箭头表示风速，单位为 m/s，彩色填色表示海表温度，单位为℃。(周震强供图)

索科特拉岛（54°E，12°30′N；人口约为 60000）的存在阻碍了亚丁湾口的芬勒特风急流。每年春天，岛上居民都忙于从位于阿拉伯半岛的也门共和国获取物资，如果不这样做的话，每年 5~9 月盛行的强风将会把他们与世界其他地区隔绝开来。由于海洋上升流的存在，岛上的夏季干燥凉爽，而冬季（11~12 月）为索科特拉岛的雨季，一年中大部分降雨都集中在这一季节。

芬勒特西南风急流驱动的表层离岸埃克曼流导致了索马里和阿曼海岸附近存在着很强的海洋上升流，使沿岸 SST 下降至 20℃左右（图 5.5）。凉爽的沿岸海水使得季风对流只发生在阿拉伯海东部。强劲的沿岸风急流（夏季为西南风，冬季为东北风）驱动了海洋中的沿岸急流，海流在夏季和冬季方向相反，且流速常常超过 1m/s。这种强劲的、随季节反转的海洋急流使海洋学家们感到十分意外，因为他们所熟悉的是更加稳定的西边界流，如黑潮和墨西哥湾暖流。受局部地形风急流的影响，印度和斯里兰卡的南端以及越南南部沿岸在夏季出现上升流。而在广阔的孟加拉湾，受较强的淡水通量（来自于海水和河流）影响，海洋等温层内存在着很强的盐度跃层。沿岸上升流可能受此影响而强度较弱。

5.1.2　地形对对流的影响

在青藏高原南侧的北印度洋大部分地区，对流层上层温度向北增加 [图 5.6（c）]，逆转了纬向温度梯度。在副热带地区出现的对流层温度最大值与热源位于印度到菲律宾一带的 Gill 响应一致。

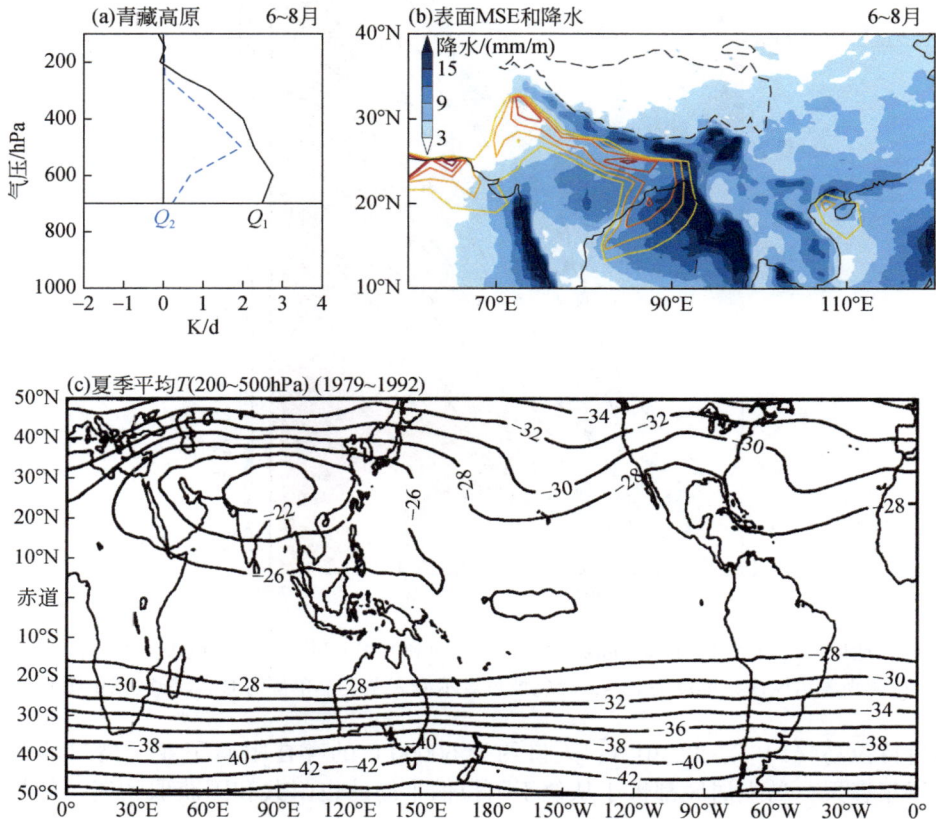

图 5.6　夏季（6~8 月）气候态背景。（a）青藏高原的 Q_1 和 Q_2，（b）表面湿静力能和降水。等值线表示湿静力能，范围为 350 以上，间隔为 1K，填色表示降水，单位为 mm/月。（c）对流层上层（500 ~ 200hPa）平均温度，单位为℃。[（a），引自 Yanai and Tomita，1998；（b）周震强供图；（c）Li and Yanai，1996 ©美国气象学会，授权使用。]

　　青藏高原对季风对流有重要作用。对流层温度最大值位于高原南部，这启发了一种假说，即海拔较高的高原表面吸收的太阳辐射有助于加热上方的大气（Yeh，1957；Flohn，1957）。实际上，拉萨（海拔 3.65km）的夏季平均表面温度为怡人的 15℃，比北太平洋同纬度、同海拔的地区高出 10℃。拉萨的日最高温度高于太平洋表面气温。两地夜间较浅的表面层之上的 PBL 的温度便是由此决定的。靠近地表的 Q_1 值表明山体通过感热加热对大气进行加热，同时潜热加热的贡献也很重要 [图 5.6（a）中的 Q_2]，特别在高原东部的夏季降雨开始后。山地表面强烈的日间太阳辐射加热和夜间长波辐射冷却的循环反复，导致喜马拉雅山脉南坡在下午或傍晚对流发展旺盛，夜间对流被抑制。因此，青藏高原通过其表面的感热加热触发了环流和对流的强相互作用，使其成为亚洲季风的主要强迫机制。深层湿对流有效地收集了分布在广阔的印度洋上的太阳能（以蒸发潜热的形式），并在较小的区域内集中并释放能量，加热大气。

关于地形作用的另一派观点对上面的理论进行了补充。喜马拉雅山脉高山区具有屏障作用，阻止了高原南部高湿静力能（MSE）的空气与高原北部低 MSE 的空气混合（Boos and Kuang，2010）。在喜马拉雅山脉以南，由于太阳辐射加热和来自温暖的印度洋的水汽输送，表面 MSE 很高［图 5.6（b）］。在对流中，未稀释的高 MSE 气团需要上升至较高的高度才能达到中性浮力水平，潜热释放使对流层上层温度升高。表面 MSE 最高的区域并不完全与对流最强的区域重合，而是由对流最强的孟加拉湾地区向干燥的巴基斯坦地区移动。由于侧向夹卷作用，气团在上升过程中与巴基斯坦区域的干燥空气混合，浮力减少。青藏高原表面的抬升加热和屏障效应互为补充，共同驱动季风对流。

通过人为去除山脉，大气环流模式（GCM）已经证明了地形对亚洲夏季风的影响。如果没有高原的影响，季风对流向南撤退，在南亚和东亚减弱（图 5.7）。如果没有非洲高地的地形阻挡，芬勒特急流消失（与之对应的，在冬季，由于西伯利亚高压扩展并将冷空气向南推动，南亚和北印度洋的东北季风加强）。

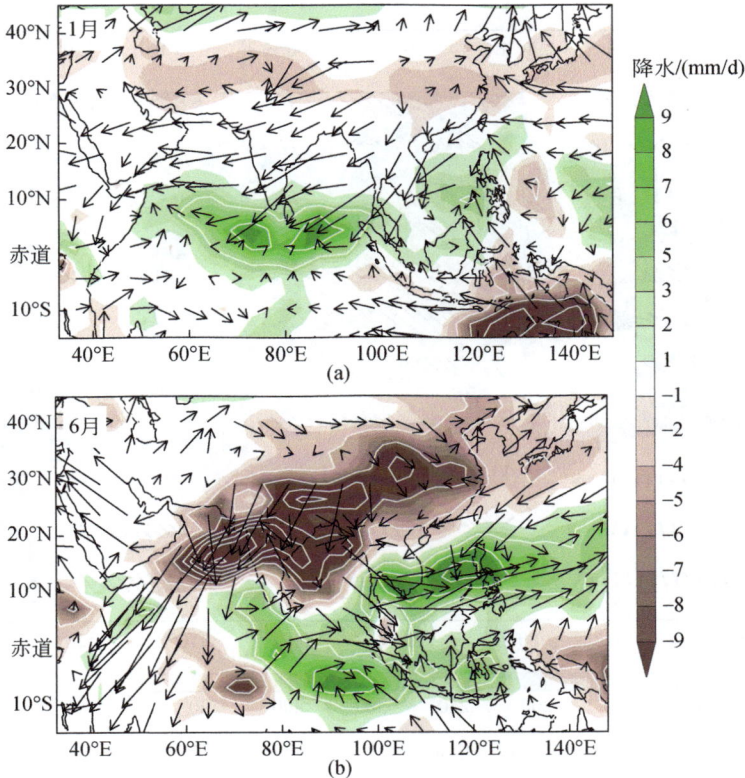

图 5.7　地形对季风的影响。在去除全球地形的大气环流模式中 1 月（a）和 6 月（b）降水和 850hPa 风速的变化（相对于包含地形的控制试验），白色等值线和填色表示降水，白色等值线间隔为 4mm/d，单位为 mm/d，箭头表示风速，单位为 m/s。（摘自博士论文 Okajima，2006）

高分辨率卫星观测揭示了南北走向的狭窄山脉（宽度仅为几百千米，高度不超过 1km）对气候的显著影响。当西南季风冲击狭窄的山脉时，携带大量水汽的空气被迫上升，在迎风坡引起强烈的对流。具体来说，从西到东，在西高止山脉、印度的安达曼群岛、缅甸的德林达依山脉、柬埔寨的豆蔻山脉、老挝和越南边境的安南山脉以及菲律宾的山脉 [图 5.8，图 5.6（b）] 的迎风坡都发现了明显的雨带。这些山脉的背风坡都存在雨影区，这是地形效应的另一种表现。这一现象甚至出现在孟加拉湾南部的安达曼群岛，这个最高峰仅 738m 的小岛链的西面出现了一条雨带，在东面形成了雨影区。令人惊讶的是，这些地形造成的雨带始终向山脉的迎风方向偏移，常常位于平坦的海面上。在 20 世纪 70 年代的系列飞行考察中，人们发现了印度西岸降雨最大值位于海面之上的现象。

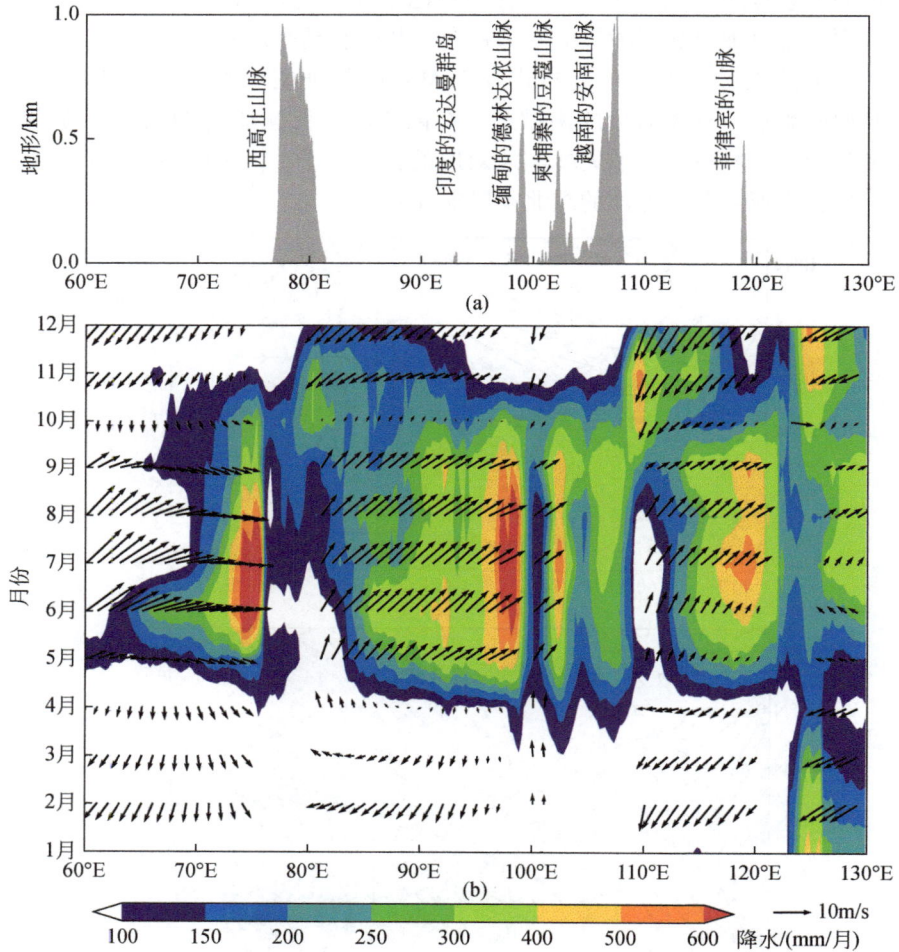

图 5.8　12.5°N 处的表面降水和表面风的时间–经度断面图。填色表示降水，单位为 mm/月，箭头表示风速，单位为 m/s。对应地形展示在上图中，单位为 km。显示的山脉包括西高止山脉、印度的安达曼群岛、缅甸的德林达依山脉、柬埔寨的豆蔻山脉、越南的安南山脉和菲律宾的山脉。（改编自 Xie et al.，2006）

　　在时间–经度断面图中（图 5.8），地形雨带表现得相当稳定。当太阳移动到南半球时，南海和西太平洋的第一次风向反转发生在 10 月。地形雨带从越南的安南山脉和菲律宾的山脉西侧转移到东侧,迎着盛行的东北风。越南沿岸雨带从 10 月持续到 12 月,并最终因南海降温和东北季风带来的干燥大陆气流的影响而减弱。

一条狭窄的雨带紧贴喜马拉雅山脉南坡,呈现出明显的昼夜变化。在其南侧的孟加拉国的广阔洪泛区,自孟加拉湾且携带着丰沛水汽的南风冲击西隆高原,形成了夏季对流的另一个大值区。山脉南侧的印度乞拉朋齐观测站 (25.2°N,91.7°E) 被认为是地球上降雨量最多的地方,年降雨量高达 12700mm,其中大部分降水集中于 5 ~ 9 月的 5 个夏季月份。卫星数据显示,在缅甸沿岸山脉之外的海洋夏季降雨量更大 [图 5.6 (b)]。

5.1.3　季风爆发

夏季雨季的爆发对南亚和东亚的人民生活、农业和环境至关重要。1960 年,世界气象组织派遣夏威夷大学的著名季风气象学家 Takio Murakami 前往印度热带气象研究所。在他的著作《季风》 (Murakami,1986) 的序言中,分享了自己在印度西部中心城市浦那 (18.5°N) 的亲身经历。

四月和五月,炎热日复一日,气温超过 45℃,阳光炙烤着大地,天空万里无云,河道也已经干涸。此时,如果天空中出现一两朵积云,我会兴奋地跳起来欣赏它们。几天后,季风爆发。转眼间,树叶变绿,草木生长,气温宜人。孩子们在雨中欢快地奔跑,农民们忙碌起来。季风这场戏剧在季节转换的舞台上拉开了帷幕。

在季风降雨到来之前的 4 ~ 6 月初,由于强烈的太阳辐射,印度经常发生热浪。干燥的地面只能通过提高温度以增加感热通量和红外辐射来平衡太阳辐射 (专栏 5.1)。日间最高气温经常超过 45℃。随着雨季的爆发,湿润地表的蒸发、蒸腾有助于抵消太阳辐射,因此日间最高气温下降 8℃,降至宜人的 30℃ (图 5.9)。夜间最低气温也随着季风的爆发而下降,但下降幅度仅为白天最高气温下降幅度的一半。

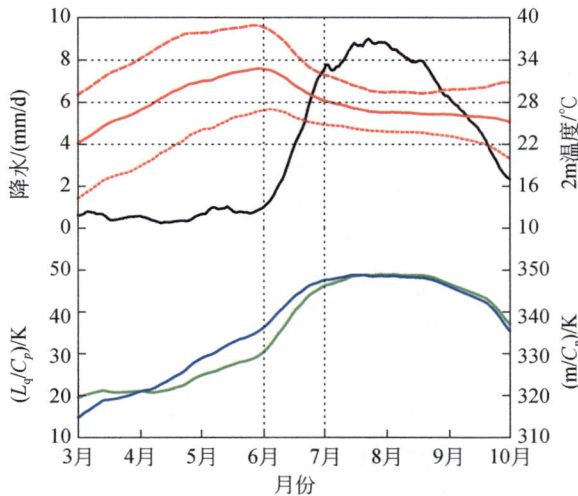

图 5.9　印度中部 (76°E ~ 86°E,18°N ~ 28°N) 的降水、地面 2m 的气温 (实线,单位为℃;最高/最低气温为虚线/点线)、湿静力能 (m/C_p) 和比湿 (L_q/C_p)。(周震强供图)

专栏5.1　陆面–大气相互作用

　　与海洋相比，陆地表面对太阳辐射的反射率更高，热容量更小。所以陆地上SAT的日变化和季节变化比海洋更明显。与海洋不同，陆地上的蒸发、蒸腾通常受土壤中可用水分的限制，这种限制在夏季白天太阳辐射强烈时尤为明显。我们通常用有限深度（如20cm）的水桶模型来模拟蒸发、蒸腾的调节作用，当水分超过土壤容量的最大值时，就会成为径流流入河流。我们通常会引入一个蒸发系数，当水桶接近满时为1，当水桶接近空时为0。在干燥表面，蒸发、蒸腾受到较强限制，导致地面在太阳加热下升温，从而加深白天边界层的干对流。在这种情况下，入射太阳辐射被红外辐射和与高空大气的感热湍流交换所平衡。当表面潮湿时，如在沼泽地上，由于有蒸发冷却作用，白天温度增加适中。

　　通过比较印度中部5月21日和7月21日的情况，可以明显看出土地表面蒸发、蒸腾的调节作用。尽管这两日的TOA的太阳辐射几乎相同，但是土壤中提供蒸发、蒸腾的水分较少，5月21日表面温度比7月21日高得多（图5.9），这种情况在白天尤为明显。7月21日的水分和潜热释放更高，有利于出现深对流，所以MSE更高。

　　在中纬度地区，持续的大气阻塞的下沉气流被绝热加热，引起夏季热浪（这类似于海洋上升流效应，但符号相反）。地表增温促进了蒸发、蒸腾，使表层土壤干燥。减少的土壤水分减弱了蒸发、蒸腾作用，加剧了地表增温影响。下沉运动中云量减少对地表增温也是一个正反馈过程。美国中部各州和地中海周围地区被认为是土壤水分–蒸发、蒸腾反馈的大值区，上述正反馈导致极端高温持续很长时间（专栏图5.1）。在模型实验中，初始土壤水分异常对地表温度的影响可持续长达2个月（Koster et al.，2010；Merrifield et al.，2019），而对降水的影响较弱且更多变。

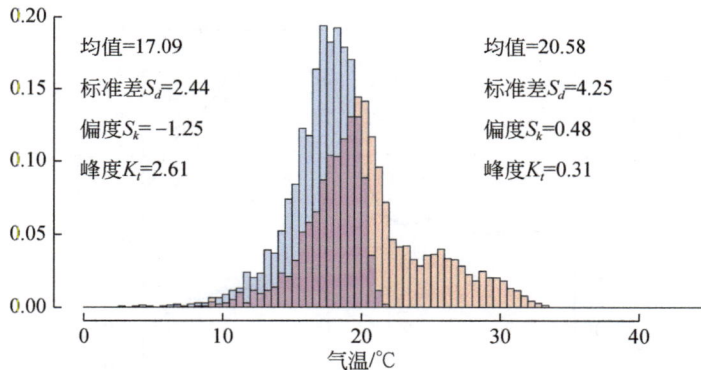

均值=17.09
标准差S_d=2.44
偏度S_k=−1.25
峰度K_t=2.61

均值20.58
标准差S_d=4.25
偏度S_k=0.48
峰度K_t=0.31

专栏图5.1　2m气温分布直方图。表示大气环流模式中，美国中部一网格点在1971~2000年6~8月中的日平均气温分布情况。考虑土壤水汽和大气的相互作用的情况用红色条柱表示；当土壤湿度固定为月气候态时，偏暖温度的出现频次减少（蓝色条柱）。图例列出了分布的4个矩：均值、标准差（S_d）、偏度（S_k）和峰度（K_t）。（摘自Berg et al.，2014。©美国气象学会，授权使用。）

在雨季到来之前，炎热的地面驱动出干燥的浅对流和 600hPa 以下的浅层经向环流 [图 5.10（a）]。随着季风降雨的爆发，印度和孟加拉湾北部出现强大的上升气流，而印度洋南部上空则为下沉气流，组成了局地深层哈得来环流 [图 5.10（b）]。

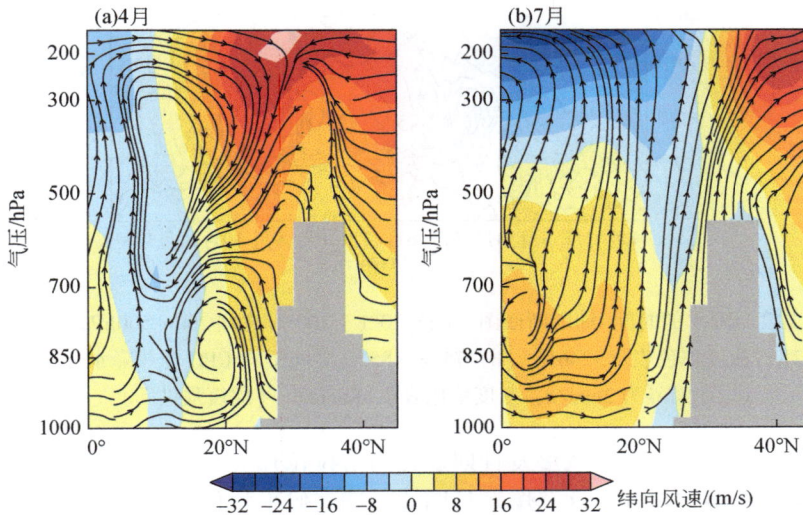

图 5.10　78°E～90°E 平均的局地哈得来环流（流函数）和纬向风速（填色）。（a）4 月和（b）7 月。（周震强供图）。

TOA 太阳辐射是关于时间的平滑函数，但季风对流的时间演变不连续。印度季风雨带在 6 月突然出现，并一直持续到 9 月底（图 5.11）。在热带地区，表面 MSE 是决定对流稳定性的关键因素。浅层环流将水分输送到内陆，比湿 q 从 4 月到 5 月迅速增加，驱动印度表面 MSE 的季节性增加（图 5.9）。最终，印度表面的 MSE 超过了孟加拉湾北部，预示着季风的爆发。随着季风的爆发，尽管表面温度大幅下降，但是由于侧向水汽平流和地表蒸发的反馈作用，MSE 仍然继续增加。

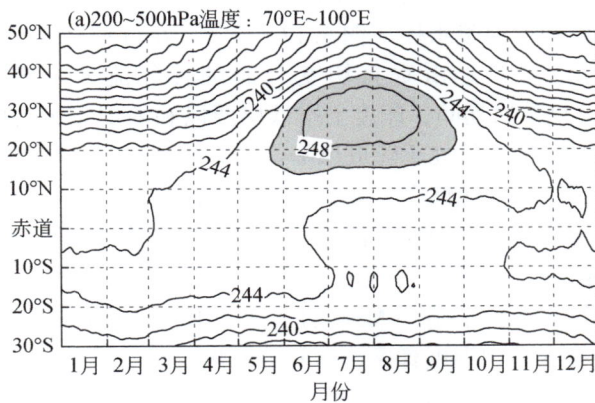

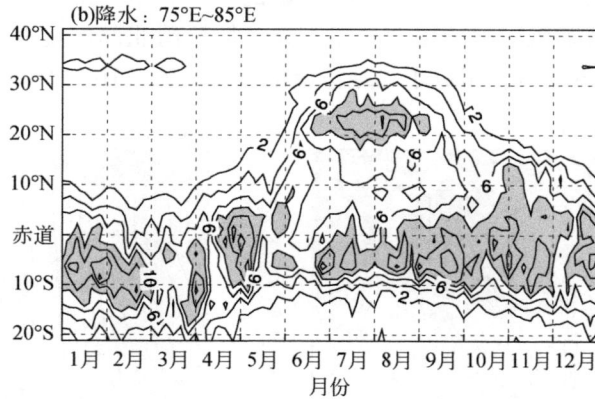

图 5.11　平均温度与降水的时间–纬度断面图。（a）70°E～100°E 之间 200～500hPa 平均温度，由等值线表示，间隔为 2K，灰度填色表示>246K。（b）75°E～85°E 之间平均 CPC 合并降水分析，等值线表示，间隔为 2mm/d，灰度填色表示>8mm/d。（周震强供图）

　　印度气象部门将印度夏季风爆发日期定义为喀拉拉邦（位于该国南端西海岸附近）雨季的开始时间。在喀拉拉邦，这个爆发日期的长期气候平均值为 6 月 1 日。随后，雨带向北至西北方向推进，经过 2 周或更长时间后覆盖整个国家。

　　印度的气候在春分和秋分之间有很大的不同（图5.11）：春分（3 月 21 日）时地面和大气干燥，但秋分（9 月 21 日）时季风即将结束，土壤潮湿。夏季风通常被描述为由亚洲大陆和印度洋之间的热力差异所驱动的行星尺度的海陆风。印度的日均 SAT 早在春分时就超过了印度洋的 SST，但印度的季风对流还需要超过 2 个月的时间才能开始。是什么导致季风爆发的明显延迟呢？

　　假设一个水箱中有两根水柱，它们的质量相同但温度不同，并且被隔板隔开。在温暖的水柱上方，水面更高。当隔板被移除时，压力差使温暖的表层水流入冷水柱。结果，在温暖的水柱底部形成了一个热低压，在冷水柱下方形成了一个热高压。压力梯度使冷水在底部朝着温暖的水柱流动。在昼夜间的海陆风现象中，地转效应不重要，这种翻转环流将持续进行，将冷水在底部推向暖水柱［图 5.12（a）］。在行星尺度的季风中，地转变得重要，水平温度梯度可以轻易地由垂直切变为非翻转环流来平衡［图 5.12（b）；式（2.22）］。在现实中，夏季风期间，印度上空低层西风和高层东风之间的垂直切变与亚洲大陆和印度洋之间的温度梯度就处于热成风平衡状态。因此，季节性季风与昼夜间的海陆风在地转性上有根本区别。地转性季风减弱并延迟了深层翻转环流的爆发。

　　由于深对流要求较高的表面 MSE，因此夏季风应被视作受海陆能量差异驱动，而非简单的温度驱动。季风前的浅层翻转环流在近地面将高 MSE 向陆地平流，在 600hPa 将低 MSE 向海洋输送，其结果导致了整层 MSE 的增加。由于地转效应对深层翻转环流存在阻碍作用，即便 PBL 中存在北向温度梯度，深对流的爆发仍然被大大延迟。

　　在为期 4 个月的夏季（6～9 月），印度季风会间歇地出现雨量减少的时期。这种周期为 30～60 天的活跃和间歇季风循环是行星尺度 MJO 的一部分。MJO 雨带呈西北倾斜，随着 MJO 系统向东移动，降水表现出北传的特征（第 4.2.4 节）。

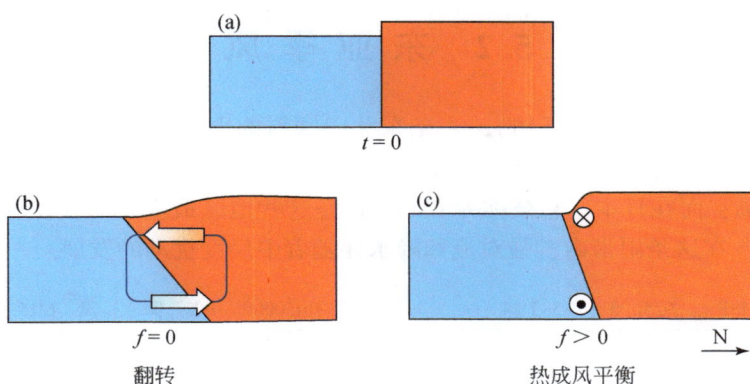

图5.12 不同温度的流体柱的示意图。(a) 展示了有隔板时的初始状态。(b) 表示移除隔板后不考虑地球自转时的经向翻转环流，(c) 表示在离赤道足够远且 f 一定时，处于热成风平衡状态的垂直切变。

季风也能对北印度洋造成很强的影响。随着季节性太阳辐射的增加，SST 在西南季风爆发前的 5 月最高达到30℃。季风爆发后，活跃的对流增加了云层覆盖，强劲的西南风加强了表面蒸发，两者都导致 SST 从 5 月的30℃下降到 8 月的28℃ （图5.13）。季风引起的 SST 下降对季风对流产生负反馈。最明显的例子是在索马里和阿曼海岸（此处 SST 可降至26℃以下），强烈的海洋上升流使 SST 远低于对流阈值，抑制了阿拉伯海西部的大气对流。

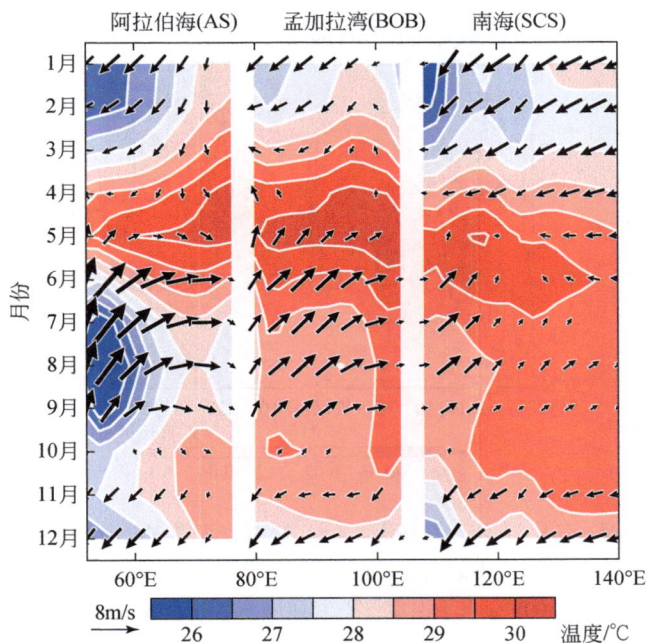

图5.13 在11°N 处海表温度和10m 风速气候态的时间-经度断面图。颜色和等值线表示 SST，间隔为0.5℃；阿拉伯海（AS）、孟加拉湾（BOB）和南海（SCS）（王传阳供图）。

5.2　东亚季风

在仲夏（6 月中旬至 7 月下旬），一条东北向倾斜的雨带从青藏高原东侧经过中国东南部和日本到北太平洋发展［图 5.14（a）］。在中国，这条雨带被称为梅雨；在韩国，它被称为 Changma；而在日本，它被称为 Baiu。这是这些地区最重要的气候现象，为其带来了主要的雨季。在这条雨带内，强对流和降水伴随着中尺度扰动的发展。

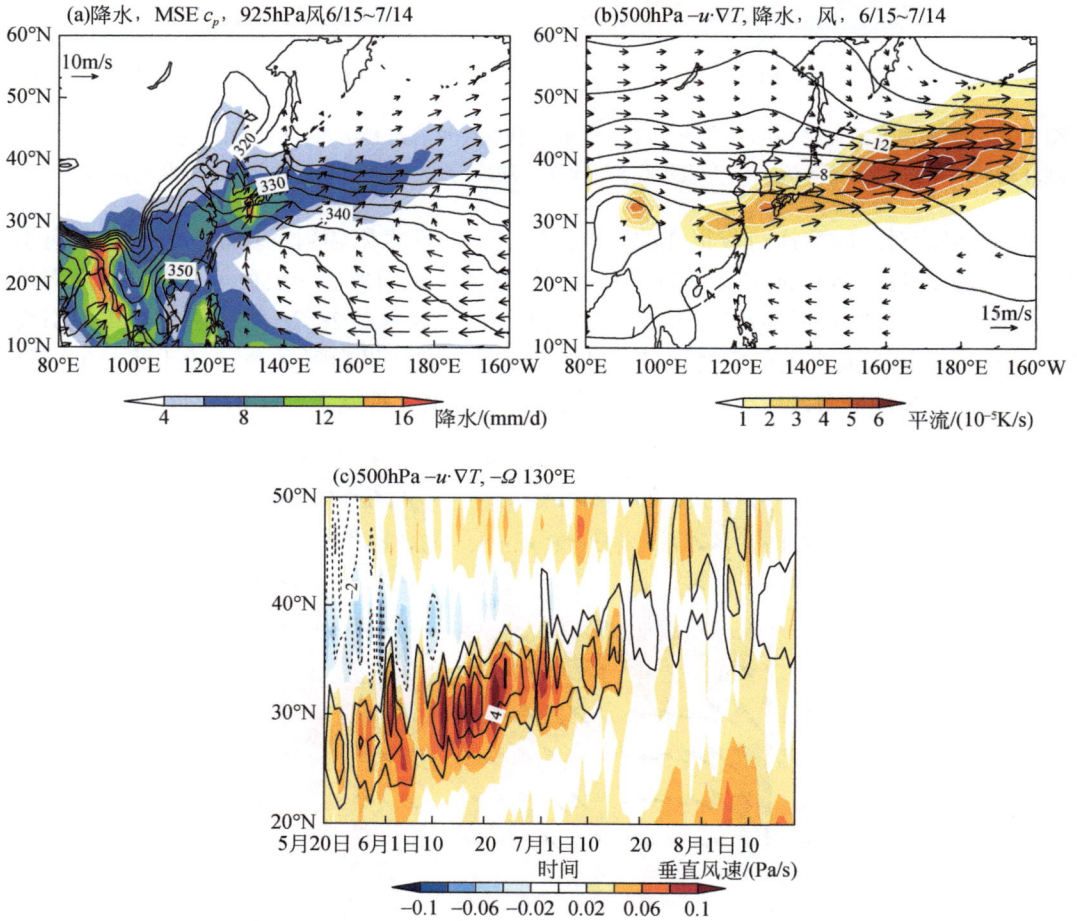

图 5.14　梅雨（6 月 15 日~7 月 14 日）气候态。（a）降水，表面 MSE/c_p 和 925hPa 风速矢量。填色表示降水，单位为 mm/d，等值线表示表面 MSE，单位为 K，等值线间隔为 5K，范围为 320 ~ 355K，箭头表示风速，单位为 m/s。（b）500hPa 水平温度，平流和风速。黑色等值线表示温度，单位为 2℃，等值线间隔为 2℃，范围为 -18 ~ -2℃，填色表示平流，单位为 10^{-5} K/s，箭头表示风速，单位为 m/s。（c）130°E 温度平流和垂直风速的时间–纬度断面图，黑色等值线表示温度平流，标签值分别为 -4K/s，-2K/s，2K/s，4K/s，6×10^{-5} K/s，填色表示垂直风速，单位为 Pa/s。（周震强供图）

在对流层低层，东亚地区盛行的南风由大陆上的热低压和太平洋副热带高压之间的海陆梯度所驱动。低层南风输送水分供给梅雨带。梅雨带呈现为湿度锋，将南部的湿润气团与北部的干燥气团分开 [图 5.14 (a)]。然而它在中国东部地区却不是一个温度锋面，因为 PBL 温度在其晴朗干燥的北侧和多云湿润的南侧几乎一致。而在东海至日本东部的黑潮延伸体区域存在着由底层 SST 维持的经向温度梯度。

5.2.1　西风急流的热平流

与南亚的热带季风不同，亚洲的西风急流是控制梅雨带的重要因素。在对流层中层，青藏高原南部上空强烈的对流加热使这里拥有全球最温暖的空气。作为大范围的亚洲急流的一部分，西风沿着 30°N 经过中国东南部、东海和日本西南部向东输送温暖气流 [图 5.14 (b)]。在背景西风中，来自青藏高原东侧的温暖气流沿着倾斜的等熵面逐渐上升。在实际情况中，暖平流和上升运动同时出现，与梅雨带重合。暖平流触发的上升运动绝热加热在背景西风急流中触发对流。

梅雨带的生命周期支持了上述中层西风急流绝热加热理论 [图 5.14 (c)]。从 5 ~ 6 月，青藏高压增强，将西风急流推向高原北侧 [图 5.4 (a)]。在 5 月下旬至 6 月初，随着青藏高原南部对流层温度最大值的形成，东亚 (25°N ~ 30°N) 开始出现西风暖平流和由此驱动的上升运动，它们缓慢北移并加强 [图 5.14 (c)]。由于急流持续向北移动，它会与对流层温度最大值区域分离，所以到了 7 月下旬，西风暖平流和上升运动开始减弱。

青藏高原上的地形作用对于急流位置有重要影响。冬季，副热带急流盛行于高原南部 (图 3.18)。从 3 月中旬到 5 月中旬，急流位置在山脉南北之间呈现两个极大值。夏季，南亚季风的对流加热将急流向北推进，为东亚夏季风的形成创造了条件。青藏高原通过加强东亚表面南风，限制对流层西风暖平流位置，在东侧形成随西风急流东传的气旋 [在中国称为西南涡 (Ding and Chan, 2005) 等机制，促进了梅雨的形成 (图 5.15)]。图 5.16 显示，1998 年 6 月 23 日在高原东侧发展出了一个西南涡，为长江流域带来了大量降水。在大气 GCM 中，去除山脉会显著减弱东亚副热带地区夏季降水 [图 5.7 (b)]。

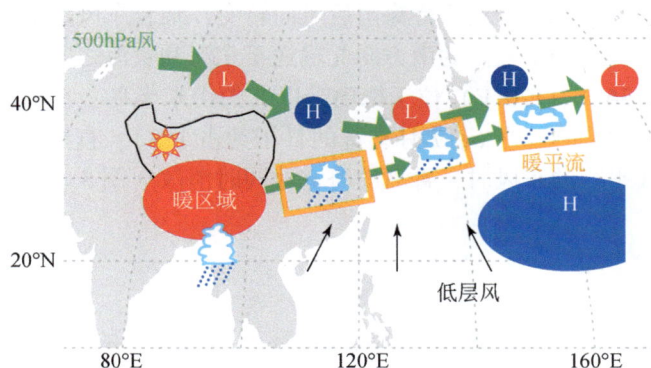

图 5.15　东亚夏季风示意图 (摘自 Sampe and Xie, 2010)

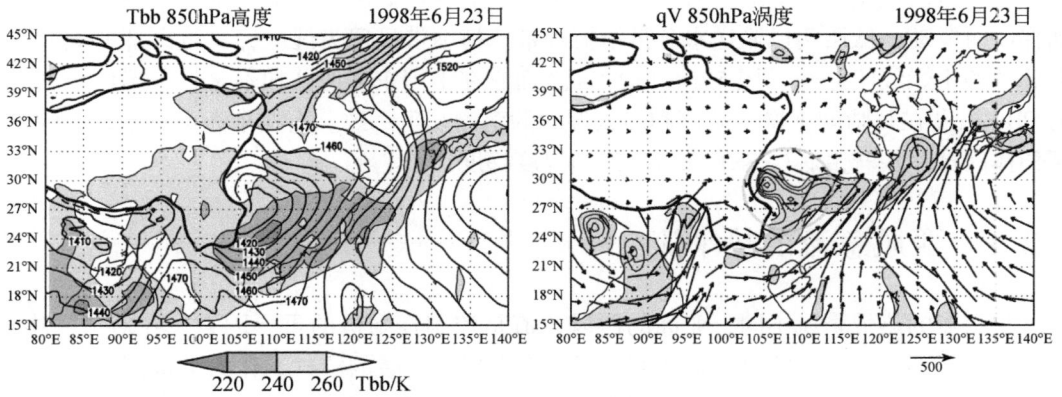

图 5.16　1998 年 6 月 23 日亚洲季风区气象状态。（左）Tbb 和 850hPa 位势高度，灰度填色表示 Tbb（相当黑体温度），范围为 260K 以下，等值线表示位势高度；（右）水汽输送（qV）和 850hPa 涡度，箭头表示水汽输送，单位为 g/kg m/s，等值线和填色表示涡度。西南涡位置用蓝色圆圈标识，1500m 地形等高线用粗实线表示。（摘自 Yasunari and Miwa，2006）

5.2.2　社会经济影响

梅雨带可能是东亚最重要的气候现象。它导致了中国南北方在食物和文化方面的重要差异。在梅雨带及其以南地区，水稻文化占主导，而相对干燥的北方则以小麦（如面条）为主食。英文中 Meiyu 和 Baiu 共用相同的汉字。目前被普遍接受的写法是“梅”雨，表示雨季和梅子成熟时节的重合。梅雨一词也被认为源自“霉”这个字，用来描述持续潮湿阴雨容易让物品发霉。

生活在季风区的人们都深谙梅雨和风的协同变化。宋朝著名诗人苏轼（1037～1101年）曾任位于梅雨区的杭州知府，他在诗中写道：“三旬已过黄梅雨，万里初来舶趠风。”在东海，梅雨期间盛行南风，而在雨季过后则盛行东风 [图 5.17（b）]。商人们乘船经过长途航行从印度洋返航，在东海上等待梅雨后风向转变，乘着东风踏上回家的旅途。

当南风将暖湿空气从 SST 较高的南方向北输送至东海和黄海之间的海域时，海上常常会形成海雾。青岛（36°N，120°E）位于梅雨带以北的山东半岛，在梅雨季节海上盛行南风时，经常受到海雾的影响（在 6、7 月有雾的日子约占 1/3）。直至梅雨结束，风向转为与黄海的 SST 等值线平行的东风时，青岛的海雾才同时消散（图 5.17）。

5.2.3　副热带对流

梅雨带的消失是 7 月下旬西北太平洋大尺度环流形势改变的一部分。到了 7 月中旬，西北太平洋上 28℃的 SST 等温线已经北扩至 25°N。尽管 SST 等值线在 20°N 附近存在一个暖舌，但太平洋 ITCZ 仍然位于 10°N 以南 [图 5.18（a）]。在短短的两周内，深对流快速

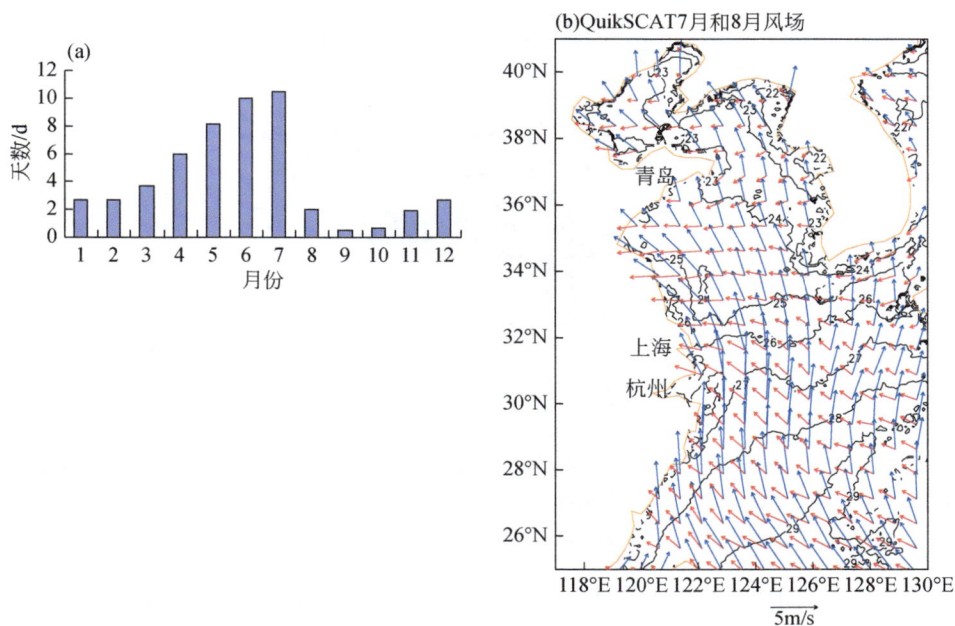

图 5.17 （a）青岛每日历月的海雾发生天数。（b）7 月海表温度和 7 月、8 月 QuikSCAT 表面风，黑色等值线表示海表温度，单位为℃，蓝色和红色箭头分别表示 7 月和 8 月风速，单位为 m/s。（改编自 Zhang et al., 2009）

发展并填充了副热带暖池突出的区域 ［图 5.18 （b）］。我们用发现者的名字来命名这个副热带对流的突然爆发，即"Ueda 跳变"（Ueda et al., 1995）。Ueda 跳变标志着西北太平洋季风的爆发，对流活动导致了西风向东扩展（约 10°N）［图 5.18 （c）］。同时，它终结了东亚地区的梅雨降水，当风向转为东风时，黄海上的海雾开始消散。

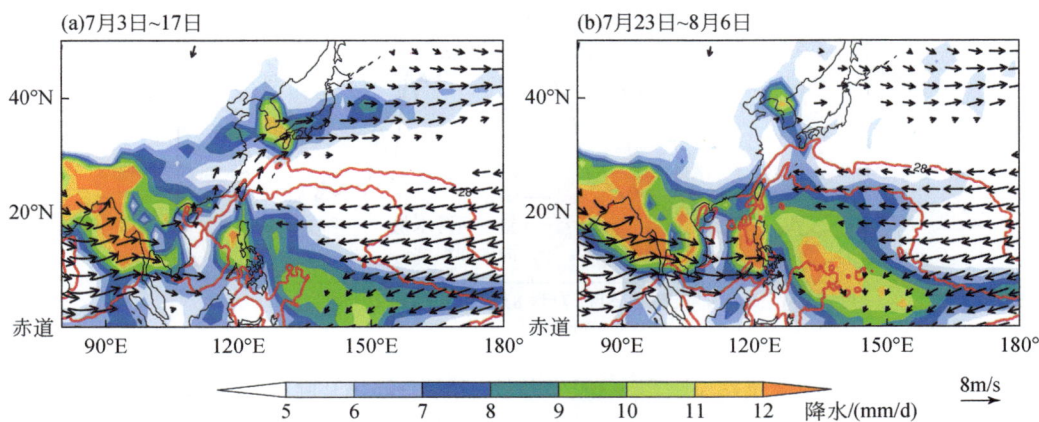

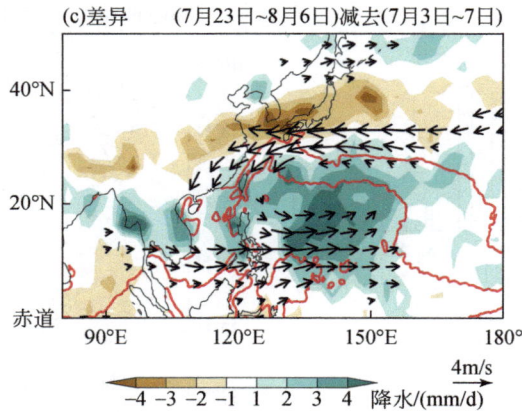

图 5.18　(a) 7 月 3 日～17 日、(b) 7 月 23 日～8 月 6 日、(c) 两者差异的海表温度，降水和 850hPa
风。等值线表示 28℃、29℃ SST，填色表示降水，单位为 mm/d，箭头表示风速，单位为 m/s。(b)、(c)
图中 SST 等值线一致。(Zhou et al., 2016，周震强供图)

　　暖 SST 对于 Ueda 跳变的发生是必要不充分条件。在西北太平洋副热带地区（140°E～
160°E，15°N～25°N），SST 在 6 月初就超过 28℃，但直到一个半月后，随着整层可降水
量的积累，深对流（降水量>6mm/d）才开始出现（图 5.19）。在对流出现跳变之前，大
气边界层上方有一个弱的温度逆温层，对流层自由大气偏干。随着上方逆温层逐渐减弱，
对流层大气变湿，干夹卷作用减弱，深对流得以发展。对流爆发后，局地 SST 缓慢下降，
在 9 月保持在 29℃ 左右。这个副热带暖池的深对流持续到 9 月。虽然 Ueda 跳变的爆发是
一个突然的事件，但副热带对流的南移过程却是渐进的。

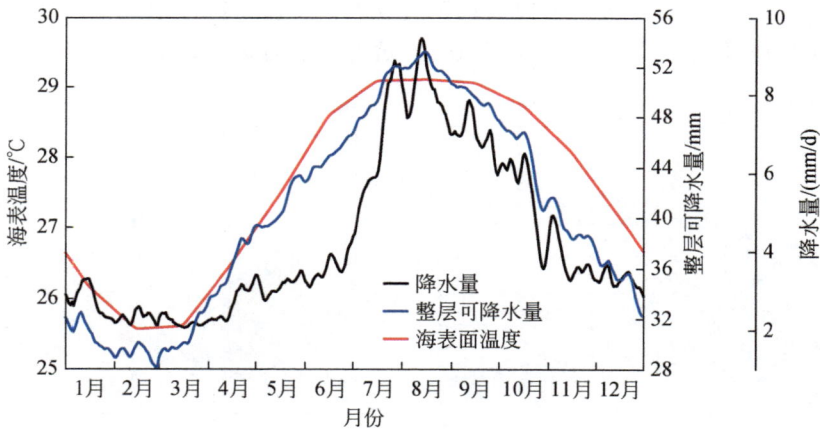

图 5.19　副热带西北太平洋（140°E～160°E 月份，15°N～25°N）降水量、海表面温度、整层
可降水量（mm）随着日历月的变化。(周震强供图)

5.3 亚洲季风系统

5.3.1 季风子系统

从阿拉伯海到西北太平洋的广阔地区，夏季环流和对流可以被视为一个相互联系的系统。雨季的爆发具有重要社会意义，对流加热驱动了大尺度环流。对流爆发时间的分布（图 5.20）常用于区分以下动力特征不同的子系统。

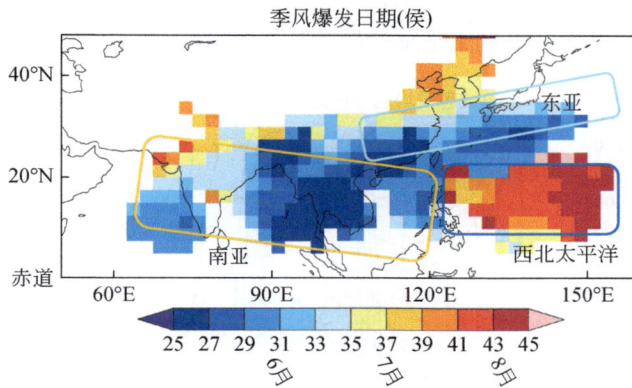

图 5.20 根据季风爆发的时间（侯）来划分的亚洲夏季风及其子系统。季风爆发的定义为在 5~9 月，相对降雨率（去除 1 月平均降雨量）超过 5mm/d 的第一侯。（摘自 Sperber et al., 2013；周震强供图）

（1）南亚季风是一个热带系统，包括传统定义上的印度季风（从阿拉伯海到孟加拉湾）、中南半岛和南海夏季风。海洋、陆地和大气之间的相互作用产生了复杂的时空变化（如在爆发时间上）。深对流在 5 月中旬在从孟加拉湾到南海的广阔地区爆发，但在印度（图 5.20）明显较晚（6 月）。在这个过程中，平均流效应（如中纬度西风急流）并不是最主要的，并且忽略平均流动的 Gill 模型可以捕捉到此热带季风环流的主要特征。

（2）东亚季风是一个以梅雨带为主要特征的副热带系统。西风急流在此过程中至关重要，通过来自西藏的暖平流和作为天气扰动（如西南涡）起作用。

（3）西北太平洋季风是热带海洋性系统。它的特点是晚且突然地发生，爆发时间比局地 SST 达到 28℃ 以上的时间晚 1 个多月。Ueda 跳变结束了梅雨期，但与南亚季风（从阿拉伯海到南海）的一致变化关联不大。

这些子系统是相互作用的。南亚季风对东亚季风的形成起到了重要作用。在低层，南亚季风低压东侧的南风为梅雨带提供了水分，而在高层，青藏高压驱使亚洲急流向北移动，导致梅雨带东北倾斜。梅雨在仲夏结束后的西北太平洋海洋季风爆发（Ueda 跳变）紧密相关。

太阳辐射的季节性变化在时间上是平滑的，且在所有经度上是完全一致的。但亚洲季风系统对这一均匀强迫的响应表现为出乎意料的不连续。环流（水汽供应）、对流

（加热）和土壤水分之间存在着密切的相互作用，使得人们难以明确地指出相关现象（如季风爆发、季节内至年际尺度变率）的背后成因。这要求我们进一步加深对动力机制的理解。

5.3.2　与撒哈拉沙漠的联系

哈得来环流的下沉支常被认为是副热带沙漠的成因。这个论点有两个问题：在夏季，纬向平均的哈得来环流在 15°N 以北很弱（图 5.21），垂直速度在东西方向上的变化幅度比北半球副热带纬向平均的下沉速度要大得多。事实上，在相似的副热带纬度（20°N ~ 30°N），北非的撒哈拉是一个干旱的沙漠，但东亚却有季风降雨。一个简单的大气动力学论证表明，南亚和东亚的夏季对流是维持撒哈拉沙漠干旱的一个重要因素。

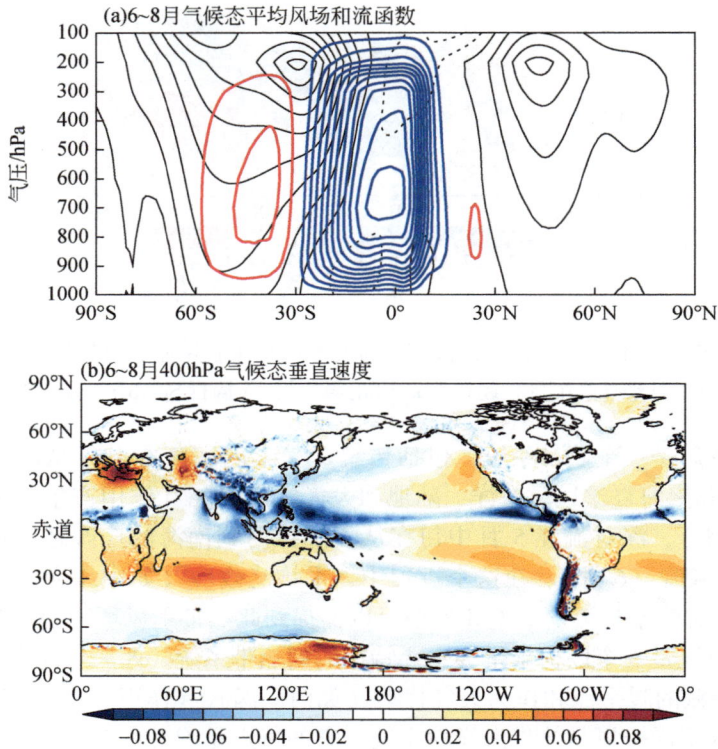

图 5.21　夏季（6 ~ 8 月平均）气候态。（a）纬向积分的经向流函数（红色/蓝色等值线代表正/负，间隔为 2×10^{-10} kg/s，省略 0 值）和纬向风的纬向平均（黑色等值线，间隔为 5 m/s）。（b）400 hPa 的垂直速度。（周震强供图）

我们再来看一下 Gill 模型对于位于赤道以北热源的解。亚洲季风加热激发了一种深层下沉的斜压罗斯贝波响应，这种响应会远远向西传播。在观测中，对流层上层青藏高压向西延伸，穿过中东，一直延伸到北非（图 5.4）。从热力学角度来看，在青藏高原西部没有对流活动的区域，辐射冷却与缓慢下沉运动引起的绝热加热相平衡。我们也可以从位涡守恒的角度来诊断垂直运动。高压西侧的向极移动的对流层上层空气柱需要在垂直方向上拉伸（表现为对流层中层的下沉运动，$w_2 < 0$）：

$$\beta v = f \frac{\partial w}{\partial z} \propto -f w_2$$

此处我们假设在对流层顶部垂直运动为零。该理论通常被称为季风-沙漠机制，这与物理海洋学中斯韦德鲁普关系类似［式（7.26）］。

气候模式模拟表明，对于具有理想化几何形状的大陆，季风气候倾向于出现在大陆东南侧，而大陆西南部则为沙漠。在平坦的非洲-欧亚大陆上，夏季风雨带呈东北方向倾斜［图 5.22（a）］。这种纬向不对称性是纬向海陆差异的结果。大陆的快速升温形成了热低压，相对凉爽的海洋在近地面形成了热高压。由此产生的大陆东部上空的地转风将湿润的海洋空气向极地输送，增加的 MSE 有利于深对流发展。另外，在大陆西部，海洋（大西洋）热高压和陆地热低压之间的地转风将凉爽、干燥、低 MSE 的空气向赤道输送，不利于深对流发展。模式实验表明，纬度范围跨度大的大陆会导致大陆东部的湿润区进一步向极地发展，而大陆西侧的干旱区将进一步向赤道扩展。尽管实验设计中存在简化，但倾斜的雨带和低层环流与观测结果非常相似（图 5.22）。

以下因素导致了副热带气候呈现出显著的纬向变化，造就了荒芜的撒哈拉沙漠和枝繁叶茂的东亚。

（1）由理想化模式模拟可知，纬向海陆差异使夏季雨带偏移，使东亚地区气候变得湿润。

（2）青藏高原加强了低层气旋式环流，增加了东亚地区的降水量。山脉使得南麓的MSE 得以维持。

（3）亚洲夏季风对流加热的斜压罗斯贝波响应伴随着下沉运动，使阿拉伯和撒哈拉沙漠保持干燥。

由亚洲季风系统所激发、受罗斯贝波动力影响而向西延伸的青藏高压，连接了非洲-欧亚大陆的东西两端。青藏高压西伸部分的深层下沉使撒哈拉沙漠保持干燥，阻止西非夏季雨带的北进。此外，青藏高原连接了南亚和东亚夏季风，并通过影响亚洲急流引起暖平流和绝热上升来固定梅雨带位置。

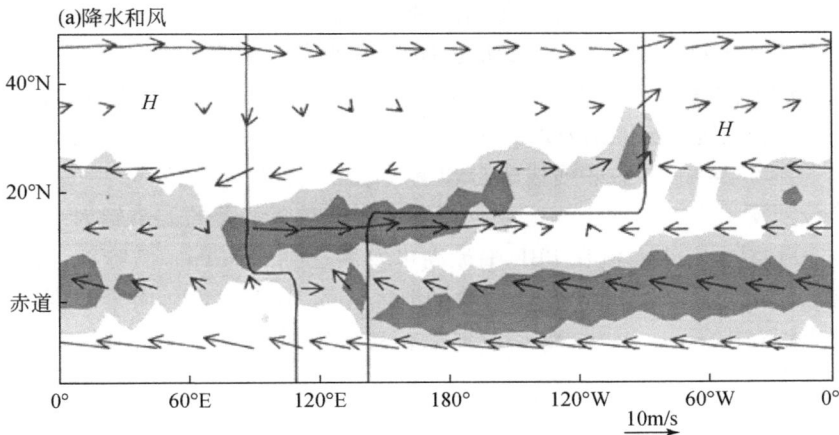

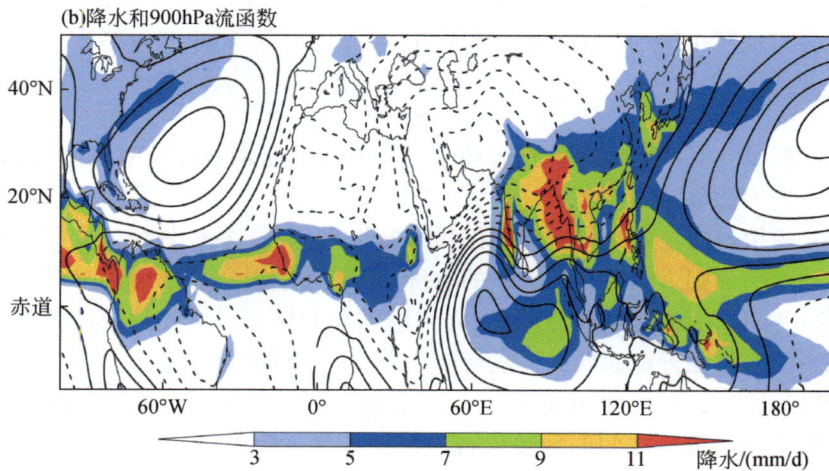

图 5.22　（a）非洲–亚欧大陆对季风的作用。理想实验中的 6~8 月降雨和表面风，灰度填色表示降水，箭头表示风速。（b）观测中的 6~8 月降水和 900hPa 流函数（去除纬向平均值），填色表示降水，单位为 mm/d，黑色等值线表示流函数，间隔为 $2×10^6 m^2/s$。［（a）摘自 Xie and Saiki，1999，JMSJ；（b）Shaw，2014，JAS。©美国气象学会，授权使用。］

　　大约在 5000 万年前，印度板块向欧亚板块移动。起初只在西藏南部地区有一条海拔 4km 的狭窄山脉。随后发生了复杂的造山运动，青藏高原向北扩展。青藏高原的抬升深刻影响了亚洲季风系统（Molnar et al.，2010），这仍然是古气候研究的一个重要课题。

5.4　西非季风

　　西非的西部（15°W）和南部海岸（约 5°N）连接大西洋。赤道大西洋南部通常被称为几内亚湾。在夏季（6~8 月），一条纬向雨带从北大西洋热带地区延伸到东非大裂谷［图 5.2（a）］。萨赫勒是位于西非 5°N~15°N 之间的季节性稀树草原地带，介于热带雨林和北部撒哈拉沙漠之间。冬季干燥，夏季多雨。随着季风降雨的到来，万物蓬勃生长，各种动物大量迁徙。对流层高层存在一条高压带横跨非洲，是亚洲季风加热强迫的下沉罗斯贝波响应［图 5.4（a）］。在对流层低层，撒哈拉沙漠上的强烈感热形成了一个热低压，西南风经过湿润的萨赫勒地区进入沙漠（图 5.23）。表面西南风气流既有利于萨赫勒雨带（10°N）处的深层翻转环流圈的发展，也加强了 600hPa 以下上升运动在 20°N 附近的浅层翻转环流圈（图 5.24），导致表面风辐合和季风雨带位置的明显位移。

　　在撒哈拉沙漠上空，地面干燥，缺少蒸发过程来平衡白天的太阳辐射。地面温度经常可以升高至 50℃ 以上，干对流在 PBL 中最高可发展达到 600hPa。撒哈拉沙漠的空气温度高但水汽含量却很低，因此其 MSE 比萨赫勒地区（约 10°N）低。由于温度向北增加，湿度的最大值出现在雨带内，因此 MSE 最大值相对于季风雨带位置略微偏北，这有利于两者协同向北推进。

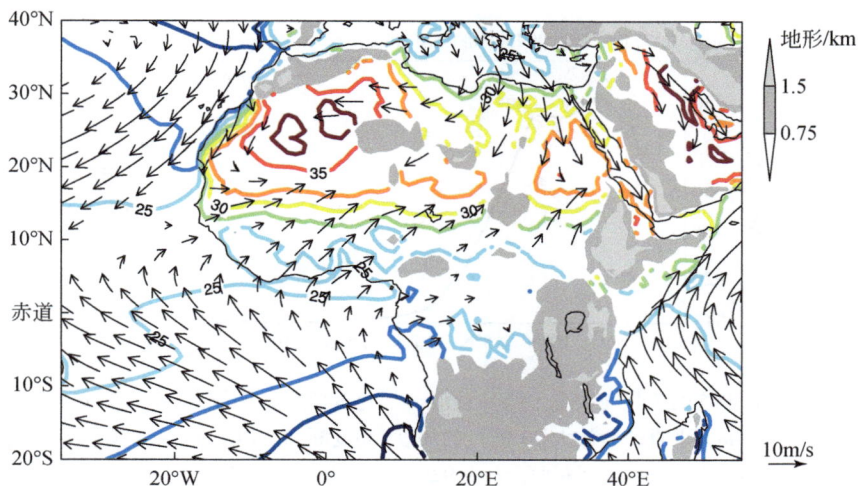

图 5.23　非洲季风示意图。7 月温度（等值线，单位为℃）、925hPa 风速（箭头，单位为 m/s）
以及地形（灰色填色，单位为 km）。（周震强供图）

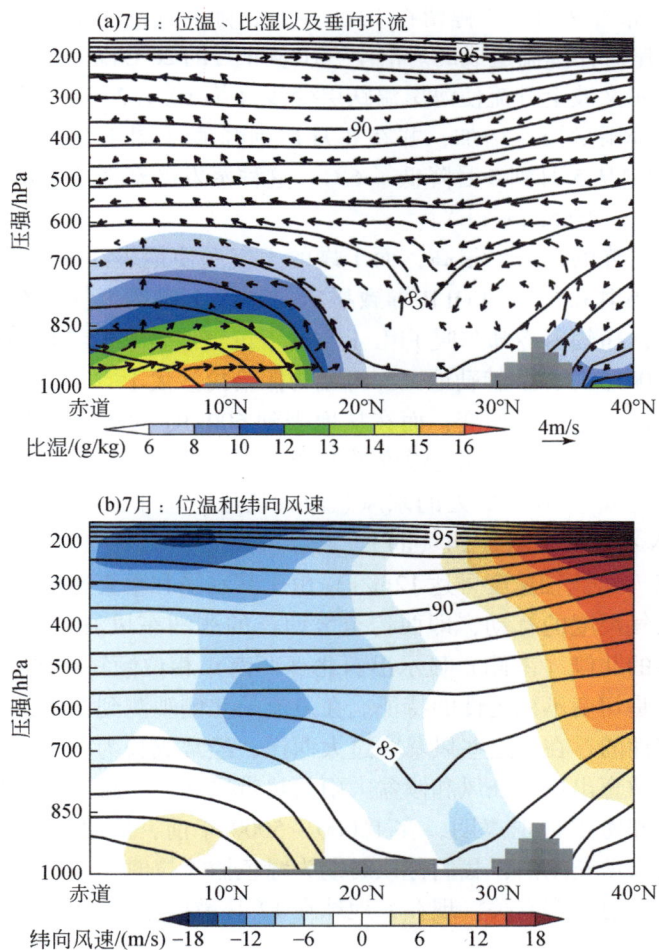

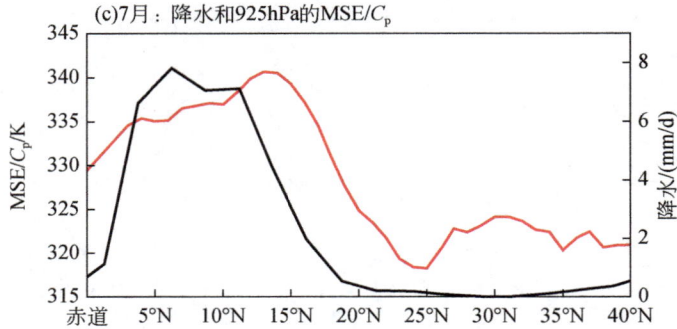

图 5.24　10°W ~ 10°E 平均的 7 月气候态。（a）位温（黑色等值线，单位为 K）、比湿（填色，单位为 g/ kg）和垂直环流（v，$-\omega$，垂直速度放大 20 倍）的纬度-高度断面。（b）位温（黑色等值线）和纬向风速（填色，单位为 m/s）的纬度-高度断面。（c）925hPa 的 MSE/C_p 和降水的经向剖面。（周震强供图）

在春分之后，太阳直射点进入北半球，西非南部海岸会很快出现一条雨带，慢慢向内陆移动［图 5.25（a）］。在西非地区，季风降水的最大值区在 7 月从南部海岸地区向北跳到 10°N。萨赫勒雨带在 8 月始终停留在 10°N 附近，随后逐渐向南移动。南部海岸降雨减少是 7 月和 8 月沿岸海洋降温造成的。沿岸 SST 从 4 月的 28℃ 以上急剧下降到 8 月的 24℃ 以下，这是由于开尔文波上升流使海岸温跃层变浅（第 10.1.2 节）。在萨赫勒地区，降雨从 5 月开始，随后降雨量快速增加，并在 8 月达到峰值［图 5.25（a）］。雨季期间的蒸发、蒸腾作用使 SAT 从 5 月到 8 月降低了 6℃。这种蒸发冷却造成了萨赫勒地区空气温度明显的半年周期特征［图 5.25（b）］。

沙漠表面对可见光的反射率很高，而干燥的大气层使地表红外辐射能够逃逸出太空。较低的向下净太阳辐射和较高的 OLR 导致撒哈拉沙漠上空的大气柱在 TOA 处失去能量。在撒哈拉沙漠上空，净辐射冷却与暖 PBL 上空的下沉气流带来的绝热加热相平衡。在对流层中高层（200 ~ 600hPa），萨赫勒地区深对流与撒哈拉沙漠上空下沉气流之间向南的温度梯度产生了垂直方向上的西风切变，而在从地表到 600hPa 的对流层低层，凉爽的萨赫勒地区与炎热的撒哈拉沙漠之间向北的温度梯度产生了东风垂直切变。对流层低层和高层之间相反的温度梯度造成了 600hPa 处的东风急流大值区，位于湿润的萨赫勒和干燥的撒哈拉沙漠边界（10°N ~ 15°N，图 5.24（a））。

非洲东风急流（急流轴速度可达 12m/s）由于其水平和垂直速度切变，导致动力不稳定，因此会产生天气尺度的扰动，即西传至大西洋的非洲东风波。其波长为 4000km，经常在平均东风急流的北侧（南侧）显示出西北（西南）相位倾斜（图 5.26）。相位倾斜与平均水平切变相反是切变不稳定性的特征。在急流的北侧观测到的垂直方向上的相位倾斜说明了斜压不稳定性的存在。这些风暴穿过大西洋，经常成长为飓风。谁能想到干燥的撒哈拉沙漠居然可以孕育出携带狂风和倾盆大雨的热带风暴，一路向西影响到墨西哥湾。

大量的古气候和考古证据表明，在 10000 ~ 5000 年前，撒哈拉沙漠比现在要湿润得多，有充足的降雨来填充湖泊，我们称该时期为绿色撒哈拉时期。有研究认为绿色撒哈拉时期的形成与太阳辐射增多有关。现在，地球在 12 月最接近太阳（近日点），但由于地球

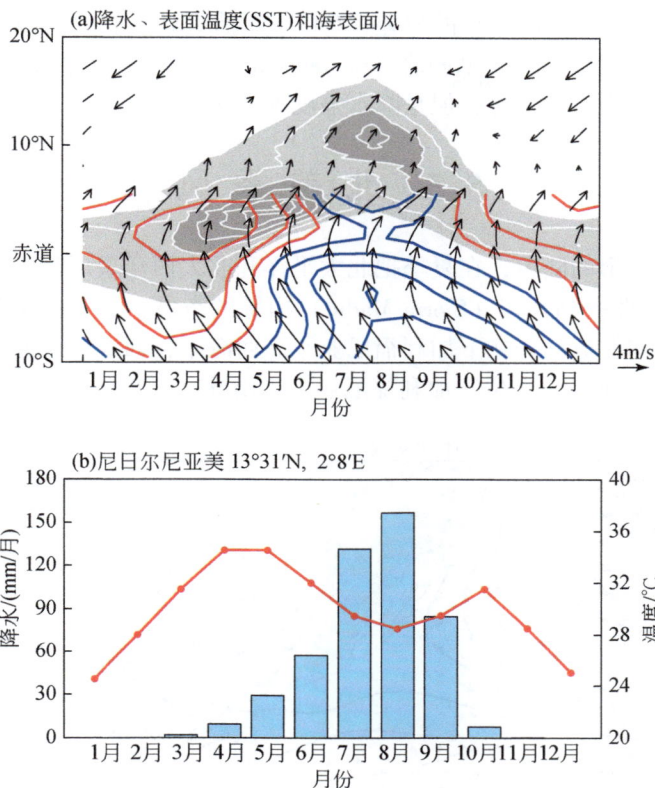

图 5.25 0°E 处的气候态。（a）10°W ~ 10°E 平均降水（浅/深灰度填色表示 ≥100/200mm/月，白色等值线间隔为 50mm/月）、表面温度（SST）（间隔为 1℃，红色表示 ≥27℃，蓝色表示 <27℃）和 0°E 处海表面风速（m/s）的时间-纬度断面图。（b）尼日尔尼亚美（13°31′N，2°8′E）的表面气温（红色曲线,℃）和降水（条柱，mm/月）。（周震强供图）

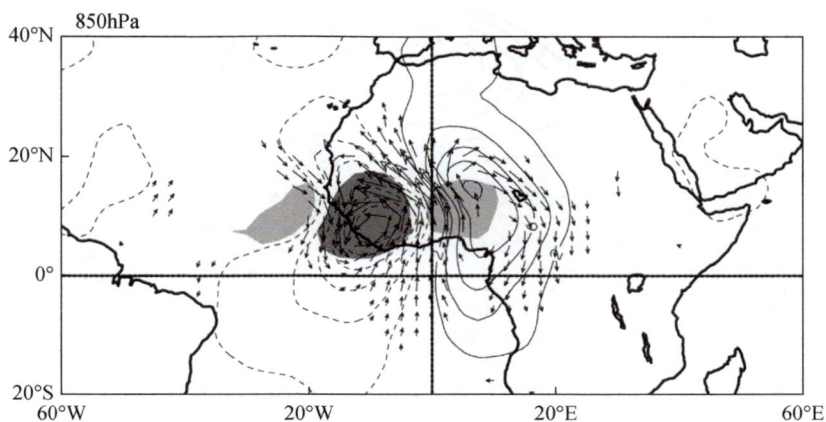

图 5.26 向外长波辐射（OLR），流函数和 850hPa 处的风异常的合成。填色表示 OLR，深灰色为负，等值线表示流函数，虚线为负，箭头表示风速，单位为 m/s，参考了 10°W，10°N 处 OLR 的天气尺度变率。非洲东风急流在 700hPa，10°N 处达到峰值。（摘自 Kiladis et al., 2006, JAS. ⓒ美国气象学会，授权使用）

围绕太阳自转存在周期为 26000 年的岁差，10000 年前近日点在北半球夏季。夏季更多的太阳辐射使非洲季风雨带比现在更偏北（deMenocal and Tierney，2012）。气候模式能够模拟出绿色撒哈拉时期雨带的位置，但是降水强度偏弱。

5.5 北 美 季 风

墨西哥是一条狭窄的陆桥，在夏季把北太平洋和北大西洋表层反气旋式环流分隔开来［图 5.27（a）］。在谢拉马德雷（Sierra Madre）山脉的东坡，北美低层急流沿着北大西洋副热带高压的西侧向北流动。在下加利福尼亚半岛西海岸，西北风引起沿岸上升流，使平均 SST 低于 25℃（图 6.15）。位于加利福尼亚半岛山脉（高度约 1 km）和西谢拉马德雷山

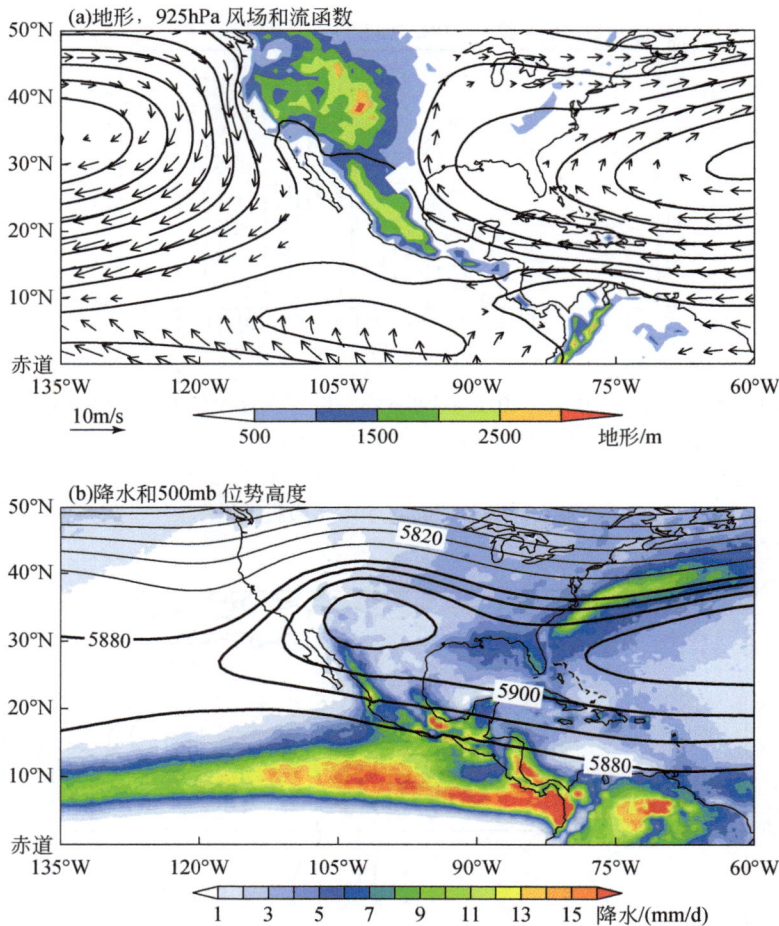

图 5.27 7～8 月气候态。（a）925 hPa 风场、流函数和地形，箭头表示风速，单位为 m/s，黑色等值线表示流函数，间隔为 $2×10^6 m^2/s$，填色表示地形。（b）降水和 500 mb 位势高度，填色表示降水，单位为 mm/d，等值线表示位势高度，$z≤5850m$ 的间隔为 30 m，$z≥5880m$ 的间隔为 10 m。（周震强供图）

脉（Sierra Madre Occidental，高度约 2km）之间狭窄的加利福尼亚湾存在着温度较高的 SST（约 30℃），低层南风将水分输送到亚利桑那州。下加利福尼亚半岛将海洋上升流限制在其西部，并且半岛山脉阻挡冷且干燥的空气由太平洋进入加利福尼亚湾，使得北美季风得以发展。

从 6 月到 7 月下旬，强烈的太阳辐射引起了降水沿着西谢拉马德雷山脉的西麓向北扩展。夏季对流释放的潜热激发了对流层上层的反气旋 ［图 5.27（b）］，可以看作一个迷你版的青藏高压。季风对流在 6 月初于墨西哥南部开始发展，雷雨在 7 月到达亚利桑那州和新墨西哥州，标志着这些州的主要雨季的开始。图 5.28（c）显示了夏季（7～9 月）与全年降雨量的比例。40% 的等值线包括整个墨西哥（除了下加利福尼亚州）和美国的亚利桑那州和新墨西哥州。这就是北美夏季风，也称为墨西哥季风。夏季对流呈现明显的日变化特征，峰值出现在下午晚些时候/傍晚。人们常能在亚利桑那沙漠看到壮观的雷暴景观。

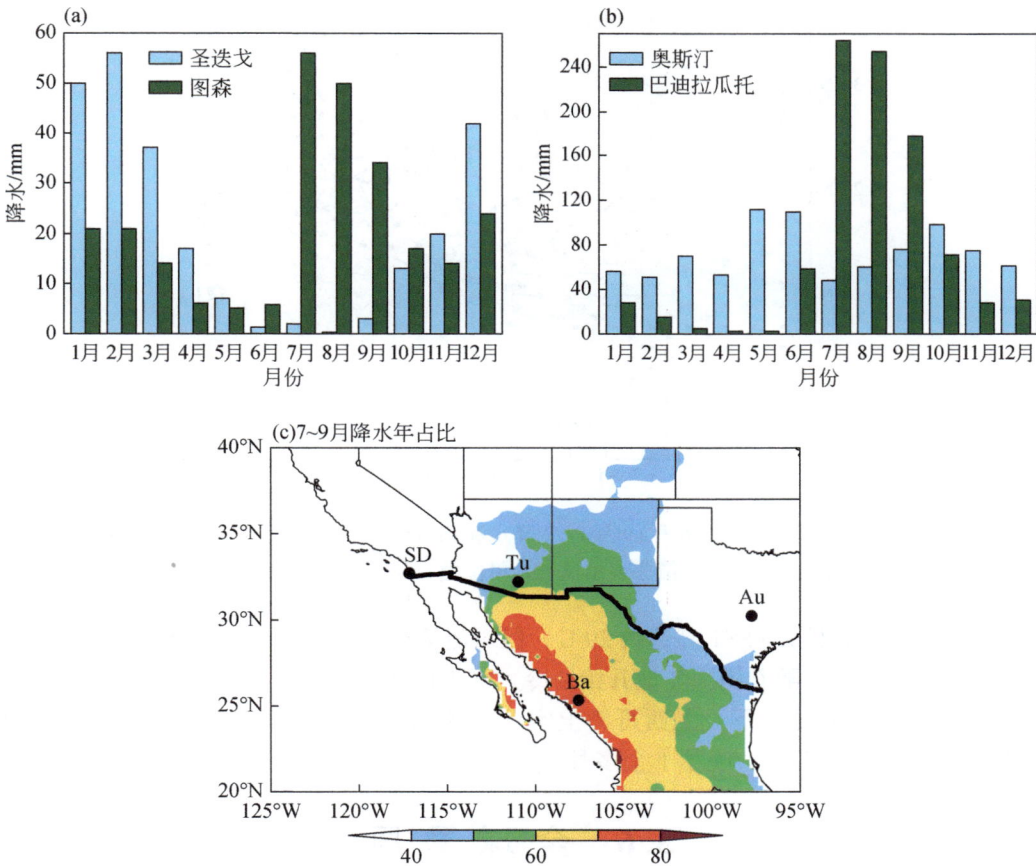

图 5.28 降水月分布图。（a）圣迭戈（SD）和图森（Tu）。（b）奥斯汀（Au）和巴迪拉瓜托（Ba）站点降水的柱状图。（c）7～9 月平均降水占全年降水的百分比，数据基于 TPMM/GPM 3B43 数据集。（由周震强提供。）

在图森，7~9月的降雨占全年降雨量的50%（图5.28），与美国西海岸形成鲜明对比，后者在冬/春季从北太平洋风暴（图6.17）中获得降水。在非洲-欧亚大陆上，气候类型从非洲摩洛哥的地中海气候（雨季在冬季）过渡到中国东南部的季风气候（雨季在夏季）的距离有10000km之多［图5.22（b）］。相比之下，在北美，类似的过渡发生在加利福尼亚州圣迭戈和亚利桑那州图森之间，两地相距仅有半天车程（600km）。北太平洋副热带高压的东缘和北大西洋副热带高压的西缘被狭窄的山脉分隔开来（图5.27）。然而与中国东南部千里沃野不同的是，图森位于干旱沙漠中，夏季气温酷热，降水稀少。在图森，出现在冬季较弱的雨季（可能来自跨越圣迭戈的同一场风暴）对植被（引起春季的花海）的作用比夏季的主要雨季更为重要。

在谢拉马德雷山脉东部和墨西哥湾上空，降水量在7、8月的盛夏月份较低，而在6月和9月出现两个峰值［奥斯汀，图5.28（b）］。这种盛夏干旱的气候主导了墨西哥湾和其附近许多近岸地区（图5.29，图8.2），与北大西洋副热带高压的西扩有关。

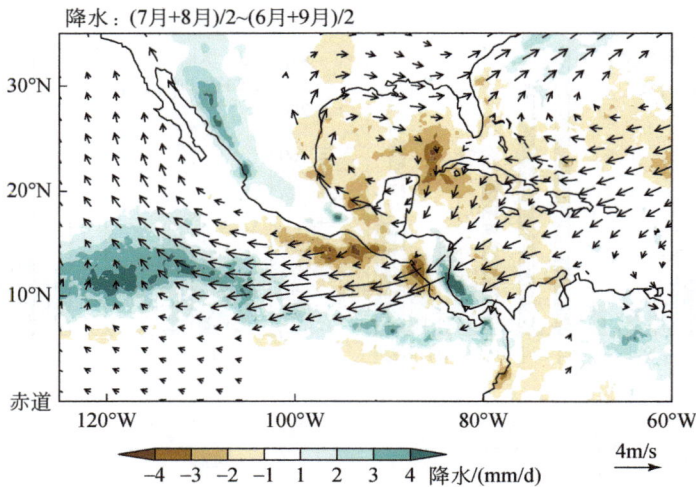

图5.29　（7月+8月）/2 ~（6月+9月）/2降水和925hPa风气候态的差异，填色表示降水，单位为mm/d，箭头表示风速，单位为m/s。（由周震强提供）

尽管盛夏墨西哥湾的SST高达约29℃，但对流活动仍然被抑制（图5.27，图5.29）。只有在9月和10月，随着周围陆地开始变冷，降雨量才会增加。这个晚夏/早秋的雨季与飓风季节相吻合。相比之下，墨西哥湾上空深对流的爆发时间比西北太平洋副热带地区（Ueda跳变；第5.2.3节）晚了1个多月。

5.6　全球季风

从纬向平均来看，热带雨带大致跟随着太阳辐射的季节性变化跨过赤道，两者之间有1~2个月的延迟（图3.1）。纬向平均降雨量最大值在8月（2月）达到最北（最南）。纬向平均降雨量在夏至后向极地延伸的延迟主要是由于海洋的热惯性。在10°S~10°N之间，在纬向平均降雨量南北摆动的范围内，跨赤道的风会发生季节性反转，使得东风信风在赤道冬季（夏季）半球一侧加速（减速）。这种对季节性太阳辐射响应的全球季节循环，包括风向反转和夏季雨季，符合广义的季风定义，有时被称为全球季风。

基于降水量的季风区域定义（Wang and Ding，2008）要求满足以下条件：

（1）季风降水指数≡年较差/年降水量平均值>0.5，以确保夏季是雨季；

（2）年较差>300mm，以排除干旱地区。

这里的年较差指的是当地夏季与冬季的差值。根据这个定义，南亚和东亚、西北太平洋副热带地区、非洲萨赫勒地区和中美洲到墨西哥为北半球的季风区［图5.30（b）］。印度尼西亚到澳大利亚北部、非洲南部热带地区和南美洲热带地区为南半球季风区。

我们用6~9月平均的降水与12~3月的平均降水做差，绝对值较大的区域与早期的季风定义一致，这些区域存在着显著的低层风季节性变化［图5.30（a）］。在印度洋-西太平洋地区存在着一个C形的低层风场（北半球为西南风，南半球为东南风），这与大气对亚洲季风区降雨量增加、赤道以南降雨量减少的响应一致。通常，在热带季风区，靠近赤道一侧的夏季与冬季风速的矢量差表现为西风。而副热带东亚季风是一个例外，夏冬风速之差呈东南风，这与西风急流的非局地效应以及海陆热力差异相一致。

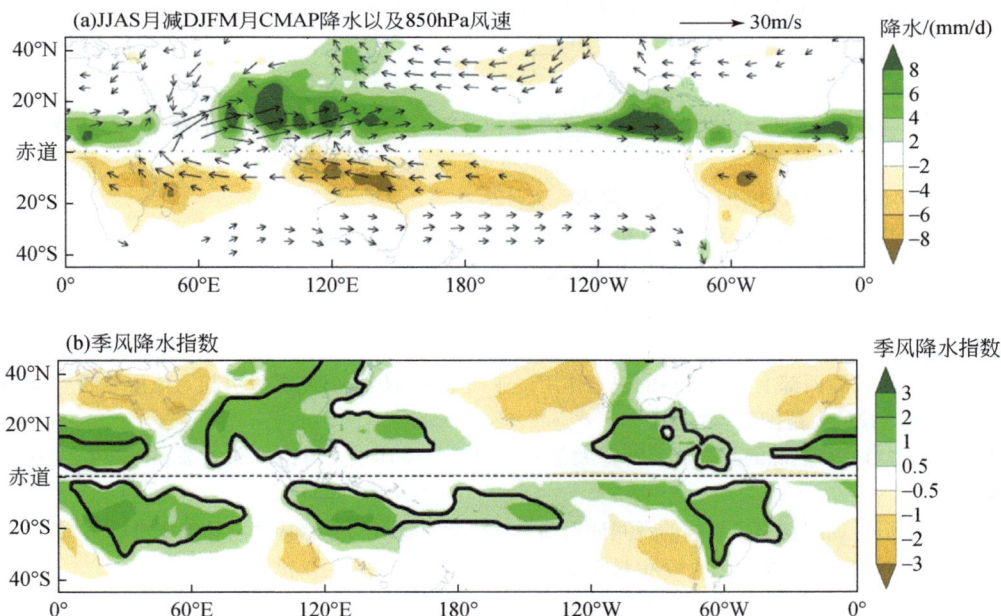

图5.30 （a）JJAS 与 DJFM 的差异。降水（填色，单位为 mm/d），850hPa 风速（箭头，单位为 m/s）。（b）季风降水指数（填色），黑色等值线范围内的为季风降水区域。（摘自 Wang and Ding，2008）

5.7 讨 论

季风可以被看作是局地增强的季节性变化。虽然 TOA 入射太阳辐射是时间的平滑函数并且纬向分布均匀，但大陆和山脉的存在显著影响区域季风的时间和极向延伸。例如，东亚的雨带向北延伸，最远到 36°N（东京的纬度），但在非洲-欧亚大陆的另一侧，非洲萨赫勒雨带被限制在 15°N 以南。夏季雨季的爆发时间在纬向上也有很大不同，尽管处于同一纬度，孟加拉湾和中南半岛的雨季开始于 5 月，而副热带西北太平洋开始于 7 月下旬（图 5.20）。

海陆热力性质差异通常被认为是季风的主要动力驱动力，但印度夏季风提供了一个反例，其海陆温差在季风爆发前的月份达到最大，并在季风爆发后急剧下降。表面 MSE 是印度季风爆发更好的预报因子，而整层水汽路径的稳步增加似乎对西北太平洋季风的爆发有触发作用。在任何情况下，只有 SST 超过对流阈值，季风的深对流才能得以维持。例如，在西阿拉伯海，由于强烈的西南季风引起海洋上升流导致 SST 下降，对流降雨受到了抑制。从孟加拉湾到西北太平洋，SST 的最大值往往就在季风爆发之前出现（图 5.13）。

每年的 TOA 入射太阳辐几乎相同，但季风却表现出明显的年际变化。对印度季风预测方案的探索使 Walker（1932）发现了南方涛动。人们认识到耦合的海气相互作用使得年际变化以某些特定的空间形态反复出现。这一个重大的概念性进展，使提前几个季节对于气候进行预测成为可能。第 9 至第 11 章将介绍驱动季风年际变率的耦合动力学。

习　题

1. 参考 Yanai 和 Tomita（1998），讨论青藏高原和孟加拉湾（区域 G 和 E）上 Q_1 和 Q_2 廓线的季节性变化。

2. 东北/西南季风给印度带来了丰沛降水。为什么？

3. 计算并比较温度和湿度对图 5.9 中 5 ~ 6 月 MSE 变化的贡献。

4. 印度地区对流层上层西风急流从冬季到夏季如何变化？这种变化与对流层温度分布有何关系？

5. 撒哈拉沙漠、印度和中国东南部大约在同一纬度。为什么撒哈拉沙漠干旱，而印度和中国东南部夏季降雨充足？

6. 考虑青藏高原西部上空空气柱的热力作用。亚洲季风加热如何在那里引起对流层变暖？这如何影响从中东到撒哈拉的大范围夏季对流？

7. Gill 模型对北移热源的响应可以解释大部分亚洲夏季风环流。讨论热源内部和西部的热力平衡和垂直运动。

8. 讨论地形对亚洲夏季风影响的观测证据和物理机制。青藏高原和狭窄山脉都要考虑。

9. 阿拉伯海的 SST 何时达到一年中最大值？为什么不发生在夏天，比如 7 月？

10. 5 月 6 日和 8 月 6 日分别在夏至前后 45 天，太阳辐射大致相同。比较印度在这两个时间点的气候条件（降水，表面和对流层温度）。讨论导致这些差异的因素。

11. 北美季风是否也存在相同的 5 月 6 日和 8 月 6 日之间的不对称性？

12. 地球自转如何影响亚洲夏季风，其与昼夜间的海陆风有何不同？考虑对流层低层和高层温度和风之间的热成风关系。这如何影响印度深对流发展的时间？

13. 从圣迭戈到图森，夏季气候（7 月下旬）如何变化？在非洲-欧亚大陆上，32°N 附近降水季节循环的相似过渡如何体现？

14. 是否有证据表明山地对北美夏季风降水的影响？

15. 非洲东风急流轴位于哪个纬度和高度？用热成风关系来解释。

第6章 副热带气候：信风和低云

在哈得来环流的下支，空气向赤道运动，并在科氏力的作用下获得了向东的速度分量。在表面摩擦的作用下，东风信风并不完全满足角动量守恒定律，在副热带大洋上，风速大致能够达到 7～8m/s。大气在热带雨带上升，在高层向极运动，在副热带地区下沉（图3.18），造成了位于南北半球副热带的高压带（图6.1）。

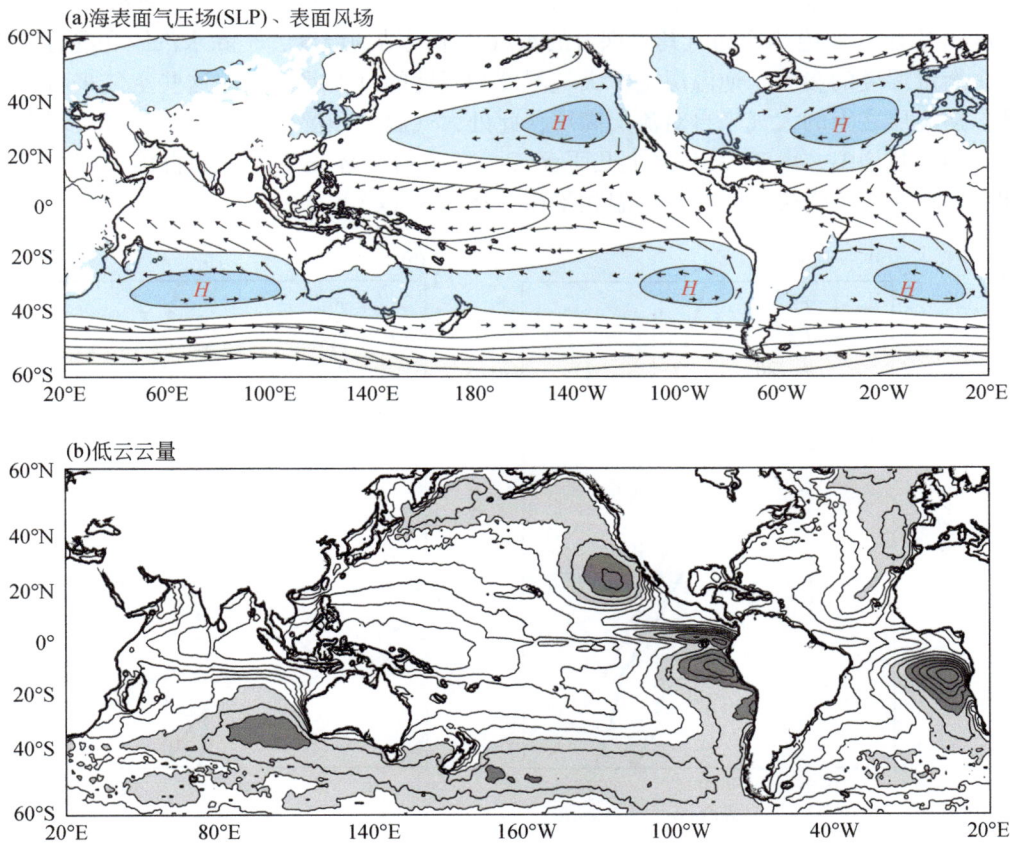

(a)海表面气压场(SLP)、表面风场

(b)低云云量

图6.1 年平均气候态。(a) 表面风场和海表面气压场 (SLP)，等值线为 SLP，间隔为 5hPa，SLP>1105 为蓝色，SLP<1000 为黄色。海拔高度>1km 处的 SLP 和风场箭头未绘制。(b) 低云覆盖率，等值线间隔为5%，浅灰色填色表示>35%，深灰色表示>45%。数据来源于 1984～2018 年国际卫星云气候计划。

（杨柳供图）

信风由副热带高压和热带雨带低压之间的气压梯度力驱动，满足地转平衡。除热带北印度洋外的其他热带大洋在全年都盛行东风信风。夏季北印度洋主要受西南季风控制。东北和东南季风在热带辐合带（ITCZ）辐合，ITCZ 位于赤道附近（而非严格位于赤道之上）。副热带高压在各自半球的夏季最为强盛，且在海盆东侧的强度大于西侧。例如，在北美西海岸，北太平洋副热带高压在夏季向北移动且强度有所加强。在夏威夷附近（160°W，20°N）的东北季风和南加利福尼亚沿岸的西北风均为副热带环流的一部分。

6.1　信风气候

一般而言，对流层中大气温度随高度上升而降低，然而在副热带地区的海洋上空，情况却并非如此。副热带海洋边界层（marine boundary layer，MBL）上空存在着一层较薄的逆温层，这里大气温度随着高度上升，逆温层中的大气稳定度极高。信风带的逆温层底部大致位于 $1 \sim 2km$ 的高度，它将湿润的下层和干燥的自由大气分割开来（图 6.2）。此处露点温度 T_d 表示气块绝热冷却时其中携带的水汽开始凝结的温度，是除水汽压和混合比之外另一个衡量湿度的参数。逆温层上下大气湿度和温度的巨大差异表明这些空气来自不同的区域。逆温层之上的大气来自对流层高层，此处大气温度和湿度均很低，在气块缓慢下降的过程中绝热增温。由于 MBL 之上几乎无云，在哈得来环流下沉区的自由大气中，辐射冷却和气块缓慢下降带来的绝热增温相平衡 [图 3.8（c）]。

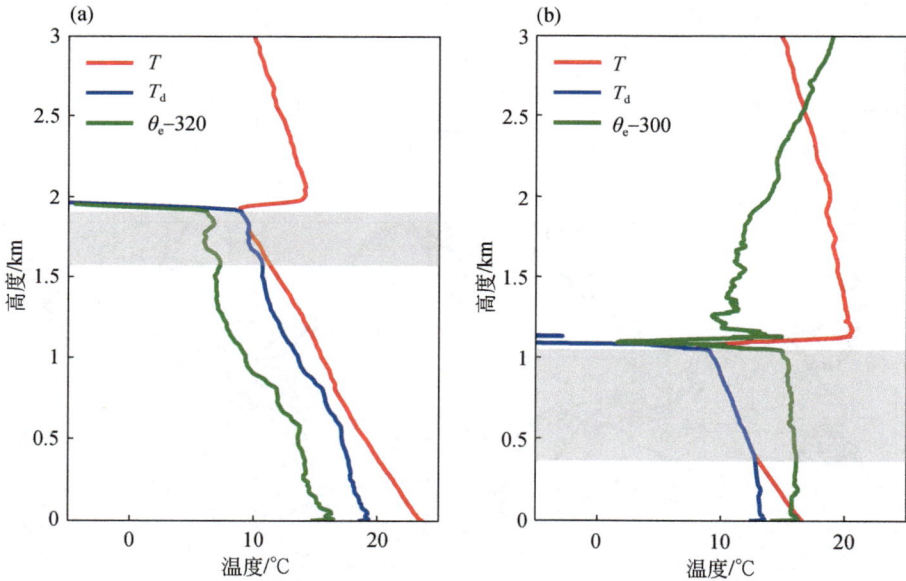

图 6.2　温度、露点温度和相当位温垂向廓线示意图。温度为红色，单位为℃，蓝色为露点温度，单位为℃，绿色为相当位温（有偏移），单位为 K。（a）夏威夷附近（152°W，23°E，2012 年 10 月 24 日），（b）洛杉矶（126°W，31°E，2013 年 7 月 21 日）。灰色填色表示云层。（刘敬武供图）

从三维角度来看，受赤道波动的影响，对流层中上层大气温度在水平方向上相当均匀，于是自由对流层温度的垂向剖面近似满足由温暖海洋（以及夏季风，第 3.6 节）深对流驱动的湿绝热分布。图 6.3 比较了西北太平洋暖池和热带东南太平洋冷舌区域上方的大气位温垂向分布廓线，我们可以看到在 700hPa 以上，两者的温度分布几乎一致，满足湿绝热递减率，这一规律是由温暖海洋（如热带西太平洋）上空的深对流所决定的。相比之下，热带东南太平洋海表温度（SST）低 8℃，因此在相对较暖的自由对流层和较冷 MBL 之间会形成逆温层。

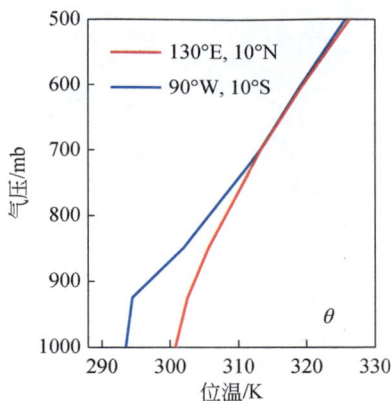

图 6.3　海洋上空的大气、位温垂向分布廓线，单位为 K，西北太平洋暖池为蓝色，
热带东南太平洋，冷舌区域为红色。

　　由于海表面蒸发作用，MBL 中空气湿度较大，同时逆温层稳定的层结不利于 MBL 和自由大气之间的混合。在表面混合层（典型高度为 500m），位温和比湿的垂向分布相当均匀［图 6.2（b）］。云（层云、层积云和浅积云）通常在逆温层之下形成，这是由于表层的空气在此处与上层通过湍流等作用混合时会经历绝热冷却。在副热带海洋上空，这种低云广泛分布。

　　东风信风、低云和覆盖在其上的逆温层、较少的降水以及较弱的天气尺度扰动均为副热带高压控制地区的典型气候特征。卫星搭载的测云雷达云探测卫星（CloudSAT）和激光雷达红外探路者卫星（CALIPSO）能够探测云顶高度，在 ITCZ 地区，深对流云云顶高度可达 16km；在副热带地区，低云占据主导地位（此处几乎没有中云和高云，尤其是在夏季）；在更靠近极地的地区则为与风暴轴有关的云（图 6.4）。云顶高度通常可以代表对流层顶的高度，它从赤道向两极的变化存在不连续性，在热带地区约为 16km，在南北纬 30° 附近突然下降到 12km，后随纬度上升而缓慢下降，在两极降至 9 ~ 10km。

　　湍流能将湿润的表层空气带到抬升凝结高度（lLCL，相当于云底高度）之上。由于富含液态水且光学厚度较高，低云是一种高效的红外辐射体（近似于黑体）。受限于垂向分辨率，图 3.8（c）较为粗略地展示了 Q_1 垂向分布，其在 850hPa 处的极小值表示云顶的辐射冷却。但在实际中，辐射冷却在云顶和紧贴云顶之下位置的强度要比图中大得多。云顶的强辐射冷却能够加强 MBL 的湍流混合作用，有利于云的形成，从而进一步加强 MBL 的冷却和逆温层（图 6.5）。上述过程预示着逆温层、垂向混合和低云之间存在着正反馈过程。大尺度的下沉气流能通过降低自由对流层的水汽含量、减少向下大气长波辐射以及加强逆温层等过程促进低云的形成。

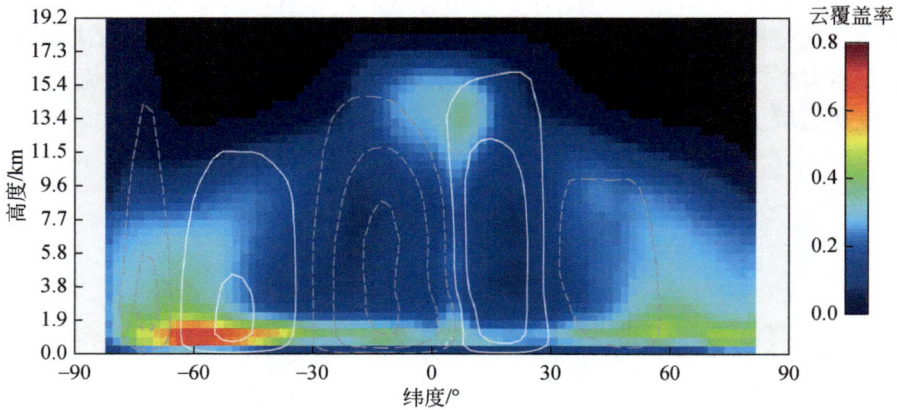

图 6.4　全球纬向平均的年平均云覆盖率随高度分布图和哈得来环流函数。填色图为云覆盖率，白色等值线为哈得来环流函数，正值加粗。云量数据来自 CloudSAT-CALIPSO 资料 2006～2018 年的气候平均态，由 Bertrand 和 Kay 提供，耿煜凡绘图。

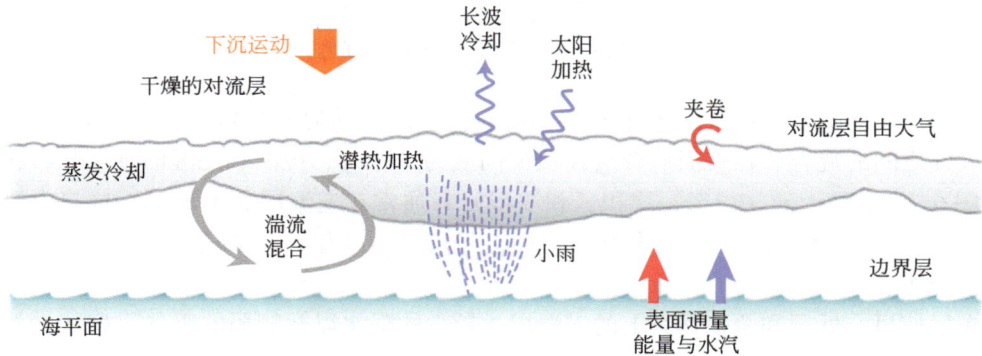

图 6.5　海洋边界层云的关键物理过程示意图。（引自 Wood et al.，2012，有修改。©美国气象学会。获得许可使用）

　　低云对全球的能量平衡具有重要作用。相比于深色的海洋表面，低云能够更有效地反射太阳辐射（图 6.6），但其释放的向上长波辐射却与地表强度相近（因为两者温度接近），通过卫星观测的可见光和红外辐射图像可以清楚地看到这一差异。因此，低云减少了从大气层顶向下进入大气–海洋的净辐射通量。明亮的低云对于太阳辐射的反射是决定行星反照率大小（约 0.3）的重要因素。另外，低云也能有效地冷却海洋，这是由于它们能够显著地降低向下太阳辐射（每增加 10% 的云覆盖率就能降低 20W/m² 的短波辐射），同时由于云底高度较低（约 500m）且 MBL 富含水汽，低云并不会显著增加向下长波辐射。

　　充分混合的 MBL 通常由一层接近地表的混合层和一层厚实的层云组成，在其之上覆盖着大气逆温层 ［图 6.2（b）］。在混合层中，大气温度随高度下降，并满足干绝热递减率（$\Gamma_d = 9.8\text{K/km}$），比湿不随高度变化。在云层中，随高度上升，大气中的水汽逐渐凝

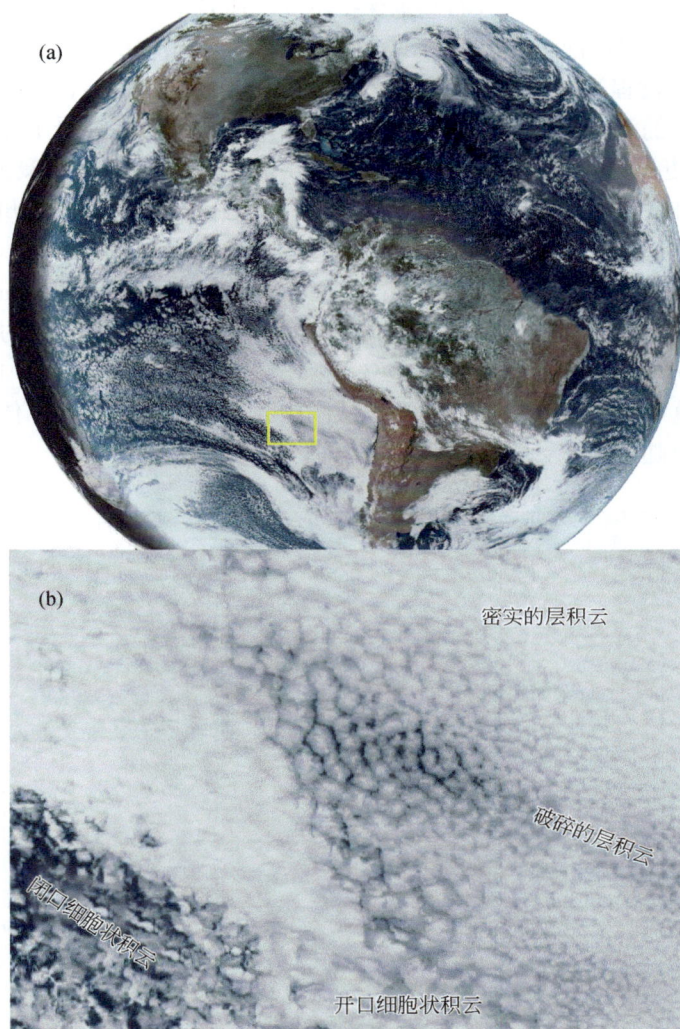

图 6.6 （a）2021 年 9 月 10 日 15：30（协调世界时）美国国家海洋和大气管理局（NOAA）GOES East 卫星可见光图像。（b）东南太平洋地区 1400km×1000km 区域局部放大图［图（a）中黄色方框］，其中云的形态包括密实的层积云（solid stc）、破碎的层积云（broken stc）、开口细胞状积云（open-cell cu）和闭口细胞状积云（closed-cell cu）。图源：NOAA。

结形成层云，释放潜热，因此 q 随高度下降，而温度满足湿绝热递减率。相当位温（θ_e）在垂向上保持不变。

6.2 云状态过渡

在 MBL 中，除了靠近地表区域，信风的垂向风切变均较弱。考虑一气柱以 MBL 中的平均风速运动，该气柱从南加州沿岸出发运动至夏威夷附近（图 6.7 中粉色路径），途经的区域中逆温层以上的温度垂向分布基本保持不变，但是下垫面 SST 则从加利福尼亚州沿岸的 20℃ 上升到夏威夷附近的 26℃（图6.2）。具有较冷 MBL 的气柱随信风运动至较温暖的洋面之上（这一过程又被称为冷平流），开始变得重力不稳定，有利于湍流发展，从而进一步维持近表面的混合层。云顶的辐射冷却也会产生湍流使得温暖干燥的逆温层空气被夹卷进入 MBL，使得 MBL 的厚度从加利福尼亚州沿岸的 1km 增加到夏威夷附近的 2km，同时逆温层顶部和底部的温度差异从 12℃ 下降到了 5℃。在加利福尼亚州沿岸，逆温层很强且高度较低，此时下方的云层是致密的、未破碎的层云（stratus，St），沿路径向南，MBL 中的云逐渐变为层积云（stratocumulus，Stc）和其下的积云（cumulus，Cu），到夏威夷附近又进一步转变为以浅积云为主（图6.8）。下垫面 SST 增加导致的云类型转换，使得整体云覆盖率从加利福尼亚州附近的 80% 下降至夏威夷附近的 30%。图6.6（b）中的卫星图像展示了这一地区丰富的低云类型，从图中我们可以看到对流单体的直径从数十到百千米不等，同时随着对流云增多，云覆盖率减少。

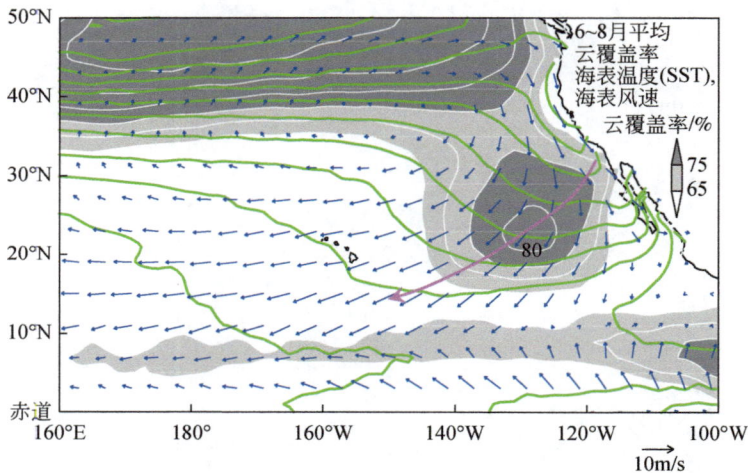

图 6.7　基于国际海洋–大气综合数据集（International Comprehensive Ocean- Atmosphere Dataset, iCOADS）船测资料的夏季（6～8 月平均）海表温度（SST），海表风速和云覆盖率。等值线为 SST，间隔为 2℃，箭头表示海表风速，单位为 m/s，填色表示云覆盖率，深、浅灰色分别表示>75% 和 65%，白色等值线间隔为 5%。沿着信风轨迹（紫线），海洋边界层中的气块向温暖的海区移动。

层云和层积云能在偏冷洋面上空生成，这里 MBL 在湍流的作用下混合得相当均匀，海表和云层也通过湍流相互耦合。当空气柱向西南运动至较为温暖的洋面上时，MBL 的顶部抬升，使得云顶生成的湍流无法接触到下方的近表面混合层，云层与海表面的耦合也相应解除了（图6.8）。在表面混合层之上云底之下的云下层（subcloud layer），随高度上升，位温上升，比湿下降。由于其不再与近表面混合层耦合，水汽供应被切断，逆温层以下云量的减少。

在近表面混合层中，气块继续随着东北信风向更加温暖的洋面上运动，气块的温度和湿度都会增加，随之增长的湿静力能最终使得近表层呈现条件不稳定的情况（$d\theta_e/dz<0$，图6.2（a）。浅积云发展并在逆温层底部发生卷出，在积云之上形成层积云。发展到逆温

秘鲁沿岸致密的层云　　　　　加州拉霍亚附近海域破碎的层积云　　　夏威夷州瓦胡岛附近零散分布的积云

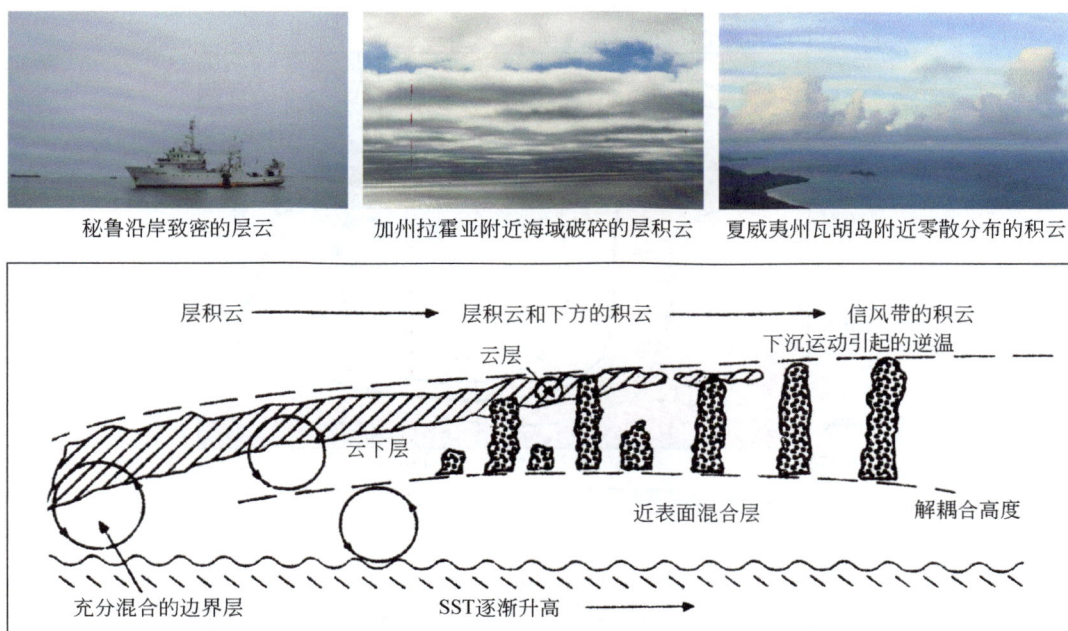

图 6.8　（下图）在逆温层下海洋边界层中层云向信风带的积云过渡的示意图。随着 SST 升高，MBL 加深、云覆盖率降低。（上图）第一排从左至右分别为秘鲁沿岸致密的层云，加利福尼亚州拉霍亚附近海域破碎的层积云，以及夏威夷州瓦胡岛附近零散分布的信风积云。（图源：https://www.eol.ucar.edu/content/rv-jose-olayalima-peru，彭启华和本书作者。第二排示意图引自 Albrecht et al.，1995，有修改。© 美国气象学会。获得许可使用）

层之内的积云会将逆温层中干燥的空气夹卷至云层，使卷出的云滴再度蒸发，使层积云层破碎。积云通常以中尺度对流复合体的形式存在 [图 6.6（b）]，在下沉区表现为晴朗无云的天气状态。层积云/积云之下形成的降水会造成近表面混合层的气层总水汽含量减少。水汽在较高处凝结释放潜热，部分雨滴在近表层蒸发吸收热量，使得 MBL 的层结加强。因此在失去耦合的、积云主导的地区，总体云量较少（从空间和时间的平均来看）。

　　CALIPSO 是由卫星搭载的测地激光雷达。由于副热带地区信风逆温层以上的大气大多无云，CALIPSO 可以准确地测量该地区 MBL 的云顶高度。图 6.9（a）展示了东北太平洋地区气候态平均云顶高度和云覆盖率，图 6.9（b）则展示了洛杉矶至夏威夷之间，云顶高度随地球大圆路径变化的断面。在夏季的加利福尼亚沿岸，从沙漠吹来的干热空气与凉爽的海上空气相遇，干热空气覆盖在冷湿空气上，形成了强烈的、高度较低的逆温层。沿大圆路径向夏威夷前进，云顶高度逐渐升高，逆温层强度逐渐减弱。平均而言，洛杉矶上空云顶高度约为 0.7km，而到了夏威夷附近，这一数值上升至 2km [图 6.9（b）]。云的类型也从致密的层云转变为稀疏分布的积云，云覆盖率从 70% 下降至 30%。此处的云覆盖率指天空中被云覆盖的面积的百分比。在夏威夷附近 SST 较高的区域，云顶高度的分布呈现双模态特征，即在逆温层底和近表面混合层顶部均存在着极大值。

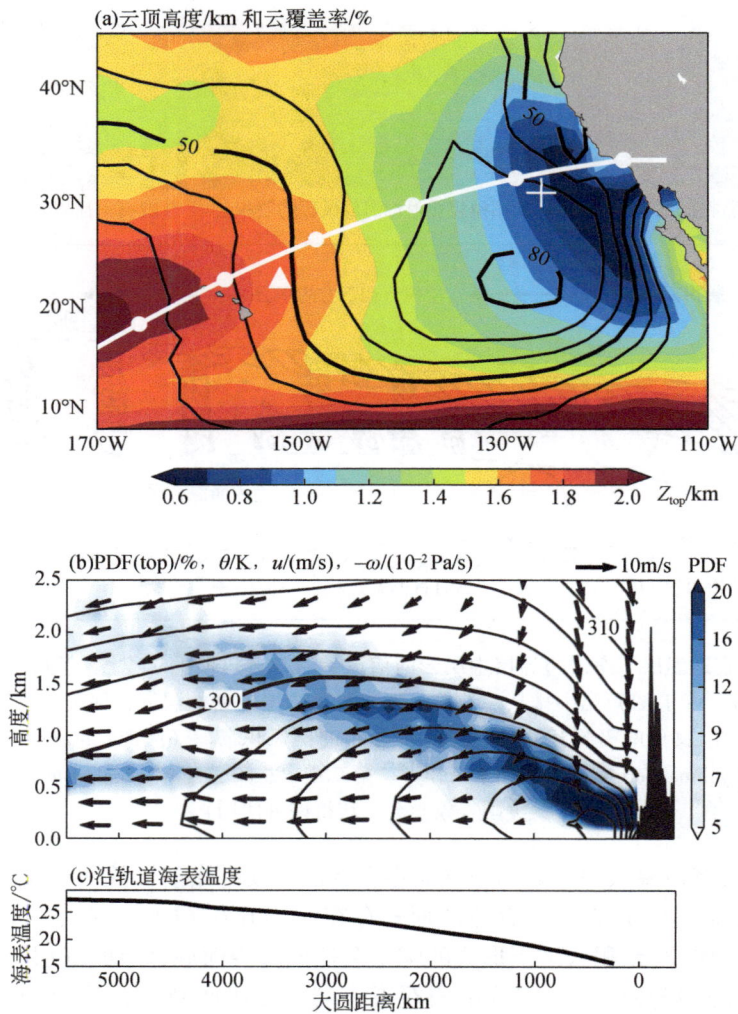

图6.9　CLIPSO 观测的夏季（6~8月平均）云气候态。（a）东北太平洋地区与气候态云覆盖率和平均云顶高度，其中等值线表示云覆盖率，单位为%，填色表示云顶高度（Z_{top}），单位为 km。（b）洛杉矶至夏威夷之间沿地球大圆［图（a）中白色曲线，白色点之间间隔1000km］，云顶高度分布概率随离岸距离的变化。等值线表示位温，单位为 K，箭头表示风速（u 和 $-\omega$）。（c）沿路径的 SST。（a）中十字和三角对应图6.2 中的垂向廓线的观测位置。（引自 Liu et al., 2022，有修改）

　　沿着信风进一步向南，MBL 继续变厚并最终进入 ITCZ 深对流区，此处 SST 十分温暖且高于对流阈值。气块在随信风向赤道运动的过程中，MBL 中的气柱逐渐增暖并从海表面蒸发中获得水汽。信风逆温层限制了 MBL 和上层干燥大气的混合，极大地减少了 MBL 中的水汽流失。因此，ITCZ 区域的强烈对流降水是由广阔副热带海洋蒸发的水汽所维持的，这些水汽在被逆温层覆盖的 MBL 中源源不断地被输送至热带。纵观整个地球，表面蒸发在副热带信风区最为强盛，这主要是因为该区域风速较强、海表面相对湿度较低（因为

MBL 中存在着垂向混合）以及自由大气以下沉运动为主。

夏季，在副热带高压的极侧（40°N 以北），向极的风将温暖湿润的空气平流至逐渐变冷的洋面上，频繁地造成了亚极地海洋上的平流雾现象（图6.1 和6.7）。

6.3　气候反馈

从全球角度来看，位于 MBL 顶部的低云多出现在副热带大洋的东部 ［如北太平洋加利福尼亚沿岸、南太平洋秘鲁沿岸和南大西洋纳米比亚沿岸，图 6.1（b）］。较低的 SST（最多可比热带西太平洋低 10℃）使得这些区域在较冷的 MBL 和较暖的自由大气之间存在着逆温层。在副热带东北太平洋，背景信风带来的干冷空气促进了湍流混合，使得水汽得以向上混合，形成层云和层积云。

6.3.1　云-海表温度（SST）反馈

从气象学角度来看，副热带东北太平洋较低的 SST 有利于在 MBL 顶部形成低云。从海洋学角度来看，较低的 SST 在一定程度上是由于层云和层积云阻挡入射太阳辐射造成的。同样起作用的还有沿岸上升流和离岸埃克曼输运，以及 MBL 中东北信风的干冷平流（图6.7），冷平流使得海气温差（$T_s - T_a$）加大、表面相对湿度减小（R_H），从而增强蒸发作用，冷却海洋。

海表接收到的向下太阳短波辐射可以写作：

$$Q_{SW} = Q_{S_0}(1 - a_c) \tag{6.1}$$

式中，Q_{S_0} 为晴空时的短波辐射；a_c 约 0.7C 为云反照率；C 为总体云覆盖率。与晴空辐射的差值 $-a_c Q_{S_0}$ 又被称为云辐射效应（cloud radiative effect，CRE）。在云层覆盖最密集的区域（130°W，20°N），总云覆盖率为 0.7，相比之下西北太平洋云覆盖率约为 0.3，两区域海洋接收到向下太阳辐射相差为 $0.7\delta C Q_{S_0} = 90 W/m^2$，其中我们取热带晴空向下太阳辐射 $Q_{S_0} = 320 W/m^2$（第 7.3 节）。与海洋平均潜热通量 $\bar{Q}_E = 150 W/m^2$ 相比，CRE 对于维持副热带太平洋东冷西暖的 SST 分布具有重要作用。上述讨论意味着 SST 和 MBL 云之间存在正反馈，较低的 SST 能增加云覆盖率，而云引起的向下短波辐射减少则会进一步降低 SST。

季节和空间变化 ［图 6.10（a）］表明低云云量与对流层下层稳定度（lower tropospheric stability，LTS）存在一个经验关系：

$$LTS \equiv \theta_{700} - \theta_s \tag{6.2}$$

式中，下标 700 和 s 分别为 700hPa 和海表。LTS 较大表示存在着较强的逆温层，从而有利于形成大范围层云、层积云和较高的云覆盖率。较弱的逆温层和较厚的 MBL（对应较小的 LTS）有利于形成零散的积云并导致较低的云覆盖率。我们假设热带对流层温度在水平上是均匀的（弱温度梯度近似，第 3.6 节），于是低层大气稳定度就由表面气温或 SST 决定。我们的确也能够在观测中发现在低云覆盖的副热带大西洋和太平洋东部，在年际变化尺度上，表面向下短波辐射的 CRE 与 SST 之间存在着正相关关系（图 6.11；Norris and Leovy，1994）。

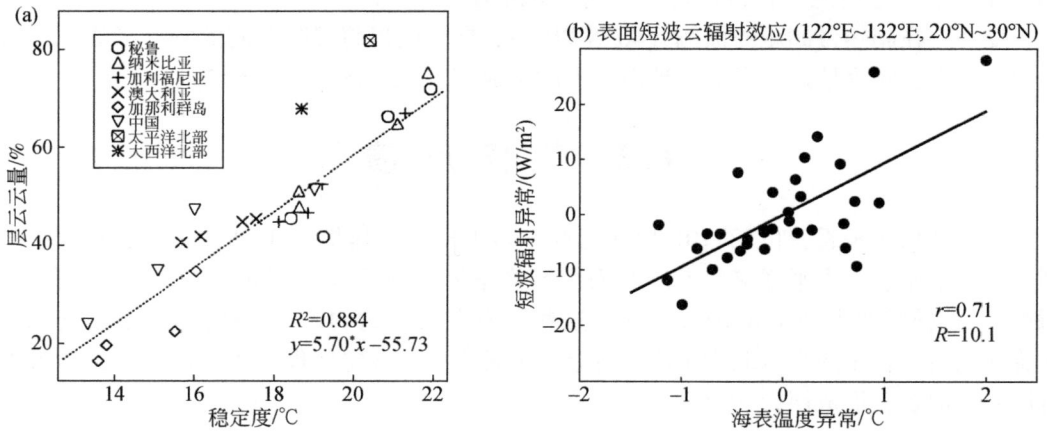

图 6.10　（a）不同区域季节平均的层云云量和对流层低层稳定度的散点图。（b）副热带东北太平洋区域（122°E～132°E，20°N～30°N）夏季（6～8 月）SST 与短波云辐射反馈年际异常的散点图。［图（a）引自 Klein and Hartmann，1993；图（b）由杨柳供图。ⒸEurope美国气象学会。获得许可使用］

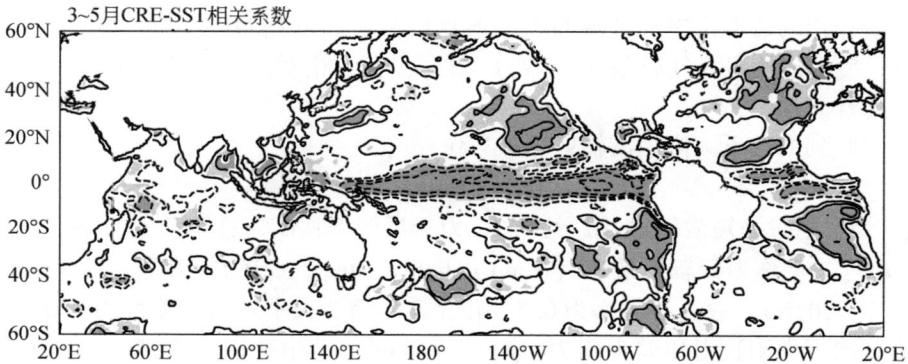

图 6.11　1984～2018 年 3～5 月短波云辐射效应（CRE）和 SST 年际变率的相关系数。等值线间隔为 0.2，虚线为负值，零等值线省略，浅色和深色填色表示高于 95% 和 99% 显著性水平。（杨柳供图）。

短波的云–辐射效应可以写成：

$$Q'_{SW} = -a_c Q_{S_0} = b_c T' \tag{6.3}$$

式中，$b_c = 10 \text{W}/(\text{m}^2 \cdot \text{K})$ 是根据东北太平洋层云南边界的年际变率估算得到［图 6.10（b）］。类似地，由 SST 变化导致的海表面潜热通量也可以使用克拉珀龙–克劳修斯（CC）方程进行估算：

$$Q'_E = b_e T' \tag{6.4}$$

式中，$b_e = \overline{Q}_E \alpha = 10 \text{W}/\text{m}^{-2} \cdot \text{K}$，$\alpha = \dfrac{1}{q_s}\dfrac{\mathrm{d}q_s}{\mathrm{d}T} = 0.065 \text{K}^{-1}$ 为 CC 参数（蒸发反馈的细节详见第 8 章）。注意此处潜热通量向上为正（表示冷却海洋），对于 SST 变化而言，这是一个负反馈。被低云覆盖的海洋，云辐射反馈为正反馈，反馈强度与蒸发负反馈相当。尽管 $b_c =$

11W/（m² · K）是夏季在靠近低云覆盖区中心的估算值，并且代表了层云反馈的上限，但是在被低云覆盖的副热带大洋，云反馈效应的确能极大地抵消蒸发对于 SST 变化的抑制作用。

　　为了展示低云的作用，我们在海气耦合环流模式（GCM）中关闭了东北太平洋区域的云辐射效应（Miyamoto et al.，2021）。与包含所有物理过程的控制实验相比，在关闭云辐射效应的试验中，夏季（6~8 月平均）SST 上升可超过 3℃［图 6.12（a）］。尽管试验中仅在较小的区域中将云辐射效应关闭，但由此引起的 SST 冷异常却能够激发大气–海洋耦合响应，范围远超试验区域，向西南部延伸。这一空间分布型与年际变率中的太平洋经向模态（Pacific Meridional Mode，PMM）十分相似［图 6.12（b）］，我们将在第 12.4 节中详细讨论 PMM。上述结果预示着加利福尼亚沿岸的云层能够通过辐射冷却效应加强其西南广阔区域内（包括夏威夷）的东北信风。

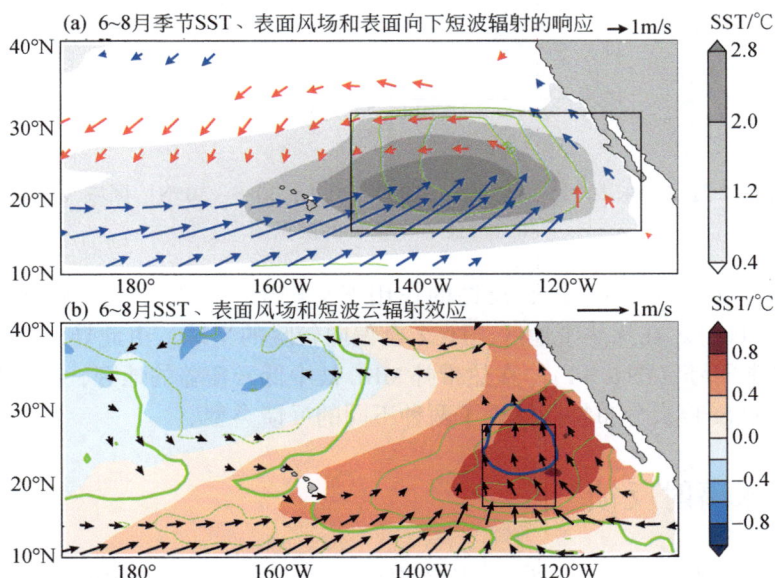

图 6.12　（a）敏感性试验中夏季（6~8 月）节 SST、表面向下短波辐射和表面风场的响应。灰色填色表示 SST，单位为℃；绿色等值线表示短波辐射，间隔 20W/m²，向下为正；箭头为表面风场，单位 m/s，红色和蓝色分别表示减弱和加强背景风场。试验中，人为关闭黑框范围内（150°W ~ 110°W，16°N ~ 32°N）的低云辐射效应。（b）夏季短波云辐射效应（CRE）、SST 和表面风场与黑框区域季节平均的 SST 异常的回归系数。绿色等值线为 CRE，间隔为 3W/（m² · ℃），虚线为负值；填色表示 SST，单位为℃；箭头表示表面风场，单位为 m/s。蓝色等值线标明了层云的范围（平均云覆盖率=0.8）。［（a），Miyamoto 供图，（b）引自 Yang et al.，2022，有修改］

　　从气候平均态云覆盖率与局地 SST 的散点图中我们可以看到，在 30°S ~ 30°N 以内的热带地区存在两种类型的云-SST 反馈（图 6.13）。在 SST 较冷、未能达到对流阈值（约26.5℃）的海域以低云为主，云量随 SST 的增加而减少（正反馈）；在温暖的海洋上空深对流云占据主导地位，云量随 SST 增加而增加（负反馈）。因此，云-SST 反馈与云的类型有关，既可能是负反馈（深对流云）也可能为正反馈（浅层状云，包括层云和层积云）。有证据表明，SST 的变率在层状云分布地区会被云辐射反馈所增强，在 ITCZ 附近则会被减弱，这与云反馈一致。

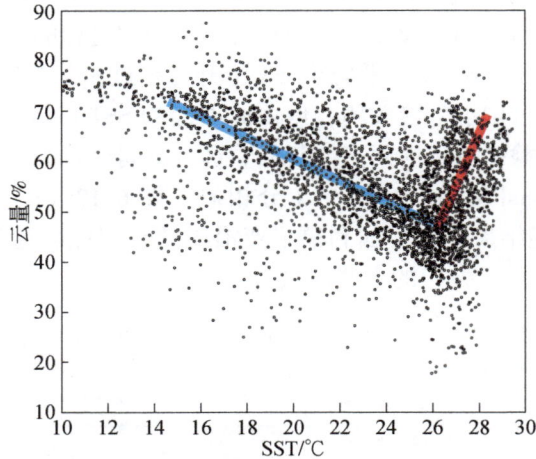

图 6.13　2 月热带东太平洋和大西洋（180°～20°E，30°S～30°N）区域气候平均 SST 和云覆盖率（%）的散点图。

热带大西洋在大气–海洋耦合反馈的作用下会产生一个跨赤道的偶极子型 SST 异常（将在第 10 章讨论）。在深热带地区，ITCZ 会偏向较暖的半球，由此导致的云量异常与下垫面的 SST 异常同号（图 6.14）。在热带外 MBL 被中低云覆盖的地区，云量与 SST 异常异号。上述耦合的 SST-云分布特征体现了两种不同的反馈类型。

6.3.2　全球辐射反馈

低云的垂向和水平尺度（<1km）比深对流云小一个数量级（10km），因此如果需要直接对云层覆盖的 MBL 进行模拟，其所需的算力将是对流云的 10^3 倍。如何在大气/气候模式中真实模拟低云并体现其气候效应仍是一个难题。低云对全球变暖的响应（包括分布面积、厚度、反照率等）主导了变暖后的全球云–辐射反馈，而后者为未来全球温度的预估带来了重大不确定性（第 13 章）。

近期的研究表明，低云覆盖率可能在变暖后减少，两者形成正反馈，加剧变暖幅度（Bretherton，2015）。变暖后，增加的温室气体和水汽使得 MBL 以上的自由对流层长波发射率增加，这会导致云顶冷却效应减弱，从而使低云云层厚度变薄。跨越覆盖在低云之上的逆温层，其上下两侧的比湿差异也会进一步提高，这使得 MBL 在云顶湍流混合的作用下变得更加干燥。上述两种热力学作用均倾向于使 MBL 中的云层变浅。然而还存在着一些机制有利于全球变暖后低云的形成。其一，变暖后对流层上部增暖幅度更强，这有利于增强逆温层；其二，下沉运动减弱能够使 MBL 厚度更大，从而有利于更厚的云层产生。大涡模拟的结果和部分观测表明，MBL 中的云层在全球变暖后总体上是变薄的，因此对全

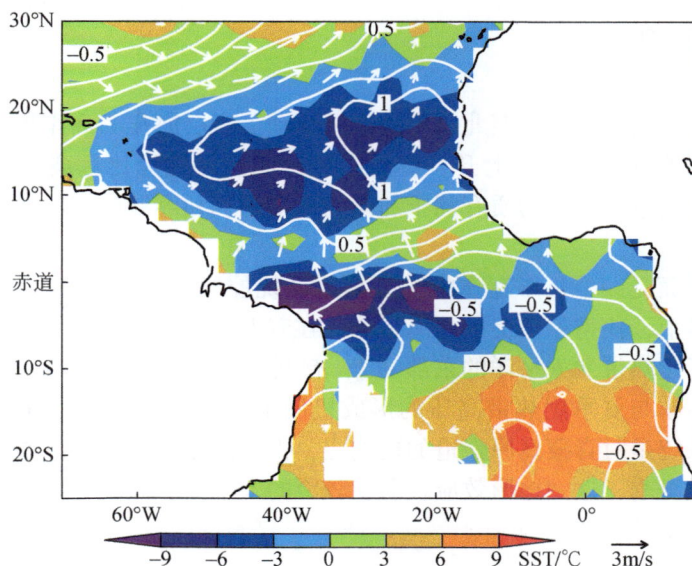

图6.14　1~3 月平均的基于跨赤道 SST 梯度指数的合成的 SST、表面风场和云覆盖率。等值线表示 SST，单位为℃，虚线表示负值，基于海洋大气综合数据集（comprehensive ocean atmosphere，COADS）资料，箭头表示表面风场单位为 m/s，填色表示云覆盖率，单位为%。注意云和 SST 的关系在副热带（层云为主）与深热带地区（在 ITCZ 区域以深对流云为主）的关系相反。（引自 Xie et al.，2004a）

球辐射具有正反馈作用。

　　人为气溶胶能为云的形成提供理想的凝结核。MBL 中增加的气溶胶使得云凝结核（N_d）数量增加。在 MBL 中，对于给定的液态水路径 L，云滴的有效半径满足 $r_d = (L/N_d)^{1/3}$。云滴的总表面积满足：

$$N_d \, r_d^2 = L^{2/3} N_d^{1/3} \tag{6.5}$$

　　受污染严重的云中存在着更多的云凝结核，并且具有更强的反射短波的能力（即更高的反照率）。我们从卫星可见光图像中可以发现，在轮船驶过的海域上空常常存在着明亮的云带，这与轮船排放的二氧化硫有关（Twomey 效应）。较小的云滴更难以形成降水，于是云留存的时间便得以延长（Albrecht 效应）。通过 Twomey 效应和 Albrecht 效应，污染增加了整体云覆盖率，减缓了全球变暖速度。

6.4　加利福尼亚气候

　　加利福尼亚州（下简称加州）为地中海型气候，冬季为雨季。其西部的太平洋、沿岸的山脉、大范围大气下沉运动和副热带高压皆是塑造加州气候平均态和年际变率的重要因素。

6.4.1　沿岸上升流

南加州沿岸长年盛行沿岸的西北风。沿岸风驱动了表层海洋的离岸埃克曼流，使表层以下寒冷且富含营养物质的海水上升。该沿岸上升流使得近岸比远离海岸的海水低了数度，同时，上升流携带的营养物质有利于加州的海带森林和浮游生物的成长，支持了此地丰富的渔业资源。

加州西部的洋面受一个长年存在的大气高压系统控制（图6.1）。夏季，高压系统盘踞在整个北太平洋上，使得整个美国西海岸均存在着上升流［图6.15（a）］。冬季闭合的反气旋环流仅位于副热带北太平洋的东部1/3，有利于上升流产生的沿岸西北风也仅局限在旧金山以南。冬季与夏季副热带高压的形成机制很可能存在差别。GCM的数值实验表明，冬季的高压系统是对青藏高原强迫的遥响应，青藏高原的地形效应能够影响这一季节强盛的西风急流。夏季，这一地形效应较弱，较冷的太平洋和温暖的北美大陆之间的热力差异是形成高压系统的主要原因。

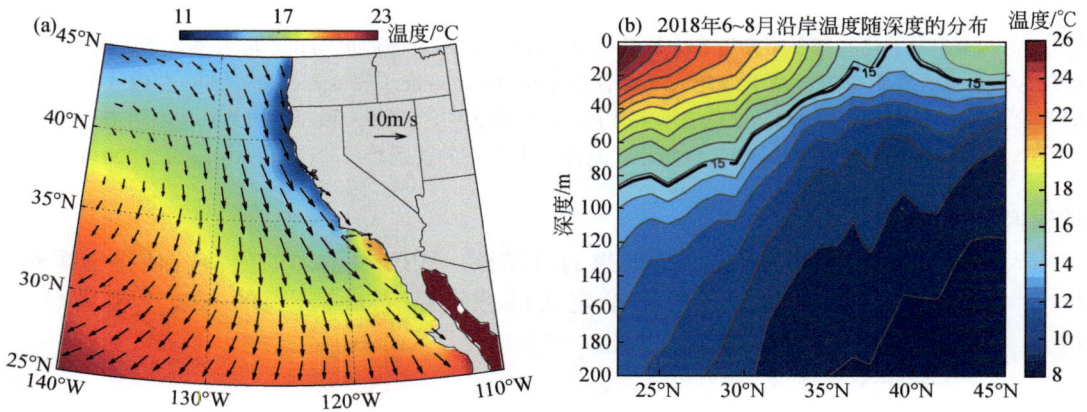

图6.15　夏季（6~8月）北美西海岸海洋气候态。（a）填色为SST，单位为℃，箭头为表面风场，单位为m/s和（b）2018年6~8月沿岸海洋温度随深度的分布，单位为℃。
［（a）K Li 供图；（b）石佳睿 供图］

北加州沿岸SST在夏季达到一年中的最小值（14℃）。尽管有利于上升流的沿岸风在北加州最为强盛［图6.15（a）］，离岸埃克曼输运 $\rho u_E H_E = \tau_\gamma / f$ 在整个加州沿岸几乎保持不变，上述公式中，ρ 为海水密度；u_E 为垂直于海岸方向海水流速；γ 为沿岸的距离；τ_γ 为沿岸风应力。在沿岸西北风的作用下，温跃层（以12℃等温线为例）深度向北快速变浅，圣迭戈至旧金山之间温跃层深度可相差50m［图6.15（b）］。考虑一个两层海洋模型（第7章），上层沿岸方向的动量方程写作：

$$fu = -g\Delta\rho\frac{\partial h}{\partial\gamma}+\frac{\tau_\gamma}{\rho H} \tag{6.6}$$

式中，f 为科氏参数；g 为重力加速度；$\Delta\rho$ 为上下两层海水的密度差；h 和 H 分别为温跃层深度的扰动值和平均值。在岸界上，垂直于海岸方向的流速为 0（$u=0$），沿岸风应力与温跃层抬升引起的压强梯度力相平衡。在加州北部沿岸，温跃层较浅、上升流较强，使得此处 SST 较低，这一现象的原理与太平洋和大西洋上东向加强的赤道冷却（第 7.2.1节）有类似之处。旧金山附近夏季上升流十分强盛，使得其全年 SST 最高仅为 15℃（9月），仅比全年最低值（出现在 4 月）高 3℃。在太平洋西侧类似纬度的地区夏季 SST 最大值约为 26℃，与冬季 SST 最低值相差很多（在东京约为 15℃，青岛约为 4℃）。

　　在康塞普申角（Point Conception）以南，海岸线向东弯曲，构成了圣迭戈和康塞普申角之间的南加州湾。西北风急流在康塞普申角开始远离海岸线（图 6.16），由于横向山脉（transverse ranges）的阻挡，南加州湾海域的风速较低。向南流动的加利福尼亚海流也在康塞普申角脱离海岸，变为一支离岸急流，形成了向东南方向延伸的 SST 冷舌。离岸风引起的气旋式风应力驱动了南加州湾的气旋式环流，在海岸附近表现为向西北流动的沿岸流（南加利福尼亚逆流），将温暖的海水从南方被平流输送至此。同时沿岸风减弱引起的上升流减弱也有利于此处 SST 上升。因此，8 月圣巴巴拉附近海域 SST 为 18℃，圣迭戈附近 SST 为 20℃。

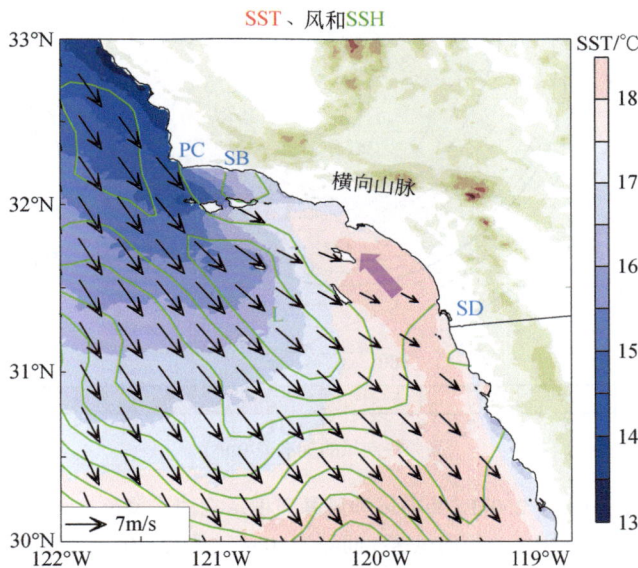

图 6.16　夏季（6~8 月平均）加州沿岸海洋气候态及陆地地形图。填色表示 SST，单位为℃；箭头表示表面风场，单位为 m/s；绿色等值线表示海表面高度（sea surface height，SSH），间隔为 2cm；地形高度填色间隔为 500m。紫色箭头表示南加利福尼亚逆流，PC、SB 和 SD 分别表示康塞普申角（PC）、圣巴巴拉（SB）和圣迭戈（SD）。（引自 Kilpatrick et al.，2018，有修改）

　　在南加州湾上空不足 1km 处存在着大气逆温层，浅层云得以在此发展。在加州，此处的层云覆盖的 MBL 又被称为海洋层。在白天，太阳辐射加热地表，使得表面相对湿度降低，云底高度抬升，云量减少。

6.4.2　大气河

冬季是美国西海岸的雨季。一个水文年定义为从 10 月 1 日开始的连续 12 个月份，囊括了一年中降水最多的 12 ~ 次年 2 月。冬季，受西风急流引导，来自太平洋的风暴沿风暴轴接连登陆北美。风暴的强度可以用上层经向风的变率来表征，在北太平洋和北大西洋较为强盛，而在乌拉尔山以东的亚欧大陆较弱（图 6.17）。就北美西海岸地区而言，风暴强度在太平洋西北（Pacific Northwest）地区最为强盛。

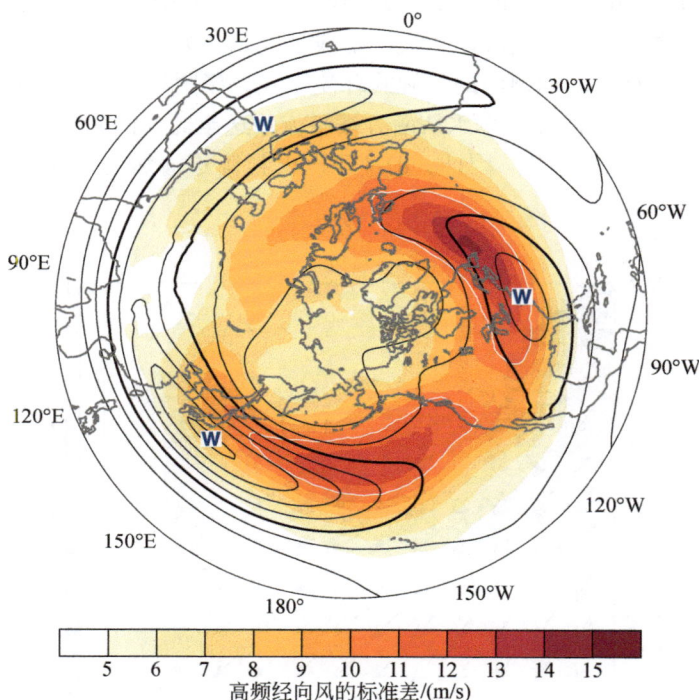

图 6.17　冬季（12 ~ 次年 1 月）250hPa 纬向风和风暴强度示意图。填色表示 8 天高通滤波的经向风标准差，代表风暴强度；黑色等值线为纬向风速，间隔为 10m/s，代表 30m/s 的等值线加粗。基于 1980 ~ 2019 年的 ERA5 资料。（Y. Kosaka 和 S. Okajima 供图）

来自太平洋的风暴能够调控美国西海岸的气温并将降水带到沿岸的山脉上。在风暴的暖区，底层的西南风将水汽沿着狭长的通道向高纬度输送，这一通道被称为大气河（图 6.18，Ralph et al.，2020）。从全球尺度来看，这一过程是水汽向极输送的主导机制。西南向岸风冲向沿岸山脉地区，在地形作用下抬升，形成降水。来自大气河源源不断的水汽造成了这一区域持续的强降水，使得山脉迎风坡洪涝灾害和山体滑坡的风险增加。据统计，在美国西海岸，大气河能够为全年降水贡献 30% ~ 50%，而 60% ~ 100% 的极端暴风雨事件都与大气河有关（Lamjiri et al.，2017）。

在加州，全年降水有超过一半是在 5 ~ 15 天之内发生的，它常常与登陆的大气河有

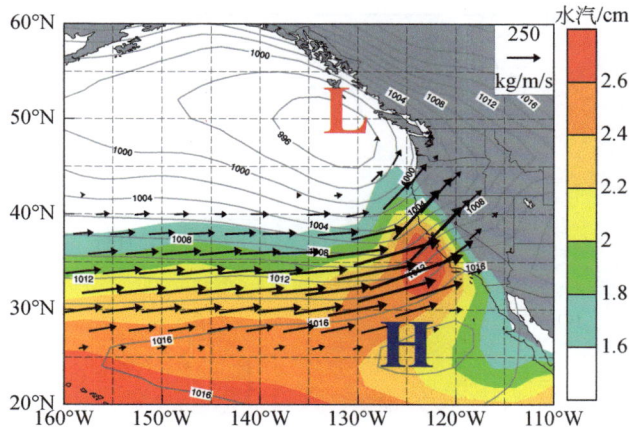

图 6.18　根据旧金山湾区登陆日所合成的大气河对应异常：海表面气压（等值线，间隔为 2hPa）、大气整层积分的水汽（填色，单位为 cm）以及大气整层积分的水汽输送矢量（仅展示>150kg/m/s）。（引自 Cordeira et al.，2019。ⓒ美国气象学会。获得许可使用。）

关。登陆风暴数量的微小差别就可能决定该年份的旱涝。正因如此，加州的年降水和地表径流会在大气内部变率（第 12.1 节）和（或）厄尔尼诺-南方涛动（ENSO）等热带强迫的作用下表现出很强的年际变化。

6.4.3　水文气候

　　加州的降水分布极其不均匀，总体而言，北部多于南部。南加州年平均降水约为 200～300mm，远远不能满足人口稠密的都市地区（如洛杉矶和圣迭戈等）的用水需求。为此人们花费了大量的财力且以自然环境的破坏为代价修建了各种基础设施将内华达山脉和科罗拉多河的水输送到南加州。而较强的降水年际变率为水资源管理带来了更多挑战。

　　大量的冬季降水以积雪的形式被存储到了内华达山脉的雪线以上（海拔 1～1.5km）。积雪在 4 月达到一年中的最大值，随后开始消融。雪水使河流充盈，形成了径流在春季的全年最大值，被称为春季脉冲［图 6.19（b）］。尽管夏季的降水量很低，积雪的季节性消融使得河流在此时仍然保持着可观的流量。因此，积雪在加州扮演了天然水库的作用。

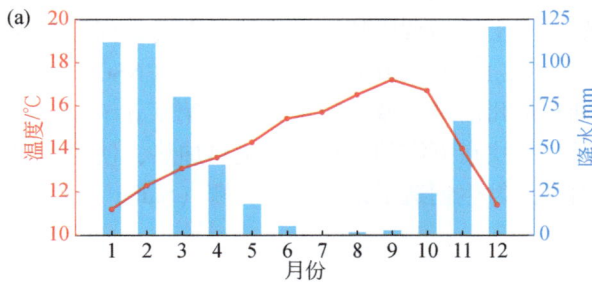

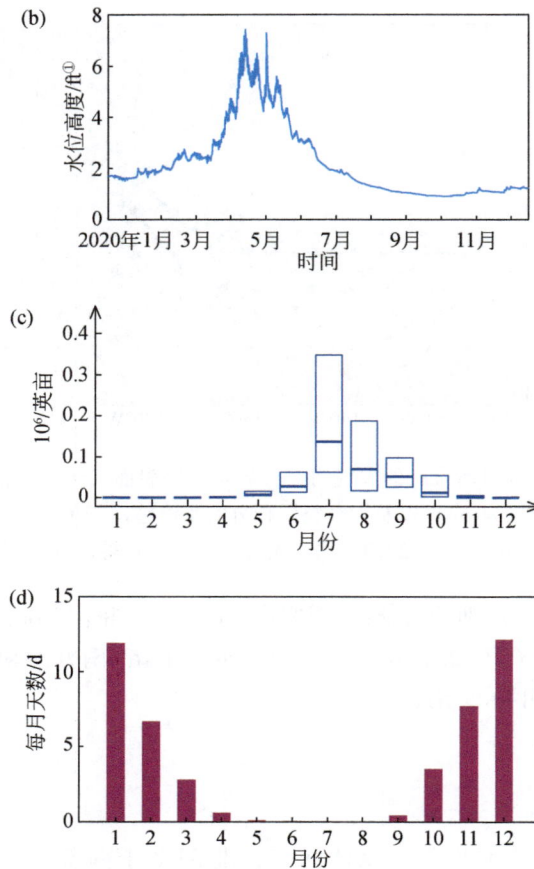

图 6.19　加州地区水文气候月平均气候态分布。（a）旧金山气温与降水（b）2020 年美熈德河
（Merced River）日径流 ［美国地质勘探局（United States Geological Survey，USGS）gauge
11264500］（c）加州山火过火面积（10^6 英亩）以及（d）圣安娜风随月份分布。［图（a）
（b）由宋子涵供图；图（c）引自 Li and Banerjee，2021；图（d）引自 Gershunov et al.，2021］

　　加州沙漠常常在春季成为一片花海，而随后到来的 5～9 月旱季，早先生长的植被逐
渐枯萎，成为山火的燃料。7～8 月由于气温较高，为山火多发季节 ［图 6.19（c）］。饱
和水汽压差（vapor pressure deficit，VPD）是衡量火灾风险的气象学指数，定义为 VPD ≡
$e_s - e_a = (1 - R_H) e_s$，随温度上升指数增长。加州的山火过火面积存在明显的年际变率，且
与 VPD 存在显著的相关（在 1972～2018 年，$r = 0.72$）。ENSO 与山火也存在一定联系，它
能够影响冬季的风暴轴和加州沿岸区域的降水异常（第 9.6 节）。

　　焚风是一种下坡风。气块在下沉的过程中被绝热加热，使得焚风变得温暖而干燥，加
之其较大的风速，为山火的发生创造了条件。圣安娜（Santa Ana）存在着一支从沿岸山脉

---

① 1ft＝3.048×10^{-1}m。

吹向海洋的下坡风（圣安娜风），为南加州重要的下坡风，其成因有以下几点。

（1）从天气学角度来看，北侧大盆地的高压异常能够引发与该地区山脉大致垂直的离岸地转风［图6.20（a）］。

（2）从热力学角度来看，山脉东侧较冷的沙漠表面和西侧温暖的海洋之间存在明显的温度梯度，在很短的水平距离上［约1.5km，图6.20（b）］形成很强的离岸气压梯度力，驱动近地面的离岸风沿着山脉吹下。

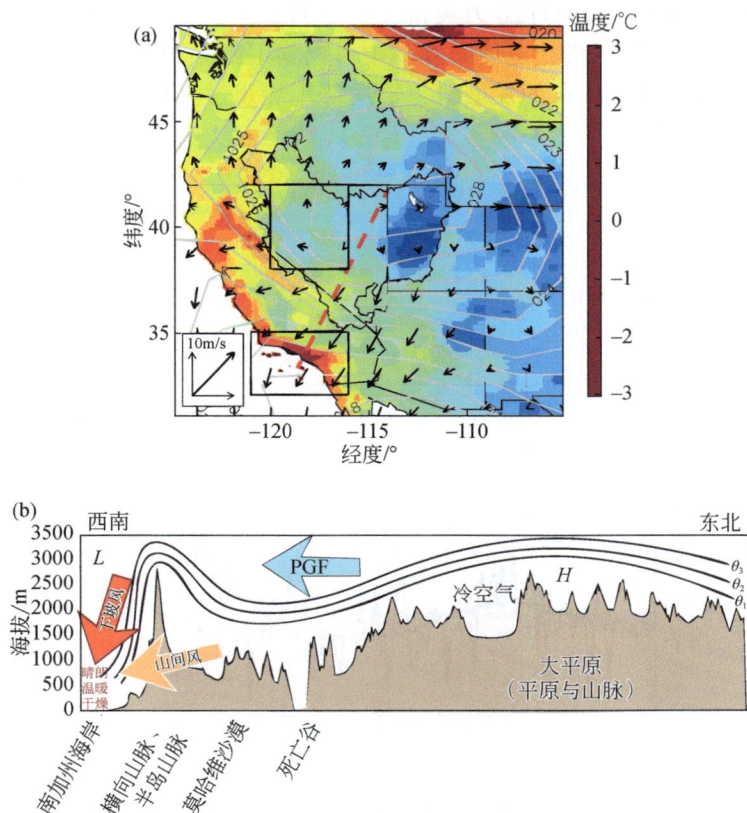

图6.20 （a）根据圣安娜风合成的日最高温（Tmax）异常、海表面气压以及10m风速。填色图为Tmax；等值线为SLP，间隔为1hPa；黑色箭头为10m风速。（b）圣安娜风沿图（a）中红色虚线所示断面的示意图。（引自 Gershunov et al., 2021）

下坡风引起的绝热加热在某些极端情况下能使空气的相对湿度降到10%以下。因此，圣安娜风为火灾创造了条件，有时断裂掉落的输电线就能引起一场山火。圣安娜风多发生在冬季，此时天气尺度的扰动较为活跃。而在5~9月山火最频发的季节，较弱的天气尺度扰动和此时的热力条件（夏季沙漠温度高于沿海地区）都不利于下坡风发生。

全球变暖对加州的水文气候有很强的直接作用，可能会显著提高暴雨与山体滑坡的风险。在变暖后，受 CC 关系控制，大气河输送的水汽可能有所增加，同时由于温度上升，雪线高度抬升，山脉的积雪可能提前融化，减弱其储水作用。

气候模式预测，随温度上升 VPD 会显著上升 ［图 6.21（b）］，对于微小扰动，VPD 的表达式可以线性地写作：

$$\text{VPD}' \approx (1-\bar{R}_H)e_s' - R_H' \bar{e}_s \approx \bar{e}_s \left[(1-\bar{R}_H)\alpha T' - R_H' \right] \tag{6.7}$$

式中，等号右侧两项在全球变暖后均为正值，温度上升且陆地上相对湿度下降，这意味着未来火灾的风险会上升。山脉积雪的提早融化也会造成山火季节的延长。加州的山火过火面积在 1970 年以来存在显著的上升趋势，且该趋势在 2000 年后更加显著 ［图 6.21（a）］，在 2020 年达到创纪录的 426 万英亩（约合 172.5 万公顷）。气候变化是造成这一上升趋势的主要原因，而防火措施也使得森林中可燃物不断累积，也导致山火更容易发生。在 1800 年前人类尚未干预山火的发展时，平均每年加州过火面积约为 440 万英亩，高于当今人为控制之下的水平。

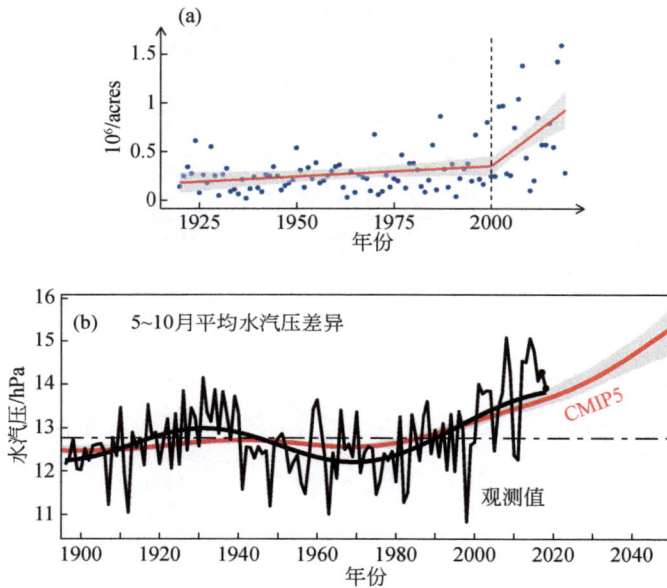

图 6.21 （a）加州 11 收年过火面积，单位为百万英亩，以及（b）观测中加州 5～10 月平均的水汽压差（VPD）。蓝点与黑色曲线表示观测值，红色曲线表示气候模式的模拟值。［图（a）引自 Li and Banerjee, 2021；图（b）引自 Williams et al., 2019］

习　题

1. 我们是如何从夏威夷地区典型的大气探空曲线 ［图 6.2（a）］中得知信风逆温层以上的空气与 MBL 中的空气具有不同的来源？

2. 位于信风逆温层上部的水汽或云层是如何影响边界层中的云的？提示：考虑云顶辐射。

3. 为何逆温现象会在副热带大洋上，特别是在海盆东部地区发生？

4. 为何副热带东部海洋上被低云覆盖？

5. 决定云的类型和总体云量的重要因素是什么？

6. MBL 脱耦是如何影响表层的相对湿度的？由于条件不稳定形成的浅积云是如何影响近表面混合层

的湿度的?

7. 比较圣迭戈（15℃）和夏威夷（25℃）表层气块的湿静力能 $m/c_p = T + Lq/c_p$ 的差异。假定两地 $R_H = 0.8$。

8. 讨论 MBL 中云对全球能量收支的重要性。

9. 假设你能够操控深对流云和 MBL 低云的多少，你要如何操作来抵消温室气体带来的地球温度增长。

10. 南加州湾的主要海洋环流特征是什么？它是如何影响 SST 的？讨论沿岸山脉的地形效应。

11. 讨论山脉对加州水文气候的作用。

12. 众所周知，在绝大部分地区，气温随高度升高而下降。因此亚洲季风区许多避暑胜地均建设在海拔较高的城镇。在南加州情况却并不相同。2021 年 9 月 5 日，圣迭戈国际机场（海拔 4.6m）测量到的最高气温为 26.1℃，而森林湖市（Lake Forest，位于加州橙县，约海拔 300m）测量到的最高气温为 36.7℃。两地均位于海岸附近，是什么造成了这一差异？

13. 考虑海平面高度上的气块，其相对湿度为 R_H。现将该气块垂直抬升，其中所携带的水汽将会凝结成云。

（1）证明云底高度满足 $z_c = \ln(R_H)/(\alpha \Gamma_d)$，其中 Γ_d 为干绝热递减率（9.8K/km），$\alpha \sim 0.06$ K^{-1}。利用 CC 方程 $dq_s/dT = \alpha q_s$，其中 q 为比湿，下标 s 表示饱和状态。假设气块在从海面上升至云底的过程中不与周围空气进行混合（即 $R_H q_s[z=0] = q_s[z=z_c]$）。

（2）在海洋上，相对湿度约为 80%，计算典型的低云云底高度。

（3）在陆地上，白天 R_H 下降至约 50%，此时云底高度是多少？讨论阳光是如何影响圣迭戈附近海面的层云的。

（4）在海洋上，SST 在一天中基本保持恒定，但是边界层的云量会在白天下降，解释这一现象产生的原因。提示：考虑云顶辐射。

第7章　赤道海洋学

大气层顶的入射太阳辐射在赤道处最强。实际上，紧邻印度尼西亚的西太平洋区域海表温度（SST）可达30℃。当我们提及赤道时，经常会联想到温暖的海滩、频繁的暴雨和茂密的雨林，而且会想到这些地方是非洲象、印尼的猩猩和亚马孙的鳄鱼等动物的家园。位于赤道上的加拉帕戈斯群岛由一群火山岛屿组成，距离南美洲西海岸1100km。查尔斯·罗伯特·达尔文在该群岛收集到的物种演化样本最终启发他提出了进化论，该群岛也因此而闻名。在加拉帕戈斯群岛，达尔文测量到的SST为20℃，远低于印度尼西亚海域的SST。该群岛的低温环境足以让企鹅这种喜好南极冰天雪地的动物栖息于此。

赤道东太平洋的冷SST主要是由上升流将下方的冷水带到表层所导致的，卫星观测中该区域内的高营养盐和初级生产力［图7.1（b）］便是这一结论的佐证。加利福尼亚沿岸也有上升流，以补偿被沿岸北风驱动的表层离岸流（第6.4.1节）。科氏效应和固体边界是加利福尼亚上升流形成的必要条件。而赤道太平洋的内区却没有固体边界，那为什么在赤道位置会产生强上升流呢？是什么控制了其强度及纬向分布？接下来我们将介绍赤道海洋的一些重要特征。

(a)　　　　　　　　　　　　　　　　(b)

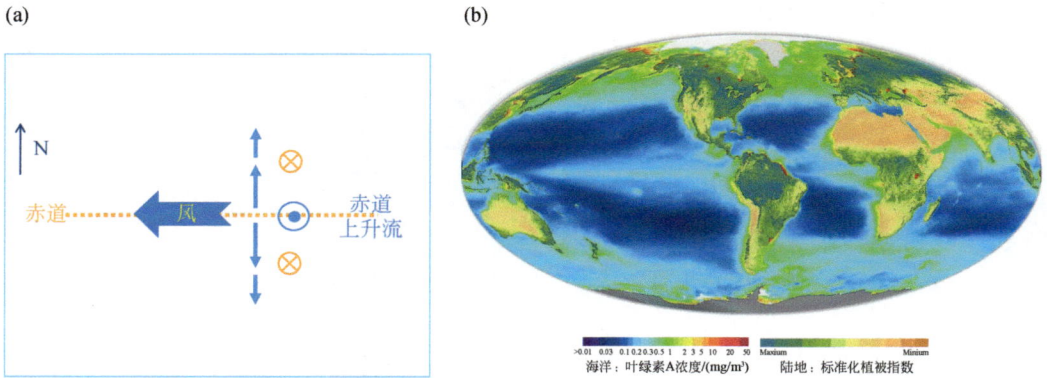

图7.1　（a）赤道上升流示意图。（b）海洋和陆地生物圈的初级生产力。深蓝色和橙色分别表示海洋和陆地的低生产力区域。（图源：NASA）

7.1　动力模型

7.1.1　赤道上升流

经典的埃克曼抽吸方程（式1.6）在赤道（$f=0$）处出现奇点。为了避免这种奇点问题，我们在埃克曼层底（$z = H_E$）处引入了由强垂直切变引起的摩擦效应。

$$-fv_E = \frac{\tau_x}{\rho H_E} - \varepsilon u_E \tag{7.1}$$

$$fu_E = \frac{\tau_y}{\rho H_E} - \varepsilon v_E \tag{7.2}$$

式中，ε 是摩擦系数（典型的 e 折时间尺度为 1~2 天）。如果风场的水平尺度足够大，那么压强梯度力相对于风应力来说较小，因此可以忽略。在下一节中，我们将对压强梯度力效应进行修正。上述摩擦项在距赤道 2°~3°之外变得可以忽略不计（$|f| > \varepsilon$）。

我们考虑在赤道太平洋和大西洋上观测到的东风场。为简单起见，进一步假设风场在空间上是均匀的。在离赤道足够远的地方，科氏效应逐渐显现，其结果是埃克曼流在南北半球都产生向极输送。在赤道上，科氏力消失，表层海流与风向相同。由于埃克曼流的辐散，赤道下层的冷水上涌，然后向极输送 [图 7.1（a）]，从而在赤道上形成了上升流。海洋中的上升流是一种有效的"天然调节器"，可以使赤道东太平洋的加拉帕戈斯群岛附近的表层海水降温至 18℃ 左右。

浮游植物的光合作用会消耗海洋表层的营养物质，而有机物的沉降和溶解会使得深海中富含营养盐，从而使得营养盐呈现出表层低、深层高的分布特征，形成垂向上的营养盐跃层。大部分海洋的生产力都受到营养盐供应的限制。上升流可将海洋深层丰富的营养盐带入表层，从而提高了海洋生产力并孕育了海洋生命，这些特征可以被水色遥感卫星直接捕捉到 [图 7.1（b）]。

埃克曼解为

$$u_E = \frac{1}{\rho H_E} \frac{\varepsilon \tau_x + f \tau_y}{\varepsilon^2 + f^2}$$

$$v_E = \frac{1}{\rho H_E} \frac{\varepsilon \tau_y - f \tau_x}{\varepsilon^2 + f^2} \tag{7.3}$$

对于均匀的东风场，埃克曼层底部的垂直抽吸速率为

$$w_E = -\beta \frac{\varepsilon^2 - f^2}{(\varepsilon^2 + f^2)^2} \frac{\tau_x}{\rho} \tag{7.4}$$

在 $-y_E < y < y_E$ 范围内形成了一块上升流区域，且在赤道处存在一个峰值。当 $\varepsilon = 1/d$ 时，赤道上升流区的宽度为 $y_E = \varepsilon/\beta \sim 200\mathrm{km}$。由于 β 效应，从 $y = \pm y_E$ 处向极地方向会存在广泛的下沉运动。

7.1.2　温度层结

在赤道中太平洋区域，垂向上水温从海面的 27℃ 迅速下降到 200m 处的 15℃（图 7.2）。热带大洋对风扰动的响应主要局限在 12℃ 等温线以上的深度。低于这一数值的等温线在东西方向上近乎水平，而高于这一数值的等温线则会在赤道东太平洋海域抬升 [图 7.3（b）]。因此，12℃ 等温线通常被视为主温跃层的下边界，而 20℃ 等温线通常用于表

征主温跃层深度。在温跃层下方，水温会随着深度的增加而继续下降，但下降速率会比温跃层中的要慢。

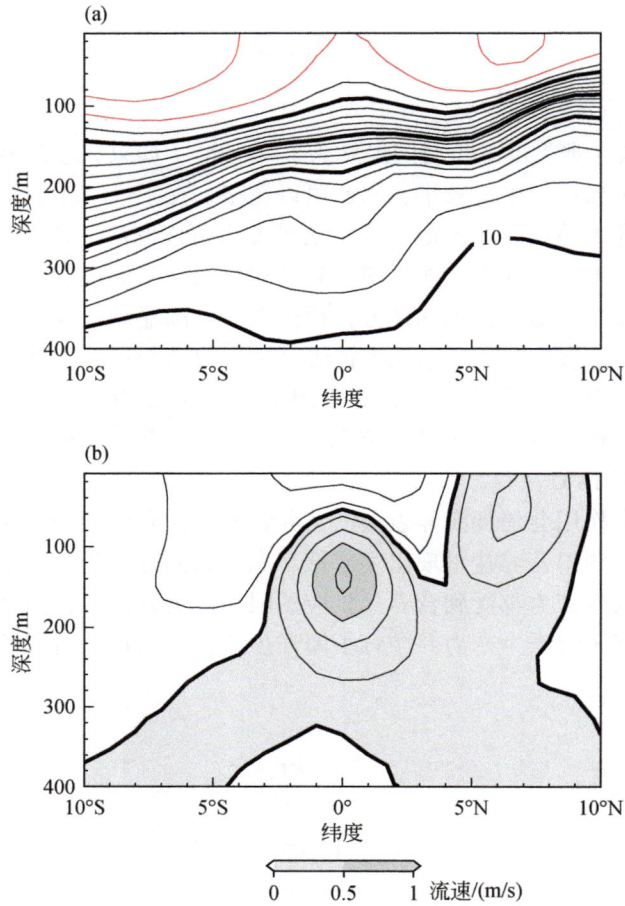

图 7.2　热带太平洋中部（155°W）年平均气候态。（a）海温（等值线间隔为 1℃；10℃、15℃、20℃、25℃ 等值线加粗且温度 ≥27℃ 为红色）和（b）纬向流速（等值线，间隔为 0.2m/s；正值为灰色阴影）图。（彭启华供图）

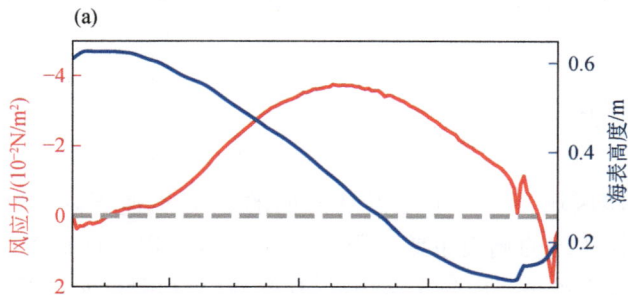

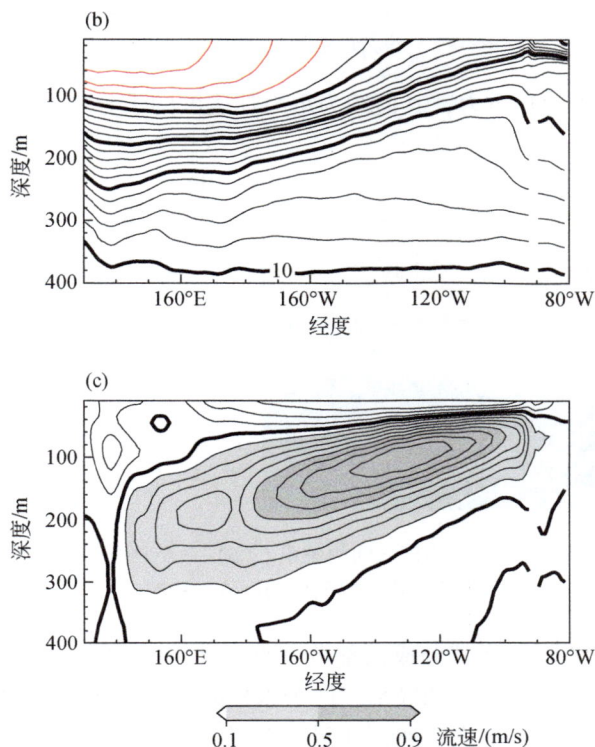

图 7.3　赤道太平洋区域的气候态。（a）纬向风应力（单位为$10^{-2}\,N/m^2$）和海表高度（SSH，单位为 m）；（b）海温（等值线间隔为 1℃，10℃、15℃、20℃和 25℃ 等值线加粗，温度≥27℃用红线标出）以及（c）纬向海流流速（等值线间隔为 0.1m/s，零等值线加粗，灰色阴影≥0.1m/s）。（彭启华供图）

在反气旋性副热带太平环流圈的向极侧，向下的埃克曼抽吸作用将冬季混合层水推入温跃层，而斯韦德鲁普流则将潜沉的水输向赤道。温跃层中海水流动的方向能在盐度分布中体现出来，赤道两侧存在的盐舌表明这些水团来自副热带区域 ［图 2.8 （a）］。在剖面图中，我们可以清楚地看到赤道的温跃层冷水上翻，表现为暖等温线的隆起和露头（图 7.2）。另一方面，赤道东风会驱动表层水向极地方向运动，从而形成了副热带和赤道之间的翻转环流。这种浅层经向翻转环流会将温暖的表层水向极输送且将冷的温跃层水带回赤道，因此是海洋经向热量输送的主要机制（第 2.3 节）。

7.1.3　温跃层起伏引起的压力扰动

温跃层深度的变化会导致暖的海洋上层产生压力变化。这可以通过下述思想实验来加以说明（图 7.4）。考虑一个密度为ρ_2的冷水箱。将深度为 h 的上层水加热到较轻的密度ρ_1。加热的水由于受热膨胀会使水面略微上升：

$$\eta = \frac{\rho_2 - \rho_1}{\rho_1} h$$

式中，η 为海表高度。由海面高度上升引起的上层暖水的压力扰动为

$$\delta p / \rho = g\eta = g'h \tag{7.5}$$

式中，$g' = \dfrac{\rho_2 - \rho_1}{\rho_1} g$ 被称为约化重力，其值约为重力加速度的千分之几。

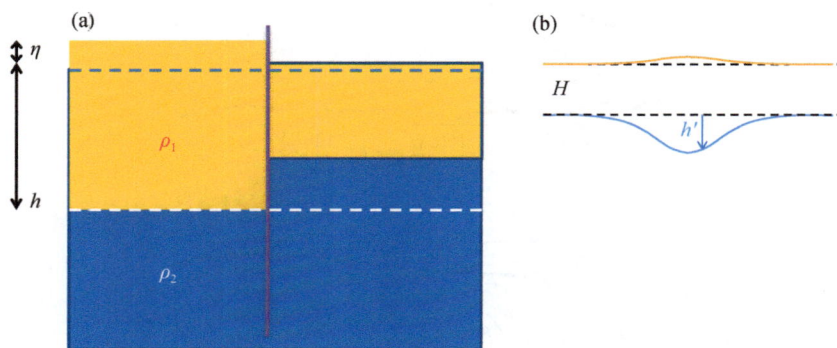

图 7.4　（a）温跃层深度和海表高度之间的关系。（b）一个具有温跃层加深（蓝色）及海平面上升（橙色）的内波结构图。

　　现在在水箱中用固体隔板将其分成两部分（图 7.4）。假设上层被加热至密度为 ρ_1 的左右两个水柱的深度不同。在下层和底部，两个水柱间的压力是相同的，这是由于下层选定深度的上方水的总质量保持不变。然而在暖的上层水中，自由水面上升的差异会产生压力梯度。现在如果我们去除隔板，压力梯度将驱动上层水体的流动。因此，温跃层深度的变化会引起水平向的压力梯度，而海洋波动则会试图将其抚平。

　　对于像涌浪和风浪这样的表面波，由于空气密度极小，自由界面的起伏（η）主要受到恢复力 $g\eta$ 的作用。而海洋内波主要是由上下层之间的密度差异导致的压力所引起的，其恢复力是 $g'h$。如果盐度保持不变，那么 $g' = \alpha(T_1 - T_2)g$，其中 $\alpha = 2.6 \times 10^{-4} \mathrm{K}^{-1}$ 是热膨胀系数。对于热带温跃层而言，$T_1 = 27℃$，$T_2 = 12℃$，g'/g 约为 4×10^{-3}。开放海洋的表面波通常只有几米高，而由于约化重力 g' 很小，内波导致的温跃层起伏可能会达到 100m 或更多（Alford et al.，2015）。

　　人们不必对海洋密度的垂直结构进行测量，就可以通过测量海表高度来反推断温跃层的垂直位移。这要求海表高度的测量达到极高的准确度，因为温跃层深度加深 10m 仅会导致海表高度增加 4cm。NASA 的 SeaSat 卫星于 1978 年首次验证了从空间测量海表高度的可行性。在 20 世纪 90 年代初，托佩克斯/波塞冬（TOPEX/Poseidon）卫星在距地球 1330km 的轨道上取得了测量出 3.3cm 海表高度变化的惊人成就。此后，一系列的卫星高度计不断对海表高度及其变化进行检测，并彻底改变了物理海洋学。卫星测高已成为气候观测系统中不可或缺的组成部分。

7.1.4　1.5 层约化重力模型

　　考虑一个由上层密度为 ρ_1 和下层密度为 ρ_2 组成的两层系统，两层之间被无穷薄、平

均深度为 H 的温跃层分隔。下层的流速与上层相比可忽略不计。假设在静止的深海层中，水平压力梯度消失，那么可以得到海表高度变化（η）和温跃层深度扰动（h）之间的关系：

$$g\,\nabla\eta = g'\nabla h \tag{7.6}$$

将动量方程从海表积分到上层海洋的底部可得到：

$$\frac{\partial u}{\partial t} - fv = -g'\frac{\partial h}{\partial x} + \frac{\tau_x}{\rho H} - \gamma u \tag{7.7}$$

$$\frac{\partial v}{\partial t} + fu = -g'\frac{\partial h}{\partial y} + \frac{\tau_y}{\rho H} - \gamma v \tag{7.8}$$

式中，$(u,\,v)$ 为温跃层以上的上层海洋平均速度；H 为上层的平均深度；γ 为可运动的上层与静止的下层之间的雷利（Rayleigh）摩擦系数。连续性方程为

$$\frac{\partial h}{\partial t} + H\left(\frac{\partial u}{\partial x} + \frac{\partial v}{\partial y}\right) = -\gamma h \tag{7.9}$$

式中，γ 为与下层混合导致的耗散率。这里为方便起见，我们认为雷利摩擦和耗散系数相同，但两者在实际往往存在差异。另外，为了简化问题，我们在这里忽略了所有的非线性项。非线性模式的模拟结果表明在赤道附近海洋波动的传播速度比平流速度更快，因此忽略非线性项是一个很好的近似。

式（7.6）~式（7.8）被称为一层半约化重力模型，其中静止的下层被视为半层。它是一个位于 β 平面上的浅水系统，其相速度可由长重力波速公式 $c_0 = (g'H)^{1/2}$ 计算得到，为 $2\sim3\,\mathrm{m/s}$，其中 H 为温跃层平均深度（约 200m）。很显然，这与松野的热带大气斜压模型（第 3.4 节）非常相似。当我们主要对海盆尺度的海洋变化进行讨论研究时，可以应用长波近似。通过忽略小项，式（7.8）可以近似为

$$fu = -g'\frac{\partial h}{\partial y} \tag{7.10}$$

纬向流速始终处于地转平衡状态。长波近似滤除了所有重力波，仅保留了相速度为 c_0 的东传开尔文波和相速度为 $c_n = c_0/(2n+1)$（其中 $n = 1,\,2,\,\cdots$ 是经向模态的编号）的西传非频散罗斯贝波。

以下是一层半海洋和两层大气模型的比较（表 7.1）。

表 7.1　大气层和海洋之间关键参数的比较。重力长波的相速度（c）和
赤道罗斯贝变形半径（$R_e = \sqrt{c/\beta}$）。

	$c/$（m/s）	R_e/km	压强	驱动因素
海洋	2.5	340	$g'H$	风应力
大气	50	1500	Φ	非绝热加热

（1）大气开尔文波速度（$c_a = 50\,\mathrm{m/s}$）比一层半海洋模型中开尔文波的波速快 $20\sim30$ 倍。因此，大气调整速度比相对缓慢变化的海洋快得多。在研究海气相互作用时，这被称为大气准平衡近似（$\partial/\partial t \sim 0$）。

（2）海洋动力场（海流和温跃层深度）的经向尺度比大气小一个量级（罗斯贝变形

半径在赤道附近为：$\sqrt{c/\beta}$，在中纬度地区则为：c/f）。

（3）上层海洋环流由风应力驱动，而大气环流则由非绝热加热（行星边界层内的感热和自由对流层内的凝结潜热）驱动。在一层半海洋模型中，压力扰动与温跃层起伏（$g'H$）相关。

7.1.5　两层半模型

一层半模型仅能够模拟温跃层以上垂向平均的整体流速，然而赤道洋流在 12℃ 等温线以上的上层海洋会有显著的垂向结构特征，其内部流速甚至会出现反向现象。如赤道东风会在海表面驱动出西向洋流，但在温跃层底部的赤道潜流却以 1m/s 的速度向东流动（图 7.3）。根据 Zebiak 和 Cane（1987）的方法，我们考虑用一个两层半系统来表征埃克曼层以及温跃层以上其余层之间的流动剪切；在该系统中，深海是静止的，且其压力梯度为零。对于推导过程不感兴趣的读者，可以直接跳到本节末尾［式（7.20）］。

为简单起见，我们假设埃克曼层和下层活动层的密度均为常数。因此，层 1 和层 2 之间的水平压力梯度不变且皆由海表高度变化引起。层 1 的动量方程为

$$\frac{\partial u_1}{\partial t}-fv_1=-g'\frac{\partial h}{\partial x}+\frac{\tau_x-a(u_1-u_2)}{\rho H_1} \tag{7.11}$$

$$\frac{\partial v_1}{\partial t}+fu_1=-g'\frac{\partial h}{\partial y}+\frac{\tau_y-a(v_1-v_2)}{\rho H_1} \tag{7.12}$$

式中，a 为层 1 和层 2 界面处由垂直平流和混合过程导致的拖曳系数。层 2 的动量方程为

$$\frac{\partial u_2}{\partial t}-fv_2=-g'\frac{\partial h}{\partial x}-\frac{a(u_2-u_1)}{\rho H_2} \tag{7.13}$$

$$\frac{\partial v_2}{\partial t}+fu_2=-g'\frac{\partial h}{\partial y}-\frac{a(v_2-v_1)}{\rho H_2} \tag{7.14}$$

这里，为简单起见，忽略了温跃层处的摩擦项。流速的垂向剪切（$\boldsymbol{u}_s=\boldsymbol{u}_1-\boldsymbol{u}_2$）的控制方程为

$$\frac{\partial u_s}{\partial t}-fv_s=\frac{\tau_x}{\rho H_1}-\varepsilon u_s \tag{7.15}$$

$$\frac{\partial v_s}{\partial t}+fu_s=\frac{\tau_y}{\rho H_1}-\varepsilon v_s \tag{7.16}$$

式中，$\varepsilon=\dfrac{a}{\rho}\left(\dfrac{1}{H_1}+\dfrac{1}{H_2}\right)$。层 1 和层 2 垂向平均的总流速 $\boldsymbol{u}=\dfrac{u_1H_1+u_2H_2}{H_1+H_2}$ 满足 $\gamma=0$ 的一层半约化重力模型的控制方程［式（7.6）~式（7.8）］。

由于雷利摩擦系数很大（$1/\mathrm{d}$），垂直剪切方程［式（7.15）和式（7.16）］中的时间导数项可以忽略不计，这时剪切方程与仅考虑埃克曼层的模型［式（7.1）和式（7.2）］相同。根据垂直剪切和平均流的关系，我们可以得到每个层的速度：

$$\boldsymbol{u}_1=\boldsymbol{u}+\frac{H_2}{H}\boldsymbol{u}_s \tag{7.17}$$

$$u_2 = u - \frac{H_1}{H} u_s \tag{7.18}$$

当埃克曼层的厚度很小时，即 $H_1/H_2 \leqslant 1$，则有如下关系：

$$u_1 = u + u_E \tag{7.19}$$

$$u_2 = u \tag{7.20}$$

表层流速剪切受到埃克曼动力学方程 [式 (7.1) 和式 (7.2)] 的控制，而第 2 层的流动受浅水动力学方程 [式 (7.6) ~ 式 (7.8)] 的控制。

在这里，我们忽略了第 1 层和第 2 层之间压强梯度力的差异。通过考虑各层之间的密度差异，埃克曼层模型 [式 (7.15) 和式 (7.16)] 被二阶斜压浅水模型所取代。相较于第 1 斜压模，第 2 斜压模中长波的相速度更小，耗散更强，其压力扰动没法得到充分发展，因此埃克曼模型 [式 (7.1) 和式 (7.2)] 是一个很好的近似。

7.2　风应力驱动下的海洋响应

在上述两层半模型 [式 (7.18) 和式 (7.19)] 中，上层流动主要受到局地准定常的埃克曼流以及一层半约化重力模型的非局地波动动力学约束。本节将重点研究后者。

7.2.1　赤道洋流

我们首先考虑纬向风应力驱动下的一层半海洋的定常解。在赤道上，风应力与倾斜的温跃层引起的纬向压强梯度力相平衡：

$$0 = -g' \frac{\partial h}{\partial x} + \frac{\tau_x}{\rho H} \tag{7.21}$$

上述方程是通过在纬向动量方程 [式 (7.7)] 中取 $f = 0$ 和 $\gamma = 0$ （深海中的摩擦很小）推导得到的。这对时间尺度远大于波动传播时间 （对于太平洋而言为 12 个月，其中开尔文波穿越海盆需 3 个月，而东边界反射的斜压罗斯贝波则最快需 9 个月才能到达西边界）的海洋慢速调整而言是一个重要的平衡。

在赤道太平洋地区，温跃层东向抬升以平衡盛行的东风。这解释了观测到的 20℃ 等温线在东太平洋区域变浅现象 [图 7.3 (a)]，其深度从西太平洋区域的 200m 逐渐减少到东太平洋区域的 50m 或更浅。温跃层在赤道中太平洋地区垂向变化最为陡峭，对应了此处的东风最大值。在赤道太平洋西部，纬向风较弱，因此温跃层深度变化较小。此外，赤道上 12℃ 及以下温度的等温线在东西向则基本保持水平，这表明了局地风应力的效应仅限于较暖的上层海洋。

赤道洋流具有强烈的垂向剪切。近表面的海水以由摩擦效应引起的埃克曼流为主，因受到东风驱动而向西流动。这种向西的海表流动被称为南赤道流 （South Equatorial Current，SEC），该海流将暖水推向亚洲海岸，使那里的温跃层加深，同时使得东部温跃层变浅。这使得亚洲海岸海表高度高于南美海岸，从而形成了一个向东的压强梯度力。在埃克曼层以下，海洋受到风应力的直接影响较弱，洋流主要受到东向的压强梯度力的驱动，从而形成了一支强劲的东向赤道潜流（Equatorial Undercurrent，EUC），其速度通常超过1m/s［图7.3（c）］。西向的SEC（-30cm/s）和东向的EUC（100cm/s）之间的强烈垂直剪切有利于增强赤道上的湍流混合。另一方面，强赤道上升流可将EUC的东向动量向上输送，从而会减缓海表SEC的流速。这种EUC动量的输送可以解释表层漂流浮标观测到的SEC流速在赤道上的最小值（图7.5）。

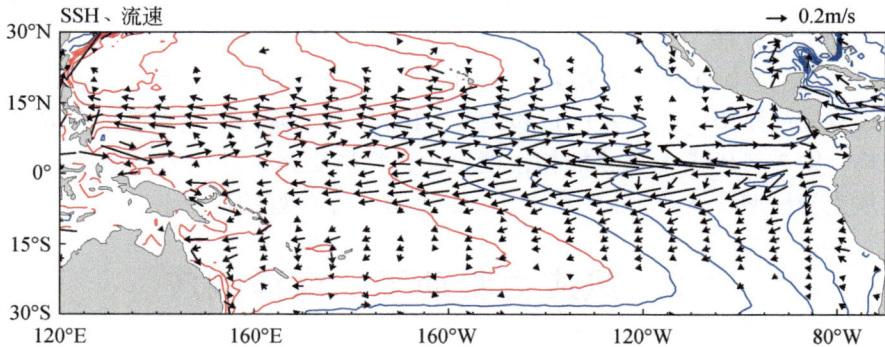

图7.5　来自表层漂流浮标观测到的年平均海表流速和海表高度（SSH）分布。箭头为海表流速，
单位为m/s；等值线为SSH，间隔为0.1m，红色表示≥1m。（彭启华供图）

在表层埃克曼流下方，纬向流几乎与经向压强梯度力（与温跃层起伏紧密相关）处于地转平衡状态［式（7.10）］。即使在赤道上也是如此。通过对式（7.10）进行经向求导，我们可以得到在$y=0$处：

$$\beta u = -g' \frac{\partial^2 h}{\partial y^2} \tag{7.22}$$

这被称为赤道地转平衡。在经向断面（图7.2）中，下层温跃层（如14℃等温线，Z_{14}）的加深意味着存在向东的EUC，而上层温跃层变浅（如25℃等温线Z_{25}）则指示有向西的SEC。

7.2.2　Yoshida急流

Yoshida（1959）考虑了一个赤道海域的无边界的一层半模型对经向和纬向空间分布均匀的东风爆发的响应。结果表明，海洋的响应在纬向上也因此是均匀的，即$\partial/\partial x = 0$。上层的极向埃克曼输送使得赤道上的温跃层变浅。而温跃层的起伏则因地转平衡［式（7.22）］引发了赤道上强烈的西向急流。上升流的范围跨越了赤道两侧各约1.5个罗斯贝变形半径（图7.6）。$|f|$随纬度增加，极向埃克曼输送会逐渐减弱从而导致海水辐聚，而海水的辐聚会进一步引起埃克曼下沉运动，使温跃层深度加深。可以证明，经向流不会随时间变化，而纬向流和温跃层的升降都随时间线性增加。Wyrtki（1973）观测到了在赤道中印度洋区域存在这样一支东向急流，该急流主要受到季风转换期（4~5月和10~11月）爆发的西风驱动，这验证了Yoshida的理论。

在纬向均匀的Yoshida解中，纬向风应力与纬向流的加速度达到平衡［式（7.7）］。

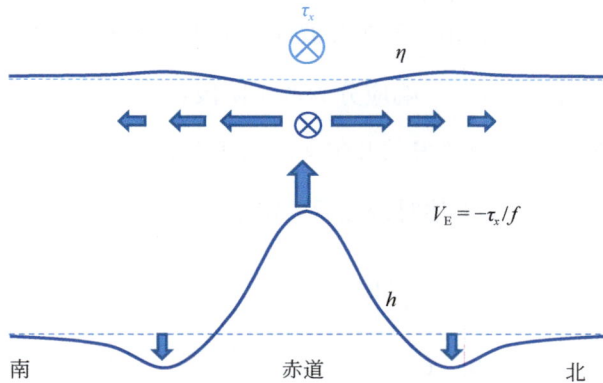

图 7.6　温跃层对均匀东风扰动的响应。这里忽略了纬向差异。其中赤道上温跃层的
变浅伴随着强的西向急流。

如果风场的分布存在纬向差异或存在东西边界，则风应力项可部分或全部被纬向压强梯度力所平衡。式（7.21）就是一个例子。

7.2.3　无边界海洋中的波动调整

我们继续考虑一种简单的无边界一层半海洋的情形，该系统在 $x_W<x<x_E$ 范围内受到东风强迫，这一区域之外强迫消失，而风强迫在经向和纬向上都是均匀的。在东风（τ_x）的驱动下，向极地方向输送的埃克曼流将温暖的上层水带离赤道区域，而在风区内赤道上升流会使得温跃层抬升。赤道的温跃层变浅在赤道上最为明显，该信号会以开尔文波的形式东传。与此同时，向极地方向输送的埃克曼流使得赤道两侧的温跃层加深。赤道外温跃层的加深进而会激发向西传播的罗斯贝波。

我们可以将解表示为开尔文波和罗斯贝波的叠加。首先考虑开尔文波。赤道温跃层深度的扰动由以下一维波动解给出：

$$\frac{\partial h}{\partial t}+c_o\frac{\partial h}{\partial x}=F_0 \tag{7.23}$$

式中，F_0 为风应力强迫在开尔文波结构上的投影（东风时 $F_0<0$）。其定常解为

$$h=\begin{cases} 0, & x<x_W \\ \dfrac{(x-x_W)}{L_F}h_0, & x_W<x<x_E \\ h_0, & x>x_E \end{cases}$$

式中，$L_F=x_W-x_E$ 为风区的宽度；$h_0=\dfrac{L_F}{c_o}F_0$ 为风场强迫导致的温跃层的最大起伏。其中，因为开尔文波只向东传播，边界条件满足在 $x=x_W$ 处 $h=0$，为平衡东风应力，温跃层会在风区东侧的海域抬升。

研究海洋对风应力突增的瞬态调整有助于我们更好地认识开尔文波的作用。我们现在

考虑赤道上如下三个站点海洋的响应。

（1）在风区以西（$x<x_W$），由于开尔文波向东传播，该区域不受开尔文波的影响。

（2）在风区内部（$x_W<x<x_E$），响应分为两个阶段：（1）Yoshida 解，即在 $t<\dfrac{(x-x_W)}{c_o}$ 的初始时刻，也就是在风区西侧激发的开尔文波到达之前，温跃层深度随时间的推移而变浅（$h=F_0 t$）；（2）定常解，即上述时刻之后的定常解为 $h=\dfrac{(x-x_W)}{L_F}h_0$。

（3）在风区以东（$x>x_E$），响应包括三个阶段：（1）$t<t_E=\dfrac{(x-x_E)}{c_o}$ 时，即在风区东侧激发的开尔文波到达之前，$h=0$；（2）$t_E<t<t_W=\dfrac{(x-x_W)}{c_o}$，即在风区西侧激发的开尔文波到达之前，温跃层深度随时间推移而变浅，$h=\dfrac{t-t_E}{t_W-t_E}h_0$；（3）$t>t_W$ 时，即在风区西侧激发的开尔文波到达之后，出现定常解，即 $h=h_0$。

我们可以从赤道温跃层的霍夫默勒图［图 7.7（a）］中清楚地看到从风区西侧和东侧激发的两组开尔文波。

以上过程同样适用于罗斯贝波解，海洋温跃层受埃克曼流辐合影响而下沉，在赤道外的纬度带出现最大温跃层扰动。与开尔文波类似，在最大 h 扰动的纬度处，温跃层深度变化为

$$\frac{\partial h}{\partial t}-c_n\frac{\partial h}{\partial x}=F_n \tag{7.24}$$

式中，$c_n=c_0/(2n+1)$ 为罗斯贝波的相速度（$n=1$，2，3，…为对称的扰动）；F_n 为风应力在罗斯贝波方向的投影（对于东风 $F_n>0$）。图 7.7（a）显示有明显的向西传播的罗斯贝波信号。

开尔文波和罗斯贝波的经向波结构有显著差异，在无界、纬向范围无限的系统中的定常解中，温跃层抬升最大值就出现在赤道上，位于风场强迫的东侧，而温跃层加深的最大值出现在赤道外，位于风场西侧［图 7.7（a）中当 t 很大时］。在风区内部，其定常解则是两者的结合。

7.2.4　有经向边界的海洋调整

在真实世界中，太平洋分别被西边的亚洲/澳大利亚以及东边的美洲大陆所包围。因此，上述无边界解需要做进一步修正，以满足边界上没有法向流的条件。当上升开尔文波到达东边界后会反射成赤道罗斯贝波和沿岸上升开尔文波（表现为温跃层变浅）（Cane and Sarachik，1997；Clarke，1983）。这里波的反射是基于连续性原理，即上层暖水体积保持不变的结果。沿岸上升开尔文波在向极地传播过程中，辐射出罗斯贝波。从东边界反射的上升罗斯贝波以缓慢的相速度向西传播。以上从风区激发的上升开尔文波和从东边界反射的上升罗斯贝波都能在霍夫默勒图中得到清晰体现［图 7.7（b）］。这里的经向边界分别位于 130°E 和 80°W 处。

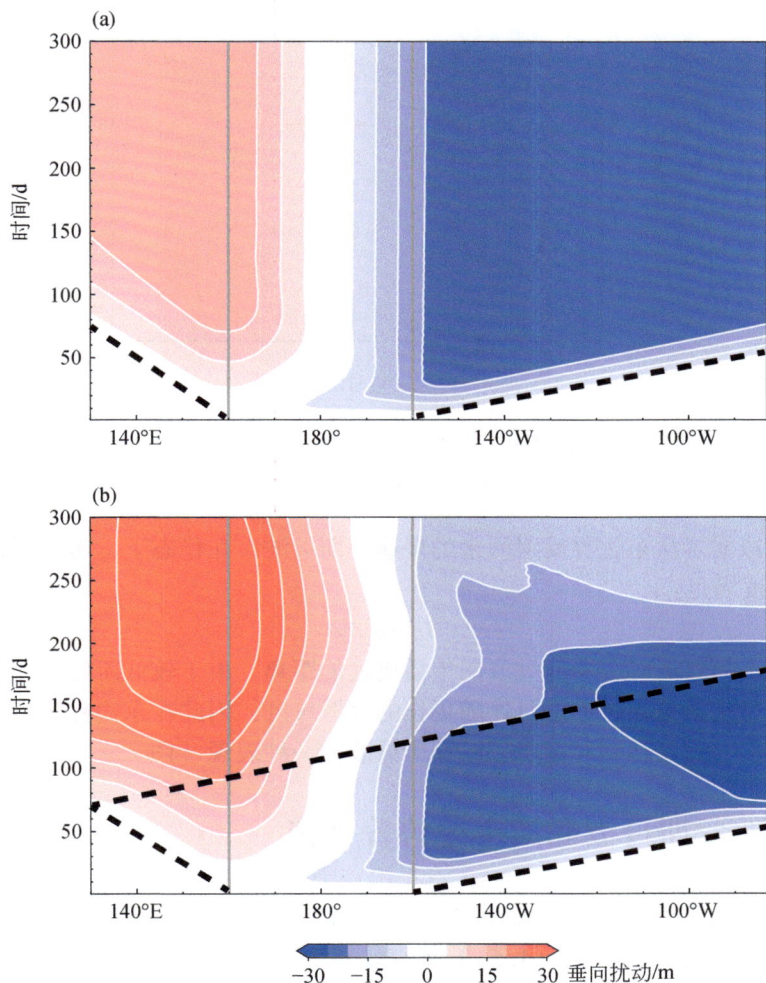

图 7.7　根据一层半约化重力模型模拟的受到赤道西太平洋区域（160°E ~ 160°W）东风驱动而形成的温跃层扰动的霍夫默勒图。（a）为在纬向无界的海洋中（b）为在有界海洋中。填色代表温跃层垂向扰动的大小，单位为 m。（彭启华供图）

　　下沉罗斯贝波到达西边界时会反射成沿赤道向东传播的下沉赤道开尔文波。风强迫后，经过一段时间我们能观察到从风区西侧传出的温跃层加深信号，这就是下沉罗斯贝波的体现。

　　不妨想象在赤道东边界有一个观察者（图 7.8）。最初，观察者没有觉察到温跃层深度的任何变化。随着上升开尔文波的到来，温跃层开始变浅。同时从东边界反射回来的上升罗斯贝波也会对赤道温跃层的变浅起到轻微的贡献。而从西边界反射回来的下沉开尔文波会使得温跃层有加深的趋势。赤道波动的来回反射会导致东部边界处温跃层深度出现振荡，周期为开尔文波跨越海盆所需时间的 4 倍（$4L/c_0$，其中 L 是海盆的纬向宽度）。这种振荡也被称为海盆模态。上述温跃层扰动的波动传播和反射可以在一个动画中得到呈现（线上补充资料）。

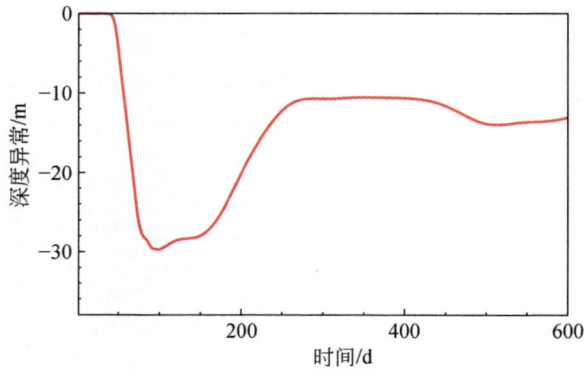

图 7.8　受赤道西太平洋区域（160°E～160°W，风应力在经向上呈高斯分布）东风扰动影响，赤道东边界处温跃层深度的变化，单位为 m。（彭启华供图）

耗散过程减弱了从东边界反射回来的慢速罗斯贝波。在稳态下，考虑耗散的罗斯贝波纬向的 e 折尺度满足：

$$L_n = c_n / \gamma$$

当经向模态数较低时，罗斯贝波能传播更远的距离。由于较低阶经向模态的罗斯贝波温跃层扰动的最大值更靠近赤道且伴随更长的耗散尺度，因此在东边界附近的温跃层变化会类似一个楔形，这是达到稳定状态的罗斯贝波的一种表现［图 7.9（c）］。

7.2.5　长波罗斯贝波和斯韦德鲁普平衡

在远离赤道的区域，埃克曼层以下的海流几乎处于地转平衡状态［式（1.1）～式（1.2）］。将连续性方程式［式（1.5）］埃克曼层底垂直积分到温跃层以下，可以得到由埃克曼抽吸（向上为正）强迫的长波非频散的罗斯贝波方程：

$$\frac{\partial h}{\partial t} + c_R \frac{\partial h}{\partial x} = -w_E \tag{7.25}$$

式中，$c_R = -\beta R_f^2$ 为长波罗斯贝波相速度，负号表示向西传播；$R_f = c_0 / f = \sqrt{g'H}/f$ 为罗斯贝变形半径。

在平衡态下，我们得到：

$$\beta Hv = f w_E \tag{7.26}$$

式中，Hv 被称为斯韦德鲁普输运，当埃克曼抽吸向下的时候 Hv 向南。温跃层从东边界向西逐渐向下倾斜。大洋内区温跃层深度为

$$h = h_E - \frac{1}{c_R} \int_x^{x_E} w_E \mathrm{d}x \tag{7.27}$$

纬向地转流为

$$u = \frac{g'}{c_R f} \int_x^{x_E} \frac{\partial w_E}{\partial y} \mathrm{d}x \tag{7.28}$$

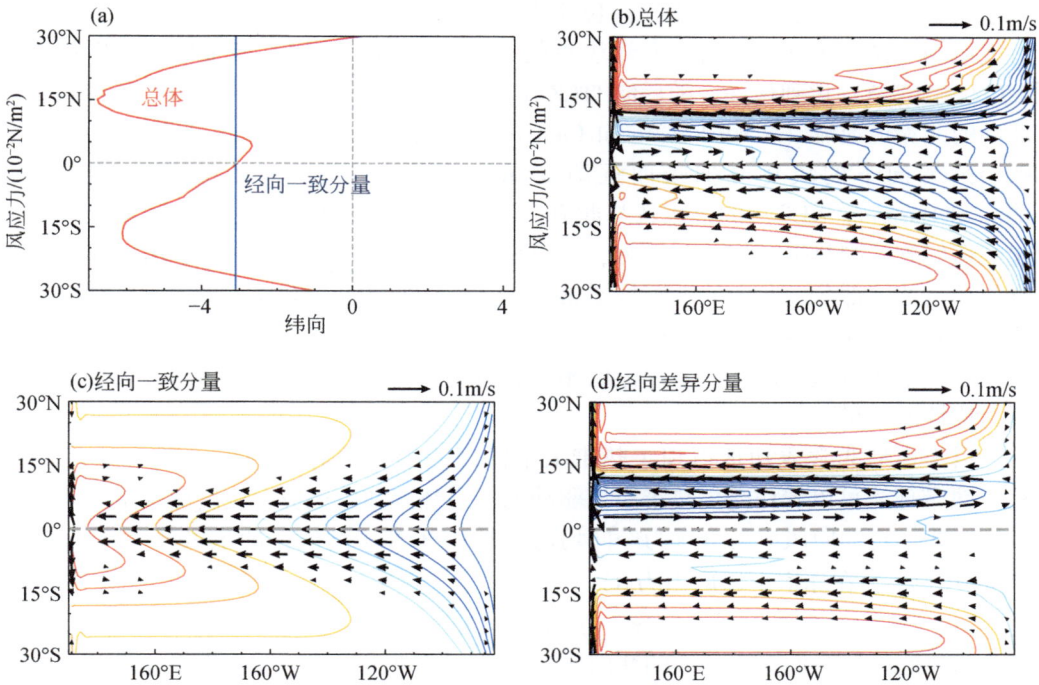

图 7.9　（a）从 GODAS 数据中得到的纬向和年平均风应力（τ_x）的剖面（单位为 $10^{-2} \mathrm{N/m^2}$）。（b）受纬向平均的 τ_x 廓线［对应（a）中红色曲线］驱动得到的温跃层深度（等值线以 10m 间隔，正值为红色，负值为蓝色，零等值线省略）和海流（向量，单位为 m/s）的定常解。（c）（d）与（b）类似，但分别对应经向一致分量［对应（a）中蓝色曲线］和经向变化分量［对应（a）中红色曲线与蓝色曲线之差］的结果。这里经向一致分量的大小定义为 $3°S \sim 3°N$ 平均值。（彭启华供图）

在这里，我们要求在 $x=x_E$ 的东边界没有法向流。在典型的北半球副热带环流中，流动为反气旋式，在向下的埃克曼抽吸作用下，大洋内区的斯韦德鲁普流向南，而在西边界有一支强劲向北流动的西边界流，与内区总体的南向流动相平衡。西边界流宽度约为 100km（约占太平洋海盆宽度的 1%），因此其流速比内区斯韦德鲁普流快 100 倍。强西边界流的形成主要与 β 效应有关（科氏参数随纬度增高）。有关副热带环流的更详细介绍，请参阅 Vallis（2017）的第 19 章内容。

7.2.6　赤道流系

气旋式风应力旋度会在海洋埃克曼层底部驱动向上的埃克曼抽吸（w_E），而海表面的摩擦会在大气边界层顶部引起向上的运动（w_B）。可以证明，海洋埃克曼层底部的质量通量等于大气边界层顶部的质量通量（课后习题）：

$$\rho_o w_E = \rho_a w_B = \mathrm{curl}\left(\frac{\tau}{f}\right)$$

式中，下标 a 和 o 分别为空气和海水。

东太平洋的热带辐合带（ITCZ）位于赤道以北。ITCZ 中的对流加热会驱动出气旋式的海表风场（图 2.13），从而在海洋埃克曼层底引起向上的埃克曼抽吸。温跃层在 5°N（图 7.2，图 7.5）达到最深，随后向 ITCZ 位置（约 9°N）方向逐渐变浅，与逆着信风向东流动的北赤道逆流（North Equatorial Countercurrent，NECC）形成地转平衡。在更北边，温跃层随着向下的埃克曼抽吸而逐渐变深，宽阔的、向西流动的北赤道流（North Equatorial Current，NEC）的形成就与此有关。NEC 既是北部向下的埃克曼抽吸（$w_E < 0$）引起的反气旋式副热带环流的一部分，又是南部向上的埃克曼抽吸（$w_E > 0$）引起的气旋式热带环流的一部分。北向的黑潮是副热带环流的西边界流，而棉兰老流在菲律宾沿岸向南流动，并与 NECC 相连，形成热带环流。在南半球，表层的 SEC 占据了广阔的热带乃至副热带南太平洋海域。这种赤道洋流的不对称性是海盆尺度的 ITCZ 和海表风场等气候要素不对称性的结果（第 8.1.3 节）。

一层半模型非常成功地再现了热带太平洋观测得到的海流分布［图 7.9（b）和图 7.5］。热带环流可以看作是由热带东风驱动的赤道环流和由风应力旋度驱动的赤道外环流的叠加。我们将纬向风应力分解为经向均匀（3°S ~ 3°N 平均值）的东风分量（$\tau_{x|y=0}$）和剩余部分（τ_x^*，在赤道上风应力为 0）：

$$\tau_x(y) = \tau_x \mid_{y=0} + \tau_x^*(y)$$

为简化起见，我们对太平洋的纬向风应力进行了纬向平均，并将太平洋简化成一个矩形的海盆。由东风驱动的上升赤道开尔文在东边界波反射成向西传播的上升罗斯贝波，以及沿海岸向极地方向传播的上升沿岸开尔文波。由于向西传播的高阶罗斯贝波更易耗散，因此温跃层在东边界呈楔状变浅的结构（即在东边界反射的呈现"冻结"特征的上升罗斯贝波）［图 7.9（c）］。东风还在西部激发了下沉罗斯贝波，使得赤道外温跃层加深。在加入风应力旋度后，形成了海盆尺度且西向强化的 NECC（约 7°N）［图 7.9（b）］。在 ITCZ 下方的温跃层隆起处（10°N），温跃层深度在纬向上几乎保持恒定，这是由于广阔东风引起的温跃层东侧抬升和风应力旋度的效应互相抵消。ITCZ 引起的正的风应力旋度增强了气旋式热带环流，并且伴随着西侧温跃层的抬升［图 7.9（d）］。

7.3 混合层热收支

7.3.1 控制方程式

受风应力、垂直流速剪切以及浮力（如夜间冷却）等引起的湍流混合作用的影响，海洋上层 20 ~ 100m 范围内会形成温度、盐度、密度几乎垂向均匀的混合层。将海洋热力学方程从表面积分到混合层底部可得

$$\frac{\partial T_s}{\partial t} = -u_m \cdot \nabla T_s - w_m \frac{T_s - T_e}{H_m} H(w_m) + \frac{Q}{\rho c_p H_m} \tag{7.29}$$

式中，T_s 为混合层温度（在此等同于 SST）；H_m 为混合层深度，u_m 是混合层水平方向的平均速度，w_m 是在混合层底的垂直速度，其作用是将次表层（$z = -2H_m$）的温度信号（T_e）

带到表层。需要指出的是，只有上升流才会影响混合层的温度，这个过程可由赫维赛德（Heaviside）函数 $H(x) = \{1,$ 当 $x > 0$ 时；0，其他$\}$ 来刻画。方程右侧上升流这一项中的次表层温度梯度项主要通过混合层以下的有限差分来计算。

在赤道东太平洋，温跃层位置较浅，在其之上，存在浅混合层。这里的上升流将源自温跃层的冷水带入表层，使得该处 SST 远低于西太平洋。因此，东风可以从两个方面对冷舌的形成起到重要作用：一是使得东太平洋温跃层变浅，二是通过上升流将温跃层中的冷水带到表层。我们可以从下述比较中对温跃层深度的影响有更直观的认识，虽然东风和上升流在中太平洋最强，但由于东侧温跃层的抬升，使得更冷的次表层水与上升流接触，最终在东太平洋区域出现 SST 极小值。

为简化计算，通常将混合层深度和埃克曼层深度假定为相同的深度，比如 50m（Zebiak and Cane，1987）。根据两层半模型，其中 $H_m = H_1$，$\boldsymbol{u}_m = \boldsymbol{u}_1$，以及：

$$w_m = H_1 \nabla \cdot \boldsymbol{u}_1 = H_1 \nabla \cdot \boldsymbol{u} + w_E \tag{7.30}$$

式中，$w_E = H_1 \nabla \cdot \boldsymbol{u}_E$ 是根据式（7.1）和式（7.2）得出的带摩擦的埃克曼抽吸速度。在赤道附近，温跃层中的海流有强的垂直剪切（如在 SEC 和 EUC 之间），混合层底部的上升流速度常被式 7.30 中的第二项所控制。夹卷项中的温度 T_e 是温跃层深度的函数，而温跃层深度可以通过求解浅水及约化重力模型［式（7.6）~式（7.8）］来获得。由于赤道太平洋会在暖的厄尔尼诺和冷的拉尼娜状态之间来回振荡（第 9 章），东太平洋区域的上升流速度和温跃层深度均呈现出很强的年际变化。从海洋学角度来看，信风强度能够通过影响上升流和海温夹卷过程来有效调节赤道 SST。

7.3.2　海表热通量

赤道海洋通过热通量 Q 从海表吸热。在混合层温度方程［式（7.29）］的第三项中，$\rho = 1025\,\mathrm{kg\,m^{-3}}$ 是海水的密度，$c_p = 4000\,\mathrm{J\,kg^{-1}\,K^{-1}}$ 是海水的比热容。海表净热通量 Q 由四项组成，向下的短波辐射（Q_{SW}），净向上的长波辐射（Q_{LW}），蒸发潜热 Q_E，以及通过热传导和湍流形成的感热通量 Q_H：

$$Q = Q_{SW} - Q_{LW} - Q_E - Q_H \tag{7.31}$$

潜热和感热通量均由海表和大气之间的湍流交换引起，它们的总和通常被称为湍流热通量。在这里，我们根据经验公式（Rosati and Miyakoda，1988）和 COADS（Comprehensive Ocean-Atmospheric Data Set）数据集中的船舶气象报告（通常在海面上方 10m 处），简要讨论热通量中各分量的特征。

向下的太阳辐射是云量的函数：

$$Q_{SW} = Q_{S_0}(1 - a_s)(1 - 0.7C) \tag{7.32}$$

式中，Q_{S_0} 为随纬度变化的晴空太阳总辐射（赤道约为 320W/m²）；a_s 为海面反照率，约为 0.04；C 为云覆盖率（0~1）。表面太阳辐射强烈依赖于云量；0.3 云覆盖率的差异可以导致高达 65W/m² 的海表太阳辐射通量变化。由于 ITCZ 区域云量较多，这里出现了太阳辐射通量的极小值（图 7.10）。

净向上的长波辐射由以下公式给出：

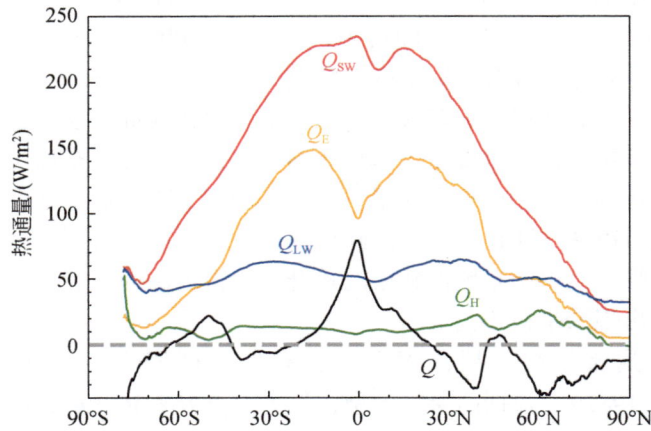

图 7.10　纬向和年平均的海表热通量（W/m²）。Q_{SW} 为向下短波辐射；
Q_{LW} 为净向上长波辐射；Q_E 为向上的潜热通量；Q_H 为向上的感热通量。海表净热通量
$Q = Q_{SW} - Q_{LW} - Q_E - Q_H$。（彭启华供图）

$$Q_{LW} = 0.985\sigma\, T_S^4 (0.39 - 0.05 e_a^{\frac{1}{2}})(1 - 0.6C^2) \qquad (7.33)$$

式中，由于海面并非理想黑体，0.985 为校正因子；σT_S^4 为海表面的黑体辐射通量，其中 $\sigma = 5.7 \times 10^8\,\mathrm{W/m^2/K^4}$，$e_a$ 是 10m 处的水汽压（单位为 hPa）。净长波辐射通量方向总是向上的，因为 SST 的值通常高于大气温度，且大气温度随着高度的增加而降低。在全球大洋中，Q_{LW} 的始终处于 $30 \sim 50\,\mathrm{W/m^2}$ 的较小范围内（图 7.10），这是因为高水汽含量导致下层大气变得不透明，且有效辐射温度与 SST 相差不大。对长波辐射而言，云的特征接近黑体，因此大气中向下的长波辐射会随着云层覆盖率的增加而增加。云对净长波辐射的作用与向下短波辐射相反，但前者大小通常大约只是后者的 20%。因此，云对海表辐射的效应主要体现在对短波辐射的调控上。

出于这些原因，在研究 SST 的时空变化时，海面上的净长波辐射由于在空间或时间上变化很小，通常被忽略。这与大气层顶部的向外长波辐射形成了鲜明的对比，大气顶部的向外长波辐射在干燥的下沉区（如撒哈拉沙漠）可超过 $300\,\mathrm{W/m^2}$，而在深对流区（如孟加拉湾夏季）可小于 $200\,\mathrm{W/m^2}$（图 3.3）。

在热带海洋中，海表蒸发 E 导致的潜热通量是平衡净向下太阳辐射通量（约 $150\,\mathrm{W/m^2}$）的主要机制。

$$Q_E = LE = \rho_a L C_E W (q_s - q_a) \qquad (7.34)$$

式中，$\rho_a = 1.3\,\mathrm{kgm^{-3}}$ 为海表空气密度；$L = 2.5 \times 10^6\,\mathrm{Jkg^{-1}}$ 为蒸发潜热；C_E 约为 1.3×10^{-3} 为交换系数，具体数值与大气稳定度（$T_a - T_s$）和风速相关；W 为海面上方 10m 高度处的风速；q_s 为海表饱和比湿；$q_a \equiv R_H \cdot q_s(T_a)$ 为 10m 高度处的空气比湿；R_H 为相对湿度。海表蒸发量随着风速和比湿差的增加而增加。这与我们在海滩上的体验一致，当我们从水中走出，即使气温相同，在刮风或干燥的天气，我们会感觉到更冷。

通常在热带海洋中，R_H 约为 0.8，10m 高处的气温比海表温度低约 1℃，$\Delta T = T_s - T_a \sim$

1℃。蒸发潜热通量可以近似为

$$Q_E = \rho_a L C_E (1 - R_H) W q_s (T_s) \tag{7.35}$$

如果我们忽略小的海气温差，蒸发冷却随着 q_s 及 SST 的增加而增加。这对于热带地区的 SST 变率（如由赤道上升流或风速变化等过程引起的 SST 变化）起到抑制作用。

式（7.34）表明计算月平均的潜热通量要用到标量风速 W。在一段时间内平均的标量风速 $\left[|\bar{u}| = \overline{(u^2 + v^2)^{1/2}} \right]$ 往往要大于这段时间平均矢量风的标量速度 $\left[|\bar{u}| = (\bar{u}^2 + \bar{v}^2)^{1/2} \right]$，其中上划线表示对时间的平均。这个关系在平均矢量风较弱的地区，比如西太平洋暖池、ITCZ 以及西风和信风带之间的过渡地带（30°N/S）尤其明显。在这些地区，高频的天气变化在大气边界层内产生湍流，促进了海面的蒸发。

潜热通量 Q_E 在赤道处有一个经向最小值（50 ~ 100W/m²）（图 7.10），这主要是因为冷舌区 SST 较低且风速相对较低。在南北半球的 15° ~ 20°的副热带地区，由于信风强劲和相对湿度较低，潜热通量达到经向最大值（约 150W/m²）。从副热带到极地地区，潜热通量向极地方向会随着温度的急剧下降而递减。

感热通量可表示为

$$Q_H = \rho_a c_p^a C_H W (T_s - T_a) \tag{7.36}$$

式中，$c_p^a = 1030 \text{J kg}^{-1} \text{K}^{-1}$ 为空气的定压比热容；而 $C_H \approx C_E$ 为交换系数。热带地区感热通量很小（约 10W/m²）；但在热带外地区（图 7.10），特别是在主要的大陆和海洋锋面区附近，由于海气温差较大，感热通量也会增加。

在热带海洋上，海表热通量的感热分量可以忽略不计。虽然净长波辐射绝对值不可忽略，但其在时空上变化不大。因此，当研究与平均值有关的时空偏差（用撇号′表示）时，我们只需考虑海表热通量的短波辐射和潜热通量这两部分：

$$Q' \approx Q'_{SW} - LE' \tag{7.37}$$

在早期对厄尔尼诺的研究中（如 Zebiak and Cane 1987），海表通量通常被简化为线性的牛顿冷却项，即 $Q' = -\lambda T'$。通过将式（7.35）中的潜热通量项线性化，即可得到这样的线性衰减项。实际上，云和海表风场也会以重要的方式影响海表通量和 SST，我们将在下一章中对其进行讨论。

习 题

1. 假设深海温度几乎恒定，海洋的约化重力会随着纬度发生怎样的变化？

2. 在没有固体边界的情况下，赤道上怎么产生上升流？

3. 为什么研究气候变率时常常忽略海表净长波辐射，尽管其平均值相当可观（约 50W/m²，方向向上）？

4. 什么因素会导致赤道区域产生向下的海表净热通量（其纬向平均值约为 70W/m²）？在赤道太平洋上，这种向下的净热通量在哪里最大，是靠近印度尼西亚的西部还是毗邻厄瓜多尔海岸的东太平洋海域？为什么？

5. 赤道温跃层中的水来自哪里？浅层翻转环流的机制是什么？

6. 在厄尔尼诺期间，厄瓜多尔海岸的海平面上升多达 30cm。对应温跃层的深度变化了多少？

7. 在约化重力模型中，温跃层下方的压强梯度力是多少？

8. 为什么赤道太平洋中的温跃层向东抬升？

9. 在赤道太平洋上，纬向风应力在约 140°W 左右达到峰值。为什么最低的 SST 位于其东侧很远的地方?

10. 为什么赤道太平洋上表层的洋流是向西的（SEC），而温跃层中的洋流是向东的（EUC）?

11. 已知海表高度的分布在赤道附近出现最大值，且范围较宽，其值在 3°S ~ 3°N 范围内变化很小（图 7.5）。请解释为什么 EUC 仅被限制在狭窄的赤道上（图 7.2）?

12. 运用赤道地转平衡理论来解释为什么赤道上的 Yoshida 急流沿着风向流动。

13. 赤道上的西风扰动是怎样同时激发下沉开尔文波和上升罗斯贝波的?

14. 绘制示意图（x–y）来说明在赤道海盆东边界开尔文波的反射，以及西边界罗斯贝波的反射。

15. 阅读 McCreary 和 Anderson（1984）（仅第 2 ~ 3 段，包括图 1 ~ 2，第 2c 节）。如他们的图 1 所示，请解释为什么赤道东部海洋中的温跃层在前三个月内上抬，以及之后为什么会加深。在图 2 的底部（$t = 5a$），利用压强和风应力之间的平衡来解释为什么赤道上的温跃层倾斜被限制在 $2500 < x < 7500$km 的风强迫区域内。

16. 检查赤道太平洋温度的经度-深度的剖面，并读取在西部和东部温跃层深度（用 20℃ 等温线 $Z20$ 来表示），并使用 1.5 层约化重力模型估计赤道太平洋西部和东部的（印度尼西亚-厄瓜多尔）海表高度差。

17. 使用西太平洋的 $Z20$ 来估算沿温跃层传播的开尔文波的相速度。计算赤道 β 平面上的海洋罗斯贝变形半径。并与大气变形半径进行对比（假设波速为 50m/s）。

18. 在海气耦合理论中，我们通常近似地认为是大气状态（如海表风场）相对于海洋而言是处于平衡态的，因此只需保留海洋模型中的时间导数项。请论证这种近似的合理性。

第8章 耦合反馈和热带气候学

热带太平洋和大西洋具有许多共同特征，均存在一个年平均位置保持在赤道以北的热带辐合带（ITCZ）以及一个赤道冷舌，且两者均包含了显著年周期和年际变率。这些气候平均态的复杂结构不仅本身具有很高的研究价值，而且对于理解厄尔尼诺（El Niño）等年际变率也非常重要。

8.1 经向不对称性

本节部分参考了 Xie（2004）的内容。

在蒸汽机发明之前，风向和风速的信息对于驾驶帆船非常重要。到 17 世纪末，欧洲与新大陆之间的贸易规模已发展到一定程度，埃德蒙·哈雷（Edmund Halley）（1686）利用来自航海家的信息，编制出了一张相当准确的热带大西洋和印度洋海表面风流线图。图 8.1 重现了哈雷风向图中大西洋大部分地区，描述的北南半球的信风。值得注意的是，东南信风和东北信风在赤道以北，而非在赤道上交汇，这与人们预想的气候是关于赤道对称大不相同。在信风交汇的 ITCZ 地区，哈雷写道："说那里有任何的信风或变化的风都是不准确的；因为那里似乎是一个永恒的无风区，伴随着可怕的雷电和降雨。"

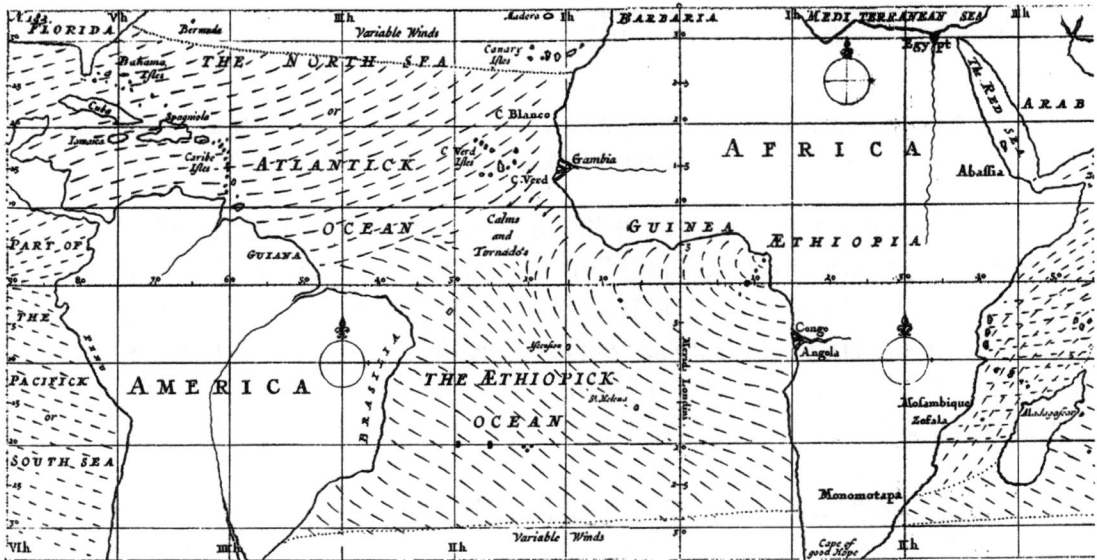

图 8.1 Halley（1686）绘制的大西洋风向图。

　　东风使得商船能够从欧洲航行至美洲，而船长们则通常会避开赤道无风带，因为缓慢而多变的风使帆船停滞不前。后文将揭开 ITCZ 的北偏之谜，其关键就是 ITCZ 与无风带的位置关系。水汽在 ITCZ 区域辐合上升，导致强降水凝结潜热释放，从而驱动了对流层内的全球大气环流。

　　在哈雷时代，大西洋航行比太平洋航行更普遍。由于信息匮乏且出于对赤道对称性的考虑，哈雷地图上，太平洋海盆的信风被绘制在赤道位置交汇处。如果当时人们就知道深对流与海表风场辐合之间的关系，那么就能通过美洲大陆太平洋沿岸地区的降雨分布，得出东太平洋区域的 ITCZ 与大西洋一样位于赤道以北的结论。在赤道以北，丰沛的降雨滋养了温暖的巴拿马和尼加拉瓜茂密的森林，而在赤道以南同样的纬度带，秘鲁的太平洋沿岸区域则是干旱少雨的沙漠地带（图 8.2）。秘鲁利马由于受到东南信风驱动的沿岸上升流影响，年平均温度仅为 19℃，而低海温也抑制了深对流的形成，导致该地区年降雨量仅为 11mm。

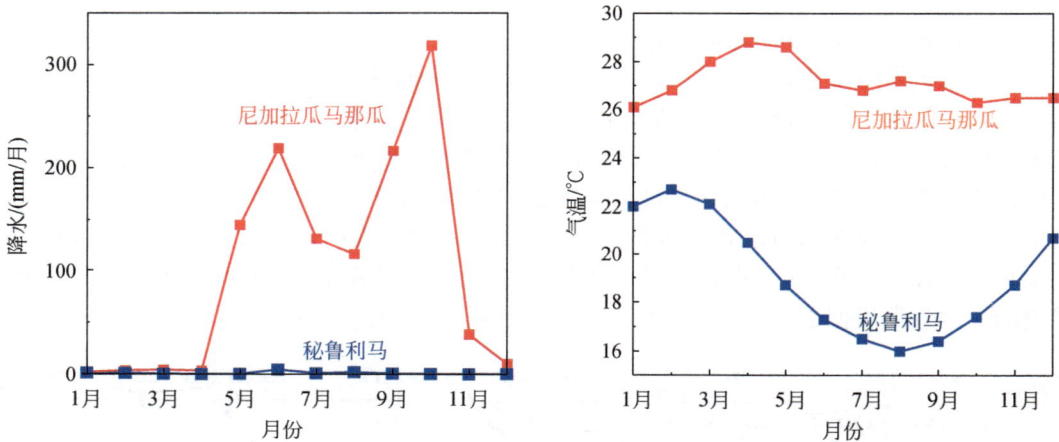

图 8.2　美洲太平洋沿岸的南北不对称性。尼加拉瓜的马那瓜和秘鲁的利马气候态降雨量（左图），
单位为 mm/月，基于现场观测的地表气温（右图），单位为℃。（彭启华供图）

　　图 3.3（a）显示了卫星观测的年平均降水分布。在大陆以及印度洋-西太平洋区域，热带地区的年平均降水分布与太阳辐射分布一致，大致关于赤道对称。然而，在太平洋的东半部以及整个大西洋区域，太阳辐射与热带对流的关系被打破，深对流仅局限在赤道以北的区域。由于在 ITCZ 区域大量的凝结潜热被释放到大气中，ITCZ 有时也被称为热力学赤道。东太平洋和大西洋上的降雨分布引出了如下问题，为什么 ITCZ 不出现在太阳短波辐射量最大的赤道上，而是向北偏移？

8.1.1　风-蒸发-海表温度（SST）反馈

　　热带区域的降水主要分布在 SST 超过 27℃ 的海区［图 3.3（a）］。从气象学的角度来看，ITCZ 在东太平洋和大西洋上常年位于赤道以北是因为赤道以北的 SST 比赤道以南高。

从海洋学的角度来看，赤道以北的 SST 较高是因为 ITCZ 停留在北半球。这表明 ITCZ 常年偏北和高 SST 的带状分布只是同一个问题的两个方面，需要采用大气-海洋耦合的视角来解释它们的关系。

热带海洋主要通过海表蒸发来平衡入射的太阳辐射。东太平洋和大西洋的 ITCZ 处海表风速达到最低点（图 8.3）。海表蒸发是 SST 和风速的函数［式（7.35）］。如果我们假设在 10°N 和 10°S 间的其他要素都相同，根据描述饱和水汽压的克拉珀龙-克劳修斯（CC）方程可知，对于典型的 7 ~ 8m/s 风速而言，25% 的风速差异会导致 3℃ 的 SST 差异（见本章习题）。为了平衡净辐射通量，在 10°N（S）处弱（强）风下，SST 必须升高（降低）。经简单的计算表明，风引起的蒸发变化是解释 SST 经向不对称的一种机制。

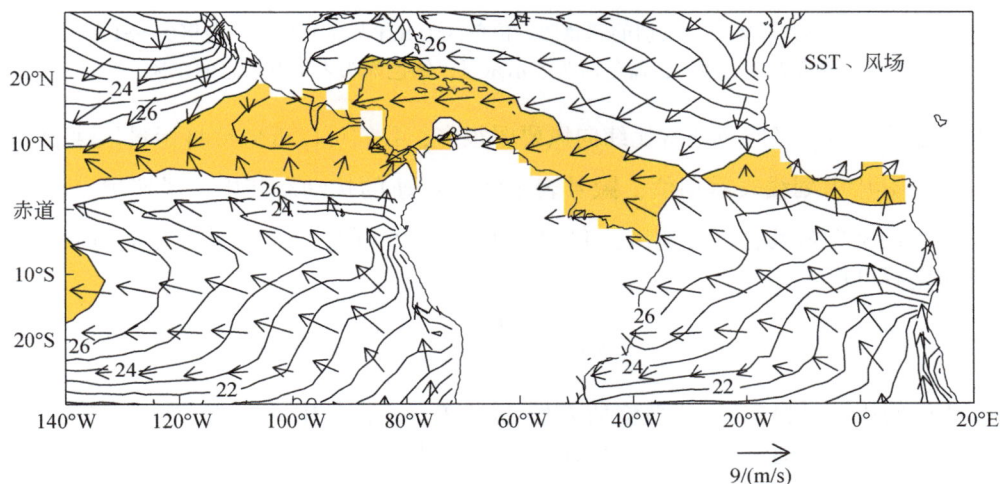

图 8.3　年平均的 SST 和海表风速分布。
黑色等值线表示 SST，间隔为 1℃，阴影区域 ≥27℃，箭头表示风速，单位为 m/s。

我们在此引入一个反对称的 SST 扰动，并详细分析其海洋-大气相互作用的演化过程。假设出于某种原因，赤道以北的 SST 变得略高于赤道以南（图 8.4）。这种海温差异导致的海平面气压梯度将会驱动产生跨赤道南风异常。在科氏力的作用下，跨赤道的南风在赤道以南向西偏转，在赤道以北向东偏转。东南风异常叠加在气候态信风（东风）上，增加赤道以南的海表风速，从而产生蒸发冷却；相反，赤道以北的风速和海表蒸发都会减少，海温增加。这些过程会进一步增强初始的北高南低的 SST 分布。这意味着风-蒸发-SST（wind-evaporation-sea surface temperature，WES）相互作用为正反馈（Xie and Philander，1994）。这种 WES 反馈有利于南北不对称扰动的发展，能够打破由年平均太阳辐射带来的赤道对称性。

8.1.2　耦合模型

我们构建了一个简单模型来阐明 WES 反馈及海洋-大气相互作用的概念。在这里，忽

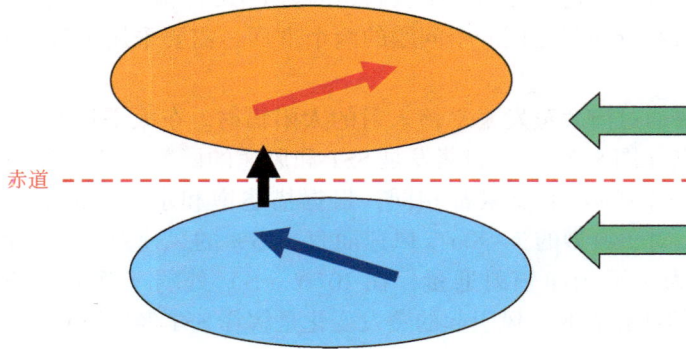

图 8.4　风–蒸发-SST（WES）反馈的示意图。橙色区为 SST 异常正值，蓝色区为 SST 异常负值，
红色箭头表示西风，蓝色箭头表示东风，绿色箭头表示背景态的东风。

略了海气温差。由于经向风通常比纬向风要弱很多，我们可以近似地将标量风速表示为 $W = |\overline{U}+U'|$，其中上划线表示均值，撇号表示纬向风速的扰动。其中，风速项是分段线性的，对于背景风为东风的热带地区，我们有 $W = -(\overline{U}+U')$。对海表潜热通量式（7.35）进行线性化后可得

$$Q'_{\mathrm{E}} = \overline{Q}_{\mathrm{E}}\left(\frac{U'}{\overline{U}}+\alpha\, T'\right) \tag{8.1}$$

式中，我们使用了克拉珀龙–克劳修斯方程 $\mathrm{d}q_{\mathrm{s}}/\mathrm{d}T = \alpha q_{\mathrm{s}}$，其中 $\alpha = L/R_v \overline{T} \sim 0.06\ K^{-1}$。通过进一步忽略海表辐射通量的扰动，我们得到了海表温度的扰动方程：

$$\frac{\partial T}{\partial t} = aU-bT \tag{8.2}$$

式中，$a = \dfrac{\overline{Q}_{\mathrm{E}}}{\rho c_{\mathrm{p}} H_{\mathrm{m}}}\left(\dfrac{1}{-\overline{U}}\right)$，$b = \alpha\,\dfrac{\overline{Q}_{\mathrm{E}}}{\rho c_{\mathrm{p}} H_{\mathrm{m}}}$ 分别为蒸发衰减率。为简洁起见，在本章的其余部分我们均省略了撇号。式（8.2）的第一项反映了其对风速的依赖性，代表了 WES 效应，西风（东风）异常会削弱（加强）背景东风及蒸发作用。等号右侧的第二项则反映了 SST 对海面蒸发的影响，该项起到了牛顿冷却的效果。

　　对于大气来说，跨赤道风由跨赤道 SST 梯度驱动：

$$V = \gamma \cdot \delta T \tag{8.3}$$

式中，γ 为一个常数，δ 为南北选定海域之间的差异（如在 10°N/10°S）。受科氏力影响，跨赤道风会产生纬向风分量［参考 Matsuno-Gill 模型，式（3.32）］：

$$\Delta U = \frac{2}{\varepsilon}f_{\mathrm{N}}V \tag{8.4}$$

式中，f_{N} 为北部选定区域的科氏参数。需要注意的是，在这个大气模型中我们忽略了时间导数项。这种大气"准平衡"的假设主要基于以下事实：大气对 SST 变化的调整时间只需要一周到一个月，这比海洋对大气变化（比如风）的调整时间短了一个数量级。对于一个混合层深度为 50m，信风风速为 7~8m/s 的系统而言，其牛顿衰减率 b 的指数的 e 折尺度

为 6 个月。

将海洋［式（8.2）］与大气模型［式（8.3）~式（8.4）］耦合起来，得到了南北 SST 温差的耦合模型：

$$\frac{\partial}{\partial t}\delta T = (\sigma - b)\delta T \tag{8.5}$$

其中，

$$\sigma = 2f_N \cdot \frac{a\gamma}{\varepsilon} \tag{8.6}$$

是 WES 耦合系数，它是海洋（a）和大气 $\left(\frac{\gamma}{\varepsilon}\right)$ 耦合系数的乘积。在没有耦合的情况下，初始的 SST 南北偶极子分布 δT 会以 b 的速率衰减。有了 WES 反馈后，衰减速率降为（$b-\sigma$）。如果 WES 反馈足够强（$\sigma > b$），SST 经向偶极子分布则可以克服牛顿衰减效应（b），变得不稳定，且随时间增长。

由于 β 效应引起的跨赤道纬向风的经向切变对 WES 反馈至关重要（图 8.4）。WES 耦合系数与 ITCZ 和赤道间的距离成正比（$f_N = \beta y_N$）。赤道上升流引起的冷舌会抑制赤道区域深对流的形成，从而使得 f_N 值很大。这解释了为什么 ITCZ 的强经向不对称性仅发生在东太平洋和大西洋冷舌区。如果没有赤道上升流，ITCZ 会位于赤道上，此时 $f_N = 0$，WES 反馈消失，就会像在印度洋-西太平洋暖池区那样，出现南北对称的气候要素场。

上述 WES 正反馈主要基于盛行东风的背景信风为条件（如在热带东太平洋和大西洋）。然而在背景风盛行西风的海域（如夏季的北印度洋），WES 会变成负反馈。

8.1.3　大陆强迫及西向控制理论

海气反馈对于维持 ITCZ 常年位于赤道以北起到重要作用。然而，它们并不能完全解释为什么东太平洋和大西洋的 ITCZ 偏向北半球而不是南半球。我们可以合理地假设陆地的南北不对称是气候场的南北对称性的终极原因。那么具体是何种大陆特征导致了 ITCZ 偏离赤道，而其作用机理又是怎样的呢？对于太平洋来说，是其西部亚洲-澳大利亚大陆的形状更重要，还是其东侧美洲大陆的形状更重要？在这里，我们扩展了 WES 耦合模型，使其包含了纬向差异。

赤道上的经向风风速是衡量赤道不对称性的一个良好的指标，因为该指标在南北半球间的气候场完全对称时为零。根据 Xie（1996）的方法，我们用一准定常的罗斯贝波方程来模拟经向风，该方程受到经向 SST 梯度的驱动：

$$\left(1 - L_a \frac{\partial}{\partial x}\right)V = \gamma \cdot \delta T \tag{8.7}$$

式中，$L_a = \frac{c_R}{\varepsilon} = \frac{c_a}{5\varepsilon}$ 为该反对称的长波罗斯贝波 e 折尺度，以 $c_a/5$ 相速度向西传播。将式（8.2）、式（8.4）和式（8.7）结合起来，得到了跨赤道风的方程：

$$\left(\frac{\partial}{\partial t} + b\right)\left(1 - L_a \frac{\partial}{\partial x}\right)V = \sigma V \tag{8.8}$$

通常情况下，式（8.8）可以通过施加东边界条件来求解：

$$V \mid_{x=0} = V_E \tag{8.9}$$

在太平洋和大西洋中，东边界处的跨赤道风 V_E 均为正值，这可被视为主要由海盆东边界的陆地南北不对称性引起。

对太平洋而言，考虑一块无限薄的陆地向西北倾斜，且该区域受到均匀的东风信风影响。虽然这块薄的陆地并不会直接影响大气，但是背景态的东风会在赤道南部沿岸引起上升流，而在赤道北边引起下沉流（图 8.5）。这种沿岸上升流的不对称性驱动了东边界上的跨赤道南风。

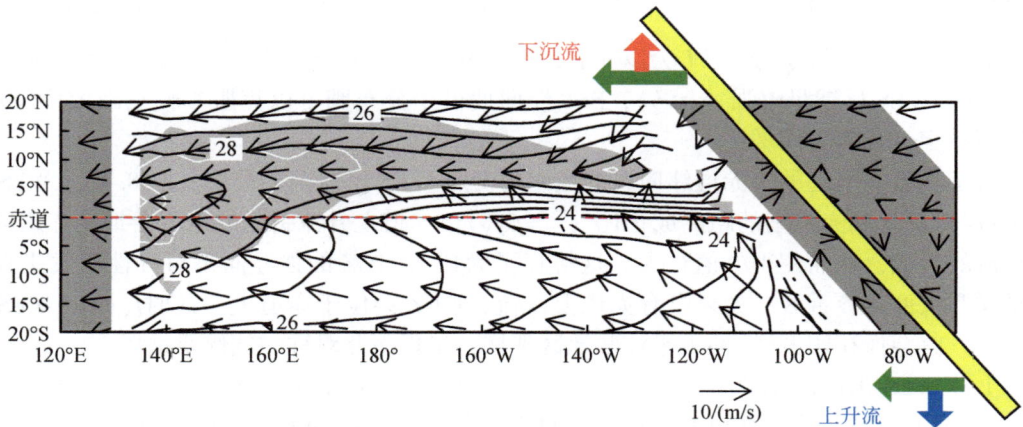

图 8.5　大气–海洋耦合模式中的南北不对称机制示意图。海盆东侧存在一个无限薄的倾斜大陆，绿色箭头表示均匀背景东风，红色、蓝色箭头分别表示下沉流、上升流。等值线表示 SST，间隔为 1℃；箭头表示海表风速，单位为 m/s；填色表示降水，阴影>4mm/d，白色等值线间隔为 4mm/d。均表示气候背景场。（引自 Okajima et al., 2003）

满足东边界条件式（8.9）的式（8.8）的定常解为

$$V = V_E e^{\frac{x}{L_c}} \tag{8.10}$$

式中，$L_c = L_a / \left(1 - \dfrac{\sigma}{b}\right)$ 为与 WES 反馈相关的 e 折尺度。在没有耦合的情况下，大气对东边界强迫的响应向海洋内区迅速衰减，e 折尺度为 L_a（当 $\varepsilon^{-1} = 2d$ 和 $c_a = 50\mathrm{m/s}$ 时，约为 1700km）。WES 反馈使 e 折尺度扩大了 $\left(1 - \dfrac{\sigma}{b}\right)^{-1}$ 倍，从而使陆地不对称性的影响可以深入到西太平洋区域。观测数据显示，赤道上的经向风在南美海岸达到峰值并向西逐渐衰减（指数衰减尺度 L_c 约为 9000km；图 8.3）。

对大西洋而言，位于赤道以北西非凸出的陆地会比赤道以南的海域更炎热，从而在赤道上驱动出南风。这些风进一步在南非海岸和赤道南部的开阔海域引起上升流。这引发了海–气反馈并使得 ITCZ 常年向赤道以北偏移 [图 8.6（a）]。在东南信风和东北信风交汇的温暖海域，深对流充分发展，这便是 Halley 注意到的雷暴和降水。值得注意的是，Halley 所绘制的风力图中包含了解答气候不对称这个困扰人们多年难题的关键要素，ITCZ

区域的无风带使此处较高的水温得以维持。

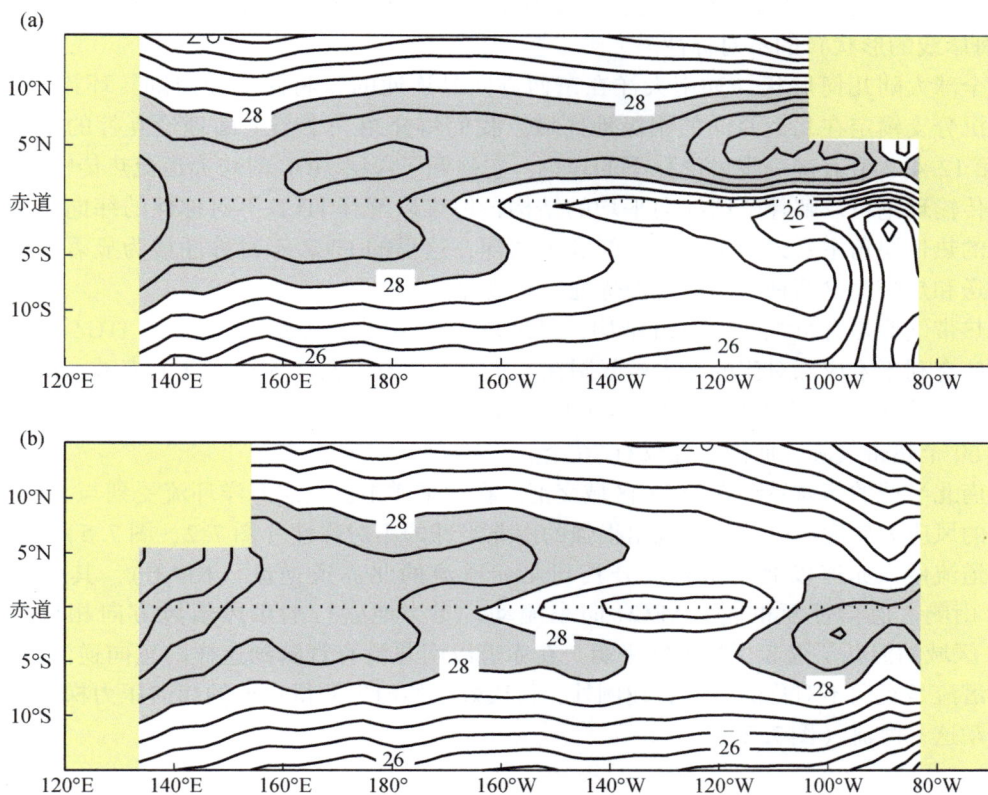

图 8.6　位于海盆东侧和西侧的凸出状陆地对 SST 的作用。在大气–海洋耦合模式中将凸出的陆地
分别加入（a）东边界和（b）西边界后的平均 SST 分布。等值线表示 SST，单位为℃，浅黄色
阴影表示陆地。（引自 Xie and Saito，2001）

　　大陆强迫在东西两侧有显著不同。只有东边界大陆的不对称才能引起大洋内区的不对
称型 ［式（8.10）］。大陆对西侧海洋的控制的根据在于，在长波近似情况下，海洋和大
气的非对称扰动仅以罗斯贝波的形式向西传播 ［式（8.7）］（开尔文波向东传播且相对于
赤道对称）。图 8.6 很好地展示了这一现象。在一个大气–海洋耦合模型中，某侧大陆在北
半球向外凸出，试验结果表明，只有当凸出的大陆位于海洋东侧时，整个海盆的 ITCZ 才
会向北偏移。这种西向控制机制意味着位于大洋东侧的大陆强迫（对于太平洋来说是美
洲，对于大西洋来说是非洲）才是气候系统对称性的关键因素。

8.1.4　热带海盆观点对全球纬向平均理论

　　覆盖了半个地球，从赤道以北的太平洋延伸至大西洋的条状对流云带 ［图 3.3（a）
中灰色填色］的形成不是由大气或海洋单独引起的，甚至也不单是大气–海洋耦合作用的
结果，而是海洋、大气和陆地几何形状共同作用的复杂产物。这种气候不对称性说明了海

洋–大气相互作用能够驱动地球气候系统产生明显偏离其强迫源（太阳辐射）的复杂时空变化。简单大气–海洋耦合模型表明，太平洋和大西洋气候不对称性的形成源于陆地东部（如海岸线的形状）的不对称性。

全球大陆几何形状（如南大洋在东西方向是连通的）将深层经向翻转环流（MOC）的下沉分支锁定在北大西洋的副极地区域。我们将介绍一个与上面理论互补的全球视角（在第 12.4.2 节有进一步讨论）下的理论，它强调了深层 MOC 对跨赤道流热传输的作用。能量传输理论可以解释全球纬向平均的结构，但难以解释 ITCZ 不对称性的纬向分布。本节中的热带视角主要聚焦于东太平洋和大西洋，这里的 ITCZ 不对称性最为显著。全球能量输送和热带海盆两种不同视角仍待进一步整合。

热带气旋是有组织的深对流结构，是地球上最强烈的风暴形式之一。ITCZ 经向不对称性使有利于生成深对流的暖水被限制在了东太平洋及大西洋赤道以北的海域，南半球有将近一半的地区（范围从 140°W ~ 40°E）都没有热带气旋。在全球范围内，北半球每年形成 60 个热带气旋，而南半球仅有 26 个。

南北半球的信风系统在 ITCZ 区域交汇。在太平洋中，上层海洋环流受到与 ITCZ 北偏相关的风应力旋度的驱动，呈现出很强的南北半球的不对称性（图 7.2，图 7.5）。西向的南赤道流侵入赤道以北，作为区分其与北赤道流的北赤道逆流（NECC），其位置靠近 ITCZ 南侧。值得注意的是，NECC 向东流动，与当地盛行的东风信风方向相反，并与 ITCZ 区域的温跃层隆起保持地转平衡。在赤道以南并没有观测到这样的东向逆流。此外，赤道潜流是经向不对称的一个有趣例外，科氏效应的消失使得赤道的纬向压力梯度能够直接驱动这一海流（图 7.2）。

8.2　赤道冷舌与沃克环流

赤道冷舌是热带气候大气层顶（TOA）太阳辐射存在显著差异的另一个例子。从海洋学角度来看，东赤道太平洋的 SST 之所以较低，是因为盛行的东风使温跃层变浅并通过上升流将次表层冷水带到表层混合层。

然而，从气象学角度来看，盛行的东风是由赤道东西两侧 SST 差引起的海平面气压（SLP）梯度的造成的，赤道西部地区深对流活动活跃，而东部地区则相对匮乏，这导致了东西向的 SLP 梯度产生，进而驱动赤道东风，构成了沃克环流的重要组成部分。

上述循环论证的结果表明存在海气正反馈。假设东部的 SST 比西部冷，纬向 SST 梯度驱动东风异常，使得东部温跃层变浅。由东风异常诱导出的赤道上升流通过大气–海洋相互作用进一步放大了东部的 SST 负异常信号。这被称为比耶克内斯反馈，我们将在下一章关于厄尔尼诺和南方涛动（ENSO）的内容中对此做进一步讨论。比耶克内斯反馈和 WES 反馈有显著的差异，前者在东西方向上起作用，涉及风引起的温跃层深度和上升流变化等海洋动力过程；而后者则主要在经向上起作用。在赤道地区，海表热通量对比耶克内斯反馈主要起到抑制的作用；而对于跨赤道南北向反对称的扰动，海表热通量的变化导致了 WES 反馈，进而增强经向不对称性。

赤道背景风为东风。在一个理想化水球试验中（下垫面全是海洋），SST 在纬向上均匀分布，模式结果表明在赤道附近存在着背景东风，速度大约 2m/s（图 8.7）。背景东风的出现打破了赤道的东西向对称性，引起了赤道上升流和温跃层的东向抬升。随后，比耶克内斯反馈进一步放大了赤道东太平洋的冷却效应。

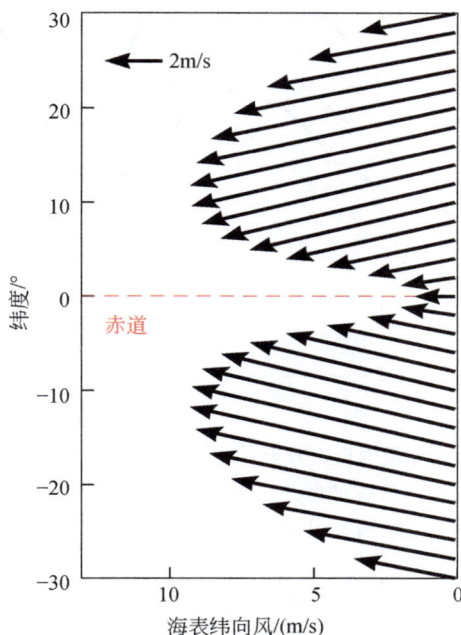

图 8.7　在一个理想化的水球试验中，经向对称且纬向均匀分布的 SST 驱动的海表纬向风的分布图。
（引自 Song et al., 2022；宋子涵供图）

在赤道东太平洋，受陡峭的安第斯山脉阻挡，东风强度至南美洲海岸逐渐减弱（图 8.3）。虽然东风强度在东向减弱，但 SST 继续朝厄瓜多尔方向呈降低趋势，这是由于跨赤道南风不断增强并在赤道以南诱导出较强的海洋上升流。图 8.8 显示了均匀的经向风是如何在远海引起上升流的。在远离赤道的地方，由于受到较强科氏力的影响，赤道以北（赤道以南）的表层埃克曼流向西（向东）偏转。在赤道上，科氏效应消失，暖水与风场方向一致，进而在赤道以南（北）诱导出上升流（下沉流）（Philander and Pacanowski，1981）。在东太平洋，经向上 SST 的最低值（即上升流最强的区域）的确位于赤道以南约 1°处。

根据表层埃克曼解［式（7.3）］，对于空间内均匀的风应力，其垂直埃克曼抽吸速率为

$$w_{\mathrm{E}} = -\frac{\beta}{\rho} \frac{(\varepsilon^2 - f^2)\tau_x + 2\varepsilon f \tau_y}{(\varepsilon^2 + f^2)^2} \tag{8.11}$$

东风引起的上升流在赤道处达到最大值，而跨赤道南风则在赤道以南（以北）引起上升（下沉）流。在南风的作用下，赤道南部上升流峰值区的纬度位置 $\gamma = -\gamma/2 = -\varepsilon/(2\beta)$ 约 $-100km$，这与观测到的 SST 模式中南移的 SST 最低值位置基本一致。由于海盆尺度东风能在东边界附近广阔经向海域引起温跃层的抬升（图 7.5，图 7.9），略微南偏的上升流

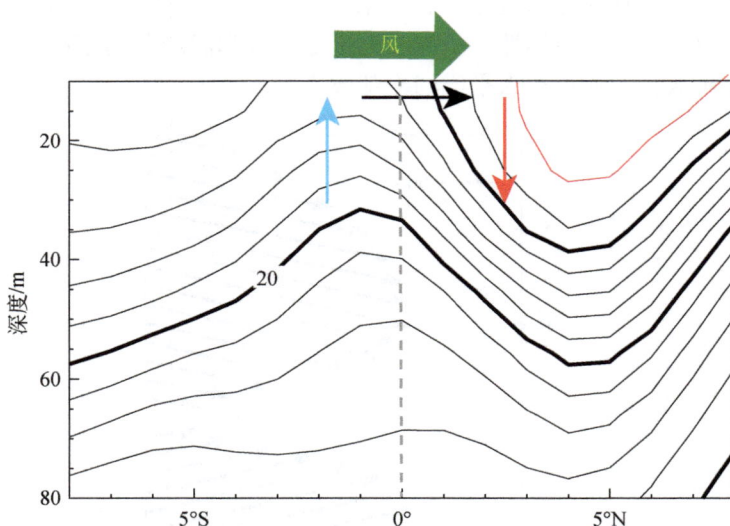

图 8.8　跨赤道南风驱动的赤道附近上升流示意图。其中等值线表示 90°W 处的年平均 SST，
等值线间隔为 1℃，每 5℃ 等值线加粗，红线代表温度 ≥27℃；绿色箭头表示跨赤道南风；
蓝色箭头表示上升流。（彭启华供图）

因而与赤道上升流一样能有效地降低 SST。东南信风诱导的埃克曼流会进一步将上升的冷水通过平流作用输送到赤道外。

东太平洋的跨赤道南风与偏北的 ITCZ 紧密相关，因此 ITCZ 的不对称性加强了赤道冷舌。而冷舌反过来可将 ITCZ 进一步推离赤道，使得 WES 反馈增强［增大在式（8.6）中的 f_N］，从而增强了经向不对称性。这意味着冷舌与 ITCZ 的跨赤道不对称性之间彼此互相耦合。

8.3　赤道年周期

在多数地区，夏季比冬季温暖，这是因为太阳辐射在夏季更强烈。赤道上空的全年 TOA 太阳辐射几乎不变，只在 3 月 21 日和 9 月 21 日（春秋分）时出现轻微峰值。事实上，新加坡（1°N）的气温季节变化幅度很小，通常为 12~1 月的平均 26℃ 到 5~6 月的平均 27.7℃。

那位于东太平洋的加拉帕戈斯群岛的季节变化又是怎样的呢？达尔文对此现象的观察（专栏 8.1）提供了一个重要的线索，光秃秃的树木预示着这里是热带草原气候。这里必然存在一个雨季，否则树木无法生存，但达尔文在 1835 年 9 月测量到 20℃ 的 SST 远远低于产生深对流和降雨所需的温度。实际上，加拉帕戈斯群岛周围的 SST 有很强的季节变化，其 SST 在 9 月最低，为 21℃，而 3 月最高，可达 26℃（图 8.9）。因此，该地区在较冷的 9 月几乎不下雨，而在暖季 2~4 月则会出现中等强度的降雨。该区域 SST 年变化可达 5℃，高于夏威夷（在 20°N）的 3℃。而与夏威夷不同的是，赤道上的太阳辐射在 3~9

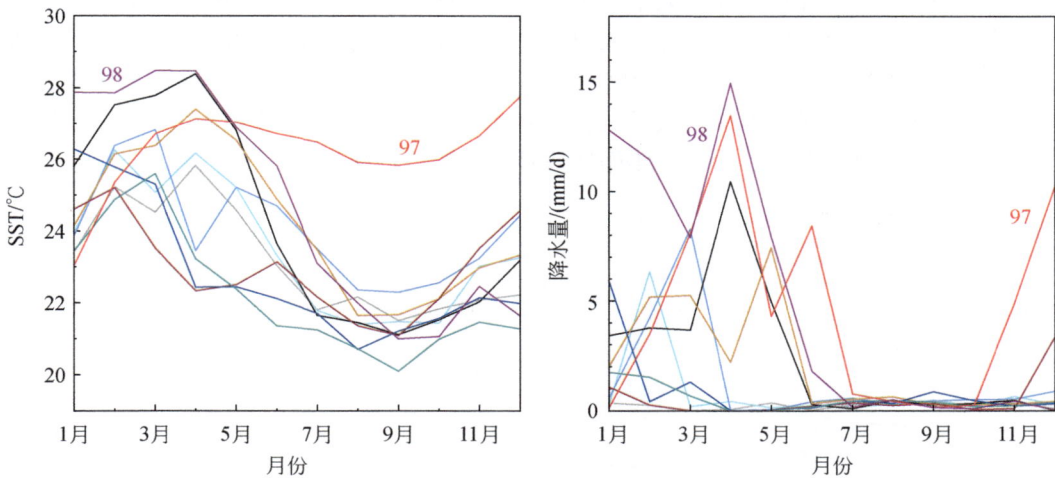

图 8.9　1989～1998 年加拉帕戈斯群岛的 SST 和降水量的变化。左图为 SST，单位为℃，右图为降水量，单位为 mm/d。数据来自加拉帕戈斯群岛现场观测数据。（彭启华供图）

月几乎相同，但是加拉帕戈斯群岛 3 月的 SST 高于 9 月。

专栏 8.1　加拉帕戈斯群岛的气候

加拉帕戈斯群岛位于赤道太平洋的冷舌区（90°W）。由于 SST 较低，该区域全年大部分时间无法形成深对流。云滴在树叶上凝结聚集，是岛上火山地带重要的降水形式。维基百科资料显示：

在被称为"Garua"的季节（6～11 月），海温为 22℃，这时群岛受到来自南方和东南方稳定而寒冷气流的影响，一天中多数时候都绵绵细雨（Garuas），并且群岛周围浓雾缭绕。在暖季（12 月～次年 5 月），平均海温和气温上升至 25℃，多数时候当地平静无风、阳光明媚，偶有间歇性强降雨。

查尔斯·罗伯特·达尔文于 1835 年 9 月作为"贝格尔号（H. M. S Beagle）"船上的博物学家踏上了加拉帕戈斯群岛。在他的日记（Keynes，2001）中，对凉爽季节的东南信风有这样的描述："现在以及在航行期间，天气就像在秘鲁海岸一样的，总是微风伴随着阴沉的天空。"达尔文将干旱的状况描述为"在所有这些岛屿上，遍布干旱的火山土壤和开花的无叶植被，但这里却没有热带地区常见的景色。"他还注意到低云缭绕的山脉上的云雾森林效应。如果达尔文在温暖的季节来到岛上，他会遇到完全不同的气候和景象，岛上青枝绿叶且伴随着阵雨。达尔文注意到的无叶树木在夏威夷的背风坡（如钻石头山）和南加州的大部分时间很常见。这些树木通常在短暂的冬季雨季期间会长出绿色的枝叶。

　　赤道 SST 的年循环信号在西太平洋很弱，向东逐渐增强。此外，东太平洋海域年循环信号还存在显著的西向传播特征（图 8.10）。赤道太平洋的 SST 在 90°W 处于 3 月达到最大值，而在 150°W 处直到 5 月才达到峰值。这引发了若干重要的问题：是什么导致了赤道东太平洋 3 月和 9 月间 SST 的巨大差异？为什么这个年周期在东部较大，向西逐渐减弱？是什么导致了赤道东太平洋的 SST 年循环信号的向西传特征？

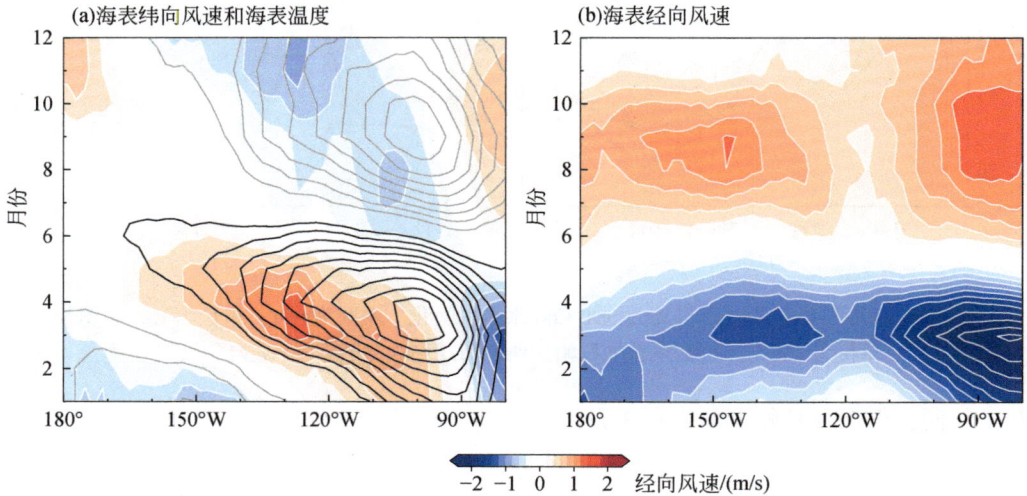

图 8.10　赤道地区（2°S ~ 2°N 经向平均）经度–时间图。（a）SST（等值线，间隔为 0.4℃，黑色为正值，灰色为负值）和海表纬向风速（填色和白色等值线，间隔为 0.2m/s）和（b）海表经向风速（填色和白色等值线，间隔为 0.2m/s）。图中各变量的值为气候态月平均值与年平均值的差，零等值线省略。

（彭启华供图）

8.3.1　年周期

　　在太平洋远东地区，南风驱动了赤道以南的上升流。在 3 月，北/南半球的季节性降温/升温减弱了跨赤道南风，从而使得赤道南侧的上升流减弱以及表层海水变暖（图 8.11）。因此，该海区 3 月和 9 月的 SST 差异主要是由 ITCZ 北偏引起。（如果气候年平均态关于赤道对称会发生什么？）

　　考虑一种与东太平洋相关的简单情况，即 $\tau_x = 0$。根据式 8.11，跨赤道南风驱动上升流

$$w_E = a_\gamma(\bar{\tau}_\gamma + \tau'_\gamma) \tag{8.12}$$

式中，上升流的峰值位于赤道以南 $\gamma = -\gamma_E/2$ 处，且 $a_\gamma = \dfrac{16}{25}\dfrac{\beta}{\rho\varepsilon^3}$。在赤道外上升流的最大值的纬度上，SST 达到南北极小值，同时经向的平流消失。由于在经向风力 τ'_γ 的作用下，赤道上 $u' = 0$，我们还忽略了纬向平流。这里上划线表示年平均值，撇号表示偏差。根据式 (7.29)，在最大上升流位置处，线性化后的混合层温度扰动方程为

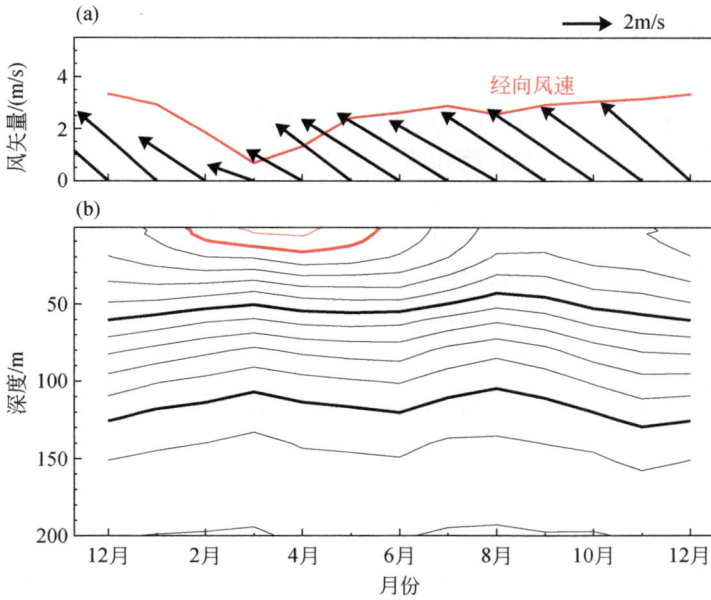

图 8.11　赤道 110°W 处的逐月气候态风速、SST 图。(a) 风矢量（箭头，单位为 m/s）和经向风速（折线，单位为 m/s）。(b) 基于热带大气海洋（tropical atmosphere ocean, TAO）浮标观测的 SST 分布，间隔为 1℃，15℃、20℃ 和 25℃ 加粗，红色 ≥25℃。(彭启华供图)

$$\frac{\partial T'}{\partial t} = -a_\gamma \, \overline{T}_z \tau'_\gamma - bT' \tag{8.13}$$

式中，方程右侧的第一项为异常的上升流的效应；$\overline{T}_z > 0$ 为海表和温跃层之间温度的垂向梯度，其值向东随着温跃层变浅逐渐增加。这里我们忽略了温跃层深度的季节变化（$T'_e = 0$，图 8.11）。

海表热通量试图将 SST 恢复到热平衡状态，而上升流则会使得 SST 更加靠近浅温跃层中的次表层温度。这两种效应都会减弱 SST 的扰动，$b = b_E + b_W$，其中 $b_W = \bar{w}_E / H_m$ 表示由于平均上升流引起的衰减效应 [即式（8.2）中的 b]。风速对于海表潜热通量的影响可以被纳入系数 a_γ 中，但比上升流变化的效应要小。

我们在式（8.13）中假设了南风的平均值大于扰动项，即跨赤道风在一年内始终为南风。跨赤道南风的年周期会通过调节赤道南部上升流的强度迫使 SST 也出现年周期。而随着 $\bar{\tau}_\gamma$ 向西逐渐减弱，太平洋中部和西部海域的跨赤道风会在北半球冬季逆转为北风，导致上升流（与 $|\bar{\tau}_\gamma + \tau'_\gamma|$ 成正比）的年周期信号逐渐减弱。这种向西逐渐减弱的年周期信号可以合并到 $a_\gamma(x)$ 这一项中。

在赤道上，我们可以认为季节性太阳辐射变化引起了经向风扰动，当考虑海洋混合层的热惯性时，表现为南风在 9 月达到最大值。在一阶近似的情况下，τ'_γ 是年周期的，且在经向上变化不大 [图 8.10 (b)]，但由于 $a_\gamma \overline{T}_z$ 的减小，其对 SST 年周期的影响会向西迅速衰减。这解释了为什么赤道太平洋东部的 SST 年周期较大，而西部较弱。

8.3.2　西向相位传播

现在考虑东太平洋远离南美海岸的区域（如110°W以西），该海域的纬向风主导了水平输运和上升流。在赤道上，上升流和纬向流的扰动项都与纬向风的扰动成正比：

$$w_E' = -\frac{\beta}{\rho}\frac{1}{\varepsilon^2}\tau_x',\ u_E' = \frac{1}{\rho H_E}\frac{1}{\varepsilon}\tau_x' \tag{8.14}$$

根据式（7.29），SST扰动的方程为

$$\frac{\partial T}{\partial t} + \bar{u}\frac{\partial T}{\partial x} + a_x\tau_x' = -bT \tag{8.15}$$

式中，$a_x = \frac{\beta}{\rho}\frac{1}{\varepsilon^2}\left(-\bar{T}_z + \frac{1}{H_E}\frac{\varepsilon}{\beta}\bar{T}_x\right)$ 在赤道太平洋区域通常为负值。假设大气压扰动与SST扰动成正比，我们可以得到一个简单的大气模型：

$$\tau_x' = \gamma_\tau\frac{\partial T}{\partial x} \tag{8.16}$$

观测结果证实了这种关系［图8.10（a）］。将其代入SST扰动式（8.15）中，得到一个耦合模型：

$$\frac{\partial T}{\partial t} + (\bar{u} + a_x\gamma_\tau)\frac{\partial T}{\partial x} = -bT \tag{8.17}$$

纬向风和纬向SST梯度的耦合导致SST扰动的向西传播（方程左侧括号中的第二项）。

3月，跨赤道南风减弱，导致赤道南部的上升流也减弱，从而使得赤道SST升温。由于ITCZ的不对称性东向增强和温跃层向东抬升［式（8.13）］，3月的增暖会东向增强。SST的季节性变暖会引起东向SST梯度进而导致东风减弱［式（8.16），图8.10（a）］。正如观测所示，西侧的SST时间变化项变化会导致SST-纬向风耦合模态向西传播。因此，东太平洋气候的平均状态，特别是背景态的跨赤道南风以及东向抬升的温跃层，对于SST的年周期至关重要。

图8.12显示了与此处耦合模型类似的简单大气–海洋耦合耦合模型的结果。它捕捉到了东太平洋观测到的年周期SST变化的主要特征，包括向东增强的振幅和西向位相传播。在西太平洋，局地太阳辐射的半年周期引起了SST的弱半年振荡。

8.3.3　整体季节性变化

在印度–西太平洋暖池及热带大陆区域，气候的年平均分布关于赤道基本对称。在季节时间尺度上，这些地区的最大降雨量随太阳及经向上SST的最大值来回跨越赤道移动。在东太平洋和大西洋上，ITCZ位于赤道以北、类似于一个气候学意义上的赤道——SST的年周期谐波分布（相位和振幅）支持这种观点。在ITCZ的南侧，季节循环呈现类似南半球的特征，3月暖9月冷；而在ITCZ的北侧，SST则在9月达到最大值，在3月达到最小值。图8.13显示了观测到的赤道上SST的年周谐波，其中填色区表示SST均值超过27℃的区域。该图显示了在年平均的ITCZ所在位置，SST的年周期谐波达到最小值（大西洋

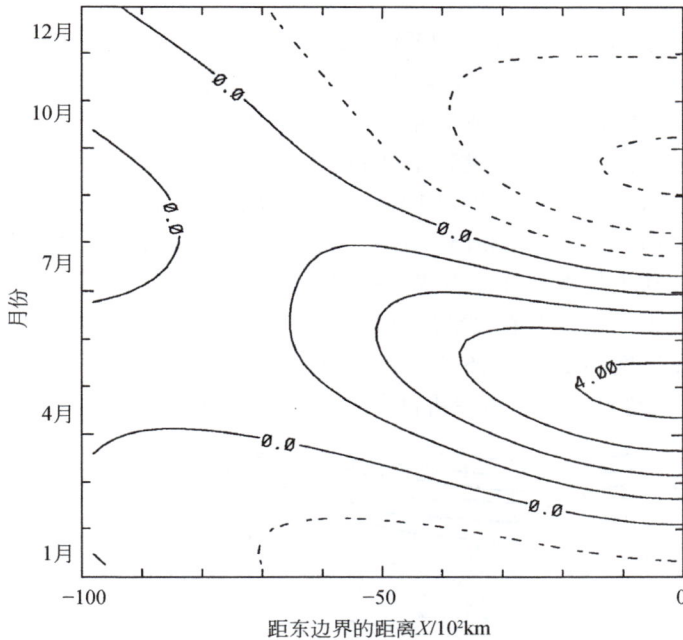

图 8.12　在一个简单的耦合模型中赤道上的季节性 SST 变化。纵轴为月份，横轴为距
东边界的距离，单位为℃。（引自 Xie，1994）

最为明显），符合其作为气候学赤道的概念。对流云和局地 SST 之间的负反馈过程也可能
减小 ITCZ 位置处 SST 的年周期振荡。

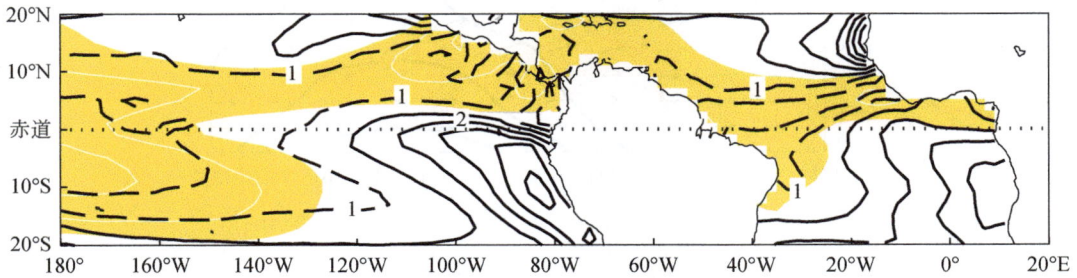

图 8.13　赤道上 SST 的年周期谐波以及年平均的 SST。黑色等值线表示年周期谐波，间隔为 0.5℃；
虚线≤1℃；白色等值线表示年平均 SST，间隔为 1℃，填色表示>27℃。

受到上升流和抬升的温跃层的影响，赤道以南和东边界区域的年周期谐波较强。在赤
道地区，太阳辐射的季节变化是关于赤道反对称的，这导致了赤道附近的经向风呈现强的
年周期变化。在大西洋的大部分地区和太平洋 140°W 以东，ITCZ 常年保持在赤道以北，
且跨赤道南风强度的年周期变化调节了次表层上涌进入到海洋混合层的冷水量。低云是增
强东南太平洋和大西洋年周期信号的另一个因素。在 9 月，ITCZ 北移且赤道以南的大气下
沉活动最为剧烈，边界层云量会大幅增加。SST 和低云之间的正反馈有助于放大赤道以南

SST 的年周期信号。

图 8.14 展示了热带东太平洋（120°W ~ 115°W）的季节循环特征，其中 ITCZ 在一年中的大部分时间都位于赤道以北。从 4 月到 9 月，降水量的最大值会随着 SST 的最大值北移，从 5°N 移动到 12°N。从 9 月到次年 3 月，由于太阳辐射会使得赤道以南（以北）SST 增加（减少），SST 的非对称性因此逐渐减弱。仅在 3 ~ 4 月，赤道以南的 SST 超过对流阈值，这时季节循环抹平了年平均的经向不对称性，从而在热带东太平洋海盆形成了一个关于赤道对称的双 ITCZ 结构 ［图 8.15（a）］。该区域海表风的辐合也遵循相同的季节循环规律，并与 SST 和降水紧密耦合。当我们把目光聚焦于赤道，东南信风在双 ITCZ 出现的短暂时间段内会减弱，导致赤道太平洋升温。赤道太平洋气候要素场在 3 ~ 4 月基本维持赤道南北对称，在这期间 15°S ~ 15°N 之间的 SST 经向梯度很小，这与 9 月形成了鲜明对比，9 月的经向不对称性以及赤道冷舌都是全年中最强的 ［图 8.15（b）］。

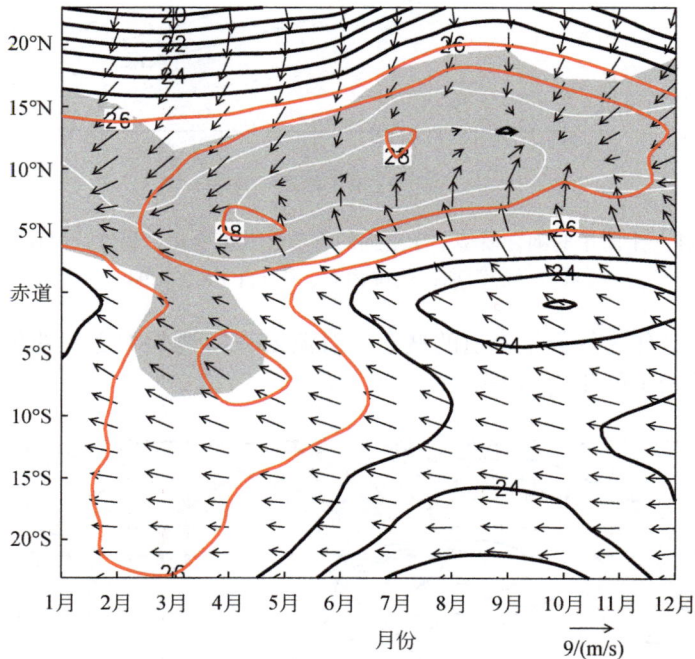

图 8.14　120°W ~ 115°W 纬向平均的东太平洋气候态纬度–时间图。等值线表示 SST，间隔为 1℃，红色≥26℃；箭头表示海表风速，单位为 m/s；白色等值线表示降水量，间隔为 5mm/d，其中≥2.5mm/d 用填色强调。

在赤道太平洋上，SST 的年周期代表着冷舌在 9 月的西扩和 3 月的收缩（图 8.15）。这不禁让人联想到与厄尔尼诺（El Niño）和拉尼娜（La Niña）相关的冷舌的年际扩张与收缩。在这些年际变率中比耶克内斯具有至关重要的作用（第 9 章）。然而这种类比是错误的。首先，厄尔尼诺的海表增温主要是温跃层加深的结果，但在典型的赤道太平洋的季节循环中，温跃层深度的变化微不足道（图 8.11）。其次，虽然纬向风的异常推动了厄尔尼诺的升温，但它在赤道东太平洋上很弱，而在 SST 的季节循环中，东太平洋局地纬向风的变率扮演了至关重要的角色（图 8.8）（Mitchell and Wallace，1992）。

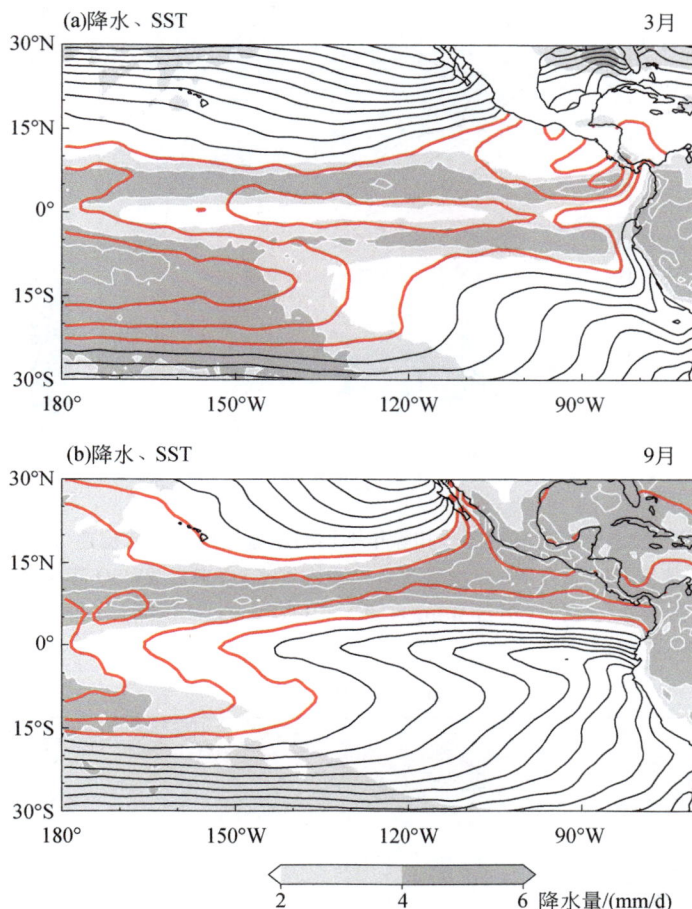

图 8.15　热带太平洋（a）3 月和（b）9 月的气候态 SST 和降水分布图。黑色等值线表示 SST，间隔为 1℃，红色 ≥27℃，白色等值线表示降水量，4mm/d 的间隔，其中浅灰/深灰填色区域分别表示降水 ≥2mm/d 和 ≥4mm/d。（彭启华供图）

　　在赤道上，扣除年平均的纬向海流流速也表现出强的年周期信号，并伴随着明显西向位相传播（图 8.16），这是 ITCZ 地区风应力旋度的季节性变化所强迫出的罗斯贝波的一部分。9 月，太平洋 ITCZ 达到 12°N 的最北位置（图 8.14）。在 5°N，风应力旋度异常加深了此处的温跃层。这意味着赤道上的西向流与东向 NECC 之间的经向切变出现了季节性增强 [图 8.17（a）]。增强的侧向切变产生了热带不稳定波，表现为以 6°N 为中心波、长为 1000km 的反气旋涡 [图 8.17（b）]。由此引起的赤道冷舌准月周期弯曲是卫星图像中最显著的现象之一。

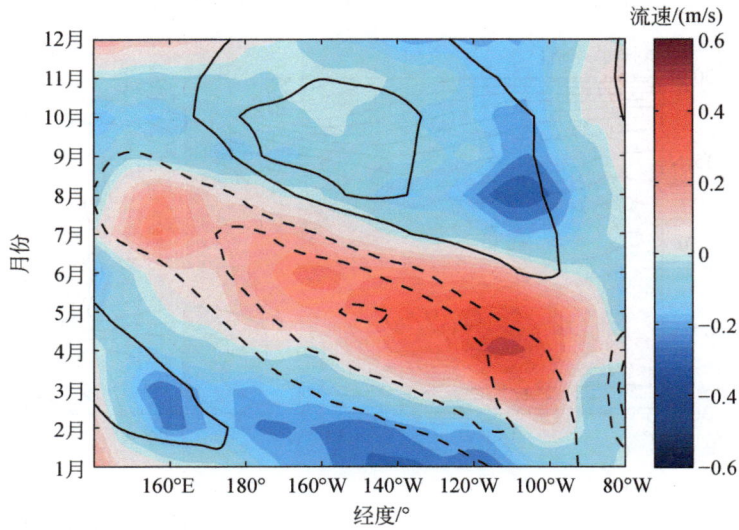

图 8.16　热带太平洋气候态的霍夫默勒图。扣除年平均的赤道处纬向海流流速（填色，单位为 m/s）和 5°N 处海表高度（等值线，间隔为 4cm，虚线为负，零线省略）。来自 AVISO 海表高度和 OSCAR 海流数据。（引自 Wang et al., 2017；Wang M 供图）

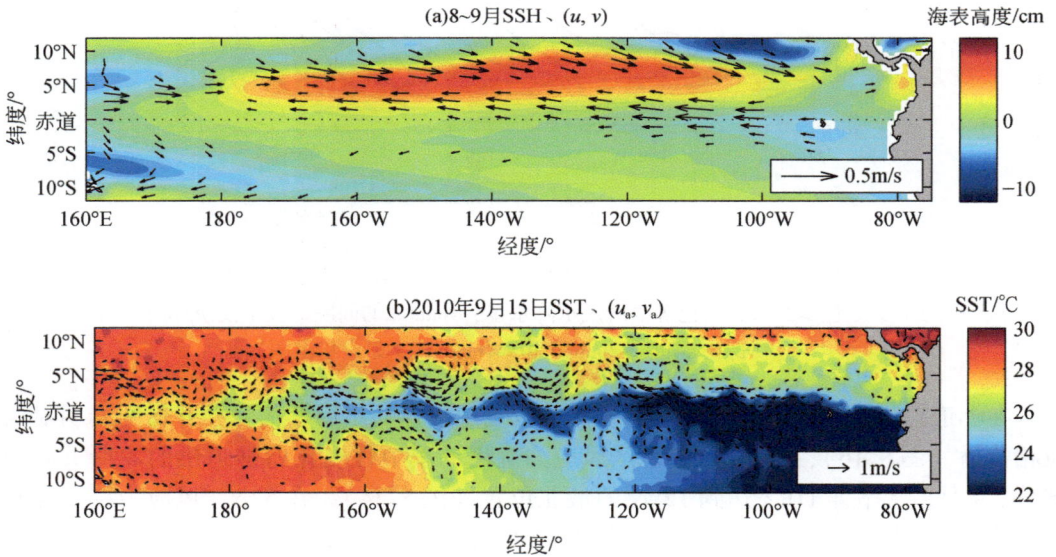

图 8.17　（a）扣除年平均后的 8~9 月气候态海表高度和海流速度分布图。填色图为海表高度，单位为 cm；箭头表示海流速度，单位为 m/s。（b）2010 年 9 月 15 日的 SST 和异常海流速度分布图，填色表示 SST，单位为℃，箭头表示海流速度，单位为 m/s。来自 AVISO 海表高度、OSCAR 海流以及最优插值海表面温度（Optimum Interpolation Sea Surface Temperature，OISST）数据集。（Wang M 供图）

习 题

1. 根据早期大气环流模式的模拟，Manabe 等（1974）认为 SST 分布决定了 ITCZ 常年位于赤道以北的地区。请从热带东太平洋降雨和 SST 的季节变化为这一观点的提供依据。具体而言，双 ITCZ 通常发生在何时？这时 SST 的经向剖面图是什么样的？

2. 大陆如何控制其西侧海洋的气候不对称性？在这个西向控制理论背后的关键论据是什么？

3. 考虑在赤道上存在一个以赤道为中心南北对称的 SST 扰动。WES 反馈会像在南北非对称扰动过程中那样促进扰动的增长吗？假设所有因素在东西方向上都是均匀的。

4. 请证明在常年偏北的 ITCZ 区域中，风应力旋度为正值。该正风应力旋度海域的两侧伴随着埃克曼下沉运动。使用斯韦德鲁普输送理论证明 NECC 与 ITCZ 区域的温跃层隆起之间的地转平衡。3 月和 9 月哪个时候 NECC 更强？

5. 一个朋友计划去加拉帕戈斯群岛旅行。针对那里的天气和气候，你会给他/她提出什么建议？

6. 在加拉帕戈斯群岛和秘鲁海岸上都发现有企鹅。从这一点我们能推断出当地具有怎样的气候特征（温度和降雨）？

7. 在 140°W 经线上，是什么因素导致了 SST 在赤道上出现极小值？为什么在 90°W 处的 SST 极小值区域却位于赤道偏南的区域？

8. 查看图 8.15（a）。在 3 月的时候，赤道 120°W 位置处的气候态 SST 是低于还是高于 27℃？请解释原因。

9. 如果 ITCZ 位于赤道以南，加拉帕戈斯群岛的雨季会出现在何时？

10. ITCZ 通常被视为气候对称轴。这解释了赤道上的年周期信号，但为什么东太平洋 SST 的年周期谐波最大值出现在赤道上？换而言之，是什么增强了赤道上的 SST 年周期变化？

11. 请证明耦合反馈在赤道东太平洋冷舌的形成过程中起到重要作用。为什么赤道暖舌不可能存在？在自然情况下，厄尔尼诺最多只能造成整个赤道太平洋 SST 在东西方向上几乎一致。

12. 温跃层深度的季节变化在赤道以北比赤道以南更大（如将 5°N 和 5°S 温跃层进行对比），请解释是什么造成这一现象？提示：ITCZ 区域风应力旋度是主要的驱动力（图 8.14）。

第9章　厄尔尼诺、南方涛动及全球影响

夏季总是比冬季更温暖，但每年夏季在温度、降水等方面都各有不同。在加拉帕戈斯群岛，海表温度（SST）年际变率可达 4~5℃。东太平洋海洋上的变化竟与远在 15000km 之外的澳大利亚北部达尔文港的地面气压的变化惊人地同步的（图 9.1）。对这种显著的相关性的发现和解释引发了一场关于海洋和大气耦合动力学和气候预测的伟大科学革命（专栏 9.1）。

专栏 9.1　迈向耦合动力学之路

在几次受季风变化引起的灾难性饥荒后，英属印度政府于 1904 年任命吉尔伯特·沃克（Gilbert Walker）为印度气象局局长，负责预测季风降雨。虽然事先没有接受过气象培训，吉尔伯特·沃克将印度的年际变率视为他所称的"世界天气"，也就是人们现在常说的全球遥相关的一部分。Walker（1933）利用几十年的全球观测数据，通过计算皮尔逊相关系数来寻找全球遥相关，并成功发现了南方涛动，即印度洋气压降低与东太平洋热带地区气压升高之间形成了偶极子的关系。

在此之后，Bjerknes（1969）关键性地指出了是赤道冷舌驱动了沃克环流，而沃克环流在海表引起的东风则反过来驱动了赤道上升流，从而使得东太平洋海水变冷。他提出了同样的反馈机制能够增强厄尔尼诺现象。他惊叹于"引人注目的遥相关性"，即"秘鲁海岸上升流的水温变化与半个地球外的雅加达气压异常紧密相关"。

令 Wyrtki（1975）感到困惑的是，厄尔尼诺期间存在海盆范围的增暖，但赤道东太平洋上却没有相应风场变化。他注意到，在厄尔尼诺期间，南美洲海岸 15℃ 等温线加深了 100m，并指出"上升流依然存在，但由于表层暖水非常深厚，上升流无法将冷水带到海面。"关于连接中太平洋风场变化和秘鲁海岸处温跃层深度变化的机制，维尔特基（Wyrtki）引用了 Godfrey（1975）的观点："东风减弱将激发（开尔文波）下沉运动……以增强被比耶克内斯注意到的升温。"

Busalacchi 等（1983）使用粗略的月均风应力数据来驱动约化重力模型。他们的后报结果与加拉帕戈斯群岛和热带太平洋其他地区的海平面观测相吻合。当时对广阔热带太平洋上海洋风场的测量非常有限，只有少数船只航线上的测量数据可用，幸运的是，赤道波动的纬向波长较长，能够消除风场分析中的误差。

赤道潜流（Cromwell et al., 1954）的发现引发了像 Stommel 和查尼这样的动力学先驱的注意，他们发展了不同的理论。"海洋学家想要解释赤道潜流，但他们找到了更加有趣的东西——厄尔尼诺"，George Philander 评论道。他们首先在平流层中发现

了赤道波动（专栏3.1），这些波动将风的变化传达到远处的海洋中，从而对 ENSO 产生重要影响。ENSO 的研究在物理海洋学和动力气象学的跨学科整合中取得了巨大成功。Philander 等（1984）表明，温跃层反馈与大气的耦合使得海洋中的开尔文波产生扰动，用气候动力学词汇来讲就是引入了耦合不稳定/模态。

Bjerknes（1969）提出，动力海洋学蕴藏着厄尔尼诺和拉尼娜之间转变的关键。McCreary 和 Anderson（1984）表明，除了引发厄尔尼诺的下沉开尔文波外，风的变化还会激发上升罗斯贝波，并在西边界反射回来后引发相位转变。这种观点指出，海洋与风并不处于平衡状态，而这种不平衡的状态会导致太平洋在厄尔尼诺和拉尼娜之间振荡。该观点已经以各种形式被纳入多种 ENSO 理论中（Suarez and Schopf, 1988；Battisti and Hirst, 1989；Jin, 1997；Wang and Picaut, 2004）。

如果厄尔尼诺对赤道太平洋以外的地区没有影响，那么关注它的群体将仅限于少数赤道海洋学家和热带气象学家。然而，事实上 ENSO 对全球具有强烈的影响，包括对印度季风（Rasmusson and Carpenter, 1982）和北美洲（Horel and Wallace, 1981）的影响，这促进了国际社会合作开展了"热带海洋和全球大气"（Tropical Ocean and Global Atmosphere, TOGA）项目（Rasmusson, 2015）。TOGA 项目（1985~1995 年）取得的成就包括了季节性气候预测（Cane et al., 1986）和沿赤道太平洋区域部署的 TAO 浮标（Phaden et al., 1998）。

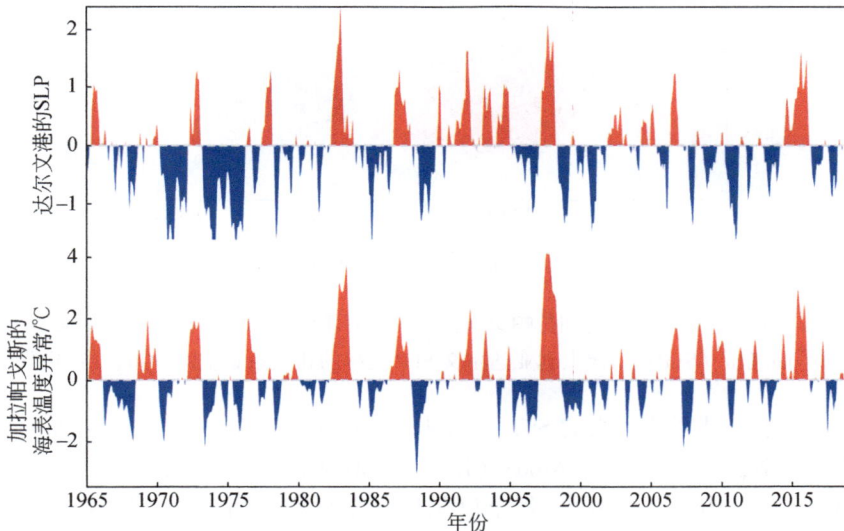

图 9.1　达尔文港（澳大利亚）现场观测的地面气压异常（hPa）和加拉帕戈斯的海表温度异常（SSTA, ℃）的月平均时间序列。两者相关系数为0.83。（彭启华供图）

厄尔尼诺（El Niño）最初是秘鲁太平洋沿岸渔民用来指代圣诞节前后每隔几年发生的海洋异常升温现象。现在普遍认为，沿海升温并不局限在当地，而是赤道太平洋海盆尺度升温现象的一部分［图9.2（a）］。同样，澳大利亚达尔文地区的大气压强变化则是印度洋-西太平洋暖池和热带东太平洋之间的全球性气压"跷跷板"现象的一部分，吉尔伯特·沃克尔（Gilbert Walker）称之为南方涛动［图9.2（b）］。加拉帕戈斯群岛的SST与达尔文港大气压强之间的高相关性意味着它们是一个耦合现象的不同表现，这一现象被称为厄尔尼诺和南方涛动（ENSO）。厄尔尼诺发生时，热带东太平洋（如塔希提岛）的海平面气压（SLP）下降，而印度洋~西太平洋地区（如达尔文）气压则上升。厄尔尼诺期间的SST升温以赤道为中心，向两极迅速衰减，而SLP与达尔文气压的相关系数则显示出全球模态，说明了厄尔尼诺可以影响到全球范围。

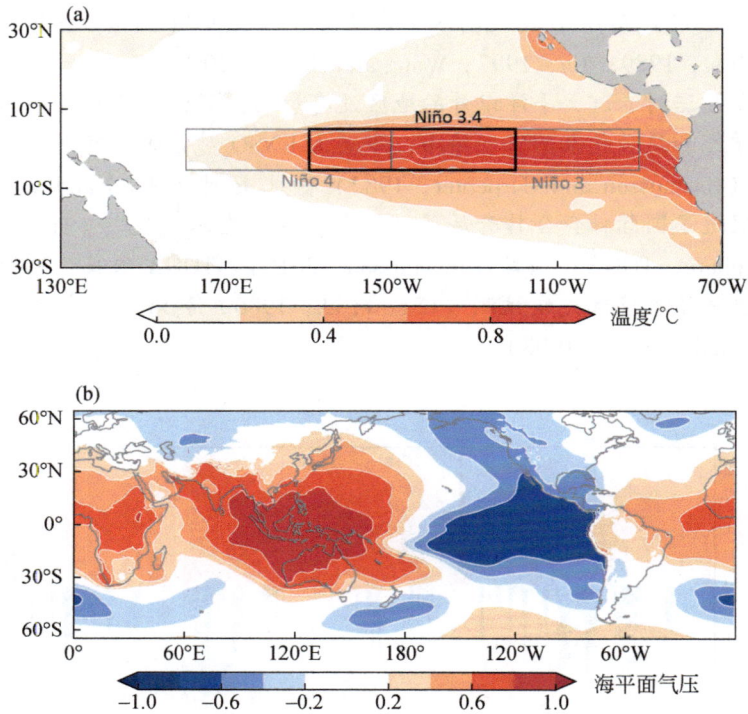

图9.2　（a）太平洋区域海温对加拉帕戈斯群岛SST异常的回归。方框标示出了典型的尼诺区。
（b）海平面气压（SLP）与澳大利亚达尔文SLP变率的相关系数空间分布。（彭启华供图）

人们常用以下关键区域平均的SST来监测ENSO事件［图9.2（a）］：Niño4（160°E~150°W，5°S~5°N，中太平洋）、Niño3（150°W~90°W，5°S~5°N，东太平洋）和Niño1+2（90°W~80°W，0~10°S，沿岸）。每个厄尔尼诺事件都有所不同，这些差异可体现在诸如Niño3和Niño4区SST异常上（第9.4.3节）。事实上，中东太平洋Niño3.4（170°W~120°W，5°S~5°N）区的SST能够很好地表征大多数ENSO事件。

南方涛动指数（Southern Oscillation Index，SOI）定义为塔希提岛和达尔文市之间SLP差异的标准化值。SOI与Niño3.4区SST高度相关。虽然该指数包含了高频的天气噪声，但它具有时间序列长（可追溯到1882年）且统一记录的优点。

9.1　1997～1998 年厄尔尼诺事件

　　按照某些指标（如 Niño3 区的 SST 异常），1997～1998 年发生了有记录以来最强的厄尔尼诺事件，该事件导致了全球范围内的气候异常。这使得厄尔尼诺进入了公众视野，并成了家喻户晓的名词和气候变率的代表。在这次超级厄尔尼诺的最强盛的时期（约 1997 年 12 月），赤道东太平洋区域的冷舌消失，日界线附近的背景东风逆转为西风，且深对流移动到日界线的东侧，这导致了海洋性大陆处于严重干旱状态。在此干旱条件下，印度尼西亚大火肆虐，近 2000 万英亩的土地被烧毁。火灾生成的烟尘和雾霾甚至扩散到了泰国和菲律宾。而在太平洋的另一侧，秘鲁沿海地区发生了严重洪涝灾害，部分沙丘被淹没，形成了一个面积达 1 万 km² 的巨大湖泊。只有从露出水面的沙山提醒着人们，这里平时是一片高原沙漠（图 9.3）。这个被称为"拉尼娜潟湖（lagoon La Niña）"的湖泊直到两年后才消失，这里也回到了沙漠的状态。在其他地方，冬季风暴袭击了加利福尼亚（下简称加州），而在随后的夏季，长江流域极端洪水肆虐。1998 年的长江特大洪水在中国引起了广泛，促使人们着手恢复为经济发展让路的湿地和湖泊。

图 9.3　（左）2015 年印度尼西亚森林大火引起的烟雾。（右）1997～1998 年厄尔尼诺事件后在秘鲁塞丘拉沙漠中出现的长达 90 英里[①]的湖泊。（左图摘自 https：//news. mongabay. com/2016/09/se-asian-governments-dismiss-finding-that-2015-haze-killed-100300/ ［2024. 8. 15］；右图摘自《国家地理》，1999 年 3 月）

　　在这次超级厄尔尼诺期间，热带太平洋地区经历了非常强烈的变化。赤道冷舌消退，SST 超过 29℃ 的温暖表层水从印度尼西亚一直延伸到厄瓜多尔，覆盖了太平洋的广阔海域（图 9.4）。相应地，整个赤道太平洋区域深对流活动都非常活跃。与气候态相比，东太平洋的对流移向赤道，同时沿赤道向东扩展。印度洋-西太平洋暖池上方的对流减少，而日界线东侧的对流活动增强，该降水异常的东西向偶极子分布驱动了强烈的西风异常（图 9.5）。赤道东太平洋区域的纬向风异常较弱，因为东西向偶极子型加热所激发的大气开尔文波在此彼此抵消。

---

　　①　1 英里＝1. 609344km。

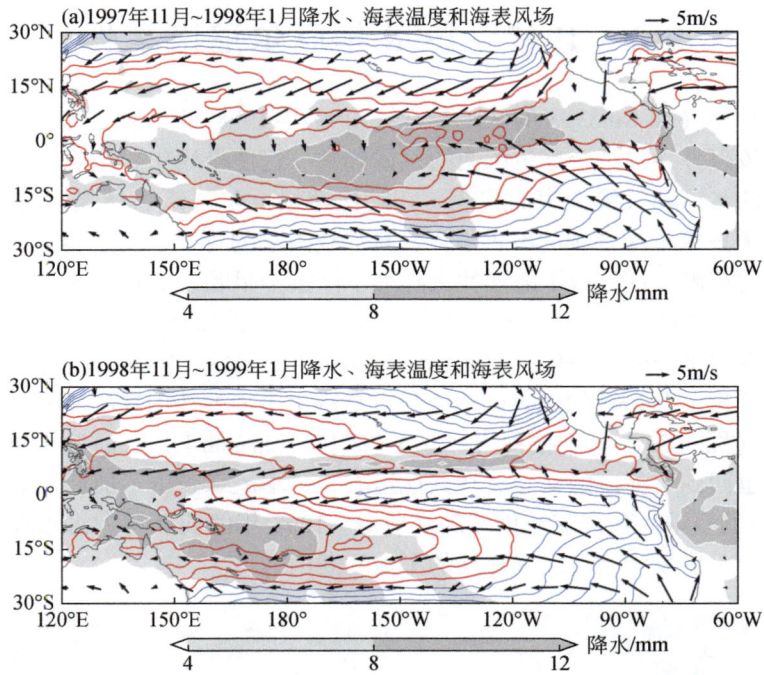

图 9.4 （a）1997 年 11 月～1998 年 1 月以及（b）1998 年 11 月～1999 年 1 月的海表温度、降水和海表风场分布。红色等值线表示 SST≥26℃，灰色和白色等值线表示降水，间隔为 4mm，箭头表示风场，单位为 m/s。（彭启华供图）

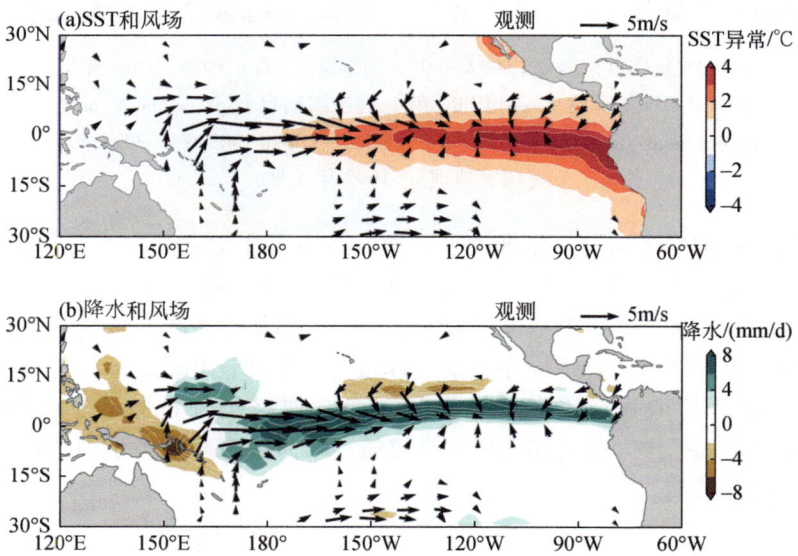

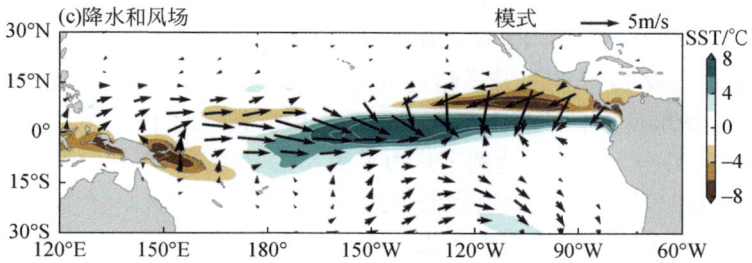

图 9.5 1997 年 8～10 月间的海气异常。(a) SST 异常 (填色，单位为℃)；(b) 降水 (单位为 mm/d)，以及海表风异常 (箭头，单位为 m/s)。(c) 与 (b) 类似，但为观测的 SST 强迫大气模式为 (community atmospheric model version 5，CAM5) 的结果。(彭启华供图)

尽管纬向风异常主要局限在太平洋海盆的西半部分，但与厄尔尼诺相关的 SST 增暖始于日界线附近，且东向加强 [图 9.5 (a)]。西风异常使得通常向东倾斜的温跃层变平。Wyrtki (1975) 指出，东太平洋温跃层的加深是 SST 增温的直接原因，因为日界线附近东风减弱能导致次表层增暖，而埃克曼上升流能够将温度异常信号带到上层 [图 9.6 (b)]。这类温跃层的垂直起伏通过上升流影响 SST 的反馈被称为温跃层反馈 (thermocline feedback)。

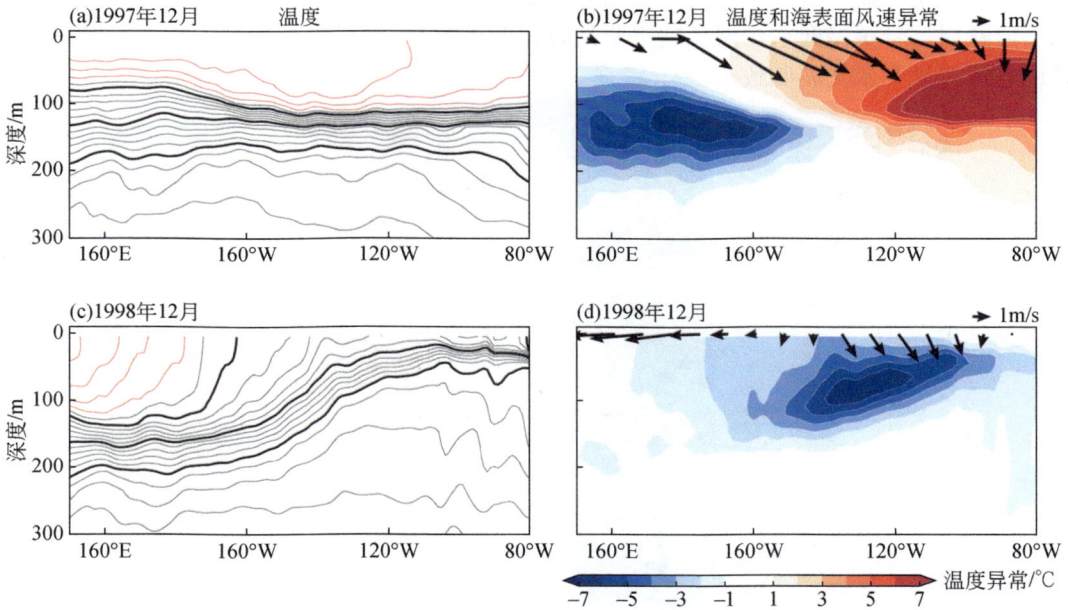

图 9.6 1997 年 12 月赤道太平洋的经度-深度分布图。(a) 赤道太平洋的海洋温度 (间隔为 1℃，每隔 5℃加粗，温度≥27℃为红色)；(b) 温度异常 (填色，单位为℃)，箭头表示海表面风场异常，单位为 m/s。(c) (d) 与 (a) (b) 相同，但为 1998 年 12 月的结果。(彭启华供图)

图 9.6 比较了 1997 年 12 月 (发生了厄尔尼诺) 和 1998 年 12 月 (发生了拉尼娜) 沿

赤道的海洋温度垂直剖面图。东太平洋，以 110°W 为例，1998 年 12 月 20℃等温线深度（Z20）小于 50m，而到 1997 年 12 月 Z20 超过了 100m。1997 年的温跃层变平导致了该年东部海洋次表层水温较 1998 年上升了超过 10℃。1997 年海洋次表层的升温引起 SST 升高大约 5℃，表明温跃层反馈在这当中起到了重要作用。相比之下，西太平洋的平均温跃层较深，且 SST 约 30℃与大气接近达到了热力平衡。在 1997 年 12 月，温跃层在西太平洋略有抬升，表现为海洋表层以下的水温降低了约 5℃。然而与东太平洋不同的是，西太平洋温跃层的抬升并没有引起明显的 SST 变化，这主要是由于该区域平均温跃层较深并且西风异常抑制了局地上升流。因此，西太平洋的温跃层反馈很弱，海洋温跃层的变化对 SST 的影响有限。在中太平洋（Niño4）区域，混合层的变暖，而在其之下的次表层变冷。SST 的增温主要是由异常向东的暖平流和减弱的上升流造成的，其中信风减弱和赤道波动调整引起了上升流的变化。因此，控制太平洋的西部、中部以及东部区域 SST 变化的主要物理机制各不相同。

我们可以通过海洋和大气异常信号共同向东传播的特征来进一步说明 ENSO 海气耦合的本质（图 9.7）。1997 年初，赤道太平洋的东部三分之二的海域开始变暖且暖池的东部边缘向东移动。与此同时，反映深对流活动的向外长波辐射（OLR）负异常和西风异常也在向东扩展。西风异常抑制了上升流，并使东部的温跃层加深了 80m。在 1997 年年初，我们能在缓慢传播的温跃层异常信号中，看到成串的季节内尺度的自由海洋开尔文波以更快的速度向东传播。这些波动是由受马登–朱利安振荡（MJO；图 4.16）驱动的。异常加深的温跃层信号缓慢向东扩展，这主要是海洋和大气耦合波动的结果（第 9.2 节），而不是由自由海洋开尔文波所致。

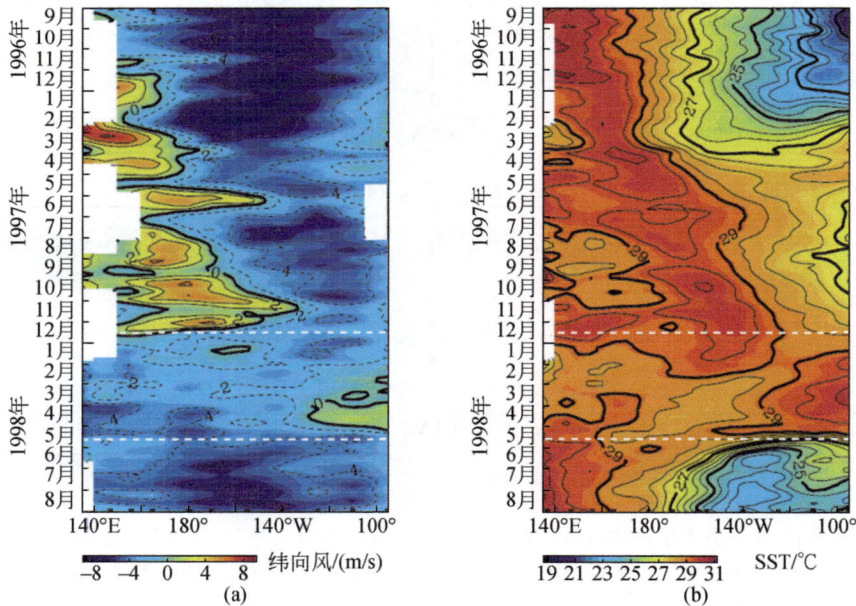

(a)　纬向风/(m/s)　-8　-4　0　4　8

(b)　SST/℃　19 21 23 25 27 29 31

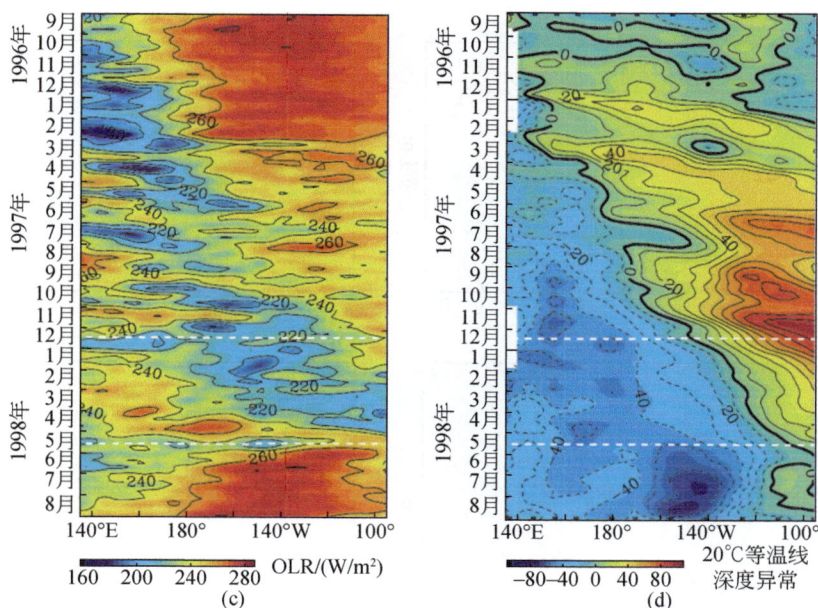

图 9.7　1997～1998 年厄尔尼诺的演化。沿赤道的海表纬向风、海表温度（SST）、向外长波辐射（OLR）和 20℃等温线深度（Z20）异常的时间−经度图。（摘自 McPhaden，1999）

9.2　比耶克内斯反馈

由于赤道上的海流具有强烈的垂直切变，在此部署系泊浮标变得非常困难。在 20 世纪 80 年代初，松弛系泊技术的发明终于使得长期（数月以上）布放赤道浮标成为了可能，这也帮助科学家及时捕捉到了 1982～1983 年的超级厄尔尼诺事件。在 1982 年 12 月，赤道 95°W 位置处 20℃等温线深度下沉了 100m，在 3 个月后的 1983 年 4 月，SST 升温至 30℃。令许多海洋学家震惊的是，在这 5 个月中，赤道潜流（EUC）完全消失了 ［图 9.8（a）］；而当时人们认为 EUC 是赤道太平洋中永久存在的一支海流，在该区域，典型核心流速为 1m/s。在 1982～1983 年厄尔尼诺事件的成熟期，赤道太平洋处于与气候背景态完全不同的状态：暖水在整个海盆范围扩散，温跃层变得平坦，且 EUC 消失。

从海洋学的角度来看，厄尔尼诺是由赤道上东风信风减弱所致。用观测到的海表风来强迫环流模式（GCM）可以成功地模拟 1982～1983 年东太平洋观测到的海洋的剧烈变化，包括了温跃层的加深、SST 剧烈升温以及 EUC 的消失 ［图 9.8（c）（d）］。从气象学的角度来看，南方涛动是由赤道太平洋上的厄尔尼诺引起的。用观测到的 SST 来强迫大气 GCM 可以重现在厄尔尼诺期间达尔文气压的增加和塔希提气压的下降以及日界线附近信风的减弱 ［图 9.5（c）］。

上述循环论证暗示了厄尔尼诺和南方涛动之间存在正反馈。为了不失一般性，我们从西风扰动出发，假设这一西风扰动是由 MJO 这类大气内部变率引起的。初始的西风异常

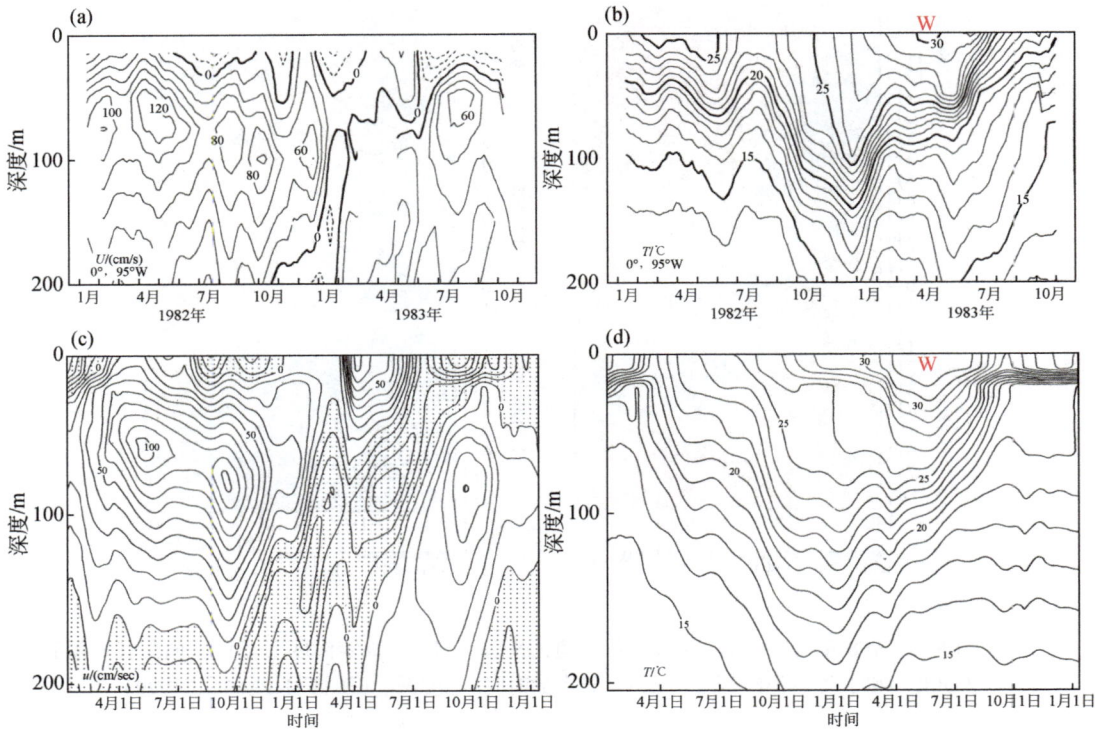

图 9.8　Halpern 等（1983）测量的赤道 95°W 位置处的时间–深度图。（a）纬向流速（cm/s），（b）温度
（℃）。（c）（d）与（a）（b）相同，但为观测风场驱动海洋环流模式的结果，红色 W 表示暖水。（摘自
Philander and Seigel，1985）

会使得东部温跃层加深，然后通过温跃层反馈导致 SST 升温。而来自中、东太平洋的海表
增暖使得深对流东移，从而进一步增强了日界线附近的初始西风扰动。根据有限的观测资
料，Bjerknes（1969）提出了这种正反馈循环，而 Wyrtki（1975）则在其中添加了关键部
分——温跃层对远距离风场扰动的响应。上述反馈过程沿着赤道波导进行。

9.2.1　地球自转的影响

　　Yamagata（1985）提出以下思想实验来说明科氏效应对比耶克内斯反馈的影响。假设
温度跃层加深导致 SST 上升，与在东赤道太平洋观测到的情况类似。首先考虑一个非旋转
系统［如在赤道上的情况；图 9.9（a）］。假设温跃层深度先是有轻微的加深，它导致
SST 升高，从而会增强深对流活动且使得风场辐合。在没有科氏力的情况下，辐合风带动
表层洋流辐合，从而使得温跃层进一步加深。这种将初始温跃层扰动放大的结果表明，在
没有地球自转的情况下，海气相互作用将会变得不稳定。

　　然而，f 平面上的海洋和大气相互作用会与上面的例子有明显的不同［图 9.9（b）］。
初始温跃层的加深仍会导致 SST 升高和深对流增强，但强化的深对流对应的低压通过地转
调整，在海面上形成气旋式风场（边界层中的大气埃克曼流辐向低压区辐合，从而提供了

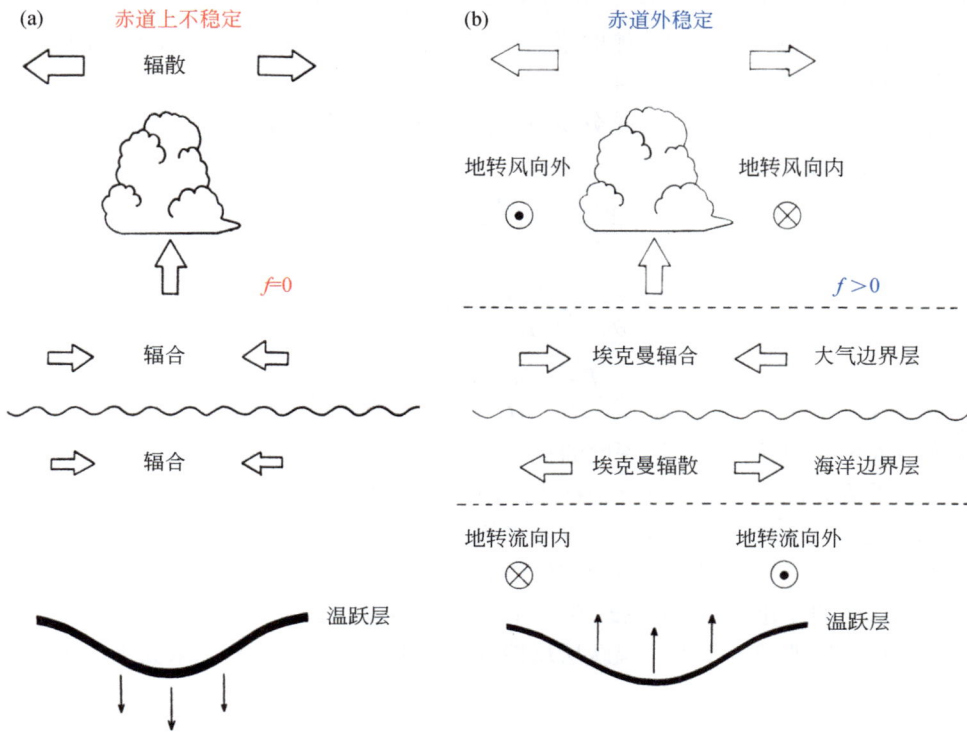

图 9.9　海洋和大气相互作用示意图：（a）没有地球自转，（b）有地球自转的情形。
（摘自 Yamagata，1985）

对流所需的水汽）。而在气旋式风场的驱动下，最初温跃层加深区域出现了辐散的海表埃克曼流，使温跃层抬升。因此，当地转效应明显时，海气相互作用的结果是减弱了最初的温跃层扰动。总之，在赤道上，科氏力消失，比耶克内斯反馈带来不稳定；而在赤道外，地转效应占主导，比耶克内斯反馈抑制扰动发展而变得稳定。比耶克内斯反馈的这种特性解释了为什么厄尔尼诺现象发生在赤道上而非赤道外。

9.2.2　海洋热收支与耦合不稳定性

从式（7.29）可知，海表混合层的热收支可表示为

$$\frac{\partial T}{\partial t} = -u_{\mathrm{m}}\frac{\partial T}{\partial x} - w_{\mathrm{m}}\frac{T-T_{\mathrm{e}}}{H_{\mathrm{m}}} + \frac{Q}{\rho c_p H_{\mathrm{m}}} \tag{9.1}$$

这里我们假设了平均上升流，并且由于厄尔尼诺的增温几乎关于赤道对称，经向平流项在赤道上很小，所以我们忽略了该项。对 SST 方程（气候平均态用上横线表示）进行线性化处理，得到：

$$\frac{\partial T}{\partial t} = -\bar{u}_{\mathrm{m}}\frac{\partial T}{\partial x} - \left(b_{\mathrm{E}} + \frac{\overline{w}_{\mathrm{m}}}{H_{\mathrm{m}}}\right)T - u_{\mathrm{m}}\frac{\partial \overline{T}}{\partial x} - w_{\mathrm{m}}\frac{\overline{T-T_{\mathrm{e}}}}{H_{\mathrm{m}}} + \frac{\overline{w}_{\mathrm{m}}}{H_{\mathrm{m}}}\frac{\partial \overline{T}_{\mathrm{e}}}{\partial h}h \tag{9.2}$$

为简单起见，这里省略了扰动项的撇号 ′，并将海表热通量项参数化为线性衰减项（$-b_E T$；第 8.1.2 节）。在方程右侧的第二项中，平均上升流提供了一种额外的衰减机制，使得 SST 趋近于次表层背景态海温。

混合层中洋流的扰动由埃克曼分量（带下标 E）和浅水动力学（无下标）组成。式（9.2）可以表示为

$$\frac{\partial T}{\partial t} = -\bar{u}_m \frac{\partial T}{\partial x} - \left(b_E + \frac{\overline{w}_m}{H_m}\right) T$$

$$-u_E \frac{\partial \bar{T}}{\partial x} - w_E \frac{\bar{T} - \bar{T}_e}{H_m} \quad \text{埃克曼动力学}$$

$$-u \frac{\partial \bar{T}}{\partial x} - w \frac{\bar{T} - \bar{T}_e}{H_m} + \frac{\overline{w}_m}{H_m} \frac{d\bar{T}_e}{dh} h \quad \text{波动动力学} \tag{9.3}$$

在赤道太平洋中部，温跃层深度的扰动项（h）相对较小（图 9.7），纬向和垂直速度异常导致的平流非常重要，二者分别称为纬向平流反馈和上升流反馈。扰动速度场包括方程右侧的埃克曼分量和波动分量。埃克曼平流和上升流反馈 [式（9.3）第 2 行] 都与局地纬向风异常成正比，有利于向西的相位传播（第 8.3.2 节）。

温跃层深度的变化（h）可以改变海洋次表层温度（T_e）。在上升流的作用下，次表层温度的变化会反映到 SST 上。温跃层反馈取决于平均混合层深度，东太平洋平均温跃层接近海面，$\dfrac{d\bar{T}_e}{dh}$ 较大。

线性化的 SST 方程可以通过由风场驱动的约化重力模型求解。而另一方面，在 Matsuno-Gill 大气模型中，SST 异常又可以通过调节大气的非绝热加热来驱动风场的变化。稳定性分析表明，该线性耦合模型对 SST 方程中的主导项有较高的敏感度（Hirst，1986）。当只考虑温跃层反馈时，海气耦合使得海洋开尔文波的不稳定性增强，并会减缓其向东传播的相速度（Philander et al.，1984）

9.3　振荡机制

ENSO 的典型周期为 2～7 年。比耶克内斯反馈能够解释 ENSO 的发展及其以赤道为中心的空间结构。然而，它却无法解释为什么厄尔尼诺最终会衰退并转变为拉尼娜。目前存在几种不同理论，但它们都将温跃层深度的瞬时变化视为 ENSO 产生周期振荡的关键。在这里，我们使用简单的延迟振子理论来说明 ENSO 的周期性振荡。

日界线附近的西风异常会使得东太平洋的温跃层深度加深，导致 SST 升高。在初始调整过程中，热带太平洋海盆上层暖水的体积大致保持不变。异常西风驱动出向赤道的埃克曼流，将暖水从赤道外堆积到赤道东太平洋 [图 9.10（a）]。失去暖水的赤道外海域温跃层变浅，驱动出上升罗斯贝波并向西传播。当这些上升罗斯贝波到达西边界（亚洲和澳大利亚）时，会反射成东传的上升开尔文波，从而使得东太平洋温跃层变浅 [图 9.10（b）]，最终，上升开尔文波引起的温跃层抬升导致了厄尔尼诺事件逐渐衰退，并开始向拉尼娜转变。因此，厄尔尼诺的发展也注定了它自身的消亡，因为异常的西风激发了一些

上升的罗斯贝波，几个月后这些波通过在西边界反射后传播到东太平洋区域，并使得该区域温跃层变浅。

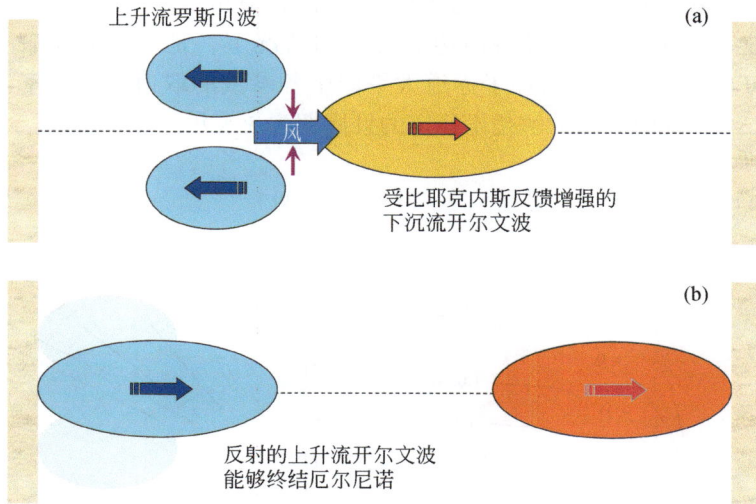

图 9.10　延迟振子理论示意图。（a）西风异常激发下沉赤道开尔文波和赤道外的上升罗斯贝波；（b）在西岸反射产生的上升开尔文波终止厄尔尼诺现象，并将太平洋的状态转换为拉尼娜。

　　海洋对赤道上西风爆发的响应（第7.2.4节）展示了延迟波动的效应。东侧最初加深的温跃层会被西边界反射而来的波动会减弱：在东边界处，首先到来的下沉开尔文波及其反射后的下沉罗斯贝波使得温跃层加深［图7.7（b）］。随后温跃层深度的变化暂时停止，直到从西边界反射的上升开尔文波到来后，东边界的温跃层深度会缓慢变浅（图7.8）。McCreary 和 Anderson（1984）认为，温跃层深度从过度调整中缓慢恢复的过程导致了太平洋海气耦合系统的振荡。

　　在现实世界，中太平洋的纬向风$\tau_x(t)$ 与东太平洋的 SST 耦合，并且缓慢变化。

$$\tau_x = \beta T \tag{9.4}$$

风场变化会激发符号相反的开尔文波和罗斯贝波。东边界的温跃层深度是直接风强迫的开尔文波（h_K）和 τ 时刻之前的强迫出的罗斯贝波在西边界反射回的波动（h_R）效应之和。

$$h = h_K + h_R = a_K \tau_x - a_R \tau_x(t-\tau) \tag{9.5}$$

这里我们忽略了直接风强迫的开尔文波的延迟（延迟时间小于 100 天；图7.8）以及东边界的反射，而 τ 表示罗斯贝波传到西边界及其反射形成的开尔文波穿过海盆所需的时间。

　　在赤道东太平洋，局地风异常较弱，且纬向平流弱反馈于温跃层反馈。因此，SST 方程可以简化为

$$\frac{\partial T}{\partial t} = Kh - \varepsilon T = -bT(t-\tau) + cT \tag{9.6}$$

式中，$c = a_K\beta - \varepsilon$ 表示比耶克内斯反馈引起的有效增长率，而 $b = a_R\beta$ 表示西边界反射引起的

延迟温跃层反馈。

这个延迟振子包含了一个不稳定的振荡解：$T = \widetilde{T}e^{-i(\sigma_R + i\sigma_I)t}$，其中 σ_R 和 σ_I 分别是频率和增长率。波动的转换时间（τ）是一个关键参数：在 $\tau = 0$ 的极限情况下，考虑到现实中 $b > c$ 时，解会衰减。而在 $\tau \to \infty$ 或没有西边界反射的情况下，是一个驻波解（但并非定常解）。Battisti 和 Hirst（1989）估算了赤道太平洋中各参数的取值，增长率 $b = 3.9/a$，$\tau = 180$ 天和 $c = 2.2/a$，此时方程的解是不稳定的且周期为 3.5 年（图 9.11）。

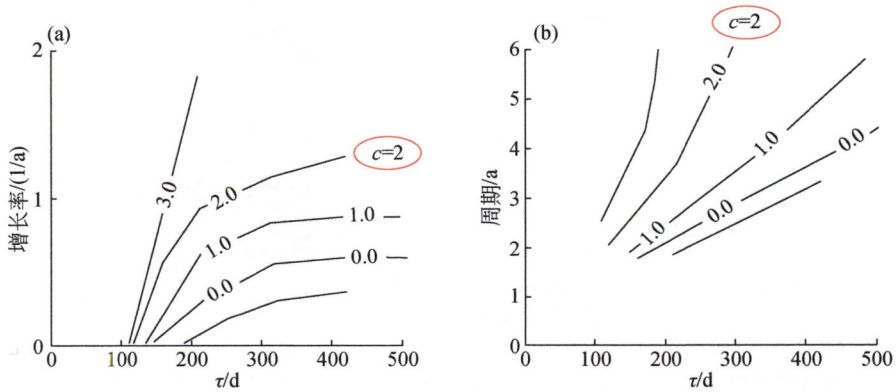

图 9.11　　（a）延迟振子解的增长率 b（单位为 a^{-1}）和（b）周期（单位为 a）对时间滞后 τ 的函数。每条曲线对应不同的 c（单位为 a^{-1}）值。（摘自 Battisti and Hirst，1989）

对式（9.6）做进一步分析可得到如下结果（图 9.11）：

（1）周期随波动延迟时间 τ 的增加而增加；

（2）增长率 b 随 τ 或海盆宽度的增加而增加。这解释了为什么广阔的太平洋中赤道 SST 变率强于狭窄的大西洋或印度洋。

温跃层的起伏与海表高度（SSH）变化相关：在一个一层半约化重力模型中，两者间关系为 $\eta = (g'/g)$。卫星高度计捕捉到了 1997～1998 年厄尔尼诺的完整演变过程（图 9.12）。东太平洋温跃层在 1997 年 10 月明显加深，表现为 SSH 在赤道沿线升高，呈楔形在美洲沿岸展开。东太平洋 SSH 升高的信号直到 1997 年 12 月仍在不断增强，而在西太平洋赤道外区域出现了负的海平面异常——西风异常将赤道两侧的上层暖水向赤道堆积，一方面为厄尔尼诺提供了能量供给，另一方面也造成了赤道外的暖水体积的减少。从西边界反射回来的上升开尔文波信号在 1998 年 2 月开始显著增强，减弱了赤道上的海平面正异常，并引发了厄尔尼诺的衰退。赤道太平洋温跃层深度在 1998 年 3 月恢复到了正常水平（图 9.7）。

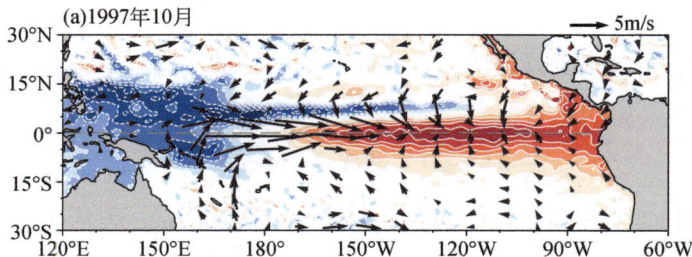

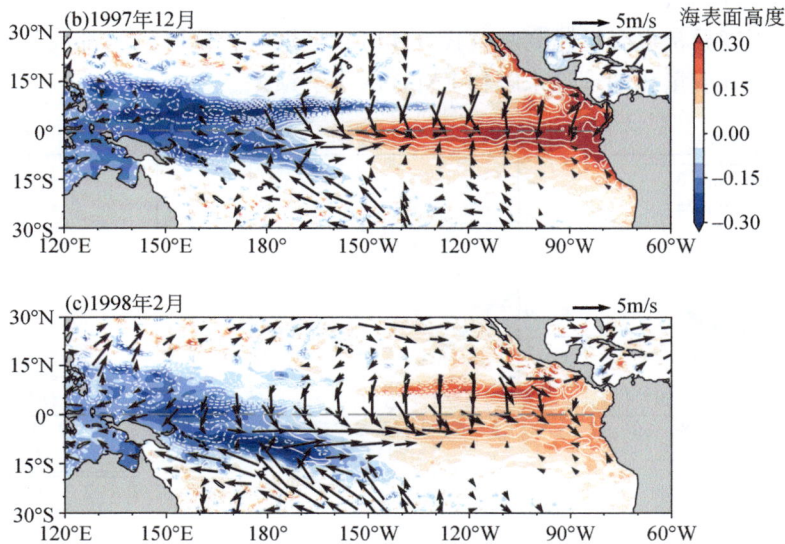

图 9.12　1997～1998 年厄尔尼诺期间的海表高度和海面风异常分布。（a）1997 年 10 月，（b）1997 年 12 月和（c）1998 年 2 月。填色表示海面高度，单位为 m，箭头表示表面风场，单位为 m/s。（彭启华供图）

9.4　生命周期

9.4.1　季节锁相

　　ENSO 表现出强的季节依赖性。赤道太平洋的 SST 方差通常在 11～1 月这三个月内达到峰值 [图 9.13（a）]。典型厄尔尼诺事件的演变表现出强季节锁相特征：厄尔尼诺从北半球夏季到秋季发展，在 11～1 月达到峰值，然后在第二年春季衰退 [图 9.13（b）]。由于一个厄尔尼诺事件通常跨越两个日历年，并在 11～1 月达到峰值，因此为了方便，我们通常将 ENSO 事件增长的 7 月（0）和之后的 6 月（1）之间的 12 个月定义为 ENSO 年。这里括号中的数字分别表示 ENSO 发展（0）和衰退（1）的年份。以 ENSO 年为基准得到的年平均可更全面地捕捉到 ENSO 的效应。以全球平均表面温度（GMST）为例，它会随厄尔尼诺事件的发生而升高，其 ENSO 年平均值比日历年的平均值更能反映 ENSO 的影响。

　　ENSO 的季节锁相是比耶克内斯反馈与随季节变化的气候背景态相互作用的结果。平均上升流和 SST 梯度在冷季（9 月）比暖季（3 月）强，因此平流反馈和温跃层反馈也更强 [式（9.3）]。而上层海洋层结在暖季（3 月）较强，能够加强异常上升流引起的垂向平流。太平洋中部的纬向风变率引起的不稳定海气相互作用是激发 ENSO 的关键物理过程。这种纬向风反馈在北半球夏秋季很强，但在 12 月以后减弱。这是因为纬向风异常会随着大气对流活动发生季节性迁移，在 12 月以后向南移动并远离赤道 [图 9.12，图 9.13

（c）；Harrison and Vecchi，1999]。当赤道纬向风异常消失后，对应的引发东太平洋 SST 变化的温跃层深度异常也会迅速衰减（图 9.14）。尽管所有这些机制都起到了作用，但目前还没有一种明确或量化的理论来解释 ENSO 的季节锁相。

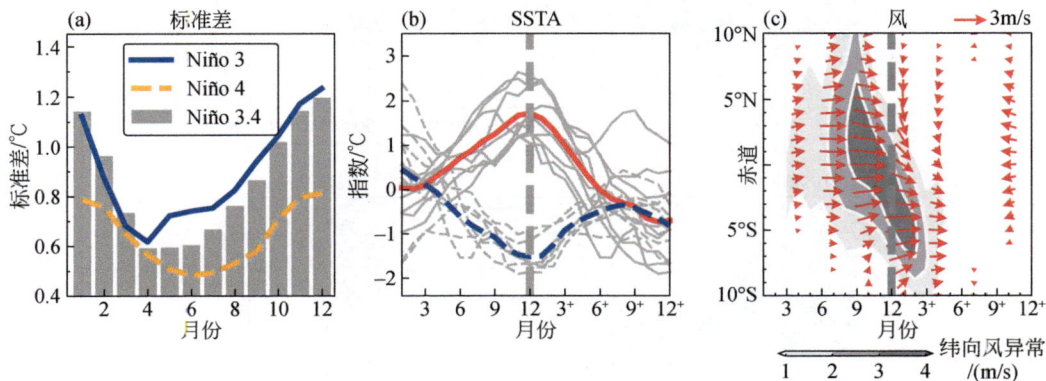

图 9.13　ENSO 的季节性。（a）Niño3.4（灰色柱状图），Niño3（蓝线）和 Niño4（橙虚线）SST 异常的标准差（℃）。（b）1979～2019 年所有 ENSO 年份（11～1 月 Niño3.4 指数超过 0.75 倍标准差）的 Niño3.4 指数（℃）的演变；红（蓝）线表示厄尔尼诺（拉尼娜）事件的合成结果。（c）厄尔尼诺事件合成的中太平洋（160°E～180°）风场异常以及纬向风异常分布。灰色阴影表示纬向风异常，单位为 m/s，箭头表示中太平洋风场异常，单位为 m/s。横轴月份数据的"+"表示次年。（彭启华供图）

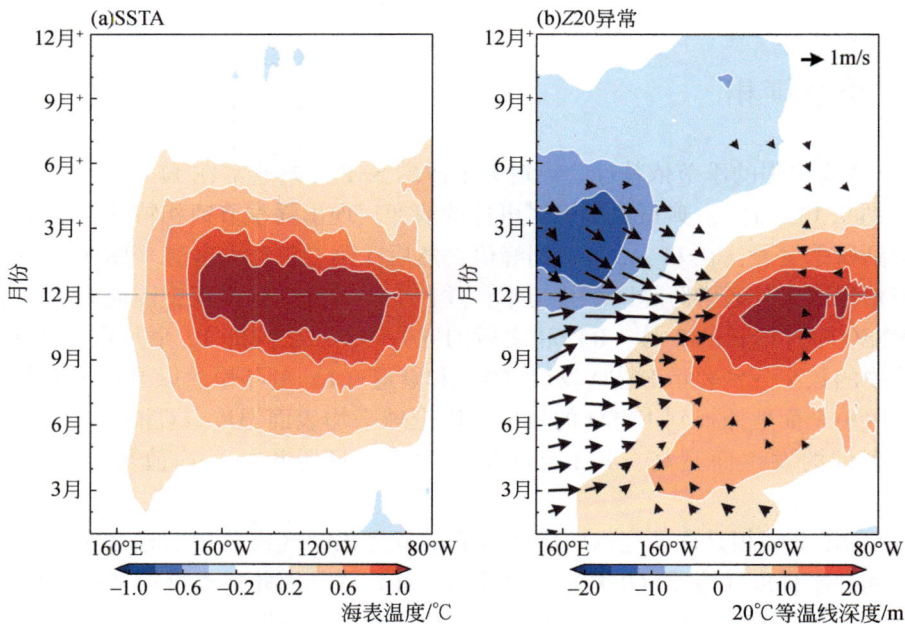

图 9.14　11～1 月 Niño3.4 回归的赤道（对 2°S～2°N 范围进行平均）上的经度-时间图：（a）海表温度（单位为℃），（b）20℃等温线深度（Z20，单位为 m）以及风场异常（单位为 m/s）。（彭启华供图）

9.4.2 触发机制

延迟振子理论说明了赤道和赤道外的温跃层深度变化对 ENSO 的发展和相位转换非常重要。图 9.15 展示了对热带太平洋 20℃ 等温线深度（$Z20$）的变化进行经验正交函数（EOF）分析的结果。EOF1 表示了赤道温跃层的东西向倾斜分布模态（即倾斜模态），对应的温跃层变化与厄尔尼诺期间赤道纬向风异常保持平衡。观测中，PC1 与 Niño3 指数高度相关，且在 PC1 超前两个月的时候相关系数最大。EOF2 对应着赤道暖水体积整体增加或减少，该模态表示了赤道纬向平均的温跃层深度的变化。这两种模态的解释方差几乎相同，且当 PC2 超前 PC1 9 个月时，二者相关系数最高可达 0.77（Meinen and McPhaden，2000）。在赤道上的经度-时间断面图中，PC1 和 PC2 之间的滞后相关关系反映了温跃层深度异常的向东传播。这一传播过程发生在太平洋东部 2/3 的区域中，对应了 EOF2 的大值区。

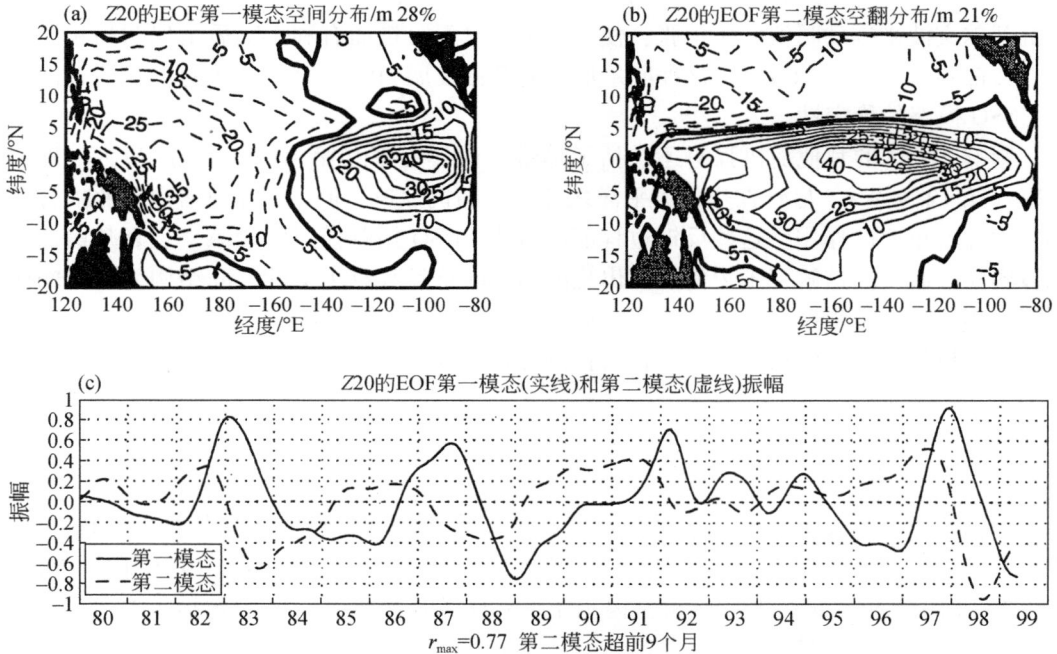

图 9.15 热带太平洋 20℃ 等温线深度（$Z20$；m）的 EOF1（a）和 EOF2（b）。（c）标准化的 PC1~2，以及对应的最大超前滞后相关系数及月份。（Meinen and McPhaden，2000）

在年际尺度上（约 4 年），ENSO 对应的温跃层倾斜与纬向风异常大致保持平衡 [式（7.21）]。这在海洋对西风扰动的响应试验中得到了验证 [图 7.7（b）]。温跃层纬向倾斜（EOF1 的倾斜模态）与风应力异常之间的平衡可以在大约两个月内迅速建立起来；而纬向平均的温跃层（对应暖水体积模态，即 EOF2）则会在 2~3 年内缓慢变浅，在此期间，西风驱动的埃克曼流将赤道区域暖水缓慢向赤道外输运。因此，赤道暖水体积的缓慢放电过程被认为是导致厄尔尼诺到拉尼娜相位转变的原因之一（Jin，1997）。倾斜模态和暖水体积模态的调节机制有显著的差异，后者被认为可能是前者的先兆。的确，1997 年初赤道太平洋（尤其在西部）海平面上升，之后便出现了超强厄尔尼诺事件；而 1998 年初出现了赤道区域海平面的下降 ［图 9.15（c）］，随后厄尔尼诺便迅速转变为拉尼娜。

　　并非所有的 ENSO 事件之前都有显著的暖水体积异常。随机强迫，尤其是来自大气的随机强迫，在激发 ENSO 事件中起到了重要作用。MJO 就是这样的一种随机强迫。振荡的纬向风异常（均值为零）能够引起赤道海洋中向东的海流，引起暖平流，进而影响 SST。在 MJO 的东风相位期间，赤道产生的异常上升流作用于具有西向垂向切变的纬向流（Yoshida 解），能够诱导出表层海流东向的加速度（$-w'\frac{\partial u'}{\partial z}>0$）。同样地，在 MJO 的西风相位期间，对应下沉流和东向切变，平均的表层海流仍然存在向东的加速度。这种非线性的调整过程意味着 MJO 变率增强所导致的纬向风活动可以引发东向流和暖平流，有利于厄尔尼诺的发展。有证据表明在厄尔尼诺发生之前（如 1997 年初），就存在 MJO 变率增强的迹象（Kessler and Kleeman，2000）（图 9.7）。强烈的西风爆发可以通过东向平流和下沉开尔文波来推动暖池向东扩张，使东太平洋升温，进而有利于随后出现的高频西风爆发（Lengaigne et al.，2004）。这种厄尔尼诺的缓慢发展和随机噪声之间的正反馈有助于削弱 ENSO 模态的稳定性。

　　影响 ENSO 的其他随机强迫还包括了热带大西洋变率（第 10.4.2 节）和热带外大气变率（第 12.4 节）。尽管在热带太平洋之外存在随机强迫，但太平洋海盆内部的耦合反馈仍然发挥着重要的作用，这些反馈过程能够减小 ENSO 振荡模态的衰减率。衰减最低的模态最容易被激发，这解释了为何反复出现的 ENSO 总是具有类似的空间结构。最近的研究表明，相较于中等强度厄尔尼诺事件，强厄尔尼诺事件由于暖水体积会经历强放电过程，其后出现拉尼娜事件的概率越大，且可预测性也更高（Wu et al.，2021）。

9.4.3　ENSO 多样性

　　早期的研究主要集中在有充足观测资料的少数 ENSO 事件的共同特征上。Rasmusson 和 Carpenter（1982）通过对六个厄尔尼诺事件（1951 年、1953 年、1957 年、1965 年、1969 年和 1972 年）进行合成分析，揭示了 ENSO 的重要特征，其中包括了东太平洋 SST 变化的季节锁相。在拉斯穆松–卡彭特（Rasmusson-Carpenter）合成分析结果发表后，于 1982 年 10 月在美国新泽西州的普林斯顿市召开了一次讨论厄尔尼诺的会议。然而具有讽刺意味的是，与会的厄尔尼诺研究人员并没有意识到，当时一次超强厄尔尼诺事件正在悄悄发展（Niño3.4 区 SST 异常为 1.95℃）。与拉斯穆松–卡彭特合成分析不同的是，1982 年的厄尔尼诺首先在中太平洋形成并向东传播，直到 1982 年末和 1983 年初，才引起了美洲沿岸的大规模的升温：Niño1+2 区 SST 的异常值在 1982 年 1 月仅为–0.2℃，但到 12 月时达到了+3.3℃。

　　1982 年的例子表明每个厄尔尼诺事件在时间、强度和空间分布上都有所不同，而现在大家已经普遍认识到 ENSO 事件存在不同的类型。SST 异常的纬向分布是区分 ENSO 类型的常用指标（图 9.16）：在部分厄尔尼诺事件中，SST 的异常向东增强［东太平洋（Eastern Pacific，EP）型，如 1982 年和 1997 年］，而在其他一些事件中 SST 异常的最大值出现在在中太平洋［中太平洋（Central Pacific，CP）型，如 2006 年和 2009 年］。温跃层反馈对于东太型厄尔尼诺至关重要，这类厄尔尼诺发生前往往先出现赤道暖水体积的增加（图 9.15）。相比之下，西向平流在中太型厄尔尼诺事件中起到重要作用，这类厄尔尼诺事件往往在太平洋经向模态之后出现，而该模态是中纬度大气变率影响热带的关键通道（第 12.4 节）。

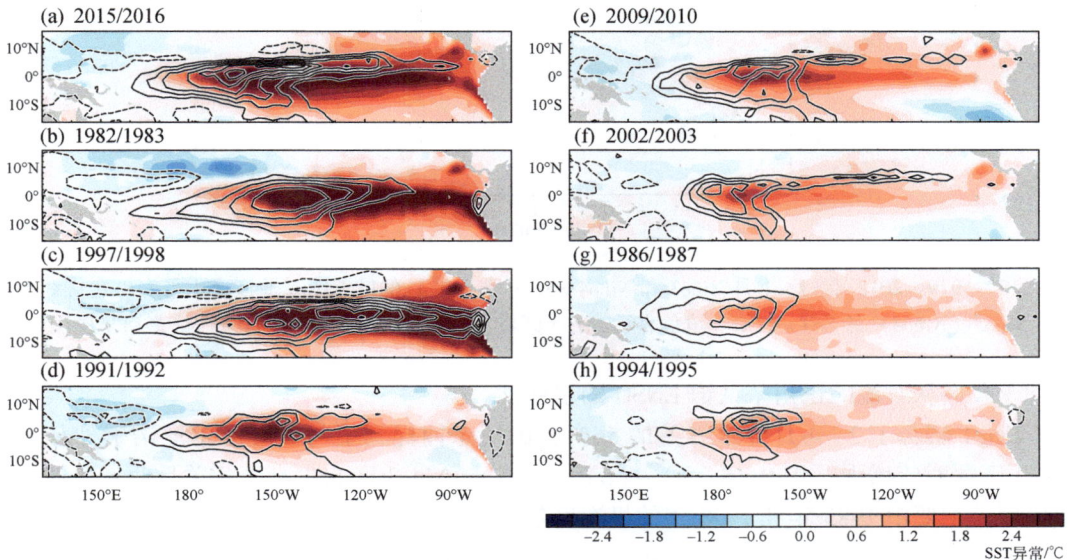

图 9.16　1982～2019 年间按 Niño3.4 指数大小排列的厄尔尼诺事件 12～2 月平均的 SST 异常和降水分布。填色表示 SST 异常，单位为℃，等值线表示降水，间隔为 2.5mm/d。（摘自 Okumura，2019）

　　散点图 9.17 展示了 1979～2018 年 46 年间 ENSO 成熟期（11～1 月）的 CP 型 ENSO（Niño4）和 EP 型 ENSO（Niño3）SST 异常之间的关系。除去 1983 年、1998 年和 2016 年的强厄尔尼诺事件，Niño3 和 Niño4 SST 紧密相关：$T_3 = \gamma T_4$。其中比率 γ 在中等强度厄尔尼诺事件期间比弱厄尔尼诺和所有拉尼娜事件期间更大，支持了使用 EP 型和 CP 型来为 ENSO 分类的观点。或者我们可以忽略 γ 的轻微变化并得出如下结论：大多数情况下 ENSO 在厄尔尼诺和拉尼娜之间近乎对称地振荡。厄尔尼诺事件偶尔会增长到足以突破 Niño3 区的对流阈值，此时比耶克内斯反馈将扩展到东太平洋。事实上这种东太平洋区域出现的比耶克内斯反馈仅适用于极端厄尔尼诺事件。

9.4.4　春季对流视角

　　Niño3 区 SST 异常在北半球春季（2～4 月）开始减少。而 2～4 月也是赤道东太平洋（Niño3 区）气候最温暖的季节，该区域内各气候要素几乎关于赤道对称且具备双赤道辐合带（ITCZ）结构（第 8.3.3 节）。对热带东太平洋 2～4 月降水异常进行 EOF 分析，可

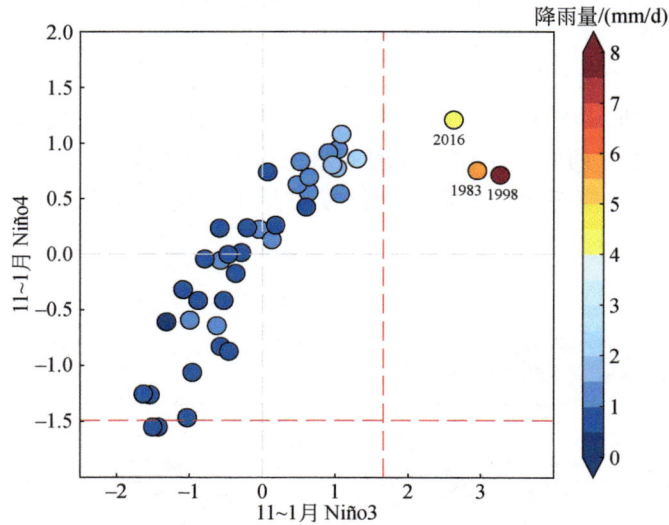

图 9.17　1979~2018 年 11~1 月 Niño3 和 Niño4 SST 异常（℃）的散点图。垂直（水平）红色虚线表示 Niño3（Niño4）的 SST=27℃。填色表示 Niño3 区域 11~1 月的降雨量（mm/d）。（彭启华供图）

有助于我们从对流的视角来认识 ENSO 的多样性。

　　EOF1 解释了 2~4 月降水方差的 56%，该模态捕捉到了与极端厄尔尼诺事件相关的 Niño3 区深对流增强 [图 9.18（a）~（b）]。PC1 与 Niño3 区 SST 高度相关且两者呈明显的正偏度，主要由 1983 年和 1998 年的极端厄尔尼诺事件以及 1987 年和 1992 年中等强度的厄尔尼诺主导。在 Niño3 区域，活跃的对流活动导致大范围的西风异常。异常的西风抑制赤道上升流，从而在 2~4 月继续维持 Niño3 的暖海温，我们称之为东太平洋比耶克内斯反馈，用以区分传统的中太平洋比耶克内斯反馈（对流和纬向风异常都局限在中太平洋；Wyrtki，1975）。在赤道 125°W 处的浮标观测结果显示，温跃层深度自 1997 年 12 月起急剧抬升，并在 1998 年 2 月恢复正常（图 9.19）。尽管温跃层变浅，但由于东风信风的减弱切断了赤道上升流，使得 SST 在 4 月前后仍保持高达约 28.5℃ 的温度。在 5 月初，东风信风在该区域重新出现，上升流的恢复以及温跃层的缓慢变浅使得 SST 迅速下降了 5℃。这个例子表明，温跃层变浅是恢复赤道冷舌的必要条件，但 Niño3 区 SST、深对流活动和纬向风之间的局地东太平洋比耶克内斯反馈决定了从极端厄尔尼诺过渡到拉尼娜的时机。

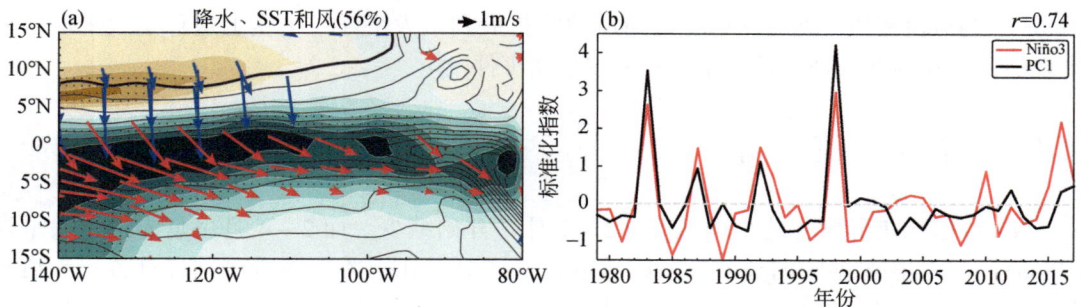

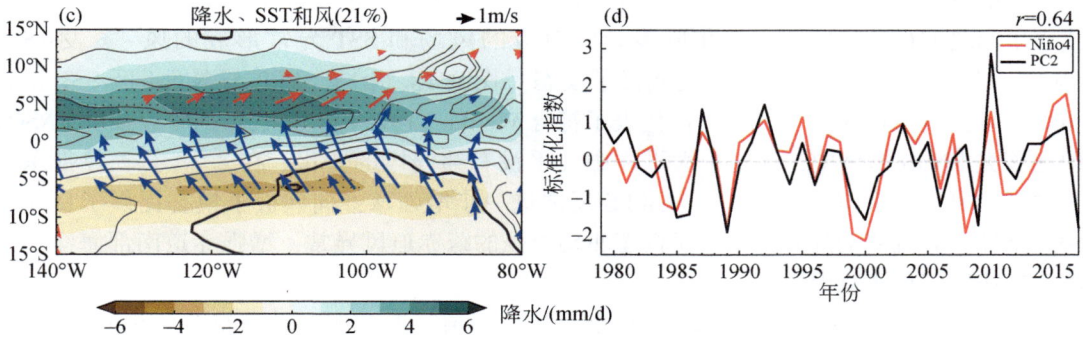

图 9.18　热带东太平洋 2~4 月降水异常的 EOF 模态。(a) 和 (c) 填色表示降水，等值线表示 SST，单位为℃，间隔为 0.3℃，零线加粗、负值为虚线，箭头表示海表风速，单位为 m/s。(b) 标准化的 PC (蓝线)。同时在 (b) 和 (d) 图中展示了标准化的 Niño3 和 Niño4 指数 (红线)，且对应的相关系数在右上角注明。左侧的蓝 (红) 色箭头表示风异常会增强 (减弱) 气候态的风速。(摘自 Xie et al., 2018)

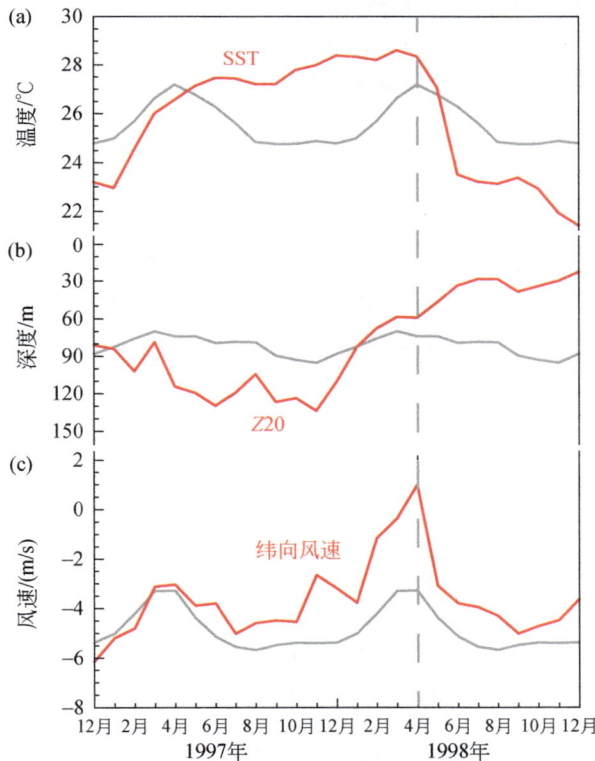

图 9.19　1997~1998 年厄尔尼诺现象在赤道 125°W 处的演变：(a) SST (℃)，(b) 20℃ 等温线深度 (Z20；m) 和 (c) 纬向风速 (m/s)。灰线为气候态平均值。数据源于在 2°N~2°S 范围内平均的 TAO 数据。(彭启华供图)

EOF2 的解释方差为 21%，其空间特征主要表现为降水的跨赤道南北偶极子分布。这代表了南北 ITCZ 相对强度的年际变化，对应的风场和 SST 异常形成的风–蒸发–SST（WES）反馈机制加强了这个南北偶极子模态［图 9.18（c）］。PC2 与 Niño4 区 SST 显著相关，且正负相位间几乎对称。这代表了符合 Wyrtki（1975）经典观点的中等强度 ENSO，即在该类 ENSO 事件中，赤道东太平洋中几乎没有纬向风的变化。在 2～4 月，热带东太平洋气候要素几乎南北对称，这为 WES 反馈进一步增强该经向偶极子模态提供了良好的背景条件。对流活动的南北偶极子模态驱动出强的跨赤道风异常，增强赤道南部海洋上升流，加速厄尔尼诺衰退。

尽管 Niño3 区 SST 异常在 12～2 月季节达到峰值，但考虑背景态季节变化的 Niño3.4 区总体 SST 在 2～4 月最高（图 9.20），因此 Niño3 区 SST 在 2～4 月最可能发生深对流。不同类型厄尔尼诺引起的深对流活动会使厄尔尼诺朝着不同的方向发展：极端厄尔尼诺事件激发 Niño3 区深对流，导致的东太平洋比耶克内斯反馈会减缓厄尔尼诺的衰退；而中等强度的 ENSO 则会触发 WES 反馈以及跨赤道风，从而加速其衰退。在 2～4 月极端和中等强度 ENSO 的对比中突出了赤道深对流调节对 ENSO 演变的重要性。上述对流观点支持从强度上将 ENSO 分为中等强度事件和极端厄尔尼诺事件，而不是基于 SST 空间模态的分类。从 5 月份开始，背景 SST 的季节性降温使赤道东太平洋上的大气对流消失，极端厄尔尼诺不再受到东太平洋比耶克内斯反馈的影响而最终衰退。

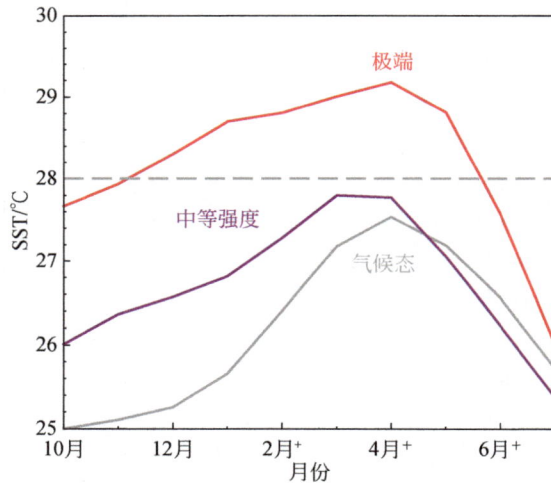

图 9.20　观测的极端和中等强度厄尔尼诺现象的 Niño3 区 SST（℃）的演变。红色表示极端厄尔尼诺现象，紫色表示中等强度厄尔尼诺现象，灰线表示气候态分布。（基于 Peng et al.，2020；彭启华供图）

ENSO 事件在冷暖相位之间是不对称的，只有极端的厄尔尼诺事件而没有对应的极端拉尼娜事件。以上结果表明，大气对流的不对称可能起到关键作用：只有厄尔尼诺才有机会激活 Niño3 区的深对流从而促进其自身发展。

9.5　全球影响

9.5.1　热带地区

在厄尔尼诺期间，热带太平洋变暖使对流层温度升高。赤道波动进一步将对流层的升温拓展到整个热带区域，增加大气静力稳定性，从而减弱了热带其他区域（特别是陆地）的对流或降水。具体而言，深对流活动从海洋性大陆向东移动到中太平洋，同时热带美洲大陆的降雨也会显著减少（除了安第斯山脉以西的太平洋沿岸；图 9.5，图 10.12）。在厄尔尼诺期间，热带地区陆地降雨的普遍减少对陆地生态系统有重要影响。

热带太平洋上深对流位置的变化密切地影响着大气环流的变化，导致了西北太平洋热带气旋的生成和路径发生重大转变，并且使北大西洋飓风活动减弱（第 10.5 节）。在厄尔尼诺事件发生后，热带印度洋和北大西洋的海温上升，这些海温的变化会引起区域气候异常，详细讨论见第 10 章和第 11 章。

9.5.2　太平洋–北美型遥相关

在冬季，厄尔尼诺会激发出一条从热带太平洋延伸到北美洲的波列。其对应的对流层上层位势高度的典型空间分布特征为位于夏威夷的高压、阿留申群岛（170°E，50°N）的低压、加拿大西北（130°W，60°N）的高压和佛罗里达区域的低压（图 9.21）。这条波列被称为太平洋–北美（PNA）遥相关型。由于热带地区存在于对流活动的相互作用，且对

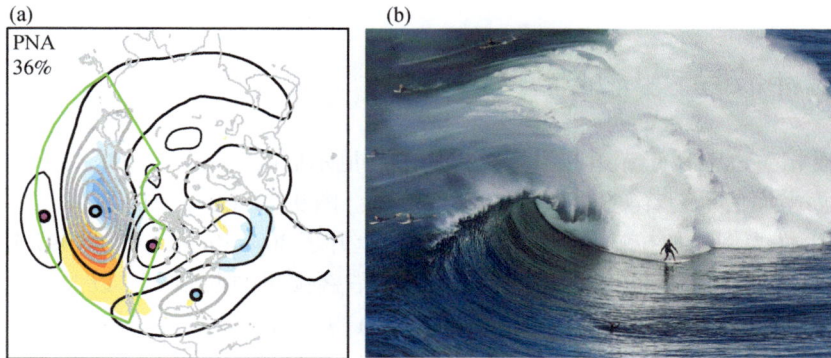

图 9.21　（a）太平洋–北美遥相关（PNA）的空间分布。填色表示冬季（12～3 月）平均的风暴活动异常（$\overline{v'^2}$，间隔为 10 m²/s²），等值线表示 300hPa 的位势高度异常（间隔为 20m，正值为黑色、负值为灰色，零线加粗），皆为与标准化 PNA 指数的回归系数，其中 PNA 指数来自图中绿色区域海表面气压（SLP）的第一模态主成分（PC）。位势高度异常中心分别用粉红色（极大值）和青色点（极小值）标记。（b）2015 年 12 月冲浪爱好者在加州圣迭戈附近冲浪。（左图摘自 Wettstein and Wallace，2010）

流加热在对流层中部达到最大值，因此该波列在热带地区主要呈现斜压结构。夏威夷的高压异常实际上是关于赤道对称哑铃状气压空间分布型的一部分，该结构在赤道南北均存在着极大值（图 10.11），与 Matsuno-Gill 模型基本一致。在热带外地区，驻波对应环流异常通常是正压的，即气压异常在整个对流层都是同号的。

在 PNA 对应的夏威夷高压和阿留申低压之间，西风异常将通常局限于西北太平洋的副热带急流流核扩展到了加州。增强的副热带急流将风暴引向加州 [图 9.21 (a)]，从而增加了冬季降水量。在加州，大部分的冬季降水都以降雪形式储存在谢拉（Sierra）山脉上，夏季这些积雪融化，汇入河流（第 6.4.2 节）。在厄尔尼诺冬季，谢拉山脉的积雪往往更为厚实。由于厄尔尼诺对美国西南部水文气候有较强影响，因此可以利用树轮来重建历史时期厄尔尼诺的变化（Li et al.，2013）。利用树轮重建的历史时期厄尔尼诺变率与使用赤道中太平洋巴尔米拉（Palmyra）岛（其降水深受 ENSO 影响）的珊瑚化石的研究结果（Cobb et al.，2013）有惊人的相关性。

冬季风暴产生的巨大的涌浪，破碎的海浪侵蚀沙滩，会形成离岸沙洲。而在夏季，小型波浪又将沙子从离岸沙洲带回，使沙滩得以恢复。加州的沙滩在厄尔尼诺冬季会因近海风暴增强和海浪冲击而遭受严重的侵蚀 [图 9.21 (b)]。在 2015～2016 年的厄尔尼诺冬季中，位于斯克里普斯（Scripps）海洋研究所的拉霍亚海滩的沙面下降了 2m（Young et al.，2018），露出了通常隐藏于光滑沙滩之下的岩石。

阿留申低压加强后东北侧的南风或东南风将来自低纬度的暖空气吹向华盛顿州和阿拉斯加州，让这些地区享受难得的温暖。以哈得孙（Hudson）湾为中心的高压系统将南方的暖空气吹向北美中部。与同一高压相关的向岸风的异常还会使美国东北部变暖。PNA 的影响最远能传播到墨西哥湾-佛罗里达州-北大西洋一带，引起异常低压。这个异常低压带与墨西哥湾周边降雨量的增加紧密相关。由于 ENSO 具有一定的可预报性，PNA 的存在使得北美地区气候有了更长的预报时间。

9.5.3　海洋波导

ENSO 遥相关也存在于赤道和沿岸波导中。在厄尔尼诺期间，赤道东太平洋的温跃层加深。上升的海平面信号沿着美洲西海岸向极地传播 [图 9.22 (a)，图 9.12]。以 1997～1998 年厄尔尼诺事件为例，加拉帕戈斯群岛的海平面上升了 30～40cm，并在 1997 年 11 月达到峰值，随后海平面峰值依次经过加州的拉霍亚、华盛顿州的西雅图，以及最后在 1998 年的 2 月到达了阿拉斯加州的安克雷奇 [图 9.22 (a)]。沿岸开尔文波使得该波导中的温跃层加深。在加州沿岸，1998 年 4 月的 10℃ 等温线比 1999 年 4 月加深了 80m，导致了沿海上升流对营养盐输运的减少以及混合层中叶绿素浓度降低 [图 9.22 (c)]。温跃层的大幅变化极大地改变了海洋生态系统，其中就包括不同鱼类的分布情况（Rykaczewski and Checkley，2008）。观测资料表明，厄尔尼诺期间鱼类会普遍向极地迁移。

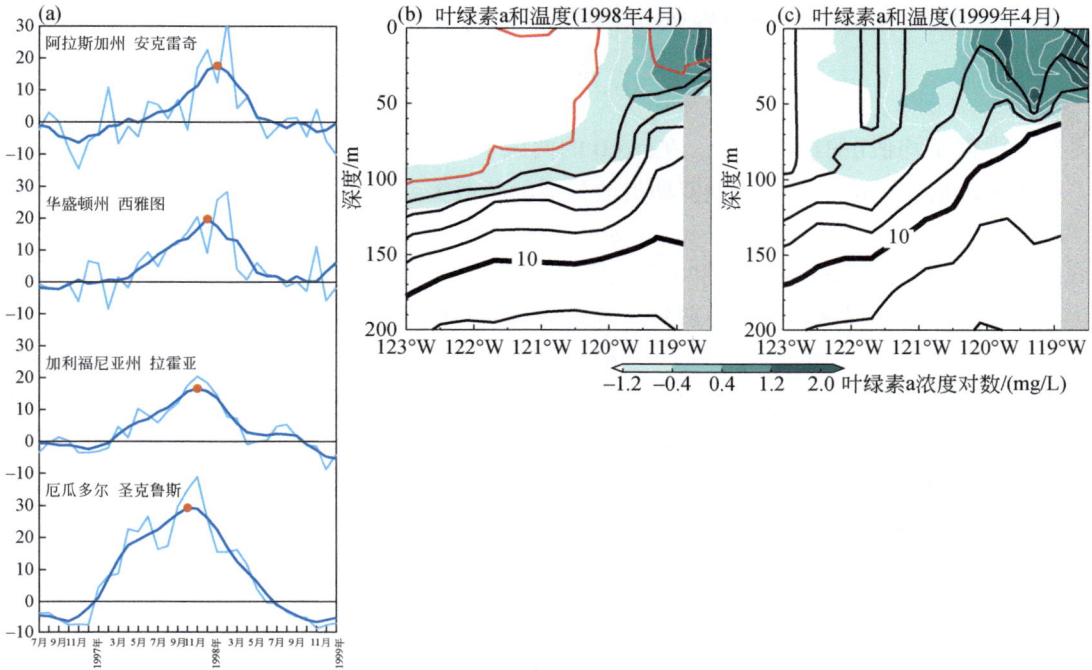

图 9.22　（a）加拉帕戈斯群岛和北美西海岸三个站点的海平面异常值（cm）。（b）厄尔尼诺（1998 年 4 月）和（c）拉尼娜（1999 年 4 月）期间洛杉矶附近的温度（等值线，℃）和叶绿素 a 浓度对数（填色，mg/L）的剖面（基于 CalCOFI 观测数据）。在拉尼娜期间，温跃层变浅，表层水变冷，上升流的增强提高了海洋生产力。[D. J. Amaya 供图（a）；彭启华供图（b）（c）]

9.6　西风带中的正压定常波

PNA 波列沿着地球球面上的大圆路径传播 [图 9.21（a）]。其显著的能量经向传播（如从夏威夷高压到阿留申低压）与赤道波导中纬向传播的斜压波（开尔文波和罗斯贝波）形成了鲜明对比。本节首先介绍了均匀西风带中罗斯贝驻波的线性理论（见 Holton，2004，第 11.5.1 节），随后会讨论经向剪切和背景流纬向变化的影响。对波动动力学不感兴趣的读者，可以跳到第 9.6.3 节。

9.6.1　能量频散

考虑背景流速为 $\bar{u}$ 的东西向流场中的无辐散正压罗斯贝波。在中纬度 β 平面上，涡度方程为

$$\left(\frac{\partial}{\partial t}+\bar{u}\frac{\partial}{\partial x}\right)\nabla^2\psi'+\hat{\beta}\frac{\partial\psi'}{\partial x}=0 \tag{9.7}$$

式中，$\psi' = \Phi/f_0$ 为地转风流函数，对应风速 $\boldsymbol{u}_\psi \equiv \left(-\dfrac{\partial \psi}{\partial y},\ \dfrac{\partial \psi}{\partial x} \right)$，

$$\widehat{\beta} = \frac{\partial \overline{\eta}}{\partial y} = \beta - \frac{\partial^2 \overline{u}}{\partial y^2} \tag{9.8}$$

是绝对涡度平均值 $\overline{\eta}$ 的经向梯度。在 $\overline{u}_{yy} < 0$ 的西风平流中，有效的 β 项 $\widehat{\beta}$ 会局地增强。

　　求波动解 $\psi' = A\mathrm{e}^{i(kx+ly+\omega t)}$ 得到罗斯贝波传播的频散关系：

$$\omega = \overline{u}k - \widehat{\beta}k/K^2 \tag{9.9}$$

式中，ω 为频率；$K^2 = k^2 + l^2$，k 和 l 分别为纬向和经向波数。

　　这里的月平均异常值对应了驻波。通过假设 $\omega = 0$，我们得到：

$$K^2 = K_s^2 \equiv \widehat{\beta}/\overline{u} \tag{9.10}$$

式中，K_s 为驻波波数。这意味着只有在平均西风背景流中才可能出现驻波，背景流速与平均涡度梯度［式（9.9）右侧的第 2 项］引起的罗斯贝波的西向相速度相抵消。对于典型平均风速为 20m/s 的西风带，只有正压波（在下、上对流层之间具有相同符号）可以被捕获从而形成驻波。斜压波的相速度过慢，无法平衡西风急流引起的强东向平流。事实上，大气中的斜压扰动（如温带风暴）的确会受西风带的影响向东移动。

　　波能量以群速传播：

$$c_{gx} \equiv \frac{\partial \omega}{\partial k} = \overline{u} + \beta \frac{(k^2 - l^2)}{(k^2 + l^2)^2}$$

$$c_{gy} \equiv \frac{\partial \omega}{\partial l} = \frac{2\beta kl}{(k^2 + l^2)^2}$$

对于驻波，群速度矢量为

$$\boldsymbol{c}_g = \frac{2\,\overline{u}k}{(k^2 + l^2)}(k, l) \tag{9.11}$$

　　因此，来自副热带源区的能量会向东传播，并根据 l 的符号决定是向极地方向还是向赤道方向传播。具体而言，热带对流活动能引发平均西风带中的辐散风，向极的能量传播（$l > 0$；图 9.23）使得激发罗斯贝波能够影响到赤道外的区域（图 9.24）。可以证明，在球面上能量传播所对应的群速度会遵循大圆路径传播（Hoskins and Karoly，1981）。

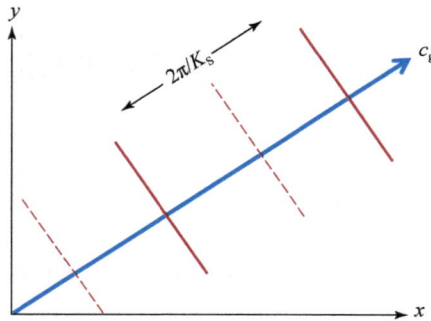

图 9.23　西风带中的罗斯贝驻波。群速度与脊线（红实线）和槽线（虚线）的相位线垂直，且能量向极传播。（改编自 Holton，2004）

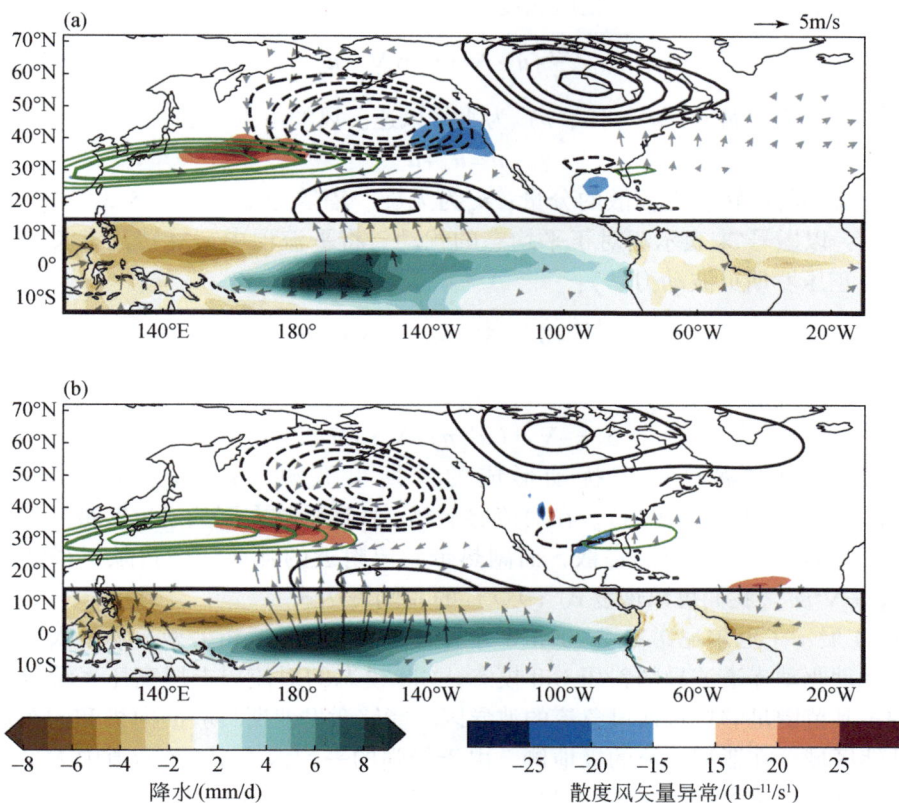

图 9.24　1979~2010 年厄尔尼诺 2~4 月 200hPa 的合成场。（a）基于 NCEP-NCAR 再分析资料和（b）100 个集合成员的大气环流模式集合平均的结果。位势高度异常（黑色等值线；±45m，±60m，±75m，±90m，±105m，±120m），异常的罗斯贝波源（填色，右下角色标），散度风矢量异常（箭头，图片右上角箭头长度代表 5m/s），以及平均纬向风速（绿线等值线；50m/s，55m/s，60m/s，65m/s，60m/s 加粗）。在 15°S~15°N 处的填色为热带降水异常（左下角色标）。（基于 Chapman et al.，2021；W. Chapman 供图）

罗斯贝驻波 [式（9.11）] 的群速度矢量方向与波数矢量方向相同，两者垂直于波峰或波谷（等相位线）。这正是 PNA 对应的情况。连接四个作用中心的弧线（图 9.21）表示波东的能量传播（c_g），而位势异常的峰值通常与波能量传播的大圆方向垂直。

9.6.2　罗斯贝波源

（Nat Johnson 和李熙晨参与了本节的编写。）

罗斯贝波的频散是热带影响热带外遥相关的主要驱动机制。考虑一个固定于深热带的对流热源，如在厄尔尼诺事件期间的 SST 正异常时的情况。这种对流加热引起了深厚的垂向运动，由此产生的上层辐散（图 9.24）通过涡度拉伸项为绝对涡度倾向方程提供了重要的强迫作用。

通常情况下，有水平辐散的正压涡度方程为

$$\frac{\partial \eta}{\partial t}+\boldsymbol{u} \cdot \nabla \eta=-\eta \, \nabla \cdot \boldsymbol{u} \tag{9.12}$$

式中，$\eta=f+\zeta$ 为绝对涡度；$\boldsymbol{u}=(u,\ v)$ 为水平风速。风场可以分解为

$$\boldsymbol{u}=\boldsymbol{u}_\psi+\boldsymbol{u}_\chi$$

式中，$\boldsymbol{u}_\psi$ 为流场的旋转、无辐散的分量；$\boldsymbol{u}_\chi$ 为无旋、辐散分量（第 3.5.3 节）。平均态用上横线表示，以撇号′来表示相对于平均态的扰动。将平流项中与旋转流有关的项移动到等号左侧（正压罗斯贝波动力学）：

$$\frac{\partial \zeta'}{\partial t}+\overline{\boldsymbol{u}}_\psi \cdot \nabla \zeta'+\boldsymbol{u}'_\psi \cdot \nabla \overline{\eta}=S' \tag{9.13}$$

等号右侧

$$S'=-\nabla \cdot (\boldsymbol{u}'_\chi \overline{\eta})-\nabla \cdot (\overline{\boldsymbol{u}}_\chi \zeta') \tag{9.14}$$

S' 为辐散流中绝对涡度通量扰动形成的罗斯贝波源（Rossby wave source，RWS；Sardeshmukh and Hoskins，1988）。在对流层上部，罗斯贝波在副热带地区被激发，哈得来环流的下沉支驱动了平均流的辐散，而副热带急流附近的强剪切则贡献了很强的平均涡度。由于 $\zeta'=\nabla^2 \psi'$，我们可以恢复式（9.7）的左侧表达式。

图 9.24 展示了厄尔尼诺冬季 200hPa 处的 RWS 和 PNA 遥相关型。赤道太平洋上空的大气对流活动驱动赤道波导的斜压 Gill 模态。Gill 模态的对流层上层高压系统具有宽广的经向结构，其范围足够接近西风急流的波导区，能够激发罗斯贝驻波向极和向东传播然后再折回低纬区域。在亚洲急流的极地侧，由于较强的平均涡度 $\overline{\eta}$ 以及赤道中太平洋对流活动引起的异常风（$\boldsymbol{u}'_\chi$）在此辐聚，此处形成了很强的正 RWS 区。异常环流辐散（$\overline{\eta} \nabla \cdot \boldsymbol{v}'_\chi$）引起的涡度拉伸项在罗斯贝波源［式（9.14）］的生成中起到了主导作用。正的 RWS 会在阿留申附近激发气旋式环流并向下游传播形成 PNA 波列。

9.6.3　地理锚定

上述理论假设存在一支纬向均匀的平均流，得到的波动解会随着热带强迫经度的改变而东西移动。观测到的 PNA 模态在地理位置上基本是固定的，对于热带加热的轻微差异（如厄尔尼诺和拉尼娜事件之间）并不敏感。平均风速的纬向变化将这些重复出现的模态锚定到了某些特定的区域。RWS 倾向于出现在涡度梯度最强的急流核附近（图 9.24），这使其对于热带对流的精确位置并不敏感。此外，扰动还能从急流出口区汲取能量，通过正压能量转换将平均动能转换为涡旋动能。

$$CK \equiv (\overline{v'^2}-\overline{u'^2})\left(\frac{\partial \overline{u}}{\partial x}-\frac{\partial \overline{v}}{\partial y}\right)-\overline{u'v'}\left(\frac{\partial \overline{u}}{\partial y}+\frac{\partial \overline{v}}{\partial x}\right) \approx -2\,\overline{u'^2}\frac{\partial \overline{u}}{\partial x} \tag{9.15}$$

如果我们考虑急流轴$\left(\frac{\partial \overline{u}}{\partial y}=0\right)$上的长波驻波（$\overline{u'^2}\gg\overline{v'^2}$）。这里我们假设平均流是非辐散的，即$\frac{\partial \overline{u}}{\partial x}+\frac{\partial \overline{v}}{\partial y}=0$。在太平洋海盆的急流出口（30°N，日界线以东）处，PNA 纬向风异常最大值出现在异常的阿留申低压和夏威夷高压之间（图 9.24）。这种空间模态能最高效

地进行正压能量转换并实现增长（Simmons et al.，1983）。而厄尔尼诺期间的异常环流相当于将太平洋急流向东延伸。

我们可以通过重新审视 MJO 的特征来进一步说明 PNA 模态地理位置固定的特性。在热带地区，对流加热和风场异常会表现出一致向东的相位传播（第 4 章）。受热带强迫的影响，人们自然会预期在热带外的响应也会跟着一起传播。然而，北半球热带外地区的位势高度响应的位置却被牢牢锁定（图 9.25），其峰值出现在阿留申群岛（170°E，50°N）和加拿大西北部（130°W，60°N），这两个地区同样也是 PNA 的活动中心。当 MJO 的对流活动位于海洋性大陆时，PNA 波列会得到良好发展，因为这时异常的纬向风刚好位于北太平洋急流的出口区，因而能够高效率地进行正压能量转换（图 4.13）。

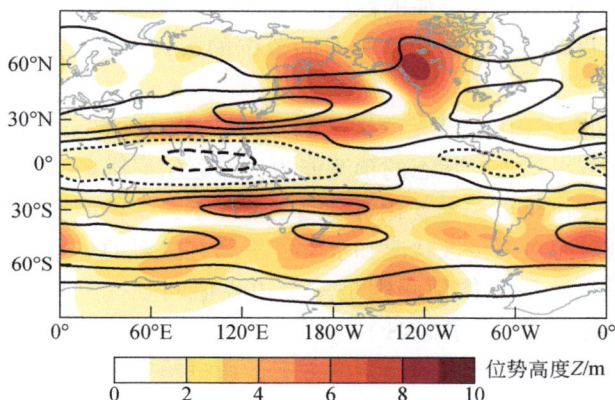

图 9.25　MJO 中位势高度变化的均方根。等值线表示 200hPa 处的年平均的纬向流，间隔为 10m/s，点线代表零等值线。（摘自 Adames and Wallace，2014）

9.6.4　季节性

通常，气象站观测的时间序列可以分解为 $u = \bar{u} + u' + u''$，其中上横线表示气候态平均值，撇号表示静态（如月平均）异常，双撇表示瞬态的（时间尺度小于 7 天）涡旋（具有斜压的垂直结构的移动风暴）。正相位的 PNA 使得西风急流向东延伸，将瞬态的风暴从美国太平洋西北地区引向了加州（图 9.21）。瞬态涡旋通量通常是一个正反馈，可以起到增强驻波的作用。

PNA 遥相关型在 12~2 月最为显著，这是因为副热带西风急流强度在该季节达到了高峰，有利于正压罗斯贝波的生成（即 RWS）和向极能量传播［式（9.11）］。此外，SST 异常在 11~1 月达到峰值，这也有助于 PNA 的增强。同样，PNA 在南半球对应模态被称为太平洋-南美（Pacific South American，PSA）型遥相关型模态，该模态在副热带急流强劲的南半球冬季（6~8 月）最为明显，尽管那时 ENSO 对应的 SST 异常值较小。

虽然 ENSO 激发的 PNA 模态在冬季最强，但这时气候系统内部变率也达到最强，因此，信噪比在冬季可能并不是最高的。对于 PNA 来说，3 月的可预测性较高。特别是在厄尔尼诺事件发生之后，此时太平洋急流的纬向变化减弱，内部变率的正压能量转换也相应减弱（Chapman et al., 2021）。

9.7　季节预报

大气中瞬态波动的增长、传播和衰减导致了天气变化。通过分析当前观测数据并进行适当初始化后，大气 GCM 能够很好地预测接下来一段时间的天气变化。到 20 世纪 80 年代，数值天气预报已基本成熟并在全球气象服务中得到了广泛应用。天气预报的准确性逐步提高，目前已经具备了较高的预报能力（图 1.7）。天气预报可以预测冬季风暴的到来时间、位置和强度。然而，大气混沌的性质，即所谓的蝴蝶效应，使得数值天气预报的可预测时间范围不超过两周。对于超出这一时间范围的天气预报，如降雨时间和降雨量等，都将变得不可信。

尽管两周后精确的天气状态已无法被准确预测，使用观测 SST 驱动的大气 GCM 仍然展现出对月平均和季节平均天气状态的预测能力，如厄尔尼诺冬季北太平洋风暴轴的强度和范围。这提示人们，在热带 SST 变化可预测的情况下，我们能够开展对季节平均天气状态的预测，这种预测对海滩的侵蚀状况和水文气候都有重要的意义。对于大气而言，天气预报是一个初始值问题，而气候预测则是一个边界值问题（SST）。在热带太平洋地区，SST 和大气异常彼此耦合，产生了 ENSO。

因此，我们得到了一个进行气候预测的方案，通过给定海洋初始条件——包括温跃层深度变化（即暖水体积模态）和 SST 异常（太平洋经向模态）等，耦合模式可以预测 ENSO 及其引起的遥相关模态（如 PNA）的变化。因此，对于耦合的大气–海洋系统，气候预测也是一个初始值问题，但与天气预报强调给定初始大气状态不同的是，气候预测中海洋的初始状态才是关键。

Cane 等（1986）将一个基于真实背景态的线性化海洋模型和 Matsuno-Gill 大气模型耦合起来，成功地验证了气候预测概念的可行性。由于缺乏实时的海洋次表层观测数据，他们当时使用观测到的大尺度风场驱动海洋模型以初始化耦合模型。结果表明，初始化耦合模型的正向积分对赤道太平洋的 SST 和温跃层深度变化方面具有一定的预测能力。

自那以后，提前数个季节的气候预测水平得到了长足的发展。借助多模块耦合 GCM，人们实现了对热带太平洋以外地区 SST 的预测，乃至对海洋和陆地上的降水、风暴轴等重要变量的预测。气候预测的发展得益于不断扩大的海洋观测系统，如横跨热带太平洋的系泊浮标阵列、卫星高度计和 Argo 剖面浮标等。这些观测系统提供了分析海洋实时状态（如温跃层深度的变化）的数据。另外，大气 GCM 的使用有助于区分 SST 强迫和内部变率的影响，两者在 ENSO 的演变中都起着重要作用。

一套季节预报系统通常使用每个月的海洋状态估计值进行初始化，并运行 12 个月。预报人员通常将模型的多次运算结果组成一个集合，其中每个集合成员的初始条件略有不同，以便考察预报的不确定性。集合平均值代表了预报的确定性部分，而集合的离散程度代表了预报的不确定性。当集合平均值远大于离散度时，预测结果的可信度较高；相反，如果成员间离散度远大于平均值，我们就认为预报的可信度较低。

如今，对于赤道太平洋 SST 的变化我们已经有了较强的预测能力，特别是当强 ENSO 事件发生时（图 9.26）。然而在目前的 ENSO 预报中存在着"春季预报障碍"。即在北半球春季之前对 ENSO 进行的预测准确度偏低，而在春季之后的预测，准确度显著提升。这可能是因为春季赤道 SST 标准差（待预测的信号）较低 ［图 9.13（a）］，且太平洋经向模态引起的不确定性较大（第 12.4.1 节）。

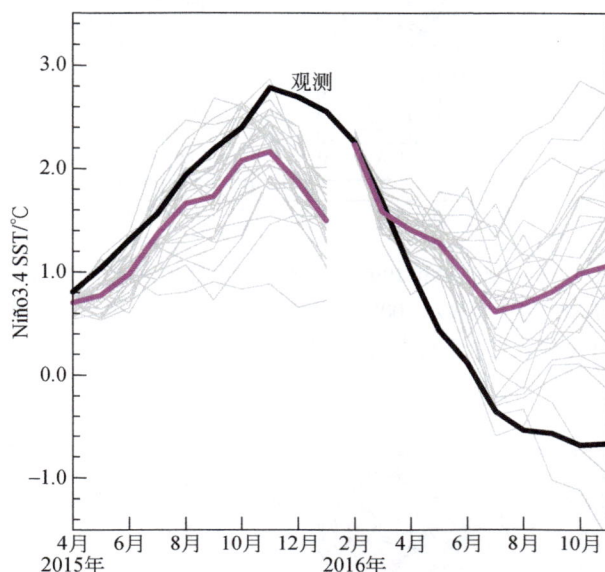

图 9.26 分别从 2015 年 4 月和 2016 年 2 月开始对 Niño3.4 区 SST（℃）进行预报的结果。观测（黑色），32 个集合成员（浅灰色）和集合平均（洋红色）的结果。（数据来源于 NCEP CFSv2；马静供图）

需要指出的是，当前耦合 GCM 存在较大的误差和系统性偏差（Planton et al., 2021），这也限制了季节预测的准确性。目前，全球有十余家机构正在进行季节预测，每个机构都会生成各自的初始扰动集合。这些不同模式的输出最终形成了多模式集合（multimodel ensemble，MME），用于统计由模型物理过程、数据同化以及初始化条件导致的误差和系统性偏差。MME 的平均值通常能够减小不同预测系统之间的误差和系统性偏差，从而有效地改善预测结果。

图 9.27 展示了 1982～1983 年、1991～1992 年和 1997～1998 年三次厄尔尼诺事件 MME 的平均预测结果与观测结果的对比。模式对热带地区气候有较好的预测能力，其中包括太平洋上空东移的深对流向以及南美洲和热带北大西洋区域的降雨减少。此外，MME 预报还成功捕捉到了 PNA 遥相关型，和对应的美国西海岸、墨西哥北部及美国南部地区的降雨增加。

计算机模拟结果与观测的异常相关（anomaly correlation）可以被用于评估预测能力（图 9.28）。总体而言，模式模拟结果对热带（20°S～20°N）和海洋区域的预测能力较强。模式对热带外 SST 的预测能力也比较高，这是因为海洋混合层热容量较大，初始条件衰退得比较慢。然而，除了中国和美国南部的冬季降雨（后者由于受到 ENSO 引起的 PNA 模态影响），当前模式对热带外陆地区域的预测能力普遍偏低。

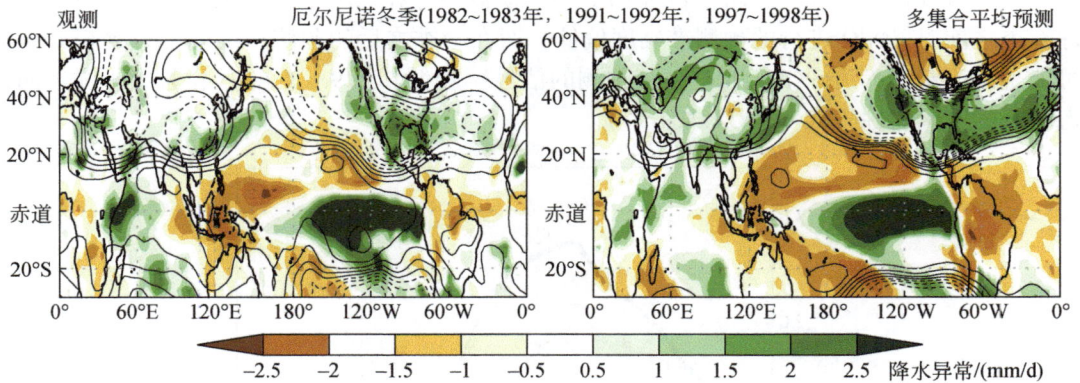

图 9.27　1982～1983 年、1991～1992 年和 1997～1998 年三次厄尔尼诺事件的冬季（12～2 月）合成场。填色表示标准化的降水异常；等值线表示 500hPa 位势高度，间隔为 0.5，虚线表示负值：（左）观测结果，（右）14 个模式集合平均提前一个月的预测结果。（摘自 Wang et al.，2009）

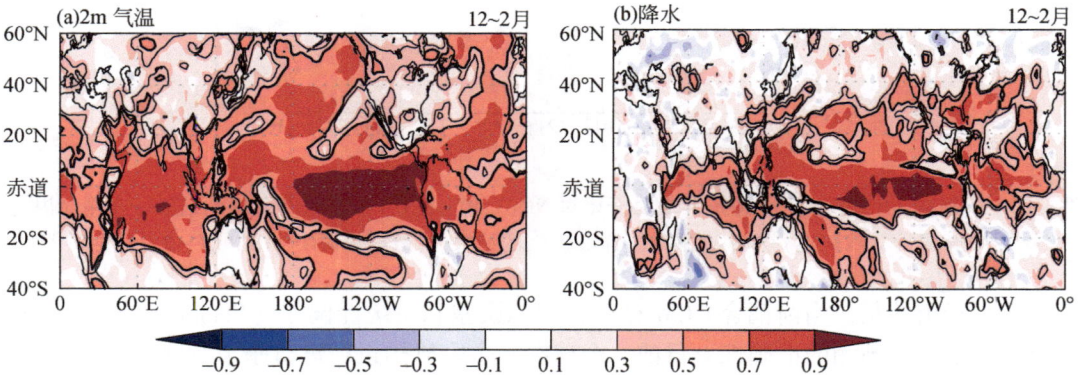

图 9.28　14 个模式集合平均的冬季（12～2 月平均）预测结果与观测值的相关系数分布。（a）地表气温和（b）降水的相关系数分布。预报时间覆盖 1981～2004 年，提前一个月起报。（摘自 Wang et al.，2009）

　　天气预报关注的是每天的情况，而季节预报关注的是月平均或季节平均尺度的统计量。为了填补天气和气候预测之间的空白，人们提出了次季节到季节（subseasonal-to-seasonal，S2S）预测，提供初始化第 3 周到第 2 个月之间的天气情况。S2S 的可预报性可能来自以下因素：MJO、土壤湿度、积雪和海冰。当上述过程共同发挥作用时，会时不时地出现一些有利于 S2S 预测的窗口期（Mariotti et al.，2020）。

9.8　总　　结

　　厄尔尼诺现象和南方涛动现象不仅仅是单独的海洋或大气现象，它们以大气-海洋耦合的形式呈现，共同构成了 ENSO 现象。在海气耦合过程中，大气部分能够快速调整以适应海洋的缓慢变化。海洋的波动，尤其是中太平洋纬向风异常激发的赤道开尔文波，对 ENSO 的生成起到关键作用，这些波动通过改变温跃层的深度来影响东太平洋的海温。同时温跃层的波动在 ENSO 的相位转变和预测中也扮演着关键的角色。

　　就像大气环流和深对流的耦合可以激发 MJO 一样，海洋和大气的耦合还可以激发松野波动解之外新的不稳定模态。赤道太平洋的气候平均态，包括盛行的东风、赤道上升流、温跃层向东抬升，为比耶克内斯反馈和温跃层反馈提供了必要条件。

　　尽管居住在赤道附近的人口相对较少，且大部分区域被海洋所覆盖。仅从地理的角度而言，赤道太平洋似乎并非十分重要，但由于多个动力因素的存在，这里成了全球关注的焦点。首先，热带地区的深对流是全球大气环流的主要驱动力，而南方涛动和 PNA 遥相关表明，深对流以及全球大气环流都对热带海温变化非常敏感。其次，比耶克内斯反馈机制仅在赤道地区起作用，并且耦合的不稳定性会进一步增强热带太平洋海洋和大气的变率。ENSO 改变了我们对海洋和大气变率的认识，远在赤道太平洋所发生的事情对北美气候的影响可能强于地理上更为临近的中纬度北太平洋风暴（第 12 章）。热带气象学和赤道海洋学在 20 世纪 70 年代只是准地转问题之外的边缘课题，而如今已经成了气候研究的热点。

　　ENSO 对研究其他气候现象起到了借鉴作用：

　　（1）在季节以及更长时间尺度上周期性出现的大气模态（如南方涛动）是由周期性 SST 模态（如厄尔尼诺）锚定的。因此可以使用大气 GCM 来研究大气对 SST 强迫的响应。

　　（2）利用海洋学反推出 SST 异常的空间分布和演化所涉及的物理过程和机制。

　　（3）综合上述海洋、大气的研究结果，确定大气-海洋耦合异常增长的正反馈和相位转变的机制，并探索其前兆信号。

　　（4）评估海气耦合现象的可预测性，比如分析业务化运行的气候模式的预测结果。检查模式是否能够充分模拟关键物理过程。

　　（5）探索遥相关的分布和机制，并将其用于预报中。

　　海气耦合动力学成功解开了 ENSO 之谜，并激发了对其他耦合现象和反馈机制的研究。之后的章节将展示起源于 ENSO 研究的耦合方法在其他研究中的应用和发展。另请参阅 McPhaden 等（2020）、Mechoso（2020）和 Behera（2021）。

习　　题

　　1. 在厄尔尼诺期间，为什么即使赤道东太平洋（如加拉帕戈斯群岛附近）的信风几乎没有变化，SST 却大幅升高？请与日界线附近海温升温的机制进行比较。

　　2. 请简述在厄尔尼诺事件期间，赤道东太平洋的赤道潜流会发生何种变化？

　　3. 在厄尔尼诺事件期间，赤道太平洋西部（如印度尼西亚）和东部（如加拉帕戈斯群岛）的海平面高度会发生什么变化？加利福尼亚州圣迭戈的海平面又会如何变化？

　　4. 在热带地区，厄尔尼诺事件期间的主要大气异常是什么？

　　5. 在厄尔尼诺事件期间，加拉帕戈斯群岛和海洋性大陆的降雨会发生怎样的变化？

　　6. 为什么在 ENSO 期间赤道东太平洋区域的风不会发生太大变化？

　　7. 什么是温跃层反馈？为什么该反馈在赤道太平洋东部强西部弱？

　　8. Niño3 区 50m 深度处平均上升流速度为 1.2×10^{-5} m/s。计算上升流对 SST 扰动的衰减率［式

(9.3)]，并与式（8.2）中的蒸发衰减率进行比较。

9. 赤道 β 平面近似下，海洋的典型罗斯贝变形半径是多少？在研究 ENSO 时，你对 3°S ~ 3°N 范围内的风变化感兴趣，还是对 3°N 以北或 3°S 以南的风变化更感兴趣？请简要解释。

10. 是什么导致了厄尔尼诺和拉尼娜之间的相位转换？海盆的大小对该振荡的线性增长率有何影响？为什么太平洋更有利于 ENSO 的发生？

11. 在延迟振子理论中，时间延迟（τ）是指 $n=1$ 的罗斯贝波到达西边界、反射成为开尔文波并最终回到强迫所在经度 x 所需的时间。请分别计算在 $x=180°$ 和 $x=155°W$ 处施加风场扰动对应的时间延迟 τ 的大小。假设太平洋的西边界 $x_w=130°E$，$c=2m/s$。根据延迟振子理论，哪种情况会导致更大的增长率？

12. ENSO 倾向于在哪个季节达到峰值？这是否意味着 ENSO 对世界各处的影响也在这个季节达到高峰（如印度的降雨）？如果不是，为什么？

13. 极端厄尔尼诺在大气异常方面与 Wyrtki（1975）描述的典型/中等强度厄尔尼诺有何不同？请简要解释为什么。

14. Niño3 区（150°W ~ 90°W，5°S ~ 5°N）平均的降雨量无法反映东太平洋区域 2 ~ 4 月的经向偶极子模态［图 9.18（c）］。请使用格点降雨或风场数据设计一个简单的指数来表征该偶极子模态。

15. 热带温跃层深度变化的主导模态是什么？它们与 ENSO 的相位有何关系？

16. 是什么导致了 ENSO 事件可以提前一个季节被预测？

17. 为什么可以预测 ENSO？大气初始条件对天气预报很重要，对于 ENSO 的预测也重要吗？

18. 为什么提前一个月进行预测的海面温度比陆面温度更准确？说明 PNA 对是如何提升降水和地表气温预测能力的。

19. 为什么相比其他热带外大陆的气候，北美的冬季气候更易于预测？你认为美国海洋大气管理局在哪一年对北美洲气候异常预测效果更佳：东太平洋升温 4℃ 的 A 年还是东太平洋降温约 0.5℃ 的 B 年？

20. 在厄尔尼诺冬季，加拿大西部和阿拉斯加地区的温度通常会上升，而美国西北部则很可能出现干旱情况。使用遥相关对应压强/环流场来解释这些异常。为什么北美洲对 ENSO 的响应在冬季最强？

21. 为什么 ENSO 引起的大气环流异常在热带是斜压的而在热带外的区域却是正压的？

22. 尽管 ENSO 具有多样性，为什么 ENSO 引起的 PNA 模态的地理位置是基本固定的？哪种气候平均态的特征对这种地理位置的锚定起到主导作用？

23. 当纬向平均流速 $\bar{u}$ 约为 20m/s 时，请估算位于 45°N 处的驻波波长。简单起见，此处假设平均流和扰动在经向上均匀分布。

24. 观测到的西风经向分布存在一个明显的峰值。冬季，在日本上空的 300hPa 高度层，西风急流的速度可达约 50m/s。请证明在急流的流核心区的有效贝塔（$\hat{\beta}$）是局地增强的，并估算这当中经向剪切部分的贡献，且将其与行星 β 项进行比较。假设急流在流核的两侧的宽度均为 20°。

25. 在厄尔尼诺冬季，加利福尼亚沿岸的海平面会发生什么变化？这对海滩侵蚀有什么影响？

第 10 章　热带大西洋变率

热带大西洋东西两侧被大陆环抱，且两块大陆都是主要的大气对流中心。早在 300 年前，Halley（1686）就意识到大陆对大西洋地区气候的重要影响，他指出北非强烈的地表加热能够驱动几内亚湾（地理名称，指西非南海岸面向东部热带大西洋）的南风。大西洋热带辐合带（ITCZ）位于赤道以北，东南信风向此汇聚（图 10.1）。在赤道上，东南信风引起上升流、使得海盆东部温跃层变浅。虽然有强烈的太阳辐射加热，但来自温跃层的冷水使得这一地区的海表温度（SST）一直够维持在较低的状态。

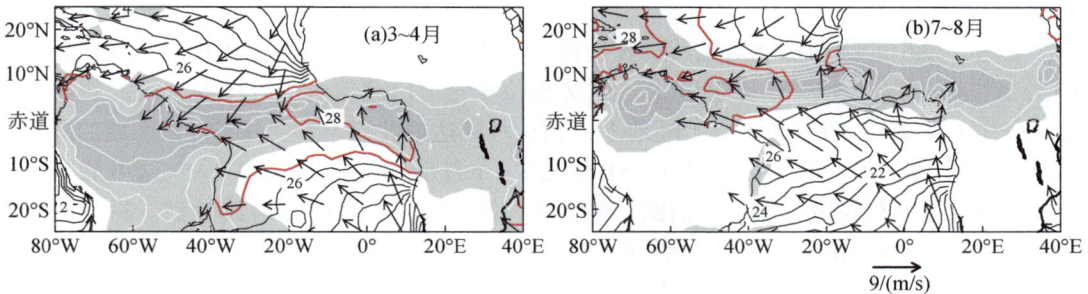

图 10.1　不同季节热带大西洋气候态分布。(a) 为 3~4 月，(b) 为 7~8 月。白色等值线代表降水，间隔为 2mm/d，浅色、深色阴影分别表示降水>2.6mm/d，黑色等值线表示 SST，红色代表 SST≥27℃，矢量箭头表示表面风场（单位为 m/s）。（引自 Xie，2004）

10.1　季 节 循 环

10.1.1　热带辐合带（ITCZ）

大西洋地区的热带辐合带（ITCZ）及其大陆上的延伸表现出较强的季节变化。在陆地上，降雨带大致跟随着太阳做季节性摆动，在 7~9 月到达最北端、12~次年 2 月移至最南端。赤道非洲在春分和秋分存在着两个雨季 [图 10.2 (c)]，相比之下，在赤道亚马孙地区，对流活动每年仅在 4 月达到高峰。秋分时（9 月），热带大西洋冷舌已充分发展，来自冷海面的干冷空气抑制了赤道亚马孙地区的深对流 [图 10.1 (b) 和图 10.2 (a)]。

在海洋上，ITCZ 的位置与 SST 空间分布密切相关，降雨主要集中在 SST 高于 27℃ 的带状区域里。在 3~4 月，雨带位于赤道附近，南北半球的信风向赤道辐合。10°S~5°N 的区域的 SST 温暖且空间分布较为均匀，这使得 3~4 月大西洋 ITCZ 对南北半球 SST 梯度

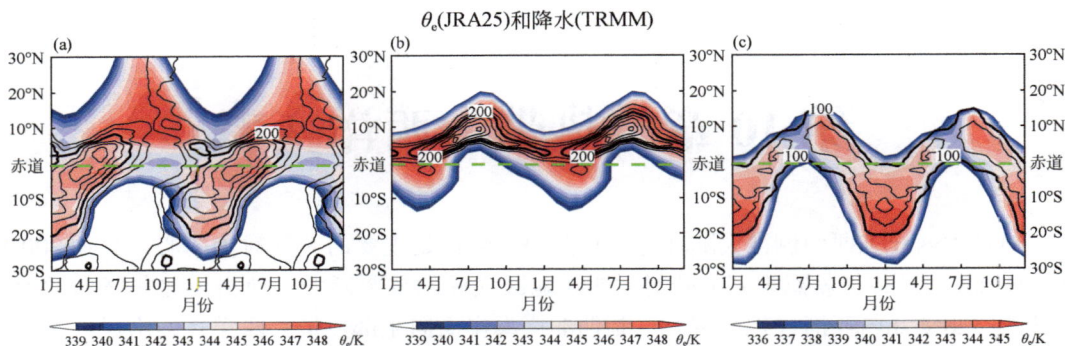

图 10.2　不同地区降水（黑色等值线，间隔为 50mm/m）和 θ_e（填色，单位为 K）的经度–时间断面。其中（a）为美洲（50°W~60°W），（b）为大西洋（10°W~20°W），（c）为非洲（20°E~30°E）。（引自 Tanimoto，2010）

非常敏感，很小的扰动都能造成其位置变化（第 10.3 节）。赤道冷舌在 6 月形成并持续到 9 月，此时，高温暖水位于赤道以北，ITCZ 也位于赤道以北。由于海洋混合层的热容量更大，海洋上空 ITCZ 的移动滞后于陆地上，在 9 月到达最北点。7~8 月 ITCZ 区域的降水显著强于 3~4 月，但此时下垫面海洋 SST 却比 3~4 月低约 1℃（图 10.1）。这可能是由于此时向西传播的东风波扰动更为活跃，能够在海洋上激发出较强的对流活动。这些时间尺度为 3~9 天的扰动由非洲大陆上的降水激发，在非洲东风急流的垂向和经向风切变的作用下增长（第 5.4 节）。来自非洲大陆的波动在热带大西洋得到进一步加强，有些发展成热带风暴和飓风，并在加勒比海和美国南部登陆。

10.1.2　赤道冷舌

赤道大西洋 SST 呈现明显的季节变化。与太平洋类似，位于赤道以北的 ITCZ 是维持跨赤道南风的根本原因。这一跨赤道南风在北半球春季减弱并在夏季增强（图 10.1）。北半球春季，东南信风减弱，赤道 SST 达到一年中的最大值；随着时间的推移，赤道上信风加强，冷舌逐渐形成，其中心位于赤道以南。

大西洋和太平洋赤道冷舌的年循环有一些重要的不同之处。与太平洋相比，赤道大西洋东部海域 SST 的年循环呈锯齿状，SST 下降速度较快（约 3 个月）、上升速度较慢（约 7 个月）（图 10.3），在 0°W，赤道 SST 在 4 月达到最大值，约 29.5℃，并在 7 月降至 25℃。从海洋角度来看，快速降温是由西非季风的爆发和 5~6 月几内亚湾南风的快速加强导致的。南风引起了赤道以南的海洋上升流和赤道以北的海洋下沉流，上升流使得赤道海域 SST 得以降低（第 8.2 节）

不同于赤道太平洋温跃层深度（由 20℃ 等温线表示）在全年几乎保持不变（图 8.11），赤道大西洋冷舌区的 SST 受温跃层深度垂向位置变化的影响较大。在 4~7 月盛行的东风增强了温跃层的东西向倾斜（图 10.4），这一季节里赤道几内亚湾的温跃层抬升，最浅时深度仅为约 30m。抬升的温跃层与由风速增强导致的上升流一同作用，造成了

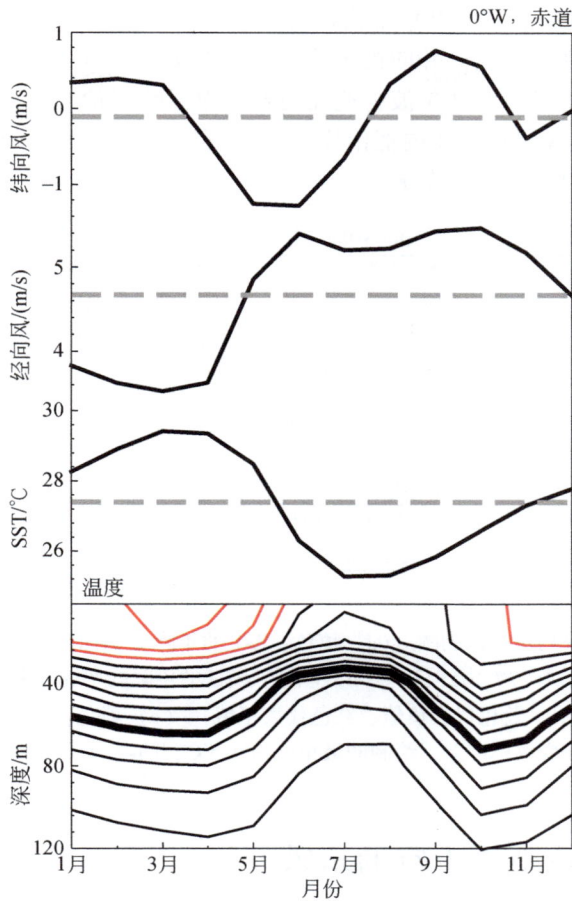

图 10.3　赤道上 0°W 处月平均气候态分布。自上而下分别为纬向风、经向风（单位为 m/s），海表温度（SST，单位为℃），海洋温度随深度分布（等值线间隔为 1℃，20℃ 等值线加粗，≥27℃ 的等值线为红色）。虚线代表年平均值。数据来自 PIRATA 浮标资料。（彭启华供图）

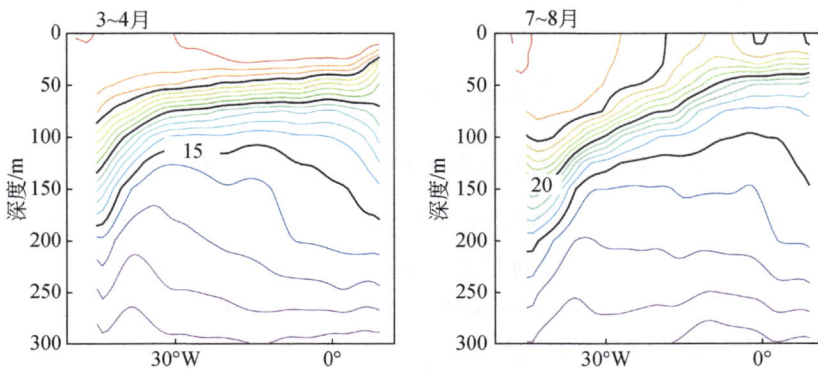

图 10.4　赤道大西洋海洋温度（℃）气候态分布，左图为 3～4 月平均，右图为 7～8 月平均。

SST 降低。在南北方向上，赤道几内亚海区温跃层的季节变化与由开尔文波引起的温跃层变化类似，最大值出现在赤道，并向极迅速减弱 [图 10.5 (b)]。当上升开文尔波到达非洲海岸时，它反射成为沿岸开文尔波，使几内亚沿岸温跃层抬升。这一信号通常能够在一个月之后的 7~8 月被观测到。几内亚沿岸抬升的温跃层导致 SST 降低，进而造成了西非季风降雨带的快速北跳（第 5.4 节）。

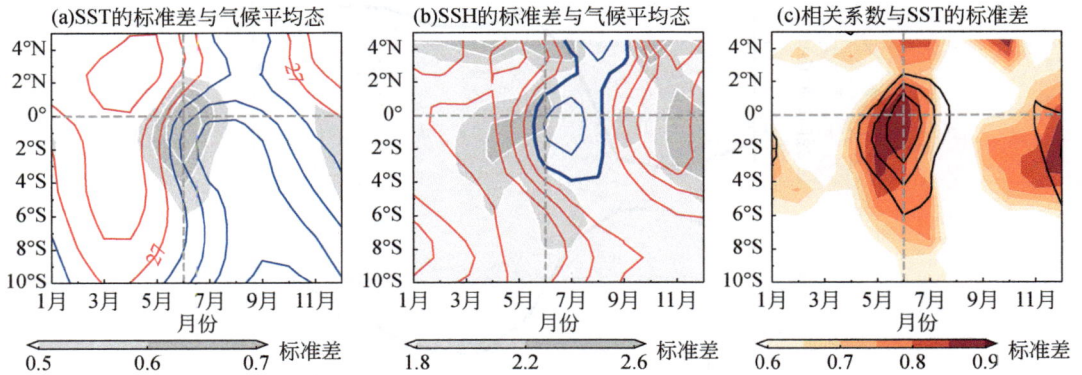

图 10.5　10°W~0°纬向平均霍夫默勒图。(a) 填色：SST 的年际变率标准差；等值线：气候态 SST（间隔为 1℃，≤26℃为蓝色、≥27℃为红色）。(b) 填色：SSH 的年际变率标准差；等值线：扣除年平均值的气候态 SSH（间隔为 2cm，蓝色代表负值、红色代表正值）。(c) 填色：SSH 和 SST 的相关系数；等值线：SST 的年际变率标准差，绘制的最小值为 0.5℃，间隔为 0.1℃。（彭启华供图）

10.1.3　赤道几内亚湾上空的东风

赤道附近的纬向风变化能够引起海盆东部温跃层的变化，因此对 SST 年循环的形成具有重要作用。而赤道纬向风的年循环则由赤道 SST（机理与太平洋类似）和非洲大陆的季风共同驱动。在一个大气模式实验中，研究者人为地将赤道大西洋 SST 场控制为 4 月的状态不变，结果表明西非南部海域的东风加速现象大致能够被模拟复现（Okumura and Xie, 2004）。由于 ITCZ 位于赤道以北，东风在 10°S 达到峰值，并越靠近 ITCZ 风速越低（在 10°S~5°N 的区域内 $\frac{\partial \overline{u}}{\partial y}>0$，上横线表示年平均；图 10.1）。随着西非气温从 4 月开始逐步升高，几内亚湾的南风加强，将东风动量向北平流，加速赤道东风（$-v'\frac{\partial \overline{u}}{\partial y}<0$，撇号表示与年平均的差）。由此可知，西非南风季风是赤道几内亚湾 3~5 月东风增强的重要原因之一，这是热带大西洋气候受大陆影响的又一例证。

这里我们对大气边界层（atmospheric boundary layer, ABL）中东风动量的平流作用进行定量评估，忽略其纬向变化 $\left(\frac{\partial}{\partial x}=0\right)$，纬向动量方程可以写成：

$$v\frac{\partial u}{\partial y}-fv=-\varepsilon u \qquad\qquad (10.1)$$

式中，$f=\beta y$，为科氏参数；ε 为拖曳系数（对于 1 km 厚度的大气边界层，其数值约为 $10^{-5}\,s^{-1}$ 或 $1/d$）。由于关于赤道对称的扰动造成的经向平流作用在赤道上为 0（$v=0$ 且 $\frac{\partial u}{\partial y}=0$），这里我们仅考虑风场异常中反对称的部分，其一阶近似线性解写作：

$$u_0 = fv/\varepsilon \tag{10.2}$$

由于不存在纬向气压梯度，在此线性解得到的纬向风在赤道为 0。利用式（10.2）得到的线性解带回原方程以估算经向动量输送，我们能够得到关于纬向风速的高阶修正：

$$u_1 = \left(fv - v\frac{\partial u_0}{\partial y}\right)\Big/\varepsilon = \left[fv - \frac{v}{\varepsilon}\frac{\partial}{\partial y}(fv)\right]\varepsilon$$

上述方程可以简化为

$$u_1 = -\frac{\beta}{\varepsilon^2}v^2 = -\frac{\beta}{\varepsilon^2}(\bar{v}^2 + 2\bar{v}\,v' + v'^2) \tag{10.3}$$

式中，$v = \bar{v} + v'$；由于年平均 ITCZ 位于赤道以北，因此 $\bar{v}>0$；v' 为由太阳辐射的季节循环引起的纬向风季节变化。令 $v' = \tilde{v}_1\sin(\omega_1 t + \varphi)$，$\tilde{v}_1$ 为赤道经向风的年周期谐波；ω_1 为年频率；φ 为相位；则式（10.3）改写为

$$u_1 = -\frac{\beta}{\varepsilon^2}\left[(\bar{v}^2 + \tilde{v}_{1/2}^2) + 2\bar{v}\,\tilde{v}_1\sin(\omega_1 t + \varphi) + (\tilde{v}_{1/2}^2)\cos 2(\omega_1 t + \varphi)\right] \tag{10.4}$$

式中，第一个小括号中的项分别表示由跨赤道风中的年平均（$\bar{v}$）和季节变化（$\tilde{v}_1$）部分引起的东风加速；中间的项驱动了赤道东风加速的年周期变化，峰值出现在北半球夏季；最后的项造成了赤道向东风的半年周期变化。在赤道大西洋上，跨赤道的风始终为南风（$\bar{v} \geqslant \tilde{v}_1$，图 10.3），年周期（中间的项）通过东风动量的平流作用主导了赤道东风的变化（比最后一项大 4 倍）。换言之，赤道以北的 ITCZ 能够引起赤道东风，有利于引起赤道上升流，从而影响 SST。同时，赤道以南的经向风应力也有利于产生赤道上升流（第 8.3 节）。在热带印度洋，跨赤道风受季风影响，$\tilde{v} \approx 0$，此时赤道纬向风呈现半年周期（第 11.1 节）。

10.2 纬向模态：大西洋尼诺

大西洋赤道冷舌表现出很强的年际变率。大西洋海面温度（SST）年际变化的标准差最大值出现在冷舌和赤道以南的非洲沿岸（图 12.8）。东南信风能够引起上升流并且会造成海盆东部温跃层的抬升，有利于温跃层反馈。人们常使用赤道东大西洋 Atl3 区域：（5°S ~ 5°N，20°W ~ 0°）SST 异常作为反映冷舌年际变化的指标。与厄尔尼诺和南方涛动（ENSO）类似，Atl3 海区 SST 异常并不直接与局地风场异常相关，而是与赤道西大西洋（western Atlantic，wATL：5°S ~ 5°N，40° ~ 20°W）的纬向风联系更为密切。这一现象和 Atl3 海区的温跃层反馈均说明了赤道大西洋存在比耶克内斯反馈（Zebiak，1993）。正因如此，大西洋冷舌的异常增暖又常被称为"大西洋尼诺"，相对应的冷异常则被称为"大西洋尼娜"。Lübbecke 等（2018）有关于此问题的综述。

大西洋尼诺存在着明显的季节锁相，多发生在 5 ~ 8 月，此时赤道冷舌正在快速发展 [图 10.5（a）]。大西洋尼诺的峰值恰好出现在背景温跃层变浅的季节，这是因为此时赤

道东大西洋的温跃层反馈最为强盛。在大西洋尼诺的峰值季节（6～7月），SST 暖异常占据了整个赤道大西洋，最大值位于海盆东部，并一直沿非洲海岸线向南延伸（图10.6）。虽然温暖的 SST 位于赤道偏南的位置，但由于背景场 ITCZ 的位于赤道以北，其激发的降水异常也主要集中在赤道以北。在大西洋尼诺期间，赤道上温暖的海水将 ITCZ 向南拉向赤道并使其强度增强，这造成了几内亚沿岸降水的异常增加。

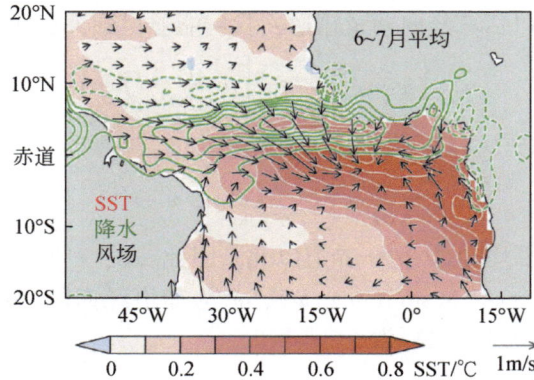

图 10.6　大西洋事件中 6～7 月平均的异常场。填色：海表温度（SST），单位为℃；绿色等值线：降水，间隔为 0.3mm/d，负值为虚线，零线省略；箭头：表面风场，单位为 m/s。（引自 Okumura and Xie，2006）

　　根据延迟振子理论（第9.3节），周期和增长率均随着波动相位延迟 τ（反映了海盆东西方向的宽度）的增加而减小。大西洋海盆宽度小于太平洋，因此大西洋尼诺在 SST 方差和持续时间上均小于 ENSO。与太平洋的情况类似［图9.13（c）］，纬向风异常对 Atl3 区域 SST 异常的响应显著地受到 ITCZ 季节移动的调制。通过大西洋尼诺事件的合成图［图10.7（a）］我们可以看到，wAtl 区域风场异常在 5 月达到峰值，并在此之后迅速衰减，此时 ITCZ 正在向北移动离开赤道；而对应的 SST 异常则会延迟 1 个月，在 6 月才会达到峰值。7 月之后纬向风异常较弱，对海洋赤道波导的影响减弱，这在一定程度上解释了大西洋尼诺的快速衰退的现象。wAtl 区域风场超前于 Atl3 区域的 SST 异常提示了大气随机扰动可能是造成 SST 异常的原因（第12.2节），大样本大气模式的模拟结果表明，wAtl 区域的风场异常在很大程度来自大气内部变率，与 SST 异常无关［对比图10.7（b）中的绿色实线和蓝色虚线］。

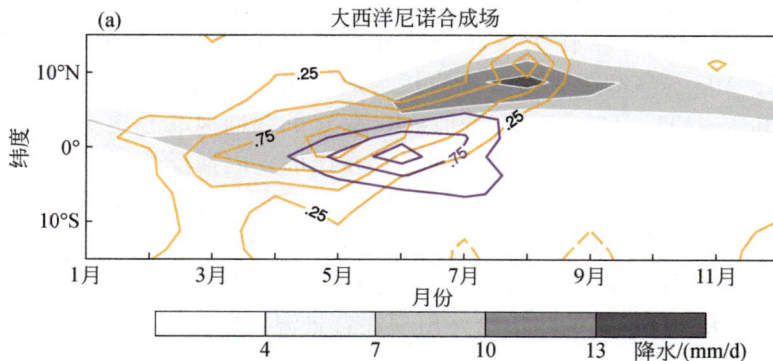

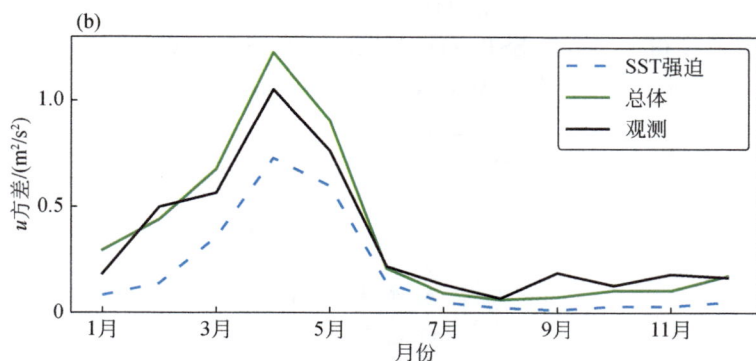

图 10.7　（a）大西洋尼诺异常场的合成。紫色等值线：$20°W \sim 0°$平均的海表温度（SST），最小值为 0.5K，间隔为 0.25K；橙色等值线：$40°W \sim 10°W$平均的纬向风，间隔为 0.25m/s，零线省略；填色和白色等值线：$40°W \sim 10°W$平均降水异常，单位为 mm/d。（b）wAtl 区域纬向风年际变率方差（m^2/s^2）分布。黑色代表观测；绿色为 100 个成员的大气环流模式（AGCM）模拟的总体方差，（Mei et al., 2019）；蓝色点状线表示其中由 SST 驱动的部分，即成员平均中的方差。[图（a）引自 Richter et al., 2017，有修改；图（b）受 Richter et al. 2014 启发，由 Chapman W 供图]

　　Atl3 区域温跃层的季节性加深也会使得 7 月以后此处的温跃层反馈减弱（两者关系强弱可以用 SST 与海表面高度 SSH 的相关来衡量 [图 10.5（c）]。热带大西洋气候背景场的季节循环决定了同时有利于纬向风和温跃层反馈发展的时间窗口很短（通常仅在 5 月），因此赤道大西洋的比耶克内斯反馈较弱。由于比耶克内斯反馈较弱，且大气内部变率较强，其所引起的纬向风异常也能够驱动温跃层深度的变化，这使得大西洋尼诺的可预报性明显低于 ENSO。

　　安哥拉沿岸附近海域的 SST 具有很强的年际变率，这主要是由沿岸流对气候态海温锋面的平流效应造成的，沿岸 SST 的暖异常被称为本格拉（Benguela）尼诺，其名称取自位于 12.5°S 的安哥拉港口城市。本格拉尼诺的强度通常用本格拉附近海域（Angola Benguela area，ABA：$0°S \sim 20°S$，$8°E \sim 15°E$）的 SST 异常大小来衡量，其 SST 年际变化方差在 4 月达到峰值。本格拉尼诺超前赤道大西洋尼诺约一个季节，其形成往往与南大西洋副热带高压的年际变率有关（Lübbecke et al., 2018）。异常减弱的南大西洋副高使得赤道东风和本格拉沿岸的南风减弱，造成的赤道开尔文波能够减弱沿岸上升流，进而造成本格拉附近海域增暖。

10.3　经　向　模　态

　　在 3 ~ 4 月，热带大西洋的气候背景场大致关于赤道对称，海洋上空的 ITCZ 位于全年最南端，5°S ~ 5°N 之间的区域均匀地分布着温暖的海水，此时，微小的 SST 经向梯度异常就能引起大西洋 ITCZ 的变化。2 ~ 4 月降水的 EOF 第一模态呈现经向偶极子分布特征，反映了不同年份的 ITCZ 南北摆动。热带太平洋在同一季节也有类似的情况（第 9.4.4 节）。ITCZ 经向偶极子往往与 SST 和风场异常相伴而生，空间分布对应着风–蒸发–SST

（WES）反馈（图 10.8）：异常偏北的 ITCZ 增强赤道以南的东南信风、减弱赤道以北的东北信风，风场异常使得赤道以南 SST 变冷、赤道以北 SST 变暖。上述耦合的 SST、风场和 ITCZ 异常被称为大西洋经向模态（Atlantic meridional mode，AMM）。

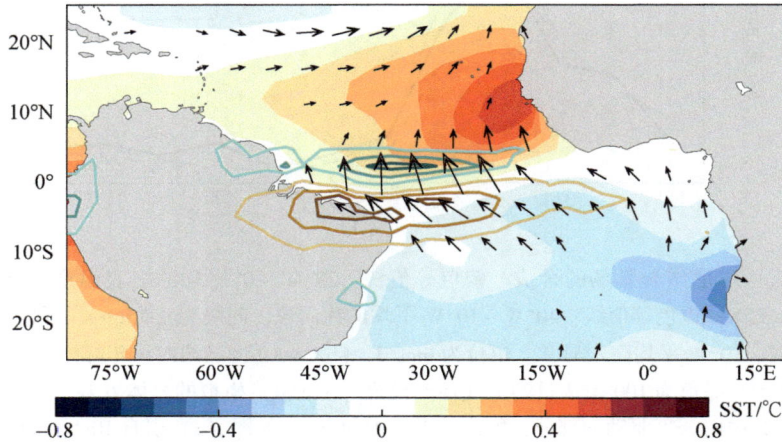

图 10.8　北半球春季（2～4 月平均）的大西洋经向模态。图中展示的是 1979～2017 年各变量与跨赤道海表温度（SST）梯度指数（40°W～10°E，10°S～10°N）的回归系数。填色：SST；箭头：表面风场（最大值为 0.9m/s）；彩色等值线：降水，间隔为 0.5mm/d，零线省略，绿色和棕色分别表示降水正和负异常。（D. J. Amaya 供图）

AMM 的 SST 异常常常延伸到副热带地区（25°S～25°N），比 ITCZ 异常出现的区域更为宽广。赤道以南的表面风场异常较弱，但异常增加的低云云量（图 6.14）能阻挡太阳辐射，从而有利于维持 SST 负异常。类似的低云–SST 反馈在赤道以北同样存在，但是强度（通常用云量变化与 SST 异常的比值来衡量）较弱。

我们使用 40°W～0°纬向平均赤道经向风（v_{eq}）和跨赤道 SST 梯度 [（0°～10°N）－（0°～10°S）] 来衡量 AMM 的强弱。两个指数各自的强度和两指数之间的相关系数均在 3～4 月达到最大值（图 10.9），此时沿赤道对称的气候背景场有利于反对称的异常通过 WES 反馈发展。两个指数的相关系数在 3 月约为 0.9，而在 7 月则下降至 0.3，表明了夏季位于赤道以北的 ITCZ 不利于 WES 正反馈。

气候平均态的 ITCZ 在气候系统中具有对称轴的性质，我们使用 WES 模型中的 SST 方程来展示这一特征。方程形式见式（8.2），简洁起见我们省略其中的撇号，于是有

$$\frac{\partial T}{\partial t} = aU - bT \tag{10.5}$$

方程两侧均乘以 T，则得到关于 SST 方差的方程：

$$\frac{1}{2}\frac{\partial}{\partial t}\overline{T^2} = a\,\overline{UT} - b\,\overline{T^2} \tag{10.6}$$

式中，上横线表示经向积分。对于关于赤道反对称的 SST 经向偶极子，纬向风与 SST 异常正相关，$\overline{UT} > 0$（图 10.10）。

接下来考虑气候态 ITCZ 位于赤道以北的情况，此时 SST 经向偶极子的对称轴北移至

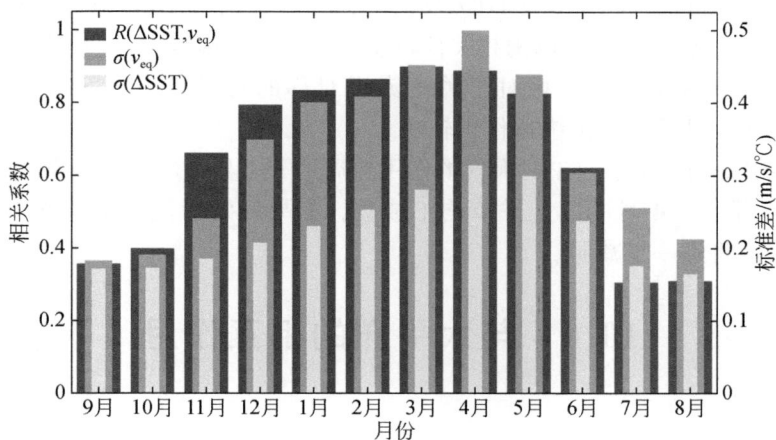

图 10.9　大西洋经向模态的季节性特征。柱状图表示v_{eq}、跨赤道海表温度（SST）梯度（$10°S \sim 10°N$）的标准差以及两者的相关系数随月份的变化。所有数据为 $1950 \sim 2014$ 年 $40°W \sim 10°E$ 的纬向平均，且经过 3 个月滑动平均。（D. J. Amaya 供图）

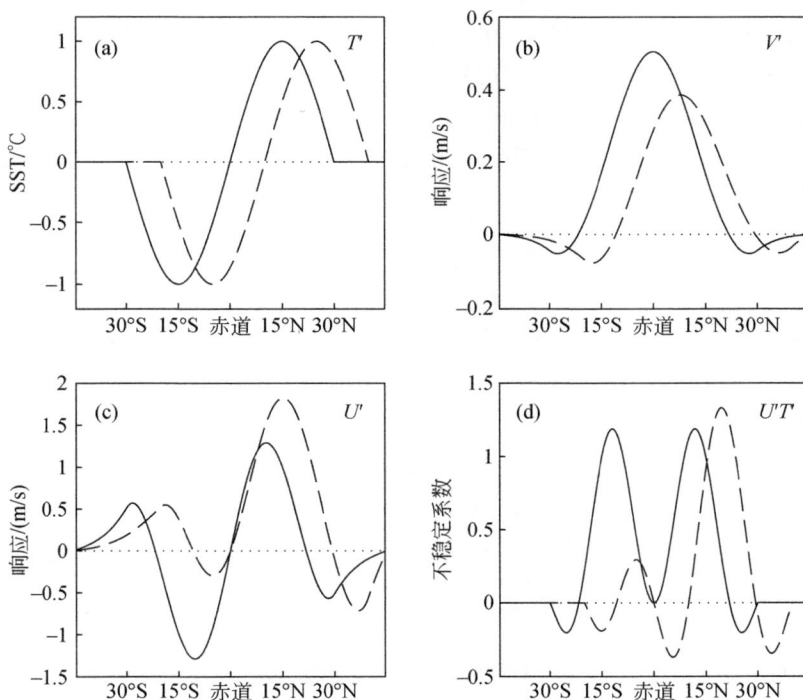

图 10.10　线性大气模型对 SST 经向偶极子的响应（℃）。（a）SST 偶极子随纬度的分布；（b）（c）分别为经向、纬向风的响应（m/s）；（d）不稳定系数。实线和虚线分别表示 SST 偶极子跨零点位于赤道和 $10°N$ 的情况。（Okajima et al.，2003）

10°N，风场响应不再关于赤道或者 ITCZ 反对称，SST 和纬向风在气候态 ITCZ 以北大致呈现正相关，但是在气候态 ITCZ 以南相关性较差（图 10.10 虚线）。这使得经向积分的 SST 和风场异常协方差降低，表示相对于关于赤道对称的背景场，ITCZ 位于赤道以北时，WES 反馈对 SST 南北偶极子的维持作用较弱。

上述计算中我们假定了 SST 对大气的作用与局地 SST 异常的大小具有线性关系。事实上这一前提对于除 2~4 月的其他季节均不成立，如果异常对流活动仅在赤道以北发展，WES 反馈的强度将进一步减弱。

10.4 与太平洋的相互作用

10.4.1 受 ENSO 的影响

对流层中，纬向传播的赤道波动连通了各个热带洋盆，造成各洋盆间的相互作用。厄尔尼诺造成的对流层增暖沿赤道波导向东西传播（弱温度梯度近似，第 3.6 节）。在赤道太平洋以外的热带地区，异常下沉运动导致降雨减少、海表面气压升高，其中降雨减少的现象在海洋大陆和南美洲最为明显。在对流层上层，中太平洋上增强的对流活动在赤道两侧激发了反气旋式的罗斯贝环流（亦被称为哑铃型）。而在海洋大陆和南美洲则各自存在着了一对气旋式的哑铃型环流和被抑制的对流活动（图 10.11）。哑铃型的罗斯贝波大致形态与 Matsuno-Gill 解一致，但与理论解相比，环流异常的位置相对于对流热源更加偏东。

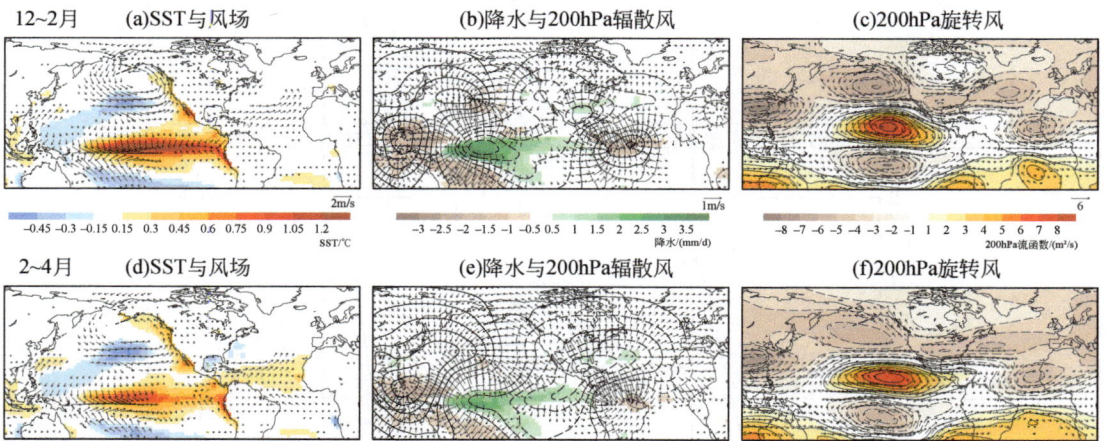

图 10.11　ENSO 激发的异常场的分布。上图和下图中展示的分别是 1982~2011 年间 12~次年 2 月平均和 2~4 月平均的海洋、大气异常场与 12~2 月平均的 Niño3.4 指数的回归系数。（a）填色：海表温度（SST），单位为℃；箭头：表面风场，单位为 m/s。（b）填色：降水，单位为 mm/d；等值线：200hPa 速度势，单位为 m²/s，间隔为 0.3×10⁶ m²/s；箭头：200hPa 辐散风，单位为 m/s。（c）填色：200hPa 流函数，单位为 m²/s，等值线间隔为 10⁶ m²/s；箭头：200hPa 旋转风。（d）~（f）与（a）~（c）相同，但表示 2~4 月的回归系数。（García-Serrano et al.，2017，有修改，García-Serrano 供图，© 美国气象学会。经许可后使用）

　　在厄尔尼诺年冬季（12～次年 2 月），热带对流位置发生变化，激发了具有正压结构的太平洋–北美（PNA）遥相关型，导致副热带北大西洋地区（纬度与佛罗里达相当）SLP 降低。PNA 带来的北大西洋低压异常和赤道大西洋的高压异常减弱了东北信风，造成了北大西洋蒸发减少、SST 升高（图 10.11）。在北半球春季（2～4 月），厄尔尼诺开始衰退，在热带大西洋上形成了一个"C"形的风场，表明存在着跨赤道的 WES 反馈［图 10.11（d）］。

　　作为大气内部变率的北大西洋涛动（North Atlantic Oscillation，NAO）是影响热带北大西洋冬季东北信风的另一重要因素［图 12.10（a）］。它引起的热带北大西洋 SST 异常能够激发 AMM，引起大西洋 ITCZ 的移动。ENSO 和 NAO 引起的信风异常均在北半球冬季达到峰值，这解释了为何 AMM 的强度在 2～4 月达到最强（图 10.9）。跨赤道的 WES 正反馈有利于副热带信风异常激发 AMM（Chang et al.，2001）。

　　2～4 月是巴西东北部的雨季（约 40°W，5°S），此时大西洋 ITCZ 正在向南移动［图 10.1（a）］。由于 ENSO 和 AMM 的作用，巴西东北部的降水存在很强的年际变率，在厄尔尼诺衰退年或正 AMM 事件（存在向北的跨赤道 SST 梯度）年份降水偏少［图 10.11（e）］。与热带海洋 SST 模态的高相关性使得这一区域的降水具有较高的可预报性（Hastenrath and Greischar，1993）。

10.4.2　对太平洋的作用

　　大西洋的海盆宽度仅为太平洋的三分之一，SST 的年际变率不足太平洋的一半。ENSO 通过流层上层对热带大西洋的影响机制较为明确，但由于安第斯山脉对近表层环流存在阻挡作用，这一作用的影响范围多局限在赤道以北。近年来的模式研究表明大西洋 SST 也能反过来影响太平洋的气候。

　　Ding 等（2012）用全球耦合的环流模式（GCM）设计了一个部分耦合的"起搏器"试验，在该试验中，热带大西洋（30°S～30°N）的 SST 被人为控制到与观测一致，而全球其他区域的海洋则与大气自由耦合。结果表明，试验集合平均模拟的 Niño3 区 SST 在初夏（4～7 月）与观测高度相关，相关系数约为 0.55（试验年份为 1970～2005 年）（图 10.12）。热带 SST 与北半球夏季大西洋冷舌 SST 指数的相关系数空间分布表明大西洋尼诺有利于激发拉尼娜（图 10.13），且与"起搏器"试验中太平洋海盆的气候要素异常分布与观测十分相似。

　　热带大西洋可以通过大气开尔文波影响印度洋进而影响赤道太平洋。由大西洋暖异常引起的暖性对流层开尔文波会造成赤道印度洋上空低层大气的东风异常［图 10.14（a）］，这一风场异常与背景西风方向相反，有利于造成热带印度洋暖异常。印度洋暖异常又会进一步加强暖性开尔文波和赤道西太平洋低空的东风异常，从而有利于拉尼娜的发展［图 10.14（b）、（c）］。反对称的 AMM 无法有效地激发赤道开尔文波（图 10.15），与之对应的 SST 异常则是通过激发罗斯贝波跨越中美洲影响副热带东北太平洋（Ham et al.，2013）（专栏 10.1）。尽管跨海盆作用的路径不同，热带北大西洋 SST 增暖都有利于造成赤道太平洋类拉尼娜型的海温异常（图 10.14 和图 10.15）。

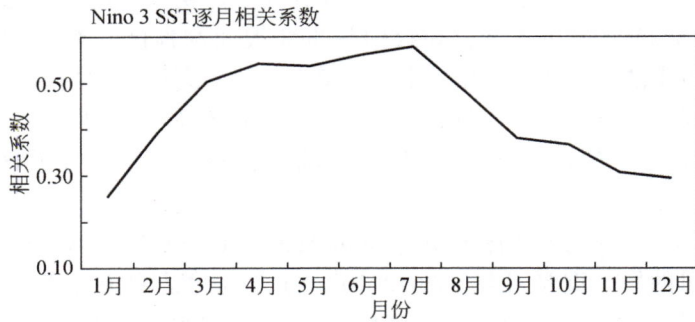

图 10.12　观测与大西洋起搏器试验集合平均中的 Niño 3 相关系数，时间 1970 ~ 2005 年。
（Dinget et al.，2012）

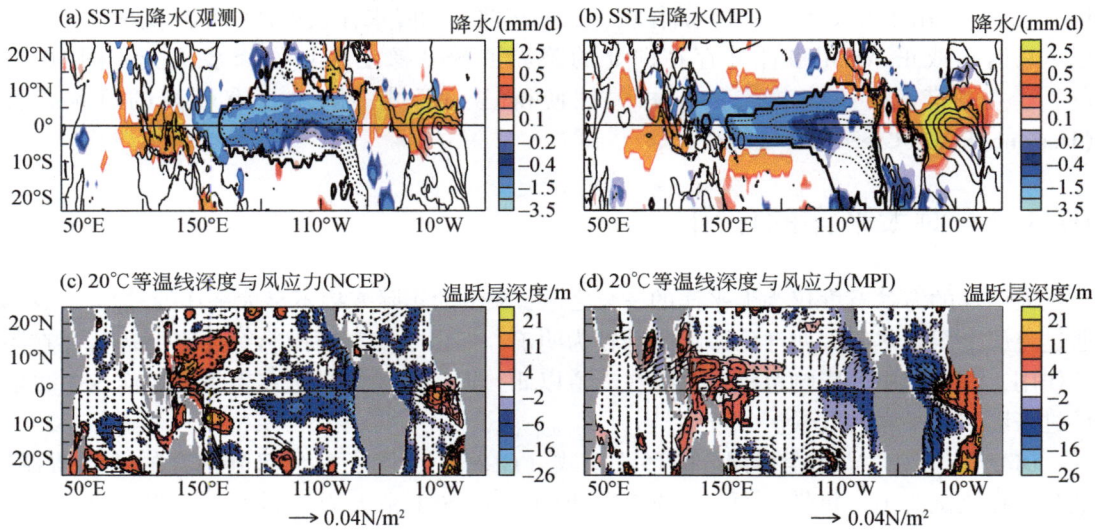

图 10.13　海表温度 SST、降水、温跃层深度和风应力异常与夏季大西洋冷舌 SST 指数的回归系数。（a）、
（b）等值线：SST，单位为℃；填色：降水，单位为 mm/d。（c）、（d）填色：温跃层深度，单位为 m；
箭头：风应力，单位为 N/m²。左侧为观测，右侧为耦合模式集合平均的结果。（Ding et al.，2012）

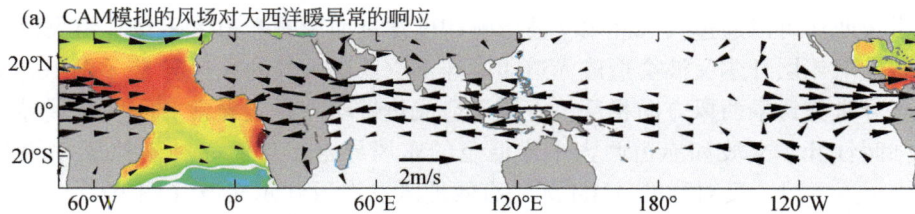

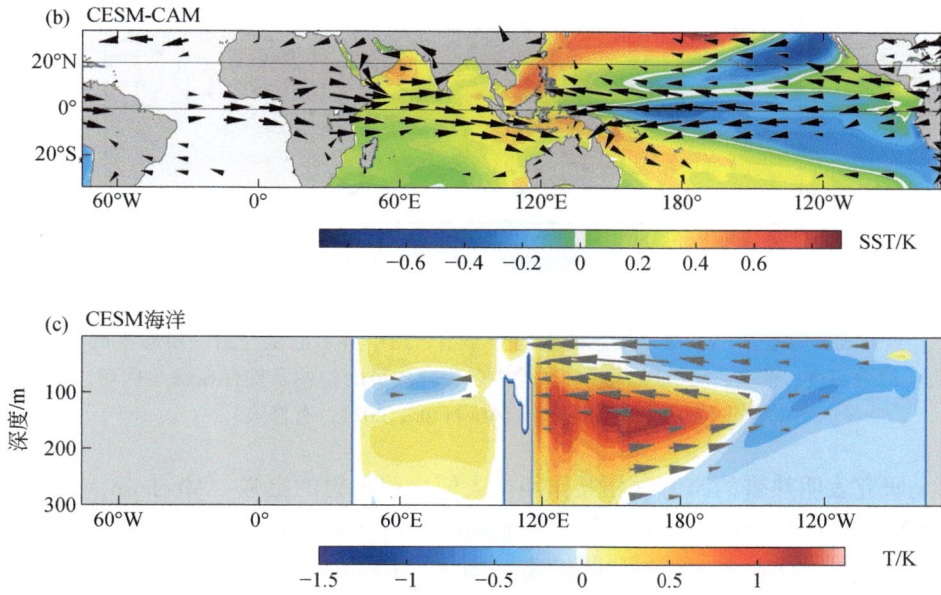

图 10.14　（a）大气模式中大西洋 SST 强迫场和 850hPa 风场响应。（b）耦合模式和大气模式中 SST 与风场异常之差。（c）耦合模式中次表层海洋温度和流场响应（其中垂向速度分量放大了 400 倍）。（Li et al., 2016，有修改）

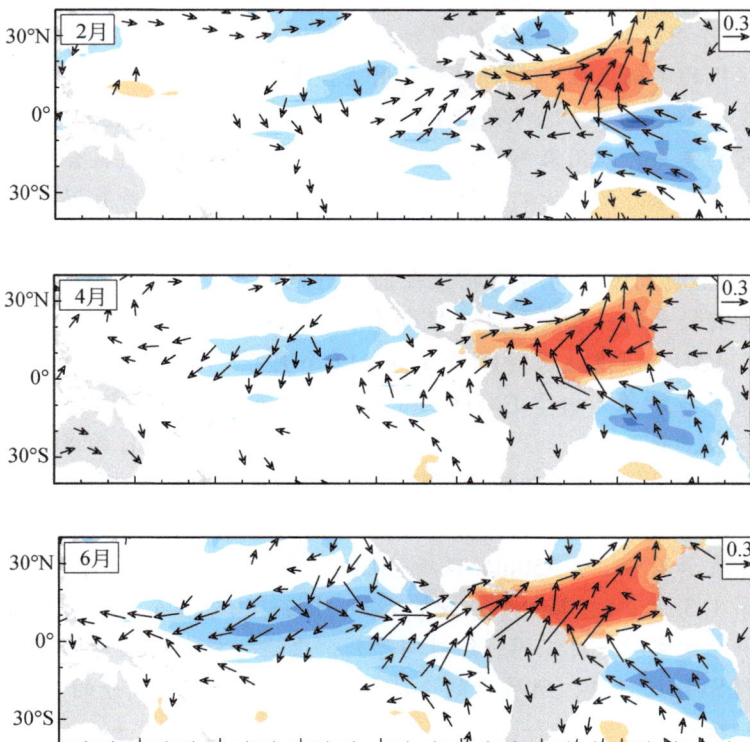

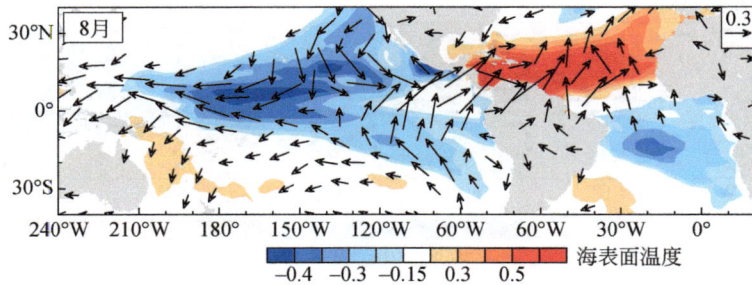

图 10.15　集合成员间差异 SVD 第一模态的空间分布型。图中展示的是与第一模态主成分的相关系数，其中填色：海表温度；箭头：850hPa 风场。试验中各集合成员的初始条件存在微小扰动，位于热带大西洋，由 11 月起报。（Ma et al., 2021，有修改）

以上研究表明热带的跨海盆相互作用比人们之前预想的更强（Mechoso，2020）。充分发展的 ENSO 事件是全球气候异常的主要驱动源，而其他相对较小的热带海盆同样能够反过来影响诸如 ENSO 和太平洋年代际振荡（Pacific decadal oscillation，PDO）在内的太平洋气候模态。

专栏 10.1　预报集合成员间差异中的耦合模态

在使用耦合模式的季节预报中，人们通常使用各个月份的海洋状态作为初始条件并连续运行 12 个月。海洋初始条件（如 SST 和温跃层深度）为预报带来了确定性，而为了衡量预报的不确定性，人们通常采用集合平均的方法，令每个集合成员的大气初始条件存在微小的差异。这种存在小扰动初始场的集合（PICE）通常由 10 个成员构成，成员间的差异可以用来衡量预报的不确定：预报结果常用集合平均来表示，较小的成员间差异意味着预报的确定性较高，反之较大的成员间差异说明了预测结果存在较高的不确定性。

对 PICE 的成员间差异的研究能让我们更好地认识某一现象背后的动力学过程，其优势在于拥有较大的样本数量。如果每个集合成员运行 12 个月，则对于所研究的某个月份就有 120 个预报结果（10 个成员×12 个月），如果使用多个模式进行预报，则样本数量进一步增长。由于 ENSO 主导了热带气候的年际变率，自 1950 年有可靠的观测记录以来，Atl3 和 Niño3 指数的相关系数并不稳定，PICE 的成员间差异为研究较弱模态（如 AMM）提供了全新的视野，甚至能让我们更好地理解 AMM 对 ENSO 的作用。

图 10.15 展示了 SST 和 850hPa 风场 PICE 成员间差异的季节奇异值分解（SVD）模态结果（第 1.5.2 节），其中各个成员从 11 月起，图中各个月份的风场和 SST 异常各自组合成一个空间场，对应同一组时间序列。上述分析中仅热带大西洋的 SST 和风场异常参与到 SVD 的计算，所展示的全球热带异常是对应主成分的相关系数。副热

带北大西洋东北信风的异常（可以看作由大气内部变率引起的 NAO 的一部分，第 12.1 节）能够激发 AMM，其带来的热带北大西洋增暖能激发大气罗斯贝波，跨越中美洲，引起北太平洋经向模态（第 12.4.1 节），带来 SST 冷异常。北太平洋经向模态在 WES 反馈的帮助下向南、向西传播，其赤道侧的东北风异常有利于拉尼娜的形成。

　　类似的对 PICE 成员间差异的研究也被应用到了北印度洋和北太平洋（第 11.4.3 节和第 12.4.1 节），其结果验证了观测中得到的耦合模态。

10.5　对热带气旋的调制作用

　　梅伟参与了第 10.5.1 和 10.5.4 节的编写。

　　热带气旋（tropical cyclones，TC，风速>17m/s）是强烈的风暴活动。它们在热带洋面上生成发展，与之相伴的强风、强降水和风暴潮会对沿岸地区带来重大影响。尽管 TC 本身是高度非线性的气象现象，但它们的产生、移动路径和强度在很大程度上都会受到大尺度环境场的控制。本节将会聚焦上述大尺度环境场，Emanuel（2003）有关于该问题的简要综述。

　　TC 生成在热带洋面上（南北纬 5°～25°），但南大西洋和东南太平洋由于 SST 过低不利于热带风暴的产生。西北太平洋是 TC 活动最频繁的区域，该海区单位面积 TC 的生成潜力也是最高的。热带风暴的潜在生成具有很强的季节依赖性，该指标在晚夏至早秋达到最大值（对于北半球大致在 7～10 月，南半球为 12～次年 3 月）。

10.5.1　生成潜力

　　TC 是高度结构化的对流系统，包括一个温暖的核心和围绕核心快速旋转的气流，较高的 SST（>26.5℃）是其生成的必要条件。高 SST 能增强对流不稳定性，同时对流活动的加强使得大气层中层水汽增加，进而增强 TC 的生成。理想的、呈中心对称形态的 TC 可以借助下述正反馈获得强度的增长：高风速使得近表面大气焓上升（$k = c_p T + Lq$），被加热的核心区域又进一步增强风暴强度。海表面能量通量正比于风速 V，能够使风暴强度增加；而表面摩擦作用正比于 V^3，使能量耗散。当两者强度相当时，风暴强度达到峰值：

$$V_{pot}^2 = \frac{C_k}{C_d} \frac{T_s - T_0}{T_0} (k^* - k) \tag{10.7}$$

式中，$C_k C_d$ 为焓与动量表面交换系数的比值；$(T_s - T_0)/T_0$ 为热效率；T_s 为 SST；T_0 为对流层上部出流的温度，$(k^* - k)$ 为热力学不平衡度；k^* 为地表显焓的饱和值。值得注意的是，具有强烈动力学特征的 TC 的潜在强度（potential intensity，PI）是由环境场的热力学变量所决定的，其中包括 SST 和大气的温度垂向分布廓线（Emanuel，1998）。在空间分布上，存在较高潜在强度的区域往往能够观测到热带风暴的生成。

　　对于现实中的 TC，其强度往往不能达到理想的中心对称气旋的理论最大强度，环境因素（如垂向风切变，引导气流等）会将气旋的形态变得不再中心对称（Wang and Wu，2004）。对 TC 路径的预报已日渐成熟，但对其强度的预报能力尚存不足。如果潜在强度是 TC 强度的主导因素，则我们根据式（10.7），即可得到类似于路径的准确强度预报。然而其他环境变量对风暴生成和加强的影响降低了我们对 TC 强度的预报能力。

有四个因素对于 TC 的生成具有重要作用：热力学潜在强度，垂直风切变（V_{Shear}），中层大气相对湿度（RH，单位为%）和低层大气绝对涡度（$\eta = \zeta + f$），根据热带风暴的空间和季节性变化规律，Emanuel 和 Nolan 在 2004 年提出了一个生成潜力指数（genesis potential index，GPI）：

$$\text{GPI} = \left| 10^5 \eta \right|^{\frac{3}{2}} (1 + 0.1\, V_{shear})^{-2} \left(\frac{\text{RH}}{50} \right)^3 \left(\frac{V_{pot}}{70} \right)^3 \tag{10.8}$$

GPI 指数的空间分布与气候态热带风暴的生成频率十分一致。

中层大气较高的相对湿度能够减少干夹卷，从而有利于热带风暴的发展，低层大气较高的涡度有助于将对流释放的能量束缚于热带风暴之内，以增强其强度。在南北纬 5° 以内的赤道区域，TC 鲜有发生，因为此处的行星涡度 f 很小，只有距离赤道足够远（存在足够大的行星涡度 f），由对流加热引起的拉伸效应才会使气柱产生气旋式旋转。

10.5.2　风切变动力学

风切变的定义通常指 200hPa 和 850hPa 矢量风之差的模，$V_{shear} = \left| V_{200} - V_{850} \right|$，较低的风切变是 TC 维持垂向一致性的必要条件，因其能够减少将干空气夹卷至气旋内部。通过对比 7～10 月 TC 的生成数量与垂向风切变，我们可以看到 TC 主要生成在风切变小于 10m/s 的区域［图 10.16（a）］。

夏季北印度洋有全球最高的 SST 和最深厚的大气对流，然而 TC 很难在此处发生。这一地区较少的 TC 恰恰是因为盛夏（7～8 月）存在着很强的垂向风切变，上层大气盛行东风、低层大气盛行西南风（第 5.1.1 节）。这一背景风场的分布可以看作是大气对孟加拉湾至热带西北太平洋广阔热源的 Gill 响应。尽管北太平洋中部夏威夷附近的 SST 也足够高，能够支持 TC 的产生，但此处较强的风切变使得这里基本不受 TC 的影响。

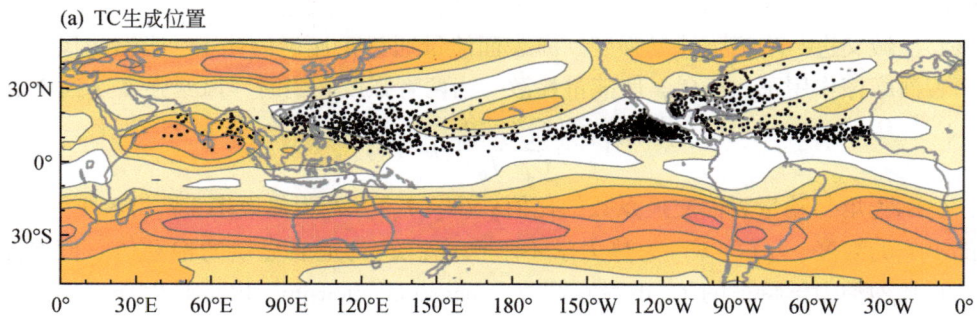

(a) TC生成位置

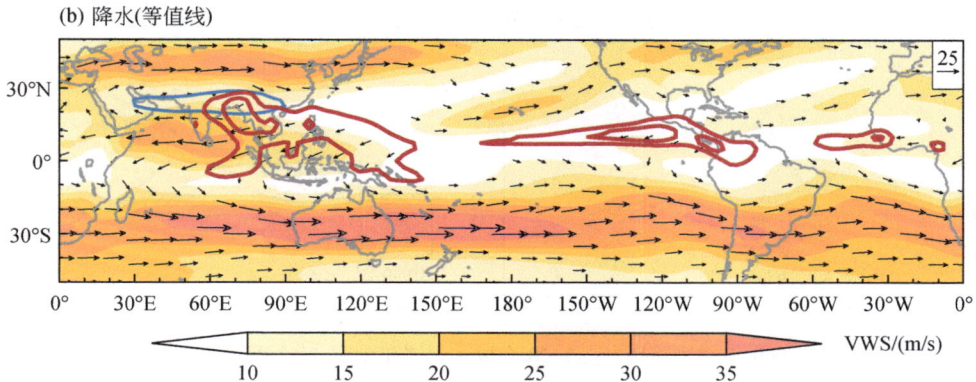

图 10.16　1980～2020 年 7～10 月平均的气候态。填色和黑色等值线：200～850hPa 垂直风切变（VWS）大小。（a）黑点：这一时期生成的热带风暴。（b）箭头：垂直风切变矢量；7mm/d 和 9mm/d 降水表示为红色等值线；蓝色等值线为 200hPa 层上 12500m 位势高度等值线，代表了南亚高压。[图（a）引自 Aiyyeer and Thorncroft，2006；梁宇供图（b）]

Matsuno-Gill 模型被用来描述热带的斜压环流或垂直风切变。尽管对 TC 而言，局地的风切变的大小数值更为重要，但动力上考虑垂直矢量风切变更为直观。影响 GPI 指数的四项 [式（10.8）] 均与 Matsuno（1966）和 Gill（1980）构建的斜压大气模型有关联。海洋增暖能够增强大气深对流和垂直运动，使中层大气水汽增加，同时该增暖还能引起低层气旋式涡度并降低对流活动中的垂向风切变。上述响应均有利于 TC 的生成。在真实世界中，对流加热的三维分布更加复杂，标量风切变还依赖于气候背景场的空间分布。

研究矢量风切变场能让我们从动力学上更深入地认识 TC 的产生 [图 10.16（b）]。在冬半球哈得来环流极地侧存在着很强的风切变，方向为西风，与较强的南北温度梯度满足热成风关系。在北半球，较强的西风切变从北大西洋延伸至东亚，东风切变从菲律宾延伸至非洲萨赫勒地区。风切变的这一分布与由亚洲季风对流加热激发的南亚高压上层环流类似。类似地，由西半球暖池（从东北热带太平洋至热带西大西洋）对流加热驱动的上层反气旋式环流造成了夏威夷至加州东北-西南走向的高风切变带。

10.5.3　年际变率

ENSO 能够影响北大西洋飓风（生成在北大西洋的 TC）活动，厄尔尼诺年飓风数量大约为拉尼娜年的一半，对于强度较高的飓风尤是如此（图 10.17）。在厄尔尼诺年，热带中东太平洋对流活动增强，激发 Matsnuo-Gill 型响应，对流层上层存在着横跨赤道的哑铃型罗斯贝波响应 [图 10.18（c）]，同时开尔文波向东传播至热带大西洋，在这里产生东风型风切变。这一异常风切变与背景场相叠加，加强了加勒比海 [7.5°～50°N，85°～15°W；图 10.18（a）] 上空的风切变强度。来自非洲、向西传播的东风波往往在加勒比海上空发展成飓风，但厄尔尼诺造成的风切变增强使得此处不再适宜 TC 的产生和发展。

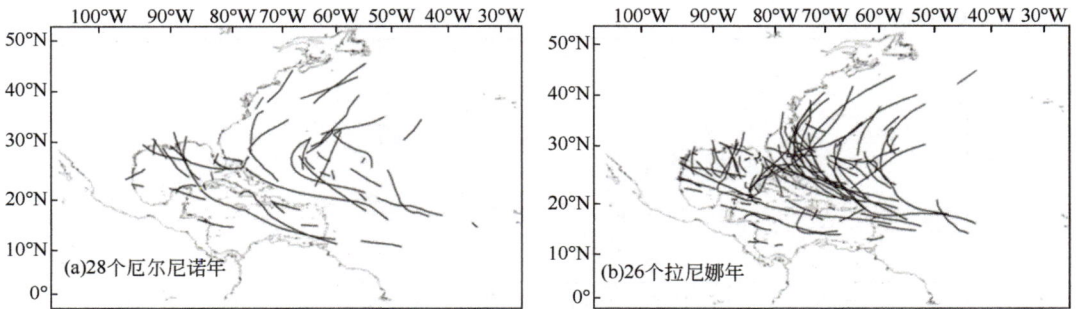

图 10.17　1990～2009 年飓风路径。(a) 28 个厄尔尼诺年中有 43 个飓风。(b) 26 个拉尼娜年中有 82 个飓风。(引自 Klotzbach，2011，© 美国气象学会。经许可后使用)

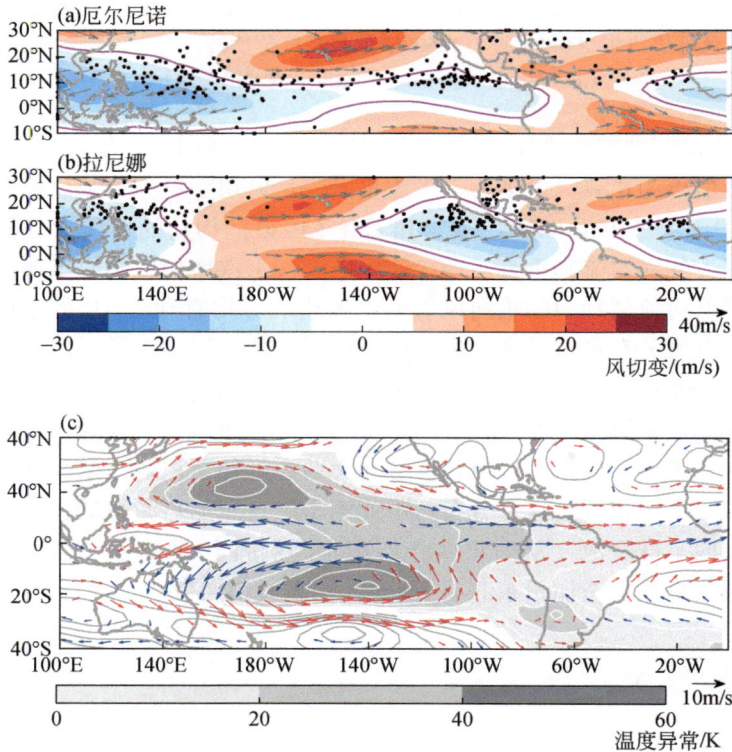

图 10.18　1982～2020 年 (a) 厄尔尼诺和 (b) 拉尼娜年 7～10 月异常场合成。箭头表示风切变矢量，填色表示其中纬向分量大小，洋红色等值线表示零线，黑点表示生成的热带风暴。图 (c) 表示厄尔尼诺和拉尼娜年之差，箭头：垂向风切变，红色和蓝色箭头分别表示风切变异常对背景场具有加强和减弱作用；填色和白色等值线：200～850hPa 垂向平均温度异常。

　　SST 异常通过调整大气环流进而调整 TC 的活动。使用观测 SST 强迫的高分辨率大气模式（水平网格分辨率约为 50km）能够很好地模拟 TC 数量的年际至年代际变化（Zhao et al., 2009）。在 1970~2010 年的模拟中，模拟的北大西洋飓风数量与观测数量的相关系数高达 0.84，2005 年和 2010 年两个飓风特别活跃的年份也在模拟中得到体现（图 10.19）（1966 年前由于缺少卫星资料，观测中的飓风数量存在一定的不确定性）。

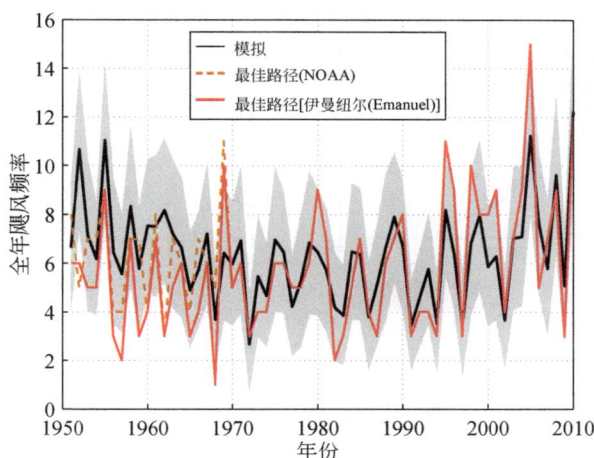

图 10.19 观测和由观测海温强迫的高分辨率大气模式中模拟的热带气旋数量。灰色阴影表示 100 个集合成员的成员间标准差。1970~2010 年观测和集合平均的相关系数为 0.84。（修改自 Mei et al.，2019）

上述模拟同样能捕捉到 TC 数量的年代际变化，1950~1980 年减少并在这之后逐渐上升恢复。这一变化与大西洋多年代际振荡（Atlantic multidecadal oscillation，AMO；第 12.3.2 节）的相位吻合。热带北大西洋 SST 偏高能够引起一个气旋式的风切变，位置偏北，该异常风切变有利于减弱气候态的风切变，为热带风暴的形成提供了有利的环境场条件（Goldenberg et al.，2001）。

10.5.4 海洋反馈

夏季海洋混合层较浅，通常仅有 20~40m 深。TC 能够通过调整海表面热通量、引起埃克曼上升流和增加垂向混合等过程使 SST 降低，于是人们便能在 SST 场上看到 TC 过境的痕迹［即冷尾迹，图 10.20（a）］。在 TC 中心的右侧，风力更强，方向随着远离中心呈现反气旋式的变化，有利于引起温跃层以上的惯性振荡。该惯性振荡伴随着较强的流速垂向切变，能够产生湍流并夹卷下层的冷水，从而使混合层加深（至大约 100m）。上述过程使得 SST 冷尾迹在风暴中心的右侧更加明显［图 10.20（a）、（b）］。

在 TC 过境时和过境后的 SST 快速下降能够造成海表面净热通量降低，从而不利于 TC 的进一步加强。由大尺度环境场驱动的区域海气耦合模式结果表明，由于冷尾迹的存在，海洋对 TC 的反馈作用能够使风暴强度降低（Bender et al.，1993）。

TC 引起 SST 冷却的强弱取决于多种因素，其中包括 TC 的强度、大小、移动速度以及过境前的海洋层结。一般而言，TC 强度越强、大小越大、移动速度越慢、海洋的季节性温跃层层结越强则 TC 带来的 SST 降温越强烈。利用 TC 风场驱动的简单混合层海洋模式，

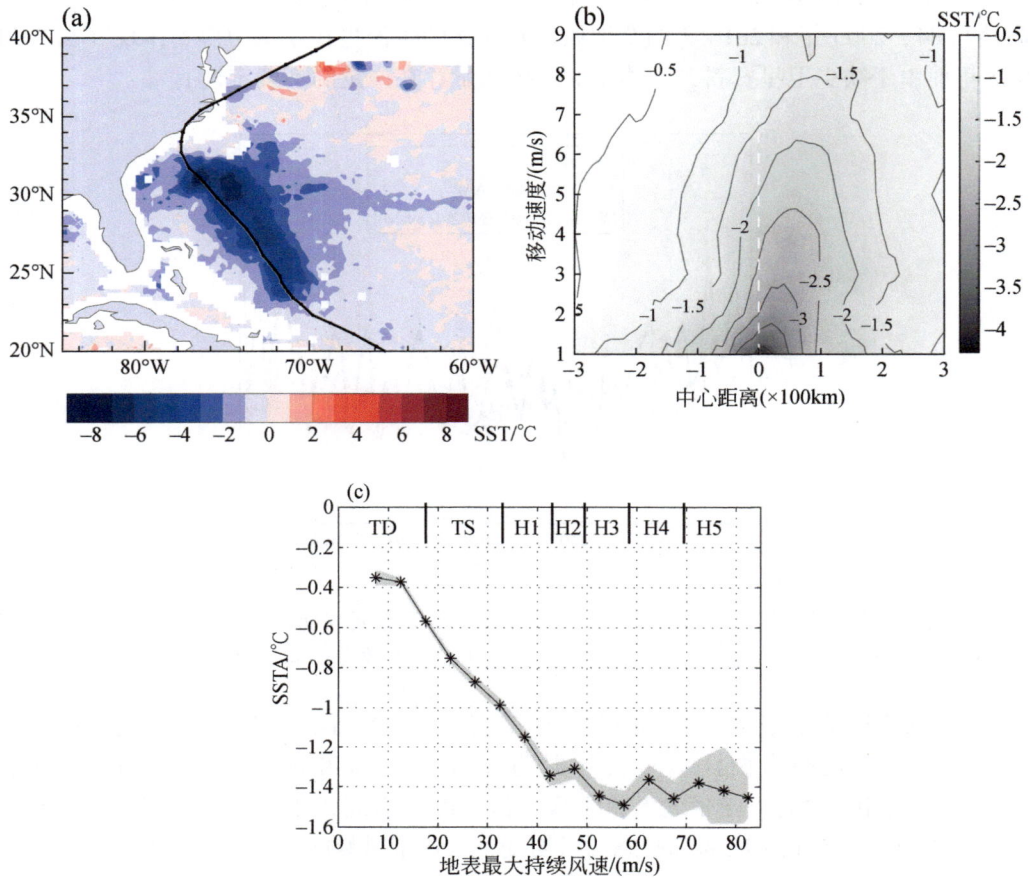

图 10.20　（a）1998 年 8 月 19 日～26 日由飓风邦妮引起的海表温度（SST）变化。（b）由热带低压（TC）引起的 SST 冷却（单位为℃）随与台风中心距离和移动速度的变化。（c）TC 引起的 SST 冷却强度随最大风速的变化。［图（a）引自 Sriver and Huber，2007；图（b）、（c）引自 Mei and Pasquero，2013，© 美国气象学会。经许可后使用］

前人发现了在 TC 不超过三级飓风（大致相当于超强台风）时，其 TC 的强度与 SST 降低具有很好的线性关系，超过这一强度的 TC 带来的 SST 降温则基本保持不变［图 10.20（c）］。这一关系的改变主要与移动速度有关：风暴移动速度越快，SST 降低幅度越小［图 10.20（b）］。换言之，由于 SST 降低对风暴的负反馈，只有快速移动的 TC 才能发展成四级或五级飓风。这与观测结果一致：当 SST 下降幅度较小时，TC 增强速度较快；增长率较高的 TC 往往移动速度较快。

　　与 TC 增长相关的上层海洋层化通常用 26℃以上的海洋热容量（H26）来衡量。该等温线对应了适宜 TC 发展的典型气温（对应 SST>26.5℃），当 SST 下降至 26℃以下，TC 便会停止加强。将式（10.7）中 SST 替换为上 80m 垂向平均海温，计算得到的潜在强度能够很好地与观测中 TC 的最大强度相吻合，对那些移动较慢、能够造成较大幅度 SST 下降的风暴也不例外（Lin et al.，2013）。

2005 年 8 月飓风卡特里娜（Katrina）在墨西哥湾很好地展示了上层海洋层结的作用。湾流从墨西哥和古巴之间的尤卡坦海峡流入、从佛罗里达海峡流出墨西哥湾，形成了一个半永久的反气旋式曲流，被称为"回流"（loop current，LC）。回流十分不稳定，反气旋式的暖涡常常从中脱离并向东北移动。这些暖涡中存在较深的温跃层且海表面高度呈现正异常。飓风卡特里娜向西北移动时经过了回流和暖涡，强度快速增强，并在新奥尔良登陆（图 10.21）并造成了巨大经济损失。

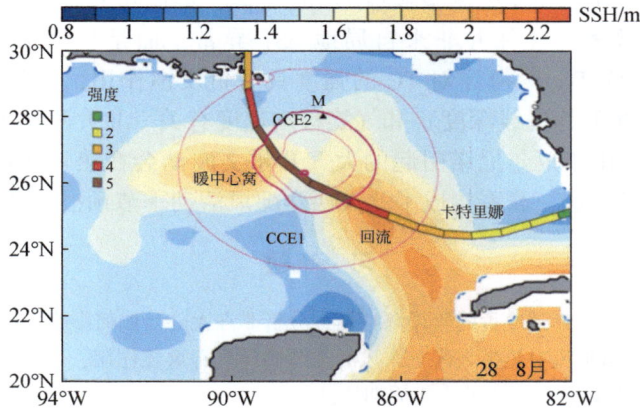

图 10.21　飓风卡特里娜在墨西哥湾中移动路径和强度示意图。当飓风经过"回流"（LC）和暖中心涡（warm core eddy，WCE）时强度快速增强。图中填色表示海表面高度异常，路径上的颜色表示飓风强度。洋红色曲线自外向内分别表示 10m 处风速为 18m/s、28m/s 和 33m/s 的范围。（引自 Jamies and Shay，2009，© 美国气象学会。经许可后使用）

10.6　总　　结

赤道大西洋与太平洋有诸多相似之处，它们在海盆东侧都存在着冷舌，且存在着明显的年循环特征。西非季风的爆发使得赤道大西洋在 5～6 月快速冷却，SST 异常在温跃层的季节性变浅和比耶克内斯反馈（1969）的帮助下进一步加强。

在年际和更长的时间尺度上，热带大西洋并不是由某种模态所主导，而是受多种机制共同影响。赤道上的比耶克内斯反馈强度在大西洋弱于印度洋，这很可能是由大西洋较小的海盆宽度和 ITCZ 在 4 月之后快速北移造成的。正因如此，赤道大西洋 SST 变化的强度并不太大且异常信号仅能在北半球夏季维持数月。大西洋尼诺有利于引起几内亚沿岸地区的降水增多。

除了赤道模态，跨赤道的 SST 梯度和海洋上空的 ITCZ 相互耦合，通过 WES 反馈激发 AMM。该模态对大西洋两侧的大陆，特别是巴西东北部的降水有重要作用。

热带大西洋模态存在很强的季节依赖性，AMM 在 3～5 月发展，在赤道上呈现空间一致型 SST 异常；赤道模态则在北半球夏季最为强盛，此时恰好是一年中大西洋冷舌最为强盛、海盆东部温跃层最浅的季节。

　　众所周知，ENSO 能够通过 PNA 遥相关和调整沃克环流影响热带大西洋，而越来越多的研究指出热带大西洋的 SST 异常也能影响太平洋。热带大西洋 SST 异常一方面能够激发横跨中美洲向西传播的罗斯贝波，另一方面能够激发向东传播的开尔文波横跨热带印度洋，最终影响 ENSO 的发展。与 ENSO 相比，热带大西洋 SST 异常信号较弱，因此后者对前者影响的具体过程还有待探明，其中的机制可能与异常信号的空间分布及其出现的季节密切相关。

　　大尺度的海洋、大气环境场能够影响 TC 的频率、路径和强度。垂向风切变是重要的环境场要素，其异常信号往往并非来自局地 SST 异常，而是与热带波动紧密相连（如 ENSO 能够影响大西洋 TC）。海洋对 TC 的强度具有负反馈作用，其降温幅度还与上层海洋的热力结构（如 26℃ 等温线深度）和气旋移动速度有关。北大西洋 TC 的数量在厄尔尼诺年夏季偏少，这是由于厄尔尼诺引起的大气开尔文波动会在热带大西洋产生不利于 TC 形成的风切变环境场。这一联系构成了北大西洋飓风活动季节预报的理论基础。

习　　题

　　1. 比较太平洋和大西洋赤道冷舌的年循环特征；分析非洲大陆是如何影响大西洋年循环的？

　　2. 东风动量的跨赤道平流对热带大洋上东风的季节循环具有重要作用，讨论这一机制为何造成了赤道大西洋的年周期特征和热带印度洋的半年周期特征。

　　3. 根据式（10.4）估算纬向风的年周期谐波和半年周期谐波，其中 $\bar{v}=4\text{m/s}$，$\tilde{v}=2\text{m/s}$，并将估算结果与图 10.3 中的观测值作比较。

　　4. 大西洋尼诺在哪个季节最为强盛？是什么原因造成了这种季节锁相特征？

　　5. 赤道大西洋冷舌 SST 的年际变化方差远小于太平洋，是什么造成了这种差异？提示：考虑海盆宽度和平均温跃层深度。

　　6. 讨论大西洋经向模态中涉及的耦合反馈机制，简述其中存在怎样的季节锁相特征？

　　7. 巴西东北部的雨季是几月？此处的降水与哪一种气候模态联系密切？

　　8. 热带大西洋 3～4 月平均的降水年际变率 EOF 第一模态表示了 ITCZ 的南北移动，请问与之相关的海温分布如何？请简述与该模态相关的海气相互作用过程。

　　9. 怎样的条件适宜 TC 的生成？为何 TC 很难在赤道附近生成？

　　10. TC 只与垂向风切变的大小有关，为什么还要研究风切变的方向？有何动力学意义？

　　11. 利用 Matsuno-Gill 模型来解释亚洲夏季风对广大热带地区垂向风切变的影响。是什么导致了夏威夷附近的风切变不利于飓风生成？

　　12. ENSO 如何影响北大西洋飓风？结合赤道波动力学讨论风切变在其中的作用。

　　13. 温跃层深度对 TC 在海上加强的过程有怎样的影响？

　　14. 海洋动力学理论指出随着 TC 强度加强，海洋冷却也会加强。为什么现实中 4～5 级飓风通常并没有伴随着剧烈的海洋冷却？

　　15. 开阔的夏季大洋存在着如下的垂向温度剖面：表层温度为 28℃，混合层深 20m，在此之下，温度随深度均匀下降，在 100m 处温度为 20℃。假设热带风暴能够使 100m 深的海水均匀混合，请计算混合后的 SST。忽略其中海表面热通量作用。

　　16. 现在考虑 40m 深的陆架海，温度剖面与上题中的开阔的夏季大洋相同，计算热带风暴混合后的 SST，并与上题结果作比较。

　　17. 阿克拉（5°33′N，0°12′W）是加纳的首都城市，其南侧便是赤道大西洋，参照下图中逐月气候态，回答下列问题。

·日平均温度在 8 月下降至 24.3℃，是什么导致了盛夏季节温度的降低？

·上述温度的下降与局地降水有何联系？从月平均降水来看，6 月降水为全年最大为 221.0mm，而 8 月降至 28.0mm。

·阿克拉与萨赫勒地区的尼亚美（尼日尔首都，13°31′N，2°8′W）的夏季降水有怎样的联系？

月份	1月	2月	3月	4月	5月	6月	7月	8月	9月	10月	11月	12月	全年
历史最高温℃(°F)	35.8 (96.4)	37.1 (98.8)	36.2 (97.2)	35.0 (95.0)	34.6 (94.3)	31.5 (88.7)	32.3 (90.1)	32 8 (91.0)	33.9 (93.0)	33.6 (92.5)	38.0 (100.4)	36.0 (96.8)	38.0 (100.4)
平均高温℃(°F)	32.1 (89.8)	32.7 (90.9)	32.5 (90.5)	32.2 (90.0)	31.2 (88.2)	29.3 (84.7)	28.5 (83.3)	28.0 (82.4)	29.0 (84.2)	30.5 (86.9)	31.6 (88.9)	31.7 (89.1)	30.8 (87.4)
日平均气温℃(°F)	27.3 (81.1)	27.7 (81.9)	27.7 (81.9)	27.7 (81.9)	27.2 (81.0)	25.6 (78.1)	24.4 (75.9)	24.3 (75.7)	25.2 (77.4)	26.0 (78.8)	27.0 (80.6)	27.2 (81.0)	26.4 (79.5)
平均低温℃(°F)	23.4 (74.1)	24.1 (75.4)	24.1 (75.4)	24.2 (75.6)	23.9 (75.0)	23.1 (73.6)	22.5 (72.5)	22.2 (72.0)	22.4 (72.3)	23.9 (75.0)	23.5 (74.3)	23.4 (74.1)	23.4 (74.1)
历史最低温℃(°F)	15.0 (59.0)	18.9 (66.0)	18.9 (66.0)	19.4 (66.9)	18.6 (65.5)	17.8 (64.0)	17.8 (64.0)	17.2 (63.0)	18.3 (64.9)	19.4 (66.9)	17.8 (64.0)	16.7 (62.1)	15.0 (59.0)
平均降水量mm(in)	10.9 (0.43)	21.8 (0.86)	57.1 (2.25)	96.8 (3.81)	131.2 (5.17)	221.0 (8.70)	66.0 (2.60)	28.0 (1.10)	67.8 (2.67)	62.4 (2.46)	27.7 (1.09)	16.1 (0.63)	806.8 (31.76)
平均降水天数/d	1	2	5	6	10	15	9	7	8	7	3	2	75
平均相对湿度/%	77	78	79	80	81	85	84	83	81	82	80	80	81
平均露点温度/℃(°F)	23 (73)	24 (75)	24 (75)	24 (75)	24 (75)	23 (73)	22 (72)	22 (72)	23 (73)	23 (73)	24 (75)	24 (75)	23 (74)
月平均日照小时数/h	210.8	206.2	213.9	219.0	210.8	141.0	145.7	155.0	171.0	226.3	237.0	241.8	2378.5
日平均日照小时数/h	6.8	7.3	6.9	7.3	6.8	4.7	4.7	5.0	5.7	7.3	7.9	7.8	6.5

第 11 章　印度洋变率

　　印度洋在诸多方面与大西洋和太平洋存在着显著的差异。亚洲大陆的存在驱动着强大的季风系统（第 5 章），而风向随季节变化的季风又造成了海洋流场的季节性变化，部分海流甚至会在一年的不同季节中呈现相反的流动方向（如索马里海流）。另一个重要的差异在于赤道印度洋上缺少稳定的东风信风。受海洋大陆地区深对流的控制，赤道印度洋在年平均尺度上存在着较弱的西风，该西风是沃克环流西圈的组成部分（图 11.1）。这导致印度洋缺少长年存在的赤道上升流。反而在热带南印度洋，位于赤道西风和西南季风之间

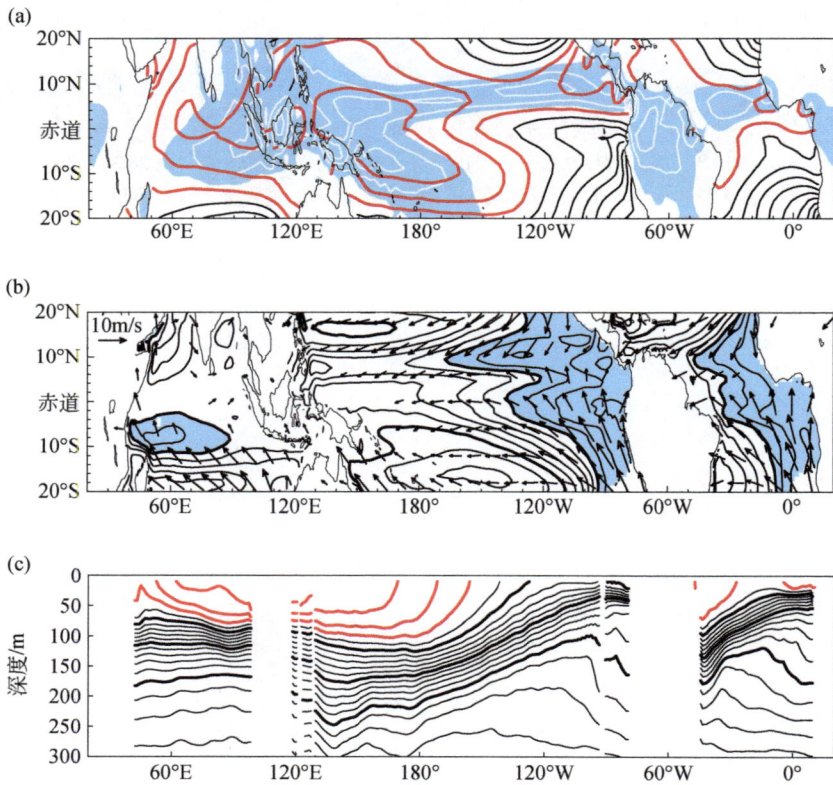

图 11.1　热带大洋年平均气候态。（a）海表温度（SST；等值线间隔为 1℃，加粗表示 >27℃）和降水（填色表示 >4mm/d，白色等值线间隔为 2mm/d）。（b）表面风速（箭头，单位为 m/s）和 20℃ 等温线深度（间隔 20m，填色表示 <100m，100m 和 200m 等值线加粗）。（c）赤道海水温度的垂向分布（等值线间隔为 1℃，15℃、20℃ 和 25℃ 等值线加粗，≥27℃ 为红色）。数据来自 ERA5、ERSST、GPCP 和 ORAS4，背景场基于 1979～2017 年。（王传阳供图）

的区域有着长年存在的上升流。印度洋存在着季节性的上升流，在北半球它们位于非洲大陆和阿拉伯半岛东部、印度次大陆南部的东西两侧；在南半球它们出现在印度尼西亚苏门答腊岛和爪哇岛的西侧。在接下来的章节中，我们会阐释这些上升流区域对印度洋变率的重要作用。

11.1　季 节 循 环

印度洋降水存在着季节性的南北摆动特征（图 11.2），其季节变化与太阳和高温海水的季节变化密切相关（图 5.1）。在北半球冬季（12～次年 2 月），热带印度洋的气候几乎沿赤道对称，海洋上的热带辐合带（ITCZ）和海表温度（SST）的经向最大值略微偏向赤道南侧，两侧盛行东风信风。从亚洲大陆吹来的干冷空气加强了北印度洋和南海的潜热释放，使得海洋温度降低。前文提到 12～2 月的降水最大值位于赤道以南 5°左右，然而，由于夏季亚洲大陆的剧烈加热作用，6～8 月季风对流的纬度更高（图 11.2）。在印度至孟加拉湾一带（70°E～100°E），强降水中心能够抵达 25°N。这一位于赤道以北的降水所释放的热量驱动了阿拉伯海到南海乃至西太平洋的西南季风，其形态基本与 Gill 斜压模型预测的一致（第 5.1.1）。夏季非洲东部沿岸海域盛行的 Findlater 急流能够引起索马里和阿曼沿岸上升流，造成此处较冷的 SST，抑制阿拉伯海西部的大气对流活动。

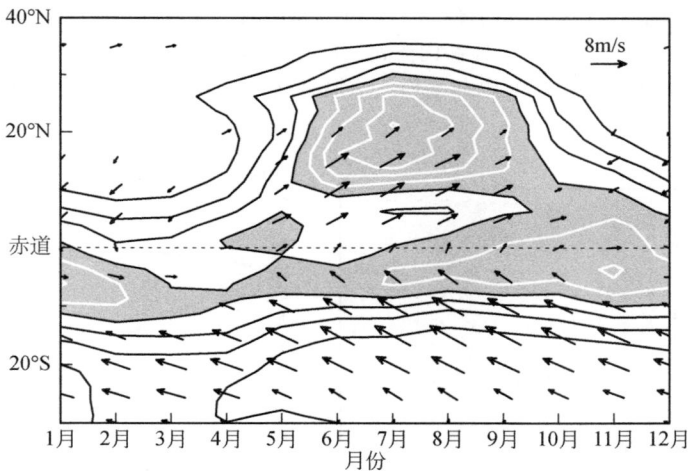

图 11.2　70°E～100°E 平均的降水和表面风场（箭头）的时间–纬度分布图。降水等值线间隔为 1.5mm/d，灰色填色表示>6mm/d。（王传阳供图）

深对流中心的季节移动造成了赤道上经向风在北半球夏季（6～8 月）和冬季（12～2次年月）风向相反（图 11.2），该年周期的经向风进一步引起了半年周期的赤道纬向风。我们假定风场在南北方向无变化，且由于热带印度洋年平均的跨赤道经向风很弱（$\bar{v} \approx 0$）（这与热带大西洋明显不同），利用式（10.3）我们可以得到由经向平流导致的赤道纬向风异常：

$$u' = -\beta v'^2 / \varepsilon \tag{11.1}$$

其中撇号表示与年平均的差异。换言之，不论是南风季节（6～8月）还是北风季节（12～2月），跨赤道的季风都能造成赤道上的东风加速。如概念图11.3（a）所示，北半球夏季跨赤道南风会因 β 效应在赤道附近造成水平的纬向风切变，在平流作用下，该跨赤道南风会将赤道以南的东风动量带到赤道上，造成了东风加速。于是赤道西风在冬季和夏季季风盛期减弱、在季风转换期增强（5月和11月）[图11.4（a）]。平流修正项[式（11.1）]仅在赤道上为大项，这是由于在线性近似下，纬向平均的纬向风在赤道趋近于0[式（10.2）]。从图11.3（b）可以看到，半年周期的纬向风谐波的确被局限在赤道上，这证实了前面的跨赤道风平流理论。

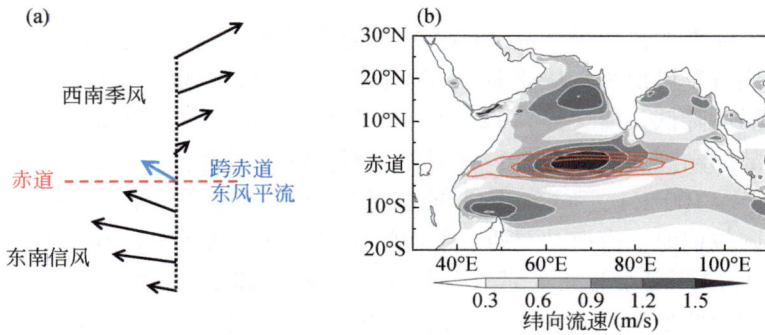

图11.3　（a）夏季风随纬度分布的示意图。（b）表面纬向风半年周期谐波强度的分布图（灰色填色，单位为 m/s）以及上50m垂向平均的海洋纬向流速（红色等值线，间隔为0.1m/s）。数据基于 ERA5 和 ORAS4（1979～2017年平均）。[根据 Ogata and Xie（2011）绘制]

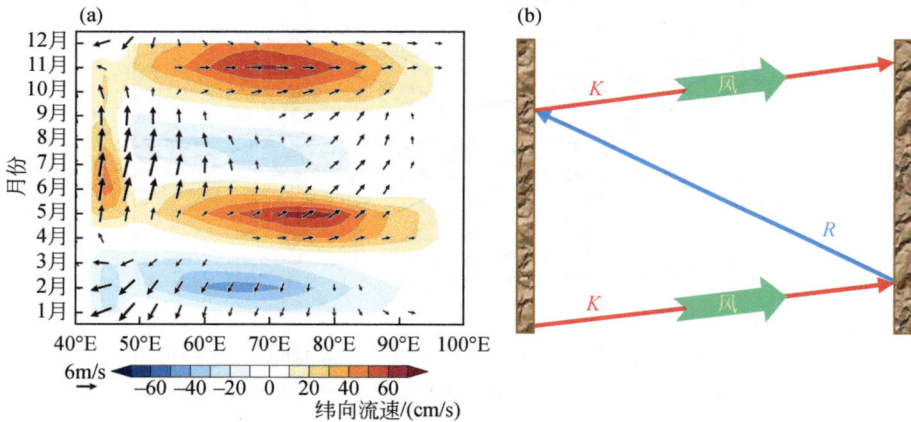

图11.4　热带印度洋的季节循环。（a）表面风场（箭头，单位为 m/s）和上50m平均的海洋纬向流速（填色，单位为 cm/s）的经度–时间的分布图。（b）海盆共振的示意图。[图（a）由王传阳供图]

在5～11月，快速增强的赤道西风驱动了海洋上层向东的海流[图11.4（a）]，其特征很好地符合了 Yoshida（1959）中的理论模型。该模型指出在无界海洋中，若突然施加一个空间均匀的纬向风强迫，赤道上会产生一个纬向急流（第7.2.2节）。在季风转换期间，该急流流速可达 1m/s，人们为了纪念其发现者维尔特基（Wyrtki）（1979），常把该急流称为 Yoshida-Wyrtki 急流或 Wyrtki 急流。

波动在赤道印度洋东西边界的反射能够与半年周期的纬向风强迫形成"共振"。西风增强驱动了下沉开尔文波，并在海盆东边界反射成为罗斯贝波，向西传播至西边界，并在此反射成为开尔文波。如果西风的增强恰好在罗斯贝波返回时加强，则会形成共振。一般而言发生共振的纬向风强迫频率应满足以下条件：

$$T = \frac{4L}{mc} \tag{11.2}$$

式中，L 为海盆纬向宽度；c 为开尔文波相速度；m 为一个整数（Cane and Sarachik，1981）。开尔文波和第一经向模罗斯贝长波跨越海盆所需的时间分别为 L/c 和 $3L/c$［图 11.4（b）］。我们可以近似认为热带印度洋半年周期的风场与第二斜压模（$c \sim 163\text{cm/s}$）形成共振（Han et al.，1999）。共振理论从另一个角度解释了为何半年周期的 Wyrki 急流主导了赤道印度洋上层海洋的流动。

11.2　纬向模态：印度洋偶极子

在 1997 年以前，人们普遍认为印度洋对气候系统的影响有限，仅对季风活动有一定的调制作用。不少证据都支持这一观点。首先，除阿拉伯海西部以外的广大热带印度洋 SST 水平梯度较弱，这使得海洋水平平流作用难以造成 SST 变化。其次，海洋混合层很深，20℃等温线（$Z20$）通常位于 100m 以下。赤道上盛行的较弱的西风使得海洋温跃层较平、较深，再加上缺少海洋上升流，不利于温跃层–SST 反馈。从季节循环的角度上来讲，半年周期的 Wyrki 急流对赤道 SST 的影响很小，在东部 2/3 的海盆上，SST 主要呈现较弱的年周期循环。

上述观点在 1997 年的秋季被改变了。这一年赤道太平洋和印度洋都存在着显著的气候异常［图 11.5（a）］。在赤道太平洋，海盆东侧标志性的冷舌消失了，取而代之的是从厄瓜多尔延伸至印度尼西亚的 >27℃ 的高温海水。热带太平洋的 SST 异常本应引起热带印度洋的增暖，然而人们看到的却是一条从印度尼西亚向西延伸的冷舌。大部分赤道太平洋洋面上的气候态东风消失，同时赤道印度洋的背景西风被东风所取代。上述风场异常表示沃克环流出现了明显的减弱。这个世界乱套了！热带太平洋变得像印度洋，而印度洋则成了太平洋。

对热带印度洋和周边国家而言，1997 年是一个不寻常的年份。东非在 10~11 月出现了创纪录的降水，在索马里、埃塞俄比亚、肯尼亚、苏丹和乌干达都造成了严重的洪涝灾害，使得超过两千人死亡和数以万计人流离失所。海盆另一侧的印度尼西亚在同一时期遭受了严重的干旱，多座岛屿上爆发了山火，与之相伴的浓烟和雾霾使得印度尼西亚和周边国家人民面临严峻的健康威胁。并非上述异常均是由超强厄尔尼诺直接引起的，热带印度洋异常，特别是赤道东印度洋的冷异常在其中起了至关重要的作用［图 11.5（a）］。7~11 月，东向的 Wyrki 急流没能如期发展。人们对 1997 年异常现象背后的物理机制进行了深入的发掘探索，这些成果最终促进了印度洋海气相互作用和气候模态研究的快速发展。

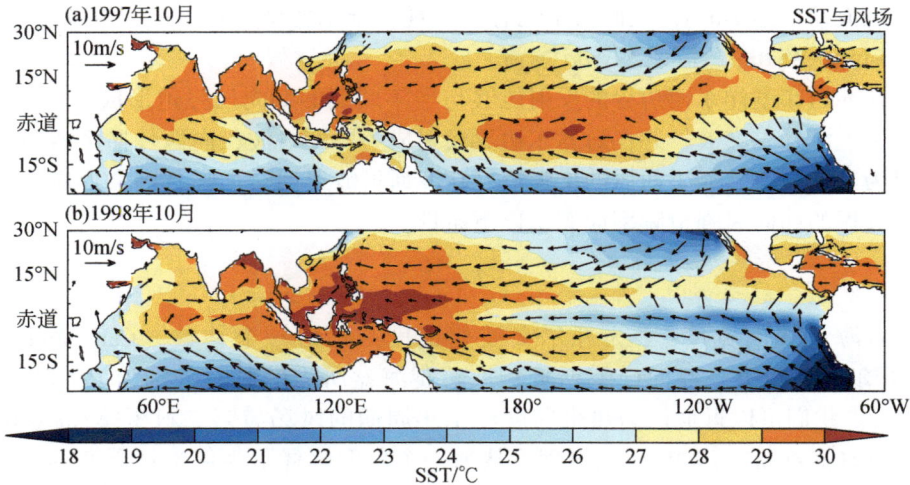

图 11.5　1997 年［图（a）］和 1998 年［图（b）］10 月海表温度（SST，填色）和表面风场（箭头）分布。在 1997 年秋季，太平洋冷舌消失，但冷舌出现在赤道印度洋。表面风速<2m/s 的未绘制。（王传阳供图）

　　尽管年平均尺度上，赤道印度洋上盛行的较弱西风不利于比耶克内斯反馈的发展，但季节性上升流的存在为大气–海洋耦合过程创造了可能。的确，北半球夏秋季在苏门答腊岛以西的东南印度洋就存在着有利于比耶克内斯反馈发展的条件，在部分年份中这里会出现类似于拉尼娜事件的海洋与大气异常，人们称为印度洋偶极子（IOD）事件。

　　IOD 事件通常在 6 月发展，并在 10 月达到峰值，该季节锁相与海洋动力过程有关。4～10 月（图 11.6），苏门答腊岛以西的海面上盛行东南风。背景东南风在北半球夏季达到峰值，此时赤道上也存在着偏东风。东南赤道印度洋（苏门答腊沿岸）的背景东南风有利于温跃层抬升、形成沿岸上升流，这为温跃层反馈和 IOD 的发展创造了有利的季节性条件。印度尼西亚沿岸 SST 方差也的确在这一上升流季节中达到全年最大值。在 10 月以后，由于苏门答腊的背景东南风减弱，有利于上升流发展的窗口关闭，IOD 也因此快速衰退。

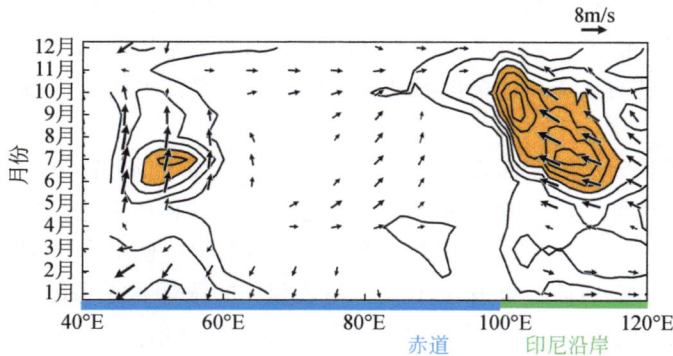

图 11.6　海表温度（SST）年际变率标准差（等值线，间隔为 0.1K，填色区域表示>0.7K）随月份的变化。箭头表示气候态背景风场（箭头，风速<2.5m/s 的未绘制）。横轴蓝色部分对应赤道上，绿色对应印度尼西亚西岸。温跃层反馈在 6～10 月更容易发展。摘自 Xie et al.，2002。（王传阳供图）

　　典型的 IOD 事件呈现很强的热带 SST 纬向梯度，在苏门答腊岛沿岸呈现较强的冷异常，在西印度洋呈现强度中等的暖异常。伴随着 IOD 的成熟（9 ~ 11 月），热带印度洋上也出现了东西偶极子型降水异常。海盆西部降水异常增多，伴随着低层的异常东风和辐合，东部则恰好相反（图 11.7）。降水异常是比耶克内斯反馈中重要的一环，对维持 IOD 具有关键作用。异常东风从冷而干燥的赤道东印度洋吹向温暖湿润的西印度洋，将赤道东印度洋温跃层抬升，并进一步加强了海盆东部的冷异常。人们通常使用偶极子指数（dipole mode index，DMI）来追踪 IOD 的变化，该指数是指赤道印度洋西极（50°E ~ 70°E，10°S ~ 10°N）和东极（90°E ~ 110°E，10°S ~ 0°）SST 异常之差（Saji et al.，1999）。

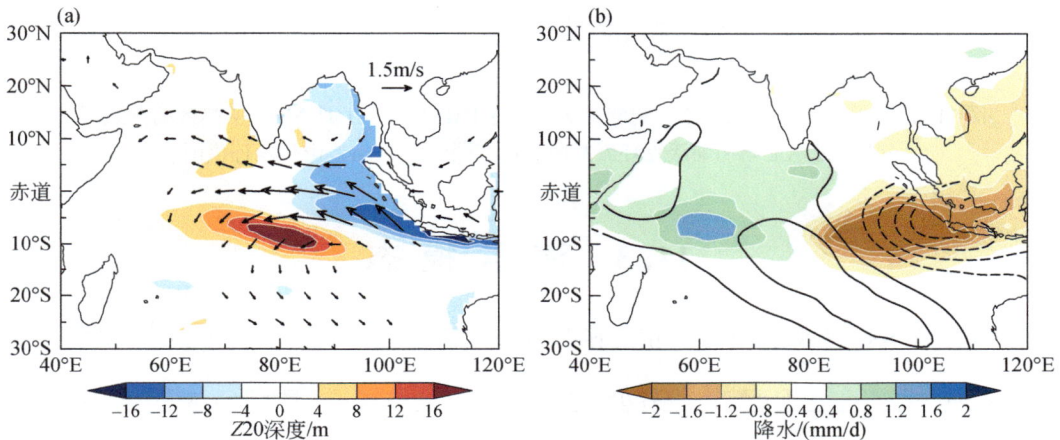

图 11.7　印度洋偶极子（IOD）对应的年际变率空间分布。其中 IOD 定义为热带印度洋 20℃ 等温线（Z20）年际变率的第一模态。（a）表面风场（箭头，单位为 m/s）与 Z20 深度（填色，单位为 m）与 PC1 的回归系数。（b）海表温度（黑色等值线，间隔为 0.1K，零线省略）和降水（填色和白色等值线）。回归系数<1m/s 的箭头未绘制。基于 Saji et al.（2016）。（王传阳供图）

　　厄尔尼诺期间，大气对流加强、中心西移至赤道中东太平洋，这使得西太平洋和海洋大陆出现了异常的下沉气流，减弱了沃克环流，与之相伴位于赤道印度洋的异常东风驱动了 IOD 事件，位于赤道太平洋的异常西风驱动了厄尔尼诺 [图 11.8（b）]。观测中正 IOD 事件（东极为负异常）的确往往伴随着太平洋上的厄尔尼诺出现 [图 11.8（a）]。

　　然而，并非全部 IOD 事件都与厄尔尼诺–南方涛动（ENSO）有关，1961 年和 2019 年出现的较强的 IOD 正事件（苏门答腊岛沿岸海温偏冷）就没有相伴随的厄尔尼诺事件。在耦合的气候模式中，即便人为抑制热带太平洋 SST 的变化，IOD 仍能独立存在（Yang et al.，2015）。这表明了 IOD 是印度洋的一个内部模态，ENSO 是促使其发生的重要因素，但并非唯一因素。

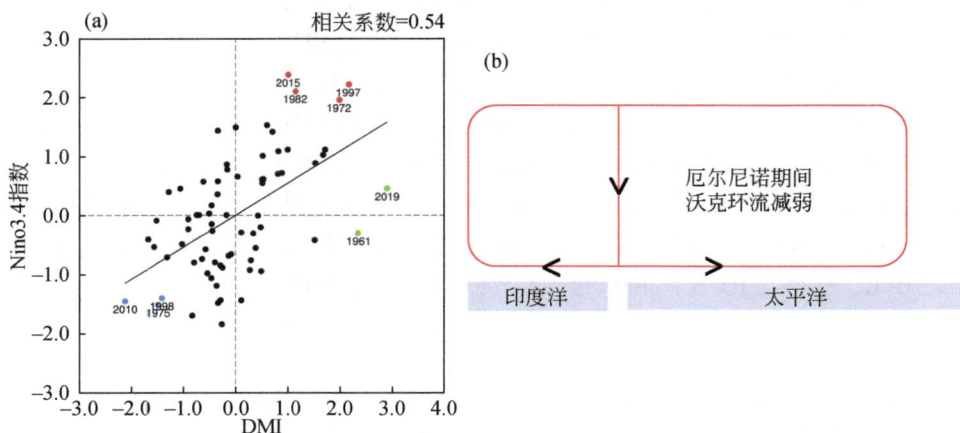

图 11.8　（a）1950～2020 年，观测中 9～11 月 DMI 和 11～1 月 Niño3.4 指数的散点图。
（b）厄尔尼诺期间沃克环流减弱的示意图。［图（a）由王旭栋供图］

11.3　海盆模态

对印度洋 SST 变率进行经验正交函数（EOF）分解可以得到两个模态（图 11.9）。

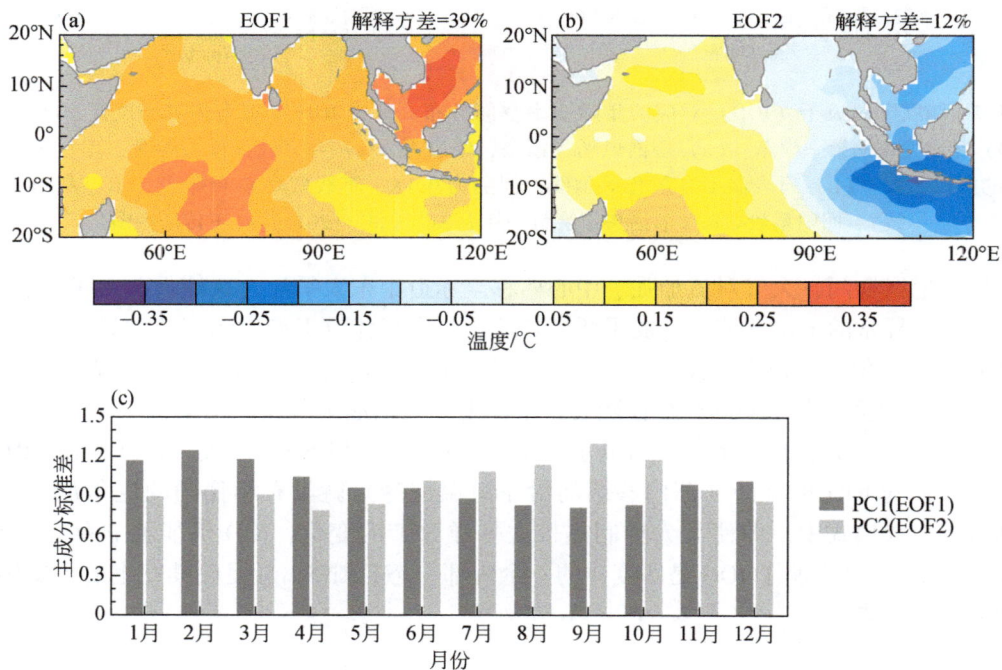

图 11.9　（a）（b）热带印度洋 SST 海表面异常 EOF 前两个模态的空间分布型。（c）对应
主成分在各个月份的年际变率标准差。（Deser et al.，2010）

EOF2 为 IOD 模态，对应的主成分（PC2）的方差在 9 月达到峰值。EOF1 的解释方差为 39%，空间上呈现海盆一致增温/降温，PC1 与 ENSO 高度相关，方差在 2 月达到峰值。虽然该模态对应的是伴随厄尔尼诺发生的整个热带印度洋海盆"一致"增暖，但不同区域（子海盆）SST 的时间演变和增暖机制存在很大差异（如南、北印度洋）。这一小节将从区域海洋动力过程和大气–海洋耦合的角度分别讨论各个海盆的差异。

11.3.1 温跃层脊

10°S 以南的热带印度洋全年盛行着东南信风，风速最强处位于 20°S 附近。在该东南信风和赤道（此处年平均尺度上盛行较弱的西风）之间存在着海洋上升流。通过斯韦德鲁普关系 [式（7.26）] 有

$$\beta v = -\frac{\beta}{f}g'\frac{\partial h}{\partial x} = \frac{f}{H}w_E \tag{11.3}$$

埃克曼上升流（$w_E = \frac{1}{\rho}\mathrm{curl}\left(\frac{\tau}{f}\right) > 0$）使得这一纬度的温跃层变浅，且由于向西传播的罗斯贝波，温跃层变浅的幅度向西增强，最终在 5°S ~ 10°S 附近的西南印度洋形成了一个温跃层脊（隆起）[图 11.1（b）]。最浅处 Z20 不足 80m，作为对照，热带印度洋平均 Z20 深度约为 120m。该温跃层脊常被称为"塞舌尔（Seychelles）穹顶"。

在塞舌尔穹顶，温跃层更靠近海表面，于是温跃层深度的变化能更强地影响 SST。局地的 Z20 与 SST 的相关在穹顶区很高，表明此处存在着很强的温跃层反馈。

厄尔尼诺临近盛期时（10 ~ 12 月），在热带太平洋的沃克环流异常和伴随着 IOD 产生的局地 SST 冷异常的共同作用下，热带东南印度洋上会形成一个异常反气旋 [图 11.7（a）]，反气旋式的风应力旋度在东南印度洋激发了下沉海洋罗斯贝波。数月后，波动到达西南印度洋的塞舌尔穹顶区，将会造成温跃层加深、SST 升高。可以说西南印度洋 SST 在很大程度上取决于遥相关作用导致的温跃层深度变化。伴随着厄尔尼诺产生的海盆一致增暖在 2 ~ 4 月达到峰值，在此之中，SST 异常在南印度洋存在着一个暖中心，伴随着下沉罗斯贝波向西传播（图 11.10）。缓慢向西传播的海洋罗斯贝波将塞舌尔穹顶区的 SST 异常存在的时间延长到 8 月（1）。通常我们用括号中的数字（0）与（1）分别表示厄尔尼诺的发展年和衰退年。

ITCZ 在北半球冬春季位于赤道以南温跃层穹顶区的上方。在厄尔尼诺次年的 3 ~ 8 月，当太平洋通过大气桥对热带印度洋的直接强迫几近消失时，西南印度洋增暖能够加强局地对流活动，引起局地的气旋式环流异常 [图 11.10（c）] 和北印度洋跨赤道的异常东北风（图 11.11）。

12 ~ 4 月是西南印度洋热带气旋活跃的时间，在厄尔尼诺期间异常加深的温跃层和 SST 增暖能够进一步增强该区域热带气旋的活动。观测记录中最强的热带气旋"凡塔拉"便发生在 2016 年 4 月，而在 2015 ~ 2016 年的冬季则发生了一次很强的厄尔尼诺事件。

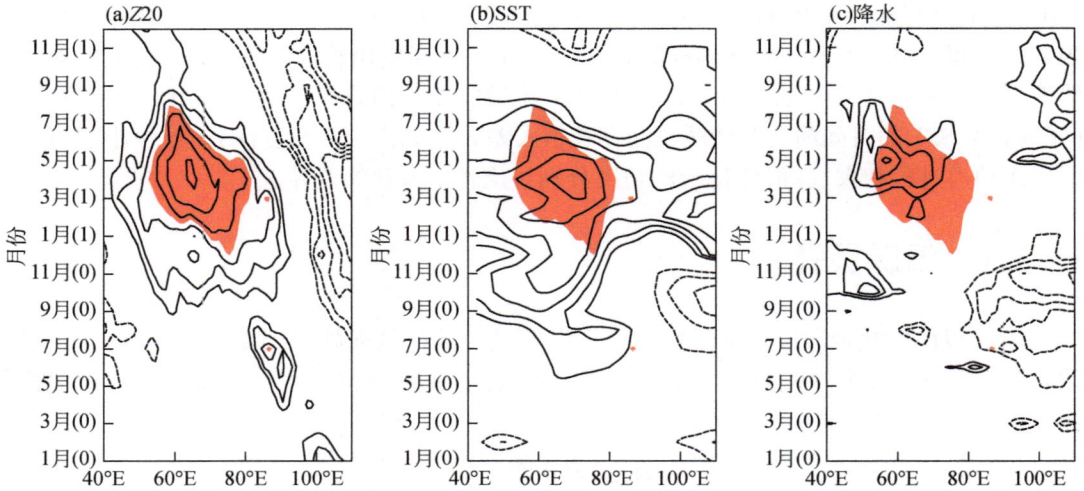

图 11.10　相关系数的经度–时间断面图。表示热带南印度洋（8°S～12°S）平均的（a）20℃等温线。
（b）海表温度（SST）和（c）降水与 11～次年 1 月平均的 Niño3.4 区 SST 指数的超前滞后相关。等值线
表示相关系数，间隔为 0.1，绝对值<0.3 的未绘制，虚线表示负值。红色填色表示 Z20 相关系数>0.55。
根据 Xie 等（2002）。（王传阳供图）

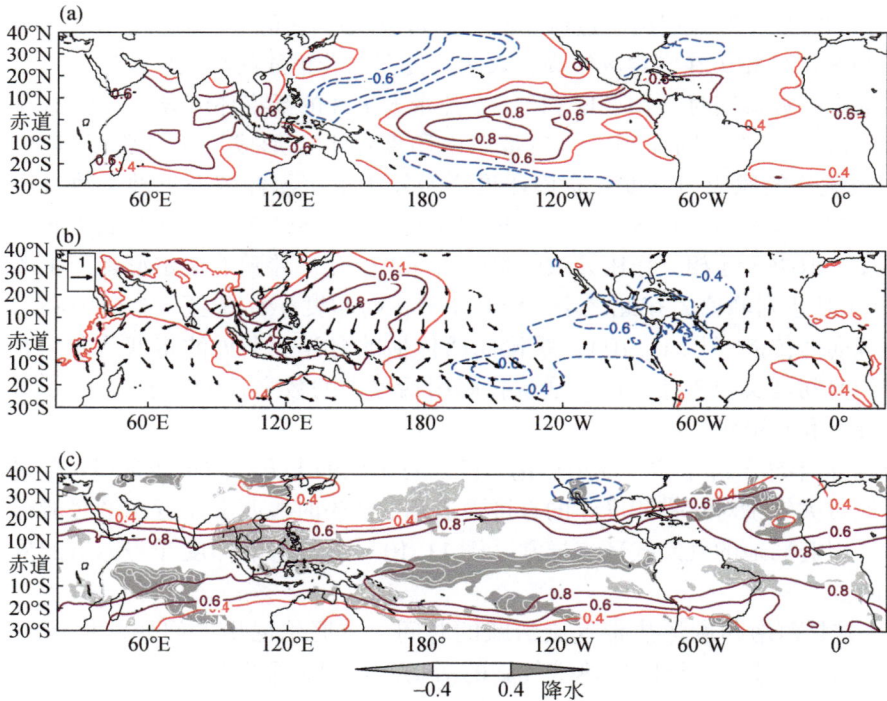

图 11.11　3～5 月（1）季节异常与 Niño3.4 区 SST 指数的相关。（a）SST，（b）海平面气压（SLP，等
值线）和表面风速（箭头），（c）降水（灰色填色和白色等值线，等值线间隔 0.1）和对流层温度（300～
850hPa 平均，红色等值线）。（王传阳供图）

11.3.2　北半球春季的风-蒸发-SST（WES）反馈

正如前文所述，温跃层反馈对西南印度洋的 SST 变率具有重要影响，然而在热带印度洋的其他区域，表面热通量特别是由风速变化引起的潜热通量变化是造成 SST 变率的主要原因（Klein et al.，1999）。北印度洋的增暖伴随着厄尔尼诺一同发生，在冬季到次年春季增暖强度有所减弱，而后在夏季再次加强 [图 11.12（a）]。这一节中我们聚焦于春季的海温异常，北印度洋夏季的二次增暖将在下一节中讨论。

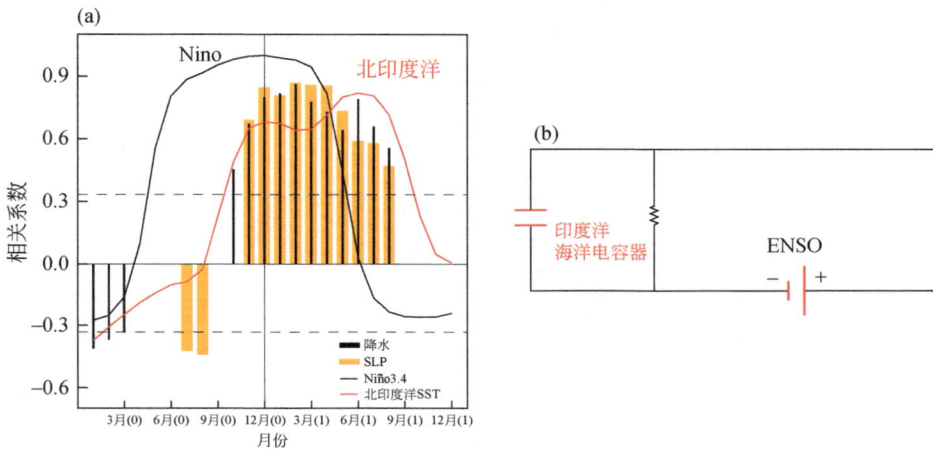

图 11.12　（a）与 11～次年 1 月平均 Niño3.4 海温的相关系数随月份分布。其中数字（0）和（1）分别表示 ENSO 的发展年和衰退年，北印度洋海表温度（SST）为 5°～25°N，60°E～120°E 平均，海平面气压（SLP）为热带西北太平洋（10°N～30°N，120°E～160°E）平均，降水（所绘制的为相关系数乘以 −1）为关岛附近（10°N～20°N，120°E～160°E）的海域平均。海温基于 OISST、降水基于 CMAP、SLP基于 NCEP 再分析资料，时间为 1982～2017 年，所有数据先进行 3 个月平均和 9 年高通滤波。横虚线表示 95% 显著性水平。（b）电容器效应的示意图。[图（a）由王传阳供图]

在厄尔尼诺次年的 3～5 月，热带印度洋会出现一个反对称的大气模态，在赤道以北降水异常减少、对应着异常东北风，赤道以南降水增加、对应着异常西北风。在北半球，存在着一个大尺度的异常反气旋（anomalous anticyclonic circulation，AAC）从西北太平洋一直延伸到北印度洋，并伴随着对流负异常 [图 11.11（b）（c）]。下述机制对于 3～5 月大气异常反气旋具有重要作用：

（1）背景场季节循环的调制作用。由于厄尔尼诺引起的对流和西风异常在中太平洋位于赤道以南（第 9.4.1 节），赤道太平洋增暖会引起赤道冬季一侧半球——北印度洋-西北太平洋的海平面气压（SLP）升高。

（2）西北太平洋局地的 WES 反馈。反气旋东南侧的异常东北风能够加强背景信风从而增强海表面蒸发和垂向混合，最终冷却西北太平洋（图 11.11）。由此导致的热带西北太平洋 SST 负异常会抑制对流活动并反过来加强反气旋（Wang et al.，2003）。

（3）由缓慢向西传播的海洋罗斯贝波所固定的西南印度洋增暖能够加强局地的大气对

流［图 11.11（c）］，有利于维持热带印度洋的反对称风场。在赤道南北盛行背景东风信风的季节，异常风场在 WES 反馈的作用下，能冷却北印度洋，从而增强反对称模态（Wu et al.，2008；Du et al.，2009）。

11.4　ENSO 次年夏季电容器效应

在 6～8 月（1）季节，赤道太平洋 SST 异常通常已经消退，但是在印度洋–西太平洋地区，ENSO 的作用仍然留存，主要表现为副热带地区的异常反气旋和对应的对流活动减弱（图 11.13）。位于西北太平洋的关岛（145°E，13.5°N）的雨季一般会随着西北太平洋季风爆发一同开启（第 5.2.3 节）。夏季关岛降水与同期 ENSO 的相关性不强，但是与前一个冬季的相关性很高［图 11.12（a）］。这显得有些奇怪的关系实际上是与 ENSO 衰退年的反气旋活动有关。

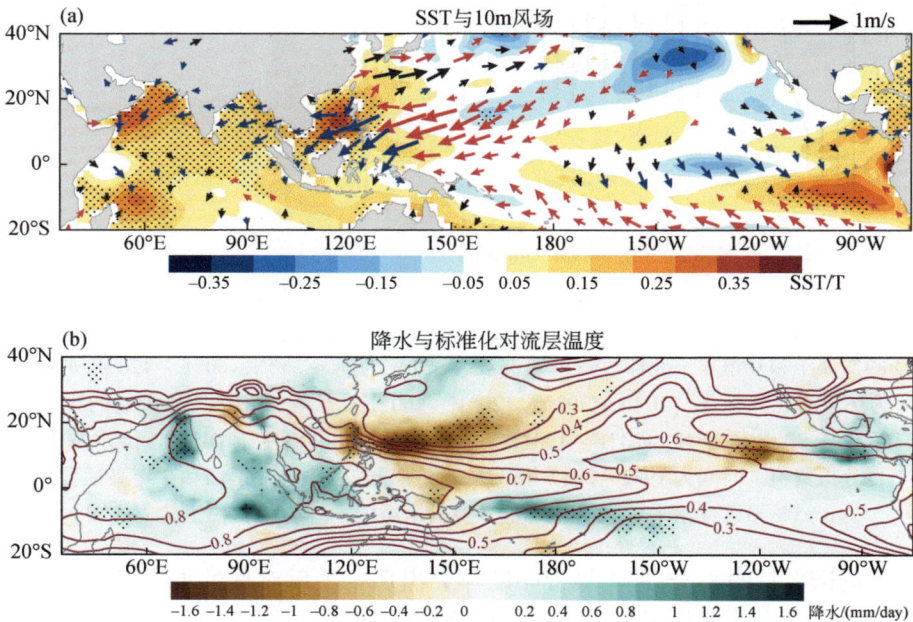

图 11.13　厄尔尼诺衰退年夏季（JJA）的气候异常场。（a）海表温度（SST；填色，单位为 K）和表面风场（红色/蓝色箭头分别表示增强/减弱背景风场，单位为 m/s）；（b）降水（填色，单位为 mm/d）和对流层温度（250～850hPa 平均）。（Xie et al.，2016）

从 ENSO 盛期开始直至次年夏季，异常反气旋一直盘踞在热带西北太平洋［图 11.12（a）］。在异常反气旋的影响下，厄尔尼诺衰退年上半年的台风活动被极大削弱。例如，2016 年（一个强厄尔尼诺事件次年）夏季，直到 7 月 8 日才有首个台风在台湾岛登陆，对比之下，在 2015 年，到 7 月 9 日为止，已经有 10 个台风生成了。在另一个厄尔尼诺衰退年，1998 年的夏季，首个台风生成的日期为 8 月 2 日。

11.4.1　印度洋对大气的效应

在厄尔尼诺衰退年夏季 [6~8 月 (1)]，与 11~1 月 (0) 厄尔尼诺指数相关的海温异常中，热带印度洋增暖最为突出（图 11.13）。这暗示了印度洋的增暖可能有利于维持印度洋–西太平洋大气异常。大气环流模式（GCM）试验结果支持了这一结论，模拟结果表明，6~8 月的热带印度洋增暖能够造成异常反气旋。厄尔尼诺对夏季 [6~8 月 (1)] 西北太平洋反气旋的影响并非是通过大气桥直接实现的，而是借助印度洋完成的，其过程类似于一个电容器：在厄尔尼诺的作用下印度洋增暖，正如电池为电容器充电；在厄尔尼诺衰退年夏季，温暖的热带印度洋可以维持西太反气旋，正如电容器的放电过程 [图 11.12 (b)]。

那么印度洋又是如何影响西北太平洋的呢？印度洋增暖能够激发对流层温度的 Matsuno-Gill 型响应，其中暖性赤道大气开尔文波会向东传播至西太平洋 [图 11.13 (b)]。在表面的摩擦作用下，表面风场向赤道开尔文波引起低压区辐合。观测中该现象在赤道以北更为明显。在上述机制作用下，异常风场在赤道外辐散，进而激发了对流–环流反馈，使得降水和环流异常相互加强。

我们可以利用一个 6~8 月背景场下的大气线性斜压模式来模拟开尔文波对反气旋的调制作用。在热带印度洋放置一个深对流型、关于赤道对称的热源，我们将得到一个关于赤道不对称的低层大气环流响应，北半球强于南半球 [图 11.14 (a)]。通过 SLP 场的响应，我们能够清晰地看到开尔文波响应。在开尔文波北侧，表面摩擦作用使风场转向为东北风，进而引起表面辐散。专栏 11.1 将讨论是何种机制导致了赤道以北的响应加强。

接下来，我们在西北太平洋放置对流冷源，其大小与表面辐合辐散成正比。此时模式将模拟出一个位于南海至西北太平洋的异常反气旋，对流–环流反馈加强了开尔文波引起的埃克曼辐散，并维持着此处的非绝热加热异常。模式结果与观测中 6~8 月 (1) 季节北印度洋至西北太平洋的异常信号一致 [图 11.14 (b)]，特别是 10°~20°N，阿拉伯海到日界线之间区域的异常东风。

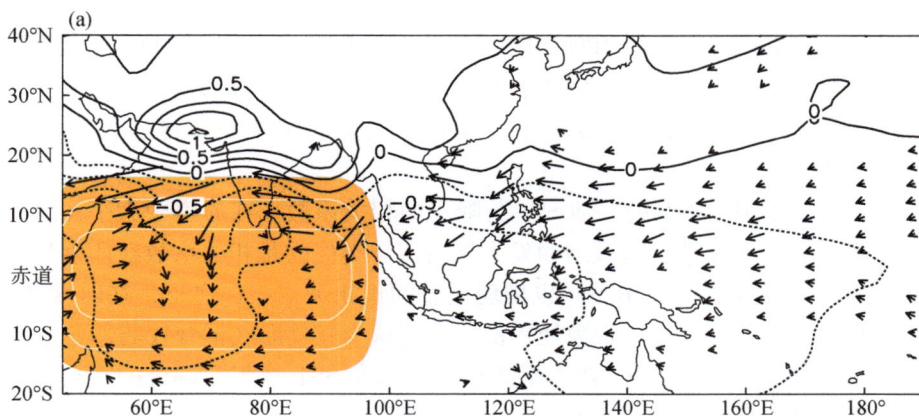

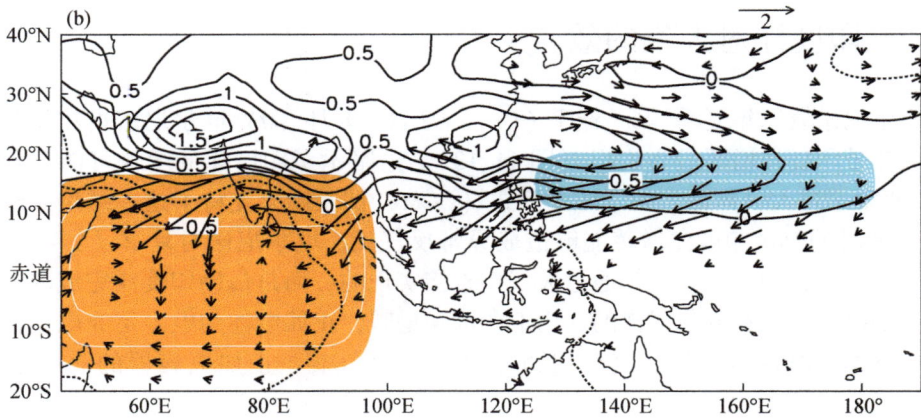

图 11.14　线性斜压大气模式模拟的印度洋电容器效应。（a）线性斜压大气模式对印度洋热源（橙色填色和白色等值线）的响应：黑色等值线表示海平面气压，箭头表示 1000hPa 风场。（b）同（a），但同时包含了热带西北太平洋地区对流反馈的效应（蓝色填色和白色等值线，虚线表示负值）。（Xie et al., 2009）

11.4.2　区域海气耦合

在厄尔尼诺衰退年夏季，赤道太平洋 SST 异常已经大致消散，而奇怪的是北印度洋经历了二次增暖 [图 11.12（a）]。从大气角度来看，再次增暖的热带印度洋有利于维持西北太平洋反气旋，从而有利于维持北印度洋和南海上空的异常东北风。从海洋的角度来看，异常东北风有利于维持北印度洋和南海的暖海温、造成海洋二次增暖。这是由于背景风场在 5 月从东北信风转为西南季风，此时东北风异常能够减弱背景风场、降低海表面蒸发潜热释放 [图 11.13（a）]。

上述循环论证表明，异常反气旋和北印度洋增暖是相互耦合的，他们之间的相互作用形成了一个正反馈。该区域耦合模态被称为印度洋–西太平洋海洋电容器（Indo-Western Pacific Ocean Capacitor，IPOC）。IPOC 中的 WES 反馈只有当夏季印度洋–西太平洋地区处于西南季风控制下才能成立。由 ENSO 引起的异常信号能够在印度洋–西太平洋地区持续最久也并非偶然，历史观测中重复出现、具有特定空间结构的海洋、大气异常正是由 IPOC 模态导致的。

图 11.15 展示了 JJA 季节的局地 SST 与降水的相关系数。在赤道中太平洋，两者呈现很高的正相关，表明 SST 能够有效地激发大气对流，类似的是相关系数在印度尼西亚附近海域和塞舌尔穹顶区（70°E，10°S）也呈现显著的正相关。相比之下，在印度洋–西太平洋暖池区，相关系数较低。这一现象使得部分研究认为此处海气耦合较弱。

EOF 分析的结果表明印度洋–西太平洋地区降水和 SST 是相互耦合的，只不过这一耦合并非发生在局地。EOF 的前两个模态合计能够解释 40° ~ 180°E，10°S ~ 25°N 区域夏季降水 43% 的年际变化方差。EOF 第一模态对应 ENSO 发展年，PC1 与同期的赤道太平洋

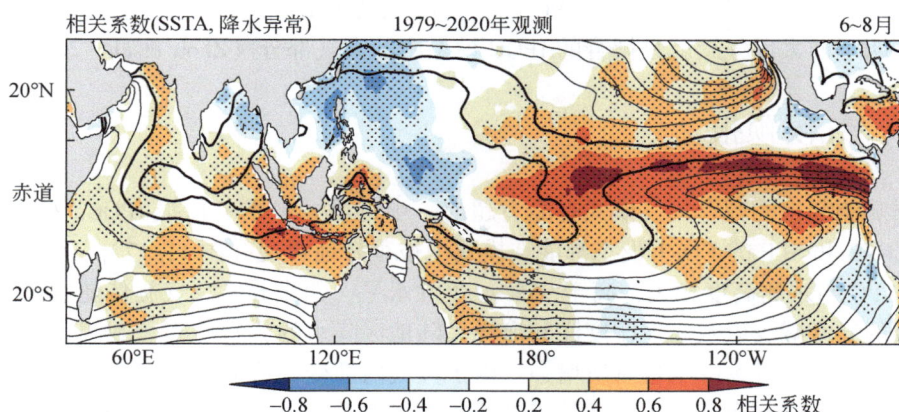

图 11.15　北半球夏季（6～8 月平均）SST 与降水的局地相关系数（填色）。黑色等值线表示
背景场 SST，间隔 1℃，28℃ 和 29℃ 等值线加粗。

SST 高度相关（与 1979～2018 年 Niño3.4 指数，$r = 0.81$）（图 11.16 上幅）；EOF 第二模态表示 ENSO 衰退年的 IPOC，PC2 与同期的北印度洋和南海 SST 相关性较高（图 11.16 下幅）。EOF 的前两个模态都对应着明显的 SST 异常，只是这些异常并没有位于印度洋–西太平洋地区主要的对流中心区域。EOF1 体现了对流中心的东向偏移，SST 异常位于进行 EOF 分析的海区之外——赤道太平洋。类似的，EOF2 捕捉到了热带西北太平洋的异常反气旋和对应的降水负异常，对应的 SST 强迫则向西偏移到了北印度洋和南海。以关岛附近为例（145°E，13.5°N），此处的 SST 异常几乎为 0，而降水则显著偏少。

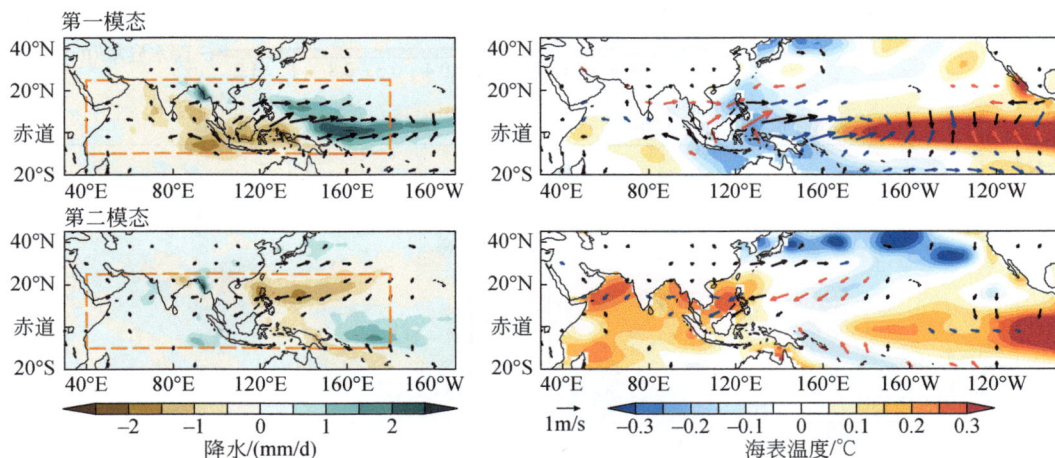

图 11.16　印度洋–西太平洋 JJA 季节降水的 EOF 第一、二模态。时间为 1979～2018 年，分析区域范围为橙色方框——40°E～180°E，10°S～25°N，前两个模态分别解释 28.4% 和 14.5% 的年际变率方差。填色表示降水（左图，单位为 mm/d）和海表温度（右图，单位为℃）与对应主成分的回归系数；箭头表示表面风场与对应主成分的回归系数，其中右图红/蓝色箭头表示增强/减弱背景风场。（王传阳供图）

上述两个 EOF 模态和其对应的 PC 能够被由观测 SST 强迫的纯大气模式很好地再现，进一步证明了西太反气旋就是耦合的 IPOC 模态中的大气部分（Zhou et al.，2018）。

11.4.3　气候预报

根据观测起报的耦合气候模式有能力超前一个月至一个季节预报 IPOC。6~8 月季节降水的 EOF2 和 SLP 的 EOF1 模态都能在模式中被很好地再现（图 11.17），多模式集合平均预报的 PC 与观测高度相关，高于 95% 显著性水平。西太异常反气旋伴随着热带西北太平洋降水的异常减少以及赤道印度洋和海洋大陆地区降水的异常增多。观测中，反气旋西北侧的华东地区至日本降水也有所增强。由于大气内部变率造成的异常会随着东亚西风急流传播，因此模式对东亚气候异常的模拟能力弱于热带（Kosaka et al.，2012）。在南北方向，反气旋时常伴随着一个中心位于日本的异常气旋，这一经向环流、降水偶极子被称为太平洋–日本遥相关型（Pacific-Japan pattern）。

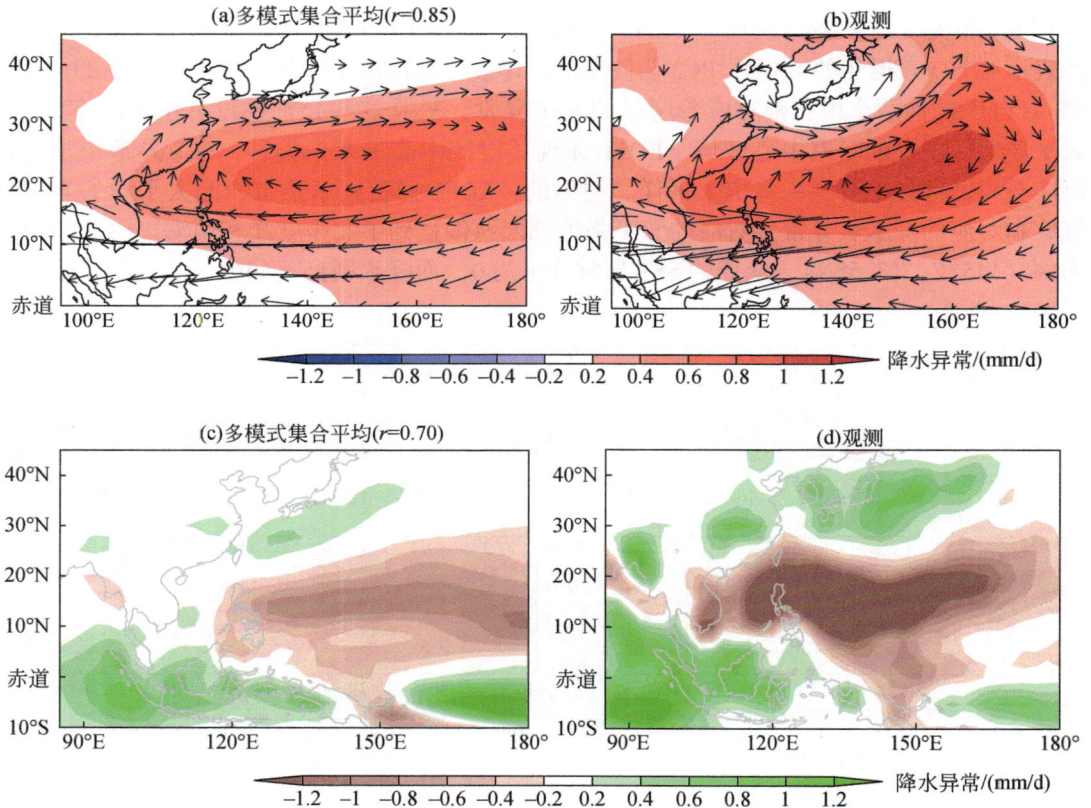

图 11.17　1980~2001 年，夏季（6~8 月平均）海平面气压场（SLP）的第一模态（a、b）和降水的 EOF 第二模态（c、d）。右图表示观测，（a）、（c）表示 5 月起报的 11 个模式平均；小括号中的数字表示观测和多模式平均的 PC 间的相关系数；箭头表示 850hPa 风场与 SLP 对应 PC 的回归系数（单位为 m/s）。

（引自 Chowdary et al.，2010）

　　通过研究扰动初始集合（PICE）成员间差异能让我们更深入地理解上述模态的耦合动力过程（专栏 10.1）。对 2 月起报的 PICE 成员间差异做季节奇异值分解，得到的 SST 和 850hPa 风场能够很好地捕捉到 IPOC 模态，随月份变化的特征向量展示了 PICE 成员间差异随时间演变的过程（图 11.18）。3 ～ 4 月，在异常东北风的作用下，SST 负异常在南海和西北太平洋逐渐发展；当背景风场在 5 月转变为西南季风时，耦合的 SST 正异常和东风异常首先在阿拉伯海至孟加拉湾一线出现，强度逐渐增强并扩展至南海。这一向东传播的 SST–风场异常是由背景西南季风和季风–信风交汇区的季节性东移造成的。反气旋与背景风场共同向东移动的特征支持了反气旋通过正压能量转换从背景流汲取能量的观点（专栏 11.1）。PICE 成员间差异中提取的 IPOC 模态与赤道太平洋 SST 并没有明显的相关性，相反，如前文所述，该模态是由北印度洋–西北太平洋区域海气耦合模态正反馈所维持的。

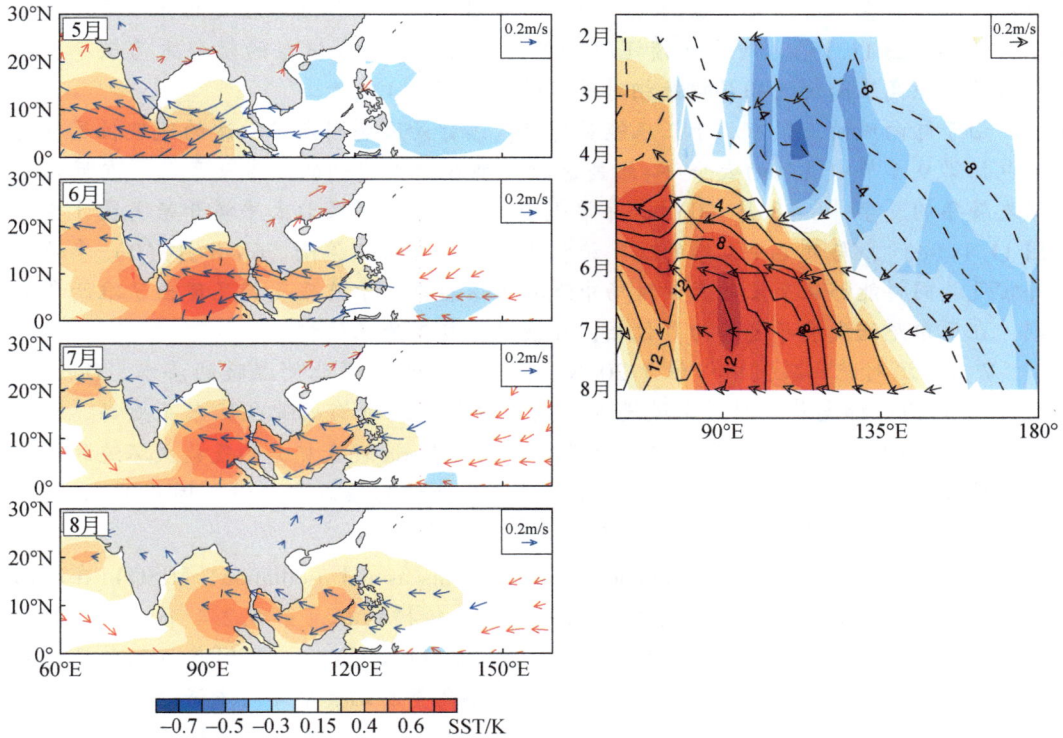

图 11.18　PICE 中的 IPOC 模态。左图：初值扰动集合成员间间差异 850hPa 风场（箭头）和北印度洋海表温度（SST；填色）的季节 SVD 第一模态。初值扰动集合由 2 月起报，蓝色/红色箭头表示异常风场减弱/加强背景风。右图：季节 SVD 模态对应的 SST（填色）和风场（箭头）异常沿 10°N 的霍夫默勒图，等值线表示背景风场（间隔 2m/s，零线省略，虚线表示负值）。注意 SST 和风场的耦合异常随背景西南季风一同向东传播。（Ma et al.，2017，马静供图）

专栏 11.1　一个夏季季风的内部模态

夏季（6~9 月），西风季风和东风信风在西北太平洋（5°N~25°N）交汇，在一个干大气模式中，围绕观测场进行线性化，这种配置的纬向风相互汇聚能够加强北半球风场对印度洋热源的响应［虽然此时印度洋热源关于赤道对称，图 11.14（a）］。在厄尔尼诺衰退年夏季，异常反气旋在交汇区 $\left(-\dfrac{\partial \bar{u}}{\partial x}>0\right)$ 对应东风异常［专栏图 11.1（d）］，该结构有利于正压能量转换，从而有利于反气旋的发展［式（9.15）］：

$$CK \approx -\frac{\partial \bar{u}}{\partial x}\overline{u'^2} \tag{B11.1}$$

其中撇号表示风场扰动。除了背景风场的交汇，6~8 月北半球较强的对流反馈是反气旋能够在赤道以北发展的另一个重要原因（由热带印度洋激发的开尔文波关于赤道对称，图 11.13）。对流反馈还解释了为何反气旋对于低层的辐合更为敏感，而对青藏高原高压南侧的高层辐散相对并不敏感（图 5.4）。

由于纬向风的汇聚有利于正压能量转换，该背景风场固定了驻波的地理位置，其中包括第 9.5 节中提到的太平洋–北美遥相关型和这里提到的异常反气旋。在厄尔尼诺发展年的夏季［6~8 月（0）］，异常气旋式环流在热带西北太平洋开始发展［专栏图 11.1（c）］，与衰退年夏季的反气旋相比，其位置略微偏南。6~8 月（0）季节的异常气旋同样能够从交汇的背景风场中汲取正压能量。于是反气旋呈现出了准两年周期，在厄尔尼诺发展年夏季为负位相，在衰退年夏季为正位相。

7 月，深对流北跳，中心位于 20°N，覆盖了西太平洋北侧温暖的海水。Ueda 跳变（图 5.20）标志着亚洲夏季风进入了最后阶段，此时梅雨带也从东亚撤离。较高的 SST（>28℃）为这一过程创造了必要条件，与 Ueda 跳变相关的气旋式环流的南翼位置被背景纬向风场交汇区所锚定，并通过正压能量转换汲取能量。因此 Ueda 跳变的产生是受 SST 季节性增暖和季风–信风交汇共同影响的。

亚洲夏季风季节内震荡（summer monsoon intraseasonal oscillation，MISO）在纬向表现出向东的绕球传播，在经向上表现为向极的传播特征（第 4.2.4 节）。在 MISO 的第 1~2 阶段，存在异常反气旋式环流［专栏图 11.1（a）］，其形态与厄尔尼诺夏季的反气旋类似［专栏图 11.1（d）］，在中南半岛至西北太平洋对流活动减弱，印度至海洋大陆对流活动增强。MISO 可以被看作由背景交汇的纬向风引起的正压能量转换所激发的湿模态。

因此，异常反气旋可以被认为是亚洲季风系统的一个内部模态，其位置由季风–信风交汇区所锚定（专栏图 11.2），并在对流反馈的作用下加强。它能够通过调整低层的水汽输送和高层的亚洲急流影响梅雨降水。从季节内至年际尺度上，我们都能够观测到它的存在（专栏图 11.1）。

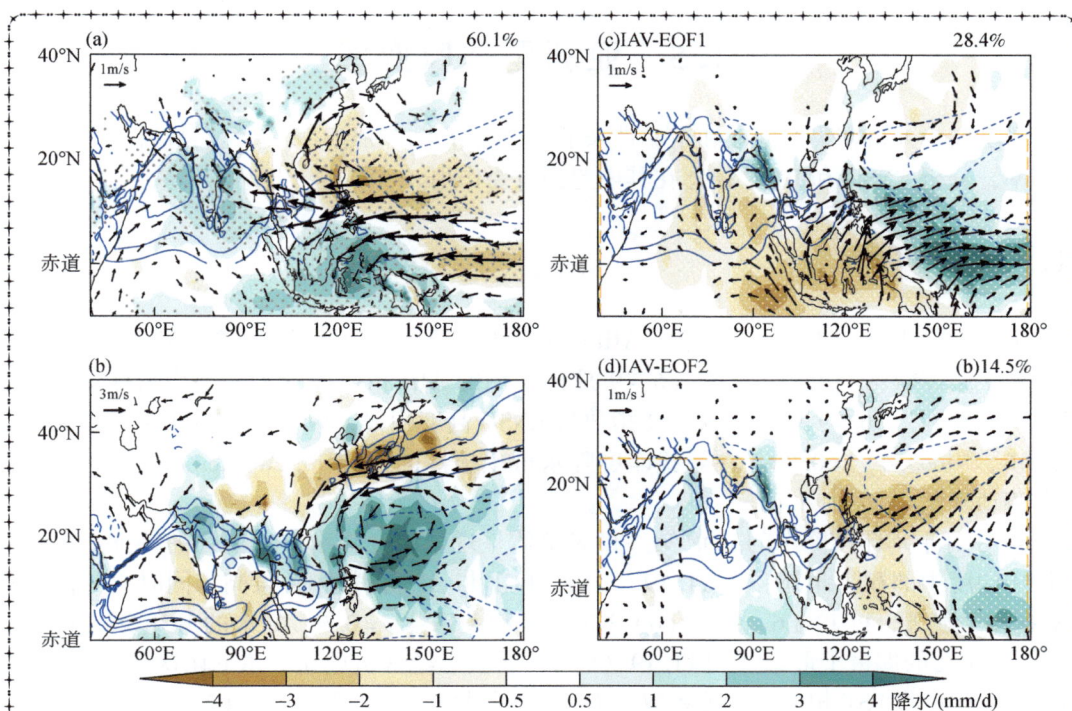

专栏图 11.1　不同气候模态中降水（填色，单位为 mm/d）和 850hPa 风场（箭头，单位为 m/s）的异常。(a) 夏季季风季节内震荡的第二阶段；(b) Ueda 跳变（7 月 23 日～8 月 6 日的平均−7 月 3 日～7 月 17 日的平均）；(c) 和 (d) 分别表示 1979～2018 年，JJA 季节印度洋−西太平洋地区（40°E～180°E，10°S～25°N）EOF 的第一、二模态，降水和风场异常为与标准化的 PC 的回归系数，同时为方便比较，降水异常被放大为两倍。蓝色等值线（虚线为负值）表示 1°S～30°N 范围内气候态 10m 纬向风速，其中图 (a) (c) (d) 等值线为 6～8 月平均，代表−5m/s、−3m/s、−1m/s、2m/s、5m/s、8m/s，图 (b) 为 7 月 3～17 日平均，代表±3m/s、±5m/s、±7m/s、±9m/s。（周震强、王传阳和王旭栋供图）

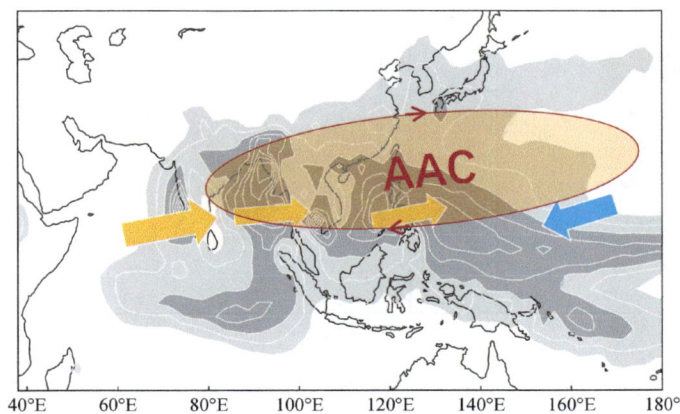

专栏图 11.2　夏季异常反气旋示意图。能够注意到反气旋横跨亚洲季风区域，夏季背景场降水由填色和白色等值线表示，反气旋的地理位置被其南侧的季风西风和信风东风的交汇区所锚定。

11.5　亚洲夏季风变率

夏季风为人口密集的南亚和东亚带来了丰沛的降水。在这一小节我们将讨论季风的年际变率，分析 ENSO 和 IPOC 模态在其中起到重要作用。

11.5.1　印度

全印度降水（all Indian rainfall，AIR）指数被广泛应用于衡量印度整体降水量的多少，主要基于站测数据。当某年夏季（6～9月）平均的 AIR 指数高于多年平均则称该年的季风为"好季风"。6～9月平均的 AIR 指数与 ENSO 高度相关，1900～2018 年两者相关系数 r（AIR，Niño3.4）= 0.36。在寻找印度降水可预报性的过程中，Walker（1933）发现了南方涛动现象。

6～8月平均印度降水的 EOF 第一模态整体呈现全印度降水一致变化的特征，主要异常位于印度中部和西北部［图 11.19（a）］。PC1 与 AIR 指数相关很高，同时也与同期的 ENSO 相关显著，PC1 与 6～9月（0）Niño3.4 相关系数 r = 0.6。降水的 EOF 第二模态呈现西南–东北的偶极子形态［图 11.19（b）］，该模态经常出现在厄尔尼诺次年夏季。PC2 与同期北印度洋 SST 相关，相关系数 r = 0.37，同时也与前一个冬季的 ENSO 指数相关。这一出现在厄尔尼诺次年夏季的信号（IPOC 的效应，可以用北印度洋 SST 来表征）并不如 EOF1 对应的厄尔尼诺发展年信号（厄尔尼诺的直接效用，使用 Niño3.4 指数来表征）那样被人们熟知，这是由于 EOF2 模态对 AIR 总体的贡献较弱——因为 AIR 计算的是全印度平均。在考虑 ENSO 对 AIR 影响的基础上，加入 IPOC 的作用，能够进一步提高人们对印度夏季风和区域降水的预测能力。

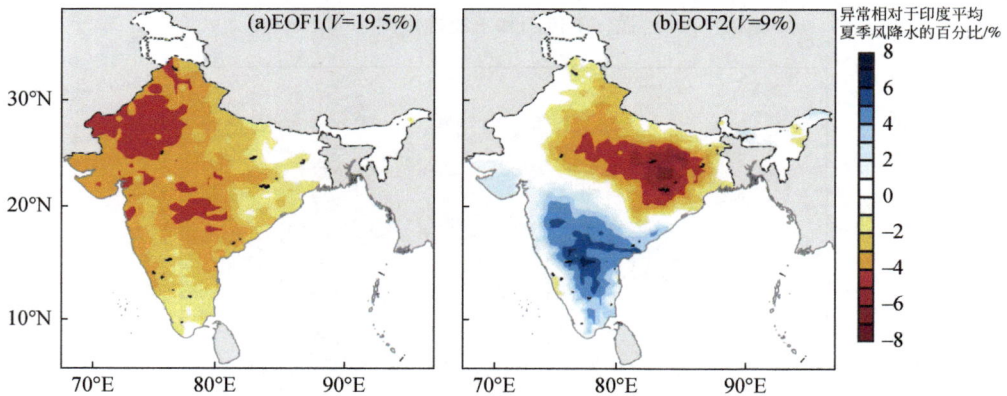

图 11.19　1900～2008 年间印度夏季（JJAS 季节）降水的 EOF 第一、二模态。填色表示与 PC 一倍标准差对应的降水异常相对于气候态降水的百分比。V 表示各模态对区域积分的方差解释率。（Mishra et al.，2021）

6～9月，ENSO 对印度夏季风的影响逐渐增强而 IPOC 的作用逐渐减弱，其中在6月，两者的作用均较为明显。利用一个多元回归模型，同时考虑 Niño3.4 和北印度洋 SST，印度大部分地区6月的季风变率都能被很好地捕捉［图11.20（a）］。IPOC 对6月印度中部表面气温的影响尤为明显［图11.20（b）］。在厄尔尼诺衰退年夏季，季风爆发推迟、热季延长，造成6月平均气温上升。

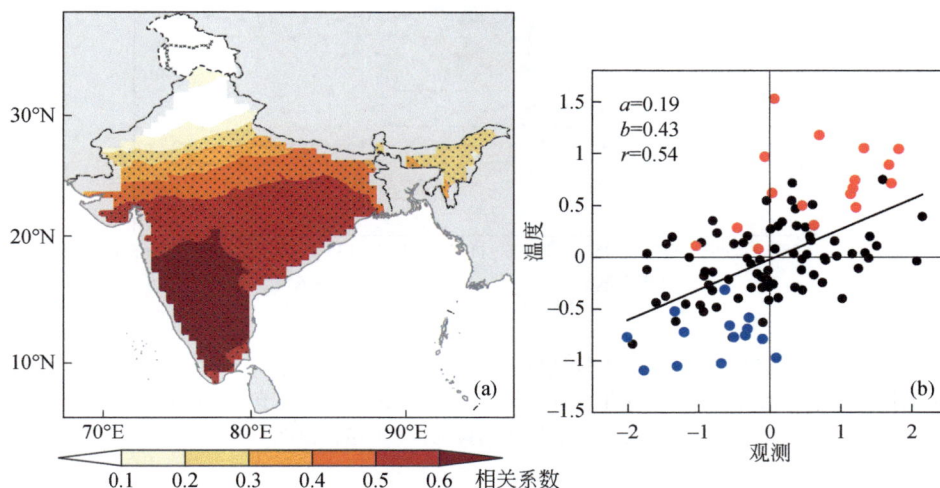

图 11.20 观测与二元线性回归模型预报的6月印度表面温度的相关。其中二元线性回归模型写作 $T = a\text{ENSO} + b\text{NIO} + \varepsilon$，而 ENSO 和 NIO 分别表示同期（JJA）季节的 Niño3.4 和北印度洋海表温度（SST）指数，a 和 b 表示对应的回归系数，r 为余项。（a）相关系数的空间分布，（b）中部印度的区域平均。红色/蓝色点表示 JJA 季节 NIO SST 指数高于/低于一倍标准差。1901～2018 年观测和预报的相关系数 r 为 0.54。（引自 Zhou et al.，2019）

11.5.2 中国

在中国东部，梅雨带在6～7月逐步向北移动，并在7月下旬消散（第5.2节）。中国7月降水的 EOF 第一模态呈现了南北偶极子形态，中心分别位于长江流域（约30°N）和华南地区（图11.21）。对应的 PC 与前一年冬季的 ENSO 具有一定的相关性。在厄尔尼诺次年夏季，受西北太平洋异常反气旋西侧对应的西南风的水汽输运影响，长江流域降水偏多，在1998年和2016年（两者均为强厄尔尼诺次年），长江均发生了严重的洪涝灾害。

中国东部降水的 PC1 与前冬 Niño3.4 指数相关的显著性仅略高于95% 显著性水平（1951～2020 年间 $r = 0.3$），这是由于东亚副热带季风存在很强的内部变率（第12.1节），相比之下属于热带季风的印度季风内部变率则小得多。夏季，位于青藏高原以北的副热带西风急流能成为罗斯贝波列的波导。北大西洋和欧洲的季节内变率便可通过激发丝绸之路遥相关型影响亚洲气候，调制阻塞事件，引起持续较长时间的热浪等异常天气（Kosaka et al.，2012；Chowdary et al.，2019）。一般认为，丝绸之路遥相关型主要受大气内部变率影响，且很难提前一个月或更久对其进行准确预报。

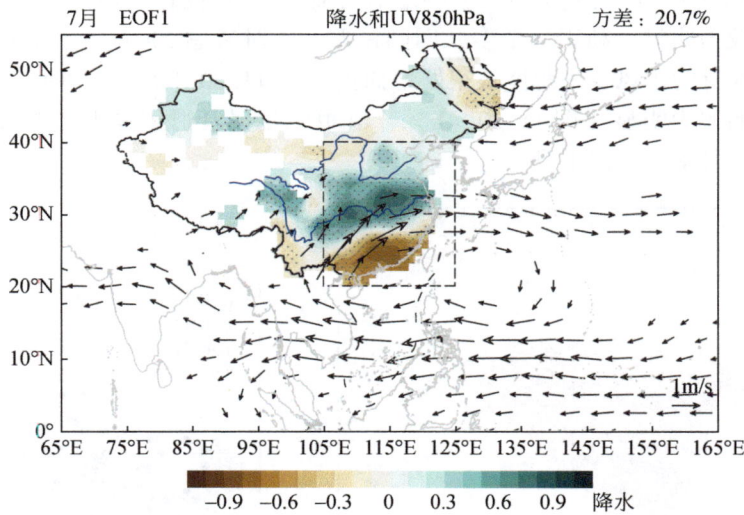

图 11.21　华东地区（灰色方框）7 月降水的 EOF 第一模态。填色和箭头分别表示降水和 850hPa 风场异常与 PC1 的回归系数。在 1951～2020 年，PC1 与前一年冬季（NDJ 季节）Niño3.4 的相关系数 $r=0.3$。蓝色曲线表示长江和黄河。（王旭栋供图）

40°E～180°E，10°S～25°N 的广大地区囊括了诸多夏季主要的对流中心，其中包括印度的西高止山脉、孟加拉湾、南海和西北太平洋（专栏图 11.2）。这一地区的 EOF 模态（图 11.21）能反映出亚洲季风系统中各个子系统的模态，如印度季风（图 11.16）和影响中国的东亚季风（图 11.21）。亚洲季风变率的总体模态是受 ENSO 强迫，并受印度洋–西太平洋暖池区的区域耦合海气相互作用所调控的。从季节平均的角度而言，海上降水异常要强于陆地，但在更短的时间尺度上，如季节内尺度，陆气相互作用可能扮演了更为重要的角色。

11.6　理 论 整 合

在 1997 年厄尔尼诺事件之前，印度洋被认为是被动接受 ENSO 的影响，同时对大气的反馈很弱。有些观测证据似乎也支持这一观点：首先，热带印度洋 SST 的 EOF 第一模态能够解释 40% 的年际变化方差，且该模态与 ENSO 高度相关，时间滞后于 ENSO 约一个季节；其次，局地的 SST–降水相关性较低。1997～1998 年的厄尔尼诺事件对上述观点提出了质疑，在此次事件的发展年出现了强 IOD 事件，并在次年夏季出现了强 IPOC 事件；1997 年秋季赤道印度洋上出现了很强的冷舌，本应在这一季节发展的 Wyrtki 急流却没能出现；在 1998 年夏季北印度洋至南海（60°E～120°E，5°～25°N）SST 出现了破纪录的高温，较多年平均温度异常高达 0.4℃，同时长江流域出现了罕见的严重洪涝灾害。

印度洋存在着两个截然不同的区域耦合模态。IOD 模态主要受比耶克内斯反馈维持，印度尼西亚西侧 6～9 月份的季节性沿岸上升流为比耶克内斯反馈创造了条件（年平均的赤道温跃层深且平，不利于比耶克内斯反馈）。IPOC 模态的维持则与 WES 反馈有关，夏季北印度洋至西北太平洋的背景西南季风有利于西北太平洋反气旋和北印度洋 SST 形成区域耦合模态（专栏 11.1）。

ENSO 是印度洋年际变率的重要驱动力。正如鼓手可以通过击打不同的乐器产生完全不同音色的声音（图 11.22），厄尔尼诺也可以在其生命周期中在印度洋激发出不同的气候异常。鼓和镲不同的音色是由其材料和物理结构决定的，厄尔尼诺引起的气候模态的时空结构也是由维持该模态的海气相互作用中的正反馈所决定的。

图 11.22　同样的强迫得到不同的响应，不同气候耦合模态就如同鼓和镲。（W. Chapman 供图）

西北太平洋反气旋是一个在多个时间尺度上均有出现的大气模态，其位置受到印度洋–西太平洋地区的背景风场控制（专栏 11.1）。反气旋和印度洋增暖相互耦合，其中正反馈过程使得 ENSO 倾向于在印度洋–西太平洋地区激发 IPOC 模态。IPOC 解释了为何印度洋–西太平洋地区以及南亚、东亚地区的大气异常能够比 ENSO 本身维持更长时间，对该地区夏季气候产生重要影响。

发生在 2019 年 9 月的 IOD 事件是有气象观测记录以来史上最强的 IOD 事件之一，在此之后很强的 IPOC 事件造成了 2020 年夏季长江流域的洪涝灾害（第 1.2 节）。与 1997～1998 年不同的是，2019 年 IOD 和 2020 年 IPOC 的发生并没有伴随着强厄尔尼诺事件（图 11.23）。伴随 2019 年 IOD 事件的反气旋式风场（图 11.7）激发了南印度洋的下沉流罗斯贝波，为 2020 年 IPOC 事件创造了有利条件（Zhou et al.，2021）。上述现象表明 IOD 和 IPOC 是该区域的内部"本征模态"，它们虽然常常受 ENSO 激发，但也可以独立于 ENSO 存在。尽管缺少强厄尔尼诺的强迫，在 4 月起报的动力模式已经能够预报出 2020 年夏季的异常反气旋和对应增强的梅雨活动。这表明，除了 ENSO，区域耦合模态也能为东亚地区带来可预报性。4 月的海洋初始条件——包括 SST 和温跃层的异常——不仅包含几个月前 ENSO 和 IOD 带来的影响，同时也是预报未来 ENSO 发展的重要因素（第 9.7 节）

222222222222停

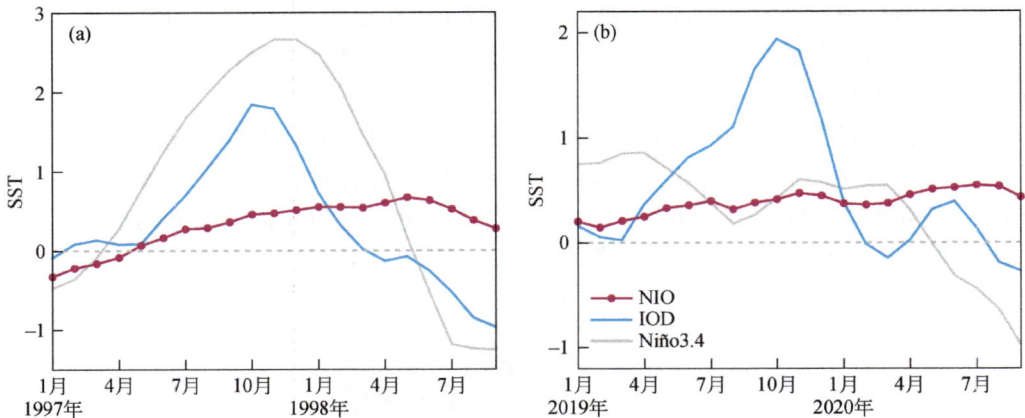

图 11.23　Niño3.4、IOD 和北印度洋 SST 异常在（a）1997~1998 年和（b）2019~2020 年的随时间演变曲线。（周震强供图）

习　题

1. 讨论为何赤道印度洋的纬向风和海流以半年周期为主导。考虑（$\bar{u}$，$\bar{v}=0$）的情况下纬向动量的经向平流 $v\dfrac{\partial u}{\partial y}-fv=-\varepsilon u$，其中上横线表示年平均。

2. 赤道上，全球平均纬向风为东风，这使得热带太平洋在东西方向上不对称（第 8.2 节）。利用式（11.1）解释为什么在年平均时间尺度上，全球纬向平均的赤道风场在整个对流层均为东风［图 2.10（a）］。提示：需要考虑 ITCZ 的移动。

3. 已知大西洋 ITCZ 位于赤道以北，描述热带中大西洋地区年平均的赤道经向风 $\bar{v}$ 和纬向风 $\bar{u}$（y）纬度分布情况，并进一步讨论经向平流是如何造成赤道大西洋纬向风场的年周期特征的。提示：围绕年平均进行线性化（第 10.1.3 节）。

4. 在热带大洋中，仅西南印度洋中存在西向强化的温跃层脊（图 11.1）。在太平洋和大西洋 ITCZ 所在的海域也有常年存在的埃克曼上升流，但为何在这些大洋没有形成温跃层脊？参考第 7.2.6 节。

5. 季风是如何影响印度洋主要气候模态的，如维尔特基急流、IOD 以及年际变化中的北印度洋增暖（由厄尔尼诺激发但晚于厄尔尼诺衰退）？

6. 厄尔尼诺是如何引起 IOD 和印度洋海盆模态的？

7. 解释印度洋 SST 的 EOF 第一和第二模态季节性差异。

8. 基于印度洋–西太平洋降水的前两个模态，以及相对应的 SST 和风场异常，讨论海气相互作用是如何维持这些模态的？这些模态对亚洲陆地季风降水有怎样的影响。

9. 上述年际变率模态与气候态的夏季风形态是否类似，可以从降水和低层风场等方面进行讨论。

10. 从季节循环、大陆对海洋的影响以及年际变率（包括比耶克内斯反馈，海盆东西宽度以及季节锁相等）的角度比较三大热带海盆的异同。

11. 在北半球冬季，从阿拉伯海到热带北太平洋都盛行东北风。这时异常反气旋能否为北印度洋的异常增暖提供正反馈？

12. 绘制暖性大气赤道开尔文波对应的气压和 850hPa 风场示意图。摩擦作用是如何影响表面风场异常的？这种作用如何影响赤道和南北纬 10° 以外风场的辐合辐散的？

13. 你认为利用耦合的印度洋进行季节预测有怎样的好处？考虑强 ENSO 发展年和衰退年的夏季。

第 12 章　热带外变率及其对热带的影响

　　热带外海洋的海表温度（SST）经常表现出显著的、与表面风场和大尺度大气环流相关的年代际及多年代际变率。太平洋年代际振荡（PDO）被定义为 20°N 以北的热带外北太平洋月平均SST*变率的经验正交函数（EOF）分解后得到的第一模态，这里的SST*为 SST 减去全球平均值。在 PDO 的正位相中，有一片大范围的 SST 负异常覆盖了中纬度北太平洋，并被北美洲西岸之外的 SST 正异常所包围［图 12.1（a）］。与之对应的是海表面阿留申低压的强化，并相应出现了 SST 负异常之上的西风加强和北美洲西岸以外 SST 正异常上方的南风/东南风异常。PDO 指数表现出显著的年代际变率，其位相在 20 世纪 20 年代早期、20世纪 40 年代晚期、20 世纪 70 年代中期和 90 年代晚期发生了显著转变。PDO 与阿留申气压系统［图 12.1（b）（c）］的协同变化非常类似于厄尔尼诺与南方涛动（ENSO；图 9.1）这一海气耦合现象中的加拉帕戈斯海域的 SST 和达尔文气压系统的协同变化情况。

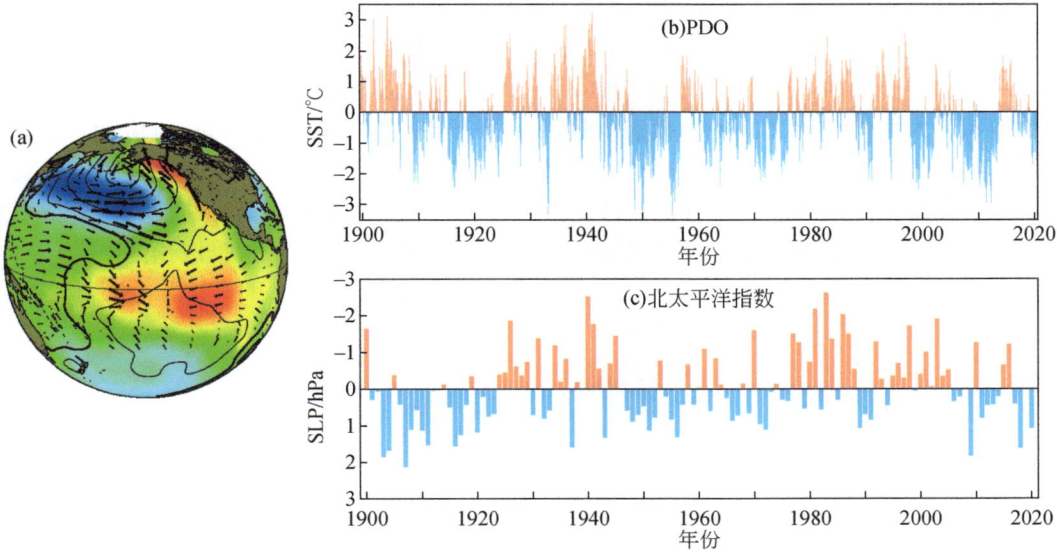

图 12.1　太平洋年代际振荡（PDO）。（a）PDO 对应的海表温度（SST；填色）异常，表面风（箭头）和海平面气压（SLP；黑色等值线）。（b）月平均的 PDO 指数和（c）冬季（11~3 月）平均的北太平洋指数（30°N~65°N，160°E~140°W 内的 SLP；已标准化；参照 Trenberth and Hurrel，1994）。［图（a）摘自 Mantua et al；宋子涵供图（b）（c）；经美国气象协会许可使用］

　　我们经常会听到如下的观点：因为大气的记忆能力仅限于一个季节以内，那么肯定是由海洋决定了低频气候变率的时间尺度（猜想 1）。这一猜想对于 ENSO 等热带变率是成立的，因为大尺度海洋波动的存在有助于将热带异常优先锚定在年际尺度，同时这也是热带变率可行性的来源。我们有理由相信热带外海洋变率的时间尺度比热带地区更长。例如，斜压罗斯贝长波的波速会随着纬度的增加而减小，这是因为 β 效应（科氏参数随纬度的变化）和密度层结都随纬度减弱。

但我们会展示一些证据来表明上述观点在热带外并不成立，其原因在于大气内部变率很强且与海洋状态无关。尽管大气的记忆性确实如超前滞后自相关分析所揭示的那样小于 1 个月，但大气内部变率的时间尺度横跨次季节到多年代际尺度。由于具有很大的热惯性（由深混合层决定）且罗斯贝波动调整速度较慢，海洋会更容易偏向于对低频大气强迫进行响应，这就导致 SST 出现显著的多年代际变率。海洋反馈过程的缺失使得耦合环流模式（GCM）对热带外大气变率的模拟能力偏低（第 9.7 节）。

这一章将讨论热带与热带外地区年际变率来源的本质差异。我们首先将讨论大气内部变率及其对 SST 和温跃层的驱动作用。

12.1　大气内部变率

向东移动的风暴（准一周尺度瞬变涡旋）主导了中纬度天气变化，当进行 1 个月以上的平均后，大气变率会由于西风中的驻波而在垂向上呈现正压结构（第 9.6 节）。这种逐月变化（即驻波或涡旋），即使在没有 SST 异常的情况下也会自发地在大气中出现，并从平均西风急流的不稳定性或瞬变风暴带来的正反馈机制中获得增长的能量。

对太平洋和大西洋扇区作 EOF 分析后，其第一模态表现为太平洋—北美（PNA）遥相关型和北大西洋涛动（NAO）模态。这两个模态各自都表现为在其正/负位相对急流的加强/阻塞（图 12.2）。阻塞是一个持续性的（大于 1 周）天气结构，它表现为在急流北部的异常高压以及南部的异常低压，这一结构会减弱西风急流并将其分裂为两支。这种阻塞的情况与长时间持续的异常天气状况有关，它们的爆发及衰亡通常难以预测。

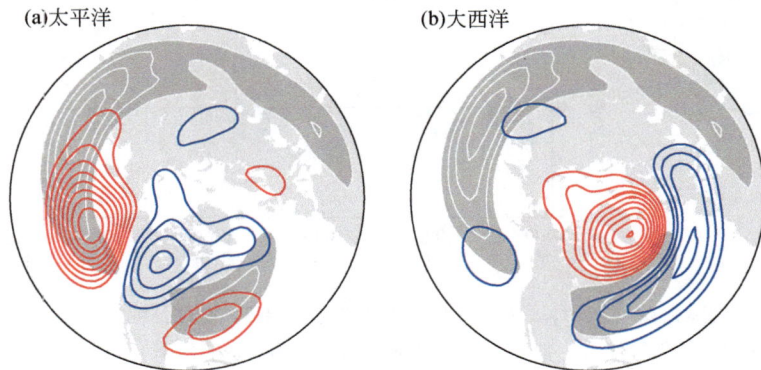

(a) 太平洋　　　　　　　　(b) 大西洋

图 12.2　1948～2020 年北半球冬季（12～2 月）的 PNA 模态和 NAO 模态的空间分布型。该图由回归系数表征（红、蓝分别代表正、负）。（a）PNA 模态、（b）NAO 模态分别由北半球（20°N 以北）500hPa 位势高度的逐月异常与太平洋（120°E～80°W）、大西洋（80°W～20°E）得到的第一模态的主成分（PC）回归而得。在回归值上叠加了气候态的 300hPa 纬向风（白色等值线，间隔为 5m/s，深灰色阴影表示风速>20m/s）。两个区域的 PC 分别解释了北太平洋和大西洋 28% 和 34% 的变率方差，该图由 Rennert and Wallace（2009）结果的基础上更新绘制。（宋子涵供图）

使用观测中随时间演变的 SST、海冰来驱动大气 GCM，我们便可以评估由于表面边界强迫和大气内部动力过程而产生的变率。为了全面考察随机内部变率，人们通常会用一个大气模式在不同的初始条件下运行多次来得到一个试验结果的集合。集合平均的结果代表了 SST 强迫出来的响应（因此存在潜在可预测性），而相对集合平均结果的各个集合成员的差异则代表了与 SST 强迫无关的大气内部变率。

在热带地区，自然系统的内部变率小，大气的内部变率主要由 SST 外强迫主导［图12.3（b）］。因此，由 SST 强迫而模拟出来的大气变率与观测结果高度相关。所有这些结果都支持了大气是与海洋紧密耦合在一起的，而耦合带来的正反馈作用带来了提前几个月的可预测性。这也解释了为什么气候是可以预测的，而对天气的可预报性只限于两周以内。我们很难在当前时间预报一个月以后新加坡是否会发生以及什么时候会发生雷暴天气，但我们可以基于对厄尔尼诺发展年的认识，预测一个月甚至更长时间后该地气候会偏干旱。这被称为大气的第二类可预测性，即由于缓慢变化的 SST 边界条件而产生的可预报性。而对未来几天天气的可预报性主要来源于西风导致的向东平流以及西向罗斯贝波等大气动力学过程的可预报性。天气以及季节平均的气候变率的可预报性分别来自于大气和海洋的初始条件。

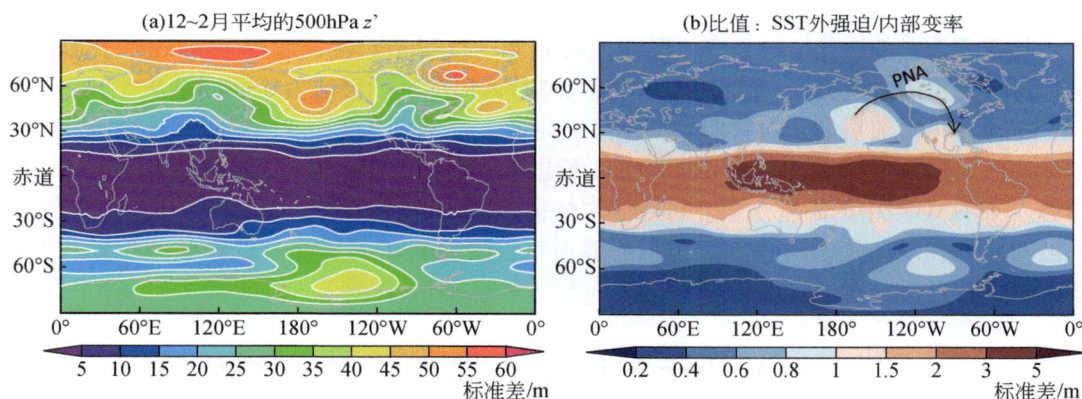

图 12.3 （a）集合样本间差异的标准差（单位为 m）（b）集合平均值与样本间标准差，基于 AM2.1 大气环流模式的 9 个模拟样本，该模型由 1979~2011 年观测的海表温度所强迫驱动。（Y. Kosaka 供图）

在热带外地区，大气内部变率基本是由随机的内部分量过程主导的，只有在 PNA 和太平洋–南美（PSA）遥相关型模态的路径上 SST 强迫信号的信噪比（集合平均除以集合成员标准差）才能接近 1。PSA 是 PNA 在南半球的对应模态，ENSO 强迫出来的驻波波列会叠加在平均西风急流上，从北半球冬季 500hPa 位势高度的内部变率分布图上看，在北极（包括格陵兰岛）、北太平洋阿留申群岛附近和副热带北大西洋亚速尔群岛附近存在显著的大值区。这些区域的较强变率也是 PNA 和 NAO 模态的表现，而对这些区域内部变率导致的异常进行 EOF 得到的主模态也确实与 NAO 和 PNA 模态类似。

因此，大气内部变率虽然在时间上看是随机的，但却有着一致性的大尺度空间结构。NAO 和 PNA 便是由西风和涡旋之间强烈的相互作用而产生的内部模态。在急流出口区，也就是上层西风渐弱的区域（$\partial \bar{u}/\partial x < 0$），由于正压能量转换能为驻波提供能量，使得这

里的内部变率得到了局部强化（第9.6节）。

ENSO 是通过激发副热带北太平洋上空的上层辐散风（即罗斯贝波源）来强迫 PNA 的变率（图9.24）。而 NAO 基本上可以看作是大气内部模态，受 SST 强迫影响很小。两者的显著差异对于可预报性有很重要的启示，PNA 具有可预报性，而在超过天气预报的两周极限后，NAO 很大程度上是不可预报的。

NAO 是所谓的北半球环状模（Northern Annular Mode，NAM）在北大西洋扇区的表现，而 NAM 是 20°N 以北海平面气压（SLP）变率的主模态。NAM 与纬向平均变率密切相关，具体表现为纬向风在中纬度和高纬度之间的"跷跷板"现象，有时也被称为纬向风指数循环（Zonal Index Cycle）。在以海洋为主的南半球，南半球环状模（Southern Annular Mode，SAM）的纬向变化则更弱。

在热带地区，大气深对流将海表面和对流层顶之间的整个对流层都耦合了起来，同时热带的水平温度梯度和平流都很弱，因此热带大气对对流加热的响应基本遵循线性波动动力学。由于对流性加热在对流层中部达到峰值，热带大气的异常扰动基本是垂向斜压结构的。对流-环流相互作用是内部变率的主要来源，其作用范围小至单个对流风暴，大到行星尺度的季节内变率（MJO）。但季节平均的内部变率则一般会比 SST 强迫的影响要小得多。

热带外地区的大气层结稳定，冬季的对流活动仅限于对流层底部 1~2km，比如一个冷锋过后产生的对流云街。这一层结情况与盛行西风的强劲平流效应共同造成了热带外地区 SST 对自由对流层的影响较弱且不仅限于局地。较强的温度梯度使水平平流成为了一阶主导效应。内部变率在一系列不同时间尺度上的运动中都非常显著，如热带外风暴、驻波模态（如 NAO）中的阻塞现象。可令人奇怪的是，尽管热带外地区的大气具有稳定层结，驻波对应的扰动却是正压垂直结构。一般而言，瞬变斜压涡旋会与低频驻波扰动相互作用，形成正反馈。

12.2　SST 的大气强迫：滞后相关诊断分析

SST 的变率倾向于与局地风速的变化呈负相关关系：风速变大会增加海表潜热释放及垂向混合，从而导致 SST 冷却 [见图12.1（a）]。在热带地区，风速与 SST 的这一负相关是风-蒸发-SST（WES）反馈机制的表现。该反馈过程会放大关于赤道两侧不对称的海气耦合异常信号，大西洋经向模态（AMM）便是如此。而这一相关关系是否都表明海洋和大气之间存在正反馈机制呢（猜想2）？在副热带地区该猜想并不成立，原因是大气对局地 SST 的响应较弱。我们接下来将介绍如何通超前滞后相关来推断大气-海洋的反馈关系。

12.2.1　不考虑正反馈过程的随机模型1

考虑 Hasselmann（1976）提出的一个关于 SST 变率的简单混合层模型（模型1），该模型的强迫源为大气变率（如风速变化）引起的表面热通量扰动：

$$\frac{\partial T}{\partial t} = F - \lambda T \tag{12.1}$$

式中，λ 为衰减率，（λ^{-1} 约为几个月）第 8.1.2 节中，我们通过将表面潜热通量线性化而推导出了式（12.1），而在热带外地区，感热通量变得重要起来（图 7.10），在此我们用傅里叶变换来求解式（12.1）：

$$(T, F) = \int (\widetilde{T}, \widetilde{F}) \, e^{i\omega t} d\omega \tag{12.2}$$

式中，波浪号代表傅里叶变换，ω 为频率。在副热带地区，大气强迫 F 是由随机的内部变率主导的，它的去相关时间在两周以内。考虑一种简单的情况，即大气强迫是白噪声［即 $\widetilde{F}(\omega) = \widetilde{F}_0$ 为常数］，且海洋并不会对大气有反馈作用，将式（12.2）代入式（12.1）得到：

$$\widetilde{T}(\omega) = \frac{\widetilde{F}_0}{(i\omega + \lambda)} \tag{12.3}$$

该模型中 SST 的响应滞后于大气强迫的时间为 $\tau = \tan^{-1} \frac{\omega}{\lambda}$。这一滞后时间在低频时趋近于零，而在高频时的相位差极限为 90°。

SST 的功率谱计算如下：

$$|\widetilde{T}|^2(\omega) = \frac{|\widetilde{F}_0|^2}{(\omega^2 + \lambda^2)} \tag{12.4}$$

SST 会倾向于响应低频大气噪声的强迫，SST 的响应 $|\widetilde{T}|$ 在 $\omega > \lambda$ 时会随着频率减小（$\propto 1/\omega$）而迅速增长，并最终在 $\omega \ll \lambda$ 时达到稳定峰值 $\widetilde{F}_0/\lambda$。而由线性反比关系到低频极限的转化时间尺度是 λ^{-1}。式（12.4）被称为红噪声功率谱，在低频范围功率会被强化。尽管热带外大气的记忆时间不会超过一个月，但其随机变率的时间尺度覆盖了从几小时到几十年的范围（白噪声）。海洋的热惯性会将低频噪声累积起来，形成低频的 SST 变率。

图 12.4 比较了在开阔的北大西洋（59°N）观测到的 SST 与一个由白噪声大气变率强迫的简单模型［式（12.3）］的功率谱。可以看到，简单模型能够非常好地与观测吻合。需要注意的是，净热通量的变率［即式（12.1）中的等号右侧项］为红噪声，因为它包含了 SST 的衰减效应。而表面热通量中的大气强迫成分（如风和相对湿度的效应）在滞后一个月后自相关基本已归于零［图 12.5（a）］，可以作为白噪声来处理。前后两个月之间的弱相关正是人们认为大气记忆性弱的基础。然而在热带，大气变率的月与月相关不可忽略（如南方涛动），主要是因为热带大气的变率包含了来自海洋的反馈。

12.2.2　滞后相关

在模型 1 中（见上文），SST 的响应滞后于大气强迫，而大气强迫和 SST 响应［式（12.7）］之间的滞后关系可以用于证明因果关系。

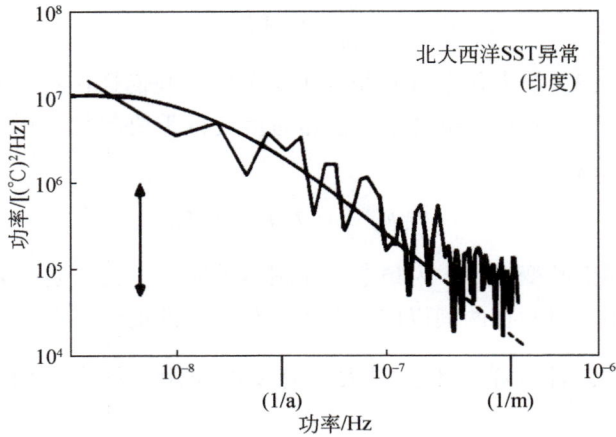

图 12.4　由 1949～1964 年气象观测点（59°N，19°W）SST 计算得到的功率谱，及 95% 置信区间，平滑曲线是由设置 $\lambda = (4.5 \text{ 个月})^{-1}$ 的模型得到的结果（Frankignoul and Hasselmann，1977）。

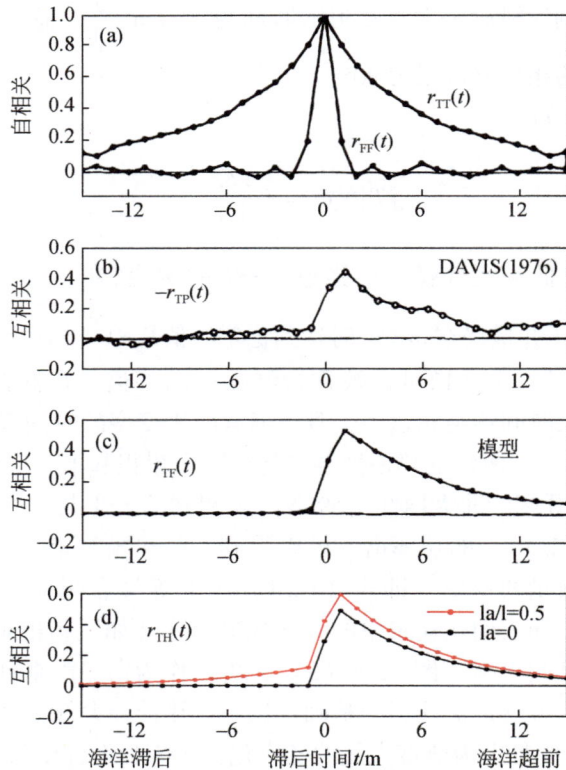

图 12.5　观测到的海面温度和海平面气压的超前滞后相关。（a）各自的自相关；（b）两者的互相关；（c）$\nu = (8.5\mathrm{d})^{-1}$，$\tau = (6\mathrm{m})^{-1}$ 的理论模型得到的互相关；（d）无（黑色）和有（红色）海洋反馈的互相关，其中 $\lambda_a / \lambda = 0.5$。［图（a）和（b）摘自 Davis，1976；经美国气象学会许可使用。图（c）摘自 Frankignoul and Hasselmann，1977。宋子涵供图（d）］

定义一个滞后协方差 $R_{xy}(\tau)=\langle x(t+\tau)y(t)\rangle$，其中 $\langle\,\cdot\,\rangle\equiv\dfrac{1}{N}\sum_{1}^{N}(\,\cdot\,)$，$N$ 为时间序列中的数据数量。超前滞后相关系数为 $r_{xy}(\tau)=R_{xy}(\tau)/\sqrt{R_{xx}(0)R_{yy}(0)}$，其中 $\sigma_x^2\equiv R_{xx}(0)$ 为时间序列 $x\,(t)$ 的方差。将式（12.1）乘以 $F\,(t-\tau)$，我们可以得到：

$$\frac{\partial}{\partial\tau}R_{TF}(\tau)=R_{FF}(\tau)-\lambda\,R_{TF}(\tau)$$

在此，我们假设驻波的统计量存在以下关系，$R_{xy}(\tau)=x(t+\tau)y(t)=x(t)y(t-\tau)$。注意到：

$$\frac{\partial}{\partial\tau}R_{TF}(\tau)=\frac{\partial}{\partial\tau}\langle T(t+\tau)F(t)\rangle=\langle F(t)\frac{\partial}{\partial\tau}T(t+\tau)\rangle=\langle F(t-\tau)\frac{\partial}{\partial\tau}T(t)\rangle$$

我们可以得到：

$$\frac{\partial}{\partial\tau}R_{TF}(\tau)=R_{FF}(\tau)-\lambda R_{TF}(\tau) \tag{12.5}$$

对于大气强迫的滞后自相关系数为

$$r_{FF}(\tau)=\mathrm{e}^{-\nu|\tau|}$$

对于 SST 响应的滞后自相关系数为

$$r_{TT}(\tau)=\mathrm{e}^{-\lambda|\tau|} \tag{12.6}$$

其中大气的 e 折相关时间尺度要比海洋短，一般来说，ν^{-1} 小于 1 个月，λ^{-1} 约为 6 个月 ［图 12.5（a）］。

气候数据一般都会处理成月平均结果，对于 $\lambda\ll\nu$ 的情况，月平均数据的滞后互相关系数为

$$r_{TF}(m)\approx\begin{cases}0,m=-1,-2,\cdots\\[2mm]\sqrt{\dfrac{\tau_1^*}{2}},m=0\\[2mm]\sqrt{2\tau_1^*}\exp(-m\tau_1^*),m=1,2,\cdots\end{cases} \tag{12.7}$$

式中，$\tau_1=30$ 天，$\tau_1^*=\lambda\,\tau_1$，为所对应的无量纲月份长度。在 $\lambda=(6\text{ 个月})^{-1}$ 的情况下，r_{TF}（-1，0，1）=（0，0.3，0.5）。滞后相关的函数形式可以用式（12.5）预测得出。因为强迫项 R_{FF} 只在 $m=0$ 时不为零，R_{TF} 的解从 $m=-1$ 开始增长，在 $m=1$ 时达到峰值，在 $m>1$ 后呈指数级衰减。值得注意的是，模型 1 的结果与中纬度北太平洋的观测结果非常吻合 ［图 12.5（b）（c）］。

大气强迫和 SST 变率之间存在一定的同期相关，但这一相关并不完全意味着存在双向的耦合作用，我们需要检验滞后相关来确定二者的因果关系。在模型 1 中，在 $m=-1$ 时相关消失。于是因果关系就明确了，大气噪声可以驱动 SST 的变率但接收不到任何来自海洋的反馈。在 Hasselmann 的模型 1 中，由于海洋的热惯性和时间持续性，SST 具有一定的可预测性，但大气的变率 F 不受 SST 影响并且不能由方程得到可预测性。

12.2.3　带有海洋反馈作用的随机模型 2

我们可以在大气强迫中引入海洋的反馈项（$\lambda_a T$），得到：

$$H = F + \lambda_a T \tag{12.8}$$

该模型适用于副热带信风区，这里的风场变化既包含了大气内部变率 F（如 NAO）又有 SST 反馈作用（如低云和 WES 反馈）。此时 SST 响应的方程为

$$\frac{\partial T}{\partial t} = H - \lambda T = F - \hat{\lambda} T \tag{12.9}$$

其中海洋的反馈作用减弱了有效衰减率，即 $\hat{\lambda} = \lambda - \lambda_a$。

所有针对模型 1 的分析可同样应用于拥有较弱衰减率 $\hat{\lambda}$ 的模型 2。从式（12.8）中，我们可以得到大气强迫和 SST 响应之间的互协方差为

$$R_{TH}(\tau) = R_{TF}(\tau) - \lambda_a R_{TT}(\tau) \tag{12.10}$$

以及相关系数：

$$r_{TH}(\tau) = \frac{\sigma F}{\sigma H}\left[r_{TF}(\tau) + \frac{\sigma T}{\sigma F}\lambda_a r_{TT}(\tau) \right] = \sqrt{\frac{1}{1 + \left(\dfrac{2\hat{\lambda}}{\lambda_a} + 1\right)r_a^2}}\left[r_{TF}(\tau) + r_a r_{TT}(\tau) \right] \tag{12.11}$$

式中，$r_a = \lambda_a \sigma_T / \sigma_F = (\lambda_a / \hat{\lambda}) \, r_{TF}(0)$；$\sigma_F$ 和 σ_T 分别为大气强迫场和 SST 响应的标准差，在式（12.11）右侧中，第 1 项与模型 1 中情况非常类似，即关于 τ 是非对称的，而第 2 项是对称的，且有一个较长的去相关时间 $\hat{\lambda}^{-1}$。对于负的滞后时间 $\tau = m\tau_1$（$\tau_1 = 1$ 个月，$m = -1，-2，\cdots$），右侧第一项消失，而第 2 项占主导，其相关系数为

$$r_{TH}(m) = \sqrt{\frac{r_a^2}{1 + \left(\dfrac{2\hat{\lambda}}{\lambda_a} + 1\right)r_a^2}}\, r_{TT}(m)，m \leqslant -1 \tag{12.12}$$

因此，来自海洋的正反馈包含了两部分重要效应：（1）增加去相关的时间尺度 $(\lambda - \lambda_a)^{-1}$；（2）使得大气和 SST 变率之间在滞后为 -1 情况下产生了一个正相关 ［式（12.12）］。对于 $\lambda_a / \lambda \ll 1$，有

$$r_{TH}(-1) \approx \left(\frac{\lambda_a}{\lambda}\right) r_{TF}(0) r_{TT}(-1)$$

换而言之，滞后为 -1 的相关系数正比于海洋反馈系数 λ_a，前者能够衡量后者的强度。

12.2.4　观测中的超前滞后相关现象

在中等程度的反馈下（$\lambda_a < \lambda$），正负滞后时间对应的相关系数并不对称 ［式（12.11）中的第一项］，但是当滞后时间为负时，若出现，显著的正相关则表明海洋存在正反馈作用 ［图 12.5（d）］。当海洋的反馈作用接近热力衰减率时（$\lambda_a \lesssim \lambda$），第二项占主导，且正负滞后情况下的相关变得对称。超前滞后相关系数形态的这一变化可以被用于推断海洋反馈作用的强度。

下面以 AMM 为例进行说明（图 12.6）。在 20°N，纬向风和 SST 之间的同期相关非常显著，但在滞后 -1 个月（即 SST 领先）情况下的相关不显著，表明在这一副热带纬度，风场对 SST 变率的强迫作用很强，但海洋反馈作用很弱。信风在副热带亚速尔高压的南侧

出现扰动［图 12.2（b）］，这是作为大气内部模态 NAO 的一部分。在 10°N，纬向风–SST 之间的互相关仍然是非对称的，但在 SST 超前（滞后为负）的情况下为显著正相关，表明存在来自 SST 的正反馈作用。在赤道上，跨赤道 SST 梯度和经向风之间的超前滞后相关变得几乎对称，并在同期达到峰值，表明在海洋和大气之间存在强烈的正反馈作用。Chang 等（2001）的研究表明副热带信风的异常会因为热带地区跨赤道的 WES 反馈作用，倾向于优先激发 AMM。

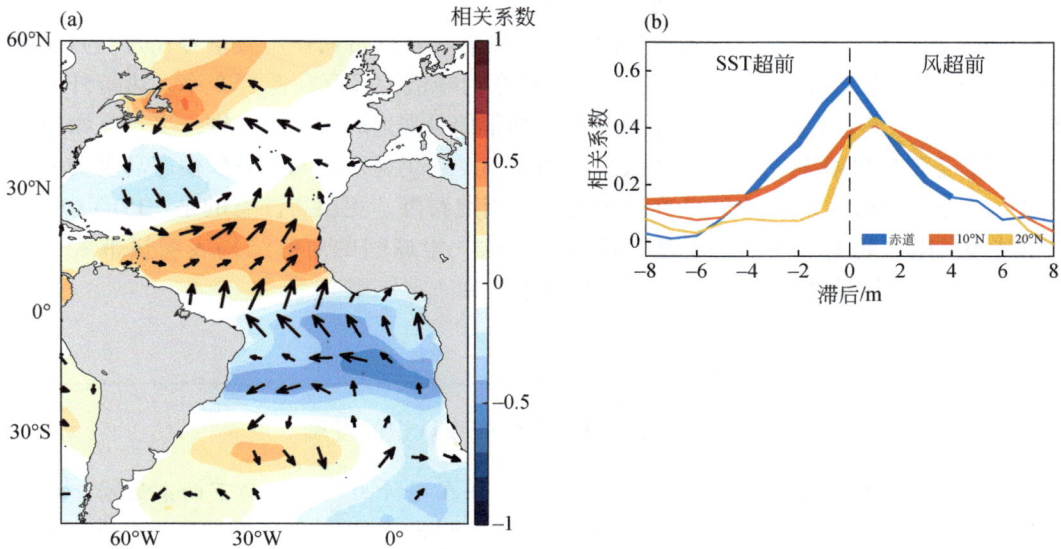

图 12.6　北大西洋风场与海面温度（SST）的关系。（a）FMA 跨赤道风（V_{eq}）变化与前一个冬季异常（12~2 月平均）之间的相关性：阴影为 SST，箭头为表面风矢量。（b）橙色曲线，20°N 处纬向风和 SST 异常的超前滞后相关；红色曲线，10°N（红色）处纬向风和 SST 异常的超前滞后相关，SST 和纬向风变率之间的超前滞后相关性；蓝色：跨赤道 SST 差异（10°N ~ 10°S）和赤道经向风的超前滞后相关。相关系数由纬向平均的 SST 和风场异常计算得出（时间为 1979 ~ 2017 年）。相关性>95% 显著性的部分加粗。
（Amaya et al.，2017；D. J. Amaya 供图）

　　副热带地区的 SST 变化在空间上具有一致性且尺度较大，这是因为大气变率也具有相同的特点（第 12.1 节）。在北太平洋，大气变率的主模态表现为以阿留申群岛为中心的 SLP 的升高和降低，而 SST 变率的主模态则体现为在 SLP 异常南侧的带状升温或降温（图 12.1）。此外，SLP 和 SST 主模态的 PC 具有很高的同期相关性，表明纬向风的变率会通过表面热通量和埃克曼输运驱动 SST——当阿留申低压加强时会使西风加速，导致北太平洋 SST 下降。而二者同期相关并不意味着 SLP 和 SST 变率之间存在双向的耦合作用（专栏 12.1）。进一步分析表明，海洋与大气变率的时间尺度并不相同，SLP 的 PC 与一个月之外的变率几乎不相关，而 SST 却存在长达一年的显著自相关［图 12.5（a）］。更重要的是，当 SST 超前 SLP 一个月时，两者的相关消失；而在 SLP 超前 SST 一个月时，两者相关达到最大值［图 12.5（b）］，这些结果都与 Hasselmann 模型 1 相符合，即大气变率强迫海洋但海洋对大气没有反馈。海洋反馈的缺失与大气模式的模拟结果大体一致，大气内部变率在热带外地区占主导作用（第 12.1 节）。

Davis（1976）的研究时间段为 1947～1974 年，在这 28 年期间，PDO 处于冷位相且年际变率占主导 [图 12.1（b）]。在过去的 100 年里，PNA（阿留申群岛的气压变化）表现出了明显的多年代际变化特征 [图 12.1（c）]，且与 PDO 高度相关，使用冬季 12～2 月平均的数据计算得到的二者相关系数 r 约等于 0.7，但这并不意味着 PDO 模态的 SST 异常对大气 PNA 波列有正反馈。实际上，两者均与热带的 ENSO 事件有关。超前滞后相关系数 r（PDO，PNA）在 PNA 超前时达到最大值（Newman et al., 2016）。PNA 可能可以分解为受 ENSO 强迫的部分和大气内部变率产生的部分，后者非常接近白噪声且信号在月与月之间的持续性很低，而前者在年际尺度上存在一个较宽的峰值，且存在低频变率。热带外的太平洋，海洋的巨大热容和低速罗斯贝波动使得由热带信号强迫的 SST 变率进一步"红噪声化"。

尽管定义上 PDO 是指热带外北太平洋的变率，它仍显示出与 ENSO 模态高度类似的半球间空间分布型态，只不过 PDO 在热带有更大南北跨度。更值得注意的是，PDO 中的 SST 空间结构在南、北太平洋间几乎是镜像结构，这一半球间的对称结构表明热带太平洋的 SST 变率在驱动热带外南、北太平洋的 PDO 中起到一定作用。

专栏 12.1　对热带外变率认识的发展

热带外风暴在斜压不稳定条件下不断增长并在盛行西风的带动下向东运动，而这都是由经向温度梯度所决定。天气预报的关键是初始值问题，北太平洋当前的天气情况是北美洲天气预报员们密切关注的初始条件场。因此人们很自然地将这一方法扩展到气候预测方面，并假设北太平洋 SST 异常或多或少会创造一个有利于气旋发展的区域，从而影响大尺度大气环流以及北美气候（Namias, 1959），于是人们启动了北太平洋实验（North Pacific experiment，NORPAX；1967～1985 年），以研究北太平洋的效应，但其最终证明了上述假设是错误的。Davis（1976）提出的超前滞后相关分析是 NORPAX 研究的一部分，该分析表明北太平洋 SST 异常是阿留申低压系统变异的结果而非原因 [图 12.5（a）（b）]。随机模型的结果支持这一零假设，即大气强迫出了 SST 变率而海洋对大气的反馈作用很弱（Frankignoul and Hasselmann, 1977）。

在 Bjerknes（1969）表明热带变率（如 ENSO）可以由海洋–大气相互作用而产生，并且能够驱动哈得来环流、北太平洋西风及其下游的北美气候异常。在此之前，北美的天气预报员几乎不关注除飓风之外的热带状况。比耶克内斯的假设为大气–海洋耦合动力学及季节预测奠定了基础（专栏 9.1）。

20 世纪 80 年代，ENSO 动力学的耦合方法取得了令人瞩目的成功，随后在热带大西洋和印度洋同样取得了辉煌成就（第 10～11 章），这为发现其他气候耦合模态提供了希望。例如，将热带的情况推广到热带外，我们可以假设海洋过程（如斜压罗斯贝波和温跃层通风）决定了耦合变率的时间尺度并提供了额外的可预测性。然而，现在阻碍我们的一个问题反而是在 20 世纪 70 年代关于中纬度变率的零假设（Davis,

1976；Frankignoul and Hasselmann，1977），即大气强迫了海洋，但从海洋对大气的反馈很弱。

大气模式的结果表明，大气对热带外 SST 扰动的响应较弱且是非局地的，这验证了之前的零假设。大气对热带外海盆尺度 SST 异常的响应较弱的原因有以下几点：首先，由于热带外大气层结稳定，SST 的影响局限在 1~2km 内的行星边界层（而在热带深对流与 SST 效应的耦合相互作用可以贯穿整个对流层）；其次，西风急流的平流作用和风暴的混合作用造成了大气的响应是非局地的；最后，大气噪声（即大气内部变率）比热带外 SST 强迫信号更高。

发展耦合动力学的道路蜿蜒曲折，却又时常柳暗花明。虽然连接北太平洋 SST 异常与下游北美气候变率的 NORPAX 计划并不顺利，但 ENSO 动力学的蓬勃发展，将季节预测的业务化开展推向了高峰（专栏 9.1）。后来人们又惊奇地发现，北太平洋 SST 异常最终还是能够影响北美气候，只是并非直接影响，而是通过太平洋经向模态（PMM）影响 ENSO，进而在 2~3 个季节之后引起北美气候异常（图 12.21）

12.3　海洋动力效应

这一章节将考虑影响 SST 变率的其他机制。热带外海洋表现出显著的季节循环：冬季，海表面的冷却加深了混合层，而夏季上层海洋会再次层化，在较浅的混合层之下出现季节性温跃层。

冬季混合−夏季再层化的循环产生了一个让 SST 异常从一个冬季持续到下一个冬季的机制。假设某个冬天风场异常强劲，且混合层异常深，夏季的再层化将季节性温跃层之下的冷异常与大气隔绝开来，使其免受大气的直接影响。而在下一个冬季，前一个冬季存留下来的温度异常会被夹卷到混合层并影响其温度。这一"重现"（reemergence）机制使得热带外冬季 SST 具有年与年之间的相关性（图 12.7）。

将温度方程从海表积分到冬季混合层底（$z=H_m$），可以得到：

$$\frac{\partial T_m}{\partial t}=-\boldsymbol{u}_g \cdot \nabla T_m+\frac{1}{\rho H_m}\left[\frac{Q}{c_p}+\frac{1}{f}(\boldsymbol{k}\times\boldsymbol{\tau}) \cdot \nabla T_m\right]-w_m\frac{\partial T}{\partial z}\bigg|_{z=H_m} \tag{12.13}$$

式中，方程右侧第一项是地转流的平流效应，而括号中的第二项是埃克曼平流项。在此我们假设冬季混合层以下的湍流混合很弱。将式（12.13）积分一年得到了年平均的热收支。

考虑一个简单的情形，盛行风为西风且背景态 SST 仅在经向上有变化。式（12.13）可以对温度扰动线性化为

$$\frac{\partial T}{\partial t}=-v_g\frac{\partial \overline{T}}{\partial \gamma}+上升流流速-(a+a_E)U-bT \tag{12.14}$$

扰动变化速度很慢，时间尺度为数年，因此我们省略了撇号（图 12.1）。a 为 WES 系数（第 8.1 节），而 $\overline{a_E}=\dfrac{2}{\rho H_m}\dfrac{\overline{\tau_x}}{\overline{W}}\left(-\dfrac{\partial \overline{T}}{\partial \gamma}\right)$ 表征埃克曼平流作用，其中 $\overline{W}$ 是平均的标量风速，而

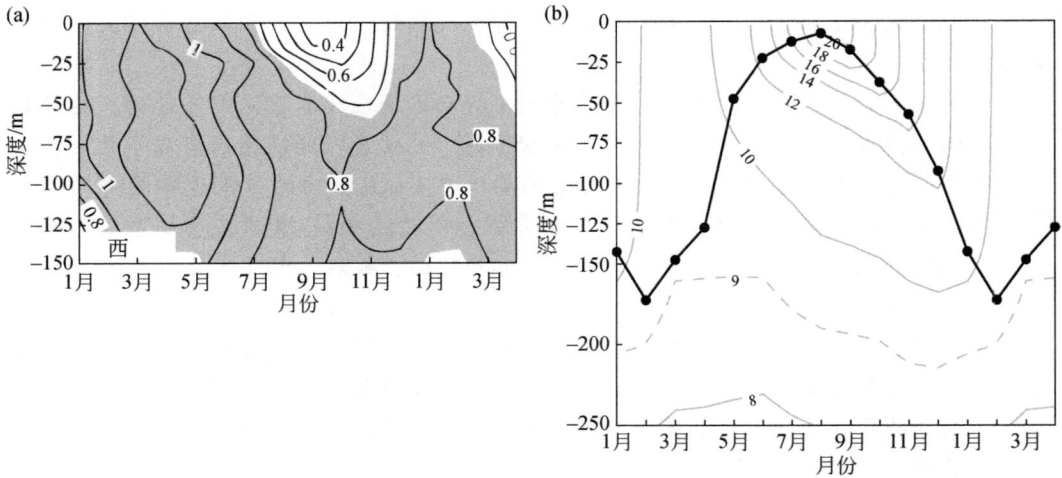

图 12. 7　（a）超前滞后回归的时间–深度断面。基准点海洋温度取自西太平洋地区（38°N ~ 42°N）5m 处 4 ~ 5 月的平均，使用该温度指数回归这一区域不同深度和时间（同年 1 ~ 次年 4 月）的海温，单位为℃/1℃，等值线间隔为 0. 1，阴影部分表示数值大于 0. 75。（b）为同一区域气候平均温度和混合层深度。［图（a）摘自 Alexander et al. , 1999；宋子涵供图（b）；经美国气象协会许可使用］

U 是纬向风扰动。因此，在平均西风区（$\bar{\tau}_x > 0$），埃克曼平流强化了 WES 效应。在热带外，感热通量项非常重要，它对风的依赖性使它可以与 WES 项合并。西风异常会加强背景风场，从而造成湍流热通量异常和埃克曼平流效应，最终使 SST 降低。

12. 3. 1　海洋罗斯贝波

北太平洋 SST 的变率在 40°N 附近较强。在北太平洋中部，地转流较弱，SST 的变率主要是由表面过程（热通量和埃克曼平流）引起。在 40°N 附近，SST 变率在黑潮–亲潮延伸体（kuroshio-oyashio extension，KOE）区域西向强化（图 12. 8），该区域冬季混合层很深且地转流的变率很大。其综合效应使得次表层过程（地转平流和上升流）对该区域的 SST 变化很重要。且该区域的海洋温度异常有很深厚的垂直结构，SST 与温跃层的起伏和海平面高度有非常高的相关。

KOE 区海平面高度（$\eta = g'h/g$）的变率与阿留申低压（第 7. 2. 5 节）相关的风场扰动驱动的斜压罗斯贝波有关，

$$\frac{\partial \eta}{\partial t} + c_R \frac{\partial \eta}{\partial x} = \frac{g'}{g} w_E - \gamma \eta \tag{12.15}$$

其中罗斯贝长波相速度 c_R 一般为 2. 5cm/s。由于罗斯贝波需要约五年的时间来跨越半个北太平洋洋盆，它成了另一种有利于海洋对低频风强迫进行响应的机制。使用观测的风场强迫的简单罗斯贝波模式能够计算出温跃层的起伏/动力海平面高度，与历史船舶观测的上层海洋温度和卫星数据高度计的观测结果一致（图 12. 9）。这一结果表明 KOE 区域的海平面高度具有提前几年的可预测性，原因就是中太平洋的斜压罗斯贝波是由阿留申低压

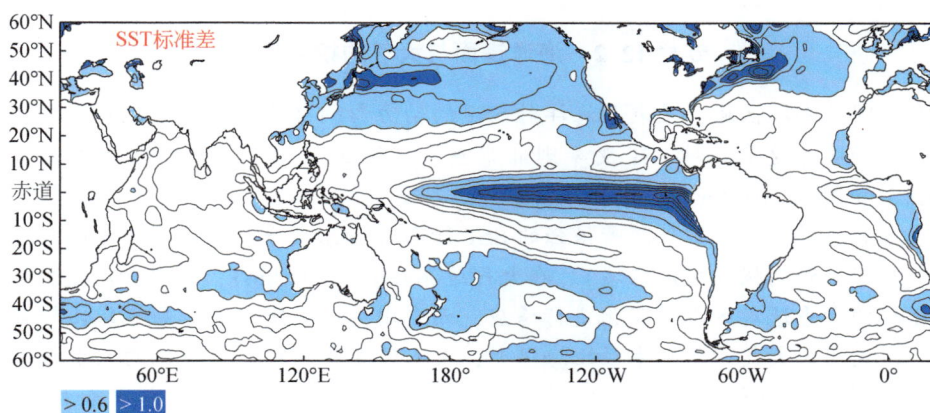

图 12.8　海面温度（SST）年际变化的标准差（单位为 K）。

强迫出来的（Schneider and Miller，2001）。冬季的深混合层为次表层变率（罗斯贝波）影响 KOE 区域的 SST 打开了一个窗口，因此那里的 SST 变率表现出显著的年代际时间尺度特征（图 12.1）。

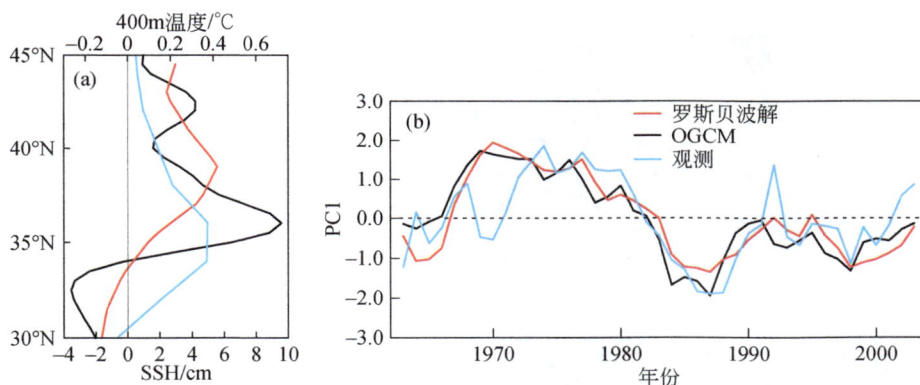

图 12.9　142～180°E 平均的 SSH 年际异常的 EOF 主模态（a）和对应的 PC（b）。蓝线为观测上 400m 的平均海温；黑线为一个涡分辨率海洋环流模式；红线为一个由观测风应力变率强迫的纬向的一维线性罗斯贝波模型。基于 Taguchi 等（2007）的结果更新而来。（B. Taguchi 供图）

　　SST 和表面热通量（向下为正）之间的超前滞后相关是诊断 SST 变化成因的有效工具。在 Hasselmann 模型中右侧仅受表面净热通量控制（$Q = F - \lambda T$）的简单情形下，由于 Q 和 T 之间相位差是 90°，相关系数 $r_{TQ} = 0$。在其他极端情况中（如 KOE），地转流的平流项主导了式（12.13）的右侧项，$R_{TQ} \approx -b R_{TT} < 0$（即 SST 与表面热通量之间为负相关）。因此，$r_{TQ}$ 可以帮助研究者确定海洋动力学在哪些区域对 SST 变率有重要作用。卫星搭载的微波传感器可以穿透云层，从太空中获得海洋的高分辨率观测资料，这些资料揭示了主要海流附近，在中尺度（100km 以上）上，普遍存在着海洋对大气的强迫作用（专栏 12.2），即 $r_{TQ} < 0$。

专栏 12.2　海洋锋面与大气的相互作用

在广阔的海洋区域，次表层海洋对 SST 的动力影响（平流及上升流）较弱，而表面热通量和埃克曼平流对 SST 变率则非常重要。风速与 SST 异常一般表现为负相关［图 12.1 和图 12.10（a）］。

狭窄的海洋急流经常伴随着很强的 SST 锋面（如东太平洋和大西洋赤道以北的地区，以及湾流和南极绕极流区域）。在大气边界层（高约 1km），气温和湿度会通过垂直混合和侧向平流对 SST 的变化进行适应，而自由对流层中的响应则可能比较复杂且较弱。这是因为大气的变形半径比海洋大，大气温度不能对剧烈变化的 SST 锋面进行完全调整适应，使得大气跨海洋锋面的剖面要比锋面本身更宽广［专栏图 12.1（c）］。此时，近地表大气静力不稳定度在海洋锋面的暖侧会增强、在冷侧减弱。表面阻力的存在使得边界层的风速随高度上升，因此垂直混合使昨暖水一侧表面背景风速将加速，而在锋面冷水一侧背景风速减小。而静力平衡的海平面气压的扰动中心则会由于水平平流的作用向下游移动，这一过程也会对锋面尺度上的 SST 和风速异常的正相关有贡献，尤其是在中等大小风速的背景下。

专栏图 12.1 展示了船测的历史冬季北大西洋表面静力不稳定度（SST-SAT）的结

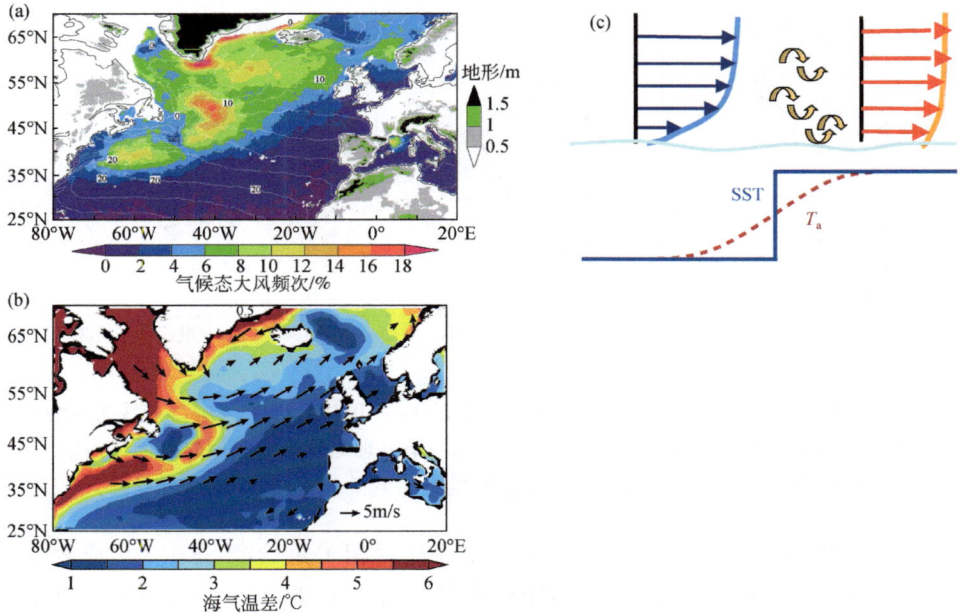

专栏图 12.1　冬季（12 月~次年 2 月平均）海面气候态特征分布与跨越 SST 锋面上的大气调整过程示意图。（a）海洋区域填色为气候态大风频次（下方色标，单位为%），白色等值线为气候态 SST（间隔为 2℃），陆地区域填色为地形（右侧色标，单位为 m）。（b）箭头为气候态风场（单位为 m/s），填色为海气温差（单位为℃）。（c）跨越 SST 锋面上的大气调整过程示意图。［图（a）摘自 Sampe, 2007；梁宇供图（b）；M. Nonaka 供图（c）］

果。在湾流的暖水一侧，表面大气不稳定性和表面风速都有所加强，在大气风暴轴上，大风（风速>20m/s）的发生频率很高，这主要是因为 SST 锋面有利于爆发性气旋的产生。在纽芬兰岛以东的弗莱米什海角（45°N～47°N），北大西洋暖流受地形影响被迫形成一个气旋式弯曲，此处大风的发生频率也因为大气稳定度的增强而提高。在 2000 年的电影《完美风暴（The Perfect Storm）》中安德烈·盖尔号渔船在沉没之前就是在此处捕鱼的。由于高大山脉会强迫出快速的山甲角急流，格陵兰的南端尖角也就成了地球上风速最强的地方。

　　大气边界层的调整不仅体现在线性的 SST 锋面上，也体现在孤立的海洋涡旋中，表面风速会在反气旋式暖涡上方加强而在气旋式冷涡上方减弱，在进行空间上的高频（<1000km）滤波后，在海洋涡旋尺度上，SST 和风速之间的时间相关系数为显著的正值（专栏图 12.2）。对比之下，在大尺度或海盆尺度上，SST 与风速之间的因果关系和相关关系正好反过来，自由对流层风场变率（如 PNA）反过来影响 SST，而不是 SST 影响风场。SST 与风速的正相关反映了小尺度的海气相互作用，两者的相关系数在主要海洋锋面上很高，这主要是因为海洋流动能够为涡旋提供能量，同时背景态的 SST 梯度使我们能从背景 SST 中分辨出涡旋（Chelton and Xie，2010）。

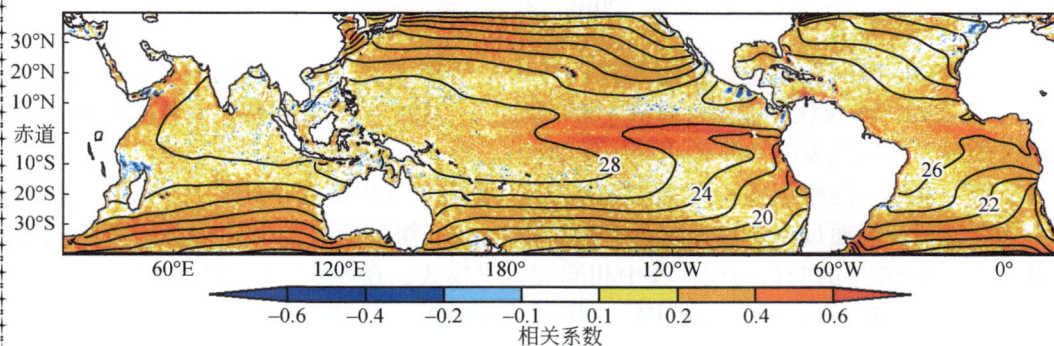

专栏图 12.2　海表温度（SST）和海表面风速的关系。填色为 SST 与海表面风速的相关系数，等值线为 SST。二者都进行了纬向高频滤波，以突出小于 1000km 的纬向尺度。本图由 Small 等（2008）的结果修改而来。（宋子涵供图）

12.3.2　大西洋多年代际振荡

　　NAO 是北大西洋上空大气变率的主模态。在 NAO 正位相，海平面气压异常的经向偶极子模态会加强西风并使冬季的风暴转向欧洲，造成地中海和北非的异常状况。冰岛低压将极地的冷空气平流向南输送至加拿大东北部，相反在斯堪的纳维亚半岛上由于南风平流作用而变暖。NAO 通过调控盛行西风的强度而产生了一个 SST 异常的三极型空间结构。在 NAO 正位相，SST 在副极地北大西洋降低，在美国东侧的中纬度海区升高，并在西非的西

侧海区降低 ［图 12.10 （a）］，这种三极型海温分布型主导了 SST 的年际时间尺度变率。

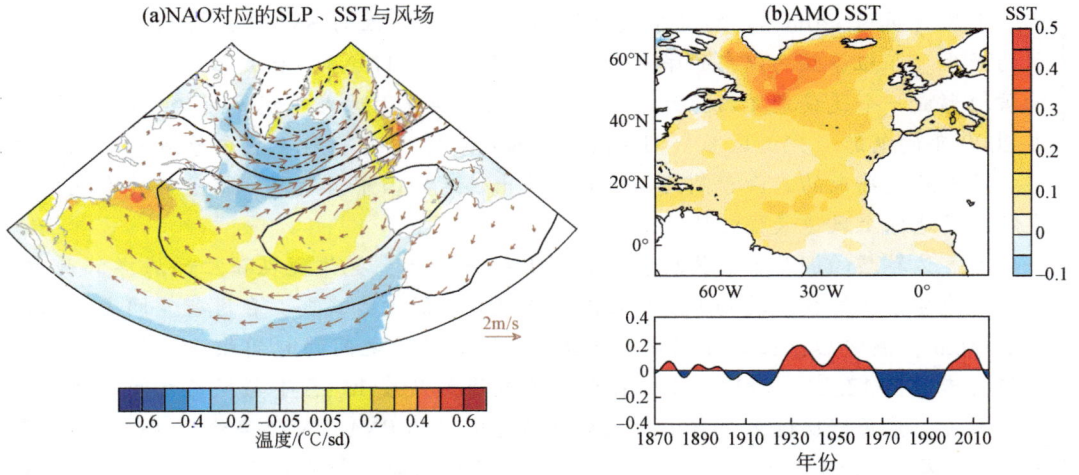

图 12.10　北大西洋涛动（NAO）与北大西洋多年代际振荡（AMO）。（a）NAO 模态对应的海平面气压（SLP），风和 SST 异常。（b）AMO 对应的 SST 异常以及 AMO 指数时间序列（下部时间序列图）。［图（a）摘自 Deser et al.，2010；图（b）摘自 Zhang et al.，2019］

　　在多年代际时间尺度上，整个北大西洋 SST 呈现海盆一致性的同号变化 ［图 12.10（b）］。在大西洋多年代际振荡（AMO）的正位相，大西洋 ITCZ 北移，并伴随着非洲萨赫勒地区的湿异常以及大西洋飓风活动的加剧。

　　尽管大气模式的模拟实验结果表明 NAO 主要由大气内部变率产生（图 12.3），NAO 本身却令人惊奇地通过海洋动力过程影响 AMO。在一组耦合实验中，NAO 对海洋的强迫强度存在一个 50 年的变化周期，其中相同的大气模式，在一个实验中与一个无运动的平板海洋模型（slab ocean model，SOM）相耦合，而在另一个实验中与一个完全的动力海洋模型（dynamical ocean model，DOM）相耦合。在 SOM 中，NAO 强迫在滞后 1～2 年时能强迫出三极子型空间结构（图 12.11）；在 DOM 中，NAO 能强迫出大西洋经向翻转环流（AMOC）及其热输运过程的改变，并在约 10 年后产生海盆尺度的增暖。

　　AMOC 的加强与副极地北大西洋正的 SST 和海表盐度异常有关（图 12.12）。表面热通量与局地 SST 在热带外北大西洋是负相关的关系，表面热通量对 SST 变化的衰减作用进一步确认了海洋环流变率对 AMO 的重要性。

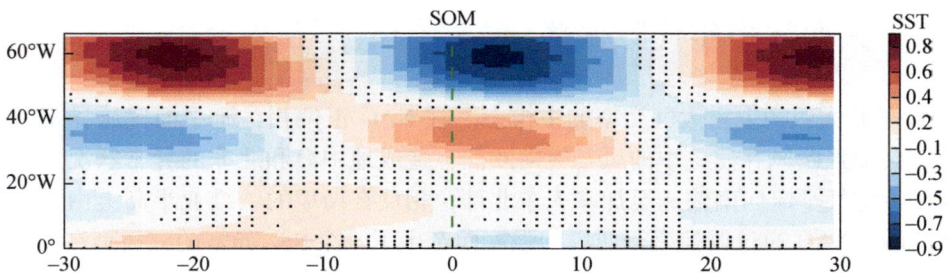

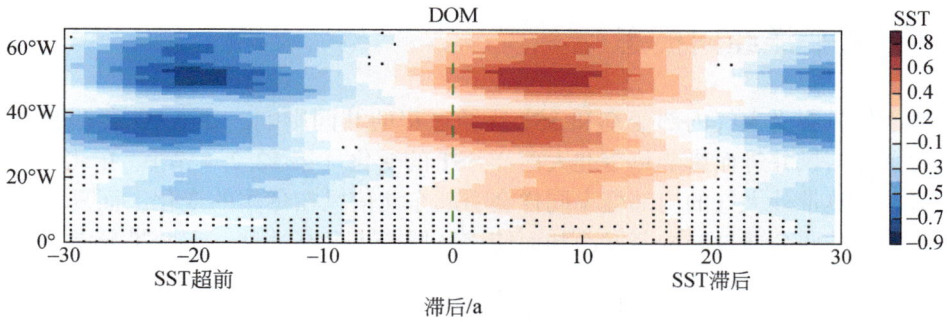

图 12.11　SOM 及 DOM 耦合试验（CM2.1）中的 SST 响应与施加的 50 年周期的 NAO 强迫之间的超前滞后相关。图中显示为基于纬向平均（20°W～60°W）和年平均的结果。（摘自 Delworth et al.，2017）

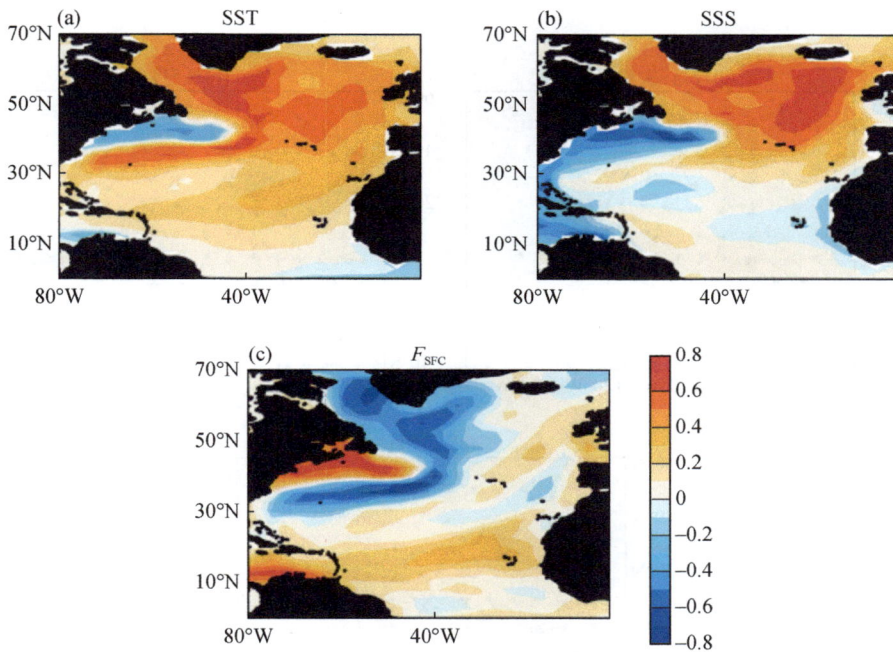

图 12.12　AMOC 对应的海洋异常场。CMIP5 无强迫控制试验中多模式平均的 AMOC 指数（26°N，10 年低通滤波）与（a）SST，（b）海表盐度和（c）海表热通量（F_{SFC}，向下为正）的相关场。

12.4　热带外对热带气候的影响

ENSO 源自热带太平洋的比耶克内斯耦合反馈机制，并能在热带外地区激发具有可预测性的气候异常（如 PNA 遥相关型，第 9.5～9.6 节）。本节会讨论热带以外的大气和海洋环流异常是如何影响热带气候的，包括对 ENSO 和 ITCZ 的影响。

12.4.1　太平洋经向模态

　　副热带信风会受大气内部变率和 SST 反馈过程的共同影响，如 NAO 会调制亚速尔高压南侧的东北信风并进而影响热带北大西洋 SST 的变化（第 12.2.4 节）。在北太平洋也有类似的情况，热带外大气的内部变率同样会引起东北信风在冬季的变化，而夏威夷群岛附近的东北信风减弱会通过减少蒸发冷却而使该区域 SST 升高。这一正 SST 异常会激发大气罗斯贝波响应，在其位置西侧引起一个气旋式环流异常。低压大气环流南侧的西风异常会导致 SST 产生增温的倾向，造成这一耦合的 SST–风空间型态向西南传播 [图 12.13（b）]，其被称为太平洋经向模态（PMM）。当 PMM 传播到赤道中太平洋时，其对应的西风异常会通过将暖水向东输送并加深东太平洋的温跃层而激发厄尔尼诺。东北太平洋的层云带位于 PMM 钩状 SST 的弯曲处，层云–SST 反馈对北半球夏季（6 ~ 8 月）PMM 的生成和维持有重要作用。

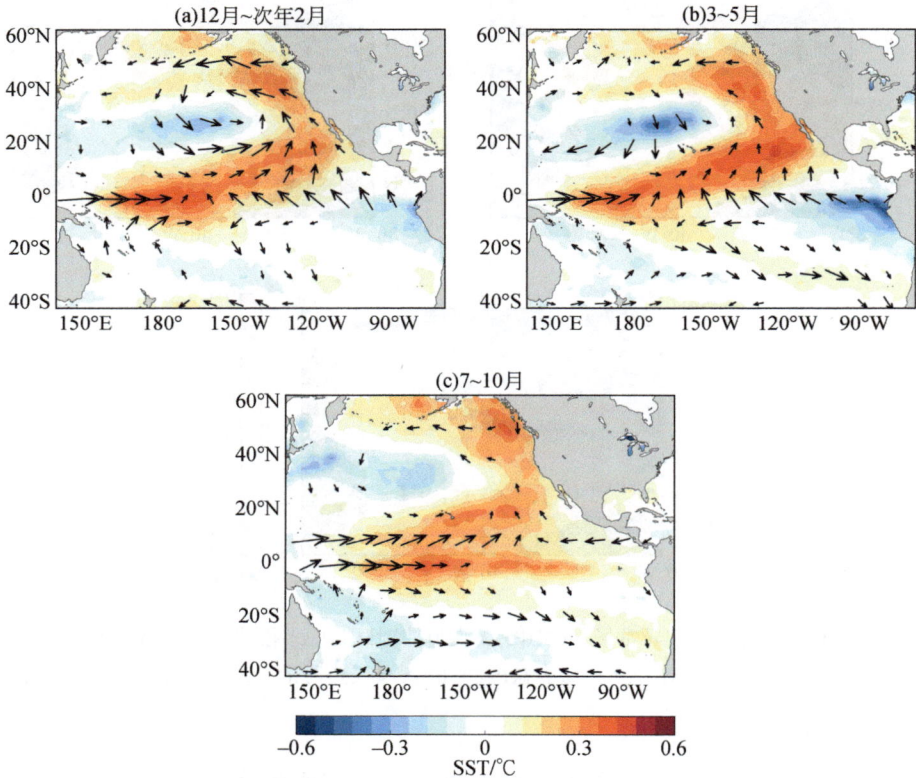

图 12.13　PMM 的空间分布型。由 3 ~ 5 月的 SST 和风的最大协方差分析模态主成分的回归得到。
（a）12 月 ~ 次年 2 月，（b）3 ~ 5 月和（c）7 ~ 10 月的 SST 演变，其中箭头为表面风场。
（摘自 Amaya et al.，2019）

　　PMM 经常被定义为热带和副热带北太平洋 SST 和表面风协同变率的第一模态，其中同期 ENSO 的信号已被提前扣除（Chiang and Vimont，2004）。而如果不扣除 ENSO 信号，则 ENSO 为第一模态，PMM 为第二模态。因此，从定义上来说，PMM 与同期的 ENSO 无关，但北半球春季（3～5 月）的 PMM 会与之后季节的 ENSO 显著相关，这表明 PMM 可能会激发 ENSO 事件的形成。

PNA 和北太平洋涛动（North Pacific Oscillation，NPO）分别是北太平洋海平面气压和上对流层高度变化的 EOF 第一和第二模态。NPO 是 NAO 在北太平洋对应的模态，其表现为白令海峡和中纬度北太平洋之间 SLP 的"跷跷板式"变化（图 12.14）。与 NAO 类似，NPO 与亚洲-太平洋冬季西风急流的南北向摆动有关，而 PNA 则与急流的强度和东伸程度有关。与一般的大气内部变率类似，PNA 和 NPO 在冬季最为强盛，此时西风急流最强且天气尺度的涡旋活动最为活跃。

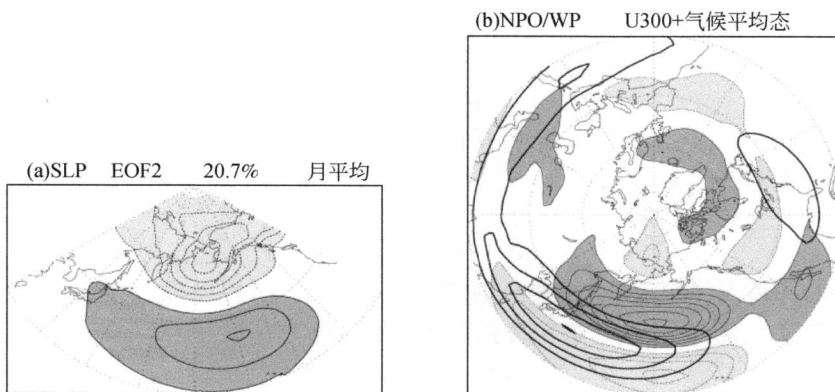

图 12.14　NPO 的两种表现。（a）北太平洋（20°N 以北）月平均海平面气压（SLP）变率的 EOF 第二模态。（b）叠加在气候态风场（黑色等值线）上的 300hPa 纬向风场的回归场（灰色阴影和白色等值线）。（摘自 Linkin and Nigam，2008；经美国气象协会许可使用）

NPO 与夏威夷群岛附近显著的信风变率有关，并驱动了 PMM。尽管 NPO 本身具有随机性和不可预测性，它却可以调节 ENSO 活动，因为其激发的 PMM 可以传播至赤道太平洋。而 PMM 在 SST 中留下了痕迹，使 ENSO 的季节性预测成为可能。

在扰动初始条件而得到的集合季节预报中（专栏 10.1），Niño4 区 SST 预测的不确定性可以追溯至冬季随机的 NPO 激发的 PMM（Ma et al.，2017）。相比较而言，南太平洋对 ENSO 预测不确定性的影响则较小。由于北太平洋背景西风急流的纬向变化强于南太平洋，因此副热带北太平洋信风的大气内部变率强于南太平洋。ITCZ 区域的对流反馈能激发大气风反馈（Amaya，2019），这是北太平洋 PMM 更容易影响 ENSO 的另一个原因。

12.4.2　跨赤道能量输送

在稳定状态下，海洋和大气之间的跨赤道能量输送需要达到平衡，因此我们可以用一个简单理论来解释纬向平均气候的跨赤道不对称性。该纬向平均能量平衡理论是第 8.1 节中关于 ITCZ 位于北半球的热带理论的补充。

考虑纬向积分整层气柱的能量平衡 [式 (2.9)]：

$$\frac{\partial}{\partial y}F_a = R_{\text{TOA}} - Q_{\text{net}} \tag{12.16}$$

式中，F_a 为由大气运动产生的经向能量通量；R_{TOA} 为大气层顶净辐射通量；Q_{net} 为表面净热通量（两者均是向下为正），赤道附近，大气能量传输主要是由哈得来环流来完成的：

$$F_a = \int_0^{ps} \frac{vm\text{d}p}{g} = V\Delta m \tag{12.17}$$

式中，V 为哈德来环流上支的质量输运；$\Delta m = m_u - m_l$ 为总湿稳定性，它是对流上层与下层湿静力能之差（第2.4节）。当 ITCZ 位于赤道以北时，跨赤道哈得来环流的下支将水汽输运到 ITCZ 所在的半球，其上支将高空的干能量输送回另一个半球。在 $\Delta m > 0$ 时，垂直积分的湿静力能量流动方向与哈得来环流上支的输运方向一致，即远离 ITCZ 所在半球。

对于一个处于稳定状态的海洋来说：

$$\frac{\partial}{\partial y}F_o = Q_{\text{net}} \tag{12.18}$$

式中，$F_o = \rho c_p [vT]_o$，是纬向及深度上积分的海流的经向热输送。式 (12.18) 和式 (12.16) 联立可得

$$\frac{\partial}{\partial y}(F_a + F_o) = R_{\text{TOA}} \tag{12.19}$$

我们对跨赤道大气能量输送很感兴趣是因为根据式 (12.17)，它决定了 ITCZ 的经向不对称性。将式 (12.16) 从赤道积分到极地，在赤道上有

$$F_a + F_o = -\langle R_{\text{TOA}}\rangle_{\text{SH}}^{\text{NH}}/2 \tag{12.20}$$

式中，$\langle R_{\text{TOA}}\rangle_{\text{SH}}^{\text{NH}} \equiv \langle R_{\text{TOA}}\rangle_{\text{NH}} - \langle R_{\text{TOA}}\rangle_{\text{SH}}$，尖括号代表半球积分。

垂向上，AMOC 流过的区域温度在 3~10℃，它会跨赤道将热量向北输送。为了补偿 AMOC 带来的 $F_o|_{y=0} > 0$ 的强迫，大气需要将能量跨赤道向南半球输送，而这要求 ITCZ 位于赤道以北（图12.15）。由于 ITCZ 位于温度较暖的半球，我们假设大气层顶辐射的响应 [式 (12.20) 右侧项] 会抑制大气能量输送，$\langle R_{\text{TOA}}\rangle_{\text{SH}}^{\text{NH}}/2 = \alpha F_a$，其中 $\alpha > 0$，那么式 (12.20) 在赤道上就变成了：

$$F_a = -\frac{F_o}{1+\alpha} \tag{12.21}$$

一旦跨赤道大气能量输送（F_a）已知，我们可以计算 ITCZ 的移动。在式 (12.16) 中，我们用有限差分替换经向导数，即在赤道上满足 $[0 - F_a(y=0)]/\delta y = R_{\text{TOA}} - Q_{\text{net}}$，其中 δy 是 ITCZ 从赤道向北移动的距离，且我们假设大气能量输送在 ITCZ 的位置为0，即 $F_a|_{y=\delta y}$，那么 ITCZ 的位置可以给出：

$$\delta y = -\frac{F_a}{(R_{\text{TOA}} - Q_{\text{net}})|_{y=0}} \tag{12.22}$$

因此，ITCZ 的移动不仅与跨赤道 F_a 有关，还取决于进入大气柱的净能量通量，后者决定了 F_a 的经向梯度。在观测中，赤道附近 R_{TOA} 约为 75W/m^2，而 Q_{net} 约为 50W/m^2。

在模式模拟中，相比于将云固定的情况，能自由改变的云，特别是信风逆温层区的云能够起到正反馈作用（降低衰减率 α），放大 ITCZ 的响应（Kang et al., 2009）。注意到，

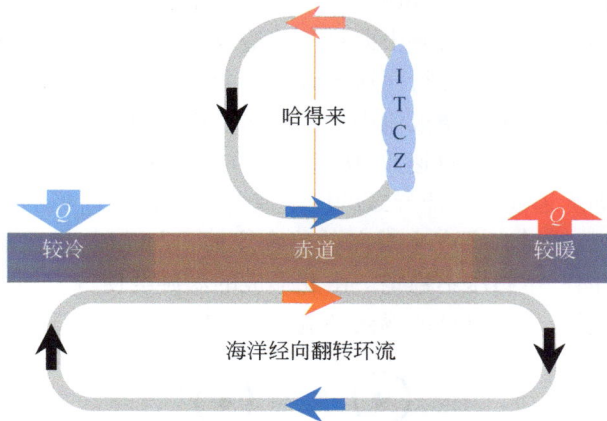

图 12.15　海洋 MOC 造成的异常哈得来环流响应示意图。（摘自 Frierson，2013）

这里的 α 代表对半球间差异性的辐射衰减率，与第 13.1 节中将要讨论的对全球表面平均温度改变的衰减率（$-\lambda$）并不一致。以低云对半球间温度差异的反馈为例，它可能是一个较强的正反馈，这是因为较冷半球的异常下沉运动会通过提高云顶辐射冷却（第 6.1 节）以及增强的逆温层强度而增加低云覆盖量。

从式（12.16），我们可以得到：

$$-2F_a\big|_{y=0} = \langle R_{TOA}\rangle_{SH}^{NH} - \langle Q_{net}\rangle_{SH}^{NH} \tag{12.23}$$

远离热带的不对称能量扰动也能导致 ITCZ 的南北移动。其原因在于，只要进入大气柱，净能量通量存在南北半球不对称——无论这一扰动位于哪个纬度——都会引起大气的跨半球能量输送。这一全球尺度的能量理论框架与第 8.1 节讨论的热带的 WES 反馈机制大体上一致且相互补充。西北向倾斜的美洲海岸线有利于赤道沿岸上升流的形成，而由此产生的能量扰动（$\langle R_{TOA}\rangle_{SH}>0$）与通过式（12.23）推断得到的 ITCZ 的北向移动结果一致。

北半球的陆地面积远大于南半球。南北半球不同的表面反照率，可能会引起太阳辐射的半球间不对称性。但卫星观测结果却显示，南北半球间由陆地差异而产生的表面反照率在很大程度上被南半球更多的（且主要存在于海洋上空的）云反照率所抵消。因此，半球积分的大气层顶短波辐射在南北半球几乎一致（Voigt et al.，2013）。

12.5　深层经向翻转环流

上述提到的能量理论表明由半球间海洋经向翻转环流（MOC）的热输送在决定全球纬向平均的 ITCZ 的位置时起到了关键作用。在此，我们考虑影响全球 MOC 下沉支位置的因素。为什么 MOC 的下沉更倾向于落在北半球而不是南半球，为什么是在北大西洋而非北太平洋？

南极绕极流（Antarctic circumpolar current，ACC）在南大洋上层 1500m 范围内畅通无阻地向东流动，而在南大洋德雷克海峡以东的斯科舍岛弧是海底地形最高的地区。在气候模式中，环绕南极的南大洋将全球 MOC 的上升支牢牢地锁定在此。在距今 4100 万年前，南美洲与南极大陆分离，德雷克海峡由此打开并造成南极洲的永久性冰冻。

在南大洋绕极区，海洋表面盛行西风导致的向赤道的表层埃克曼流，被海槛下向极的地转流所平衡，而在海槛以上的绕极流中，从纬向平均的角度来看，由于不存在东西向的压强梯度力，因此地转流的经向速度为零。在欧拉平均下形成了一个顺时针的迪肯（Deacon）环流。由向赤道埃克曼流导致的冷平流与海槛以下向极的暖平流使得水体产生重力不稳定，由此导致的对流会产生垂向的等密度面，与 ACC 满足热成风关系。在实际海洋中，垂直的等密面产生斜压不稳定，由此形成的涡旋会使等密面变平并产生垂向密度层结，这等同于产生了一个逆时针的涡致环流（图 12.16 红色环流圈）。

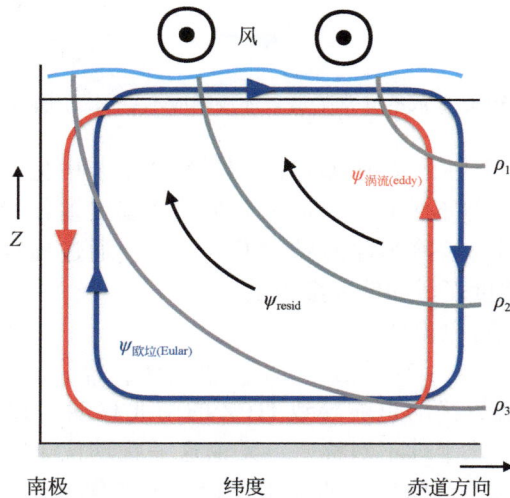

图 12.16　在绕极区中的欧拉平均涡致及残余流函数示意图。顺时针的欧拉流函数（蓝色）是由西风强迫而来，而涡致环流（红色）与之相反，而二者的净和（或称残余）项（黑色斜线），则几乎与等密线方向一致。

欧拉平均流和涡致块体流速（bolus velocity）之和形成了残余环流，这类似于中纬度中的涡致费雷尔环流（第 2.4.2 节）。由于涡旋会在纬向上使等密面变形，造成了这一残余翻转环流中流微团的流动与欧拉平均流场有所不同。此外，该残余环流还表现为南大洋绕极区（图 12.16 黑色）中倾斜的上升流，与倾斜向上并在混合层露头的等密度面十分相似。在混合层以下，这一倾斜的残余环流连接到深层 MOC 并直通北大西洋副极地海区，在这里，冬季表层密度与南大洋绕极区海水的密度大致相当（图 12.17）。在这个跨半球 MOC 的北部，海洋内部深对流会在冬季副极地北大西洋发生。

有了风引起的倾斜的南大洋上升流后，这一全球 MOC 需要在北半球某个位置下沉。北大西洋副极地海表面盐度远高于北太平洋（图 12.18），有利于 MOC 在此下沉。以下几个因素影响了太平洋和大西洋海盆之间的盐度差异。

（1）太平洋和大西洋之间的水汽输送被北美的落基山脉和南美的安第斯山脉所阻挡。而中美洲海拔较低的地峡能够允许东北信风将水汽从大西洋输送到太平洋，使得大西洋的

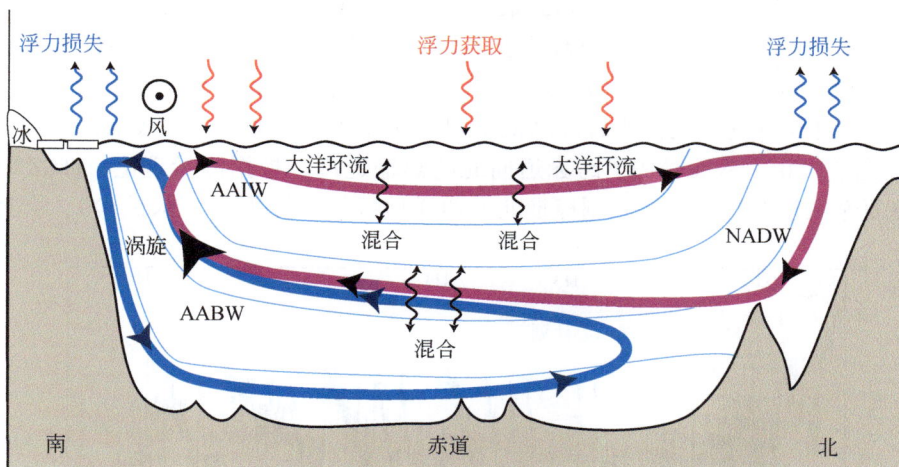

图 12.17　海洋中的 MOC 及产生过程示意图。以及风，混合，斜压涡旋和表面浮力通量在其中的作用。蓝色细线表示等压面，NADW 为北大西洋深层水，AABW（Antarctic bottom water）为南极底层水。（摘自 Vallis，2017）

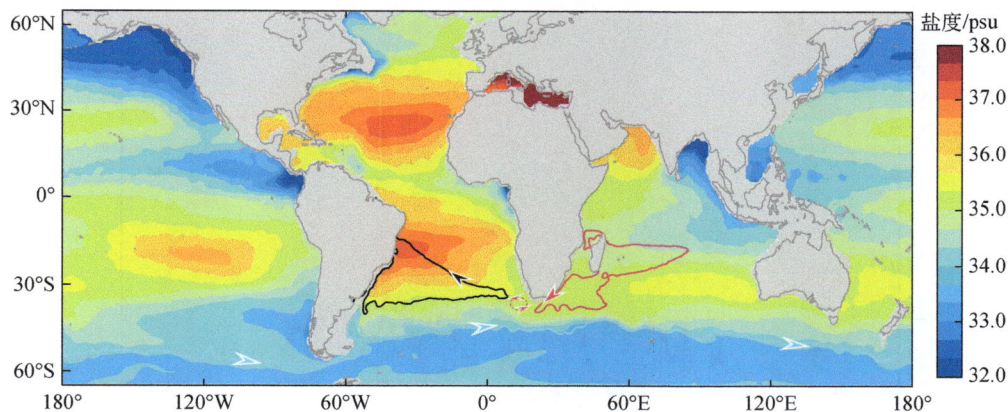

图 12.18　全球表面盐度（psu）的空间分布。注意高盐水从副热带南印度洋向大西洋输送及大西洋整体表现出较高的盐度。使用了 1m（红色线），0.58m（黑色线）和 0m（蓝色线）海平面高度等值线表示印度洋和大西洋副热带流涡和 ACC，虚线圆圈表示涡旋输送。（宋子涵供图）

盐度升高。

（2）非洲最南端是海表盐度较高的副热带海区，该区域的海洋环流会将副热带印度洋高盐度的海水输送到大西洋海盆，这些输运大多是由在阿古拉斯海流反转折回时脱落的海洋涡旋完成的。

在南半球，副热带大西洋海表盐度要高于副热带太平洋（图 12.18），这佐证了第二个因素。大西洋与太平洋之间的盐度差在北半球副热带被进一步放大，印证了跨中美洲的水汽输送理论（第一个因素）。

在从 2 万年前的末次盛冰期开始到最近的全新世暖期，全球气候在 1.2 万年前短暂地经历了一段时间的冷期，这是由于副极地北大西洋地区大量冰川融化后的淡水释放所引起的。这次新仙女木冷事件造成了 ITCZ 在大西洋及其他地区的南移（如亚洲夏季风减弱）（图 12.19）。冰川融化后的淡水释放降低了副极地北大西洋海区的海表盐度，并且短暂地使 AMOC 完全中止，从而减弱了跨赤道向北的热输送 F_0。根据能量理论，ITCZ 将会向南移动。在复杂的耦合模式中，在副极地北大西洋地区加入淡水（注水试验），会造成北半

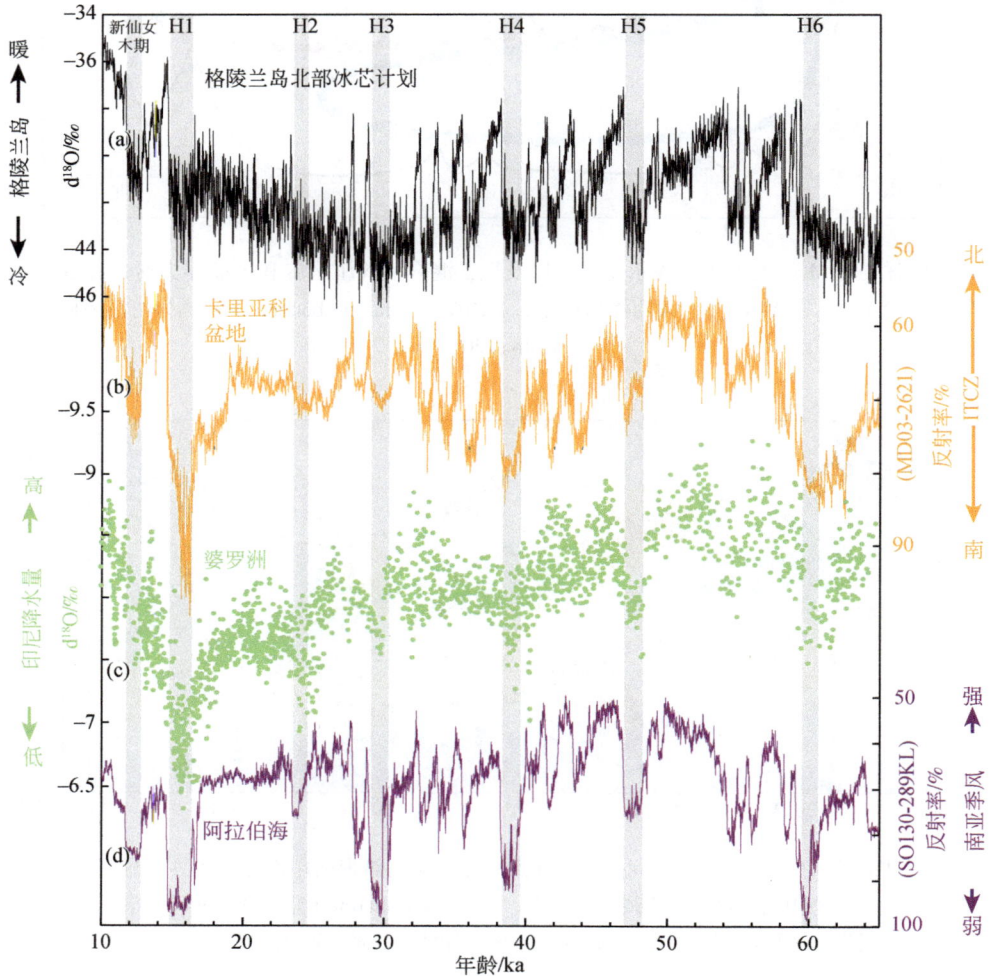

图 12.19　北极温度与热带降水的协同变率。（a）由来自格陵兰岛北部冰芯计划（NGRIP）中的 $\delta^{18}O$ 数据指示的北极温度，它表明了由末次盛冰期（约 2 万年）后的逐渐增暖事件及千年尺度的丹斯伽阿德–厄施格尔周期。其中一些间隔性发生的冷事件包括新仙女木期（YD）和海因里希亚冰期 H1 ~ H6（灰色阴影）。（b）卡里亚科盆地沉积物反射率可以解读为 ITCZ 在北半球夏季的偏移。由格陵兰冰芯显示的间隔性暖期与 ITCZ 在北半球的显著北移有关。（c）来自婆罗洲山洞石笋中的 $\delta^{18}O$ 可作为赤道西太平洋降水的代用指标，该指标在海因里希亚冰期时很低，但对丹斯伽阿德–厄施格尔周期性的变化反应不大。（d）阿拉伯海沉积物的低反射率表明在格陵兰冰芯指示的暖期中，印度夏季风降水造成的径流量很大。

（摘自 Schneider et al.，2014）

球大范围的变冷及整个热带地区 ITCZ 的南移（图 12.20），这一结果与能量理论的预测基本一致。在末次冰期，由于陆地冰架不稳定而造成的大量冰山周期性脱落进入北大西洋的现象被称为海因里希（Heinrich）事件，这造成了新仙女木事件类似的全球气候突变。耦合气候模式的淡水注入试验也模拟出了海因里希事件和大西洋 ITCZ 之间的强相关性（Liu et al., 2009）。好莱坞电影《后天》就戏剧性地描述了 AMOC 崩溃之后造成的北半球大降温。

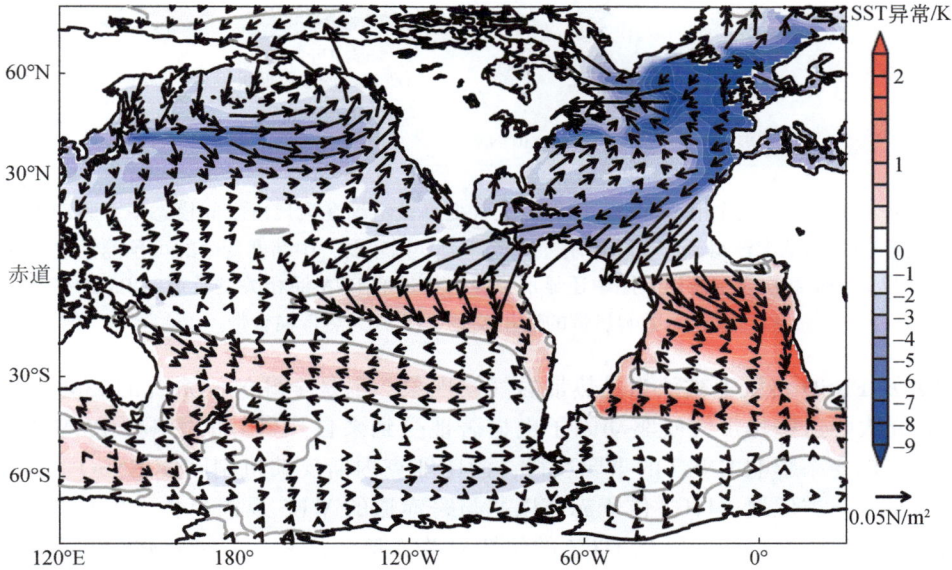

图 12.20　在北大西洋 50°S～70°N 的位置额外注入淡水 1Sv 后 AMOC 崩溃导致的 SST 和风应力的异常。填色为 SST 异常，单位为 K；箭头为风应力异常，单位为 N/m²。

12.6　总　　　结

在副热带地区，大气变率主要由内部动力过程主导且很少受到局地 SST 的反馈作用。热带的海气耦合模态，如 ENSO 引起的 PNA 和 PSA——对副热带也有显著影响。大气内部变率的相位是随机的，但在空间上表现为大尺度的模态，如 PNA 和 NAO。因此，由大气变率强迫产生的 SST 变率也呈现出空间一致的分布型态，并且由于冬季深混合层的巨大热容量（如在北太平洋中部）以及慢速海洋罗斯贝波动的调制（如 KOE）而使得 SST 变率的频率降低，呈红噪声化。

图 12.21 是副热带气候变率及其与热带气候相互作用的示意图，一个使用随机大气强迫的简单海洋混合层模型能够刻画出海洋变率的红噪声化效应，以及观测中的副热带 SST 变率的功率谱。这一结果证明 SST 与风或 SLP 变率的同期相关性并不能说明 SST 有对大气的反馈作用。因此，我们需要分析超前滞后相关，特别是关于同期时刻的对称性，以及在滞后为−1（SST 超前）时的相关系数。大气的随机强迫使得大气变率不具备可预报性，但

海洋中慢速罗斯贝波却为一些重要的海洋变率（如黑潮强度和位置）带来了可预报性。

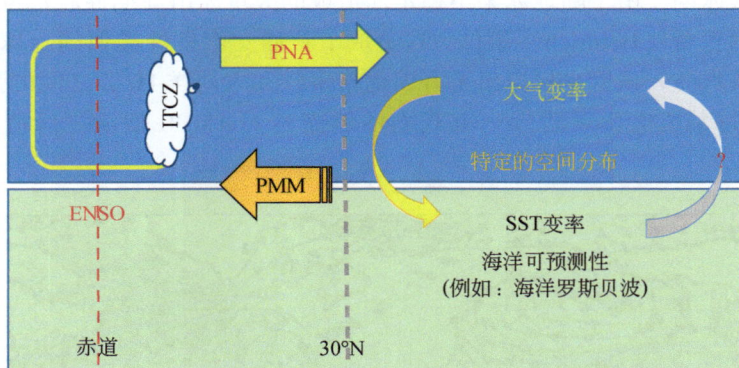

图 12.21　热带外海气相互作用示意图。中纬度大气变率被组织在大尺度空间模态中并驱动了海洋变率（黄色曲线箭头），而从海洋得到的反馈作用（灰色箭头）则较弱，中纬度变率的可预测性包含在变化相对缓慢的变量如 SST 和次表层海温，图中还显示了源自热带的 PNA 遥相关型及通过 PMM 和跨赤道能量输送而影响热带的遥相关型。ITCZ 为热带辐合带。

　　ITCZ 及 ENSO 传统上被认为是热带的气候现象，也是全球气候系统的关键驱动因子。最近的研究表明这些热带气候驱动因子也显著地受到来自热带外的影响。PMM 是热带外大气内部随机变率影响 ENSO 的重要途径，而比耶克内斯反馈机制则使 ENSO 在赤道太平洋进一步发展。类似地，ITCZ 位于赤道以北与跨赤道的 WES 反馈有关，但热带动力学并不是唯一的决定因素。纬向平均 ITCZ 的位置对跨赤道海洋和大气能量输运也很敏感。具体而言，纬向平均的 ITCZ 位于赤道以北是因为全球 MOC 在北大西洋副极地地区下沉并将能量跨赤道向北输送（图 12.15）。ITCZ 分布的东西差异还需要进一步研究。

习　　题

　　1. 用地转平衡来解释 PNA 和 NAO 是如何影响上层西风急流的强度和纬度的。

　　2. 以下哪个模态代表大气内部变率并因此难以提前一个月或一个季节进行预测：ENSO，PNA 或 NAO？请简要讨论相关判断依据。

　　3. 我们可以将一个大气环流模式（AGCM）的下垫面 SST 设定为观测值，改变初始条件，重复运行多次，来观察 SST 强迫的效应。为什么这类 AGCM 的集合平均结果可以代表 SST 的效应？

　　4. 如何从 AGCM 集合平均与样本间差异的相对大小来判断大气变率的来源和 SST 变率在其中的作用？请比较热带和热带外这一情况的差异。

　　5. 为什么大气内部变率在时间上是随机的？在空间上也是随机的吗？

　　6. 大气内部变率在北半球中纬度地区很大，是什么决定了这种地理分布特征？

　　7. 北太平洋 SLP 和 NAO 都表现出显著的多年代际变率，这是否表明海洋对这一较长的时间尺度的形成很重要？要回答这个问题，你会有什么其他分析的建议吗？

　　8. 哈塞尔曼模型 1 是如何描述大气与海洋变率之间的关系的？

　　9. 大气对 SST 的响应在热带和热带外有什么本质上的差异？造成这一差异的主要因素有哪些？

　　10. 根据 Davis（1976）的自相关分析估计大气和海洋衰减率的 e 折尺度（天）。

　　11. 讨论有哪些因素会减弱大气对热带外 SST 异常的响应强度。

12. SST 和风速之间在区域 A 的超前滞后相关系数在滞后（-1，0，1）时刻分别为（-0.4，-0.6，-0.4），其中滞后-1 表示大气滞后海洋一个月，而相关系数在区域 B 则为（0，-0.4，-0.6）。请问 A、B 两个区域中哪个海洋对大气的反馈作用更强？

13. 大气和海洋变率的超前滞后相关系数在滞后-1 和+1 时刻的不对称代表什么？滞后-1 时刻的相关系数代表海洋对大气怎样的反馈作用？

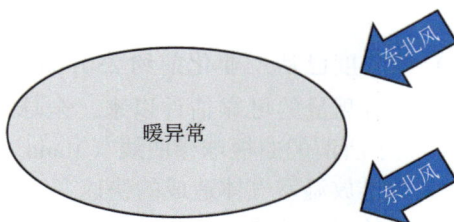

14. 上图展示了在背景风场为东北信风区域（10°N ~ 30°N，大箭头）存在一个 SST 正异常，再绘制一个示意图来说明大气罗斯贝波响应中的表面风速异常。试证明大气的响应会倾向于使 SST 通过（广义的）WES 机制向西南方向传播。

15. 热带 SST 异常会通过 PNA 遥相关型而强迫出阿留申地区的 SLP 变率。我们将它看作哈塞尔曼模型 1 中的大气强迫项 F。热带太平洋的 SST 变率包括了典型的 4 年周期的年际变率和 40 年周期的年代际变率。假设热带 SST 的年际与年代际变率振幅比为 4∶1，请用模型 1（$\lambda = 1/6$ 个月）计算中纬度北太平洋 SST 的变率。

16. NAO 经常被认为是一个热带外的大气变率模态，讨论一下 NAO 是如何影响大西洋 ITCZ 的？

17. 讨论 NPO 会如何影响 ENSO。

18. 海洋表层的埃克曼流引起的跨赤道能量输运如何减弱 ITCZ 的经向移动？

19. 基于跨赤道输送的能量理论可以应用于解释纬向平均的扰动异常，仅使用该理论，能否解释为什么 ITCZ 偏北出现在西半球（东太平洋和大西洋）而不是东半球？

20. 跨赤道的海洋热输送在不同热带洋盆存在显著差异，请描述它们对向北的海洋热输运分别有什么作用。

21. 从半球间能量平衡理论的角度解释全球季风的形成。

第 13 章　全球变暖：热力学效应

大气中二氧化碳（CO_2）的浓度已从工业化前约 280ppm 增加到 420ppm 以上（ppm，10^{-6}），并且自 1900 年有基于仪器测量的可靠估计以来，全球平均表面温度（GMST）上升了 1℃以上（图 13.1）。类似于所谓的曲棍球棒曲线（Mann et al., 1998）的全球平均表面温度的时间序列显示，在人为排放温室气体造成的快速变暖之前的一千余年里，地球气候背景都相对稳定，并带有微弱的降温趋势。气候模式预测，如果还一切照旧，不采取重大措施减少温室气体（GHG）的排放，到 20 世纪末，GMST 将再上升 3 ~ 5℃。地球气候在过去曾经历了更大的波动（例如，在冰河时代和间冰期之间），但当前全球变暖速度是前所未有的，可能会超出自然生态系统和人类社会的适应范围。

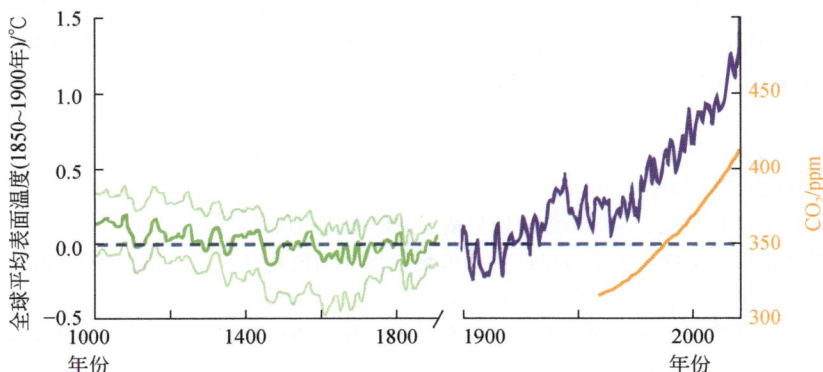

图 13.1　公元 1000 ~ 2020 年全球平均表面温度和年平均的 CO_2 排放。绿色曲线表示公元 1000 ~ 1900 年的全球平均表面温度，紫色曲线表示公元 1900 ~ 2020 年的全球平均表面温度，橙色曲线表示 CO_2 排放，粗线表示多方法重建的中位数，细线表示集合成员的第 5 和第 95 个百分位数。所有的温度都相对于 1850 ~ 1900 年的参考范围。（改编自 Gulev et al., 2022，耿煜凡和宋子涵供图）

政府间气候变化专门委员会（IPCC 2022a）最新的第六次评估报告（AR6）指出，几十年的研究让人们达成了坚定的科学共识："人类的影响已经造成了大气、海洋和陆地变暖。"报告继续写道，"人类活动引发的气候变化已经影响到全球各地区的众多极端天气和气候事件。"该报告（IPCC 2022b）进一步得出结论，"人类活动引发的气候变化对自然系统和人类社会造成了广泛的不利影响，相关的损失和损害无疑已超出了自然气候变率影响范围。"

对于未来气候预测，AR6 考虑了一系列代表各种社会经济路径的排放情景（专栏 13.1）。在一阶近似下，21 世纪末 GMST 的增加与辐射强迫呈线性关系，多模式集合（MME）平均的预测从 1.5 ~ 5.0℃不等，取决于国际社会选择实施的温室气体减排力度。

专栏 13.1　耦合模式比较计划（CMIP）和辐射强迫情景

CMIP 协调世界各地的模式中心开展大气–海洋全球气候模式（GCM）耦合试验、分发试验输出数据以支持 IPCC 评估。CMIP 核心试验包括以下内容：

（1）工业化前的控制试验是一种自由运行、辐射强迫固定在工业化前的水平的模拟。模式能模拟出 ENSO、PDO 和 AMO 等气候模态。

（2）历史模拟试验以工业前控制试验为初始场，外强迫历史观测保持一致，包括 GHG、臭氧（自然、火山和人为）、气溶胶以及根据观测估计的土地利用情况等。

（3）理想化的温室变暖试验，其中 CO_2 会突增或以每年 1% 的幅度增加到 2 倍或 4 倍。

（4）未来情景预测试验。从历史模拟的结尾处开始，根据未来变暖情景设定辐射强迫（专栏图 13.1）。

一些 CMIP 模式会通过改变初始条件，进行多样本成员的集合模拟，以研究内部变率的作用。由于各个集合成员受到的辐射强迫相同，扰动初始条件集合（PICE）的平均值就表示辐射强迫的作用，而各成员与均值的差异表示内部变率（如 ENSO 和 PDO）。并不是所有的模式都进行集合模拟。因此我们通常用 MME 平均（使用每个参与模式的一次模拟）来估计强迫响应。但需要注意的是，不同模式设置的辐射强迫和模式物理过程存在差异。

CMIP 的第 6 阶段（CMIP6）使用 5 种共享社会经济路径（Shared Socioeconomic Pathways, SSP）：SSP1-1.9、SSP1-2.6、SSP2-4.5、SSP3-7 和 SSP5-8.5。连字符后面的数字表示 2100 年的辐射强迫（W/m^2）与工业化前的比值。在所有 SSP 中，人为气溶胶均会在 21 世纪逐渐减少。SSP5-8.5 代表了"一切照旧"的情景，此情景下 GHG 的排放没有被限制，而 SSP1-2.6/1.9 则假设要大幅减少 GHG，以实现《巴黎协定》中将全球变暖限制在 <2.0/1.5℃（相对于工业化前的水平）的目标。在此情景中辐射强迫在 2030/2050 年左右达到峰值，并在此后逐渐下降。SSP2-4.5 表示未来排放量处于中等水平。SSP1-2.6、SSP2-4.5 和 SSP5-8.5 分别大致对应于 CMIP5 的代表性浓度途径 2.6、4.5 和 8.5。

开发/改进气候模式（科学人员）和运行模拟（大型计算机和支持人员）需要昂贵的基础设施和持续不断的投入。高昂的成本意味着仅有少数国家级中心才具备全套的模式开发和模拟能力。CMIP 的出现使研究变得方便起来（Meehl et al., 2007），任何人只要拥有一台普通的计算机就能访问最新的综合气候模式的模拟结果。从 CMIP3（大约 2006）开始，多模式诊断蓬勃发展。然而其中也包含一些不足，包括：（1）模式之间的一致结果可能会受到常见的模式误差和系统性偏差的影响；（2）模式间相关性可能并不具备真实的物理基础。

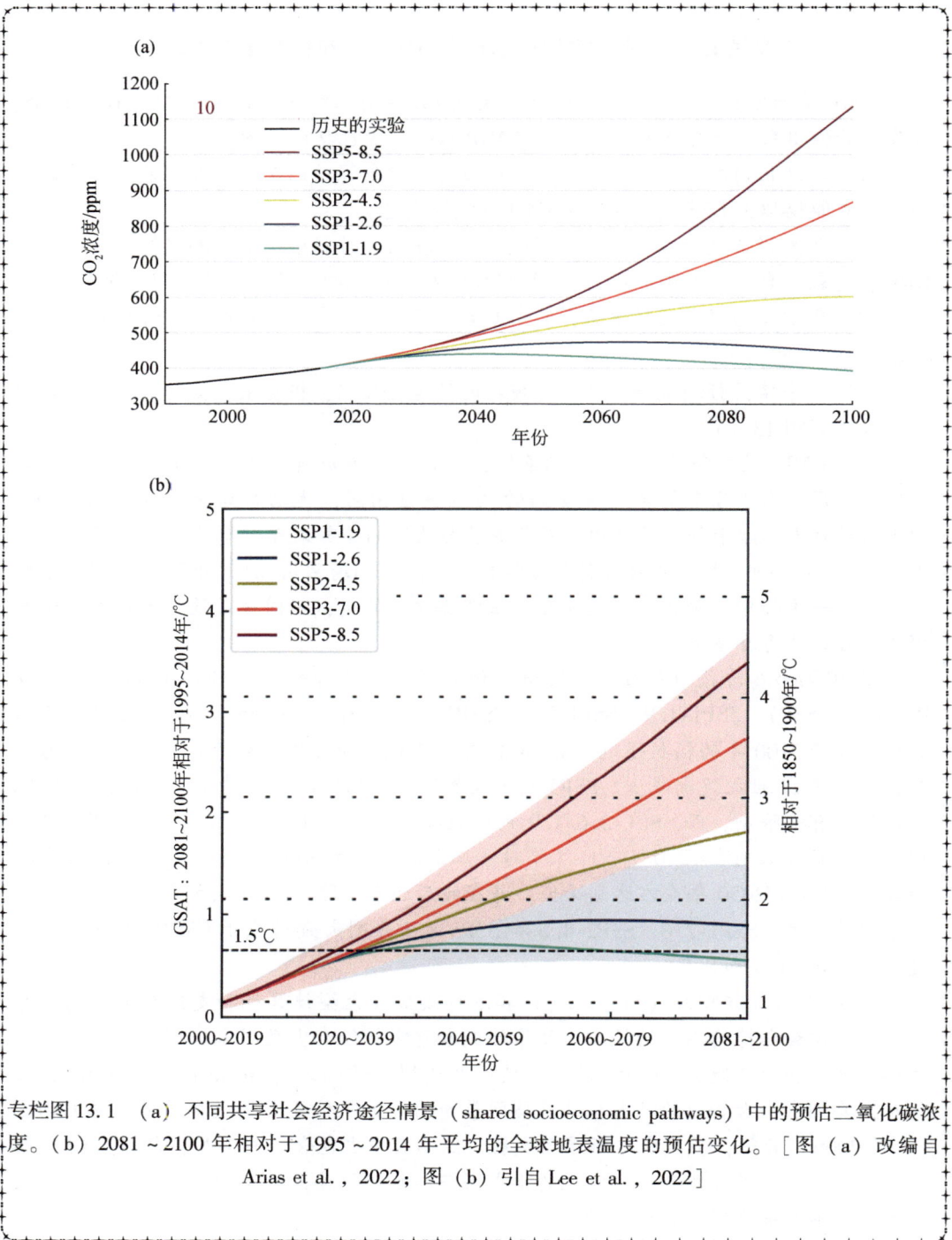

专栏图 13.1 （a）不同共享社会经济途径情景（shared socioeconomic pathways）中的预估二氧化碳浓度。（b）2081 ~ 2100 年相对于 1995 ~ 2014 年平均的全球地表温度的预估变化。[图（a）改编自 Arias et al.，2022；图（b）引自 Lee et al.，2022]

13.1　气候反馈分析

　　考虑理想化的辐射–对流平衡，其中对流层的温度递减率为 $\Gamma_m=6.5\text{K/km}$ 的常数。有效辐射温度是向外长波辐射（OLR）对应的黑体温度，温度廓线上对应的高度称为有效辐射高度。随着 GHG 浓度的增加，红外辐射难以透过大气层，从太空观测得到的向外红外辐射来自更高海拔的大气层。计算表明，如果大气温度保持不变，大气 CO_2 浓度增加一倍相当于有效辐射高度增加 150m［图 13.2（a）］，或者 OLR 减少 3.8W/m^2（辐射强迫将在稍后定义）。

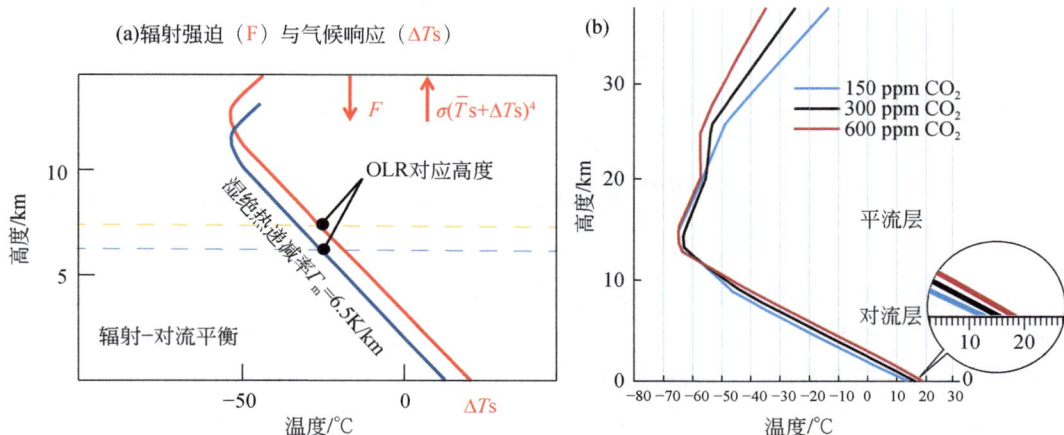

图 13.2　（a）当前气候下的大气温度廓线（蓝线）及 CO_2 浓度增加后处于平衡态的温度廓线（红线）。圆点表示向外长波辐射释放的高度。（b）不同 CO_2 浓度的大气温度廓线。［图（a）由龙上敏提供，改编自 Houghton，2015；图（b）摘自 Johan Jarnestad/瑞典皇家科学院，改编自 Manabe and Wetherald，1967］

　　为了恢复大气层顶（TOA）的辐射平衡，对流层温度廓线需要向右移动，以便在新的有效辐射高度处的温度与 CO_2 增加前的温度保持一致［图 13.2（a）］。在不改变温度递减率（$\Gamma_m=6.5\text{K/km}$）的情况下，这表示由于 CO_2 加倍导致 1K 的温度升高，对应着有效辐射高度将提高 150m。

13.1.1　平衡态响应

　　让我们从一个简单的例子开始，其中 TOA 处的向下辐射通量是大气 GHG 浓度（G）和表面温度（T）的函数，$R=R(G,T)$。我们的惯例是将加热地球的向下辐射通量规定为正值。如果我们对 GHG 浓度进行扰动（G'），则恢复 TOA 辐射平衡的温度响应由下式给出：

$$R'=\frac{\partial R}{\partial G}G'+\frac{\partial R}{\partial T}T'=F'+\lambda_P T'=0 \tag{13.1}$$

式中，$F' = \dfrac{\partial R}{\partial G}G'$ 被称为辐射强迫，代表向上红外辐射的减少，因为温室气体浓度的增加使大气对红外辐射更加不透明。CO_2 的翻倍导致的辐射强迫是 3.8W/m^2。辐射强迫与 CO_2 浓度的对数成正比，$F \approx 5.35\ln(G/G_0)\ \text{W/m}^2$，$G_0$ 是参考浓度。这里根据斯特藩–玻尔兹曼（Stefan-Boltzmann）定律，$\lambda_P \equiv \dfrac{\partial R}{\partial T} = -4\sigma \overline{T}^3 < 0$ 被称为普朗克（Planck）反馈，表示由于 1K 表面增暖而增加的向上红外辐射。

大气中的水汽是一种强效温室气体，并随着温度的升高而增加，增加的水汽起到了放大地表增暖的作用，形成了正反馈。一般来说，TOA 辐射通量不仅是分布均匀的 GHG 以及由普朗克定律确定的表面温度的函数，也是水汽（W）、云（C）和雪/冰反照率（A）的函数：

$$R = R(G, T; W, C, A) \tag{13.2}$$

GHG 浓度的增加导致表面温度升高，TOA 辐射通量的变化由下式给出：

$$R' = F' + \lambda T' \tag{13.3}$$

式中，$\lambda = \lambda_P + \lambda_W + \lambda_C + \lambda_A$。$\lambda_W = \dfrac{\partial R}{\partial W}\dfrac{\partial W}{\partial T}$ 表示水汽反馈，$\lambda_C = \dfrac{\partial R}{\partial C}\dfrac{\partial C}{\partial T}$ 表示云反馈，以及 $\lambda_A = \dfrac{\partial R}{\partial A}\dfrac{\partial A}{\partial T}$ 表示冰/雪反馈。在湿辐射–对流大气中，对流层增暖随高度上升，垂向分布符合湿绝热廓线。向上增强的变暖比垂直均匀的变暖能向太空发射更多的红外辐射。这种阻尼效应被称为递减率反馈。考虑到水汽的温室效应能够增强表面增暖，递减率负反馈通常与水汽效应合记为 λ_W。该反馈系数 λ_W 具有良好的性质——其模式间不确定性较低。

云对表面增暖的响应是复杂的，取决于云的类型和表面增暖的空间分布型（如增暖较强的地方是出现在低云覆盖的副热带海洋，还是出现在深对流区域）。云反馈在模式中存在很大的不确定性，但最近的研究表明，它很可能是正反馈（IPCC，2021）。这种不确定性与副热带海洋东部上空的低云有关（第 6.3.2 节）。冰雪反照率反馈是正反馈：表面增暖融化了冰雪，减少的冰雪通过反射更少的太阳辐射来放大表面增暖。在北极上空，海冰融化的地方通常会形成低云，导致有效反照率的变化较小。

表 13.1 展示了多模式集合对各种反馈系数的估计。普朗克反馈 λ_P 约 $-3.2\text{W/(m}^2 \cdot \text{K)}$，其他反馈量总计约为 $2.0\text{W/(m}^2 \cdot \text{K)}$，净气候反馈 λ 约 $1.2\text{W/(m}^2 \cdot \text{K)}$。

表 13.1　CMIP6 MME 的气候反馈参数：普朗克（P）、水汽和递减率的组合（$WV+LR$）、反照率（A）、云（C）和所有反馈的总和（Total）。改编自 Arias 等（2022）：图 TS. 17。（印刷中）

反馈	总和	普朗克	水汽和递减率的组合	地表反映率	云
W/m²/K	−1.2	−3.2	1.3	0.35	0.42

当 TOA 辐射平衡恢复时，表面温度变化由下式给出：

$$T_E = \frac{F}{-\lambda} \tag{13.4}$$

对 CO_2 翻倍（F_{2x} 约 3.8W/m^2）的响应被称为平衡态气候敏感性，MME 平均约为 3K。由于气候反馈是正反馈，温度响应比仅考虑了普朗克反馈时大了 3 倍。

图 13.2（b）展示了假定大气相对湿度恒定的辐射–对流模型的结果。它给出了 2.36K 的平衡气候敏感性。这个简单的模型表明，CO_2 的增加会导致对流层变暖，以及平流层变冷，现实观测验证了模型的预测结果。

13.1.2　瞬态响应

海洋的热容量比气候系统其他组成部分的总和还要大得多。观测表明，作为对人为辐射强迫 F 的响应，超过 90% 的 TOA 能量差额（$N \equiv F + \lambda T$）储存在海洋中，近似可以表示为

$$\frac{\mathrm{d}H}{\mathrm{d}t} = F + \lambda T \tag{13.5}$$

式中，H 为由于海洋吸收人为热量而导致的全球海洋热含量变化率（全球积分的海洋温度变化）。接下来本节将使用字母 N 表示气候变化的净 TOA 辐射，而不是 R，以便与相关文献保持一致。海洋是稳定分层的，温室效应引起的增暖最初主要局限于混合层表层。人为增暖引起的热量通过海洋经向翻转环流的垂直混合和平流缓慢渗透到更深的海洋中（第 2 章）。整个大气–海洋系统需要数百年才能达到平衡态。在大气中 CO_2 浓度以每年 1% 的速度缓慢增加的情景下（这一速度接近几十年来观察到的速度），CO_2 翻倍时（约第 70 年）的表面增暖被称为瞬态气候敏感性。

$$T_{\mathrm{T}} = T_{\mathrm{E}} - \left(\frac{1}{-\lambda}\right)\frac{\mathrm{d}H}{\mathrm{d}t} \tag{13.6}$$

显然，由于海洋吸热，瞬态气候敏感性小于平衡敏感性。海洋热含量的变化导致全球海平面（η）上升：

$$\Delta\eta = \frac{\alpha}{\rho c_{\mathrm{p}}}\Delta H \tag{13.7}$$

式中，α 为海水的热膨胀系数。

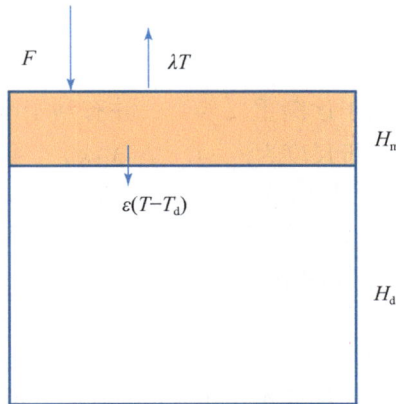

图 13.3　两层海洋模型示意图

为了说明海洋对辐射强迫扰动 F 的调整，我们考虑了一个两层海洋模型（图 13.3），

包含深度为H_m取 100m 的混合层和深度为H_d取 4000m 的深层（Held et al.，2010）。顶层和底层的热收支为

$$C_m \frac{\mathrm{d}T}{\mathrm{d}t} = F + \lambda T - \varepsilon(T - T_d) \tag{13.8}$$

$$C_d \frac{\mathrm{d}T_d}{\mathrm{d}t} = -\varepsilon(T_d - T) \tag{13.9}$$

式中，ε 为界面混合系数；$(C_m, C_d) = \rho C_p (H_m, H_d)$ 为每层热容量。

由于深层海洋热容量大，其变暖远远滞后且幅度远小于表层。（$T_d/T \sim H_m/H_d \ll 1$）。式（13.8）可以近似为

$$C_m \frac{\mathrm{d}T}{\mathrm{d}t} = F + (\lambda - \varepsilon)T \tag{13.10}$$

辐射反馈（λ）和与深海混合（ε）抑制了混合层增暖。$H_m = 100\text{m}$ 时辐射阻尼系数 $C_m/|\lambda|$ 的 e 折时间尺度约为 11 年（习题9c）。

对于缓慢增加的辐射强迫（如 CO_2 每年增加 1%），式（13.8）左侧的混合层储热项可以忽略不计。因此，混合层对辐射强迫的温度响应处于准平衡状态：

$$T \approx F/(-\lambda + \varepsilon) = \frac{T_E}{1 - \frac{\varepsilon}{\lambda}} \tag{13.11}$$

我们无法准确地给出混合系数 ε 的数值，但一般认为它与 λ 具有相同的数量级。根据自 2005 年以来从 Argo 浮标观测到的全球海洋热含量的变化，TOA 辐射差额 $N \equiv F + \lambda T \approx \varepsilon T$ 估计 N 约为 0.87W/m^2。在辐射强迫约为 $F = 2.72\text{W/m}^2$（IPCC，2022），我们可以估计行星能量差额与辐射强迫的比率：

$$N/F = (1 - \lambda/\varepsilon)^{-1}$$

N/F 约为 1/3，所以我们得到 $-\lambda/\varepsilon$ 约为 2。对 GMST 而言，辐射阻尼系数是深海吸热阻尼系数的两倍。

13.1.3　CO_2 突增试验

CO_2 突增的理想化试验有助于诊断重要参数，并有利于阐明气候响应过程。随着 CO_2 的增加，GMST 迅速增长，其 e 折尺度为 $\tau_m = C_m/(-\lambda + \varepsilon)$（见习题9）。这种快速响应之后是深海变暖的缓慢响应，其 e 折尺度是前者的 H_d/H_m 倍。

真实的海洋比双层模型更复杂，但可以通过研究 TOA 辐射通量相对于工业化前平衡态的变化，我们能够得到许多重要的结论：

$$N = F + \lambda T \tag{13.12}$$

该式中我们省略了表征变化项的撇号。图 13.4 展示了在 2 倍 CO_2 突增试验中，N 作为 GMST 的函数。第一年的平均值已经展示出了 1℃ 的升温，但我们可以通过外推截距来估计辐射强迫 F（蓝点）。虽然该模型需要几个世纪才能达到新的 TOA 辐射平衡，但我们可以从有限长度（如 70 年）的模拟中外推出与 x 轴（红点）的交点，来估计平衡气候敏感性。回归线的斜率给出了气候反馈参数。

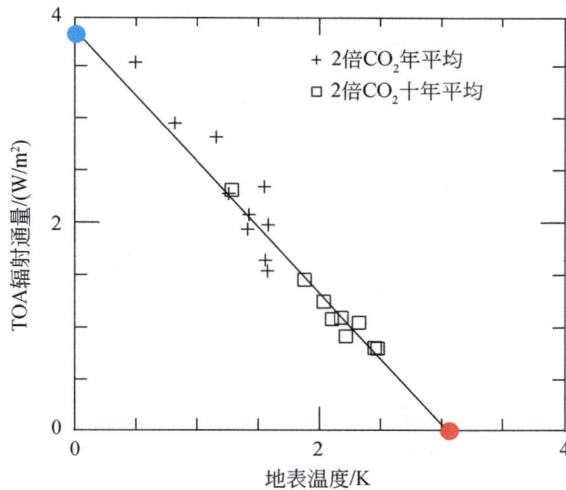

图 13.4　在 2 倍 CO_2 突然增加的 HadCM3 试验中，全球平均大气层顶（TOA）净向下辐射通量随全球平均地表气温变化的演变。向下辐射通量单位为 W/m^2，气温单位为 K。蓝点表示估计的有效辐射强迫，红点表示平衡态气候敏感性。加号表示第一个十年的年平均值，正方形表示后一个十年的年平均值。（宋子涵供图，改编自 Gregory et al.，2004）

13.2　全球变暖停滞

在 1998～2013 年的 15 年里，大气中的二氧化碳浓度上升了 30ppm，但 GMST 的上升速度却放缓至每十年 0.05℃，比 20 世纪 70 年代至 20 世纪 90 年代的每十年 0.2℃ 的速度要小得多（图 13.5）。人们原本预期，面对稳定的大气 GHG 增长，全球变暖将会持续增长（甚至加速增长），因此这 15 年的缓慢升温让人们感到格外惊讶。事实上，MME 平均模拟结果显示，GMST 将随 GHG 同步稳定增加。观测到的 GMST 演变与多模式平均结果出现了明显的偏差，这使得一些人质疑气候模式的有效性以及 IPCC 得出的关键结论，即大气中 GHG 浓度的增加导致地球变暖。我们将这一全球表面增暖的暂时放缓称为一个全球变暖停滞期。

13.2.1　热带太平洋起搏器效应

气候系统的内部变率可以导致 GMST 的上升与下降，这种变化是独立于人类活动造成的全球变暖的。我们可以很清楚地在 GMST 年际起伏中看到这一点。其主要是由厄尔尼诺和南方涛动（ENSO）引起的。但在辐射强迫迅速增加的情况下，超过 15 年的长时间停滞是罕见的。上一次持续 15 年以上的低 GMST 变化率出现在 20 世纪 40 年代至 20 世纪 70 年代，被称为"大停滞期"，但当时人为辐射强迫的增长率比现在要低得多。

全球变暖停滞期间的太平洋展示出类似太平洋年代际振荡（PDO）的 SST 空间分布型

GMST相对于1970~1999年

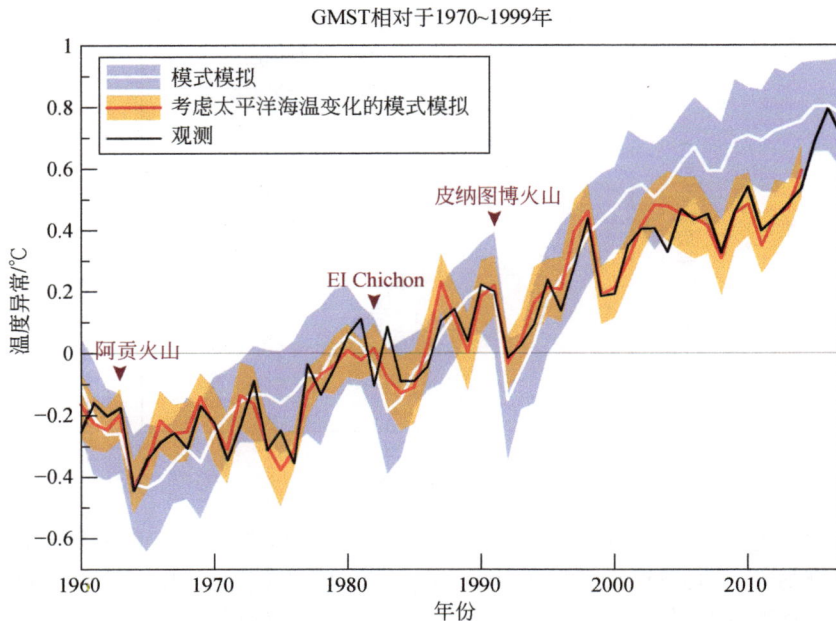

图 13.5　全球平均表面温度异常。黑线表示观测值，白线表示 20 个模式的平均，蓝色阴影表示模式间差异，红线表示热带太平洋起搏器试验中 10 个成员的平均，橙色阴影表示模式间差异，箭头表示主要的火山爆发。（更新自 Kosaka and Xie，2013）

（图 12.1），热带太平洋上出现负异常 ［图 13.6（a）］。在一个起搏器试验中，通过迫使热带太平洋海区的 SST 的变化保持与观测一致 ［称为太平洋–全球大气（Pacific ocean-global atmosphere，POGA）试验］，结果非常好地再现了最近的全球增暖停滞。与没有控制热带太平洋 SST 的历史模拟相比，POGA 试验中 GMST 的年代际增长趋势出现了显著减少（图 13.5）。这表明，只有气候模式处于正确的 PDO 相位才可以重现变暖停滞。PDO 是耦合气候系统的一种内部模态，而单次模式试验模拟中 PDO 的相位是随机的。因此，模式集合平均消除了 PDO 对 GMST 的影响，仅保留了 1998 ~ 2013 年 GMST 受辐射强迫而升温的效果。

　　GMST 是一个可以方便地追踪全球气候变化的简单指数，但在全球平均中丢失了许多关于 GMST 变率机制的信息。通过在空间和季节维度上解析 GMST，我们可以识别出与 GMST 同步的内部模态的特征。与历史模拟（其中的太平洋地区海洋与大气相互耦合）相比，观测中停滞期的表面温度变化模态与起搏器试验模拟的结果更为一致（图 13.6）。这表明热带太平洋的降温可以解释停滞期的许多区域变化，包括东北太平洋和东南太平洋的降温、从赤道西太平洋延伸的 V 型变暖、美国南部和西南部的异常温暖和干燥的气候、更加湿润的海洋性大陆，以及更干燥的中太平洋。这些区域的异常不同于他们对辐射强迫的响应，进一步证明了 PDO 在其中的作用。增强的信风将暖水堆积在西太平洋，这限制热带气旋冷尾迹的形成，为热带气旋的发展创造了有利条件。异常深的温跃层促成了超级台风海燕的发展，并在 2013 年 11 月登陆菲律宾（Lin et al.，2014）。偏高的海平面进一步加剧了台风带来的风暴潮。

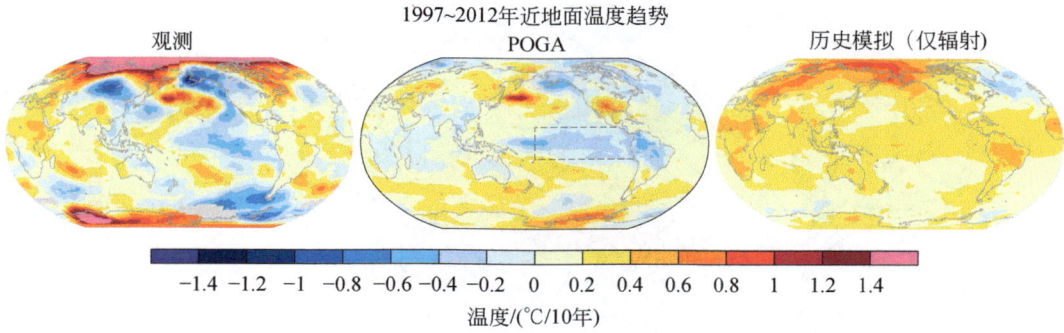

图 13.6 1997～2012 年的地表温度趋势。（左）观测数据、（中）热带太平洋起搏器、
（右）历史模拟。（Y. Kosaka 供图）

热带太平洋起搏器效应与热带大西洋或印度洋不同。前者导致整个热带地区 SST 的同号响应，而后者则造成热带太平洋产生与其他热带海洋异号的响应（图 13.7）（第 10.4.2节）。换言之，热带大西洋或印度洋的变暖并不能保证 GMST 的增加。热带太平洋在引起 GMST 的显著响应方面是独特的，最近的全球变暖停滞就是例证。

13.2.2 行星能量学

根据式（13.5），1998～2013 年停滞期的行星能量收支（Δt）为

$$\frac{\Delta H}{\Delta t} = \Delta N = \Delta F + \lambda_F \Delta T_F + \lambda_I \Delta T_I \tag{13.13}$$

式中，下标 F 和 I 为辐射强迫变率和内部变率。在这里，我们并没有假定气候对于辐射强迫（F）变暖和内部（I）变率具有相同的反馈系数。在 CO_2 突增和 1% 增加试验中，ΔT_F 和 TOA 辐射差额 N 高度相关（图 13.4），且 λ_F 大小确定。相比之下，对于非强迫性内部变率，ΔT_I 和 TOA 辐射差额 N 在年代际和更长的时间尺度上相关性较差（图 13.8）。为了简单起见，我们设置了 $\lambda_I = 0$。这种差异与两者的增温空间分布型以及相对应的云反馈有关：温室气体引起的增暖在空间上是一阶均匀的，而内部变率则存在明显的空间变化（如图 12.1 中的 PDO），相对应的净 TOA 辐射异常也很小。SST 空间分布型对全球气候反馈的影响是一个亟须进一步研究的领域（Armour et al.，2013；Zhou et al.，2017；Xie，2020）。

大气模式比较计划（atmospheric model intercomparison project，AMIP）是指由 SST 和海冰的历史观测强迫进行的大气 GCM 试验。保持辐射强迫不变，我们可以估算由于 SST 变化引起的 TOA 辐射改变 ΔN_{AMIP} 并计算出表观气候反馈（apparent climate feedback）系数：

$$\lambda_{AMIP} \equiv \frac{\Delta N_{AMIP}}{\Delta T} = \lambda_F \frac{\Delta T_F}{\Delta T} \tag{13.14}$$

在停滞期间，$\Delta T < \Delta T_F$，因此 AMIP 方法高估了气候反馈 $|\lambda_{AMIP}| > |\lambda_F|$。大气模式结果

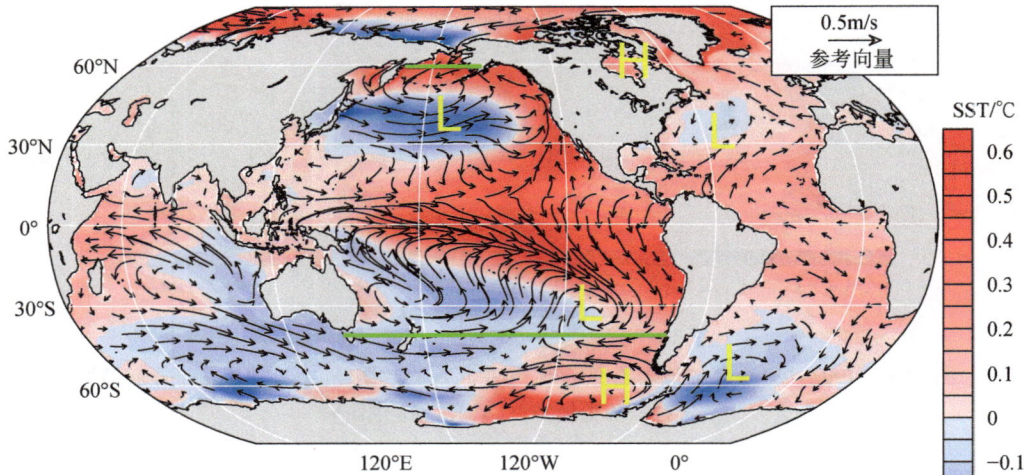

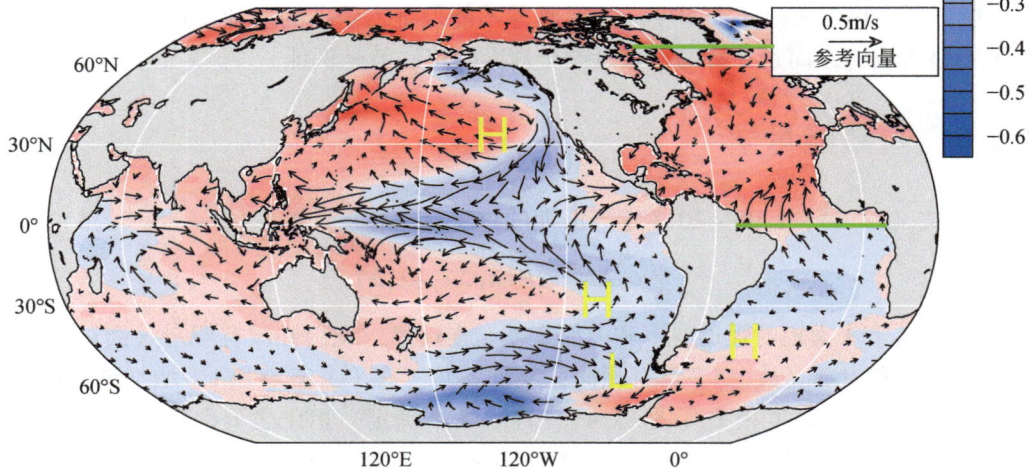

图 13.7　CESM 中（a）太平洋年代际振荡和（b）大西洋多年代际振荡海面温度（SST）异常的响应。填色表示 SST，单位为℃；箭头表示表面风，单位为 m/s，标度矢量位于右上角。深绿色水平线划定了指定起搏器 SST 的区域。异常气旋环流（L）和反气旋环流（H）对应着海平面压力异常的中心。（A. Hu 供图，改编自 Meehl et al., 2021）

一致表明，估算的气候反馈系数 $|\lambda_{AMIP}|$ 在近几十年来有明显的增加（图 13.9），而从 4 倍 CO_2 试验中估算得出的气候反馈系数 λ_F 在每个模式中都是常数。λ_{AMIP} 与 λ_F 之间较大的偏差值得引起人们的注意，因为这表明观测到的 SST 增暖的空间分布型与模式模拟有显著差异，意味着内部变率的作用很强或模式存在物理机制偏差。

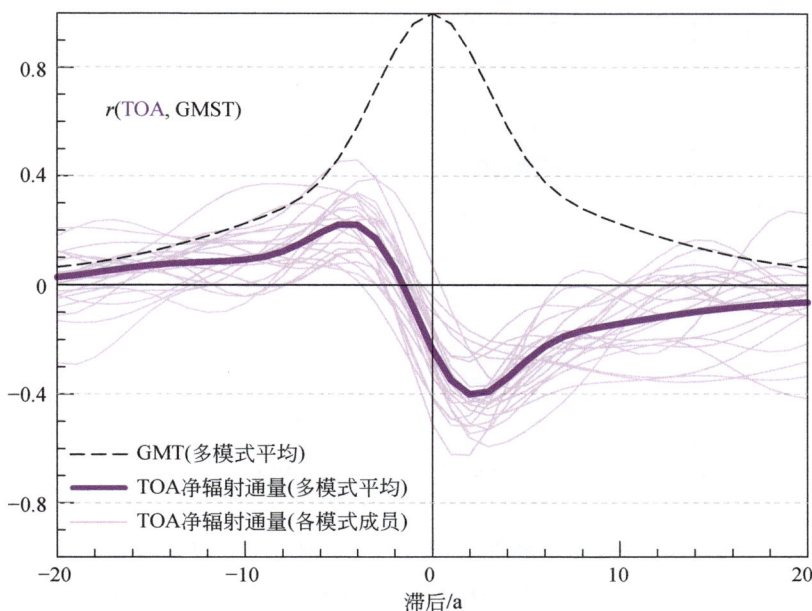

图 13.8　大气层顶（TOA）辐射通量与不受强迫的年代际全球平均表面温度（GMST）变化的相关性。粗线表示多模式集合平均，虚线表示 GMST 自相关以作为参考。（Xie et al.，2016）。

13.2.3　评估人为增暖

自从有了可靠的仪器观测，全球表面增暖的速度显示出显著的年际到年代际的变化（图 13.1）。考虑到热带太平洋起搏器试验能够捕捉到调制变暖速率的机制，我们可以通过这类起搏器试验来估计 GMST 的内部变率，并进一步将得到的内部变率从观测中扣除，来推算人为增暖（图 13.10）。与传统基于模式来计算外强迫导致的 GMST 变化的方法不

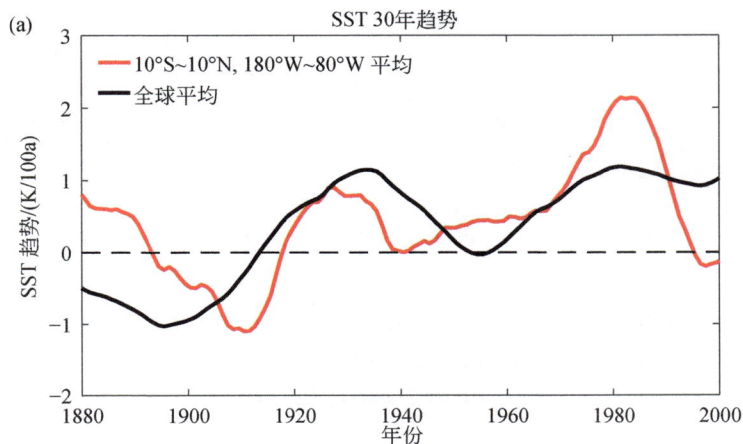

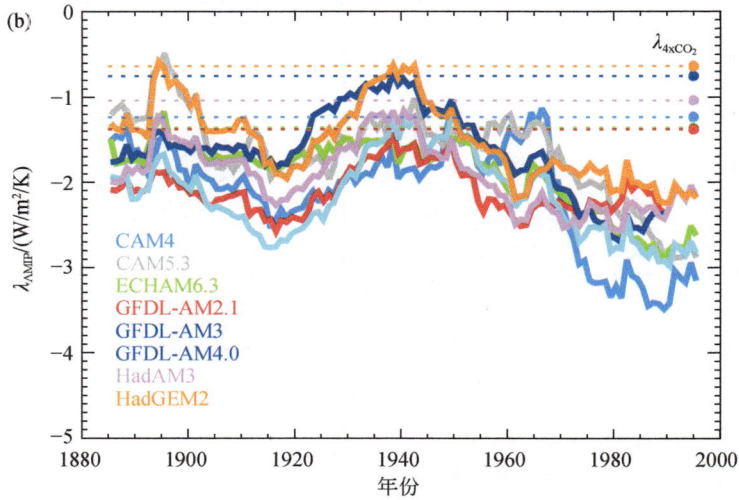

图 13.9　大气环流模式利用 30 年滑动窗口得到的 λ_{AMIP} 时间序列。标定年份代表窗口的中心。
带水平虚线的彩色圆圈显示了 4 倍 CO_2 突增试验的反馈参数值。（Andrews et al.，2018）。

同，这种新的计算方法可以在很大程度上减小辐射强迫和气候敏感性导致的不确定性。使用这一方法推算出的人为变暖始终高于原始观测中的变暖。该方法估计，自 19 世纪末以来，人造成的变暖幅度在 2013 年为 1.2℃，远高于从 2013 年原始数据中得到的 0.9℃ 直接估计。自那之后，GMST 又进一步增加了 0.3℃，已经与 POGA 起搏器试验得到的估计值一致，这一定程度上与 2015～2016 年的强 El Niño 事件有关。如今，人为增暖已经导致 GMST 较工业化前增长了 1.2℃，这为实现《巴黎协定》中将 GMST 增幅控制在 1.5℃ 以下的目标带来了更多挑战。

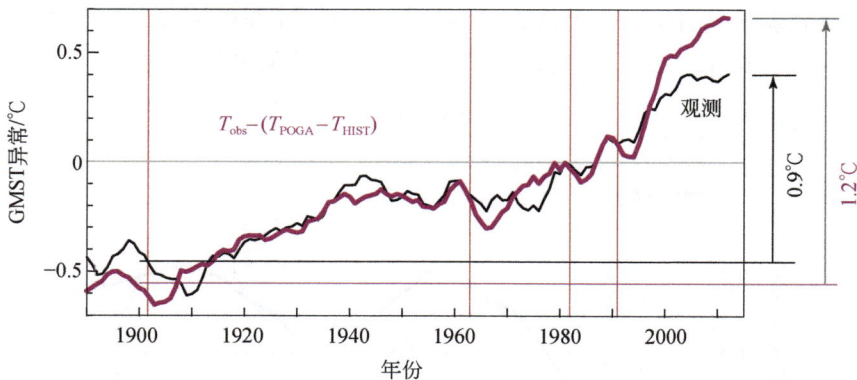

图 13.10　观测中的全球平均表面温度（GMST）和太平洋起搏器模拟估算的辐射导致的分量。黑线表示表面温度，紫线表示太平洋起搏器模拟估算的辐射导致的分量。（引自 Xie and Kosaka，2017，https：//doi. org/10. 1007/s40641-017-0063-0.）

13.3　热力学效应下的显著大气变化

温室效应引起的全球变暖具有显著的水平和垂直结构，其在各种气候模式中大体上表现一致。例如，水蒸气的变化在很大程度上是温度的函数。我们称之为全球变暖的热力学效应，因为它们不依赖于表面增暖的具体空间结构。下一章我们会讨论区域气候变化，那时我们需要考虑区域气候对表面增暖和大气环流变化（动力学效应）空间型的敏感性。

13.3.1　陆地强增暖

GHG 的增加导致各地的表面温度升高，但变暖的幅度在水平方向上有所不同。在陆地上，水分的有限性限制了地表的蒸发、蒸腾，与海洋相比，地表感热通量加剧了变暖（图 13.11）（Joshi et al., 2008）。这与我们的经验一致，即在夏季下午，潮湿的地面比干燥的地面更凉爽。陆地表面较小的热容量经常被用来解释变海陆变暖速率的差异，但这并不是主要原因。想象用一个浅混合层（比如 0.1m 深）代替陆地表面，这是一个热容量很小但有足够的水可供蒸发的湿地。由于湿地和海洋混合层（约 100m 深）与缓慢增加的 GHG 强迫之间都处于准平衡状态，因此，湿地与海洋变暖速率之比应接近 1.0，而非 MME 平均中陆地与海洋变暖速度之比的 1.5。

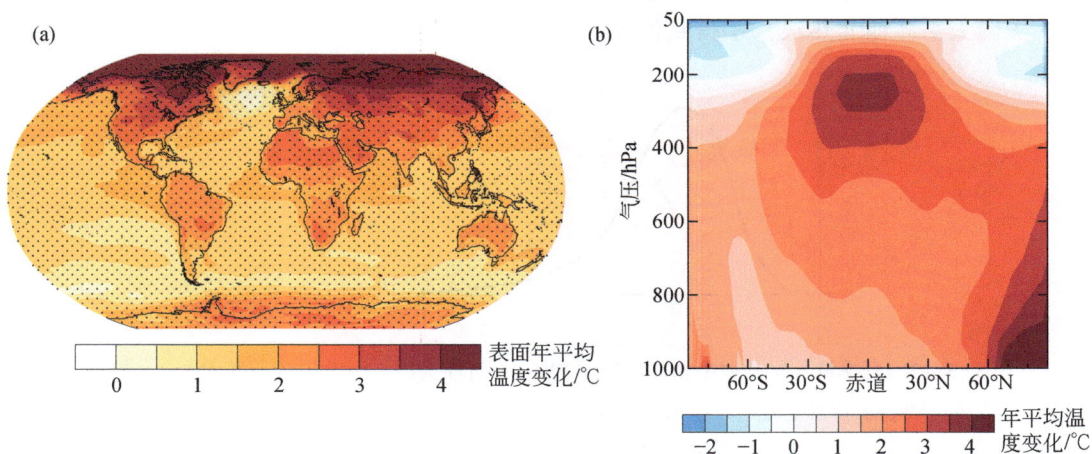

图 13.11　基于 CMIP6 多模式平均值得到的 1% 每年的 CO_2 递增试验运行的第 70 年（CO_2 倍增时间）的年平均温度变化。（a）在表面，（b）区域平均。（耿煜凡供图）

13.3.2　热浪

平均温度的中等强度增高会导致极端高温出现的概率大幅增加（Hansen et al., 1988）。为了简单起见，假设温度变化遵循高斯正态分布：

$$f(T) = \frac{1}{\sigma\sqrt{2\pi}}\exp\left[-\frac{1}{2}\left(\frac{T-\mu}{\sigma}\right)^2\right] \tag{13.15}$$

式中，μ 为平均值；σ 为标准偏差。通过定义 $x \equiv \dfrac{T-\mu}{\sigma}$ 得到了标准正态分布：

$$\varphi(x) = \frac{1}{\sqrt{2\pi}}\exp\left[-\frac{1}{2}x^2\right] \tag{13.16}$$

一倍标准差（记作 1σ）事件（$x>1$）发生的概率为 16%。对于 $\Delta x = 0.5$ 的平均温度升高［对应于概率密度函数（probability density function，PDF）的右移，图 13.12 中的棕色虚线］，当前气候中 1σ 事件（$x>1$）发生的概率将增加 2 倍。对于相同的平均变暖，3σ 事件的发生概率将增加 4.6 倍，从 1.35‰ 增加到 6.21‰。通常，对于越极端的事件（对应更大的阈值 x_E），未来相对于现在发生概率就越是成倍增长。事实上，增长的倍率是极端事件阈值的指数函数：

$$\frac{p(x>x_E-\Delta x)}{p(x>x_E)} \approx \exp(x_E\Delta x) \text{ 对于} \frac{\Delta x}{x_E} \ll 1 \text{ 且 } x_E \gg 1 \tag{13.17}$$

在陆地上，夏季的日温度的 PDF 不是呈高斯分布而是向更暖的一端偏斜。表面增暖伴随着相对湿度（R_H）的降低，这两种情况都会使表层土壤更加干燥。这进一步导致了蒸散发量越来越处于水分受限状态（专栏 5.1），造成极端高温事件发生的概率增大（PDF 形状的变化，图 13.12 中的红色曲线）。这与平均变暖导致的 PDF 右移，共同加剧了极端高温的风险。这也能从世界各地日益频繁的报道（2018 年欧洲热浪、2020 年加州山火和 2021 美国太平洋西北热浪）中得到佐证。

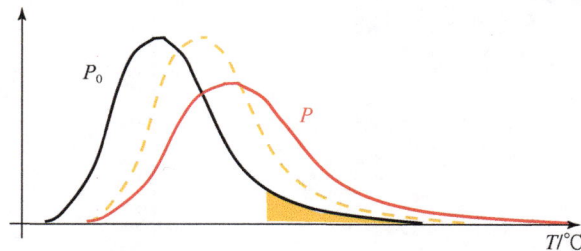

图 13.12　夏季日气温的概率密度函数（PDF）。目前为 $f_0(T)$，气候变暖时为 $f(T)$。橙色虚线表示背景变暖后发生改变的 PDF，而表层土壤的干燥通过温度和土壤湿度之间的正反馈拉长了暖端的延伸长度。这一综合变化增加了极端高温的发生，并加剧了其严重程度。

饱和水汽压差，$VPD = (1-R_H)e_s$ 是火灾风险的良好预测指标（第 6.4.2 节）。即使 R_H 不变，它也是温度的指数函数。极端高温和干燥的土壤是引发山火的最佳条件。近几十年来，加利福尼亚州（第 6.4.3 节）和许多其他地区的火灾过火面积迅速增加，这是全球变暖导致的背景温度升高的指示信号。

13.3.3　北极放大效应

北极地区的表面增暖会由于冰雪反照率反馈而增强。在气候变暖的情景下，大气涡旋向极地输送的水汽量增加，由此产生的能量辐聚有助于北极变暖。后一种效应可以被视作涡旋扩散项，它使近表面湿静力能 $m = c_p T + Lq + gz$ 的经向梯度变弱。在 Δm 不随纬度变化的极限情况下：

$$\Delta T = \frac{\Delta m}{c_p(1 + b_e)} \qquad (13.18)$$

b_e 是鲍恩比的倒数：

$$b_e = \alpha \frac{Lq_0}{c_p} \qquad (13.19)$$

在极地地区，由于背景湿度 q_0 较低，温度变化会被放大（Roe et al., 2015）。

由于南大洋的深层上升流能够非常有效地吸收人为活动产生的热量，其表面温度的瞬态响应受到抑制（图 13.11，第 14.4 节）。我们可以使用大气 GCM 与静止的平板海洋模式（SOM，通常 50m 深）进行耦合来诊断海洋热吸收的作用。在这里，表面热通量 $[Q_{net}$，称为 Q 通量（Q-flux）$]$ 的空间分布型是从耦合模式的全球变暖试验中提取的，并作为热汇施加到 SOM 中。在没有 Q 通量的情况下，两极的增暖都被强烈放大（红色曲线，图 13.13），为热带地区的 3 倍。海洋吸热导致的 Q 通量能会造成南北两极的冷却加强，但南极附近的冷却幅度比北极更大，这是因为纬向积分后，环绕南极的大洋吸收的总热量要比在北大西洋更多。因此，在一个包含完整动力过程的海洋模式中，北极的表面增暖被放大，但南半球的表面增暖则相对较弱（黑色，图 13.13）。

13.3.4　水循环

辐射–对流平衡模型通常被用于预测全球对 GHG 增加的平均响应。其中一个重要假设是大气中的相对湿度保持不变。三维大气–海洋耦合模式模拟通常支持这一假设。在相对

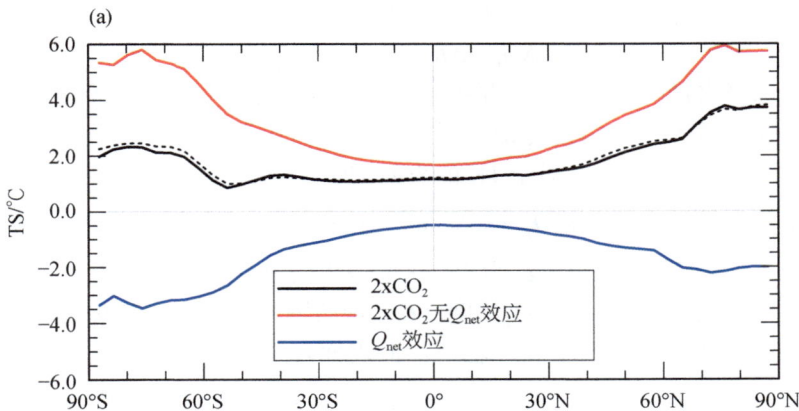

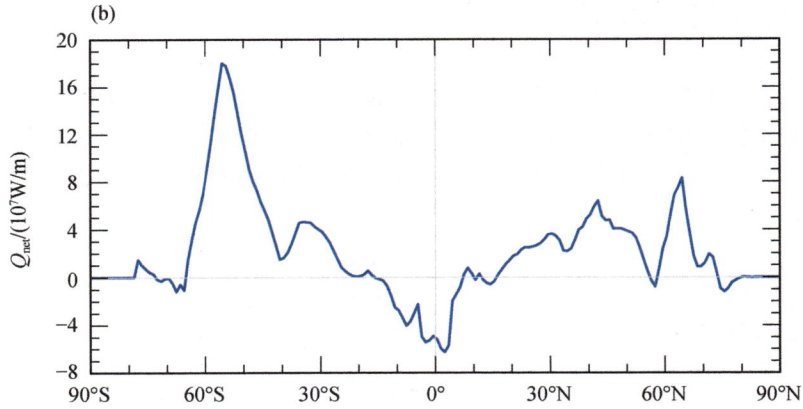

图 13.13　（a）在 CESM1 中 CO_2 突然翻倍后，纬向平均表面温度在第 41~50 年中的变化。黑色虚线表示 CESM1 中动力海洋模式（DOM）；黑色实线表示平板大气–海洋耦合模式（SOM）的结果，其中额外施加了与 DOM 相同的 Q_{net} 强迫。红线和蓝线显示了 SOM 对 CO_2 或 Q_{net} 强迫的响应。（b）DOM 中的纬向积分 Q_{net} 变化。（改编自 Hu et al.，2022）

湿度恒定的情况下，大气比湿（q）的增加满足克拉珀龙–克劳修斯（CC）方程：

$$\frac{1}{q}\frac{dq}{dT} = \frac{L}{RT^2} = \alpha(T) \tag{13.20}$$

对于典型的对流层中的空气，α 为常数，约为 0.06~0.07/K。模式计算表明，全球大气水汽含量随着表面温度的升高大致满足上述 CC 关系，$\Delta q / q = 0.07\Delta T$。

在气候模式中，由于受到大气辐射冷却的限制，全球平均降水随着地表温度的升高速率比上述计算结果低得多。与 TOA 辐射通量 $R_{TOA} = R_{TOA}(G, T)$ 类似，表面辐射通量（向下为正）也是 GHG 浓度和表面温度的函数 $R_{sfc} = R_{sfc}(G, T)$。较小的大气热容量意味着全球 TOA 辐射差额需要有对应的表面净热通量变化来平衡：

$$R_{TOA}(G, T) = R_{sfc}(G, T) - (Q_E + Q_H) \tag{13.21}$$

式中，$Q_E = \rho_0 LP$ 为表面的潜热通量；Q_H 为表面感热通量（向上为正）；P 为降水。当气候变暖，地表蒸发量和全球降水量变化的关系如下：

$$\Delta Q_E = \Delta R_{sfc} - \Delta R_{TOA} - \Delta Q_H \tag{13.22}$$

因此，全球降水量的增加受到行星能量收支，而非水汽的 CC 关系的控制。降水量的增加是为了补偿温暖大气柱辐射冷却的增强，而感热通量的变化很小 [图 13.14（b）]。计算辐射传输，我们能够看到，对于 1K 的表面增暖，表面潜热通量增加了 $\Delta Q_E = 1.2 W/m^2$ [图 13.14（b）]。背景潜热通量 $\overline{Q}_E = 80 W/m^2$，这相当于全球降水量增长的百分比为 $\Delta Q_E / \overline{Q}_E = 0.015\Delta T$，与模式模拟中大约为 2%/K 的速率大致一致。

考虑另一种情况，即大气中 CO_2 浓度（G）突然增加，而表面温度还来不及发生改变。GHG 浓度的升高会增加表面向下红外辐射，但表面辐射的增加小于大气层顶的变化，因为低层大气水汽含量较高，意味着光学厚度较高，也就是说，$\dfrac{\partial R_{sfc}}{\partial G} \ll \dfrac{\partial R_{TOA}}{\partial G}$。于是：

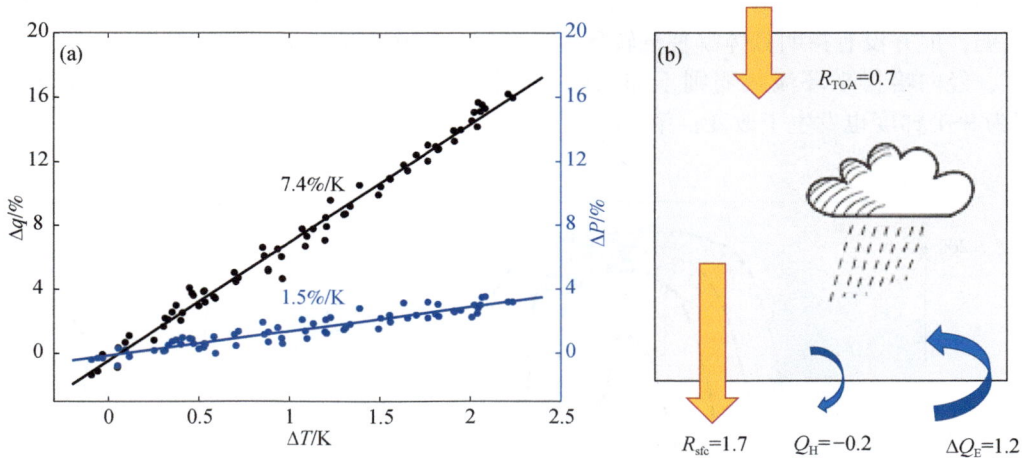

图 13.14　CESM2 的 1% 每年的 CO_2 递增试验中全球水循环和能源收支的变化。（a）前 70 年全球平均的大气柱积分水汽和降水量的百分比变化与全球平均表面温度变化的散点图。斜率分别为 7.4% K^{-1} 和 1.5% K^{-1}，如图所示。（b）在第 70 年，1K 表面增暖下，大气层顶（TOA）和地表的能量通量变化 ［W/(m^2 · K）］。（龙上敏供图，改编自 Pendergrass et al.，2014）

$$\Delta Q_E \approx -\Delta R_{TOA}(G, T) = -\frac{\partial R_{TOA}}{\partial G}\Delta G = \Delta F \qquad (13.23)$$

　　我们忽略了表面感热通量的变化，这时方程右侧就是辐射强迫的变化。在全球气候模式的 CO_2 突增试验中，最初确实观察到全球降水量的减少，且 ΔT 约为 0。随着气候变暖，TOA 辐射差额减弱，地表的向下的辐射通量增加，导致地表蒸发量和降水量增加 ［式（13.22）］。

13.3.5　沃克环流的减弱

　　全球降水量（P）相对缓慢的增长率对大气环流具有重要影响（Held and Soden，2006）。大气水平衡近似为 $P = M \cdot q$，其中 M 是深对流向上携带的质量通量，q 是地表边界层中的比湿。在两侧写成扰动形式：

$$\frac{\Delta M}{M} = \frac{\Delta P}{P} - \frac{\Delta q}{q} \qquad (13.24)$$

　　已知 $\Delta P/P \sim 2\%/K$ 和 $\Delta q/q \sim 7\%/K$，我们得到 $\Delta M/M \sim -5\%/K$。每升温 1℃，对流中的质量通量需要减少 5%。大多数降水发生在热带地区，那里的向上质量通量发生在相对固定的对流区，如 ITCZ 和印度洋–西太平洋暖池。由于这些对流区向上的质量通量变化与向上的垂直速度变化成正比，因此向上质量通量的减少意味着热带翻转环流的减缓。

　　随着 GHG 排放量的增加，气候模式确实模拟出了对流层上层辐散风的减弱。在主要对流区，包括印度洋–西太平洋和热带非洲，上层大气呈现辐合趋势，在东太平洋的下沉区，高层大气显示出辐散的趋势［图 13.15（b）］。这种质量通量的论点预测了热带环流的减弱，但并没有指明具体哪种翻转环流会减弱。模式模拟一致显示，纬向沃克环流明显放缓，经向哈得来环流减弱则不那么明显［图 13.15（a）］，尤其是南半球哈得来环流（因为 SST 梯度也发生了改变；第 14.3 节）。

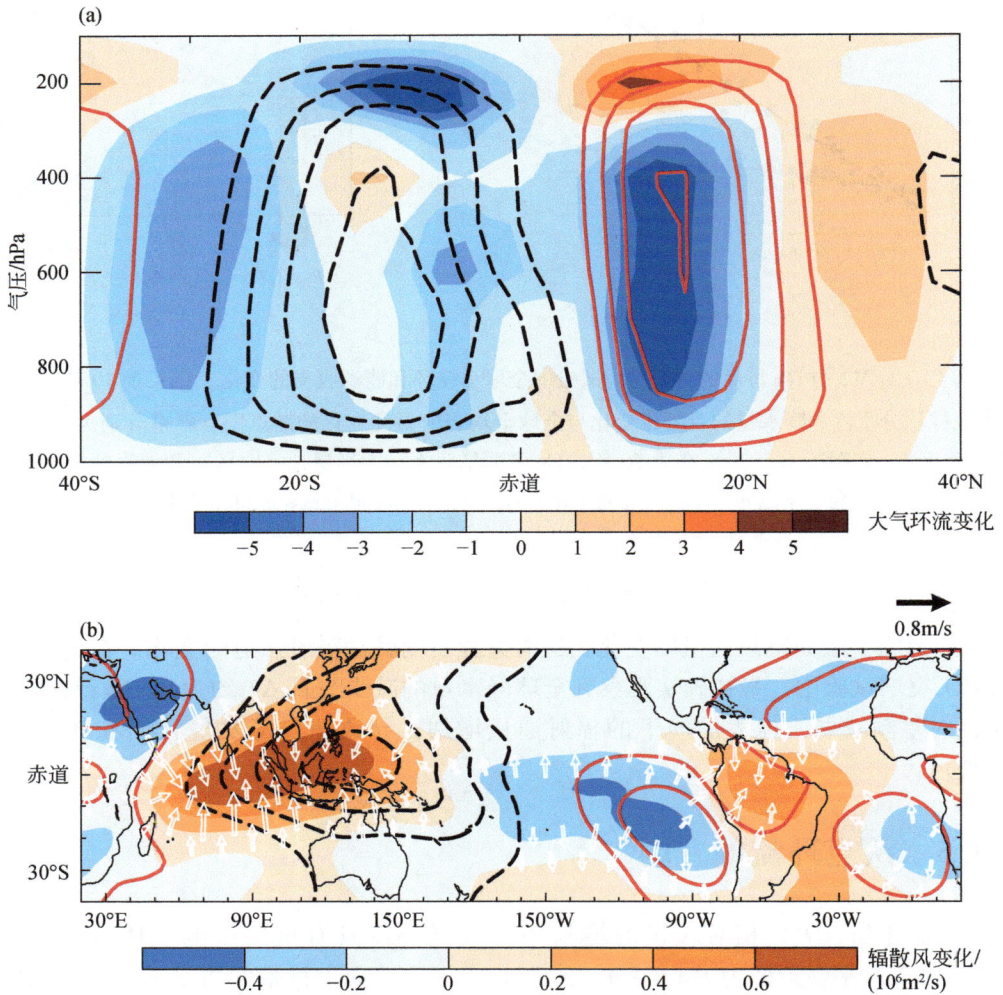

图 13.15　CMIP6 模式集合，$1\%/a$ CO_2 递增试验运行第 70 年的年均大气环流变化。填色图表示大气环流变化，等值线表示工业化前的气候态，虚线为负值。（a）纬向积分的流函数（$10^9 kg/s$）和（b）250hPa的速度势函数和辐散风变化，箭头表示纬向风。（耿煜凡供图）

13.3.6　极端降水

如果风暴和其他降雨扰动对应的环流强度不变，那么变暖后水汽的增加会增强降水率。在全球范围内，暴雨降水率的增长率约为 7%/K，与 CC 方程一致。但由于全球平均降水量仅以 2%/K 的速度增加，意味着发生小雨和中雨的频率将会降低。一般来说，降水量的 PDF 可能会发生变化，暴雨会更频繁地出现（O'Gorman，2015）。

13.3.7　对流层变暖的垂直结构

在热带地区，对流层温度会被调整到湿绝热廓线，其中湿静力能是由对流区域的行星边界层决定的。在一个饱和、未受稀释的上升气块中，湿静力能 m^* 在垂直方向上是恒定的。在正辐射强迫的扰动下，温度上升的垂直廓线由下式给出：

$$\Delta T = \frac{\Delta m^*}{c_p(1+b_e^*)}$$

（13.25）

其中，b_e^* 是鲍恩比的倒数：

$$b_e^* = \alpha \frac{Lq_{s0}}{c_p}$$

Δm^* 不随高度变化，而自由对流层中的饱和湿度 q_{s0} 随高度迅速降低，因此 ΔT 必定随着高度增加［图 13.11（b）］。从物理上讲，由于上升气块中的凝结潜热释放，对流层上部的温度增长大于地表（对流层上部的水汽含量可以忽略不计）。值得注意的是，温度增长的热带向上放大和极地放大效应分别是 MSE 在垂向（通过对流）和水平（通过天气尺度涡旋）上混合的结果。

对流层变暖的向上放大（upward amplification）是全球变暖模拟中的一个有力特征［图 13.11（b）］，但长期以来，卫星和探空气球的观测并未能验证这种垂直结构。但当观测中各种采样和仪器误差得到适当纠正后，最近的研究结果开始支持对流层增暖的上层放大现象是存在的（Santer et al.，2017）。

13.3.8　副热带干旱区的扩张

哈得来环流在气候变暖时向极地扩张，这一现象在翻转环流的流函数中有所体现，其在哈得来和费雷尔环流之间的边界上达到最大值［图 13.15（a）］。表征斜压不稳定性的伊迪（Eady）增长率写作 $0.31\frac{f}{N}\frac{\partial u}{\partial z}$，式中，$f$ 为科氏参数；u 为纬向风速；N 为静力稳定度［式（2.21）］。热带和副热带地区的静力稳定度增强（对应变得干燥）使这些地区的斜压不稳定性减弱（垂直风切变不变），中纬度风暴活动就与斜压不稳定有关。Lu 等（2007）认为，风暴轴需要向极地移动以增加 f，以抵消增加的静力稳定度。而风暴轴的极向移动导致了哈得来环流（Shaw，2019）的扩张，因为涡旋极向热通量的散度输送需要用下沉支的绝热加热来平衡［式（2.23）］。哈得来环流的极地扩张与副热带干旱区的扩张有关，后者可以用 $P-E=0$ 的等值线表示。

风暴轴是由中纬度大气的斜压不稳定性引起的。在对流层上部，热带向上放大的增温加大了经向温度梯度。在低层，南大洋海区气温对变暖的暖态响应很弱［图 13.11（a）］，低层大气斜压性的增加导致南半球风暴轴增强并向极移动。在北半球，北极放大的表面增暖与对流层上部温度梯度变化方向相反，这使得纬向平均的风暴轴响应不那么显著（Shaw et al.，2016），受驻波影响风暴轴存在明显的纬向变化（Simpson et al.，2015）。

13.4　副热带海洋环流的表层加速

从海洋学的角度来看，海洋变化是由 3 种完全不同的表面强迫引起的：温度、盐度和风。我们可以通过将海洋 GCM 中的 SST 与海表面盐度（sea surface salinity，SSS）固定为 CMIP 中的 MME 平均，从而分离和比较各个表面强迫对海洋环流的作用。表面增暖的热力学效应主导着海洋表层环流的响应。赤道海洋是个例外，那里风的变化影响很大。海表变暖加速了全球海洋的表层环流，包括副热带环流和南极绕极流（ACC）（Peng et al.，2022）。全球变暖引起的这种热力学效应十分显著，且对 SST 变暖的空间分布型不敏感。

在这里，我们使用一个 1.5 层的约化重力模型来说明副热带环流的响应。根据斯韦德鲁普关系（第 7.2.5 节），经向的体积输运是由埃克曼抽吸引起的：

$$\beta hv = fw_E \tag{13.26}$$

该流动符合地转平衡：

$$fv = \frac{\partial}{\partial x}(g'h) \tag{13.27}$$

综合以上方程可以得到：

$$\frac{\beta}{2f}\frac{\partial}{\partial x}(g'h^2) = fw_E \tag{13.28}$$

当前气候下的副热带环流解 $h_0(x, y)$ 满足斯韦德鲁普输运 [式（13.26）] 和地转平衡 [式（13.27）]。

表面增暖导致约化重力的增长，即 $\Delta g' > 0$。副热带环流的调整过程可以分解为以下两步：

（1）位于温跃层上方的表面均匀一致增暖会引起海平面空间分布的改变 $g\Delta\eta = h_0\Delta g'$ 以及副热带环流的加速。

（2）在没有风力变化的情况下，温跃层必须变浅才能使斯韦德鲁普输运 [式（13.26）] 保持不变。

其动力一致解可以通过扰动式（13.28）的任意一侧来获得，且已知 $\Delta w_E = 0$：

$$\Delta h = -\frac{\Delta g'}{2g'_0}h_0 \tag{13.29}$$

增强的海洋层结（$\Delta g' > 0$）使动力温跃层变浅，并加速了表层流动。热膨胀引起的海平面变化由下式给出：

$$g\Delta\eta = \Delta(g'h) = h_0\Delta g' + g'_0\Delta h = \frac{h_0\Delta g'}{2} \tag{13.30}$$

变浅的温跃层对应着副热带深层环流的减速。上述简单理论模型预测的结果——副热带表层（深层）环流的加速（减速）能够被模式再现。在由均匀一致的表面增暖强迫的海洋 GCM（图 13.16）和复杂的 CMIP 模式中（Wang et al.，2015）均有类似的现象。值得注意的是，如果温度是一种惰性示踪物而不能引起海洋环流的变化，那么受制于斯韦德鲁普输运的动力学约束，海洋能储存的热量将减少一半［式（13.30）等号右侧的第一项及上文中副热带环流调整的第一步）。

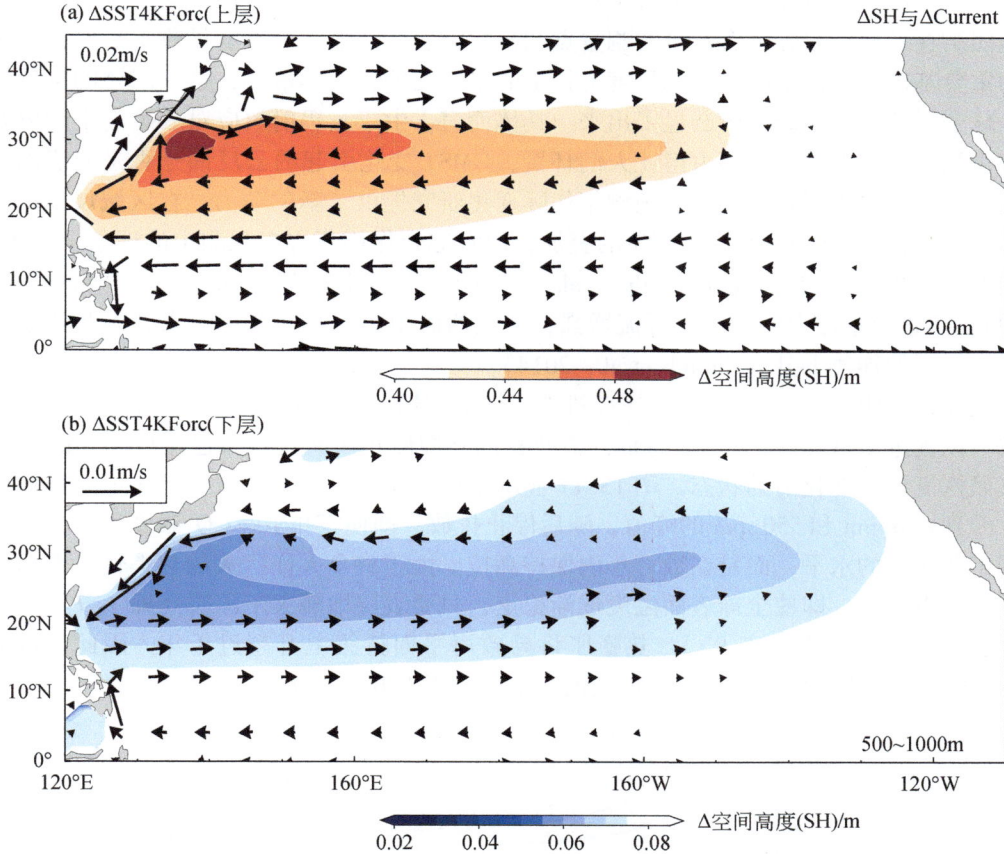

图 13.16 （a）表层 0～200m 和（b）副热带深层环流（500～1000m）对海面空间一致变暖 4K 的洋流响应。海面盐度和风力保持不变。箭头表示每层平均的海流速度，单位为 m/s，填色为空间高度（SH）的变化，单位为 m。Current 为流速。（Peng et al.，2022）

在副热带环流中，4℃表层增暖会导致 $\Delta g'/g' \sim 0.4$ 和 $\Delta h/h_0 \sim 20\%$ 的显著变化。

13.5 讨 论

近年来，人类活动引起的大气成分变化（GHG 和气溶胶）已导致 GMST 增加了约 1.2℃。进入仪器观测时代以来（从 19 世纪末开始）表面温度上升的空间分布型在一阶近似上是均匀的。海洋变暖已经发生（Cheng et al.，2020），海洋变暖所需的大量能量与独立估计的 TOA 辐射强迫和反馈得出的结果一致（Church et al.，2014）。海洋变暖导致的热膨胀和冰盖/冰川融化引起了海平面上升。所有这些结果致使 IPCC（2014）得出结论："人类对气候系统的影响是明确的。"

最近的全球变暖停滞事件表明，内部变率强度足够大，以至于能调节十年甚至更长时间内全球变暖的速度。2015～2016 年的 El Niño 结束了这一全球变暖停滞事件，随后 7 年（2015～2021 年）的 GMST 高于 2014 年之前的任何一年（图 13.1）。对于变暖停滞成因的探索，使关注气候变率（climate variability）和气候变化（climate change）的研究人员紧密地团结在一起，双方都有各自的侧重点和研究方法。例如，全球能量收支是研究全球变暖的重要基础。如何给出年代际尺度上行星能量收支的物理学解释，这一问题的重要性在对全球变暖的能量学研究中凸显了出来。具体而言，由于云辐射效应对 SST 的空间分布型具有很强的依赖性，这便不由得让人们怀疑，GMST 变化引起的云反馈是否是明确的。全球变暖停滞现象为理解、归因和预测年代际变化研究提供了新的动力。在区域尺度上，受辐射强迫导致的变暖和 PDO 负相位的叠加，两者综合作用下许多观测中的现象得以解释：美国西南部的长期干旱（Delworth et al.，2015），哈得来环流扩张加速（Amaya et al.，2019），热带太平洋上空的沃克环流增强，美洲西海岸的海平面变化不大，以及热带西太平洋海平面的加速上升（Church et al.，2014）。

上述讨论中，我们只考虑了 GHG 排放量增加的情况。《巴黎协定》希望能出台强有力的政策以促进 GHG 减排。不幸的是，即使我们立即停止所有排放，也需要很长时间才能将气候恢复到工业化前的状态。图 13.17 显示了地球系统模式的结果，其中 CO_2 排放量分别上升到 450ppm 和 550ppm 的峰值，随后停止排放。即使零排放，CO_2 浓度也不会立即回落到工业化前的水平，而是在数百年内保持高位。由于整个大洋巨大的热惯性，全球平均温度下降得更慢。即使全球表面温度逐渐稳定，只要表层增暖大于深层（即 $T - T_d > 0$），深海就会持续变暖 [式 (13.9)]。热膨胀将导致海平面持续上升超过千年。因此，过去的人为 GHG 排放使世界在未来几个世纪内海平面大幅上升（约 1m）。

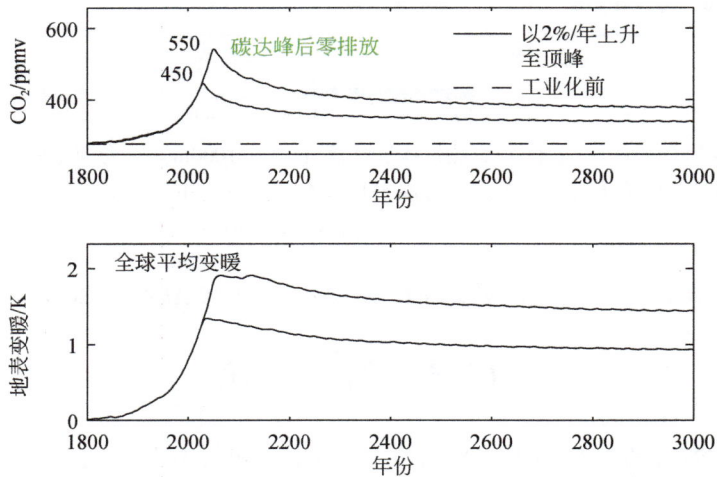

习　题

1. 天气预报、季节性气候预测和长期气候预估的可预测性来源分别是什么？
2. 为什么我们不能预测两周后的天气，却可以预测一个月后的气候？
3. El Niño 事件后 GMST 升高。在空间分布型上，我们应如何将温室气体增暖与气候系统内部变率区

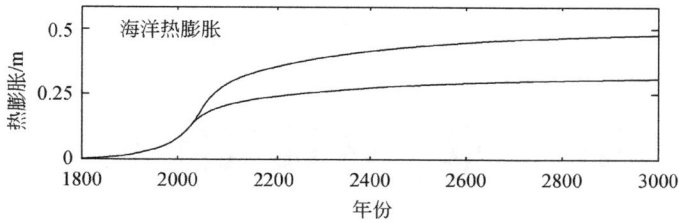

图 13.17 地球系统模式中的 CO_2 和全球平均气候系统变化（相对于 1765 年工业化前的状态）。气候系统响应显示，CO_2 排放量以每年 2% 的速度上升，达到 450ppm 和 550ppm 的 CO_2 峰值，然后为零排放。（上图）CO_2 达到峰值后的零排放使 CO_2 浓度的下降。（中图）上述情况下的全球平均表面增暖，单位为℃。（下图）仅因热膨胀（不包括冰川、冰盖或冰架的损失）导致的海平面上升，单位为 m。（耿煜凡供图，改编自 Solomon et al.，2009 年）

分开来？

4. GMST 是否总是一年比一年升高？为什么？

5. 是什么导致 GMST 的增长速度在 21 世纪初放缓？停滞期间表面温度变化的空间分布如何帮助回答这个问题？全球 TOA 能量学是造成停滞的重要驱动因素吗？

6. 为什么热带增暖在自由对流层上部会被放大？这对热带外风暴轴的位置移动有怎样的作用？

7. 为什么全球水汽含量和全球平均降水量的增长率不同？这种差异对大气翻转环流意味着什么？

8. 式（13.18）是北极放大最简单的模型。计算 30℃ 和 0℃ 时的鲍恩比的倒数。该理论预测的热带与北极变暖的比率是多少？这个比率对北极的平均温度敏感吗？为什么？

9. 考虑海洋混合层温度对 $t=0$ 时突然出现的辐射强迫 F 的响应。

a. 证明两层模型的解 ［式（13.10）］ 为 $T = F/E\left[1 - \exp\left(\dfrac{t}{\tau_m}\right)\right]$，其中 $E = -\lambda + \varepsilon$，$\tau_m = C_m/E$。绘制该解随时间变化的示意图。

b. 估计混合层温度响应的 e 折时间尺度 τ。假设 $\lambda = -1.2\text{W/m}^2/\text{K}$，$\varepsilon = -\lambda/2$，$H_m = 100\text{m}$。

c. 如果海洋混合层的底部也受到阳光照射，计算对应的 e 折时间尺度和达到平衡态时的变暖幅度。

10. 辐射强迫随时间线性增加，$F = F_{2x} t/\tau_{2x}$，其中 $\tau_{2x} = 70$ 年是 CO_2 翻倍的时间。这对应着 1% 每睥的 CO_2 递增试验。对于 $t > \tau_m$，温度响应约为 $T = \dfrac{F_{2x}}{E}\dfrac{t}{\tau_m}$。证明式（13.10）等号左侧项远小于右侧中的任意一项，进而验证近似解。

11. 1% 的 CO_2 递增试验近似于人类辐射强迫的历史演变。根据《巴黎协定》，在第 70 年 CO_2 排放量翻了一番后，使 CO_2 排放量按每年 1% 的速率减少变得越来越重要。根据两层模型回答以下问题 ［式（13.8）和式（13.9）］。

a. GMST 何时达到峰值？考虑快速响应近似 ［式（13.10）］。

b. 深层海洋温度何时达到峰值？将 a 问中的解代入式（13.9）。

c. 是否有可能在 GMST 下降的同时，出现由海水热膨胀导致的海平面上升？海洋的热膨胀什么时候停止？

第 14 章　区域气候变化

14.1　热带降雨变化的区域空间分布型

温室气体（GHG）浓度升高导致的表面增暖可以一阶近似为空间均匀的变化（至少是同号的变化），只是在变化幅度上存在一些空间差异性［图 14.1（a）］。而模式预估的未来降水变化则与之相反，表现出极强的空间差异性：尽管各个地方都增暖，但降水在不同区域却有增有减［图 14.1（b）］。例如，预估的未来降水会在赤道太平洋增加而在副热带东南太平洋减少。预估结果还表明，由于大气涡旋活动增强了水汽向极输送，未来降水也会在副极地和极地区域增加。降水变化极强的空间差异意味着预估未来区域降水变化比预估区域温度变化有更大的挑战性。利用全球平均能够很好地表征区域变暖，但它不能反映区域降水的变化特征。预估区域降水变化需要预估降水增减的空间分布情况。那么，是什么决定了降水变化的空间分布呢？

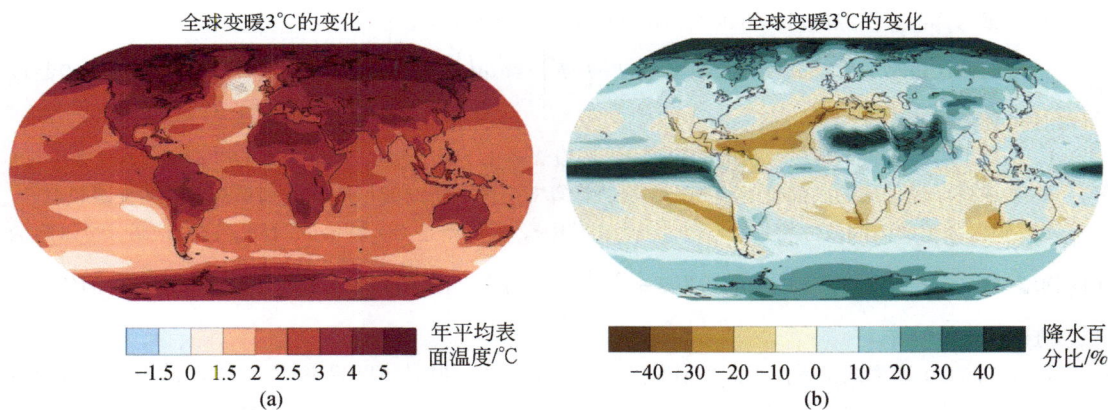

图 14.1　在全球变暖 3℃时的年平均表面温度和降水（百分比，$\Delta P/P$）变化分布图。结果基于 CMIP6 中 SSP5-8.5 情景的多模式平均。预估降水变化的根本困难在于它的空间差异性，即降水在某些区域增加而在其他一些区域减少。（Lee et al.，2022；耿煜凡供图）

降水的变化对社会和环境有很深远的影响。为了缓解降水分布和人口中心之间不匹配的问题，人们建设了一些超级工程，他们耗资巨大，也对自然环境产生了一些影响。例如，从水资源丰富的加州北部向干旱的加州南部调水，以及从长江向干旱的中国北部调水。

大气中的水汽收支方程可以近似为

$$\overline{\omega}\Delta q+\Delta\omega\,\overline{q}=\Delta(E-P) \tag{14.1}$$

式中，q 为云底湿（约 1 km）比；E 为表面蒸发量（Seager et al., 2010；Huang et al., 2013）。这里我们忽略了对流层上层水平平流和水汽的影响（第 3.1 节）。由于 ΔE 的空间变化很小，所以降雨变化主导了式（14.1）右边的空间差异。在式（14.1）左边，第一项是热力项，代表气候态垂直运动对大气变暖导致的水汽增加的平流作用。第二项被称为动力项，代表由于大气环流变化带来的降水变化。在热带，环流变化包括了大气平均环流减弱的部分，其减弱程度与热带平均变暖成正比（第 13.3.5 节），以及余流的环流变化残差部分（以上标 * 标记）：

$$\Delta\omega=-\overline{\omega}\beta\Delta T+\Delta\omega^{*} \tag{14.2}$$

CMIP5 的预估表明 β 约为 0.04/K（Chadwick et al., 2013）。式（14.1）因此变为

$$(\alpha-\beta)\Delta T\,\overline{\omega}\overline{q}+\Delta\omega^{*}\overline{q}=\Delta(E-P) \tag{14.3}$$

早期的研究结果表明，如果环流变化的残差部分 ω^{*} 相对很小，那么当前气候下多雨的地方降雨量会进一步增加，即所谓的"湿者更湿（wet-get-wetter）"的空间型。如果海表的增暖幅度是空间均匀的，那么在环流模式（GCM）中就会出现"湿者更湿"的空间型 [图 14.2（a）]。在海表温度（SST）空间均匀增暖（spatially uniform sea surface temperature increase，SUSI）试验中，降水在赤道辐合带（ITCZ）和南太平洋辐合带（SPCZ）区域增加，而在南北半球副热带区域（20°~40°），降水会由于哈得来环流向极扩展而略有减少。如果再考虑到表面蒸发量的增加，副热带将会存在非常严重的干旱情况。SUSI 试验还可以进一步捕捉到 40° 到极地降水增多的特征。

大气–海洋耦合 GCM 模拟的年平均降水变化与气候态降水的相关性不强。例如，太平洋赤道冷舌区域的平均降水量很低，但在气候变暖背景下模式预估该区域降水会显著增加。这是由于耦合模式中海表面增暖不是空间均匀的，而是具有明显的空间差异性，这导致了其模拟结果和 SUSI 试验预估的降水变化之间存在较大区别。事实上，热带降雨变化与 SST 变暖的空间型有关 [图 14.2（b）]：

$$\Delta T^{*}=\Delta T-\langle\Delta T\rangle \tag{14.4}$$

式中，角括号 $\langle\cdot\rangle$ 表示热带平均值；上标 * 表示空间偏差；ΔT^{*} 又称相对 SST 变化，指某处海温变化相对于热带平均的大小。

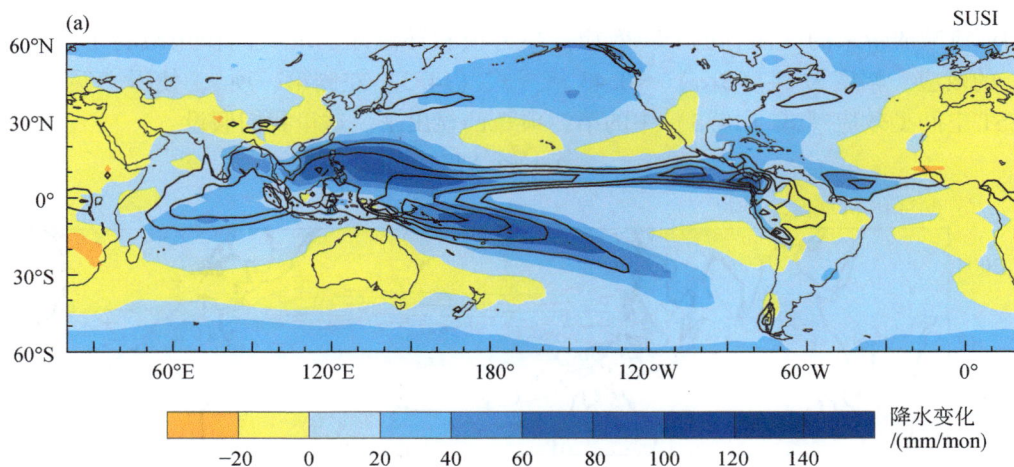

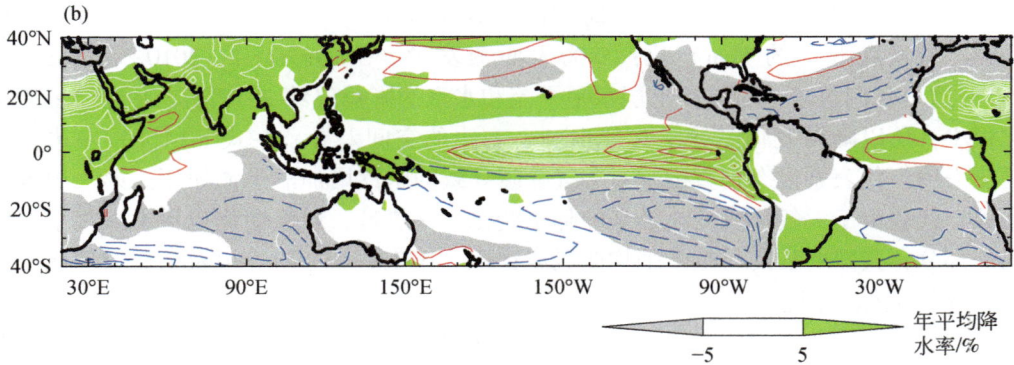

图 14.2　（a）基于 11 个 CMIP5 大气 GCM 平均得到的海表温度空间一致增暖（SUSI）4K 试验中的降水变化，以填色表示，单位为 mm/月。所有模式都首先标准化，使其热带（25°S ~ 25°N）平均 SST 增加 4K。等值线代表降水气候态分布（150mm/月、200mm/月、250mm/月和300mm/月）。（b）基于 37 个 CMIP6 模式集合平均，CO_2 浓度每年增长 1% 试验中，第 101 ~ 150 年的年平均降水率变化（$\Delta P/P$，由填色影和 20% 间隔的白色等高线表示），以及与热带（20°S ~ 20°N）平均变暖相减得到的相对 SST 变化（0.3℃间隔的彩色等值线，零等值线省略）。多模式平均的 SST 和降水场空间相关系数为 0.49。根据 Christensen et al.，（2014）更新。［图（a）引自 Xie et al.，2015；耿煜凡供图（b）］

在热带地区，科氏力较小，自由大气无法维持较高的水平温度梯度。20°S ~ 20°N 区域对流层上层变暖幅度在空间上基本是一致的，湿静力能（MSE）的变化由热带平均值决定，$\Delta m_u = c_p (1 + b_e) \langle \Delta T \rangle$，其中 $b_e = \alpha L \bar{q}/c_p \approx 2.4$ 是鲍恩比的倒数。某个给定位置的总湿静力不稳定的未来变化可以定义为表层与上层 MSE 的差：

$$\Delta (m_s - m_u) = c_p (1 + b_e)(\Delta T - \langle \Delta T \rangle) = c_p (1 + b_e) \Delta T^* \tag{14.5}$$

也就是说，局地对流不稳定的未来变化与相对 SST 的变化成正比。因为对流层上层是空间均匀增暖，那么对流不稳定的空间型就会有海表增暖的空间型而决定。因此，降水的变化遵循一个"暖者更湿（warmer-get-wetter）"的空间分布型。在这里，更暖地区指的是在给定时间内比热带平均增暖更强的区域。

图 14.3 展示了对降水进行分解的结果［式（14.1）］。根据定义，热力项遵循了"湿者更湿"的空间分布型，但是动力项导致的降水变化更加复杂，其中包含了由于热带大气平均环流减弱带来的"湿者更干"效应。热力项和环流减弱的共同作用减弱了"湿者更湿"的效应，幅度为 $1 - (\beta/\alpha) \approx 0.43$ 倍［式（14.3）左侧第一项］，使得"暖者更湿"或 SST 空间型效应［式（14.3）中的第二项］凸显出来。这里我们假设：

$$-\Delta \omega^* \propto \Delta T^* \tag{14.6}$$

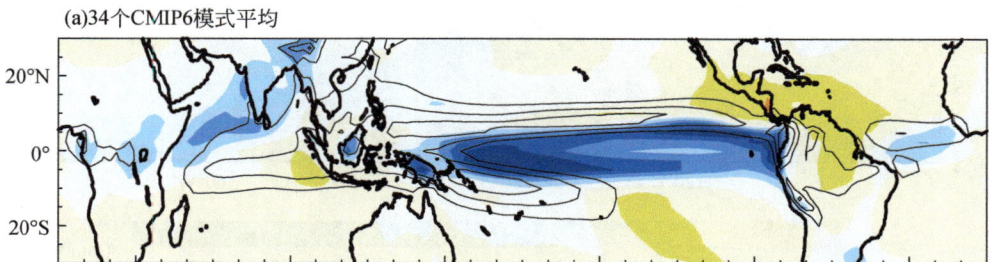

(a)34个CMIP6模式平均

(b)热力项

(c)动力项

平均态降水
/(mm/d)

$$-1.5 \quad -1 \quad -0.5 \quad 0 \quad 0.5 \quad 1 \quad 1.5 \quad 2 \quad 2.5$$

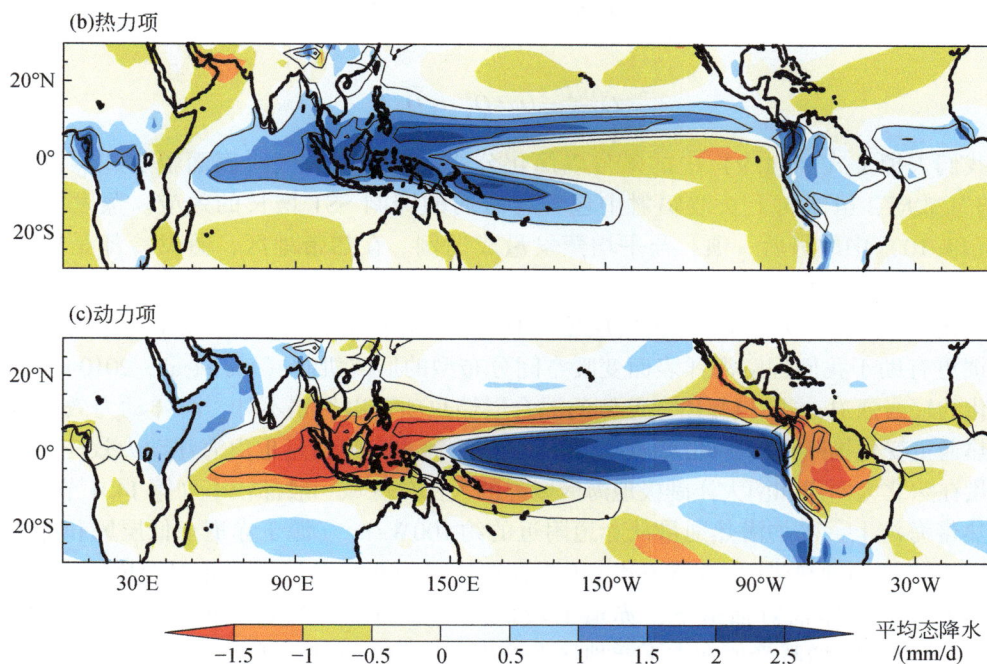

图 14.3　CO_2 浓度每年增长 1% 试验中的年平均降水变化（第 101～150 年平均）。灰色细等值线表示平均态降水，单位为 mm/天。（a）34 个 CMIP6 模式平均、（b）为热力项和（c）为动力项。（耿煜凡供图）

　　也就是说，除了热力学导致的热带大气平均环流的减弱之外，海洋变暖空间型也可以通过动力作用驱动大气翻转环流的变化。

14.2　SST 空间型动力学

　　局地混合层温度变化的控制方程为

$$C_m \frac{\partial T'}{\partial t} = D'_0 + Q' \tag{14.7}$$

式中，$D_0 = -\rho c_p \int_{H_m}^{0} \left(u \frac{\partial T}{\partial x} + v \frac{\partial T}{\partial y} \right) \mathrm{d}z - Q_B$ 表示水平平流和海洋混合层的湍流热通量（Q_B 被称为夹卷项）；$Q = Q_S + Q_L - Q_E - Q_H$ 为海表热通量；公式中撇号表示扰动。从海洋的角度看，潜热通量为

$$Q_E = \rho_a L \, C_E W [q_s(T) - R_H q_s(T_a)] \tag{14.8}$$

　　它包括大气强迫（如风速 W）和对 SST 异常的响应。根据第 8.1 节，我们将式（14.8）中的 SST 扰动 T' 进行线性化处理，得到：

$$Q'_E = Q'_{Ea} + \alpha \overline{Q}_E T' \tag{14.9}$$

式中，式（14.9）右侧的第二项为对 SST 异常的响应，第一项表示由风和相对湿度变化引起的大气强迫，α 为克劳修斯–克拉珀龙系数。为了简化方程，我们假设 $T'_a = T'$，这在开阔

的热带海洋是成立的，并且意味着感热通量扰动的消失。通过这一分解，式（14.7）变为：

$$C_{\mathrm{m}}\frac{\partial T}{\partial t}=D_0+Q_{\mathrm{a}}-\alpha\,\overline{Q}_{\mathrm{E}}T \tag{14.10}$$

这里我们去掉了式（14.9）中的撇号以简化公式。Q_{a} 包括大气对表面辐射和蒸发的所有"强迫"效应，虽然向上长波辐射中包含有微弱的抑制 SST 增长的效应。蒸发阻尼系数［式（14.10）中的最后一项］与平均蒸发量成比例。在热带地区，蒸发冷却是抵消向下辐射通量的主要机制。

相比于第 13.1 节中对全球大气层顶（TOA）反馈的分析，式（14.10）中的局地海表面反馈更有助于我们理解海洋表面变暖空间分布型的形成机制（Xie et al.，2010）。对于缓慢变化的辐射强迫，式（14.10）左侧的混合层储热项可以忽略不计，海洋动力效应可由净表面热通量变化推断得到，即 $D_0'\approx Q'$。换句话说，海表净热通量也由海洋动力效应决定，净热通量在除北大西洋和南大洋副极地海区以外的大部分区域一般都较小（第 14.4 节）。

热带海洋上，平均潜热通量从赤道附近的约 $100\,\mathrm{W/m^2}$（源于赤道上低层风和冷上升流的作用）增加到副热带的 $150\,\mathrm{W/m^2}$（因为存在较强的西风和较低的相对湿度）。在空间均匀分布的温室气体辐射强迫下，赤道上较低的蒸发阻尼使得这里的 SST 响应更强（图 14.4）。赤道 SST 增暖峰值在太平洋地区尤为明显，这一增暖空间分布型会通过"暖者更湿"效应在赤道上锚定了一个明显的降水增加带［图 14.2（b）］。

模式中 SST 增暖空间分布的另一个显著特征是南半球的海洋表面变暖速度比北半球慢。表面变暖的减弱在副热带东南太平洋尤为明显。在 SST 增温较弱的东南太平洋，东南信风有所增强，而在 SST 里显著增暖的副热带北太平洋，SST 增暖则高于热带平均值，东北风减弱（图 14.4）。这表明在海洋增暖空间分布和信风强度之间存在半球间的风–蒸发–海温的（WES）反馈。假设两个半球之间的辐射扰动相等，由式（14.10）可知：

$$\overline{Q}_{\mathrm{E}}(\delta W/\overline{W}-\alpha T)=0 \tag{14.11}$$

式中，δ 为跨赤道差异。信风增强的半球增暖会减弱。

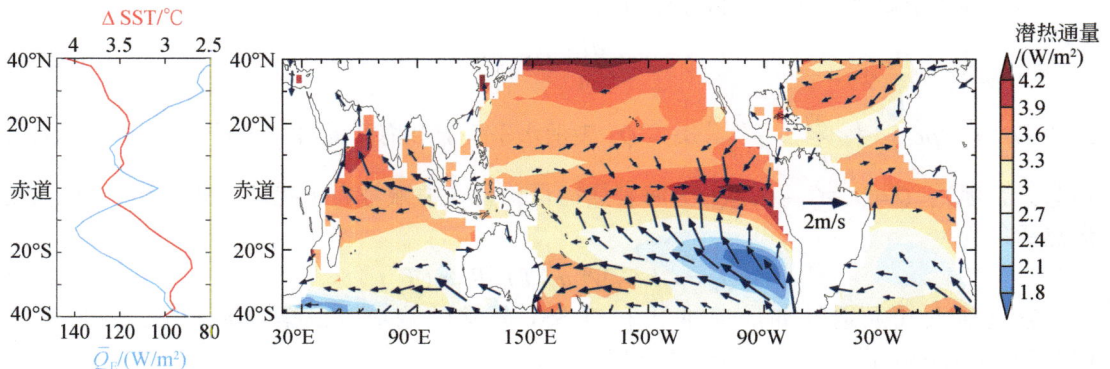

图 14.4　海表温度和表面风在以 CO_2 1% 每年的递增试验中第 140 年的变化。选取了第 140 年，此时 CO_2 达到初始值 4 倍，结果基于 31 个 CMIP6 模式集合平均值，填色表示海表温度，单位为 K，箭头表示风速，单位为 m/s。左幅插图表示纬向平均 SST 和潜热通量（W/m^2）随纬度的变化（耿煜凡和龙上敏供图）

14.2.1　厄尔尼诺和南方涛动（ENSO）的变化

关于 ENSO 中的 SST 变率（在振幅和纬向分布上）会如何对温室气体导致的增暖进行响应，气候模式的模拟还存在着分歧，一些模式显示 SST 的方差增加，一些模式显示方差减少，还有一些模式没有变化。尽管在 SST 变率的变化上存在分歧，但模式模拟结果普便显示，厄尔尼诺（El Niño）期间赤道东太平洋（Niño3 区）的深对流事件发生率显著增加〔图 14.5（a）〕。

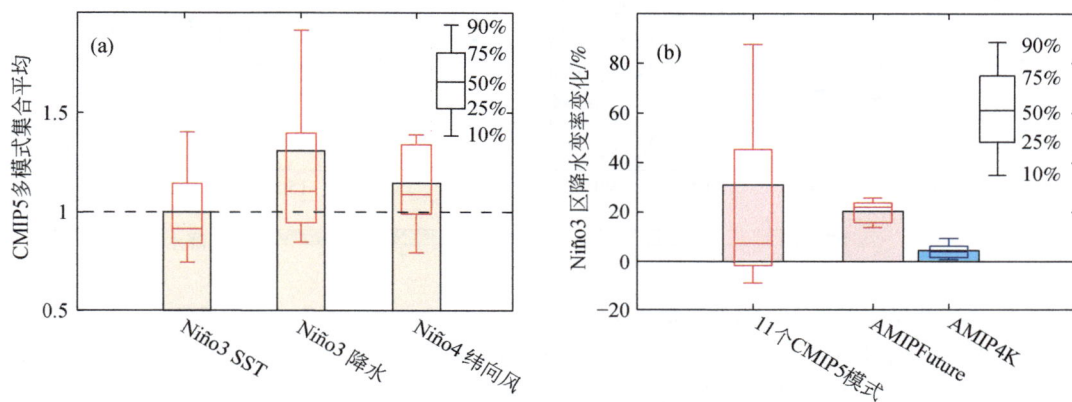

图 14.5　（a）在 RCP8.5 情景下，21 世纪与 20 世纪 ENSO 振幅之比。CMIP5 多模式集合平均（柱状图）和离散程度（箱线图）。（b）RCP 8.5 情景下 AMIP4K 和 AMIPFuture 及其对应的 CMIP5 耦合模式中 Niño3 区降水标准差的归一化增加。AMIP4K（AMIP Future）是指在观测的 SST 变率上一个空间均匀（空间不均匀）的 4K 平均 SST 增暖强迫大气 GCM 模拟。改编自 Zheng et al.（2016），详情请参阅文本。〔图（a）引自 Christensen et al.，2014；耿煜凡供图（b）〕

从气候态上看，Niño3 区 SST 保持在对流阈值以下（$\overline{T}^* < 0$）。只有在极端厄尔尼诺事件（图 9.17）中，当 Niño3 区 SST 超过对流阈值时，$T' + \overline{T}^* > 0$，深层大气对流才会发生，其中撇号表示厄尔尼诺时的温度异常，上横线表示平均值。大多数 CMIP6 模式的未来预估结果都显示赤道太平洋 SST 增暖会呈东向强化的结构，即 Niño3 区相对 SST 变化为正（$\Delta \overline{T}^* > 0$）〔图 14.2（b）〕。因此，即使在 Niño3 区 SST 变率保持不变的情况下，这种平均态变暖也会使东太平洋低 SST 更容易激发深对流，增加其超过阈值的频率。

一类大气环流试验（AMIPFuture 试验，全球平均 SST 变化等于 4K）能够捕捉到 Niño3 区降水变率在 SST 增暖空间重作用下的增强特征。其中，SST 增暖的空间型来自于 CO_2 浓度 4 倍突增试验下的多模式集合平均（MME）结果。但是如果仅将 SST 空间上均匀地增加 4K（AMIP4K 试验），相同的大气模式无法重现这一增强的对流异常〔图 14.5（b）〕。由于 AMIPFuture 和 AMIP4K 的 SST 年际变率相同，这一结果说明了平均 SST 变暖的空间分布型具有增强 ENSO 大气变率的作用。对比使用相同大气模块的耦合模式试验集合，Niño3 区域降水变率会增强，但耦合模式表现出更大的模式间差异〔图 14.5（b）〕，这是因为不同模式对赤道太平洋 SST 的平均态增暖以及年际变率变化的模拟各不相同。

在北半球冬季，赤道太平洋上空对流异常的东移引起了太平洋–北美（PNA）遥相关型响应的东移和加强。阿留申低压异常增强并且向东移动，未来将更加接近北美（图 14.6）。当今气候下，美国加利福尼亚州在厄尔尼诺冬季会经历更多风暴和降雨，变暖后，这些异常在气候变暖背景下会增强并变得更为显著。

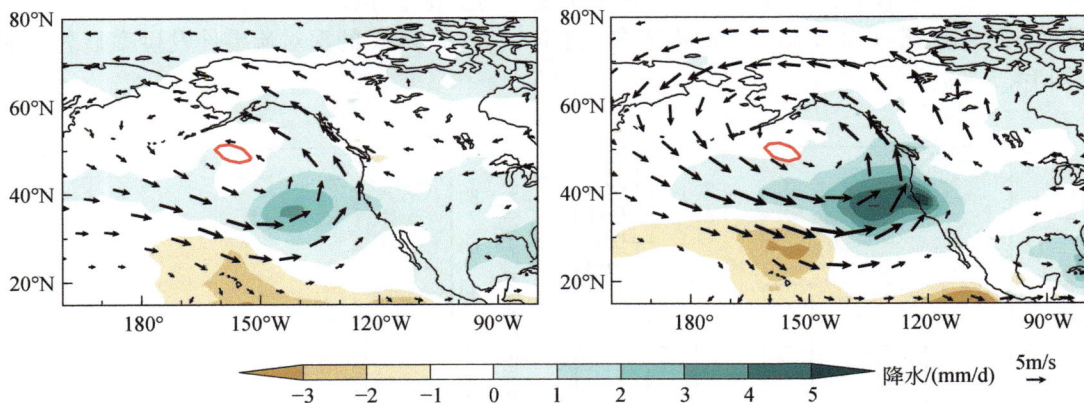

图 14.6　由大气环流模式（CAM4）模拟的厄尔尼诺引起的冬季（12～2 月）气候异常。（a）为现在气候中的情况（b）未来气候中的情况。包括降水和 850hPa 风速。填色表示降水，单位为 mm/d，箭头表示风速，单位为 m/s。红色椭圆标志着厄尔尼诺现象引起的阿留申异常低压中心。未来气候中 SST 增暖的空间分布来自 RCP8.5 的模拟结果。（Zhou et al.，2014.）

MME 平均结果体现的是在各个气候模式中均存在的强迫变化信号，而模式间的差异性则代表了模式不确定性。模式间的相关性可以表征一些潜在的物理联系，对其研究能让我们更深入地理解其中的物理过程和作用机理。

以 ENSO 对应的 SST 变率的未来变化为例，这其中就存在着由于模式间预估结果差异性而导致的模式间不确定性。变暖后，厄尔尼诺引起的 Niño3 区降水异常加强，意味着纬向风反馈可能也会增强［图 14.5（a）］。通过对模式间不确定性的研究发现，Niño3 区平均态 SST 的变化似乎与 SST 方差的变化相关。也就是说，Niño3 区 SST 方差未来变化的模式间差异，可能与不同模式对平均态增暖的空间型［特别是相对 SST（$\Delta \bar{T}^*$）］的不同预估有关。即 $\Delta \bar{T}^*$ 越大，Niño3 区对流变率增强的就越多，大气对厄尔尼诺的反馈也就越强。

气候模式对 ENSO 的模拟存在差异，这反映了 ENSO 受多种耦合反馈过程的影响（Planton et al.，2021）。这里我们主要关注 Niño3 区域的非线性对流反馈。在气候变暖情景下，上层海洋层结加强，从而加强了表面反馈［SST 扰动式（9.3）中的埃克曼动力项］（Timmermann et al.，1999）。具体可以参考 Cai 等（2021）。

14.2.2　厄尔尼诺型增暖

在全球变暖背景下，大多数 CMIP5 模式都倾向于认为温室气体增长导致的 SST 增暖存

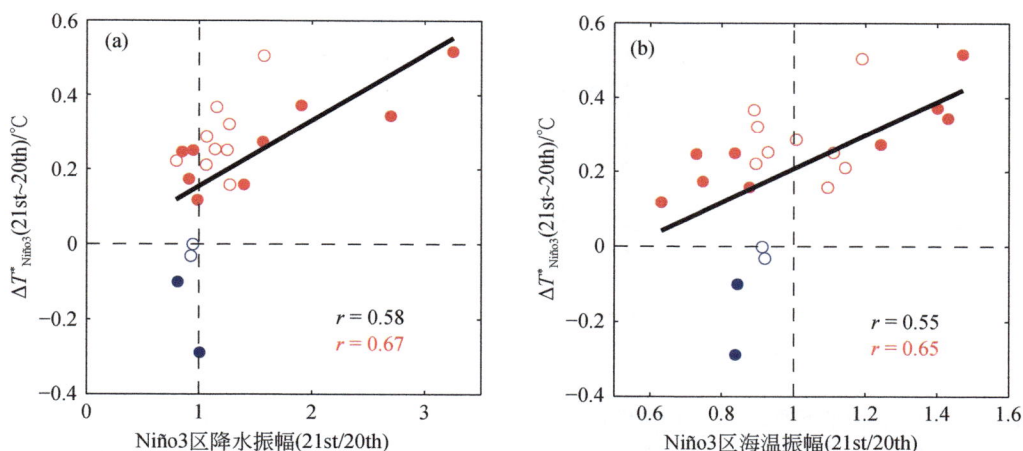

图 14.7　模式间散点图。纵轴表示 $\Delta T^*_{\mathrm{Niño3}}$（℃），横轴在（a）和（b）中
分别表示 Niño3 区域的降水和 SST 在 21 与 20 世纪标准差的比值。（Zheng et al.，2016）

在东向强化特征（图 14.4），但并未就 SST 纬向梯度的变化幅度达成一致（图 14.7）。由
式（9.3）可知，Niño3 区域 SST 变化取决于：

$$\frac{\partial \Delta T}{\partial t}=-\left(\frac{\alpha \overline{Q}_{\mathrm{E}}}{\rho C_{\mathrm{p}} H_{\mathrm{m}}}+\frac{\overline{w}_{\mathrm{m}}}{2 H_{\mathrm{m}}}\right)\Delta T+\frac{\overline{w}_{\mathrm{m}}}{2 H_{\mathrm{m}}}\frac{\partial \overline{T}_{\mathrm{e}}}{\partial h}\Delta h+\frac{\Delta Q}{\rho C_{\mathrm{p}} H_{\mathrm{m}}} \tag{14.12}$$

式中，ΔQ 为温室效应导致的表面热通量扰动。这里我们省略了纬向平流项。有三种机制
在起作用：

（1）蒸发阻尼率（括号中第一项）在赤道东太平洋比赤道西太平洋小，有利于纬向
SST 梯度减弱，因此 $\Delta \overline{T}^*$ 为正。云反馈也有利于 SST 增暖的东向强化，正（负）的 SST
变化对应低云（深对流云）异常。

（2）沃克环流的减缓使得东太平洋温跃层加深，在温跃层反馈［式（14.12）右侧的
倒数第二项］的作用下，有利于减弱纬向 SST 梯度（Vecchi and Soden，2007）。

（3）海洋恒温器效应代表平均上升流对 SST 变暖的阻尼作用［式（14.12）括号中第
二项］。数十年前潜沉的表层海水与更深的水体混合形成了温跃层的冷水，在上升流作用
下，有利于增大变暖后的纬向 SST 梯度（Clement et al.，1996）。由于赤道温跃层变暖的滞
后性，当温室气体辐射强迫随时间增强时，这种效应也会增强。但随着辐射强迫逐渐稳
定、温跃层升温开始加速时，这种效应将会减弱（Luo et al.，2017）。上述机制的相对重
要性可能因模式而异，并受到赤道冷舌和跨赤道风等模式偏差的影响。

大多数 CMIP5 模式过度模拟了赤道冷舌向西延伸的范围，甚至有些模式中的冷舌一直
延伸到海洋性大陆附近。这种偏差意味着赤道西太平洋蒸发与对流云对 SST 增暖的阻尼效
应较弱，有利于西部 SST 变暖的增强。事实上，Li 等（2016a）在 CMIP5 模式中发现未来
预估的 SST 东西梯度的增加与西太平洋气候平均态降水之间存在相关性［图 14.8（a）］。

使用观测到的平均降水（红线）来纠正模式预估中的偏差后，东西 SST 梯度可以减小
0.4℃，而 MME 平均为 0.2℃。这种利用观测值来修正模式预估结果的方法被称为涌现约

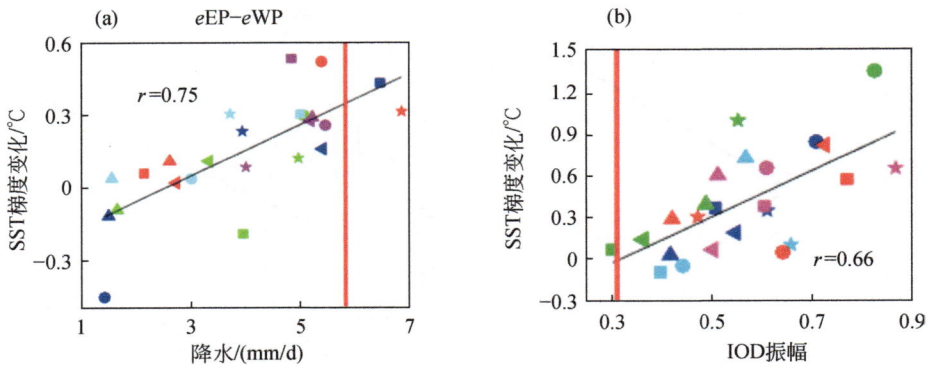

图 14.8　RCP8.5 情景下的 24 个 CMIP5 模式用涌现约束法纠正后的预估结果。（a）模式预估赤道西太平洋的平均降水量（mm/d）与预估的赤道太平洋（2°S ~ 2°N）东西 SST 梯度（东减西）变化之间的关系。东太平洋地区（eEP）和西太平洋地区（eWP）分别指 140° ~ −90°W 和 140°E ~ 170°W。（b）模式模拟当前气候态印度洋偶极子（IOD）振幅与预估的 9 ~ 11 月偶极子区域之间西减东 SST 梯度的变化。红线为观测值，模式间相关系数（r）如图［图（a）引自 Li et al., 2016a；图（b）引自 Li et al., 2016b］

束（emergent constraint），它建立在观测值和模式未来预估之间的模式间相关性之上。模式间的相关只是表明可能存在一种物理联系。当某些物理机制被用于涌现约束法时，需要对其进行严格检验（Hall et al., 2019）。在这里，赤道西太平洋的冷偏差导致当地降水的模拟偏少，因此减弱了对温室效应变暖的阻尼作用。

14.2.3　类印度洋偶极子增暖空间型

在全球变暖条件下，大多数 CMIP5 模式预估的结果都认为赤道东南印度洋的表面变暖较弱（图 14.4）且大气对流减弱［图 14.1、图 14.2（b）、图 14.3（a）］，这与赤道上的东风变化有关，该变化抬升了印度尼西亚西沿岸的温跃层。这种类印度洋偶极子（IOD）增暖型的形成与比耶克内斯正反馈有关，且在 7 ~ 11 月最为明显，因为此时沿岸上升流的出现使印度尼西亚附近能够发生温跃层反馈（第 11.2 节）。

即便所有模式预估的未来变化都是一致的，也并不意味着这就是未来的实际情况，因为各个模式中可能普遍存在相同的模式偏差。与观测值相比，CMIP5 模式对 IOD 模态的年际变化方差模拟过强，表明模式中比耶克内斯反馈过强。在 CMIP5 模式中，IOD 年际变率与 SST 纬向梯度（西减东）的未来变化之间存在相关关系。如果我们使用观测的 IOD 年际变率（0.3K）来校正模式预估结果，则平均态 SST 增暖中的东西梯度就会消失。在这里，观测到的 IOD 年际变率对平均态 SST 纬向梯度的变化预估结果起到了涌现约束作用。这种校正对于预估海洋性大陆和非洲东部地区的降水变化很重要，对 IOD 年际变化本身也很重要（第 11.2 节）。

14.3 大气环流变化引起的区域气候变化不确定性

虽然第 14.2 节说明了全球变暖背景下降水变化的几个显著空间特征，但是降水变化预估的模式间不确定性仍然很大，尤其是在热带和副热带地区 [图 14.9 (a)]。

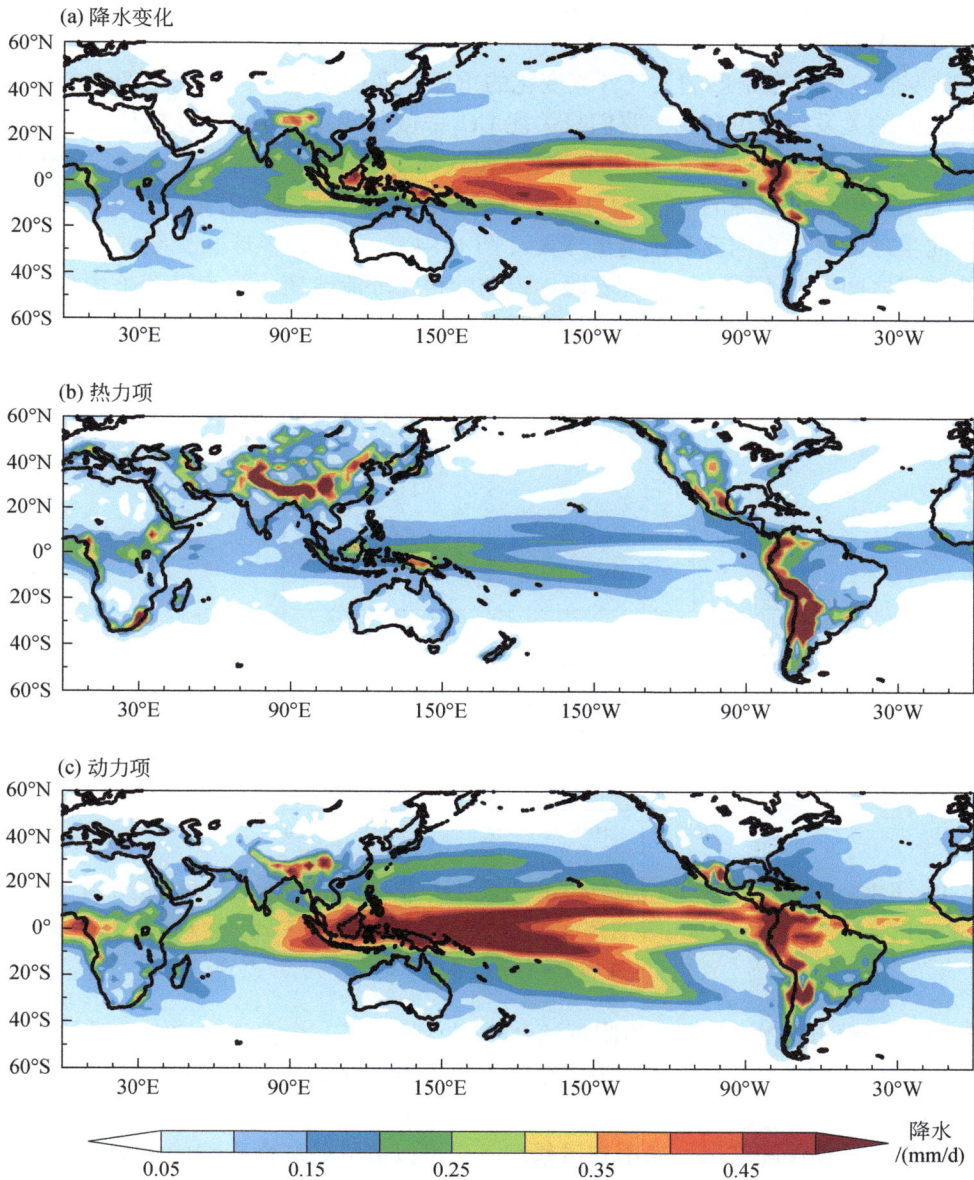

图 14.9 CMIP6 模式中 CO_2 的 1% 递增试验中的降水变化模式间标准差。取第 101～150 年平均。其中 (a) 为预估的降水变化，(b) 表示热力项，(c) 表示动力项。(引自 Geng et al.，2022)

14.3.1　SST 空间分布型

式（14.1）的水汽收支方程可以用于讨论预估降水变化的模式间不确定性。图 14.9 展示了基于该方程的诊断结果。由于模式需要准确地模拟观测的平均翻转环流（$\bar{\omega}$），所以热力项的不确定性相对较小。降水变化预估的不确定性主要来源于未来大气环流变化的不确定性（$\Delta\omega$）。

SST 变暖空间分布是影响大气环流变化的重要驱动因素。我们研究了两者的模式间不确定性之间的关系。简单起见，我们只关注 CO_2 浓度每年增长 1% 试验模拟的纬向平均结果，以避免气溶胶强迫所带来的不确定性。模式间 $\Delta\omega$ 和 ΔT 的奇异值分解（SVD）第一模态是关于赤道是反对称的（图 14.10），在较暖的半球有异常上升运动。虽然在 MME 平均中，北半球的海洋表面变暖比南半球大（图 14.4），但这种半球间变暖的不对称的程度在各个模式之间有所不同，且伴随着跨赤道的哈得来环流改变。跨赤道 SST 增暖不对称的模式间差异与大西洋经向翻转环流（AMOC）减弱和南极海冰融化速率有关（Geng et al.，2022）。

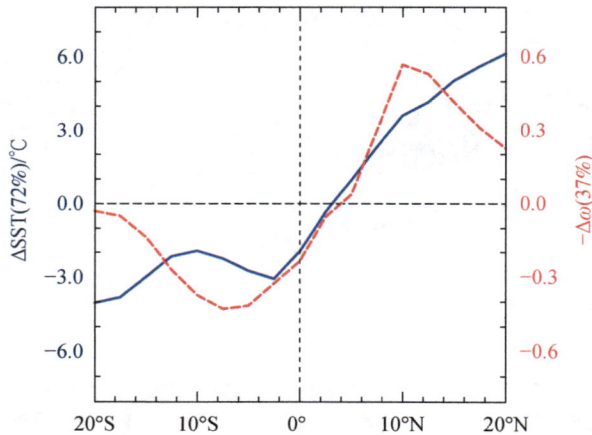

图 14.10　CMIP6 的 1% 每年的 CO_2 递增试验中模式间差异的 SVD 第一模态。两变量分别为纬向平均的 SST 变化与纬向平均的 500hPa 垂直速度变化。取第 101 ~ 150 年平均，它解释了 64% 的协方差。

（引自 Geng et al.，2022）

SVD 第二模态中的 ΔT 在赤道附近达到峰值，驱动了一个关于赤道对称的哈得来环流变化。虽然在多模式集合平均中，海洋变暖也在赤道上达到最大，但这种赤道变暖的程度也存在不确定性。

热带气旋往往伴随狂风、暴雨和风暴潮，是可以造成破坏性影响的极端风暴。从全球来看，未来预估中热带气旋的年平均数量将减少，但它们的强度将会增加。热带气旋强度的增强与 SST 的升高相一致，但海洋层结的加强会造成相反的影响（第 10.5 节），即在更暖的气候中有风暴会产生更冷的尾迹。热带气旋生成地的变化是不确定的，并且这种不确定性与 SST 变暖空间型有密切联系（Zhao and Held，2012）。具体而言，相对 SST 的变化驱动了对流和翻转环流的区域变化，这影响了热带气旋的生成潜力。在 $\Delta \bar{T}^*$ 为正值的区域，热带气旋的活动往往也会增加。

14.3.2　内部变率

内部变率并非由外强迫引起，但其对多年代际变率的变化趋势有重要影响。我们用一个耦合的大气–海洋 GCM 的大样本集合来说明这种影响。所有集合成员在模拟中都有相同的辐射强迫，唯一不同的就是它们自身的初始条件（Deser et al., 2020a）。成员之间的任何差异都是由大气–海洋耦合系统的内部变率造成的。值得注意的是，美国附近地区冬季表面温度的多年代际趋势在空间型和区域均值上都表现出很大的成员间差异（图 14.11）。在 56 年的时间里，区域平均变暖幅度最大为第 22 个成员的 3℃，最小为第 4 个成员的 1℃。在第 4 个成员中，太平洋西北部和落基山脉北部的温度变化趋势甚至是负的。美国表面温度的变化趋势与阿留申低压及其对应的风场平流有关（图 14.11）。假设由辐射强迫导致的大气环流变化很小，基于观测或模式历史模拟中海平面气压（SLP）与表面气温（SAT）趋势之间的关系，我们可以建立一种动力学方法去除内部变率的影响。与代表辐射强迫变化的集合平均相比，该方法能够较为有效地消除冬季表面气温的大部分内部变率影响。

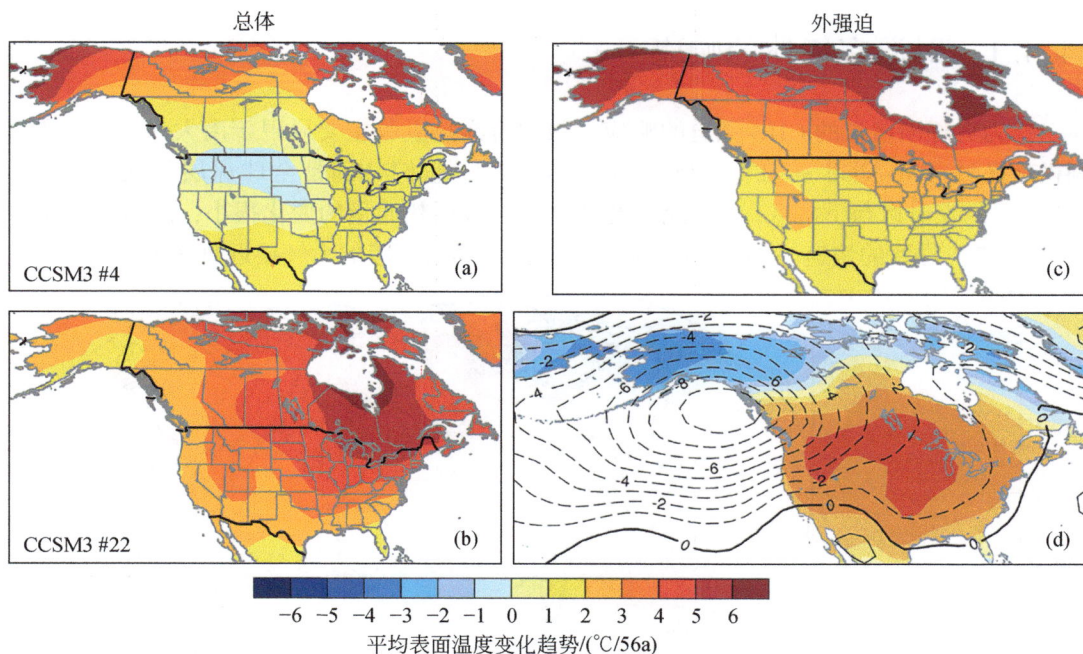

图 14.11　2005～2060 年 12～2 月平均表面温度变化趋势（℃/56a）。（a）、（b）分别为第 4 个和第 22 个成员，（c）在 A1B 情境（类似于 RCP4.5 情景）下，40 个集合成员平均，（d）将单个成员（不包括第 4 个和第 22 个成员）的变化趋势回归到对应的美国平均陆地 SAT 变化趋势得到的回归系数。填色表示 SAT 趋势，等值线表示 SLP 趋势。等值线间隔为 1hPa/56a。零等值线加粗，虚线为负。（引自 Wallace et al., 2016）

巨大的内部变率使得我们难以从观测资料提取气候变化对应的空间分布型。在北美洲东部，由于北大西洋涛动和太平洋年代际涛动（PDO）的相位转变，冬季的 SAT 在 20 世纪 50 年代到 90 年代呈下降趋势。大多数 CMIP6 模式预估赤道东太平洋会增温（图 14.4），但是卫星时代（1980 年以来）的观测发现该区域有变冷的趋势，而其他热带海洋变暖［图 13.6（a）］。那么这种不一致是由 PDO 的内部变率造成的，还是由于当前模式低估了上升流对赤道太平洋变暖的抑制作用？（第 14.2 节）最新评估请参见 Eyring 等（2022，第 3.3.3.1 节）。

14.4　海洋热吸收

针对缓慢变化的辐射强迫（如 CO_2 浓度每年增加 1%），海洋次表层远未达到平衡状态。人类活动引起的热量（Q_{net}）被海洋缓慢地吸收，从而减缓了全球表面变暖的速率。根据式（13.5），可得

$$T = (F - Q_{net})/(-\lambda) \tag{14.13}$$

本节内容将进一步考虑海洋热吸收的区域空间分布，并讨论它们如何受到海洋环流的影响，以及如何驱动跨赤道大气环流。

14.4.1　对温室气体的响应

作为对逐渐增长的 GHG 强迫的响应，强的海洋热吸收主要局限于南大洋和北大西洋副极地区域（Marshall et al., 2015）（图 14.12），它们分别是全球深层经向翻转环流（MOC）的上升区与下沉区。在世界其他大洋中，表面热通量的变化很小，因为浅层 MOC（图 12.17）导致的快速（约 10 年）通风使上层海洋与变暖的大气接近热平衡。

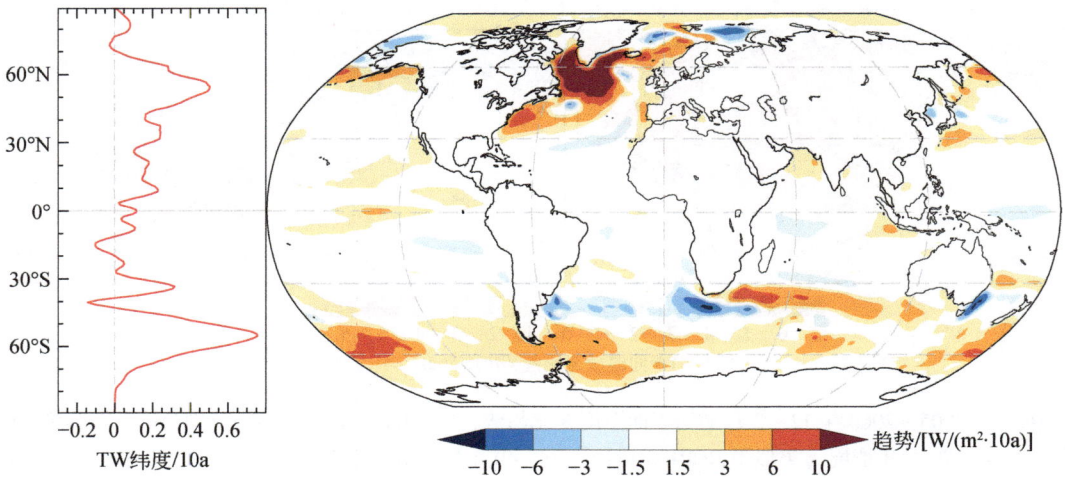

图 14.12　CMIP5 历史时期单纯温室气体强迫试验中的 1861～2005 年净表面热通量的趋势。填色表示趋势，单位为 W/（$m^2 \cdot 10a$）。插图是纬向平均热吸收。正值表示热量向下进入海洋。（Shi et al., 2018；石佳睿供图）

在南大洋中，盛行的西风驱动表层水向赤道移动，由此产生的上升流会将深层水带到上表层，这些深层水上一次与大气接触是在 100～1000 年前，并且被普遍认为没有受到人为变暖的影响。平均上升流抑制了 SST 的增暖，使海洋混合层与变暖的大气之间始终达不到热平衡，最终导致大量的热通量向下进入海洋。随后被这一强劲吸热作用加热的表层水流向赤道，作为南极模态水潜沉至温跃层中，并再次与大气隔绝。这种向赤道方向的平流作用导致了在经向上表面热通量的最大值与海洋热含量变化之间出现错位（Armour et al.，2016）（图 14.13，左图）。

南大洋上升流区被抑制的海洋变暖和其北部加强的海洋增暖，意味着南极绕极流（ACC）会在热成风作用下增强。Argo 浮标和卫星高度计已经各自观测到了南大洋的变暖与表面 ACC 的加速（图 14.13，右图）。

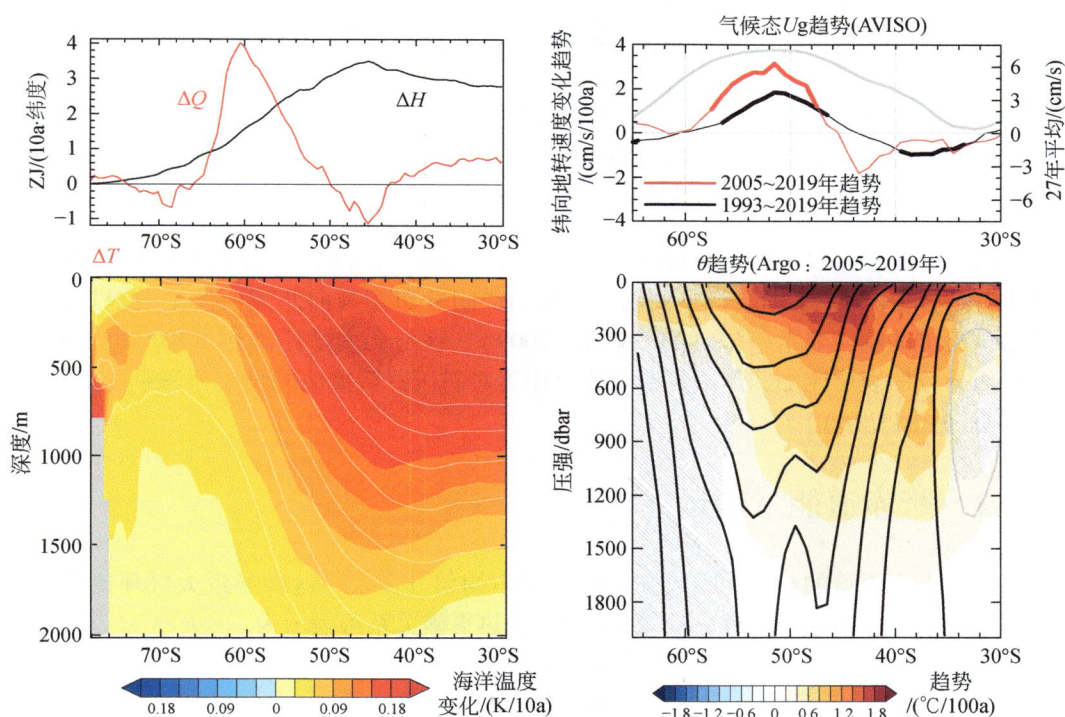

图 14.13　纬向平均变化。左侧：CESM CO_2 浓度 4 倍突增试验结果。左下：海洋温度变化（填色）及平均位势密度（白色等值线）。左上：表层热吸收和海洋热含量垂向积分的变化。引自 Liu et al.，（2018）。右侧：观测结果。右下：2005～2019 年平均的 Argo 浮标观测位势密度趋势（填色）与气候态纬向地转速度 U_g（等值线从 0.5cm/s 开始，间隔为 1cm/s，灰色为负数）。斜线区域表示双侧 t 检验中低于 95% 置信水平。右上：卫星高度计观测到的变化趋势及其 1993～2019 年气候态（灰色曲线）。超过 95% 显著性水平的趋势被加粗。[图（a）耿煜凡供图；图（b）引自 Shi et al.，2021]

在气候平均态上，北大西洋副极地区域的湾流和北大西洋暖流向北的热输送使海洋持续不断地向大气释放热量。在冬季，表层强冷却引起海洋深对流，形成密度较大的深层水并扩散到全球海洋的大部分区域。由温室效应导致的变暖加强了大气中向极的水汽输送。降水的增加，伴随着海冰和格陵兰冰盖的融化，降低了北大西洋表层盐度［图14.14（a）］和密度，减缓了深层水的形成并导致了AMOC减弱。变弱的向极热输送减少了辐射强迫导致的海洋增暖，使得格陵兰岛南部出现一个增暖的空洞区［图14.1（a）］。这里海洋变暖较弱，引起了向下的表面净热通量异常（海洋吸收热量）（图14.12）。

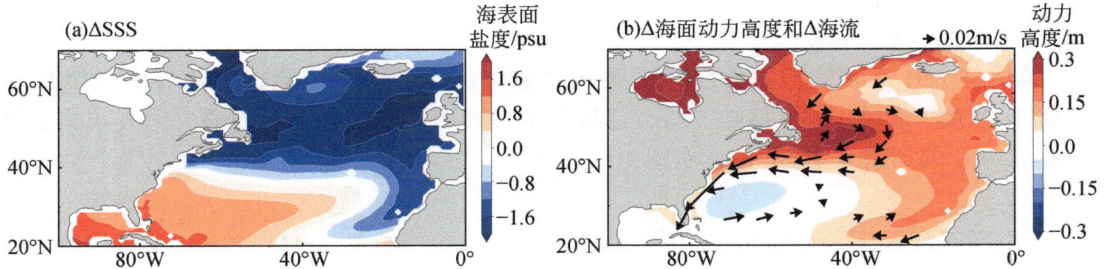

图14.14　30个CMIP6模式平均的北大西洋在CO_2浓度4倍突增试验中的变化。第101～140年平均：（a）海表面盐度，单位为psu；（b）海平面动力高度和环流速度，填色表示动力高度，单位为m，箭头表示环流速度，单位为m/s。（彭启华供图）

AMOC的减慢导致了湾流的减速。湾流两侧压力梯度的减弱加剧了北美东北海岸的海平面上升［图14.14（b）］。海平面动力变化的空间分布型与向北大西洋副极地添加淡水的注水试验中的响应非常相似（Yin et al.，2009）。这与北太平洋副热带环流由于密度层结加强而导致的表层流加速形成鲜明对比，作为对斜压罗斯贝波的响应，海平面上升被限制在近海（图13.16）。

14.4.2　跨赤道能量输运

海洋对人为强迫的热量的吸收在空间上是不均匀分布的，这会导致大气环流的变化。对整层大洋的做纬向和垂直积分（第2.3节），热平衡关系可表示为

$$\frac{\partial H}{\partial t}+\frac{\partial F_0}{\partial y}=Q_{\text{net}} \tag{14.14}$$

为了方便起见，这里省略了表示扰动的撇号。式（14.14）左侧的第一项称为海洋储热，式（14.14）右侧为海洋热吸收项。整层海洋的储热项对于缓慢变化的辐射强迫的瞬态调整非常重要（第13.1节）。海洋热吸收是储热项和深度积分的能量输运（F_0）散度［式（14.14）左侧第二项］的总和。纬向积分的大气柱能量平衡为

$$\frac{\partial F_a}{\partial y}=R_{\text{TOA}}-Q_{\text{net}} \tag{14.15}$$

这里通量的符号统一向下为正，F_a为大气运动导致的向北能量输运。在南北两个半球进行积分得到赤道处的大气能量输运：

$$-F_a|_{y=0}=\langle R_{\text{TOA}}-Q_{\text{net}}\rangle_{\text{SH}}^{\text{NH}}/2 \tag{14.16}$$

式中，角括号$\langle\cdot\rangle$表示半球积分，并且$\langle\cdot\rangle_{\text{SH}}^{\text{NH}}=\langle\cdot\rangle_{\text{NH}}-\langle\cdot\rangle_{\text{SH}}$。

海洋环流塑造了海洋吸热的空间分布。副极地北大西洋的热吸收是由 AMOC 减弱造成的，而南大洋的热吸收则受由全球深层 MOC 的平均上升流影响。式（14.16）表明，如果 $\langle R_{TOA}\rangle_{SH}^{NH}$ 很小，那么海洋热吸收空间分布会驱动跨赤道大气环流。在温室气体强迫下，南大洋热吸收的纬向积分略大于副极地北大西洋，但是热吸收的南北半球积分之间的差异很小（图 14.14 插图）。因此，跨赤道哈得来环流对温室气体强迫的响应是很弱的［详见接下来的讨论，图 14.16（b），图 14.19］。

14.5　气溶胶效应

石油的燃烧不仅会排放二氧化碳（CO_2），也会释放气溶胶的前体物质，如二氧化硫（SO_2）等。与水蒸气反应后，SO_2 形成硫酸盐，它可以散射太阳光（对辐射的直接影响）并增加云凝结核和云滴的数量。对于给定的云中液态水的含量，云滴数量的增加会使云变亮（对辐射的间接影响，第 6.3.2 节），因此在致密的低云云顶也可以清楚地看到船舶的轨迹。燃煤电厂的烟囱既排放使地球变暖的 CO_2，也排放使地球变冷的气溶胶。人为气溶胶导致全球表面降温 0.80℃（IPCC，2022a）。图 14.15（a）展示了气候模式中全球平均表面气温（GMST）对温室气体和气溶胶强迫的响应。

温室气体可以滞留的时间较长（CO_2 为 100 年，甲烷为 12 年），在此期间大气的输送和混合使其浓度在空间上均匀化。相比之下，气溶胶的滞留时间只有一周。因此，温室气体浓度在大气中混合很充分，几乎可以看作是均匀的，而气溶胶浓度存在很强的空间分布差异性，在排放源附近浓度高［图 14.15（c）、（d）］。具体来说，目前北半球的人为气溶胶排放很高，尤其是北美、欧洲等工业化地区以及东亚、南亚等正在快速工业化的地区。由于具有区域差异性特征，气溶胶强迫在驱动大气环流和降水变化方面非常有效，因此气溶胶对区域气候变化具有重要意义。

在亚洲季风区（印度和中国），气溶胶冷却效应会导致异常下沉运动和夏季风降水减少（Wang et al.，2021）。由于局地气溶胶强迫可以驱动较强的大气环流异常，所以水汽收支式（14.1）中的动力项占主导地位（Li et al.，2015）。但是气溶胶效应并不仅仅是局地的，它还可以通过调整 SST 和海洋耦合间接影响全球，特别是在南亚地区（Bollasina et al.，2011）。

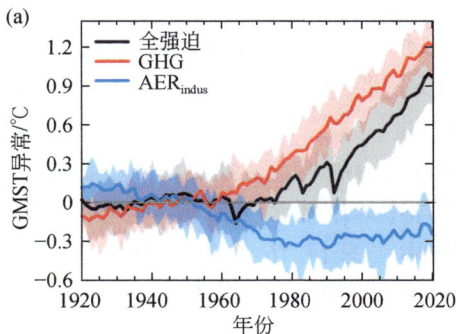

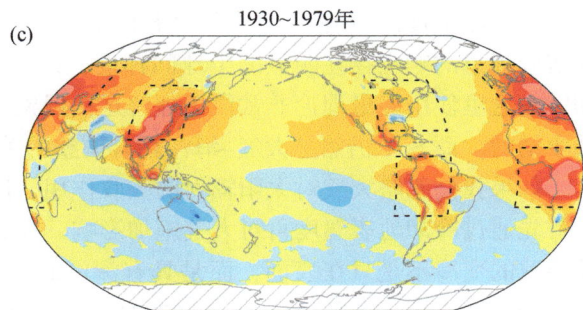

(a)

(c) 1930~1979年

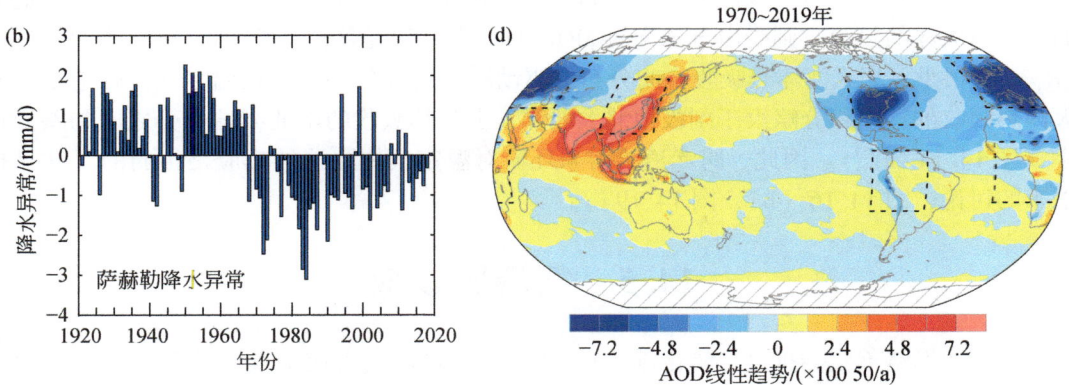

图 14.15　（a）在美国国家大气研究中心（national center of atmosphere research，NCAR）CESM1 大样本集合试验中，GMST 的对不同强迫的响应。黑线对应全强迫、红线对应温室气体、蓝线对应工业气溶胶强迫，GMST 单位为℃。阴影代表模式间离散程度。（b）萨赫勒（$10° \sim 20°N$，$20°W \sim 10°E$）降水异常。CESM1 中工业化时期气溶胶光学深度的 50 年趋势：（c）$1930 \sim 1979$ 年和（d）$1970 \sim 2019$ 年。［图（a）（c）（d）引自 Deser et al.，2020b；图（b）由王海供图。©美国气象学会。已授权使用。］

14.5.1　半球间不对称性

第 12.4.2 节介绍的能量理论有助于我们理解跨赤道哈得来环流对北半球 TOA 能量负异常扰动的响应。为了进一步简化，我们首先考虑一个 50m 深、静止的平板海洋模型（SOM），其处于平衡状态时 $Q_{net}=0$。由式（14.16）可知，赤道的大气能量输运为

$$-2F_a|_{y=0} = \langle R_{TOA} \rangle_{SH}^{NH} \tag{14.17}$$

跨赤道的能量输送与半球间 TOA 能量通量的差异相平衡。

考虑北半球中纬度地区存在对太阳辐射起完全反射作用（没有吸收作用）的气溶胶。为了补偿北半球表面太阳辐射的减少，由式（14.17）可知会存在跨赤道向北的大气能量输送（$F_a|_{y=0}>0$）。这是由跨赤道的哈得来环流完成的，其上升支和 ITCZ 会转移到更暖的南半球［图 14.16（a）］。

上述能量理论与前 12 章大气–海洋耦合动力学的 SST 观点是一致的。事实上 SST 对于气溶胶强迫的响应存在明显的半球间梯度，该梯度驱动了跨赤道哈得来环流和 ITCZ 的移动。在这里使用能量理论非常便于理解这一现象，因为这些变化是由气溶胶引起的能量扰动驱动的。而 SST 仍然是大气–海洋耦合调整的关键变量。

如果我们忽略大气对太阳辐射的吸收作用，反射性气溶胶不会直接影响大气温度，而是首先通过冷却地表温度再对大气施加影响。在北半球中纬度地区（$20°N \sim 45°N$），气溶胶导致的变冷不是只在表面，而是具有深厚的垂直结构［图 14.16（a）］，这体现了大气涡旋的反馈作用。参见 Hwang 等（2021）对 SST 和涡旋调整的详细讨论，其中包括了辐射强迫较小的南半球副极地地区的西风急流变化。

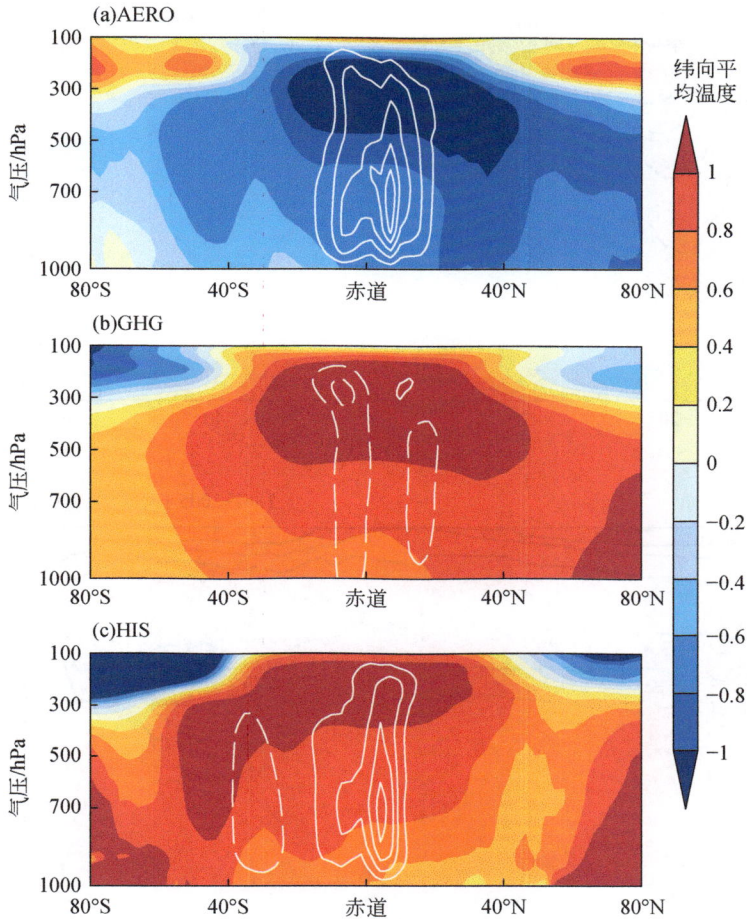

图 14.16　CMIP5 历史时期模拟试验中 1950～2000 年热带纬向平均温度（填色）和流函数（等值线 3×10^8 kg/s/K）的变化。强迫分别为（a）气溶胶（aerosol，AERO）、（b）温室气体（GHG）和（c）全辐射强迫（HIS）。（Wang et al.，2016）。

14.5.2　海洋动力反馈

　　与许多基于 SOM 的早期研究相比，在真实海洋中，深海的慢响应会调节表层对于气溶胶辐射扰动的响应。具体而言，就是海洋 MOC 会减弱大气哈得来环流响应的半球间不对称性。气溶胶冷却会通过减弱水汽的向极输运（与 GHG 引起的变化相反）而导致副极地北大西洋表层盐度增加。温度的降低和盐度的增加共同作用加剧了深层水的形成，随之而来 AMOC 的增强［图 14.17（b）］也会增加向大气释放的表面热通量。副极地北大西洋表面通量的作用与北半球气溶胶引起的 TOA 辐射扰动相反，进而减弱半球间不对称。

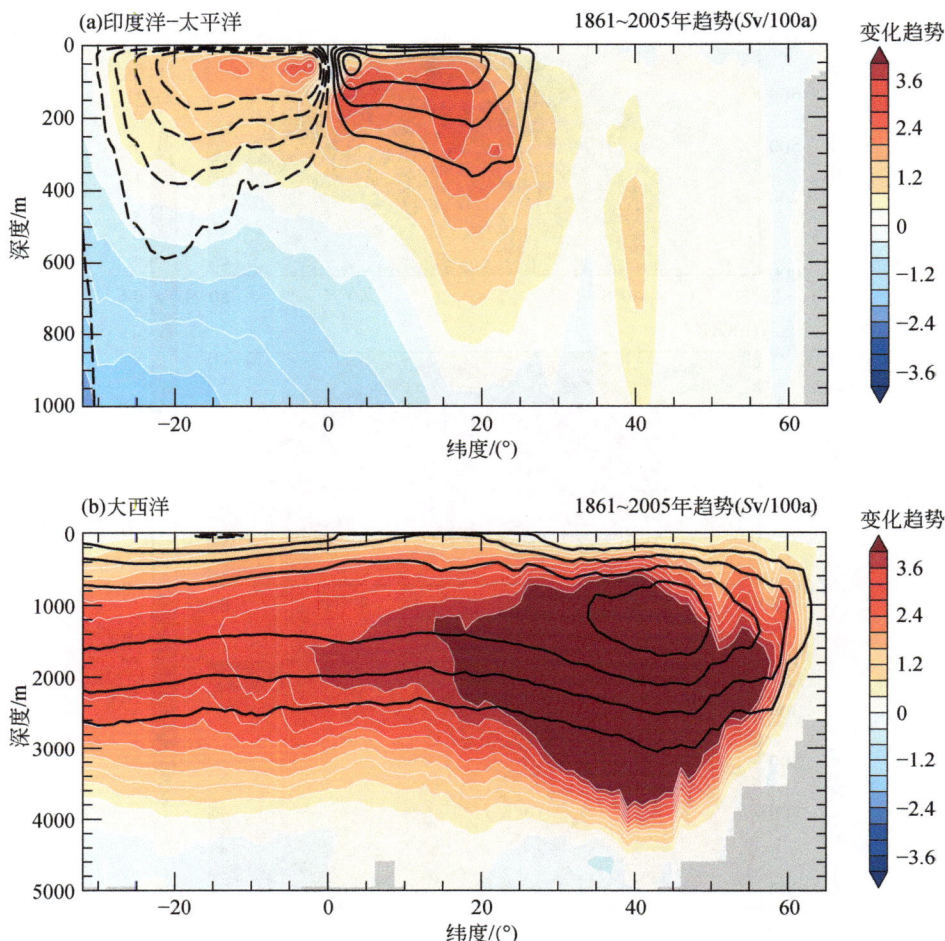

图 14.17　CMIP5 中 1861～2005 年气溶胶强迫试验集合平均的末向积分翻转环流函数趋势。（a）印度–太平洋和（b）大西洋。填色表示变化趋势，黑色等值线表示现在的气候态分布，单位为$10^6\,\mathrm{m}^3/\mathrm{s}/100\mathrm{a}$）。（石佳睿供图）

　　在海洋上层 600m 中，会发展出一个顺时针的半球间异常 MOC［图 14.17（a）］跨赤道向北输运热量。在赤道北部（南部）产生向上（向下）的表面通量（图 14.18，青色线），减弱大气能量输送。这个出现在上层海洋的异常 MOC 是由与跨赤道哈得来环流有关的表面风场变化和表层浮力通量变化共同引起的。Luongo 等（2022）通过保持表面风应力不变的试验模拟，证明了表层浮力通量主导着海洋热输送的变化。

　　将式（14.14）代入式（14.16）可得

$$-(F_\mathrm{a}+F_\mathrm{o})\,|_{y=0}=\left[R_\mathrm{TOA}-\frac{\partial H}{\partial t}\right]_\mathrm{SH}^\mathrm{NH}/2 \qquad (14.18)$$

　　海洋浅层和深层 MOC 响应引发的向北热量输运（图 14.17），减弱了跨赤道大气能量向北输运的需求。换句话说，海洋 MOC 变化减弱了 ITCZ 对半球间不对称的能量扰动（如

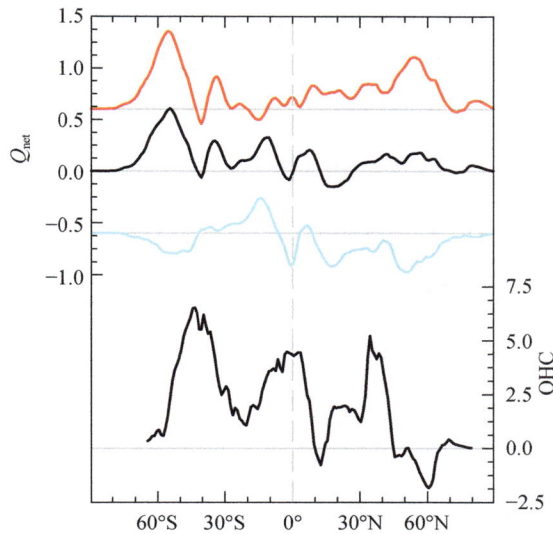

图 14.18　纬向积分的海表净热通量趋势。黑色曲线代表历史试验、红色代表温室气体试验、青色代表人为气溶胶试验，向下为正，单位为 $10^9\,\mathrm{W}/(\text{纬度} \cdot 10\mathrm{a})$。根据 Shi 等（2018）改编。（低层）Argo 观测 2005～2018 年纬向积分海洋热含量趋势。（石佳睿供图）（0～2000m，$10^7\,\mathrm{W/m}$）

气溶胶冷却）的响应。

一般来说，表面热通量代表海洋动力过程对大气的总体作用，即热存储和热输运之和 [式（14.14）]：

$$-F_\mathrm{a}|_{y=0} = [R_\mathrm{TOA} - Q_\mathrm{net}]_\mathrm{SH}^\mathrm{NH}/2 \tag{14.19}$$

海洋动力阻尼项 [式（14.19）右侧第二项] 削弱了跨赤道大气能量输运，从而使 ITCZ 偏移减弱了一半以上（图 14.19）。

值得注意的是，海洋运输和混合抑制了全球平均 [式（14.13）] 和半球间 [式（14.18）] 对辐射能量扰动的响应。GMST 和半球间不对称（由跨赤道大气能量输运计算）是追踪全球气候变化状态的最低阶近似的指标。

14.5.3　持续变化的分布特征

人为气溶胶分布展现出复杂的时空演变，这反映了人类社会在平衡经济发展和公共卫生方面做出的努力。从第二次世界大战到 20 世纪 80 年代，北美和欧洲经济的快速发展导致气溶胶也快速增多，造成了很严重的空气污染和酸雨的发生。人类社会对此做出反应，颁布了净化空气的法律，以遏制空气污染。但北美和欧洲地区减少的气溶胶排放被亚洲排放量的迅速增加所抵消。因此，从 20 世纪 80 年代开始，全球（主要是北半球）气溶胶排放量开始趋于平稳，全球冷却效应也开始趋于平稳。

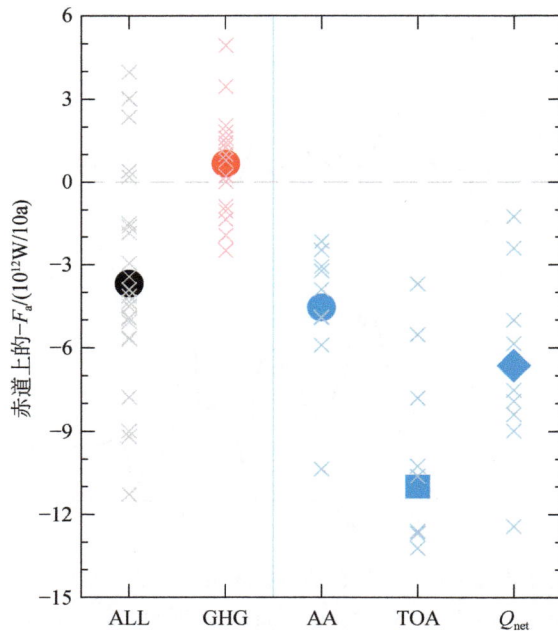

图 14.19　CMIP5 模拟的 1861 ~ 2005 年跨赤道大气能量输运趋势（10^{12} W/decadal）。能量输运使用 $-F_a \big|_{y=0} = \langle R_{TOA} - Q_{net} \rangle_{SH}^{NH}/2$ 求得，分别为历史实验（ALL）、温室气体（GHG）单一强迫试验，人为气溶胶单一强迫（AA）试验。负值代表向北的大气能量输运。对于气溶胶强迫（蓝色），图中还显示了大气层顶（TOA）和海面的能量通量贡献。实心符号代表 CMIP5 多模式平均。（石佳睿供图）

目前为止的大多数研究都将注意力集中在气溶胶演变的第一阶段（20 世纪 80 年代之前），其特征是 ITCZ 的南移［图 14.16（a）］。第二阶段（20 世纪 80 年代到现在）主要是气溶胶排放中心从北美和欧洲向亚洲的位置转移［图 14.15（d）］，导致北大西洋变暖和北太平洋变冷（图 14.20），并可能引起了最近 AMO 转变为正位相、PDO 转变为负位相（Watanabe and Tatebe，2019），以及全球表面增暖停滞（第 13.2 节）。气溶胶排放位置的纬向变化导致了赤道印度洋–太平洋区域的沃克环流增强。在热带大西洋，它驱动了跨赤道 SST 梯度和 ITCZ 经向位置的多年代际变化，也导致了非洲萨赫勒地区在 20 世纪 50 年代到 80 年代持续数十年的干旱，以及随后降水的恢复［图 14.15（b）］（Hirasawa et al.，2020）。

在动力学上，北半球气溶胶在 20 世纪 80 年代之前的持续增加激发了一个全球经向模态。海洋动力的阻尼抑制作用使纬向平均的能量模态强度降低了两到三倍（图 14.17，图 14.19），从而使其对气溶胶分布的依赖性减弱。与之相反，近几十年（1980 年以来）气溶胶排放的主导模态为纬向移动模态，与其纬向平均能量扰动关系不大，但是涉及了海盆尺度的大气–海洋相互作用。具体而言，中纬度气溶胶引起异常信号，能够通过由 WES 反馈维持的海盆尺度副热带经向模态，向西以及向赤道传播，影响热带，沃克环流的增强就是其结果之一（图 14.20）。

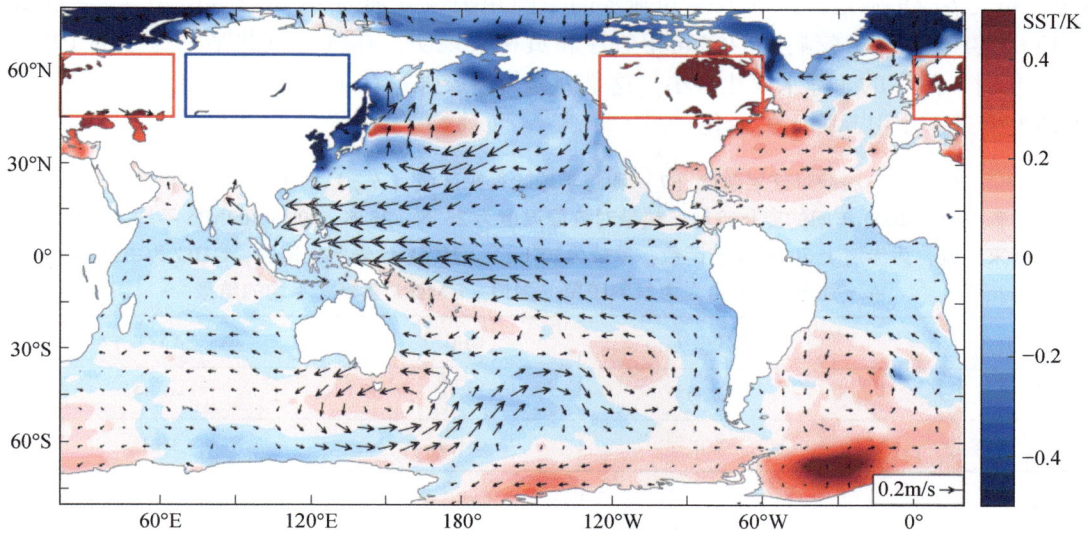

图 14.20　SST 和 850hPa 风场对北美和欧洲上空辐射增加、亚洲气溶胶减少的气候响应。在试验中，纬向平均辐射强迫为 0。箭头表示 850hPa 风速，单位为 m/s，填色表示 SST，单位为 K。（引自 Kang et al., 2021）

　　人为气溶胶早已被认定为辐射强迫中最大的不确定性来源。气溶胶导致区域气候变化的不确定性可能可以被分解为变化幅度的不确定性和空间分布型的不确定性。尽管变化幅度不确定性依然存在，但上述结果表明气溶胶导致的区域气候变化的空间分布型是相当确定的，包括跨赤道的哈得来环流和 AMOC 的加速。

14.6　历史气候变化

　　自可靠的观测出现之后，人为气候变化主要是温室气体和气溶胶强迫响应的总和。在 1750 ～ 2019 年，人类活动导致的全球平均辐射强迫大致如下：CO_2 为 2.2W/m²，气溶胶为 −1.3W/m²，其他混合的温室气体（如甲烷）为2.7W/m²（IPCC，2022a）。

　　与气溶胶强迫相比，温室气体强迫的气候响应在赤道两侧是对称的（图 14.16）。在 1950 ～ 2000 年，温室气体导致热带对流层升温 1.03K，但跨赤道哈得来环流响应很弱。气溶胶导致对流层温度下降 0.59K，并驱动了一个强的跨赤道顺时针哈得来环流（表 14.1）。因此，在考虑全部强迫的历史模拟中，GHG 强迫主导了温度响应，而气溶胶强迫主导了跨赤道哈得来环流响应。

　　虽然气溶胶对表面太阳辐射的减弱效应主要发生在北半球地区，但是纬向平均的表层降温可以向南延伸至 60°S ［图 14.16（a）］。在热带地区，对流层降温在赤道附近表现出几乎南北对称的向上放大特征，这是由于垂直方向上的湿绝热调整和水平方向上的弱温度梯度导致的。而热带对流层对温室气体强迫的响应也与这种热带对流层温度结构类似。

　　GHG 和气溶胶引起的气候变化的空间相似性可以延伸到热带表面气候中，CMIP5 中

GHG 和气溶胶单强迫模拟的 SST 和降水的空间相关性分别为-0. 87 和-0. 76（Xie et al.，2013）。GHG 和气溶胶响应的空间相似性和负相关说明，在气溶胶北半球增多的 1950 ~ 2000 年时，热带的净降水变化很小。这是因为气溶胶强迫在驱动环流方面更加有效，环流的改变会进一步引起降雨的变化。

表 14.1　热带对流层温度（T）和跨半球哈得来环流（ψ_{500}）对不同强迫的响应。数值代表 1950 ~ 2000 年间的变化趋势，热带对流层温度为 25°N ~ 25°S，700 ~ 300hPa 平均，单位为 K；哈得来环流，为赤道上 500hPa 流函数，单位为 10^9kg/s。HIST 代表历史试验，GHG 为由温室气体单一强迫，AA 为人为气溶胶单一强迫。CMIP5 多模式平均的结果

	HIST/T	GHG/T	AA/T
T	0. 56	1. 03	−0. 59
ψ_{500}	2. 16	−1. 16	3. 61

直到 21 世纪初，南大洋都主导着海洋对人为热量的吸收。近几年，在副极地北大西洋，由温室气体和气溶胶强迫引起的热通量恰好是等量的，净变化接近于零（图 14.18）。与之相反，温室变暖使得南大洋区域吸收了大量的热量，然而气溶胶对该区域的效应较小。Argo 观测捕捉到了南大洋区域海洋热含量的增加（ΔH），其峰值在 45°S，而模式模拟的热吸收峰值位于 55°S 附近，观测结果更靠近赤道（图 14.18）。

历史时期南大洋在全球人为热量吸收中的主导地位并不是温室效应变暖的结果，而是 GHG 和气溶胶辐射强迫的比例和演变造成的偶然性结果，这一点至关重要。如果南大洋热吸收的主导作用是由于温室气体强迫造成的（关于赤道几乎对称），那么根据能量传输理论［式（14.19）］，在 20 世纪将出现一个向北移动的 ITCZ。而实际上是气溶胶冷却使 ITCZ 向南移动，同时海洋热吸收抑制其南移。

14.7　总　　结

真锅淑郎（Suki Manabe）和他的同事于 20 世纪 80 年代末在地球物理流体动力学实验室利用一个真实的耦合 GCM，第一次进行了瞬态温室气体强迫的变暖试验。该试验中预估的几个重要变化已经在实际历史时期的演变中得到了证实（Stouffer and Manabe，2017），包括大陆变暖幅度大于海洋以及北极变暖放大现象。9 月北极海冰面积在 2007 年达到最小纪录，并在 2012 年再创新高。与北极强烈变暖相反，正如预测的那样，南大洋 SST 变暖受到由上升流携带的深层水所抑制。Argo 数据探测到南大洋强的热吸收以及表面增暖的减弱。AMOC 的减弱没有被模拟出来，但这并不是因为他们的早期模式存在错误，而是因为当时的模式中没有考虑人为气溶胶的影响。

和空气质量相关的公众健康问题已经促使北美和欧洲地区减少了人为气溶胶排放。在亚洲和其他地区也慢慢出现了类似的趋势。全球空气污染的减少，加上温室气体的持续增加，最终使 AMOC 减弱。这将增加副极地北大西洋对于全球海洋热吸收的贡献（图 14.21）。

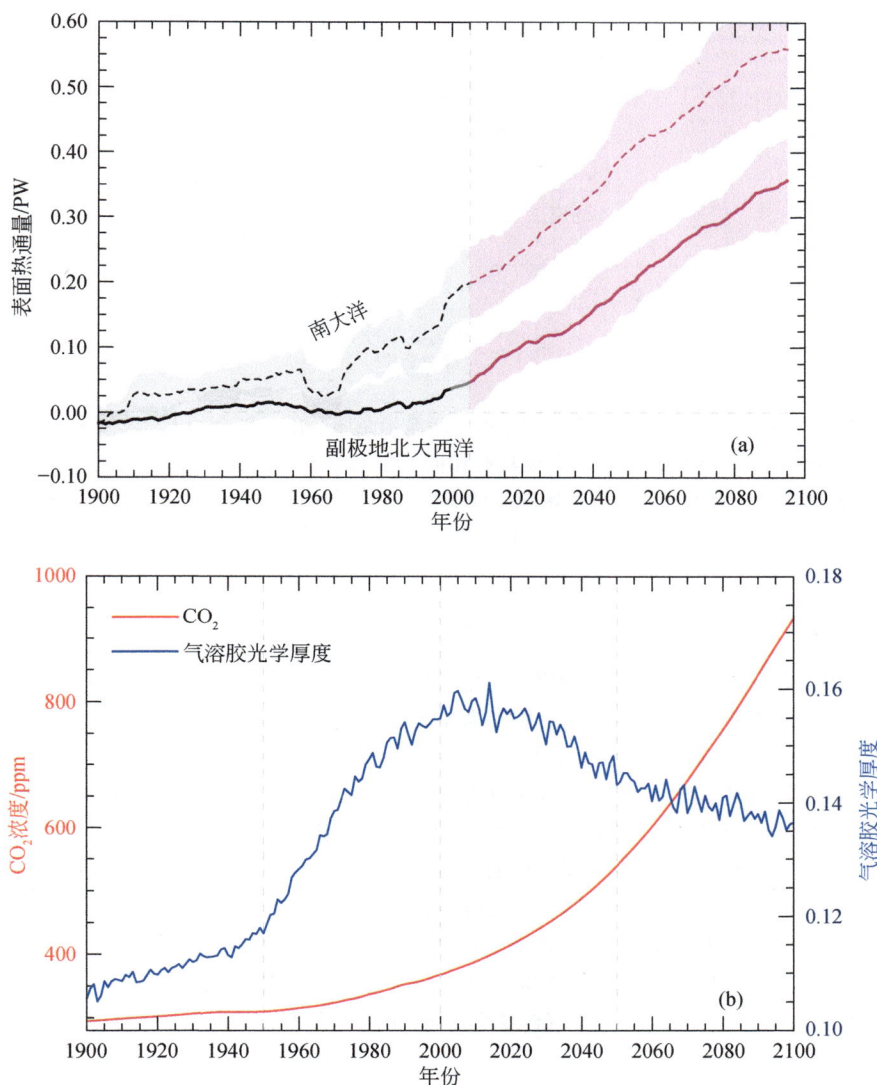

图 14.21　（a）历史（黑色）和 RCP8.5（粉红色）情景下模拟的副极地北大西洋和南大洋（虚线）面积积分的表面热通量。阴影表示 CMIP5 集合分布的一个标准差。（b）对应的 CO_2 浓度（红色曲线；ppm）和全球平均 550nm 的总气溶胶光学厚度（蓝色）。（Shi et al., 2018）

　　由于气溶胶强迫在空间分布和强度上的复杂演变，区域变化并不总是与历史时期观测到的变化相似，如跨赤道哈得来环流、萨赫勒降雨［图 14.15（b）］、AMOC 和海洋热吸收。我们仍然可以从过去中学习——不是通过简单的外推，而是在概念和过程层面进行理解（图 14.22）。海洋决定了全球变暖的速度，并通过引起 ENSO 和其他周期性自发出现的气候模态的耦合反馈，影响气候变化的区域空间分布。随着温室效应的加剧，人们更加关注并重点分析重大气候事件。加大观测力度、细致分析和进行模式试验将会继续提高我们对于气候系统的理解，并使我们可以预测更长时间的气候变化，提高预测的准确性。

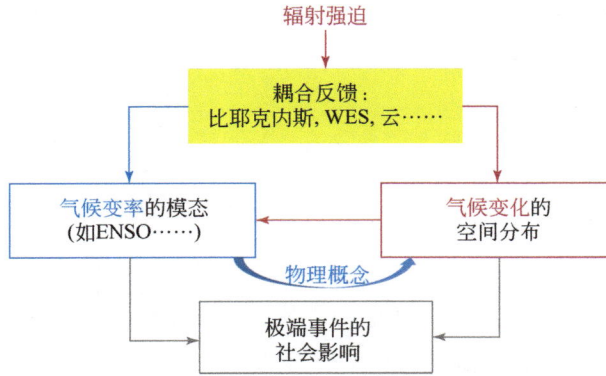

图 14.22　气候变率与气候变化之间的物理和概念联系示意图。由于耦合的大气–海洋反馈（以黄色突出显示），气候变率与气候变化导致的异常场具有相同的空间分布型动力学。这些反馈能从没有外强迫的气候变率中表现出来，有助于我们理解区域气候变化中的重要动力过程。气候变率驱动极端事件的发生，而气候变化加剧极端事件的强度，从而可能造成重大的社会经济影响。

习　　题

1. 可以用全球平均降水来近似局地降水变化吗？

2. 海洋表层变暖是空间均匀一致的，但是为什么我们还要关注 SST 变化中"小"的空间差异性？相比之下，陆地–海洋在变暖幅度上差异更大。

3. 在海洋空间均匀一致变暖情景与完全耦合的大气–海洋模式模拟的空间不均匀增暖情景下，区域降水变化有何不同？这说明海洋在形成区域气候变化中的作用是什么？

4. 假设在模式的未来预估中出现了下面的两种变化，请简述对应的背景 SST 空间分布变化：（1）赤道太平洋降水增加；（2）东南信风增强，东北信风减弱。

5. 热带平均 SST 为什么对深对流和热带气旋的生成有重要参考意义？

6. 对流阈值为什么不是一个固定的数值？随着全球变暖它会如何变化？

7. 研究大气–海洋耦合系统中内部气候变率如何有助于理解和预估温室气体强迫下的区域气候变化？请举出两个例子。

8. 什么导致了热带降水出现模式间不确定性？SST 变暖空间分布重要吗？

9. 为了研究 El Niño 遥相关，比如对加州降水的影响，一种有效的方法是在大气环流模式试验中，叠加放置观测到的热带太平洋 SST 异常，同时保持其他区域 SST 为气候态不变（第 9 章）。那么为了预估热带太平洋变暖对于大气环流和降水的影响，是否能简单地给定热带太平洋 SST 变化（并将其他地方的 SST 变化设为零）？为什么？

10. 为了研究热带太平洋变暖空间型的影响，你会如何在模式中设置 SST 变化？请简要解释。

11. 回顾图 13.3 的两层模型，其中上层与深层海洋的热交换被一个混合常数所表示。这对于广阔的热带、副热带海洋都适用吗？你会如何修改这个简化的方案？大多数的热交换发生在哪里？为简单起见，仅考虑温室变暖的情景（图 14.12）。

12. GHG 和反射气溶胶造成的气候响应主要有何差异？

13. 不断增多的反射性气溶胶排放（如在美国中东部）可能会怎样的区域气候变化？ITCZ 会如何变化？请用能量理论来解释。

14. 解释海洋环流变化如何调节上一问题情况下 ITCZ 对于气溶胶的响应。

15. 2006～2012 年 Argo 数据显示海洋对于人为热量的吸收/储存仅限南半球赤道外地区。这热吸收空间分布是由温室气体增暖引起的吗?

16. 与上题相关，为什么 AMOC 没有像模式预估的那样在温室气体增长的情景下减弱？不同的辐射强迫引起的海洋热吸收存在不同的半球间分布。运用能量理论，讨论 ITCZ 的变化如何帮助我们正确地分辨辐射强迫类型。

17. GMST 和半球间 SST 差异是气候变化中两个最重要的指标。面对辐射强迫（如局限于北半球的气溶胶强迫），全深度的动力海洋对这两个指标的变化都有抑制作用。请用能量理论解释其原因。

结　　语

从太空向下望去，海面似乎平静而无趣，但海表温度（SST）的分布却在卫星传回的红外辐射计图像上一览无余（图3.3）。SST分布解释了为何巴拿马被茂密的丛林覆盖，而赤道另一侧的秘鲁沿岸则遍布着荒芜的沙漠。这正是本书展示的气候系统中海洋与大气之间丰富精彩互动的一个缩影。

自发振荡

赤道太平洋广阔而孤寂，很少有人亲自到访过这里，但它的脉搏却通过厄尔尼诺和南方涛动（ENSO）切实地影响着我们。科氏力在赤道上消失，使得冷水能够上升、开尔文波能够传播。赤道上的冷水带占据着太平洋东部2/3的区域，清晰地标记着赤道的位置，并且阻挡了大气的深对流的发展［图9.4（a）］。加拉帕戈斯群岛也被剥夺了"原本属于这一区域的美丽景色"（Keynes，2021）。从国际日期变更线向东，直到本初子午线，热带辐合带（ITCZ）都位于赤道以北。

海洋与大气异常之间"鸡与蛋"的循环论证关系让比耶克内斯意识到，ENSO是一个海洋与大气耦合的现象。其过程包括大洋东西部海洋上升流、温跃层深度与大气深对流、风场之间的相互作用，这一以比耶克内斯名字命名的耦合反馈机制引起了ENSO、大西洋尼诺以及印度洋偶极子现象（IOD）（图9.5，图10.6，图11.7）。其中ENSO最为强盛，这是由于太平洋海盆东西宽度最大，波动的传播时间因此最长，使得太平洋时刻处于不平衡的震荡状态。比耶克内斯反馈以及海洋温跃层深度的滞后效应使得人们能够提前数个季节预报ENSO。

在赤道上升区之外的海洋，海表热通量对SST变率的影响变得更为重要。比耶克内斯反馈引起的气候模态异常的最大值出现在赤道，而风–蒸发–SST（WES）反馈则会选择性地增强关于赤道反对称的异常扰动。在各个热带大洋年际变率的经向模态中均能找到这种跨赤道WES反馈的踪迹［图9.18（c），图10.8，图11.11］。它们通常在2~4月最为强盛，此时气候平均态较为温暖且大致关于赤道对称。较小的SST扰动也能导致大规模的大气对流异常。

热带大气变率能调制北大西洋和北太平洋的副热带信风。其中太平洋经向模态（PMM）能够影响ENSO。副热带的WES反馈激发出了向西、向赤道倾斜的空间分布（图12.13），在东北太平洋层云覆盖的区域，低云–SST反馈能增强这一海温异常。

对SST模态的讨论通常局限于某个特定的海盆，但全球的大气是相互连通的。IOD和ENSO具有统计上的相关性，两者在物理机制上也通过沃克环流相互联系。同时，ENSO还能通过赤道开尔文波和太平洋–北美遥相关型（PNA）影响热带北大西洋。相反，大西洋SST的异常也能通过赤道波动影响ENSO的活动。上述海盆间的耦合和相互作用造就了丰富多样的热带气候变率，这也是当前研究的热门话题。

季风是海洋–大陆–大气相互作用的产物，但是亚洲夏季风的大尺度年际变率主要受到大气–海洋耦合动力学的影响。ENSO 是其中最关键的影响因子。一方面 ENSO 可以直接影响亚洲季风，另一方面，ENSO 可以通过印度洋–西太平洋海洋电容器（IPOC）对东亚季风造成滞后影响。一个反复出现的异常反气旋能够影响亚洲季风的三个子系统，其位置由西风季风和东风信风的交汇所锚定，并从平均流中通过正压能量转换汲取能量（专栏图 11.2）。因此 IPOC 既受到亚洲夏季风系统的塑造，又能反过来影响季风的年际变率。陆地过程对大尺度变率的影响仍有待探索。

　　在对预报印度夏季降水的大胆尝试中，沃克爵士发现了南方涛动，然而这一指标并没有太强的预报能力。根据统计，在 1875 ~ 1930 年，印度夏季降水与前一个 5 月南方涛动的指数相关较弱，相关系数仅为 0.24。自 Bjerknes（1969）以来，海洋–大气耦合动力学有了长足的发展，人们对物理机制的理解终于实现了沃克预测季风的梦想。一方面，前一年 ENSO 的状态是印度夏季风爆发时间的有效预报因子；另一方面，通过给定海洋初始条件，动力模型有能力预测 ENSO 的发展状态。如此一来，我们便能通过预报得到的 ENSO 状态来预测季风降水（图 11.20）。这一路走来，我们已经取得了长足的进步！

　　从全球来看，ENSO 是气候变率最重要的预报因子，预报时效通常为一个月或一个季节。ENSO 通过多种遥相关机制影响全球气候，其中包括热带的斜压大气波动、正压的 PNA 遥相关以及区域耦合模态 IPOC 等。从区域气候来看，其他热带的模态也能提供可预报性，如印度洋的海温就在印度洋–西太平洋地区 2019 年 9 月 ~ 2020 年 8 月这 12 个月的气候异常中扮演了重要作用（图 11.23）。

能量视角

　　ENSO 是由气候系统的正反馈所激发的，与之不同的是，有一部分气候异常来源于对辐射扰动的响应。基于全球能量守恒的气候反馈分析能帮我们建立起全球平均表面温度变化与辐射扰动响应之间的联系。人类活动排放的温室气体会改变辐射强迫，该扰动在空间的分布上几乎是均匀的。然而，海洋热吸收却只发生在副极地北大西洋和南大洋上升流区域。在上述因素以及副热带低云的共同作用下，产生了一种名为“空间分布型（spatial-pattern）”的效应，使得全球气候反馈分析变得更加复杂。

　　跨赤道的能量传输是预测气候响应经向不对称性的有用工具。热带地区受对流影响，总体湿稳定度较小，因此跨赤道的哈得来环流和 ITCZ 对于进入大气柱的跨半球能量差异极为敏感。以能量传输作为约束条件，我们能够建立起一个经向上不同区域相互作用的理论框架，不同的动力过程主导了不同区域的气候模态，其中包括热带的 ITCZ、副热带的 WES 和低云反馈、中纬度的风暴轴、副极地北大西洋的经向翻转环流（AMOC）和与之相伴的热吸收以及极地的海冰。人们将平板海洋模式与大气环流模式相耦合，该工具似乎能有效地诊断气候对海表面热通量分布异常的响应（He et al., 2022）。该方法类似于使用大气环流模式研究大气对 SST 异常分布的响应。

展望

　　气候预测面临着不同于天气预报的挑战，后者可以通过每日观测与预报的对比进行验证。基于仪器测量的 SST 重构数据集长度大约有 150 年。海洋观测的时空采样率和覆盖范围在 1950 年左右有了一次提升，并在 1980 年之后由于卫星的出现在此得到进一步发展。SST 重构资料大约覆盖 40 个 ENSO 周期，这与一个位于中纬度风暴轴地区的气象观测站一年所观测到的天气系统数量大致相当。通过对 40 个风暴的观测研究，我们能够得到一定的预报技巧，但其水平远低于当今的业务化天气预报。这是由于较少的观测样本无法去除阻塞、低频变率（如 MJO、ENSO、NAO 等）的影响。这一对比展现了我们对气候变率观测的稀缺程度，也表明对气候动力学的研究还有很长的路要走。

在地质时间尺度上，地球的气候系统经历了更大幅度的变化，其中包括反复出现的冰期–间冰期循环和地球岁差造成的季风变化。例如，在海因里希事件时全球气候的异常（图 12.19）就很符合能量传输理论对 AMOC 崩溃试验的预测——在该试验中，我们用气候模式模拟了将大量的淡水输入到北大西洋的情况。古气候代用指标空间覆盖率的快速增长有助于我们进一步理解气候系统（Valdes et al.，2021），特别是没有直接仪器测量资料的时代。仪器测量、气候模式和古气候代用指标，能够相互弥补各自的缺陷，它们一道为我们更全面地认识气候系统提供了可能。对于气候变率的理解将帮助我们更好地预测和应对未来的气候变化。

对于季风预测的社会需求以及对赤道太平洋厄尔尼诺和拉尼娜之间振荡的好奇心指引我们将大气和海洋视作一个耦合的系统。这一耦合的思想继续扩展，将地球系统的更多组成部分融入其中，它们包括水循环圈、冰川、植被以及生物地球化学循环。从仪器观测中凝练的大气-海洋耦合动力学是本书所关心的核心内容，也是掌管季节到百年时间尺度气候变率的核心机制。在更长的时间尺度上，碳循环和冰川动力学的作用变得更加重要。随着全球变暖成为当今时代最紧迫的问题，气候动力学作为一门研究领域也需要快速发展以适应社会需求，提供可操作的科学指导，以满足人们对水资源、能源、林业和渔业的可持续管理需求。

而今我洞见光明……

为 Gill（1982）写一部续作一直是我长时间以来的计划。本书正式启动是在 2018 年的夏天，当时一股破纪录的热浪袭击了拉霍亚海岸。在 2020 年 3 月 19 日，正当我为春季学期备课时，加利福尼亚州长加文·纽瑟姆宣布了新冠疫情居家令。如同许多老师那样，我不得不学习使用线上教学方式，向身处三大洲的学生进行线上授课。

"我曾困于蒙昧，而今洞见光明"，在米兰大教堂空旷的阶梯上，意大利歌唱家安德烈·波切利向世界唱出绝望的咏叹调。此情此景激励着我们向前，春去秋来，在接下来的两年里，书稿经历了数轮修改。

在家办公的宁静让我看到了不同研究间新的联系。在书房的夜晚与登山步道的骄阳下，我意识到了低云反馈并非仅有局地作用，而是与 WES 反馈（图 6.12）一道使得 PMM 成为连接热带内外的关键通道（图 12.13，图 14.20）。跨越太平洋的线上讨论让我们得出了 2020 年创纪录的长江流域洪水与印度洋偶极子具有紧密联系的结论（Zhou et al.，2021）（图 11.23）。

快速开发的高效疫苗在疫情时代给了我们希望。此时，本书的写作已接近尾声，我也再一次为春季学期的课程进行备课，而这一次，我将会回到教室，戴着口罩与学生们面对面交流。

谢尚平（Shang-Ping Xie）

2022 年 3 月 19 日，于圣迭戈

参 考 文 献

Adames, ÁF, Maloney ED. Moisture mode theory's contribution to advances in our understanding of the Madden-Julian oscillation and other tropical disturbances. *Curr Clim Change Rep.* 2021; 7: 72—85. https://doi. org/10. 1007/s40641-021-00172-4.

Adames, ÁF, Wallace JM. Three-dimensional structure and evolution of the MJO and its relation to the mean flow. *J Atmos Sci.* 2014; 71: 2007—2026.

Adames, ÁF, Wallace JM, Monteiro JM. Seasonality of the structure and propagation characteristics of the MJO. *J Atmos Sci.* 2016; 73: 3511—3526.

Aiyyer AR, Thorncroft C. Climatology of vertical wind shear over the tropical Atlantic. *J Climate.* 2006; 19: 2969—2983. https://doi. org/10. 1175/JCLI3685. 1.

Albrecht BA, Bretherton CS, Johnson D, et al. The Atlantic stratocumulus transition experiment—ASTEX. *Bull Amer Meteor Soc.* 1995b; 76: 889—904.

Alexander MA, Deser C, Timlin MS. The reemergence of SST anomalies in the North Pacific Ocean. *J Climate.* 1999; 12: 2419—2433.

Alford MH, Peacock T, MacKinnon JA, et al. The formation and fate of internal waves in the South China Sea. *Nature.* 2015; 521 (7550): 65—69.

Amaya DJ. The Pacific Meridional Mode and ENSO: a review. *Curr Clim Change Reps.* 2019; 5 (4): 296—307.

Amaya DJ, Bond NE, Miller AJ, DeFlorio MJ. The evolution and known atmospheric forcing mechanisms behind the 2013-2015 North Pacific warm anomalies. In: *A Tale of Two Blobs. Variations.* 14. 2016: 1—6 [US CLIVAR].

Amaya DJ, DeFlorio MJ, Miller AJ, Xie S-P. WES feedback and the Atlantic Meridional Mode: observations and CMIP5 comparisons. *Clim Dyn.* 2017; 49: 1665—1679.

Amaya DJ, Kosaka Y, Zhou W, et al. The North Pacific pacemaker effect on historical ENSO and its mechanisms. *J Climate.* 2019: 7643—7661.

Andrews T, Gregory JM, Paynter D, et al. Accounting for changing temperature patterns increases historical estimates of climate sensitivity. *Geophys Res Lett.* 2018; 45: 8490—8499.

Arias PA, Bellouin N, Coppola E, et al. Technical summary. In: Masson-Delmotte V, Zhai P, Pirani A, et al., eds. *Climate Change* 2021: *The Physical Science Basis. Contribution of Working Group I to the Sixth Assessment Report of the Intergovernmental Panel on Climate Change.* Cambridge University Press; 2022: 33—144. https://doi. org/10. 1017/9781009157896. 002.

Armour KC, Bitz CM, Roe GR. Time-varying climate sensitivity from regional feedbacks. *J Climate.* 2013; 26: 4518—4534.

Armour KC, Marshall J, Scott JR, et al. Southern Ocean warming delayed by circumpolar upwelling and equatorward transport. *Nature Geosci.* 2016; 9: 549—554.

Back LE, Bretherton CS. On the relationship between SST gradients, boundary layer winds and convergence over the tropical oceans. *J Climate.* 2009; 22: 4182—4196. https://doi. org/10. 1175/2009JCLI2392. 1.

Batchelor GK, Hide R. *Adrian Edmund Gill.* 22 *February* 1937- 19 *April* 1986. 34. Biog Mems Fellows Royal Society；1988：221—258. https：//doi. org/10. 1098/rsbm. 1988. 0009.

Battisti DS, Hirst AC. Internal variability in a tropical atmosphere- ocean model：influence of basic state, ocean geometry and nonlinearity. *J Atmos Sci.* 1989；46：1687—1712.

Bauer P, Thorpe A, Brunet G. The quiet revolution of numerical weather prediction. *Nature.* 2015；525：47—55. https：//doi. org/10. 1038/nature14956.

Behera SK, ed. *Tropical and Extratropical Air- Sea Interactions：Modes of Climate Variations.* Elsevier；2021：300.

Bender MA, Ginis I, Kurihara Y. Numerical simulations of tropical cyclone- ocean interaction with a high-resolution coupled model. *J Geophys Res.* 1993；98（D12）：23245—23263.

Berg A, Lintner BR, Findell KL, et al. Impact of soil moisture—atmosphere interactions on surface temperature distribution. *J Climate.* 2014；27：7976—7993.

Bollasina MA, Ming Y, Ramaswamy V. Anthropogenic aerosols and the weakening of the South Asian summer monsoon. *Science.* 2011；334（6055）：502—505.

Boos W, Kuang Z. Dominant control of the South Asian monsoon by orographic insulation versus plateau heating. *Nature.* 2010；463：218—223. https：//doi. org/10. 1038/nature08707.

Bretherton CS. Insights into low- latitude cloud feedbacks from high- resolution models. *Phil Trans Royal Society A.* 2015；373：20140415.

Bretherton CS, Widmann M, Dymnikov VP, et al. The effective number of spatial degrees of freedom of a time-varying field. *J Climate.* 1999；12（7）：1990—2009.

Busalacchi AJ, Takeuchi K, O'Brien JJ. Interannual variability of the equatorial Pacific—Revisited. *J Geophys Res.* 1983；88（C12）：7551—7562. https：//doi. org/10. 1029/JC088iC12p07551.

Cai W, Santoso A, Collins M, et al. Changing ElNiño—Southern Oscillation in a warming climate. *Nat Rev Earth Environ.* 2021；2：628—644. https：//doi. org/10. 1038/s43017-021-00199- z.

Cane MA, Sarachik ES. Forced baroclinic ocean motions. II- the linear equatorial bounded case. *J Marine Res.* 1977；35：395—432.

Cane MA, Sarachik ES. The response of a linear baroclinic equatorial ocean to periodic forcing. *J Mar Res.* 1981；39：651—693.

Cane MA, Zebiak SE, Dolan SC. 1986：Experimental forecasts of El Niño. *Nature.* 1986；321：827—832.

Chadwick R, Boutle I, Martin G. Spatial patterns of precipitation change in CMIP5：why the rich do not get richer in the tropics. *J Climate.* 2013；26：3803—3822.

Chang CP, Wang Z, Hendon H. The Asian winter monsoon. In：Wang B, ed. *The Asian Monsoon.* Springer；2006：89—128.

Chang P, Ji L, Saravanan R. A hybrid coupled model study of tropical Atlantic variability. *J Climate.* 2001；14：361—390.

Chapman W, Subramanian AC, Xie S-P, et al. Intraseasonal modulation of ENSO teleconnections：implications for predictability in North America. *J Climate.* 2021；34：5899—5921. https：//doi. org/10. 1175/JCLI- D-20-0391. 1.

Chelton DB, Xie S- P. Coupled ocean- atmosphere interaction at oceanic mesoscales. *Oceanography.* 2010；23：52—69.

Cheng L, Abraham J, Zhu J, et al. Record- setting ocean warmth continued in 2019. *Adv Atmos Sci.* 2020；37：137—142. https：//doi. org/10. 1007/s00376-020-9283-7.

Chiang JCH, Vimont DJ. Analogous Pacific and Atlantic meridional modes of tropical atmosphere- ocean variability. *J Climate.* 2004; 17: 4143—4158.

Chowdary JS, Hu K, Srinivas G, et al. The Eurasian jet streams as conduits for east Asian monsoon variability. *Curr Climate Change Rep.* 2019; 5 (3): 233—244.

Chowdary JS, Xie S- P, Lee J- Y, et al. Predictability of summer Northwest Pacific climate in eleven coupled model hindcasts: local and remote forcing. *J Geophys Res Atmos.* 2010; 115, D22121. https: //doi. org/ 10. 1029/2010JD014595.

Christensen JH, Krishna Kumar K, Aldrian E, et al. Climate phenomena and their relevance for future regional climate change. In: Stocker TF, Qin D, Plattner G- K, et al. , eds. *Climate Change* 2013: *The Physical Science Basis. Contribution of Working Group I to the Fifth Assessment Report of the Intergovernmental Panel on Climate Change.* New York: Cambridge University Press; 2014: 1217—1308. https: //doi. org/10. 1017/ CBO9781107415324. 028.

Church JA, Clark PU, Cazenave A, et al. Sea level change. In: Stocker TF, et al. , eds. *Climate Change* 2013: *The Physical Science Basis. Contribution of Working Group I to the Fifth Assessment Report of the Intergovernmental Panel on Climate Change.* Cambridge University Press; 2014: 1137—1216.

Clarke A. *An Introduction to the Dynamics of El Nino and the Southern Oscillation.* Academic Press; 2008.

Clarke AJ. The reflection of equatorial waves from oceanic boundaries. *J Phys Oceanogr.* 1983; 13: 1193—1207.

Clement AC, Seager R, Cane MA, Zebiak SE. An ocean dynamical thermostat. *J Climate.* 1996; 9 (9): 2190—2196.

Cobb KM, Westphal N, Sayani H, et al. Highly variable El Nino- Southern Oscillation throughout the Holocene. *Science.* 2013; 339: 67—70.

Cordeira JM, Stock J, Dettinger MD, et al. A 142- year climatology of Northern California landslides and atmospheric rivers. *Bull Am Meteor Soc.* 2019; 100: 1499—1509. https: //doi. org/10. 1175/BAMS- D- 18-0158. 1.

Cromwell T, Montgomery RB, Stroup ED. Equatorial undercurrent in the Pacific Ocean revealed by new methods. *Science.* 1954; 119 (3097): 648—649.

Dai A. Drought under global warming: a review. *Wiley Interdisciplinary Reviews: Climate Change.* 2011; 2: 45—65. https: //doi. org/10. 1002/wcc. 81.

Davis RE. Predictability of sea- surface temperature and sea- level pressure anomalies over North Pacific Ocean. *J Phys Oceanogr.* 1976; 6: 249—266.

Delworth TL, Zeng F, Rosati A, et al. A link between the hiatus in global warming and North American drought. *J Climate.* 2015; 28: 3834—3845.

Delworth TL, Zeng F, Zhang L, et al. The central role of ocean dynamics in connecting the North Atlantic Oscillation to the extratropical component of the Atlantic Multidecadal Oscillation. *J Climate.* 2017; 30: 3789—3805.

deMenocal PB, Tierney JE. Green Sahara: African humid periods paced by Earth's orbital changes. *Nat Ed Knowl.* 2012; 3 (10): 12.

Deser C, Alexander MA, Xie S- P, Phillips AS. Sea surface temperature variability: patterns and mechanisms. *Ann Rev Marine Sci.* 2010; 2: 115—143. https: //doi. org/10. 1146/annurev- marine- 120408-151453.

Deser C, Lehner F, Rodgers KB, et al. Insights from earth system model initial- condition large ensembles and future prospects. *Nat Clim Change.* 2020a; 10: 277—286.

Deser C, Phillips AS, Simpson IR, et al. Isolating the evolving contributions of anthropogenic aerosols and greenhouse gases: a new CESM1 large ensemble community resource. *J Climate*. 2020b; 33: 7835—7858.

Ding H, Keenlyside NS, Latif M. Impact of the equatorial Atlantic on the El Niño southern oscillation. *Climate Dyn*. 2012; 38 (9-10): 1965—1972.

Ding Y, Chan J. The East Asian summer monsoon: an overview. *Meteorol Atmos Phys*. 2005; 89: 117—142. https://doi.org/10.1007/s00703-005-0125-z.

Du Y, Xie S-P, Huang G, Hu K. Role of air-sea interaction in the long persistence of El Niño—induced North Indian Ocean warming. *J Climate*. 2009; 22: 2023—2038.

Emanuel KA. An air-sea interaction model of intraseasonal oscillations in the tropics. *J Atmos Sci*. 1987; 44: 2324—2340.

Emanuel KA. The maximum intensity of hurricanes. *J Atmos Sci*. 1988; 45: 1143—1155.

Emanuel KA. Tropical cyclones. *Ann Rev Earth Planet Sci*. 2003; 31 (1): 75—104.

Emanuel KA, Nolan DS. Tropical cyclones and the global climate system. *Preprints*. 2004.

Eyring V, Gillett NP, Achuta Rao KM, et al. Human influence on the climate system. In: Masson-Delmotte V, Zhai P, Pirani SL, et al., eds. *Climate Change* 2021: *The Physical Science Basis. Contribution of Working Group I to the Sixth Assessment Report of the Intergovernmental Panel on Climate Change*. Cambridge University Press; 2022: 423—552. https://doi.org/10.1017/9781009157896.005.

Ferreira D, Cessi P, Coxall HK, et al. Atlantic-Pacific asymmetry in deep water formation. *Ann Rev Earth Planet Sci*. 2018; 46: 327—352.

Flohn H. Large-scale aspects of the "summer monsoon" in South and East Asia. *J Meteor Soc Japan*. 1957; 35A: 180—186.

Frankignoul C, Hasselmann K. Stochastic climate models, part II application to sea-surface temperature anomalies and thermocline variability. *Tellus*. 1977; 29: 289—305. https://doi.org/10.1111/j.2153-3490.1977.tb00740.x.

Frierson DMW, Hwang Y-T, Fuckar NS, et al. Contribution of ocean overturning circulation to tropical rainfall peak in the Northern Hemisphere. *Nat Geosci*. 2013; 6: 940—944.

García-Serrano J, Cassou C, Douville H, et al. Revisiting the ENSO teleconnection to the tropical North Atlantic. *J Climate*. 2017; 30: 6945—6957.

Geng YF, Xie S-P, Zheng XT, et al. CMIP6 intermodel uncertainty in interhemispheric asymmetry of tropical climate response to greenhouse warming: extratropical ocean effects. *J Climate*. 2022; 35: 4869—4882. https://doi.org/10.1175/JCLI-D-21-0541.1.

Gershunov A, Guzman Morales J, Hatchett B, et al. Hot and cold flavors of southern California's Santa Ana winds: their causes, trends, and links with wildfire. *Climate Dyn*. 2021; 57: 2233—2248. https://doi.org/10.1007/s00382-021-05802-z.

Gill AE. *Atmosphere-Ocean Dynamics*. Academic Press; 1982.

Gill AE. Some simple solutions for heat-induced tropical circulation. *QJR Meteorol Soc*. 1980; 106: 447—462. https://doi.org/10.1002/qj.49710644905.

Godfrey JS. On ocean spindown I: a linear experiment. *J Phys Oceanogr*. 1975; 5: 399—409.

Goldenberg SB, Landsea CW, Mestas-Nunez AM, Gray WM. The recent increase in Atlantic hurricane activity: causes and implications. *Science*. 2001; 293: 474—479.

Gregory JM, Ingram, WJ, Palmer MA, Jones GS, Stott, PA, Thorpe RB, Lowe JA, Johns TC, and Williams KD. A new method for diagnosing radiative forcing and climate sensitivity. *Geophys Res Lett*. 2004; 31, L03205. https://doi.org/10.1029/2003GL018747.

Gulev SK, Thorne PW, Ahn J, et al. Changing state of the climate system. In: Masson-Delmotte V, Zhai P, Pirani A, et al. , eds. *Climate Change* 2021: *The Physical Science Basis. Contribution of Working Group I to the Sixth Assessment Report of the Intergovernmental Panel on Climate Change.* Cambridge University Press; 2022: 287—422. https://doi.org/10.1017/9781009157896.004.

Hall A, Cox P, Huntingford C, et al. Progressing emergent constraints on future climate change. *Nat Clim Chang.* 2019; 9: 269—278. https://doi.org/10.1038/s41558-019-0436-6.

Halley E. A historical account of the trade winds, and monsoons, observable in the seas between and near the Tropicks, with an attempt to assign the phisical cause of the said winds. *Philos Trans R Soc London.* 1686; 16: 153—168.

Halpern D. Observations of annual and El Niño thermal and flow variations at 0°, 110°W and 0°, 95°W during 1980—1985. *J Geophys Res.* 1987; 92 (C8): 8197—8212. https://doi.org/10.1029/JC092iC08p08197.

Ham Y-G, Kug J-S, Park J-Y, Jin F-F. Sea surface temperature in the north tropical Atlantic as a trigger for El Niño/Southern Oscillation events. *Nat Geosci.* 2013; 6: 112. https://doi.org/10.1038/ngeo1686.

Han W, McCreary JP, Anderson DLT, Mariano AJ. Dynamics of the eastern surface jets in the equatorial Indian Ocean. *J Phys Oceanogr.* 1999; 29: 2191—2209.

Hansen J, Fung I, Lacis A, et al. Global climate changes as forecast by Goddard Institute for Space Studies three-dimensional model. *J Geophys Res.* 1988; 93: 9341—9364. https://doi.org/10.1029/JD093iD08p09341.

Harrison DE, Vecchi GA. On the termination of El Niño. *Geophys Res Lett.* 1999; 26: 1593—1596.

Hartmann DL. *Global Physical Climatology.* San Diego, CA: Academic Press; 1994.

Hartmann DL. *Global Physical Climatology.* 2nd ed. Elsevier Science; 2016.

Hasselmann K. Stochastic climate models part I. Theory. *Tellus.* 1976; 28: 473—485. https://doi.org/10.1111/j.2153-3490.1976.tb00696.x.

Hastenrath S, Greischar L. Further work on the prediction of northeast Brazil rainfall anomalies. *J Climate.* 1993; 6: 743—758.

Held IM, et al. Probing the fast and slow components of global warming by returning abruptly to preindustrial forcing. *J Climate.* 2010; 23: 2418—2427.

Held IM, Hou AY. Nonlinear axially symmetric circulations in a nearly inviscid atmosphere. *J. Atmos. Sci.* 1980; 37: 515—533.

Held IM, Soden BJ. Robust responses of the hydrological cycle to global warming. *J Climate.* 2006; 19: 5686—5699.

Hirasawa H, Kushner PJ, Sigmond M, et al. Anthropogenic aerosols dominate forced multidecadal Sahel precipitation change through distinct atmospheric and oceanic drivers. *J Climate.* 2020; 33 (23): 10187—10204.

Hirst AC. Unstable and damped equatorial modes in simple coupled ocean-atmosphere models. *J Atmos Sci.* 1986; 43: 606—632.

Holton J. *An Introduction to Dynamic Meteorology.* 4th ed. Academic Press; 2004.

Horel JD, Wallace JM. Planetary-scale atmospheric phenomena associated with the Southern Oscillation. *Mon Wea Rev.* 1981; 109: 813—829.

Hoskins BJ, Karoly DJ. The steady-state linear response of a spherical atmosphere to thermal and orographic forcing. *J Atmos Sci.* 1981; 38: 1175—1196.

Hosoda S, Nonaka M, Tomita T, et al. Impact of downward heat penetration below the shallow seasonal thermocline on the sea surface temperature. *J Oceanogr.* 2015; 71: 541—556. https://doi.org/10.1007/

s10872-015-0275-7.

Houghton J. *Global Warming*：*The Complete Briefing*. 5th ed. Cambridge University Press；2015. https：// doi. org/10. 1017/CBO9781316134245.

Hu S，Xie S-P，Kang SM. Global warming pattern formation：the role of ocean heat uptake. *J Climate*. 2022；35：1885—1899. https：//doi. org/10. 1175/JCLI-D-21-0317. 1.

Huang RX. Surface/wind driven circulation. In：North GR，Pyle J，Zhang F，eds. *Encyclopedia of Atmospheric Sciences*. 2nd ed. Academic Press；2015：301—314.

Hwang YT，Tseng H- Y，et al. Relative roles of energy and momentum fluxes in the tropical response to extratropical thermal forcing. *J. Climate*. 2021；34：3771—3786.

Inoue K，Back LE. Gross moist stability assessment during TOGA COARE：various interpretations of gross moist stability. *J Atmos Sci*. 2015；72（11）：4148—4166.

IPCC. Summary for policymakers. In：Stocker TF，Qin D，Plattner G-K，et al. ，eds. *Climate Change* 2013：*The Physical Science Basis. Contribution of Working Group I to the Fifth Assessment Report of the Intergovernmental Panel on Climate Change*. New York：Cambridge University Press；2014：1—30. https：//doi. org/ 10. 1017/CBO9781107415324. 004.

IPCC. Summary for policymakers. In：Masson-Delmotte V，Zhai P，Pirani A，et al. ，eds. *Climate Change* 2021：*The Physical Science Basis. Contribution of Working Group I to the Sixth Assessment Report of the Intergovernmental Panel on Climate Change*. New York：Cambridge University Press；2022a：3—32. https：//doi. org/ 10. 1017/9781009157896. 001.

IPCC. Summary for policymakers. In：Pörtner H-O，Roberts DC，Tignor M，et al. ，eds. *Climate Change* 2022：*Impacts，Adaptation，and Vulnerability. Contribution of Working Group II to the Sixth Assessment Report of the Intergovernmental Panel on Climate Change*. Cambridge University Press；2022b.

Jaimes B，Shay LK. Mixed layer cooling in mesoscale oceanic eddies during hurricanes Katrina and Rita. *Month Weather Rev*. 2009；137（12）：4188—4207.

Jiang X，Adames AF，Kim D，et al. Fifty years of research on the Madden-Julian oscillation：recent progress，challenges，and perspectives. *J Geophys Res Atmosph*. 2020；125（17）：e2019JD030911.

Jin FF. An equatorial ocean recharge paradigm for ENSO，part I：conceptual model. *J Atmos Sci*. 1997；54：811—829.

Johnson NC，Collins DC，Feldstein SB，et al. Skillful wintertime North American temperature forecasts out to 4 weeks based on the state of ENSO and the MJO. *Weather Forecast*. 2014；29：23—38. https：//doi. org/ 10. 1175/WAF-D-13-00102. 1.

Joshi MM，Gregory JM，Webb M，et al. Mechanisms for the land/sea warming contrast exhibited by simulations of climate change. *Climate Dyn*. 2008；30：455—465.

Kang SM，Frierson DMW，Held IM. The tropical response to extratropical thermal forcing in an idealized GCM：the importance of radiative feedbacks and convective parameterization. *J Atmospheric Sci*. 2009；66（9）：2812—2827.

Kang SM，Held IM，Frierson DMW，Zhao M. The response of the ITCZ to extratropical thermal forcing：idealized slab-ocean experiments with a GCM. *J Climate*. 2008；21：3521—3532.

Kang SM，Xie S- P，Deser C，Xiang B. Zonal mean and shift modes of historical climate response to evolving aerosol distribution. *Sci Bull*. 2021；66：2405—2411. https：//doi. org/10. 1016/j. scib. 2021. 07. 013.

Kessler WS，Kleeman R. Rectification of the Madden-Julian oscillation into the ENSO cycle. *J Climate*. 2000；13：3560—3575.

Keynes RD, ed. *Charles Darwin's Beagle diary*. Cambridge University Press; 2021.

Kiladis GN, Thorncroft CD, Hall NMJ. Three-dimensional structure and dynamics of African easterly waves. Part I: observations. *J Atmos Sci*. 2006; 63: 2212—2230. https://doi.org/10.1175/JAS3741.1.

Kiladis GN, Wheeler MC, Haertel PT, et al. Convectively coupled equatorial waves. *Rev Geophys*. 2009; 47: RG2003. https://doi.org/10.1029/2008RG000266.

Kilpatrick T, Xie S-P, Miller A, Schneider N. Satellite observations of enhanced chlorophyll variability in the Southern California Bight. *J Geophys Res Oceans*. 2018; 123: 7550—7563.

Kim K-Y, Hamlington B, Na H. Theoretical foundation of cyclostationary EOF analysis for geophysical and climatic variables: concepts and examples. *Earth-Science Rev*. 2015; 150: 201—218. https://doi.org/10.1016/j.earscirev.2015.06.003.

Klein SA, Hartmann DL. The seasonal cycle of low stratiform clouds. *J Climate*. 1993; 6: 1587—1606.

Klein SA, Soden BJ, Lau N-C. Remote sea surface temperature variations during ENSO: evidence for a tropical atmospheric bridge. *J Climate*. 1999; 12: 917—932.

Klotzbach PJ. ElNiño—Southern Oscillation's impact on Atlantic Basin hurricanes and US landfalls. *J Climate*. 2011; 24: 1252—1263.

Köppen W. Volken E, Brönnimann S, trans. Die Wärmezonen der Erde, nach der Dauer der heissen, gemässigten und kalten Zeit und nach der Wirkung der Wärme auf die organische Welt betrachtet [The thermal zones of the earth according to the duration of hot, moderate and cold periods and to the impact of heat on the organic world]. *Meteorol Zeitschrift*. 1884/2011; 20 (3): 351-360. https://doi.org/10.1127/0941-2948/2011/105.

Kosaka Y, Chowdary JS, Xie S-P, et al. Limitations of seasonal predictability for summer climate over East Asia and the Northwestern Pacific. *J Climate*. 2012; 25: 7574—7589.

Kosaka Y, Xie S-P. Recent global-warming hiatus tied to equatorial Pacific surface cooling. *Nature*. 2013; 501: 403—407.

Koster RD, et al. Contribution of land surface initialization tosubseasonal forecast skill: first results from a multi-model experiment. *Geophys Res Lett*. 2010; 37: L02402. https://doi.org/10.1029/2009GL041677.

Lamjiri MA, Dettinger MD, Ralph FM, Guan B. Hourly storm characteristics along the US west coast: role of atmospheric rivers in extreme precipitation. *Geophys Res Lett*. 2017; 44. https://doi.org/10.1002/2017GL074193.

Lau K, Chan PH. Aspects of the 40—50 day oscillation during the northern winter as inferred from outgoing longwave radiation. *Month Weather Rev*. 1985; 113: 1889—1909. https://doi.org/10.1175/1520-0493 (1985) 113<1889: AOTDOD>2.0.CO, 2.

Lee J-Y, Marotzke J, Bala G, et al. Future global climate: scenario-based projections and near-term information. In: Masson-Delmotte V, Zhai P, Pirani SL, et al., eds. *Climate Change* 2021: *The Physical Science Basis. Contribution of Working Group I to the Sixth Assessment Report of the Intergovernmental Panel on Climate Change*. Cambridge University Press; 2022: 553—672. https://doi.org/10.1017/9781009157896.006.

Lengaigne M, Guilyardi E, Boulanger JP, et al. Triggering of El Niño by westerly wind events in a coupled general circulation model. *Climate Dyn*. 2004; 23: 601—620.

Lewis JM. Meteorologists from the University of Tokyo: their exodus to the United States following World War II. *Bull Am Meteor Soc*. 1993; 74: 1351—1360.

Li C, Yanai M. The onset and interannual variability of the Asian summer monsoon in relation to land-sea thermal contrast. *J Climate*. 1996; 9: 358—375.

Li G, Xie S-P, Du Y. A robust but spurious pattern of climate change in model projections over the tropical Indian

Ocean. *J Climate*. 2016b；29：5589—5608.

Li G, Xie S-P, Du Y, Luo Y. Effect of excessive cold tongue bias on the projections of tropical Pacific climate change. Part I：the warming pattern in CMIP5 multi-model ensemble. *Climate Dyn*. 2016a；47：3817—3831.

Li J, Xie S-P, Cook E, et al. El Nino modulations over the past seven centuries. *Nat Climate Change*. 2013；3：822—826.

Li Q, Ting MF, Li C, Henderson N. Mechanisms of Asian Summer Monsoon changes in response to anthropogenic forcing in CMIP5 models. *J Climate*. 2015；28：4107—4125.

Li S, Banerjee T. Spatial and temporal pattern of wildfires in California from 2000 to 2019. *Sci Rep*. 2021；11：8779. https：//doi. org/10. 1038/s41598-021-88131-9.

Li X, Xie S-P, Gille ST, Yoo C. Atlantic-induced pan-tropical climate change over the past three decades. *Nat Climate Change*. 2016；6（3）：275—280. https：//doi. org/10. 1038/NCLIMATE2840.

Lin I-I, Black P, Price JF, et al. An ocean coupling potential intensity index for tropical cyclones. *Geophys Res Lett*. 2013；40：1878—1882.

Lin I-I, Pun I-F, Lien C-C. Category-6" supertyphoon Haiyan in global warming hiatus：contribution from subsurface ocean warming. *Geophys Res Lett*. 2014；41：8547—8553.

Lin X, Johnson RH. Kinematic and thermodynamic characteristics of the flow over the western Pacific warm pool during TOGA COARE. *J Atmos Sci*. 1996；53：695—715.

Lindzen RS, Holton JR. A theory of the quasi-biennial oscillation. *J Atmos Sci*. 1968；25：1095.

Linkin ME, Nigam S. The North Pacific Oscillation—West Pacific teleconnection pattern：mature-phase structure and winter impacts. *J Climate*. 2008；21：1979—1997. https：//doi. org/10. 1175/2007JCLI2048. 1.

Liu JW, Yang L, Xie S-P. CALIPSO observed cloud-regime transition over the summertime subtropical northeast Pacific. *J Geophys Res Atmos*. 2022. https：//doi. org/10. 1002/2022JD036542.

Liu ZY, et al. Chinese cave records and the East Asia summer monsoon. *Quat Sci Rev*. 2014；83：115—128. https：//doi. org/10. 1016/j. quascirev. 2013. 10. 021.

Liu ZY, Otto-Bliesner BL, He F, et al. Transient simulation of last deglaciation with a new mechanism for Bølling-Allerød warming. *Science*. 2009；325：310—314.

Liu W, Lu J, Xie S-P, Fedorov A. Southern Ocean heat uptake, redistribution and storage in a warming climate：The role of meridional overturning circulation. *J. Climate*. 2018；31：4727—4743. https：//doi. org/10. 1175/JCLI-D-17-0761. 1.

Lu J, Vecchi GA, Reichler T. Expansion of the Hadley cell under global warming. *Geophys Res Lett*. 2007；34：L06805. https：//doi. org/10. 1029/2006GL028443.

Lübbecke JF, Rodríguez-Fonseca B, Richter I, et al. Equatorial Atlantic variability—modes, mechanisms, and global teleconnections. *WIREs Clim Change*. 2018；9：e527.

Luo Y, Lu J, Liu F, Garuba O. The role of ocean dynamical thermostat in delaying the ElNiño-like response over the equatorial Pacific to climate warming. *J Climate*. 2017；30：2811—2827.

Luongo MT, Xie S-P, Eisenman I. Buoyancy forcing dominates cross-equatorial ocean heat transport response to hemispheric cooling. *J Climate*. 2022；35. https：//doi. org/10. 1175/JCLI-D-21-0950. 1.

Ma J, Xie S-P, Xu H. Contributions of the North Pacific Meridional Mode to ensemble spread of ENSO prediction. *J Climate*. 2017；30：9167—9181. https：//doi. org/10. 1175/JCLI-D-JCLI-D-17-0182. 1.

Ma J, Xie S-P, Xu H. Inter-member variability of the summer Northwest Pacific subtropical anticyclone in the ensemble forecast. *J Climate*. 2017；30：3927—3941. https：//doi. org/10. 1175/JCLI-D-16-0638. 1.

Ma J, Xie S-P, Xu H, et al. Cross-basin interactions between the tropical Atlantic and Pacific in the

ENSEMBLES hindcasts. *J Climate*. 2021；34：2459—2472. https：//doi. org/10. 1175/JCLI-D-20-0140. 1.

Madden RA，Julian PR. Description of Global- Scale Circulation Cells in the Tropics with a 40—50 Day Period. *J. Atmos. Sci*. 1972；29：1109—1123.

Manabe S，Hahn DG，Holloway JL. The seasonal variation of the tropical circulation as simulated by a global model of the atmosphere. *J Atmos Sci*. 1974；31：43—83.

Manabe S，Wetherald RT. Thermal equilibrium of the atmosphere with a given distribution of relative humidity. *J Atmos Sci*. 1967；24（3）：241—259.

Mann ME，Bradley RS，Hughes MK. Global- scale temperature patterns and climate forcing over the past six centuries. *Nature*. 1998；392（6678）：779—787.

Mantua NJ，Hare SR，Zhang Y，et al. A Pacific interdecadal climate oscillation with impacts on salmon produc- tion. *Bull Am Meteorol Soc*. 1997；78（6）：1069—1080.

Mariotti A，Baggett C，Barnes EA，et al. Windows of opportunity for skillful forecastssubseasonal to seasonal and beyond. *Bull Am Meteorol Soc*. 2020；101（5）：e608—e625.

Marshall J，Scott JR，Armour KC，et al. The ocean's role in the transient response of climate to abrupt greenhouse gas forcing. *Clim Dyn*. 2015；44：2287—2299.

Maruyama T. Large- scale disturbances in the equatorial lower stratosphere. *J Meteor Soc Japan*. 1967；45：391—408.

Matsuno T. Quasi-geostrophic motions in the equatorial area. *J Meteor Soc Japan*. 1966；44：25—43.

McCreary JP，Anderson DL. A simple model of ElNiño and the Southern Oscillation. *Month Weather Rev*. 1984；112：934—946.

McPhaden MJ. Genesis and evolution of the 1997—1998 El Niño. *Science*. 1999；283：950—954.

McPhaden MJ，et al. The tropical ocean- global atmosphere observing system：a decade of progress. *J Geophys Res*. 1998；103（C7）：14169—14240. https：//doi. org/10. 1029/97JC02906.

McPhaden MJ，Santoso A，Cai W，eds. *El Niño Southern Oscillation in a Changing Climate*. AGU/Wiley；2020.

Mechoso CR，ed. *Interacting Climates of Ocean Basins Observations，Mechanisms，Predictability，and Im- pacts*. Cambridge University Press；2020.

Meehl GA，Covey C，Delworth T，et al. The WCRP CMIP3multimodel dataset：a new era in climate change re- search. *Bull Am Meteorol Soc*. 2007；88（9）：1383—1394.

Meehl GA，Hu A，Castruccio F，et al. Atlantic and Pacific tropics connected by mutually interactive decadal- timescale processes. *Nat Geosci*. 2021；14：36—42. https：//doi. org/10. 1038/s41561-020-00669- x.

Mei W，Kamae Y，Xie S，Yoshida K. Variability and predictability of North Atlantic hurricane frequency in a large ensemble of high- resolution atmospheric simulations. *J Climate*. 2019；32：3153—3167. https：// doi. org/10. 1175/JCLI-D-18-0554. 1.

Mei W，Pasquero C. Spatial and temporal characterization of sea surface temperature response to tropical cyclones. *J Climate*. 2013；26：3745—3765.

Meinen CS，McPhaden MJ. Observations of warm water volume changes in the equatorial Pacific and their relationship to El Niño and La Niña. *J Climate*. 2000；13：3551—3559.

Merrifield AL，Simpson IR，McKinnon KA，et al. Local and non- local land surface influence in European heatwave initial condition ensembles. *Geophys Res Lett*. 2019；46：14082—14092.

Mishra V，Smoliak BV，Lettenmaier DP，Wallace JM. A prominent pattern of year- to- year variability in Indian summer monsoon rainfall. *Proc Natl Acad Sci*. 2012；109：7213—7217. https：//doi. org/10. 1073/ pnas. 1119150109.

Mitchell TP, Wallace JM. The annual cycle in equatorial convection and sea surface temperature. *J Climate*. 1992; 5: 1140—1156.

Miyamoto A, Nakamura H, Miyasaka T, Kosaka Y. Radiative impacts of low-level clouds on the summertime subtropical high in the south Indian Ocean simulated in a coupled general circulation model. *J Climate*. 2021; 34: 3991—4007. https: //doi. org/10. 1175/JCLI-D-20-0709. 1.

Molnar P, Boos WR, Battisti DS. Orographic controls on climate and paleoclimate of Asia: thermal and mechanical roles for the Tibetan Plateau. *Ann Rev Earth Planet Sci*. 2010; 38: 77—102.

Murakami T. *The Monsoon: Seasonal Winds and Rains (in Japanese)*. Tokyodo Publishing; 1986.

Nakazawa T. Tropical super clusters within intraseasonal variations over the Western Pacific. *J Met Soc Japan*. 1988; 66: 823—839. http: //www. jstage. jst. go. jp/browse/jmsj/-char/en.

Namias J. Recent seasonal interactions between North Pacific waters and the overlying atmospheric circulation. *J Geophys Res*. 1959; 64: 631—646.

Neelin JD. *Climate Change and Climate Modeling*. Cambridge University Press; 2011.

Neelin JD, Held IM, Cook KH. Evaporation-wind feedback and low-frequency variability in the tropical atmosphere. *J Atmos Sci*. 1987; 44 (16): 2341—2348.

Newman M, et al. The Pacific decadal oscillation, revisited. *J Climate*. 2016; 29: 4399—4427. https: // doi. org/10. 1175/JCLI-D-15-0508. 1.

Norris JR, Leovy CB. Interannual variability in stratiform cloudiness and sea surface temperature. *J Climate*. 1994; 7: 1915—1925.

Ogata T, Xie S-P. Semiannual cycle in zonal wind over the equatorial Indian Ocean. *J Climate*. 2011; 24: 6471—6485.

O'Gorman PA. Precipitation extremes under climate change. *Curr Climate Change Rep*. 2015; 1 (2): 49—59.

Okajima H. *Orographic Effects on Tropical Climate in a Coupled Ocean-Atmosphere General Circulation Model*. PhD dissertation. Department of Meteorology, University of Hawaii; 2006.

Okajima H, Xie S-P, Numaguti A. Interhemispheric coherence of tropical climate variability: effect of climatological ITCZ. *J Meteorol Soc Japan*. 2003; 81: 1371—1386.

Okumura Y, Xie S-P. Interaction of the Atlantic equatorial cold tongue and African monsoon. *J Climate*. 2004; 17: 3588—3601.

Okumura Y, Xie S-P. Some overlooked features of tropical Atlantic climate leading to a new Nino-like phenomenon. *J Climate*. 2006; 19: 5859—5874.

Okumura YM. ENSO diversity from an atmospheric perspective. *Curr Climate Change Rep*. 2019; 5 (3): 245—257.

Ooyama K. Numerical simulation of the life cycle of tropical cyclones. *J Atmos Sci*. 1969; 26 (1): 3—40.

Pan LL, Munchak LA. Relationship of cloud top to the tropopause and jet structure from CALIPSO data. *J Geophys Res*. 2011; 116, D12201. https: //doi. org/10. 1029/2010JD015462.

Pedlosky J. *Geophysical Fluid Dynamics*. 2nd ed. New York: Springer-Verlag; 1987.

Pendergrass AG, Hartmann DL. The atmospheric energy constraint on global-mean precipitation change. *J Climate*. 2014; 27: 757—768.

Peng Q, Xie S-P, Wang D, et al. Coupled ocean-atmosphere dynamics of the 2017 extreme coastal El Nino. *Nat Comm*. 2019; 10: 298. https: //doi. org/10. 1038/s41467-018-08258-8.

Peng Q, Xie S-P, Wang D, et al. Eastern Pacific wind effect on the evolution of El Nino: implications for ENSO diversity. *J Climate*. 2020; 33: 3197—3212.

Peng Q, Xie S-P, Wang D, et al. Surface warming-induced global acceleration of upper ocean currents. *Sci Adv.* 2022; 8: eabj8394. https://doi.org/10.1126/sciadv.eabj8394.

Philander SG. *El Nino, La Nina, and the Southern Oscillation.* Academic Press; 1990.

Philander SGH, Pacanowski RC. The oceanic response to cross-equatorial winds (with application to coastal upwelling in low latitudes). *Tellus.* 1981; 33: 201—210.

Philander SGH, Seigel AD. Simulation of the El Niño of 1982—1983. In: Nihoul J, ed. *Coupled Ocean Atmosphere Models.* Elsevier; 1985: 517—541.

Philander SGH, Yamagata T, Pacanowski RC. Unstable air-sea interaction in the tropics. *J Atmos Sci.* 1984; 41 (4): 604—613.

Planton YY, Guilyardi E, Wittenberg AT, et al. Evaluating climate models with the CLIVAR 2020 ENSO metrics package. *Bull Am Meteorol Soc.* 2021; 102 (2): e193—e217.

Ralph M, Dettinger M, Waliser D, Rutz J, eds. *Atmospheric Rivers.* Springer International Publishing; 2020.

Rasmusson EM. *Milestones on the Road to TOGA. The 27th Conference on Climate Variability and Change.* American Meteorological Society; 2015.

Rasmusson EM, Carpenter TH. Variations in tropical sea surface temperature and surface wind fields associated with the Southern Oscillation/El Niño. *Month Weather Rev.* 1982; 110: 354—384.

Rennert KJ, Wallace JM. Cross-frequency coupling, skewness, and blocking in the Northern Hemisphere winter circulation. *J Climate.* 2009; 22: 5650—5666.

Richter I, Behera SK, Doi T, et al. What controls equatorial Atlantic winds in boreal spring? *Climate Dyn.* 2014; 43: 3091—3104.

Richter I, Xie S-P, Morioka Y, et al. Phase locking of equatorial Atlantic variability through the seasonal migration of the ITCZ. *Climate Dyn.* 2017; 48: 3615—3629.

Rodwell MJ, Hoskins BJ. Monsoons and the dynamics of deserts. *QJR Meteorol Soc.* 1996; 122: 1385—1404. https://doi.org/10.1002/qj.49712253408.

Roe G, Feldl N, Armour K, et al. The remote impacts of climate feedbacks on regional climate predictability. *Nat Geosci.* 2015; 8: 135—139.

Roemmich D, Church J, Gilson J, et al. Unabated planetary warming and its ocean structure since 2006. *Nat Climate Change.* 2015; 5: 240—245.

Rosati A, Miyakoda K. A general circulation model for upper ocean simulation. *J Phys Oceanogr.* 1988; 18: 1601—1626.

Rykaczewski RR, Checkley DM. Influence of ocean winds on the pelagic ecosystem in upwelling regions. *Proc Nat Acad Sci.* 2008; 105 (6): 1965—1970.

Saji NH, Goswami BN, Vinayachandran PN, Yamagata T. A dipole mode in the tropical Indian Ocean. *Nature.* 1999; 401: 360—363.

Saji NH, Xie S-P, Yamagata T. Tropical Indian Ocean variability in the IPCC 20th-century climate simulations. *J Climate.* 2006; 19: 4397—4417.

Sampe T, Xie S-P. Mapping high sea winds from space: a global climatology. *Bull Am Meteorol Soc.* 2007; 88: 1965—1978.

Sampe T, Xie S-P. Large-scale dynamics of theMeiyu-Baiu rain band: environmental forcing by the westerly jet. *J Climate.* 2010; 23: 113—134.

Santer BD, Fyfe JC, Pallotta G, et al. Causes of differences in model and satellite tropospheric warming rates. *Nat Geosci.* 2017; 10: 478—485.

Sarachik E, Cane MA. *The El Niño-Southern Oscillation Phenomenon*. Cambridge University Press; 2010.

Sardeshmukh PD, Hoskins BJ. The generation of global rotational flow by steady idealized tropical divergence. *J Atmos Sci*. 1988; 45: 1228—1251.

Schneider T, Bischoff T, Haug G. Migrations and dynamics of the intertropical convergence zone. *Nature*. 2014; 513: 45—53.

Schneider N, Miller AJ. Predicting western NorthPacific ocean climate. *J. Climate*. 2001; 14: 3997—4002.

Seager R, Naik N, Vecchi VA. Thermodynamic and dynamic mechanisms for large- scale changes in the hydrological cycle in response to global warming. *J Climate*. 2010; 23: 4651—4668.

Shaw TA. Mechanisms of future predicted changes in the zonal mean mid-latitude circulation. *Curr Climate Change Rep*. 2019; 5: 345—357. https: //doi. org/10. 1007/s40641-019-00145-8.

Shaw TA. On the role of planetary-scale waves in the abrupt seasonal transition of the Northern Hemisphere general circulation. *J Atmos Sci*. 2014; 71: 1724—1746.

Shaw TA, Baldwin M, Barnes EA, et al. Storm track processes and the opposing influences of climate change. *Nat Geosci*. 2016; 9: 656—664. https: //doi. org/10. 1038/NGEO2783.

Shi J, Tally LD, Xie S-P, Peng Q, Liu W. Ocean warming and accelerating Southern Ocean zonal flow. *Nature Clim Change*. 2021; 11: 1090—1097.

Shi J, Xie S-P, Tally LD. Evolving relative importance of the Southern Ocean and North Atlantic in anthropogenic ocean heat uptake. *J Climate*. 2018; 31: 7459—7479.

Sikka DR, Gadgil S. On the maximum cloud zone and the ITCZ over India longitude during the southwest monsoon. *Month Weather Rev*. 1980; 108: 1840—1853.

Simmons AJ, Wallace JM, Branstator GW. Barotropic wave propagation and instability, and atmospheric teleconnection patterns. *J Atmos Sci*. 1983; 40: 1363—1392.

Simpson I, Shaw T, Seager R. A diagnosis of the seasonally and longitudinally varying midlatitude circulation response to global warming. *J Atmos Sci*. 2014; 71: 2489—2515.

Small RJ, deSzoeke S, Xie S-P, et al. Air-sea interaction over ocean fronts and eddies. *Dyn Atmos Oceans*. 2008; 45: 274—319.

Sobel A, Maloney E. Moisture modes and the eastward propagation of the MJO. *J Atmos Sci*. 2013; 70: 187—192.

Solomon SG, Plattner K, Knutti R, Friedlingstein P. Irreversible climate change due to carbon dioxide emissions. *Proc Nat Acad Sci*. 2009; 106 (6): 1704—1709. https: //doi. org/10. 1073/pnas. 0812721106.

Song ZH, Xie S- P, Xu L, et al. Deep winter mixed layer in the Southern Ocean: role of the meandering Antarctic Circumpolar Current. *J Climate*. 2022.

Sperber KR, Annamalai H, Kang IS, et al. The Asian summer monsoon: an intercomparison of CMIP5 vs. CMIP3 simulations of the late 20th century. *Climate Dyn*. 2013; 41: 2711—2744. https: //doi. org/10. 1007/s00382-012-1607-6.

Sriver RL, Huber M. Observational evidence for an ocean heat pump induced by tropical cyclones. *Nature*. 2007; 447 (7144): 577—580.

Stouffer RJ, Manabe S. Assessing temperature pattern projections made in 1989. *Nat Climate Change*. 2017; 7 (3): 163—165.

Stuecker MF, Jin F- F, Timmermann A, McGregor S. Combination mode dynamics of the anomalous Northwest Pacific anticyclone. *J Climate*. 2015; 28: 1093—1111.

Suarez MJ, Schopf PS. A delayed action oscillator for ENSO. *J Atmos Sci*. 1988; 45 (21): 3283—3287.

Taguchi B, Xie S-P, Schneider N, et al. Decadal variability of the Kuroshio Extension: observations and an eddy-resolving model hindcast. *J Climate*. 2007; 20: 2357—2377.

Talley LD, Pickard GL, Emery WJ, Swift JH. *Descriptive Physical Oceanography: An Introduction*. 6th ed. Boston: Elsevier; 2011.

Tanimoto Y, Kajitani T, Okajima H, Xie S-P. A peculiar feature of the seasonal migration of the South American rain band. *J Meteorol Soc Japan*. 2010; 88: 79—90.

Timmermann A, et al. Increased El Nino frequency in a climate model forced by future greenhouse warming. *Nature*. 1999; 398: 694—697.

Timmermann A, Okumura Y, An S-I, et al. The influence of a weakening of the Atlantic meridional overturning circulation on ENSO. *J Climate*. 2007; 20: 4899—4919.

Trenberth KE, Hurrell JW. Decadal atmosphere-ocean variations in the Pacific. *Climate Dyn*. 1994; 9: 303—319.

Ueda H, Yasunari T, Kawamura R. Abrupt seasonal change of large-scale convective activity over the western Pacific in the northern summer. *J Meteorol Soc Japan*. 1995; 73: 795—809.

Valdes PJ, Braconnot P, Meissner KJ, Eggleston S, eds. Paleoclimate modelling intercomparison project (PMIP): 30th anniversary. *Past Global Changes Mag*. 2021; 29: 61—108. https://doi.org/10.22498/pages.29.2.

Vallis GK. *Atmospheric and Oceanic Fluid Dynamics: Fundamentals and Large-Scale Circulation*. 2nd ed. Cambridge University Press; 2017.

van der Wiel K, Matthews AJ, Stevens DP, Joshi MM. A dynamical framework for the origin of the diagonal South Pacific and South Atlantic convergence zones. *QJR Meteorol Soc*. 2015; 141: 1997—2010. https://doi.org/10.1002/qj.2508.

Vecchi GA, Soden BJ. Global warming and the weakening of the tropical circulation. *J Climate*. 2007; 20 (17): 4316—4340.

Vera CS, Higgins W, Amador J, et al. Toward a unified view of the American monsoon systems. *J Climate*. 2006b; 19: 4977—5000.

Vinayachandran PN, Murty VSN, Ramesh Babu V. Observations of barrier layer formation in the Bay of Bengal during summer monsoon. *J Geophys Res*. 2002; 107 (C12): 8018. https://doi.org/10.1029/2001JC000831.

Voigt A, Stevens B, Bader J, Mauritsen T. The observed hemispheric symmetry in reflected shortwave irradiance. *J Climate*. 2013; 26 (2): 468—477. https://doi.org/10.1175/JCLI-D-12-00132.1.

Walker GT. Seasonal weather and its prediction. *Nature*. 1933; 132 (3343): 805—808. https://doi.org/10.1038/132805a0.

Wallace JM, Deser C, Smoliak V, Phillips AS. Attribution of climate change in the presence of internal variability. In: Chang CP, Ghil M, Latif M, Wallace JM, eds. *Climate Change: Multidecadal and Beyond. World Scientific Series on Asia-Pacific Weather and Climate*. 2015; 6: 1—29. https://doi.org/10.1142/9789814579933_0001.

Wallace JM, Gutzler DS. Teleconnections in the geopotential height field during the Northern Hemisphere winter. *Month Weather Rev*. 1981; 109: 784—812.

Wallace JM, Hobbs PV. *Atmospheric Science: An Introductory Survey*. 2nd ed. Academic Press; 2006.

Wallace JM, Kousky VE. Observational evidence of Kelvin waves in the tropical stratosphere. *J Atmos Sci*. 1968; 25: 900—907.

Wallace JM, Smith C, Bretherton CS. Singular value decomposition of wintertime sea surface temperature and 500-

mb height anomalies. *J Climate*. 1992；5（6）：561—576.

Wang B, Biasutti M, Byrne MP, et al. Monsoons climate change assessment. *Bull Amer Meteorol Soc*. 2021；102. https：//doi. org/10. 1175/BAMS-D-19-0335. 1.

Wang B, Ding Q. Global monsoon: dominant mode of annual variation in the tropics. *Dyn Atmos Oceans*. 2008；44：165—183.

Wang B, Lee J-Y, et al. Advance and prospect of seasonal prediction: assessment of the APCC/CliPAS 14-model ensemble retroperspective seasonal prediction（1980-2004）. *Climate Dyn*. 2009；33：93—117. https：//doi. org/10. 1007/s00382-008-0460-0.

Wang B, Wu RG, Li T. Atmosphere—warm ocean interaction and its impacts on Asian-Australian monsoon variation. *J Climate*. 2003；16：1195—1211.

Wang C, Picaut J. Understanding ENSO physics—a review. In Earth's Climate: The Ocean-Atmosphere Interaction. *Geophys Monogr*. 2004；147：21—48.

Wang G, Xie S-P, et al. Robust warming pattern of global subtropical oceans and its mechanism. *J. Climate*. 2015；28：8574—8584. https：//doi. org/10. 1175/JCLI-D-14-00809. 1.

Wang H, Xie S-P, Tokinaga H, et al. Detecting cross-equatorial wind change as a fingerprint of climate response to anthropogenic aerosol forcing. *Geophys Res Lett*. 2016；43：3444—3450. https：//doi. org/10. 1002/2016GL068521.

Wang M, Du Y, Qiu B, et al. Mechanism of seasonal eddy kinetic energy variability in the eastern equatorial Pacific Ocean. *J Geophys Res Oceans*. 2017；122：3240—3252. https：//doi. org/10. 1002/2017JC012711.

Wang YQ, Wu CC. Current understanding of tropical cyclone structure and intensity changes—a review. *Meteorol. Atmos. Phys*. 2004；87：257—278. https：//doi. org/10. 1007/s00703-003-0055-6.

Watanabe M, Tatebe H. Reconciling roles of sulphate aerosol forcing and internal variability in Atlantic multidecadal climate changes. *Climate Dyn*. 2019；53：4651—4665. https：//doi. org/10. 1007/s00382-019-04811-3.

Webster PJ. *Dynamics of The Tropical Atmosphere and Oceans*. Wiley-Blackwell；2020.

Wettstein JJ, Wallace JM. Observed patterns of month-to-month storm-track variability and their relationship to the background flow. *J Atmos Sci*. 2010；67（5）：1420—1437. https：//doi. org/10. 1175/2009JAS3194. 1.

Wheeler M, Kiladis GN. Convectively coupled equatorial waves: analysis of clouds and temperature in the wavenumber—frequency domain. *J Atmos Sci*. 1999；56：374—399.

Wheeler MC, Hendon HH. An all-season real-time multivariate MJO index: development of an index for monitoring and prediction. *Month Weather Rev*. 2004；132：1917—1932.

Wheeler MC, Nguyen H. Equatorial waves. In: In North GR, Pyle J, Zhang F, eds. *Encyclopedia of Atmospheric Sciences*. 2nd ed. Academic Press；2015：102—122.

Williams AP, Abatzoglou JT, Gershunov A, et al. Observed impacts of anthropogenic climate change on wildfire in California. *Earth's Future*. 2019；7：892—910.

Wood R. Stratocumulus clouds. *Month Weather Rev*. 2012；40：2373—2423.

Wu R, Kirtman BP, Krishnamurthy V. An asymmetric mode of tropical Indian Ocean rainfall variability in boreal spring. *J Geophys Res*. 2008；113（D5）：79—88.

Wu X, Okumura YM, Deser C, DiNezio N. Two-year dynamical predictions of ENSO event duration during 1954-2015. *J Climate*. 2021；34：4069—4087.

Wyrtki K. An equatorial jet in the Indian Ocean. *Science*. 1973；181（4096）：262—264.

Wyrtki K. El Niño—the dynamic response of the equatorial Pacific Ocean to atmospheric forcing. *J Phys Oceanogr*. 1975；5：572—584.

Xiang B, Zhao M, Jiang X, et al. The 3—4-week MJO prediction skill in a GFDL coupled model. *J Climate*. 2015; 28: 5351—5364. https://doi.org/10.1175/JCLI-D-15-0102.1.

Xie S-P. Ocean warming pattern effect on global and regional climate change. *AGU Adv*. 2020; 1. e2019AV00013. https://doi.org/10.1029/2019AV000130.

Xie S-P. On the genesis of the equatorial annual cycle. *J Climate*. 1994; 7: 2008—2013.

Xie S-P. Satellite observations of cool ocean-atmosphere interaction. *Bull Am Meteorol Soc*. 2004a; 85: 195—208.

Xie S-P. The shape of continents, air-sea interaction, and the rising branch of the Hadley circulation. In: Diaz HF, Bradley RS, eds. *The Hadley Circulation: Past, Present and Future*. Kluwer Academic Publishers; 2004b: 121—152.

Xie S-P. Westward propagation of latitudinal asymmetry in a coupled ocean-atmosphere model. *J Atmos Sci*. 1996; 53: 3236—3250.

Xie S-P, Annamalai H, Schott FA, McCreary JP. Structure and mechanisms of South Indian Ocean climate variability. *J Climate*. 2002; 15: 864—878.

Xie S-P, Carton JA. Tropical Atlantic variability: patterns, mechanisms, and impacts. In: Wang C, Xie S-P, Carton JA, eds. *Earth Climate: The Ocean-Atmosphere Interaction. Geophys Monograph*. 2004; 147: 121—142.

Xie S-P, Deser C, Vecchi A, et al. Global warming pattern formation: sea surface temperature and rainfall. *J Climate*. 2010; 23: 966—986.

Xie S-P, Deser C, Vecchi GA, et al. Towards predictive understanding of regional climate change. *Nat Clim Change*. 2015; 5: 921—930.

Xie S-P, Hu K, Hafner J, et al. Indian Ocean capacitor effect on Indo-western Pacific climate during the summer following El Nino. *J Climate*. 2009; 22: 730—747.

Xie S-P, Kosaka Y. What caused the global surface warming hiatus of 1998-2013? *Curr Clim Change Rep*. 2017; 3: 128—140. https://doi.org/10.1007/s40641-017-0063-0.

Xie S-P, Kosaka Y, Du Y, et al. Indo-western Pacific Ocean capacitor and coherent climate anomalies in post-ENSO summer: a review. *Adv Atmos Sci*. 2016; 33: 411—432. https://doi.org/10.1007/s00376-015-5192-6.

Xie S-P, Kosaka Y, Okumura YM. Distinct energy budgets for anthropogenic and natural changes during global warming hiatus. *Nat Geosci*. 2016; 9: 29—33.

Xie S-P, Kubokawa A, Hanawa K. Evaporation-wind feedback and the organizing of tropical convection on the planetary scale. Part I: quasi-linear instability. *J Atmos Sci*. 1993; 50: 3873—3883.

Xie S-P, Lu B, Xiang B. Similar spatial patterns of climate responses to aerosol andgreenhouse gas changes. *Nat Geosci*. 2013; 6: 828—832.

Xie S-P, Peng Q, Kamae Y, et al. Eastern Pacific ITCZ dipole and ENSO diversity. *J Climate*. 2018; 31: 4449—4462. https://doi.org/10.1175/JCLI-D-17-0905.1.

Xie S-P, Philander SGH. A coupled ocean-atmosphere model of relevance to the ITCZ in the eastern Pacific. *Tellus*. 1994; 46A: 340—350.

Xie S-P, Saiki N. Abrupt onset and slow seasonal evolution of summer monsoon in an idealized GCM simulation. *J Meteor Soc Japan*. 1999; 77: 949—968.

Xie S-P, Saito K. Formation and variability of a northerly ITCZ in a hybrid coupled AGCM: continental forcing and ocean-atmospheric feedback. *J Climate*. 2001; 14: 1262—1276.

Xie S-P, Xu H, Saji NH, et al. Role of narrow mountains in large-scale organization of Asian monsoon convection. *J Climate.* 2006; 19: 3420—3429.

Yamagata T. Stability of a simple air- sea coupled model in the tropics. In: Nihoul JCJ, ed. *Coupled Ocean-Atmosphere Models.* Elsevier; 1985: 637—657.

Yan X, Zhang R, Knutson TR. Underestimated AMOC variability and implications for AMV and predictability in CMIP models. *Geophys Res Lett.* 2018; 45: 4319—4328, 2018.

Yanai M, Esbensen S, Chu J- H. Determination of bulk properties of tropical cloud clusters from large- scale heat and moisture budgets. *J Atmos Sci.* 1973; 30: 611—627.

Yanai M, Maruyama T. Stratospheric wave disturbances propagating over the equatorial Pacific. *J Meteorol Soc Japan.* 1966; 44: 291—294.

Yanai M, Tomita T. Seasonal and interannual variability of atmospheric heat sources and moisture sinks as determined from NCEP—NCAR reanalysis. *J Climate.* 1998; 11: 463—482.

Yang L, Xie S- P, Shen P, et al. Low cloud- SST feedback over the subtropical northeast Pacific and the effect on ENSO variability. *J Climate.* 2022. https: //doi. org/10. 1175/JCLI- D- 21- 0902. 1.

Yang Y, Xie S- P, Wu L, et al. Seasonality and predictability of the Indian Ocean dipole mode: ENSO forcing and internal variability. *J Climate.* 2015; 28: 8021—8036.

Yasunari T. Cloudiness fluctuations associated with the Northern Hemisphere summer monsoon. *J Meteorol Soc Japan.* 1979; 57: 227—242.

Yasunari T, Miwa T. Convective cloud systems over the Tibetan Plateau and their impact on meso- scale disturbances in the Meiyu/Baiu Frontal Zone. *J Meteorol Soc Japan.* 2006; 84: 783—803.

Yeh TC, Lo SW, Shu PC. The wind structure and heat balance in the lower troposphere over Tibetan Plateau and its surroundings. *Acta Meteor Sin.* 1957; 28: 108—121.

Yin J, Schlesinger M, Stouffer R. Model projections of rapid sea- level rise on the northeast coast of the United States. *Nat Geosci.* 2009; 2: 262—266. https: //doi. org/10. 1038/ngeo462.

Yoshida K. A theory of the Cromwell current and equatorial upwelling. *J Oceanogr Soc Japan.* 1959; 15: 154—170.

Young AP, Flick RE, Gallien TW, et al. Southern California coastal response to the 2015—2016 El Niño. *J Geophys Res: Earth Surface.* 2018; 123: 3069—3083. https: //doi. org/10. 1029/2018JF004771.

Zebiak SE. Air- sea interaction in the equatorial Atlantic region. *J Climate.* 1993; 6: 1567—1586.

Zebiak SE, Cane MA. A model El Nino- Southern Oscillation. *Month Weather Rev.* 1987; 115: 2262—2278.

Zhang R, Sutton R, Danabasoglu G, et al. A review of the role of the Atlantic Meridional Overturning Circulation in Atlantic Multidecadal Variability and associated climate impacts. *Rev Geophys.* 2019; 57: 316—375.

Zhang S, Xie S- P, Liu Q, et al. Seasonal variations of Yellow Sea fog: observations and mechanisms. *J Climate.* 2009; 22: 6758—6772.

Zhao M, Held IM. TC- permitting GCM simulations of hurricane frequency response to sea surface temperature anomalies projected for the late- twenty- first century. *J Climate.* 2012; 25: 2995—3009.

Zhao M, Held IM, Lin SJ, Vecchi GA. Simulations of global hurricane climatology, interannual variability, and response to global warming using a 50- km resolution GCM. *J Climate.* 2009; 22: 6653—6678.

Zheng XT, Xie S- P, Lv LH, Zhou ZQ. Inter- model uncertainty in ENSO amplitude change tied to Pacific Ocean warming pattern. *J Climate.* 2016; 29: 7265—7279.

Zhou Z- Q, Zhang R, Xie S- P. Variability and predictability of Indian rainfall during the monsoon onset month of June. *Geophys Res Lett.* 2019; 46: 14782- 14788.

Zhou Z- Q, Xie S- P, Zhang GJ, Zhou W. Evaluating AMIP skill in simulating interannual variability of summer rainfall over the Indo-western Pacific. *J Climate*. 2018；31：2253—2265. https：//doi. org/10. 1175/JCLI-D-17-0123. 1.

Zhou Z-Q, Xie S-P, Zhang R. Historic Yangtze flooding of 2020 tied to extreme Indian Ocean conditions. *PNAS*. 2021；118：e2022255118.

Zhou Z-Q, Xie S-P, Zheng X-T, et al. Global warming-induced changes in El Nino teleconnections over the North Pacific and North America. *J Climate*. 2014；27：9050—9064.

Zhou C, Zelinka MD, Klein SA. Analyzing the dependence of global cloud feedback on the spatial pattern of sea surface temperature change with a Green's function approach. J *Adv Model Earth Sys*. 2017；9：2174—2189.

Zhou W, Xie S-P, Zhou Z-Q. Slow preconditioning for abrupt convective jump over the summer Northwest Pacific. *J Climate*. 2016；29：8103—8113. https：//doi. org/10. 1175/JCLI-D-16-0342. 1.